人生三修

道家做人　儒家做事　佛家修心
悟　·　破　·　习
沉得住气　低得下头　立得住身

宋洁等　编著

中国华侨出版社

图书在版编目(CIP)数据

人生三修/宋洁等编著.—北京：中国华侨出版社，2013.8（2014.10重印）

ISBN 978-7-5113-3971-3

Ⅰ.①人… Ⅱ.①宋… Ⅲ.①人生哲学—通俗读物 Ⅳ.①B821-49

中国版本图书馆CIP数据核字（2013）第198355号

人生三修

编　　著：	宋　洁　等
出 版 人：	方　鸣
责任编辑：	思　源
封面设计：	李　倩
文字编辑：	刘　颖
美术编辑：	宇　枫
经　　销：	新华书店
开　　本：	1020mm×1200mm　1/10　印张：36　字数：769千字
印　　刷：	北京德富泰印务有限公司
版　　次：	2013年10月第1版　2018年9月第4次印刷
书　　号：	ISBN 978-7-5113-3971-3
定　　价：	59.80元

中国华侨出版社　　北京市朝阳区静安里26号通成达大厦三层　　邮编：100028

法律顾问：陈鹰律师事务所

发 行 部：（010）88866079　　传　真：（010）88877396

网　　址：www.oveaschin.com

E-mail：oveaschin@sina.com

如果发现印装质量问题，影响阅读，请与印刷厂联系调换。

前言

　　人生是一场修行。在前进的路上，很多人都会被烦恼、迷茫、痛苦、惶恐、无助、失落、浮躁所缠绕，他们迷失了自我，失去了斗志，无奈地随波逐流。其实，大部分人起点相同，之所以命运大不相同，关键在于是否不断地修炼自己。悟透了"人生三修"，唤醒生命的力量，才能赢得命运的改变，让生命焕发夺目的光彩。

　　道家、儒家、佛家思想是修身之道。自古以来，世间便有"以道治身、以儒治世、以佛治心"的说法。道家机敏做人的学问，不是追求阴谋诡计，也不是一味圆滑世故，而是一种智慧和谋略，它既防止别人伤害自己，同时也能增强自己的竞争力，广交人脉，左右逢源，事事畅通无阻。儒家讲究持重、勤谨、正气、担当以及自省、中庸的为人处世之道，体现了中正做事的学问。这种心态，让人们的人格圆融通达，变得具有影响力和号召力，成为社会精英。佛家慈悲宽大，忍让包容，视世间万难为无物，不怨天尤人，从自然，呈本性，体现超脱修心的学问。有了这种心境，人就会变得豁达而坚强，远离仇恨，避免灾难，获得人生的成功。道家、儒家、佛家思想，为我们在为人处世和修身立德方面提供了最经典、最实用的人生哲学。撷取其中的智慧，必能帮助你拥有良好的行为、性格和心态，让你在人际关系中如鱼得水，在人生道路上左右逢源。

　　"悟、破、习"是成功之法。"悟"即理解、领悟，是"智慧之学"。人之所以为人，就在于其有悟的灵性。唯有悟，才能让我们认识到人生的真谛；唯有悟，才能让我们懂得生命的法则；唯有悟，才能让我们将宇宙万象的本质收敛于刹那之间……"悟"让生命实现了从有限到无限的飞跃。"悟"是每个人生命中的钻石，它决定我们最终的成败得失。"破"即打破、破除，是"解脱之学"。破是立的前提，所谓不破不立，大破方能大立，人生要想有所建树，必"破"字当先。每个人都有一些与生俱来的"执"，比如阻碍我们发展的各种陋习、束缚我们创新的各种陈规、限制我们人生格局的各种短视、烦扰我们生活的各种繁杂人事。这些"执"像一根根结实的绳索，牢牢地将我们生命捆缚住。唯有通过一个"破"字，将这些束缚一一铲除，我们才能得到真正的解脱和自由，才能在这个基础上开创一个全新的生命格局。"习"即学习、练习，有反复实践之意，是"进取之学"。每个人出生之初，本来差别不大，但在后天，有的人取得伟大的成就，有的人却平平庸庸，甚至有的人跌进堕落的深渊。这天壤之别的形成，就完全在于一个"习"字。深刻理解"悟""破""习"三者的内涵，才能悟人生哲理，破陈规短视，习精进创新。

"沉得住气、低得下头、立得住身"是成事之道。沉得住气是成功前的蓄积，也是走向成功的重要法宝。人生自有沉浮，当我们遇到突发事件时，要沉住气，做到"卒然临之心不惊""泰山崩于前而色不变"，以冷静的态度应对；当目标没有达成时，要沉住气，学会忍耐，等待机遇，继续努力；当遇到挫折或者失利时，要沉住气，心态平和，靠毅力咬紧牙关。时刻谨记：沉住气，才能成大器。低得下头，是一种智慧，更是一种能力。低头不是自卑，也不是怯弱，它是清醒中的嬗变。低头做人，可以使自己站得更稳，更容易被别人接受。"低"既是成功之要诀，又是处世之良方，唯有懂得低头，有朝一日才能出头。立得住身，要求我们有端正的形象、丰富的知识、圆通的人际关系、一定的影响力。拥有这些"硬件"，你的人生才能更加灿烂。

本书从现实生活出发，以睿智的、富有哲理的观点和看法，教你看透人生真谛，不断修炼自己、提升自己、成就自己。你能在轻松的阅读中，得到全面的人生启迪，学会为人处世、立足社会的必备技能，从容地面对生活中的各种问题。你将拥有健康积极的心态，开发出自己的潜能，改变生存的现状，创造崭新的生活，真正成为自己命运的主人，让人生更加从容、快乐、豁达、成功。

目录

上篇　道家做人　儒家做事　佛家修心

中篇　悟·破·习

第一章　悟 ·· 146

下篇 沉得住气 低得下头 立得住身

上篇

道家做人 儒家做事 佛家修心

自古以来，世间便有"以道治身，以儒治世，以佛治心"的说法。道家本着顺应自然的态度，是自我实现之后的超越。儒家教人进取，用积极的态度去认同和构建社会规则，力争在社会上能够建功立业、生活圆满。而佛家是讲究放下与自我修为，进而普度众生。本篇纵贯儒、释、道三家智慧，帮你全面地解读其思想精华，把传统智慧运用于现代生活中，在做人、做事与修养心性方面为你提供帮助和借鉴。

第一章　道家做人

> 源于老子的道家思想，高屋建瓴，从宇宙天地和人的完整生命的宏观角度来思考人应当度过一个怎样的生命征途。超越了知识体系和意识形态的局限，站在天道的中心和人生的边缘来反思人生，深入人性，不一味固守冠冕堂皇的道德原则，为人们构建了一片朴素自然的自由天地，帮助人们在出世和入世之间找到平衡点，既取得世俗的成功，又不失去自我的精神家园。

第一节　见素抱朴，追求本真

大浪淘沙沙去尽，沙尽之时见真金。道家以"见素抱朴"为人生至境。大多数人都在浮华过后才意识到本色的可贵。质本洁来还洁去，有时人应该成为一块拒绝雕琢的"原木"，抛弃聪慧机巧与自私自利的贪图之心，保留人性中单纯、善良、朴实的东西，不要让外在的雕饰破坏自然的本质。

质朴做人，本分做事

"是以十九年而刀刃若新发于硎"，这是《庄子·养生主》中的一句话，讲的是庖丁解牛的故事。庖丁不愧是道中高手，一把刀用了19年还像刚刚炼出的新刀一样，这也从另一个侧面道出了做人的道理。每一个人刚走上社会都是满怀希望与抱负，然而一些人遭受多次挫折，经历艰难困苦之后，一颗原本质朴的心变了：爽直的人变得吞吞吐吐，心灵歪曲了，抱负丧失了，失掉了本分做人的原则，最后变得窝囊了。

在现实生活中，如果你有独立的修养，不受外界环境影响，永远保持一颗光明磊落、纯洁质朴的心，那么你也可以做到做人的最高境界。

著名作家沈从文可谓是一个没有学历而有学问的学者。他怀着梦想刚到北京闯荡时，一边在北京大学做旁听生，一边阅读大量书籍，并与诸多大师结识，不断成长。后来，他带着一身泥土气闯入十里洋场的上海，时间不长，即以一手灵气飘逸的散文而震惊文坛。

1928年，时年26岁的沈从文被时任中国公学校长的胡适聘为该校讲师。

在此之前，沈从文以行云流水的文笔描写真实的情感，赢得了一大批读者，在文坛享有很高的声望，但他给大学生讲课却是头一回。为了讲好第一堂课，他进行了认真的准备，精心编定了讲义。尽管如此，第一天走上讲台，看见台下黑压压地坐满了学生，他心里仍不免发虚。

面对台下满堂坐着的莘莘学子，沈从文竟整整呆了10分钟，一句话也说不出。后来开始讲课了，由于心情紧张，他只顾低着头念讲稿，事先设计在中间插讲的内容全都忘得一干二净。结果，原先准备的一堂课，10分钟就讲完了。接下来的几十分钟怎么打发？他心慌意乱，冷汗顺着脊背直淌。这样的尴尬场面，他以前可从来没有经历过。

沈从文没有天南地北地瞎扯来硬撑"面子"，而是老老实实拿起粉笔在黑板上写道："今天是我第一次上课，人很多，我害怕了！"这老实可爱的坦言"害怕"，引起全堂一阵善意的笑声……

胡适深知沈从文的学识、潜力和为人，在听说这次讲课的经过后，不仅没有批评，反而不失幽默地说："沈从文的第一次上课成功了！"后来，一位当时听过这堂课的学生在文章中写道，沈先生的坦率赤诚令人钦佩，这是有生以来听过的最有意义的一堂课。

此后，沈从文曾先后在西南联大师范学院和北京大学任教。正因为不是"科班"出身，他不是墨守成规，而是代之以别开生面的言传身教的文学教育，最终获得了成功。而他那"成功"的第一课，则在学生之中不断流传，成为他率直人生的真实写照。

常言道，老老实实最能打动人心。一句"我害怕了"，祖露了一代文学巨匠的质朴内心。面对失败不敷衍、不做作、不逃避，能老实可爱地祖露内心的人，当然会得到别人的谅解。

质朴是这个世界的本色，没有一点功利色彩，就像花儿的绽放，树枝的摇曳，蟋蟀的轻唱。它们听凭内心的召唤，是本性使然，没有特别的理由。其实社会与环境不足以真正决定一个人的人生，每一个人都要有独立的修养，不受外界环境影响，即使饱受挫折，也应该永远保持一颗光明磊落、纯洁质朴的心，这才是做人的最高修养。

这位作家的生活是简单而富有意义的。他的人生是一种去繁就简的人生，没有太多不必要的干扰，没有太多欲望的压迫，有的只是一种质朴简单而又纯粹本分的人生。当然，人的一生难免会有许多欲望和追求，追求真理，追求理想的生活，追求刻骨铭心的爱情，追求金钱，追求名誉和地位……有追求就会有收获，我们会在不知不觉中拥有很多，有些是我们必需的，而有些却是完全用不着的。那些用不着的东西，除了满足我们的虚荣心外，还会将我们的心灵弄得烦躁不安。就好像带着背包去旅行，装的东西越多，自己的脚步就会越沉重。所以，与其让自己在疲惫与痛苦中前行，还不如放下各种各样的包袱，做最简单的自己。一切都发乎于心，如此一来生命也会变得更加轻松和精彩，最起码对自己来说是如此。

生活在世事纷扰的世界里，尔虞我诈让我们多了一些虚伪，钩心斗角让我们多了一些狡诈，世态炎凉让我们多了一些冷漠。之所以苍老，是由于受一切外界环境和自己情绪变化的影响，而保持一颗质朴的心，本分度生，可以让生命永远健康，让生命永葆青春，让自己回归自然，回归质朴生活的本色。

务求平实胜过标榜仁义

相传，很久以前，有位圣人率领门徒云游四方，来到某个地方。这地方原本是一个国家的都城，如今已国破城灭。圣人是位研究兴亡治乱的专家，他向一位年迈睿智、阅历最深的老者请教："贵国为什么会灭亡？"老者摇头，叹息。良久，他说："亡国的原因是，国君用人只肯任用道德君子。"众弟子愕然，圣者默然。老者语重心长地说："好人没法对付坏人。"古人云："无德必亡，唯德必道德危。"道德只宜律己，难以治人。道德的效果在于感化，但人的品流太复杂，不感无化待如何？感而不化又待如何？荀子主张："敬小人。"不敬小人，等于玩虎。坏人有时必须用坏来对付，以毒攻毒，才能制胜。正因如此，道德渐渐偏离本意，仅仅披着"仁义"的衣服，内在却慢慢变质。

生于天下大乱之时的圣人，若是为了救世而救人，既然有所作为，就不免保存了一面，而伤及另一面。杀一以儆百，杀百以存一，本质相同，均为义所不忍为。所以观音说愿度尽众生，方自成佛，但以众生界不可尽故，吾愿亦永无穷尽。因此，老子认为那些自称为圣人之徒、号召以仁义救世的现世之人，不过是徒托空言，毫无实义，甚至假借仁义为名，

3

以逞一己之私。

老子书中曾叹道："大道废，有仁义。慧智出，有大伪。"其实是基于当时社会环境的变化。春秋战国之际，诸侯纷争，割地称雄，残民以逞，原属常事。因此，许多有志之士奔走呼吁，倡导仁义，效法上古圣君贤相，体认天心仁爱，以仁心仁术治天下。诸子百家，皆号召仁义。但是，无论是哪一种高明的学说，哪一种超然的思想，用之既久，就会产生相反的弊病，变为只有空壳的口号，原本真正的实义便慢慢被人忽略了。

正如鲁迅先生在《狂人日记》中写道："我翻开历史一查，这历史没有年代，歪歪斜斜的每页上都写着'仁义道德'几个字。我横竖睡不着，仔细看了半夜，才从字缝里看出字来，满本都写着两个字是'吃人'！"

提到浮于表面的仁义道德，不由让人想起古典小说《镜花缘》中的淑士国。李汝珍以讽刺的手法勾勒出一个满口仁义的表面派国家，家家标榜"贤良方正""德行耆儒""通经孝廉""好义循礼"，不过是做足了表面文章，让人啼笑皆非。比起历史上将"仁义道德"玩弄于股掌之中的人来说，淑士国倒算是小儿科了。

道家主张纯朴简单，认为当仁义仅浮于表面，而离本义越来越远，就会成为假仁假义，倒不如摒弃。于是有人愤世嫉俗地认为，道德不能让人成功，也无法让人胜利，因为上天总站在大奸大恶的人一边，只需做做仁义道德的表面文章便可获得成功。其实表面的仁义道德总会被别人看穿，仿佛一场戏剧表演，演员总有卸下装扮的一天，总有人知道他五色油彩下面的真实面容是什么样的。

吴起是战国时期著名的军事家，他在担任魏军统帅时，与士卒同甘共苦，深受下层士兵的拥戴。有一次，一个士兵身上长了个脓疮，作为一军统帅的吴起，竟然亲自用嘴为士兵吸吮脓血，全军上下无不感动，而这个士兵的母亲得知这个消息时却大哭。有人奇怪地问道："你的儿子不过是小小的兵卒，将军亲自为他吸脓疮，你为什么哭呢？你儿子能得到将军的厚爱，这是你家的福分哪！"这位母亲哭诉道："这哪里是在爱我的儿子呀，分明是让我儿子为他卖命。想当初吴将军也曾为孩子的父亲吸脓血，结果打仗时，他父亲格外卖力，冲锋在前，终于战死沙场。现在吴将军又这样对待我的儿子，不知道我儿子要死在什么地方呢！"

这是一位目光犀利的母亲，一语中的，一针见血。吴起绝不是一个重感情的人，他为了谋取功名，背井离乡，母亲死了，他也不还乡安葬；本来娶了齐国的女子为妻，为了能当上鲁国的将军，竟杀死了自己的妻子，以消除鲁国国君的怀疑。史书说他是个残忍之人，可就是这么一个人，对士兵身上的脓疮却一而再地去用嘴吸吮，难道他真的是视兵如子吗？自然不是。他这么做的唯一目的是要让士兵在战场上为他卖命。虽然表面的仁义道德为人称颂，也收买了士兵的忠诚，不过本质依旧被人看了个一清二楚。

老子在当时之所以菲薄圣人讥刺仁义，其实不过是为了打掉世间假借圣人虚名以仁义伪装的招牌。所以我们无论是做人，还是与人相交，也要对老子所提出的这个问题有所警戒，透过现象看本质，希望人们真能效法天地自然而然的法则而存心用世，不必标榜高深而务求平实，才是老子的真意。

简单如一张白纸

道家认为"见素抱朴"是人生至境。人需抛弃自己引以为傲的聪明机巧，抛弃自私自利的贪图之心，如果人人皆能如此，便不会有作奸犯科的盗贼，即所谓的"绝巧弃利，盗贼无有"。

如果我们将绝圣弃智的观念归纳到生命理想中，便是"见素抱朴，少私寡欲"。"见"指见地，观念、思想谓之见；"素"乃纯洁、干净；"朴"是未经雕刻、质地优良的原木。见素抱朴正是圣人超凡脱俗的生命情操，佳质深藏，光华内敛，一切本自天成，没有后天人工的刻意雕琢。

老子主张"绝仁弃义"，不以圣人为标榜，不以修行为口号。做人简单如一张白纸，保持孩童般纯洁单纯的心，那便是真修道。

丰子恺是我国著名的漫画家，他总像孩子一样生活着，保持着童心。他一生十分热爱孩子并善于教育孩子，他的儿女成了他作画和写文章的题材。他教育孩子的一条可贵的经验是：保持童心。他曾在《我与新儿童》一文中指出："我相信一个人的童心切不可失去。大家不失去童心，则家庭、社会、国家、世界一定温暖、和平和幸福。所以我情愿做'老儿童'，让人家去奇怪吧！"丰子恺曾作过一个生动的比喻，他认为由儿童变为成人，好比由青虫变为蝴蝶，而青虫生活和蝴蝶生活却是大不相同的。他告诫成年人：对待孩子，决不能像在青虫身上装翅膀，教他与蝴蝶一同飞翔，而应该是蝴蝶敛住翅膀同青虫一起爬行。丰子恺常常唱着小曲逗孩子睡觉；三笔两笔画幅画引孩子们笑；和孩子们一起用积木搭汽车、造房屋；把小凳子摆成一排玩"开火车"；甚至和小女儿抢着看《新儿童》杂志，一起讨论里面的问题，玩里面的游戏。

古人认为，"素"如一张白纸，毫不沾染任何颜色，人的思想观念要随时保持纯净无杂，"不思善，不思恶"。单纯如孩童，这恐怕也是丰子恺的画受欢迎的原因之一吧。

可见，做人心地胸襟，应该随时怀抱原始天然的朴素，以此态度来待人接物，处理事务。个人拥有这种修养，人生一世便是最大的幸福；如果人人秉持这种生活态度，天下自然太平和谐。

《三字经》里的第一句话是"人之初，性本善"，儒家孟子也提倡"性本善"，曾说"人皆有不忍人之心"。见到一个牙牙学语的小孩子摇摇摆摆走向井边，无论何人，都会走上前去将他抱开。然而，善性存于心，往往受环境的影响，丧失了原本的善意。对此，荀子持有不同的看法，他在《性恶篇》开篇就说："人之性恶，其善伪也。"人性本是恶的，其善是人为的，人有为善的可能，就在于后天的学习修为。对于本性的问题，可谓"仁者见仁，智者见智"，而老子的观点则更为深刻，即本性无善恶。

人性之初，本没有善恶之分的，本性是很难改变的，正所谓"江山易改，本性难移"。善恶只不过是在周边环境影响下依据本性而产生的，有善恶之分的不是本性而是习惯。本性是一种内在的东西，平时可能感觉不到它的存在，它却在暗中操控着你，决定着你的大部分习惯，决定着你的性格，甚至决定着你的人生。人本来生下来都很朴素，很自然的，由于后天的教育、环境的影响等种种原因，把圆满的自然的人性雕琢了，自己刻上了许多的花纹雕饰，反而破坏了原本的朴实。因此，人不要刻意雕琢自己本性的棱角，要保持住生命中最朴素的东西。

大浪淘沙沙去尽，沙尽之时见真金，大多数人都在浮华过后才意识到本色的可贵。质本洁来还洁去，不要让尘世浮华沾染了原本纯洁的心灵。玉不琢，不成器。但有时，人应该成为一块拒绝雕琢的"原木"，保留人性中单纯、善良、朴实的东西，不要让外在的雕饰破坏自然的本质。

保持天然本色，做真正的自己

老子认为，"不尚贤，使民不争；不贵难得之货，使民不为盗；不见可欲，使民心不乱"，便是人生无为的境界。但是面对世间道德的日益沦丧，老子发出一声叹息："失道而后德，失德而后仁，失仁而后义，失义而后礼，失礼而后利。"

自古以来，圣贤总在唏嘘感叹"世风日下""人心不古"，中西方皆如此。古罗马诗人贺拉斯在其《歌集》中叹息："父辈较之祖辈已经不如，又生出我们这不肖一族，而下一代注定更加恶毒。"对此，老子也有自己的慨叹。老子著述的本意，首重效法自然道德的原则。假如人们都在道德的生活中，既不尚贤，又无欲而不争，那当然合乎自然的规范，天下也就自然是太平无事的天下了。时代到了后世，人人不能自修道德，人人不能整治争心和欲望，只拿老子那些叹古惜今的话来当教条，自然是背道而驰，愈说愈远了。

无论老子，还是孔子，圣人们无非是希望人们保留本性中最本真最天然的东西，如果人人真善不虚，那么顺其自然的世界自会十分和谐。

所以，在道家看来，适当的文饰美化能在一定程度上彰显优点、弱化缺点，起到积极作用。但是任何事物都是过犹不及，所谓文过饰非就是这个道理。而道家智慧认为最高的文饰其实就是维系本色，也就是返璞归真，就像化妆的最高境界是自然美一样。保持天然本色，做真正的自己，正是道家所提倡的极高的做人境界。

事实上，人心原本纯真无私、正直光明，随着年龄与阅历的增长，渐渐发现周围的许多人都是心有城府、尔虞我诈、钩心斗角、自欺欺人，便不由自主地随波逐流，放弃了自己的真心。世风日下，人心不古，社会上风气不正，人们有失淳朴善良而流于狡诈虚伪，心地不再像古人那么淳朴，让许多老人不由感叹"今不如昔"。《旧唐书》中却记载了一幕让后人向往的社会景象。

唐朝时，有一个做买卖的人途经武阳，不小心把一件心爱的衣裳丢了，他走了几十里后才发觉，心中十分焦急。这时，有人劝慰他说："不要紧，我们武阳境内路不拾遗。你回去找找看，一定可以找得到。"丢衣裳的人半信半疑。他心里想：这可能吗？转而又一想，找找也无妨。于是他转身回去，果真找到了他丢失的衣裳。

这就是路不拾遗的故事。这则成语将我们带回了古时候民风淳朴、人心本真纯善的时光中。"路不拾遗，夜不闭户"象征了社会的高度与人心的纯净，英语中有几乎与路不拾遗同样的谚语，有人说这是中西方历史的巧合，也有人考证这一思想是马可·波罗在游历中国时带到西方去的。但不论如何，这些旧事却都告诉人们留驻本真自我的世界总是那么让人向往。事实上，世风日下的原因很大程度上是因为人们抛弃了天真的自我，而代之以世故心肠。

古代贤人都推崇三代以上的圣帝明王，以之来阐扬上古传统文化君道的精神，尧、舜都是内圣外王、出世而入世的得道明君，所以能在进退之间，互相揖让而禅位，杯酒言欢，坦率自然，绝无机诈之心。时代愈后，愈人心不古，到汤武革命，便用征诛手段，这便等于在棋盘之间的对弈，权谋策略，煞费心机，已与自然之道大相径庭了。宋代大儒邵康节微言大义，两句诗评古论今："唐虞揖让三杯酒，汤武征诛一局棋。"

就像爱默生在他那篇《论自信》的散文里所说的："在每一个人的教育过程之中，他一定会在某个时期发现，羡慕就是无知，模仿就是自杀。不论好坏，他必须保持本色。虽然广大的宇宙之间充满了好的东西，可是除非他耕作那一块给他耕作的土地，否则他绝得不到好的收成。他所有的能力是自然界的一种新能力，除了他之外，没有人知道他能做些什么，他能结什么，而这都是他必须去尝试求取的。"

先秦时期，燕国寿陵地方有一位少年，人们叫他寿陵少年。

这位少年不愁吃不愁穿，论长相也算得上中等人才，可他就是缺乏自信心，经常无缘无故地感到事事不如人，低人一等——衣服是人家的好，饭菜是人家的香，站相坐相也是人家高雅。他见什么学什么，学一样丢一样，虽然花样翻新，却始终不能做好一件事，不知道自己该是什么模样。

家里的人劝他改一改这个毛病，他以为是家里人管得太多。亲戚、邻居们，说他是"狗熊掰棒子"，他也根本听不进去。日久天长，他竟怀疑自己该不该这样走路，越看越觉得自己走路的姿势太笨，太丑了。

有一天，他在路上碰到几个人说说笑笑，只听得有人说邯郸人走路姿势那叫美。他一听，对上了心病，急忙走上前去，想打听个明白。不料想，那几个人看见他，一阵大笑之后扬长而去。

邯郸人走路的姿势究竟怎样美呢？他怎么也想象不出来。这成了他的心病。终于有一天，他瞒着家人，跑到遥远的邯郸学走路去了。

一到邯郸，他感到处处新鲜，简直令人眼花缭乱。看到小孩走路，他觉得活泼，学；看见老人走路，他觉得稳重，学；看到妇女走路，摇曳多姿，学。就这样，不过半月光景，他连走路也不会了，路费也花光了，只好爬着回去了。

这就是"邯郸学步"成语的来历，记载在《庄子·秋水》篇里，它所讲述的道理乃是生搬硬套，机械地模仿别人，不但学不到别人的长处，反而会把自己的优点和本领也丢掉。很多人过不上自己想要的生活，就希望自己成为别人，把自己想象成模仿中的人物，过着模仿的生活。其实每个人都有自己的本色，一味模仿别人，扭曲自己的本来面目，最终会失掉自己。在道家先贤看来，最优秀的东西就在人们自己身上，一个人若能以本色示人，焕发本真个性，活出自己便是最美的。

老子取法于天地自然，超然外物，已达至境，仿佛一位大宗师看透了世间的万事万物，以天地之道运用于处世之中，既是一个伟大的哲学家，又是一位伟大的思想家。然而，时代变化，人心不古，后世之人早已偏离了天然本色，丢掉了本真的自我，故对于老子的告诫不以为然。我们听着圣人的慨叹，也只能体会其中一二。只要越来越多的人远离狡诈欺骗，世界便会日渐和谐完满。确实，人心原本都是无染尘埃的，个性天然，本色示人才是人生活泼泼的美。

贤孝世界未必清明

如果孝子贤臣的出现要付出一个时代的代价，那么不出现也罢。

老子的历史哲学与儒家的观念，乃至一般社会人生的态度，另成一格，大异其趣。老子提出天道自然，道衰微了，后世之人便开始提倡仁义道德，不料结果却适得其反。随着知识的发达，教育学问的普及，社会中阴谋诡诈、作奸犯科的人也越来越多，故老子"绝利弃智"的思想不无道理。

"六亲不和有孝慈"，学者们对此的解释一般认为，如果家庭是个美满的家庭，一团和气，大家和睦相处，那么个个看来都是孝子贤孙，根本用不着标榜谁孝谁不孝。如果家中出了个孝子，相对之下，便有不被认同的不孝之子，因此说，六亲不和，才有所谓的"父慈子孝"。同理，"国家昏乱有忠臣"，老子不希望历史上出现太多的忠臣义士，因为历史上所谓的忠臣无不生于生灵涂炭的乱世，忠臣的形成，往往反映了一代百姓的苦难。如果国家风调雨顺，永处太平盛世，人人自重自爱，没有杀盗淫掠之事，那么也就无所谓忠奸之分了。说到此，不由让人想起精忠报国的岳飞。

岳飞为宋朝名将，事母至孝，家贫力学，母亲在其背上刺了"精忠报国"四字，岳飞以此为一生处世的准则。初时，以敢战士应募，居老将宗泽帐下，屡破金兵，宋高宗手书"精忠岳飞"，制旗赐之。后破李成，平刘豫，立下赫赫战功，为南宋收复辽阔失地，却因"莫须有"的罪名，受秦桧所害，死于狱中。

然而，就是这样一位忠诚之士，在那个昏乱的朝代，在奸诈之人眼中是如何的呢？南宋初年，面对着金人的大举入侵，当时号称名将的刘光世、张浚等人，只会一味地避敌逃跑，而不敢奋起反击。这一方面因为他们天生患有软骨病，另一方面，也因为他们官已高，位已尊，以为即使立了大功，也不可能得到更大的升迁。他们便安于现状，什么国家利益、民族利益，在他们心目中根本不占什么地位，当时岳飞入伍不久，虽然已崭露头角，毕竟还没有太大的名望和地位。只有他在和金人进行着殊死的战斗。当时有个叫郡缙的人，上书朝廷，推荐岳飞，推荐书颇值得思量：

"如今这些大将，都是富贵荣华到了头，不肯再为朝廷出力了，有的人甚至手握强兵威胁控制朝廷，很是专横跋扈，这样的人怎么能够再重用呢……驾驭这些人，就好像饲养猎鹰一样，饿着它，它便为你博取猎物，喂饱了，它就飞掉了。如今的这些大将，都是还未出猎就早已被鲜汤美肉喂得饱饱的，因此，派他们去迎敌，他们都掉头不顾……至于岳飞却不是这样，他虽然拥有数万兵众，但他的官爵低下，朝廷对他也未有什么特别的恩宠，是一个默默无闻的低级军官，这正像饥饿的雄鹰准备振翅高飞的时候。如果让他去立某一功，然后赏他某一级官爵，完成某一件事，给他某一等荣誉，就好像猎鹰那样，抓住一只兔子，便喂一只老鼠，抓住一只狐狸，就喂它一只家禽。以这种手段去驾驭他，使他不会满足，总有贪功求战之意，这样他必然会为国家一再立功。"

乱世出忠臣，在那个是非颠倒、生灵涂炭的年代，即便忠臣也不过是被利用的工具。当我们感慨敬佩岳飞这样的忠臣时，不妨颠覆一下我们一贯的思路，从另一面来看，孝子贤臣的出现暗示着小人奸臣的存在，这又何尝不是历史的矛盾与悲哀！老子的话不无道理，与其历史上多出些孝子贤臣，还不如家家和谐，无孝与不孝之分，国家安定，无忠奸之辨。

与其期盼孝子贤臣，不如致力于一个和谐的大同世界，路不拾遗，夜不闭户，没有恶的出现，也没有善的彰显，失去相对而言的比较，留下的却是绝对的美好。这或许是先古圣贤们可望而不可即的梦吧。

老实做人，规矩做事

《庄子·应帝王》中讲过这样一个故事，列子见了有神通的神巫以后，"自以为未始学而归，三年不出。为其妻爨，食豕如食人"。

本来列子对老师壶子怀疑，很想另外投师去了。结果壶子表示了三个境界，于是这也等于禅宗的三关，列子感觉到糟了，跟了老师那么多年，根本连一点皮毛也没有学到，所以很难过。这不是灰心，也不算惭愧，觉得自己窝囊透了。于是干脆不玩聪明了，就回家去闭关三年，"为其妻爨"，在家里给妻子当佣人，做家务。其实这种说法是代表老老实实、规规矩矩做一个人，人应该做什么事，就做什么事，这就是道。譬如说，我不会做饭，我不会做衣服，那就要想办法学会。人活着，到了某个时候，就是需要这些的。所以列子老老实实回家帮妻子持家三年。

"食豕如食人"。三年中有什么感觉？嘴巴吃荤吃素，没有味道的分别了，这里是说列子吃猪肉觉得同吃人肉一样难过，所以也不吃肉，专门吃素了。对于道家经典里的这段故事，我们这里应该关注的是：第一，学道最难是男女饮食，列子对于饮食没有分别了，当然对男女也没有分别了；第二，列子给妻子做佣人也无所谓了，因为他觉得一切平等，不认为因为自己是一家之主，就要"夫为妻纲"，摆大丈夫的威风。

其实这也正是《庄子·应帝王》的关键之处，入世之道也在于此。庄子讲得道的境界，从《庄子·逍遥游》开始，把道形容得天都装不下了，虚空都装不下了。讲大，大得无边无际；讲小，小得肉眼不见。庄子形而上的道也讲，怎么修养也讲，讲得天花乱坠，最后道成功了，才是"大宗师"。大宗师要救世救人，普度众生，积极入世，然而，入世怎么入？道家的庄子在这里下了一个最终的结论——老老实实做人，规规矩矩做事。列子的故事便是个很好的例证。

另外，庄子还说过"故忿设无由，巧言偏辞"。就是说，一个人说话，对方听了为什么不高兴？本来人的心底都是很平静的，因为某一句话不对了，"忿设无由"，心里的愤怒就没有理由，没有来由地被挑动了。"巧言偏辞"，讲话偏激，引起了别人的愤怒，"偏"就是过分，过分的恭维不对，过分的批评也不对。智慧高的人不喜欢听"巧言"，所以庄子的意思其实就是告诉人们，一个人不要玩巧，老老实实做人，其实最成功。

确实，古今中外，天下最成功的人，就是老实人。聪明反被聪明误，生活的本质其实很简单。

北宋时期著名的文学家和政治家晏殊，14岁被地方官作为"神童"推荐给朝廷。他本来可以不参加科举考试便能得到官职，但他没有这样做，而是毅然参加了考试。当考题发下后，他发现自己已经做过了，便向考官说明，并要求换一道题，皇帝知道后对他的诚实赞不绝口。

晏殊当官后，每日办完公事，总是回到家里闭门读书。后来皇帝了解到这个情况，十分高兴，就点名让他做了太子手下的官员。当晏殊去向皇帝谢恩时，皇帝又称赞他能够闭门苦读。晏殊却说："我不是不想去宴饮游乐，只是因为家贫无钱，才不去参加。我是有愧于皇上的夸奖的。"皇帝又称赞他既有真实才学，又质朴诚实，是个难得的人才，过了几年便把他提拔上来，让他当了宰相。

老实在很多人的眼中是愚蠢的表现，因为他们认为，老实会使自己吃亏。而晏殊的经历则给了这些人当头一棒，正是因为诚实，让晏殊的仕途一帆风顺。晏殊的经历告诉人们，老实人吃的是小亏，赚的是大便宜。人生就应该老老实实，只有老老实实，才能够脚踏实地，一步一步走向成功。

确实，我们的态度便是别人的态度，我们以什么样的态度对待人生，人生就反过来以什么样的态度回报给我们。所以说生命其实很简单，我们老老实实地做好本分，其实就已足够。

若是自己投机取巧，生活同样会见招拆招戏耍于他；如果其为人忠厚老实，生活也会诚恳待他。诚如那句俗语所说，天下最成功的人，就是老实人。老实人没有机心，所以诚恳地对待生活对待人事，所以他们最容易成功。并且，每个人，无论他聪明与否，他都同样喜欢老实人，正如坏人也喜欢好人一样，老天爱"笨小孩"。

我们有时也在把玩着自己的生活，我们相信自己和自己的能力，相信过去成功的经验，炫耀着自己的技巧……却不知道船将在何时倾斜，而我们将永远失去机会。

做人难，难做人，是规规矩矩、认认真真做人，还是在人生的舞台上做出一个个高难度的杂耍动作？没有规矩，不成方圆。无论世事怎样变化，多少沧海变为桑田，生活会将正确答案告诉你，只有时间能证明一切。做人、做事的道理长篇累牍，并且都有其屹立不倒的理由和根据，但褪尽浮华，我们会发现，做人之道其实只有八个字：老实做人，规矩做事。

第二节　人生如水，游刃有余

道家讲"上善若水，厚德载物"，人如要效法自然之道的无私善行，便要做到如水一样，保持至柔之中的至刚、至净、能容、能大的胸襟和气度。观水可以学做人。以"天下之至柔，驰骋天下之至坚"；灵活处世，不拘泥于形式，润泽万物，有容乃大，通达而广济天下，奉献而不图回报。一切作为，应如行云流水，义所当为，理所应为，生机无限。做过了，如雁过长空，不着丝毫痕迹，没有纤芥在心。

水中感悟做人道

古语有云："以铜为鉴，可正衣冠；以古为鉴，可知兴替；以人为鉴，可以明得失。"站在镜子面前，自己的模样一清二楚。古人常说，观水自照。因为水可为镜，观水做人，可知自身得失。镜如水，水即是镜。但镜、水之间的大不同是，水蕴涵的内容更多，变化也更多。人生在世，若能将水的特性发挥得淋漓尽致，可谓完人，道家讲"上善若水，厚德载物"就是如此。

道家对"水"的描述和发挥可谓深刻。老子说："上善若水。水善利万物而不争，处众人之所恶，故几于道。居善地，心善渊，与善仁，言善信，正善治，事善能，动善时。"一个人的行为如果能做到如水一样，善于自处而甘居下地，所谓"居善地"；心境像水一样，善于容纳百川的深沉渊默，所谓"心善渊"；行为举止同水一般助长万物生灵，所谓"与善仁"；言语如潮水一样准则有信，所谓"言善信"；立身处世像水一样持平正衡，所谓"正善治"；担当做事像水一样调剂融和，所谓"事善能"；把握机会，及时而动，做到同水一样随着动荡的趋势而动荡，跟着静止的状况而安详澄止，所谓"动善时"；遵循水的基本原则，与物无争，与世无争，永无过患而安然处顺，便是掌握天地之道的妙用了。

把心放得平坦，如水般自然，生死对于一个人来说都可以安稳度过，活着始终快乐，死也并不难过，所以人们还是应当心往好处想，不论何时何事，只要仍在人间，就要自在逍遥。因为快乐与痛苦，许多时候就在人们的心中，选择哪一个，都由自己来决定。

中国古时有一位官员被革职遣返，他心中苦闷，无处排解，便来到他的老师家中。老师静静听完了此人的倾诉，将他带入自己的书房之中，桌上放着一瓶水。老师微笑着说："你看这只花瓶，它已经放置在这里许久了，几乎每天都有尘埃灰烬落在里面，但它依然澄清透明。你知道这是何故吗？"此人思索良久，仿佛要将水瓶看穿，忽然他似有所悟："我懂了，所有的灰尘都沉淀到瓶底了。"

老师点点头："世间烦恼之事数之不尽，有些事越想忘掉越挥之不去，那就索性记住它好了。就像瓶中水，如果你厌恶地振荡自己，会使一瓶水都不得安宁，混浊一片；如果你愿意慢慢地、静静地让它们沉淀下来，用宽广的胸怀去容纳它们，这样，心灵并未因此受到污染，反而更加纯净了。"官员恍然大悟。

"到江送客棹，出岳润民田"，这是水的宽容，古人十分推崇此等厚德载物的品质。水具有滋养万物生命的德性，使万物得其润泽，而不与万物争利；永远不居高位，不把持要津，在这个永远不平的物质世界中，宁愿自居下流，藏垢纳污而包容一切。"水唯能下方成海，山不矜高自及天"，其气节之高尚，实为上乘。

所谓"大海不容死尸"，说明水性至洁，表面藏垢纳污，实质却水净沙明，晶莹剔透，至净至刚，不为外物所染。儒家观水，子在川上曰："逝者如斯夫，不舍昼夜。"因其长流不息，能普及一切生物，有德；流必向下，不逆成形，或方或长，必循理，有义；浩大无尽，有道；流几百丈山涧而不惧，有勇；安放没有高低不平，守法；量见多少，不用削刮，正直；无孔不入，明察；发源必自西，立志；取出取入，万物就此洗涤洁净，善于变化。

所以道家很看重水，主张观水可以学做人。做人若能始终保持一颗平常心态，和其光，同其尘，愈深邃愈安静；至柔而有骨，执着能穿石，以"天下之至柔，驰骋天下之至坚"；齐心合力，激浊扬清，义无反顾；灵活处世，不拘泥于形式，因时而变，因势而变，因器而变，因机而动，生机无限；清澈透明，洁身自好，纤尘不染；一视同仁，不平则鸣；润泽万物，有容乃大，通达而广济天下，奉献而不图回报。

守柔如雁过无痕

道家主张守柔无为，老子说："天下之至柔，驰骋天下之至坚。"意思是说天下最柔弱的东西，可以变通穿行于最坚硬的东西之中。为什么会如此呢？因为柔弱的东西会变通，它善于改变自己。这就是柔弱胜刚强的道理。《道德经》里老子还讲道，"万物作焉而不辞，生而不有，为而不恃"。老子告诉人们，天地间的万物，不辞劳苦，生生不息，但并不将成果据为己有，不自恃有功于人，如此包容豁达，反而使得人们更能体认自然的伟大，并始终不能离开它而另谋生存。所以上古圣人，悟到此理，便效法自然法则，用来处理人事。

做人处世，效法天道，尽量地贡献出自己的力量，不辞劳苦，不计名利，不居功，秉承天地生生不息、长养万物的精神，只有施出，而没有丝毫占为己有的倾向，更没有要求回报。人们如能效法天地而做人处事，才是最高的道德风范。而计较名利得失，怨天尤人，便是与天道自然的精神相违背。所谓"处无为之事"说的就是"为而无为"的原则：一切作为，应如行云流水，义所当为，理所应为，做应当做的事。做过了，如雁过长空，不着丝毫痕迹，没有纤芥在心。

关于有为与无为，我们从老子那段"齿与舌"的故事里能了解得更多。

商容疾据说是纣王时的大夫，因屡次直谏荒淫无道的纣王，结果遭到贬谪。后来纣王剖比干，囚箕子，逐微子，商容疾感到心寒，便躲进深山之中，避世隐居，不问世事。武王灭亡商朝后，天下大定。周室表彰商容疾闾里，想召他出山，商容疾婉言谢绝。他遗世独立，静心养性，修得一副道骨仙颜，虽然年岁已过数百，仍然精神矍铄，面色如童。到了春秋末年，老子降世，商容疾知道他不是平凡人物，便收他为弟子，传授他天地玄机、处事妙道，所以老子后来成为一代圣人。

有一次，商容疾得了重病，自知将不久于人世。老子匆匆赶来问候老师。他先询问了老师的病情，然后对老师说："先生的病确实很重了，有什么教导要嘱咐弟子的吗？"

商容疾说："乘车经过故乡的时候要下车，你知道这是为什么吗？"

老子说："过故乡而下车，大概是表示要不忘故乡吧？"

商容疾说："对了！那么，经过高大的古树的时候，要快速地走过，你知道这是为什么吗？"

老子说："经过高大的古树要快速地走过，这大概是说要尊敬德高望重的长者吧？"

商容疾说："是啊！"

然后张开嘴给老子看，说："我的舌头在吗？"

老子说："在。"

商容疾又说："我的牙齿还在吗？"

老子说："不在了。"

商容疾说："你知道这是什么道理吗？"

老子说："舌存而齿亡，这不是说刚强的东西已经消亡了，而柔弱的东西还存在吗？"

商容疾说："说得好啊！天下的事理正是这样。你没看见那水吗？天下万物，没有什么比水更柔弱的了。然而积水为海，则广阔无际，深不可测，大至于无穷，远极于无涯。百川灌之，无所增加；风吹日晒，没有减少。上天则为雨露，下地则为润泽。万物没有它不能生长，百事离开它不能成功。奔流起来不可遏止，无形无状不可把握。剑刺不能伤害它，棒击无法打碎它。刀斩不会断，火烧不能燃。锋利无比，可以磨灭金石；强健至极，可以承载舟船。深可渗进无形之域，高可翱翔于缥缈之间。涓涓细流回旋于川谷之中，滔滔巨浪翻腾于大荒之野。水为什么能够具有如此大的威力？因为它柔软润滑，所以能够出于无有，入于无间，攻坚克强，无可匹敌。弱而胜强，柔而克刚，世上没人不知，然而无人能行。你明白了吗？"

老子说："先生说得太好了！天下之至柔，驰骋天下之至坚，确实是万世不易的定理。人活着的时候，身体柔软脆弱，死后尸体就变得僵硬坚挺。草木活着的时候，又柔又软，一死就变得枯槁坚硬。所以，刚强的东西是走向死亡的东西，柔弱的东西是生机勃勃的东西。军队太强大，容易被消灭；树木太坚硬，容易被吹折。两国相争，弱国胜；两仇争利，柔者得。皮革太坚固，容易破裂；牙齿比舌头硬，所以先消亡。坚强的东西能胜不如自己的东西，柔弱的东西则克超过自己的东西。所以强大的东西处于劣势，柔弱的东西居于上风。积弱可以为强，积柔也就变成刚。欲刚必以柔守之，欲强必以弱保之。"

商容疾面露欣慰的笑容，说："你已经得到大道了。天下之理都已被你说尽了，我还有什么需要留给你的呢！"

满齿不存，舌头犹在，无为而作，才能完成应当所为之事。所以，有时，不必偏执地追求"有为"和"大用"。

历史上像老子一样懂得柔弱清净的人物也不少，比如清朝的曾国藩在为官方面，便是一生恪守"清静无为"的思想。表面上看似柔弱，无所作为，却能悠游自适，成就大业，就是因为他谙熟了老庄"柔弱胜刚强"的处世之道。这正如许多世间之法则，不要走向极端，因为那更容易灭亡。而做人善于走在两个极端之间，守柔无为能如雁过长空，不存纤芥，这才是智慧，只有这样，才能使自己更长久地生存下去，并开创出一番事业。

欲认识世界，先认识自己

《庄子·齐物论》里记载了一段十分有名的庄周梦蝶的故事。说："昔者庄周梦为胡蝶，栩栩然胡蝶也，自喻适志与！不知周也。俄然觉，则蘧蘧然周也。不知周之梦为胡蝶与，胡蝶之梦为周与？"

在这里，庄子用他亦真亦幻的语言向我们讲述了自己的这样一个梦：过去庄周梦见自己变成蝴蝶，欣然自得地飞舞着的一只蝴蝶，感到多么愉快和惬意啊！不知道自己原本是庄周。突然间醒来，惊惶不定之间方知原来是我庄周。不知是庄周梦中变成蝴蝶呢，还是蝴蝶梦见自己变成庄周呢？

在这个时候，庄子忘记了自己到底是谁，是蝴蝶？是庄周？分不清楚。看，这就是庄子，我们可以从他的观点中生发出这样一个问题：自己到底是谁？我们到底是否能够明确地认识自己？人生烦恼的根源究竟是什么？如何从这些烦恼中解脱出来？

一个人被烦恼缠身，于是四处寻找解脱烦恼的秘诀。

有一天，他来到一个山脚下，看见在一片绿草丛中有一位牧童骑在牛背上，吹着横笛，逍遥自在。他走上前问道："你看起来很快活，能教给我解脱烦恼的方法吗？"

牧童说："骑在牛背上，笛子一吹，什么烦恼也没有了。"

他试了试，却无济于事。于是，他又开始继续寻找。不久，他来到一个山洞里，看见有一个老人独坐在洞中，面带满足的微笑。他深深鞠了一个躬，向老人说明来意。老人问道："这么说你是来寻求解脱的？"

他说："是的！恳请不吝赐教。"

老人笑着问："有谁捆住你了吗？"

"没有。"

"既然没有人捆住你，何谈解脱呢？"

他蓦然醒悟。

生活中的我们又何尝不是像这个人一样四处寻找解脱的途径？殊不知，并没有谁捆住我们的手脚，真正难以摆脱的是羁绊心灵的那个瓶颈。

世上本无事，庸人自扰之。阻挡自己前进的障碍往往并非道路的艰险，而是人自身。

现实生活中，很多人过得并不如意，这时，你必须省察自身，你的境况是怎么造成的。很多时候，省察的结果往往会使你大吃一惊，进而恍然大悟。

尼采在《道德的系谱》的前言中，也针对"认识你自己"来大做文章。他说："我们无可避免跟自己保持陌生，我们不明白自己，我们搞不清楚自己，我们的永恒判词是：'离每个人最远的，就是他自己。'——对于我们自己，我们不是'知者'……"

认识你自己吗？谈何容易！一辈子不认识自己而做出了可耻可悲的事情的不是大有人在吗！今天不是还有一部分人正是由于不认识自己，不能充分理解生活的幸福，经受一点点挫折、打击就悲观、失望、苦恼、抱怨、彷徨，终于在唉声叹气、无所作为之中把时光白白浪费掉了么！

认识你自己罢！作为一个想正正经经做一番事业的人，对自己先要有个正确的认识，这难道不应当是一个起码的要求吗？比如说，你可能解不出那样多的数学难题，或记不住那样多的外文单词，但你在处理事务方面却有特殊的本领，能知人善任、排难解纷，有高超的组织能力；你的理化也许差一些，但写小说、诗歌是能手；也许你分辨音律的能力不行，但有一双极其灵巧的手；也许你连一张桌子也画不像，但是有一副动人的歌喉；也许你不善于下棋，但是有过人的想象力。在认识到自己长处的这个前提下，如果你能扬长避短，认准目标，抓紧时间把一件工作或一门学问刻苦认真地做下去，久而久之，自然会结出丰硕的成果。鲁迅说过，即使是资质一般的人，一个东西钻上 10 年，也可以成为专家，更何况它又是你自己的长处呢？

古人早就说过："临渊羡鱼，不如退而结网。"一个人生活在这个世界上，首先要做的事就是认识自己，只有认识自己，才能了解自己，才能真正明白自己的心灵究竟需要什么。

认识自己是人生智慧的开始。认识自己吧，顺着庄子那些调皮诙谐的目光，我们就能走上智慧的道路。

定住本心，不为外物侵扰

古代有一个人，刚当上军官时，心里很高兴。每当行军时，他总是喜欢走在队伍的后面。

一次在行军过程中，他的敌人取笑他说："你们看，他哪儿像一个军官，倒像一个放牧的。"

这个人听后，便走在了队伍的中间，他的敌人又讥讽他说："你们看，他哪儿像个军官，简直是一个十足的胆小鬼，躲到队伍中间去了。"

这个人听后，又走到了队伍的最前面，他的敌人又说："你们瞧，他带兵打仗还没打过一个胜仗，就高傲地走在队伍的最前边，真不害臊！"

这次他听了以后，心想：如果什么事都得听别人的话，自己连走路都不会了。从那以后，他想怎么走就怎么走了。

很多时候，我们在通向成功的奋斗之路上常常会被一些人和事所干扰，就像那位军官一样，如果总是在意外界的看法，就会最终失去了真实的自我，连走路都不会了。甚至还会在歧路上越走越远，找不到回头的道路。其实，生命是属于我们自己的，每个人都有一片属于自己的独特的天空。我们所要做的只是不被别人的言论所左右，常养自信，做到"心不动，以不变应万变"，活出自己。

在《庄子·逍遥游》有这样一句话："且举世誉之而不加劝，举世非之而不加沮。定乎内外之分，辨乎荣辱之境，斯已矣。"意思是说：世上的人们都赞誉他，他不会因此越发努力；世上的人们都非难他，他也不会因此而更加沮丧。他清楚地划定自身与外物的区别，辨别荣誉与耻辱的界限，不过如此而已呀！一个人只要达到这种境界，就不会总是受外界的干扰，就能够真正把握自己的命运，自由追求属于自己的幸福。

"走自己的路，让别人说去吧！"自己的路自己走，与人何干？自己的人生要自己做主，自己的命运需要自己主宰。人要依据自己的心，作出自己的判断，这样，才能在不断变换的外界境遇中，不为所动，不陷入慌乱被动。就如庖丁，自己心中对牛身体的构造了如指掌，所以常人看上去十分复杂的问题，他却能得心应手。

所以说，心不动才能真正认清自己，遇到顺境不动，遇到逆境也不动，不受任何外在的影响，做人才能游刃有余。现代人的状况大多相反，遇到顺境的时候高兴得不得了，遇到逆境的时候痛苦得不得了，这就带来许多痛苦。

其实，我们遇到的任何处境都一样，如果我们能够了解这一点，守住内心的自信，做到心不动，不为外物所扰乱，就能做到道家所提倡的悠游自若的人生境界。确实，别人的喜好不代表自己的喜好，别人的见解也未必就很客观。盲从他人最终只会导致一事无成，枉费心力。

所以做人要坚定自己的主张，不要让众人的意见淹没了自己的才能和个性。一味地听从别人的意见，就会迷失自我。道家看来，做人只有做到内心不动，才能在不断变换的人生境遇中游刃有余，做人才能不迷失自己。

一位小有名气的年轻画家画完一幅杰作后，拿到展厅去展出。为了能听取更多的意见，他特意在他的画作旁放上一支笔。这样一来，每一位观赏者，如果认为此画有败笔之处，都可以直接用笔在上面圈点。

当天晚上，年轻画家兴冲冲地去取画，却发现整个画面都被涂满了记号，没有一笔一画不被指责的。他十分懊丧，对这次的尝试深感失望。

他把他的遭遇告诉了另外一位朋友，朋友告诉他不妨换一种方式试试。于是，他临摹了同样一张画拿去展出。但是这一次，他要求每位观赏者将其最为欣赏的妙笔之处标上记号。

等到他再取回画时，结果发现画面也被涂遍了记号。一切曾被指责的地方，如今却都换上了赞美的标记。

"哦！"他不无感慨地说，"现在我终于发现了一个奥秘：无论做什么事情，不可能让所有的人都满意。因为，在一些人看来是丑恶的东西，在另一些人眼里或许是美好的。"

不同的人在面对同一件事物时，往往会发出不同的感慨，持有相异的观点。有时同一个人关于同一事件的观点，也会因时间的推移而变化，如果我们想用追随他人的喜好的方法来讨好他们的话，那是一件多么辛苦的事情啊。我们不可能让所有人都喜欢，人生来就有差异，喜好、兴趣、性格等也由此不同，所以我们要尽力使自己做到内心不动，不为外物的毁誉所扰乱。

先忘我，才能技通乎神

《庄子·养生主》中有一篇十分精彩的庖丁解牛的故事：

庖丁给文惠君宰杀牛牲，分解牛体时手接触的地方，肩靠着的地方，脚踩踏的地方，膝抵住的地方，都发出砉砉的声响，快速进刀时刷刷的声音，无不像美妙的音乐旋律，符合《桑林》舞曲的节奏，又合于《经首》乐曲的乐律。

文惠君说："嘻，妙呀！技术怎么达到如此高超的地步呢？"

庖丁放下刀回答说："我所喜好的是摸索事物的规律，比起一般的技术、技巧又进了一层。我开始分解牛体的时候，所看见的没有不是一头整牛的。几年之后，就不曾再看到整体的牛了。现在，我只用心神去接触而不必用眼睛去观察，眼睛的官能似乎停了下来而精神世界还在不停地运行。依照牛体自然的生理结构，劈击肌肉骨骼间大的缝隙，把刀导向那些骨节间大的空处，顺着牛体的天然结构去解剖；从不曾碰撞过经络结聚的部位和骨肉紧密连接的地方，何况那些大骨头呢！优秀的庖丁一年更换一把刀，因为他们是在用刀割肉；普通的庖丁一个月就更换一把刀，因为他们是在用刀砍骨头。如今我使用的这把刀已经十九年了，所宰杀的牛牲上千头了，而刀刃锋利就像刚从磨刀石上磨过一样。牛的骨节乃至各个组合部位之间是有空隙的，而刀刃几乎没有什么厚度，用薄薄的刀刃插入有空隙的骨节和组合部位间，对于刀刃的运转和回旋来说那是多么宽绰而有余地呀。所以我的刀使用了十九年，刀锋仍像刚从磨刀石上磨过一样。虽然这样，每当遇上筋腱、骨节聚结交错的地方，我看到难于下刀，为此而格外谨慎不敢大意，目光专注，动作迟缓，动刀十分轻微。牛体霍霍地全部分解开来，就像是一堆泥土堆放在地上。我于是提着刀站在那儿，为此而环顾四周，为此而踌躇满志，这才擦拭好刀收藏起来。"

有一位作家说："灵魂如果没有确定的目标，它就会丧失自己，因为俗话说得好，无所不在等于无所在。"在庄子的笔下，庖丁就是这样一个自在游走的人，甚至就像一个艺术家一样，达到了通神的境界。庖丁的游刃有余是凭空产生的吗？若不是，那从何而来？庖丁告诉我们说"我只用心神去接触而不必用眼睛去观察，眼睛的官能似乎停了下来而精神世界还在不停地运行"，并且"为此而格外谨慎不敢大意，目光专注，动作迟缓，动刀十分轻微"。看看，庖丁的精神境界已经专注到了绝对忘我的境界，所以才能技通乎神、游刃有余。

所以说，一个人无论学习什么技艺，从事什么事业，如果想达到驾轻就熟、游刃有余的境地，必须能够忘我。美国作家海明威的作品以其自然、清新和精练而享誉世界，他那极为简洁的对话有着"电报式"的美称。他在谈到自己的写作习惯说："我不停地写，刚开始时写得不好，慢慢地就写得好了；我站着写，而且只用一只脚站着，采用这种姿势，使我处于一种紧张的状态，迫使我尽可能简短地表达我的思想。"

有一幅漫画画的是一个青年在找水，他不停地挖井，但总是患得患失，不能专注，不能坚持，结果挖了好多的浅井，也没挖出水。其实，那找水的青年，只要他回到原地继续挖完那些未完成的井，或者到新地方后持之以恒地挖下去，他一定能找到水源。这个故事所阐明的道理告诫人们，在学习上、工作中，只有我们能定下心来，顺着事物本身的节奏规律循序渐进，才能获得像庄子书中所描述的庖丁一样的忘我，进而做事臻于驾轻就熟、游刃有余的更高境界。

淡看人生浮沉

老子在《道德经》一书中有一段关于宠辱的精彩论述："宠辱若惊，贵大患若身。何谓宠辱若惊？宠为下。得之若惊，失之若惊，是谓宠辱若惊。何谓贵大患若身？吾所以有大患者，为吾有身，及吾无身，吾有何患。故贵以身为天下，若可寄天下。爱以身为天下，若可托天下。"

万物发展有其规律，到极致时就会走向反面，到鼎盛时就会走向衰败。熊熊燃烧之火，离快要熄灭的时候已经不远了。因而，对于名利宠辱不必强求，不如淡然处世，反而有时会收到"有心栽花花不活，无心插柳柳成荫"的效果。这本不足道，世间万物无常，更何况宠辱不过都是外人加给我们的。别人能给你的东西，他们也就能随时拿走。所以不要为了他们的馈赠而喜悦，也不要为了他们的"拿走"而心生怨怼。

历史上有一个叫孙叔敖的人，一生几次沉浮，却始终游走于荣辱得失间，淡然处世。颇受后世推崇。

孙叔敖原来是位隐士，被人推荐给楚庄王，三个月后做了令尹（宰相）。他善于教化引导人民，因而使楚国上下和睦，国家安宁。有位孤丘老人很关心孙叔敖，特意登门拜访，问他："高贵的人往往有三怨，你知道吗？"孙叔敖回问："您说的三怨是指什么呢？"孤丘老人说："爵位高的人，别人嫉妒他；官职高的人，君王讨厌他；俸禄优厚的人，会招来怨恨。"孙叔敖笑着说："我的爵位越高，我的心胸越谦卑；我的官职越大，我的欲望越小；我的俸禄越优厚，我对别人的施舍就越普遍。我用这样的办法来避免三怨，可以吗？"孤丘老人感到很满意，于是走了。

孙叔敖按照自己说的做了，避免了不少麻烦，但也并非是一帆风顺，他曾几次被免职，又几次被复职。

有个叫肩吾的隐士对此很不理解，就登门拜访孙叔敖，问他："你三次担任令尹，也没有感到荣耀；你三次离开令尹之位，也没有露出忧色。我开始对此感到疑惑，现在看你的气色又是如此平和，你的心里到底是怎样的呢？"孙叔敖回答说："我哪里是有什么过人的地方啊？我认为官职爵禄的到来是不可推却的，离开是不可阻止的。得到和失去都不取决于我自己，因此才没有觉得荣耀或忧愁。况且我也不知道官职爵禄应该落在别人身上呢，还是应该落在我的身上。落在别人身上，那么我就不应该有，与我无关；落在我身上，那么别人就不应该有，与别人无关。我的追求是随顺自然，悠闲自得，哪里有工夫顾得上什么人间的贵贱呢？"肩吾对他的话很钦佩。

庄子十分推崇真人、至人。古人认为真人达到了很高的境界，外物不能使他意志动摇，美女不能使他淫乱，强盗不能劫持他，就是伏羲、黄帝也不配和他交游。死和生对于人是极大的事情了，可都不能改变他的操守，何况是官职爵位呢？像他这样的人，精神穿越大山无阻碍，潜入深渊也不会被水沾湿，处于卑微地位不会感到狼狈不堪。他的精神充满天地，他越是给予别人，自己越是感到富有。

宠辱不挂心，成败得失都从容以待，这是我们常常挂在嘴边的话，但是要做到又谈何容易呢？

其实，人生境界的高低不在于个人社会地位的高低，而在于一种心态，我们常常是宠辱皆惊，得失成败都看得很重，其实并不是普通人无法企及真人从容淡泊的境界，只是我们习惯于把尘世间的荣辱成败看得太重而已。所以，做人若能放下自我，放宽眼界，胸怀够宽广，自然能够承载很多得意与失意，那么就靠近了圣人们所描述的境界。

曲到好处方为上

"曲则全，枉则直，洼则盈，敝则新，少则多，多则惑。"弯曲便会周全，反过来弯曲便会伸直；低洼便会充盈，陈旧便会更新；少取便会获得，贪多便会迷惑。其实有时候，直来直去未必达到好效果，曲线反而才是两点之间最短的距离。老子寥寥数语便将为人处世与自利利人之道点出。

为人处世，必须善于"曲线以达目的"，只此一转，便可化腐朽为神奇。以言谈为例，善于言辞之人，讲话婉转而圆满，既可达到目的，又能彼此无事。不过善用曲线，也必须坚持直道而行的原则，不然会沦为奸猾。"枉则直"，歪的东西把它矫正过来，即为枉，直是人为的。矫枉过正，一件东西太弯了，稍加纠正一下即可，如果矫正太过，又弯到另一边去了。古语道："莫信直中直，须防仁不仁。"

曲直之间，运用之妙，存乎一心。其实两点之间最短的距离，不一定是直线。正所谓曲到好处方为上，比如提意见，善于运用迂回巧妙的方法，往往更有效。

春秋时期，鲁国人宓子贱曾在鲁国朝廷做官。一次，鲁君派他去治理一个名叫亶父的地方。他受命时心中久久难以平静，担心到地方上做官，离国君甚远，容易遭到自己政治上的凤敌和官场小人的诽谤。众口铄金，积毁销骨，假如鲁君偏信谗言，自己的政治抱负岂不是会落空？因此，他在临行时想好了一个计策。

宓子贱向鲁君要了两名副官，以备日后施用计谋之用。他风尘仆仆地来到亶父，该地的大小官吏都前往拜见，宓子贱叫两个副官拿记事簿把参拜官员的名字登记下来，这两人遵命而行。当两个副官提笔书写来者姓名的时候，宓子贱却在一旁不断地用手去拉扯他们的胳膊肘儿，使两人写的字一塌糊涂，不成样子。等前来贺拜的人已经云集殿堂，宓子贱突然举起副官写得乱糟糟的名册，当众把他们狠狠地鄙薄、训斥了一顿。宓子贱故意滋事的做法使满堂官员感到莫名其妙、啼笑皆非。两个副官受了冤屈、侮辱，心里非常恼怒。事后，他们向宓子贱递交了辞呈。宓子贱不仅没有挽留他们，而且火上浇油地说："你们写不好字还不算大事，这次你们回去，一路上可要当心，如果你们走起路来也像写字一样不成体统，那就会出更大的乱子！"

两个副官回去以后，满腹怨恨地向鲁君汇报了宓子贱在亶父的所为。他们以为鲁君听了这些话会向宓子贱发难，从而可以解一解自己心头的积怨，然而这两人没有料想到鲁君竟然负疚地叹息道："这件事既不是你们的错，也不能怪罪宓子贱，他是故意做给我看的。过去他在朝廷为官的时候，经常发表一些有益于国家的政见，可是我左右的近臣往往设置人为的障碍，以阻挠其政治主张的实现。你们在亶父写字时，宓子贱有意掣肘的做法实际上是一种隐喻。他在提醒我今后执政时要警惕那些专权乱谏的臣属，不要因轻信他们而把国家的大事办糟了。若不是你们及时回来禀报，恐怕今后我还会犯更多类似的错误。"鲁君说罢，立即派亲信去亶父。这个钦差大臣见了宓子贱以后，说道："鲁君让我转告你，从今以后，亶父再不归他管辖。这里全权交给你。凡是有益于亶父发展的事，你可以自主决断。你每隔五年向鲁君通报一次就行了。"宓子贱在鲁君的开明许诺下，排除了强权干扰，在亶父实践了多年梦寐以求的政治抱负。

宓子贱没有直言进谏，而是用一个自编自演、一识即破的闹剧，让鲁君意识到了奸诈隐蔽的言行对志士仁人报国之志的危害，可谓用心良苦。

人生最伟大的作为，不必要求成功在我，无论道德修为，或是事业功名，都遵循"功成，名就，身退"的天之道，一切付之全归，就是"曲则全"的大道，即人生的最高艺术。"诚"字还表明绝对不能把"曲则全"当做手段，要把它当做道德，要真正诚诚恳恳地去做。若一味将"曲则全"作为权术手段，到头来将一事无成，两手空空。

人与人的距离有时候很远，有时候又很近。很多时候，我们推崇的似乎是直谏之人，说话直来直去，似乎尤显真诚。但是，人们之间往往因为太真诚了，彼此偶然不顾及情面，便会使得本来关系密切的朋友分道扬镳，而要是碰到跟上级打交道，轻则丢掉饭碗，重的话还有可能因此而将脑袋丢掉。要是这样的话，那不是太不值得了。世界上最短的距离，不是直线的距离而是曲线的距离，因为它以一种婉转美妙，让人能欣然接受的方式，将隔着一堵墙的两个点连接了起来。

灵活应变，游刃有余

尧舜传位，很值得品评，人们常认为尧子丹朱不肖，尧发明围棋来训练其子思维的缜密，结果一无所获，于是遂放弃了传位于子的念头，将自己的位子传给了舜。后来历史学家认为帝尧真是高明，他传位于舜，是政治上最高尚的道德，同时也是保全自己后代子孙的最高办法。后人甚至有此推测：当时由丹朱即位做了皇帝的话，也许会作威作福，反而变得非常坏、非常残暴，那么尧的后代子孙，也可能危险了。他把天下传给了舜，反而保全了他的后代，这也是隐含在老子所说的"曲则全"中的又一个道理，那就是应变、变通。

实际上我们中国人做事历来比较讲究方法。我们再来看一个例子，看看齐桓公小白做事的方法。

公元前686年，公孙无知反叛，杀死齐襄公，自立为君。一个月后，公孙无知被大臣设计刺死。国不可一日无主，于是，齐国的大臣派人迎接流亡鲁国的公子纠回国继位，鲁庄公亲自率兵护送。效忠公子纠的管仲预计：流亡在莒国的公子小白也可能回齐国争位，为了防止公子小白回到齐国继位，管仲亲自率三十乘兵车去拦截公子小白。在过即墨三十余里的地方，管仲所带的一队人马与公子小白相遇。争斗中，管仲弯弓搭箭，向公子小白射箭，只见小白大叫一声，口吐鲜血，扑倒在车上。

此时，管仲才拨转马头，带一行人优哉游哉地护送公子纠回齐国即位。殊不知，当他们到达齐国的边界时，公子小白已抢先一步即了王位，成了齐国国君齐桓公。管仲和公子纠大为惊愕。原来，管仲的那一箭并没有射中小白，而是射到小白的带钩上，小白趁势咬破舌尖，喷血倒下装死，蒙骗了管仲。然后，公子小白抄近道急奔回国，经谋士鲍叔牙说服了齐国众大臣，登上了王位。

小白这种佯装的办法，竟让他成了万乘之尊的齐桓公，不能不让人赞叹他临机应变的能力。若非是有这番机智胆识，想必他后来也无法成就九合诸侯、一匡天下的霸业了。

人活一世，生存环境不断变迁，各种事情接踵而来，墨守成规、只认死理是无论如何都行不通的。讲究变通与应变，并不是要我们奴颜婢膝，而是要我们在处理事情的时候，要变通，要想办法保全自己，要在关键时刻能灵机一动，这是一种本事。

相对于齐桓公这些大人物，在小人中把随机应变、机灵办事应用得最活络的要数大太监李莲英了。他的得宠并不是偶然的，也不是没有道理的。

慈禧爱看京戏，常以小恩小惠赏赐艺人一点东西。一次，她看完著名演员杨小楼的戏后，把他召到眼前，指着满桌子的糕点说："这一些赐给你，带回去吧！"

杨小楼叩头谢恩，他不想要糕点，便壮着胆子说："叩谢老佛爷，这些尊贵之物，奴才不敢领，请……另外恩赐点……"

"要什么！"慈禧心情高兴，并未发怒。

杨小楼又叩头说："老佛爷洪福齐天，不知可否赐个字给奴才。"

慈禧听了，一时高兴，便让太监捧来笔墨纸砚。慈禧举笔一挥，就写了一个福字。

站在一旁的小王爷看了慈禧写的字，悄悄地说："福字是'示'字旁、不是'衣'字旁的呢！"杨小楼一看，这字写错了，若拿回去必遭人议论，岂非有欺君之罪？不拿回去也不好，慈禧一怒就要自己的命。要也不是，不要也不是，他一时急得直冒冷汗。

气氛一下子紧张起来，慈禧太后也觉得挺不好意思，既不想让杨小楼拿去错字，又不好意思再要过来。

旁边的李莲英脑子一动，笑呵呵地说："老佛爷之福，比世上任何人都要多出一'点'呀！"杨小楼一听，脑筋转过弯来，连忙叩首道："老佛爷福多，这万人之上之福，奴才怎么敢领呢！"慈禧正为下不了台而发愁，听这么一说，急忙顺水推舟，笑着说："好吧，隔天再赐你吧！"就这样，李莲英为二人解脱了窘境。

李莲英的机智在于借题应变，将错就错。这种圆场技术不仅需要智慧，也是与脑子机灵、嘴巴活络分不开的。慈禧常夸"小李子"会办事，看来也非虚言。

生活中，过于耿直的人有时候不能接受变通，那是因为他忽略了人性。事实上很多时候，人是情绪化的动物，并不是完全理智的。在古代掌握有生杀大权的帝王，更是如此。即使是忠言，但是逆耳，大家就是不爱听，皇帝一冲动，人头落地，实在是不值得。因此在这种情况下，讲究策略就很必要了。

变通在古今一样都是十分重要的，很多时候剑拔弩张对大家都不利。不如在做事情上讲点技巧，于人于己，都是一件好事。这并不是什么圆滑。如果一个人个性耿直不愿意变通，那么多少应该讲点技巧，做个简单的换位思考，就会发现自己所坚持的，其实多么不堪一击。

第三节　先无为，再作为

"三十辐共一毂，当其无，有车之用"，老子用比喻的方式向人们讲述了"中空无用有大用"的道理。透过车轮的自然法则，便可以了解修身成就的要诀，即中空无物，任运于有无之间，虚怀无物，合众辅而成大力。人之所以有祸害、有痛苦、有烦恼，就是因为"无所不为"，什么都想抓住。其实处无为之事，行不言之教，才是上智。

无用之中有大用

"三十辐共一毂，当其无，有车之用"，老子用比喻的方式向人们讲述了"中空无用有大用"的道理。古代造车，车轮至关重要，车毂的中心支点是一个小圆孔，由此向外周延，共有 30 根支柱辐辏，外包一个大圆圈，便构成一个内外圆圈的大车轮。以这种 30 辐辏合而构成的车轮来讲，没有哪一根支柱算是车轮载力的重点，因为 30 根平均使力，根根都发挥了特定的功能而完成转轮的效用，无所谓哪一根更重要。可是它的中心，却是空无一物，既不偏向支持任何一根支柱，也不做任何一根支柱的固定方向。因此才能活用不休，永无止境。

《庄子》一书中记载了一则有趣而寓意深刻的故事，讲的就是大材小材、有用无用之间的微妙关系。

庄子行走于山中，看见一棵大树被奉为社神，这棵树大到可以荫蔽几千头牛，树干有数百尺粗。树梢有山头那么高，树干几丈以上才分生枝杈，很多枝杈都可以做成小船。伐木的人停留在树旁却不去动手砍伐。问他们是什么原因，伐木人不屑一顾地说："那是没有用的散木。用它做船会沉，做棺材会很快腐烂，做器具就会毁坏，做门窗会流出汁液，做梁柱会生蛀虫。就是因为一无是处，所以才能长得那么茂盛。"庄子说："这棵树就是因为不成材而能够终享天年啊！"庄子走出山来，留宿在朋友家中。朋友高兴，叫童仆杀鹅款待他。童仆问主人："一只能叫，一只不能叫，请问杀哪一只呢？"主人说："杀那只不能叫的。"

第二天，弟子问庄子："昨日遇见山中的大树，因为不成材而能终享天年；如今主人的鹅，因为不成材而被杀掉。先生你将怎样看待呢？"庄子笑道："我将处于成材与不成材之间。处于成材与不成材之间，好像合于大道却并非真正与大道相合，所以这样不能免于拘束与劳累。假如能顺应自然而自由自在地游乐也就不是这样了。没有赞誉，没有诋毁，时而像龙一样腾飞，时而像蛇一样蛰伏，跟随时间的推移而变化，而不愿偏滞于某一方面；时而进取，时而退缩，一切以顺和作为度量，优游自得地生活在万物的初始状态，役使外物，却不被外物所役使，那么，怎么会受到外物的拘束和劳累呢？这就是神农、黄帝的处世原则。至于说到万物的真情、人类的传习，就不是这样的。有聚合也就有离析，有成功也就有毁败；棱角锐利就会受到挫折，尊显就会受到倾覆，有为就会受到亏损，贤能就会受到谋算，而无能也会受到欺侮，怎么可以一定要偏滞于某一方面呢！可悲啊！弟子们记住了，恐怕还只有归向于自然吧！"

对于神木和那只不叫的鹅来说，无用便是全生的方法，力求无用，但是到头来，无用对于他而言恰有大用。古人的智慧不能不让人感叹。《水浒传》里的智多星吴用，名字取"无用"的谐音，为人却是足智多谋，正是无用之大用，实在妙绝。

老子用车轮和容器的例子打比方，认为能够承担任重道远的负载的车毂，之所以能够活用不休，是因为有一个支持全体共力的中心圆孔，圆孔中空无物，因而能够承载多方力量，轮转无穷。这就是无用之用的大用，无为而无不为的要妙。

在这里，人们透过车轮的自然法则，便可以了解修身成就的要诀，即中空无物，任运于有无之间，虚怀无物，合众辅而成大力。"埏埴以为器，当其无，有器之用。"制作陶器，必须把泥土做成一个防范内外渗漏的周延外形，使它中间空空如也，才能使其在使用时，随意装载盛满，达到效果。

汉惠帝即位的第二年，年老的相国萧何病重。汉惠帝亲自去探望，提及接替相国之职的人选，当惠帝提到曹参，原本对继任人选不置可否的萧何也点头赞成。

曹参原本为大将，高祖封长子刘肥做齐王时，叫曹参做齐相。那时，天下初定，齐地百姓伪诈多变，加之多年战争的破坏，经济凋敝，民不聊生。曹参任用隐士盖公的黄老学说，"治道贵清静，而民自定"，清静无为，百姓安居。萧何一死，汉惠帝马上命令曹参进长安，接替做相国。曹参还是用清静无为的办法，一切按照萧何已经规定的章程办事，无所作为。惠帝对此有些不满，便让曹参的儿子曹窋去试探曹参。曹窋依据惠帝的叮嘱询问父亲："高祖归了天，皇上那么年轻，国家大事全靠您来主持。可您天天喝酒，不问政事，长此下去，怎么能够治理好天下呢？"曹参闻言大怒，叫仆人拿板子来，把儿子痛打了一顿。

第二天，曹参上朝时，惠帝问及此事，曹参问："陛下跟高祖比，哪一个更英明？"汉惠帝说："那还用说，我怎么能比得上先皇？"曹参说："臣跟萧相国比，哪一个更能干？"汉惠帝不禁微微一笑，说："卿好像不如萧相国。"曹参说："陛下说的话都对。陛下不如高皇帝，我又不如萧相国。高皇帝和萧相国平定了天下，又给我们制定了一套规章。我们只要按照他们的规定继续办，不要失职就是了。"汉惠帝恍然大悟。

无用而有大用，无才更是大才，历史上能将此演绎得恰到好处的人，必定都有一番作为。而汉代的曹参堪称是个中翘楚。

所以说，许多时候，我们不必偏执地追求"有为"和"大用"，中国历史上有许多人，上至帝王将相，下至布衣隐士，似乎本身都无所作为，却成就了大作为，就是因为他们谙熟了老庄"无用之才有大用"的处事之道。以虚无的胸怀做现实的事，包容一切功用，一切为我所用，才是道家所提倡真正的大用。

善争者以不争取胜

《庄子·山木》中说有一种名叫"意怠"的鸟，总是挤在鸟群中苟生，飞行时不敢在前边，也不敢在后边；饮食不争先，只拣残剩食物，所以它既不受鸟群以外的东西伤害，也不引起鸟群中的排斥，保身远祸。倘若它要"意"不怠，肯定不会采取此种生存方式。

"不争"在庄子这里，原意就是明哲保身，全身远祸。人们今天借用它，反其意而用之，用做"大度"讲，但同时我们也还要想到既谦下，又当仁不让，顺其自然，当柔则柔，该争则争。一味地"不争"、谦下，并不可取。真正的不争是为了更好地争胜。老子说："夫唯不争，故天下莫能与之争，古之所谓曲则全者，岂虚言哉，诚全而归之。"如何无争？什么都不要。人之所以有祸害、有痛苦、有烦恼，就是因为想抓住点什么，既然一切都能舍弃，自然无争。

清初，常熟三峰寺诗僧檗庵为虞山钱湘灵老人撰一对联曰：名满天下不曾出户一步；言满天下不曾出口一字。不怒自威，不言自重，不名自名，不争乃争，这是一种高级的生命感悟，又是一种大智若愚的生活方式，是对道家文化的深层体验和悟解，与西方那种以张扬自我、表现自我为中心的文化主旨迥然有别。

"诚全而归之。"我们一面讲要做个"不争"的谦谦君子，一面也要提倡当仁不让。有竞争意识的人都很善于利用各种机会，毛遂自荐、自我推销，这就是当仁不让。不过当仁不让，不是空口白话，拿不出真招儿，在当仁不让时，也需要策略化、艺术化。这就是道家真正的不争智慧：不争则已，争则胜之。有一则寓言借小火苗的故事，讲述了过于争胜而自取灭亡的道理，很有启发意义。

一团小火焰在温热的炉灰里隐隐地闪出几丝红光。它不想在瓦灰色的炉灰中无声无息地熄灭，就尽量往炉灰的深处钻，以减少身上能量的释放。

到了吃饭的时间，人们又把一些干树枝和劈柴塞进了渐渐冷却的炉子里。

火柴一划，盛着热汤的生铁锅底下的干柴堆冒出了火焰，快要熄灭的小火焰又复活了。炉子里一下子又填进这么多干柴，火焰这下可高兴了。它越烧越旺，把不流动的空气渐渐地从炉子里赶出去。顽皮的火焰不停地逗着木柴玩耍，它淘气地跳上跳下，燃烧得更加起劲了。

火舌顽强地穿透劈柴，喷射出许多焰火似的小星星。厨房里的暗影快活地跳起舞来，不停地在地上转来转去。调皮的火焰兴高采烈地发出呼呼声，它努力想穿过炉盖跑出来。炉子很快就呜呜地响了起来，忽而活泼地吹几声口哨，忽而豪迈地发出一阵呼啸，歌儿唱得和谐而动听，使原来幽暗寒冷的厨房一下子变得既明亮又暖和了。

火焰看到劈柴已乖乖地听从自己的指挥和调度，就得意忘形起来，狂妄自大的念头涨满了它的脑子，它不愿再待在炉子里，只觉得这地方太小又太挤，再也容不下它这个了不起的人物了。

于是，骄傲自大的火焰发出了吱吱的威胁声，它把刺眼的小火星狠狠地射向炉膛四壁，企图冲出那讨厌的炉膛，到外面去展现一下自己的本事和才能。火焰东冲西撞，好不容易找到了一个缝隙，它兴奋异常，趾高气扬地向外冲去。

结果可想而知，狂妄自大的火焰化作一缕青烟，消失得无影无踪了。可怜的火焰至死也不明白，离开了劈柴的帮助，它将一事无成。

有时，我们就像这火焰一样，取得些许成就便狂妄自大起来，不自量力地认为自己无所不知、无所不能。殊不知，你能有这样的成就集结了多少人的力量与智慧。离开了他们的帮扶与协助，任你有三头六臂也断然是无法成功的。遗憾的是，我们往往在遭受了失败之后也无法明白这个道理。

其实，人生在世，争的是什么？无非是两样东西，一是争气，一是争利。争气，值得，但不可太盛；争利，不值得，也为人瞧不起。要守得住"柔"，就得像古人说的那样："处利让利，处名让名。"名也好，利也罢，一切都不过是身外之物，生不带来，死不带走，索性就做个"赤条条来去无牵挂"的好汉，该有多潇洒。李白、陶渊明均系"爱酒不爱名"的古人，一个醉眼看世界，对酒当歌；一个是世外桃源，"不知有汉，何论魏晋"，与世无争，自寻解脱。

所以说"不争"是做人修身的原则之一，不争乃争正是竞争的最上乘境界。为人不可气太盛，"老聃贵柔"，道家倡导"不争"的"谦德"。并且用"意怠"的生存方式解释这种"谦德"。如果大家都能做到"不争"，在条件、名额、好处有限的情况下，事情就好办得多。所以说，做人超脱一点，心胸开阔些，甚至甘愿承认自己是弱者，对自己并没有实质的损失，还能避免无谓的争斗，反而能在最重要的时刻取得胜利。所以，善争者要做到"不争"，唯有善于不争的人才能争得最后的胜出。

无言的教育更胜耳提面命

古代有位宰相的妻子非常重视儿子的前途发展，她每天不辞劳苦地劝告儿子要努力读书，要有礼貌，要讲信用，要忠于国君。而宰相早上离开家去上朝，晚上回来则博览群书，处理政务。爱儿心切的夫人终于忍不住说："你别只顾你的公务和书本，你也该好好地教化指点自己的儿子啊！"宰相眼不离书地说："我时时刻刻都在教育儿子啊！言传不如身教，身体力行，更能将自己所要讲述的道理形象深刻地表达出来。"

确实，言教不如身教，与其耳提面命，不如学习宰相以无言的行动来达到教育的目的。

所谓不言之教，一切尽在不言之中，又何必一字一句地点明？

而不言之教，正是道家所倡导的一种做人理念。圣人以不束缚、不歪曲、不干涉的无为态度来为人处事，以自己具体的无为的行动来影响教化人民，清静无为，以德化民，不施酷法，不用苛政，正己化人，使人民不知不觉地处于浑厚的淳风之中。

老子所谓的"行不言之教"，说的就是万事以言教不如身教，光说不做，或做而后说，往往都是徒费唇舌而已。推崇道家、善学老子之教的司马迁，在其自序中，便引用孔子之意说："我欲载之空言，不如见之于行事之深切著明也。"

老子认为"处无为之事，行不言之教"，是为上智。不言之教的确是人生智慧的最高境界，却很难做到。唐朝著名的诗人白居易，曾以一首七言绝句，讽喻老子：言者不如知者默，此语吾闻于老君；若道老君是知者，缘何自著五千文。其实，白居易的这首诗是打趣老子最为诙谐的一个，一语中的。老子既然推崇"不言之教"，为何又洋洋洒洒写了《道德经》呢？关于此，还有一个有趣的记载。

老子原本为周朝效命，后见周王朝日趋衰败，不可救药，便抽身离去。他骑着一匹青牛，只身前往西域。要到西域去，必须经过一个关口，即函谷关，两面两座高耸入云的山峰对峙，中间有一条深险波折的羊肠小道。守关的长官叫关令尹喜，又叫令尹喜，是一个学识渊博、颇有见地之人。这日，他到城头瞭望，见辽阔碧空中一团紫气自东方冉冉而来，料定今日必会有圣人到来。果然，没过多久，他在关上远望，看见一个人骑着青牛缓缓而来，风度非凡，细看原来是名重一时的伟大思想家老子。

尹喜亲自打开城楼上的大厅，请老子坐下，端茶倒水，忙个不停。老子不卑不亢地坐下，朝窗外一望，只见黄土平原延伸到天际，苍苍茫茫，没有尽头。函谷关地势险要，路上人来车往，一目了然。尹喜恭敬地对老子说："我仰慕您的道德学问，想拜您老为师。"老子道："我已老了，腹中空空，没有什么学问，怎么好意思开口教人呢？"尹喜见他推脱，便半开玩笑半正经地说："您满腹经纶，如果不留下些东西来，恐怕很难走出这个函谷关的。"老子知道无法推脱，便接过尹喜递上的笔，一口气在竹简上洋洋洒洒写下了五千个字，这就是后世称为《老子》的一部书。因为这书上篇开卷谈"道"，下篇首章谈"德"，所以又称《道德经》。老子之所以自著五千文，一方面由于关令的"胁迫"，另一方面也是知音难觅。尹喜拿起老子写好的书稿，认真拜读，最后决定放弃官职，与老子一同出走西域。

虽然这只是传说，但也可以看出老子著书立说并非为了沽名钓誉。其实"不言之教"更多的是一种做人或者教育的方式，强调耳提面命式的说教，不如无声的行动来得实在。多说无益，道理原本就在事理当中，我们过多的干涉和说教有时反而起到反作用，相比较之下，开头故事中那位聪明的宰相倒是颇得了几分老子不言之教的真意。

所谓言教不如身教，一句话包容了最最切实的道理。让无言的真实的生活给人们最有益的教谕，这不比任何人为的刻意的说教来得更有效更容易让人接受嘛。

无为而为才是最高明的管理

老子曾说："良贾深藏若虚，君子盛德容貌若愚。"将能力表露在外面是人的天性。但貌似强悍、威风凛凛的人并不是最有能力的，真正有本领的人懂得隐藏自己的实力，不会轻易将才艺外露，韬光养晦才是聪明人之所为。"大智若愚"，从某种意义上讲，是有智谋的人保护自己的一种成事和处世计谋。

而放眼古今，懂得无为而为的人，更容易做成大事。尤其是那些处在领导位置上的人，对他们而言，不管理才是最高明的管理。汉高祖刘邦就是这样的一个人。

平民皇帝汉高祖刘邦，表面看来，满不在乎、大而化之，当他统一天下、登上帝位后，他曾坦白地说："夫运筹帷幄之中，决胜千里之外，吾不如子房；镇国家，抚百姓，给馈饷，不绝粮道，吾不如萧何；连百万之众，战必胜，攻必取，吾不如韩信。三者皆人杰，吾能用之，此吾所以取天下者也。项羽有一范增而不能用，此所以为吾擒也。"

天纵睿知应事事悟，时时醒，持守如一。许多人自以为做到了大智若愚，其实不过是流于表面，工于计巧，惯于矫饰，心好张扬，斤斤计较，精明干练，吃不得半点亏，外智而内愚。

那些善于驾驭人才的人，善于不管理，能做到用人不疑，疑人不用。老子说"爱民治国，能无知乎"这个问题，骤然看来，矛盾且有趣。既然要爱民治国，肩挑天下大任，岂是无知无识的人所能做到的？历史中所记载的黄帝或者尧、舜，都是标榜天纵神武睿知，或生而能言，或知周万物，哪里有一个无知的人能完成爱民治国的重任？

"知不知，上。不知知，病。夫唯病病，是以不病。圣人不病，以其病病，是以不病。"知道自己还有所不知，这是很高明的；明明无知却自以为知道，是十分糟糕的；有道的圣人没有缺点，因为他清楚地知道自己的缺点在哪里；正因为如此，他才没有缺点。因为知道自己的短处，所以能够看清他人的长处，利用他人之长而补己之短，让自己更为强大。所以，真是天纵睿知的人，绝不轻用自己的知能来处理天下大事，即天纵睿知必须集思广益、博采众议，然后有所取裁。

"知不知"与老子思想学术中心的"为无为"异曲同工，所谓知者恰如不知者，能守道家清静无为之道，以不管理为管理，才能领导多方，完成大业。

天纵睿知之人能成永世而不朽的功业，正因为他善于运用众人的智慧而成其大智。

三国时期的刘备就是一个天纵睿知、极懂管理的杰出代表。

刘备在当阳长坂坡摔阿斗，对子龙言："竖子几损我一员大将也！"这一句话换来赵云的万死不辞。白帝城托孤，对诸葛亮痛哭："君才十倍曹丕，必能安邦定国，终定大事。若嗣子可辅，则辅之；如其不才，君可自为成都之主。"一句话让诸葛孔明战战兢兢、鞠躬尽瘁、死而后已。刘备有识人之明，临终之时，曾经提醒诸葛亮："马谡言过其实，不可大用，君其察之！"他基于长期的共事，对马谡作出了中肯评价，不可大用并不是不用，又担心诸葛亮因亲近而任人失准，可谓高瞻远瞩，无奈诸葛亮不以为然，后痛失街亭。

刘备深明用人不疑的道理，对手下人推心置腹，对其尽心竭力，看似毫无主见，实则成竹在胸。刘备深明韬光养晦之道，大智若愚，一时骗尽天下英雄。煮酒论英雄，曹操笑言，"天下英雄唯使君与操耳"，可谓一语中的。只是曹操过于自负，在刘备种菜浇花、心无大志的假象之下，掉以轻心，使得龙归大海，鹏程万里。

或许在许多人眼中刘备软弱无能，只知痛哭流涕，成就蜀国千古功业的只是其手下的文臣武将，武有"一夫当关，万夫莫开"的关羽、张飞、赵云、马超等骁将，文有可比"兴周八百年之姜子牙、旺汉四百年之张子房"的卧龙凤雏。然而，刘备成就帝王霸业的关键却在于他能够一一收服这些清高孤傲、桀骜不驯的文武之士，让其对自己甚至自己的儿子都肝脑涂地以求报答知遇之恩。将每个人放在合适的位置，各用其能，让其各展所长，称得上是用人的大智慧。

古语道："大智者，穷极万物深妙之理，穷尽生灵之性，故其灵台明朗，不蒙蔽其心，做事皆合乎道与义，不自夸其智，不露其才，不批评他人之长短，通达事理，凡事逆来顺受，不骄不馁，看其外表，恰似愚人一样。"喜好夸夸其谈、才华外露，必然容易得罪于人；好批评他人长短，必然容易招人怨愤，这些都是智者竭力避免的事情。

因此，天纵睿知之人光华内藏，以愚钝的表象遮盖其内在的智慧，看似不为不管，其实正是最善于管理和作为的智者。所以，善于做事者，知以不为少为取胜，能够事事悟，时时醒，持守如一，以清静无为之智慧把握大局，这样也就足够了。

无为不等于没主见

《庄子·齐物论》记载了一个故事。魍魉问影子："先前你行走，现在又停下；以往你坐着，如今又站了起来。你怎么没有自己独立的操守呢？"影子回答说："我是有所依凭才这样的吗？我所依凭的东西又有所依凭才这样的吗？我所依凭的东西难道像蛇的蚹鳞和鸣蝉的翅膀吗？我怎么知道因为什么缘故会是这样？我又怎么知道因为什么缘故而不会是这样？"

魍魉和影子都不能自己决定自己，所以只能跟着别人转。一个人，如果像魍魉和影子一样，不能把握自己的命运，而是承受别人的支配，这个人就只是一个傀儡，恰如行尸走肉，不会获得人生的成功。做人对于主要的问题自己把握，其他的稍微放任一些也无妨，但是一定要守住自己的主心骨，不要总是盲从于他人的意见，盲目听从他人的意见终将导致一事无成。比如在管理上，对人们的意见只是参考。一个企业核心团队人很少，这些人坐一起的时候，才把所有的意见汇总，提出建议，采取方案，事情才能解决。然后以这个为基础，一个人说了算。否则几个人都算，那还是没有办法运转。

人们常说曾国藩善用黄老哲学，我们翻看清朝历史，就会发现这话不假。曾国藩曾说过"利可共而不可独，谋可寡而不可众，独利则败，众谋则泄"。意思是只想着为自己一个人谋利益，那必然失败，利益可共享而不可独贪。一群人拿主意则等于没有主意。所以现实中，他是个真正能把清净不为运用自如的人，不会刚愎自用，也不会盲目随大流，而是常常能够听取一群人的意见，然后和少数人商量，最后自己一个人拍板决定。这个才是无为而为的完整境界。否则一味跟着别人走，自己心中没有个主见，那么最终只会什么事也做不成。就像下面这则寓言中绣花的鹤。

鹤拿起针线要在自己的白裙子上绣一朵花。

刚绣了几针，孔雀过来问："鹤妹你绣的什么花呀？""我绣的是桃花，这样能显出我的娇媚。"鹤羞涩地说。"咳，干什么要绣桃花哩？桃花是易落的花，不吉祥，还是绣月月红吧，又大方又吉利！"鹤听了孔雀的话觉得很有道理，便把绣好的线拆了改绣月月红。正绣得入神时，只听锦鸡在耳边说道："鹤姐，月月红花瓣太少了，显得有些单调，我看还是绣朵牡丹吧。牡丹是富贵花呀，显得多么华贵！"

鹤又觉得锦鸡说得对，便又把绣好的月月红拆了，重新开始绣牡丹。

绣了一半，画眉飞过来，在头上惊叫道："鹤姐，你爱在水塘里栖歇，应该绣荷花才是，为什么要去绣牡丹呢？这跟你的习性太不协调了，荷花是多么清淡素雅，出淤泥而不染，亭亭玉立的多美呀！"鹤听了，觉得也是，便把牡丹拆了改绣荷花……

每当鹤快绣好一朵花时，总有人提不同的建议。她绣了拆，拆了绣，最终还是没有绣成任何花朵。

就像故事中的鹤一样，很多人都有一种随波逐流的从众心理。这就导致在具体的实践中，人们常常无法很好地把握无为的尺度，有时候反而因此随大流，而没有了自己的主见。所谓过犹不及，一味不为不问导致失去主心骨，这在道家看来，同样也是不可取的。

我们许多人就是如此，做事的动机往往不是那么明确，看到别人怎么做自己也怎么做，而不是按照自己的主观意愿去行动，有时还把这个说成是清静无为的处世哲学，尤其是在通往"成功""幸福""快乐"之类的道路上，一切似乎已经有了约定俗成的标准。其实，都是走入了误区。而且，长此以往，人就会逐渐失去自我。所以，作为个体会和大多数有一个博弈过程。

道家智慧不仅提倡无为，同时也警谕我们，做人也不能丢掉自己的想法。否则，在谋事上面，我们就只能被牵着鼻子走，而且由于参者众，所以力量更分散，使得本来可以很强大的一股劲，给分解掉了。我们看历史上的朝代，凡开明盛世，不光是有大批有识之士能为国家作最好的参谋，更关键的是盛世的天子，往往能够从善如流，但是又独守本分。对于别人的意见作最合理的分析，讲究听，但是更讲究统筹与变通。倘若是一个软耳根皇帝，这个也听，那个也听，最后是成不了事的。

与其费力不讨好，不如晓之以利害

诗里说的好，此时无声胜有声，有时候我们不说话或者少说话，反而对于一件事的解决更有助益。

道家讲清静无为，主张无为而无所不为，对于这种智慧的运用，西汉初年的几位皇帝、臣子可谓是典范。而其中又以汉文帝和陆贾的那段往事最令人津津乐道。

与汉高祖同时起来反抗暴秦的赵佗，在刘邦当了皇帝之后，去了南方的广州自封为南越王。毕竟是天高皇帝远，汉高祖没有办法，公开承认了这个称号，赵佗便成了真正的南越王。但是这个南越王野心不小，刘邦退位后，吕氏摄政。他认为吕氏对不起他，因此吕后一死，他自己觉得有资格当皇帝，于是窥伺汉室。

当时，汉朝为文帝天下。文帝知道这事情之后，觉得比较棘手，一时没有什么办法。主战则吉凶难测，退让又有损君威，万般无奈之下，文帝就亲自给赵佗写信。

信的内容十分精彩，软中带硬，绵里藏针，文采飞扬，极富技巧。开篇先说客套话，著名国学大师南怀瑾先生曾风趣地将之翻成白话：

"赵伯伯，你好，你很辛苦哦！很伤脑筋吧？我没有什么了不起，不过他们硬要叫我坐上这个位子当皇帝，弄得我不能不当，现在我已经即位了。以前很少向你送礼，现在寄一只火腿，专程叫一个人代表我去看看你。"

注意，这样一来，赵佗首先会觉得不好意思。文帝话中实际上暗示说，我这位子来得名正言顺，赵佗你要有想法是师出无名。顺便还说我没有忘记你，强调你是我的大臣。

然后又对赵佗说：

"我已经准许了你的要求，调动了你所要求撤换两位将军中的一位。你在北方的家属和同宗兄弟，我也已经派兵保护得好好的，并且派人修过了你祖先的坟墓。"

这话分量最重，表面上看来是安抚赵佗，实际上是在暗示说，你危险了，你的家人的安全，我能掌握，你要敢轻举妄动，我就干掉你。

然后第三、第四段就讲利害关系。赵佗也应该明白这层意义。最后一句"听乐娱忧，存问邻国"也很厉害，表面上是劝告赵佗说赏花遛鸟，出国访问，但是实际上是在暗示他不要想太多了，安稳点做你的王，否则小心我收拾你。通篇都是话里有话，让人不能轻举妄动。赵佗看到这信之后，立刻改主意了：这个文帝这么厉害，我斗不过他。我们翻出文帝给赵佗的信件一看，就会发现文帝的确很厉害，他暗示的手法用得真是炉火纯青。

汉文帝为了解决赵佗的问题，仅仅通过一封信，不动一兵一卒，就消弭一场大战于无形，拯救生灵无数。此一种制敌取胜之法堪称将不战而胜之法运用到自如境界的典范。

大人物之间的暗示，可化解战乱于无形。这样的大事也许我们平常人无法相比，但是在现实生活中，应用暗示也可以达到意想不到的效果。

比如说正面的劝告往往容易使人产生逆反心理，劝说不成，适得其反。这时不妨改变一下策略，另辟蹊径，调换个方法来暗示他，从侧面打开缺口，或许能事半功倍。所谓"东边不亮西边亮"。很多事情说得明白了，未必就会明了，反而是曲曲折折中方见光明。

文帝要是公开大讲江山社稷，赵佗怕是听不进去，但是一封满含暗示的信件，却让他放弃了危险行动。

说话的技巧，暗示最难，这种让别人跟着自己走的技巧，是很难学的。但是我们一旦学会就会受益无穷，因为大家都不喜欢被强迫。与其费力不讨好，不如晓之以利，加以引导。

谨言慎行方无尤

东汉末年，曹操酷爱幼子曹植的才华，因此想废了曹丕转立曹植为世子。当曹操就这件事征求贾诩的意见时，贾诩却一言不发。曹操十分疑惑："你为什么不说话？"贾诩说："我正在思量一件事！"曹操问："什么事？"贾诩答："我正在想袁绍、刘表废长立幼招致灾祸的事。"曹操闻言一笑，领会了贾诩的言外之意，也不再提废立之事了。

贾诩此举实在高明。长幼废立之事，虽为国事也算家事，但是曹操问起，倘若不说曹操会不高兴；说得深浅分寸不当，亦会引起曹操的不满。贾诩绕了一圈，用袁绍的故事来点破其中的玄虚，曹操自然明白。这样，贾诩既避免了指手画脚的嫌疑，也起到了问有所答的妙处，实为上策。

说话就像是做人，说话的艺术，其实也是做人的艺术。《庄子·人间世》讲，"言者，风波也；行者，实丧也"。意思是告诉人们，风一来，平静的水面就起波澜，一句话说错了，人与人之间就跳出问题来。正所谓一言兴邦，一言丧邦。一句话如刀之双刃，口业十分重要。人的行为是事实，行动错了，事情便很危险了。在这里，庄子将人的言与行的后果指示了出来，给人以启发。

《增广贤文》里面有这样一句："逢人只说三分话，未可全抛一片心。"这句话作为中国人生存的金玉之言而被世代强调。逢人只说三分话，还有七分，不必对人说出，以免别人彻底掌握自己的"底细"。有的人也许认为，自己做人光明磊落，没有什么见不得人的事，说三分话岂不是太过阴险了？没有什么见不得人，是指你所做的事没有什么可隐瞒的，并不是说非要尽情向别人宣布。老于世故的人，他只说三分话，就能在社会中如鱼得水、游刃有余。说话本来有三种限制，一是人，二是时，三是地。非其人不必说；非其时，虽得其人，也不必说；得其人，得其时，而非其地，仍是不必说。非其人，你说三分真话，已是太多；得其人，而非其时，你说三分真话，正给他一个暗示，看看他的反应；得其时，而非其地，你说三分真话，正可以引起他的注意，如有必要，不妨择地长谈，这叫做通达世故的人。

庄子在《庄子·人间世》中还借孔子的口论述了这样一段人生哲理。他说："故法言曰：'传其常情，无传其溢言，则几乎全。'"外交官传达两方面意见的时候，做翻译官也一样，'传其常情'，很正规，很平常，"无传其溢言"，就是说过分的话不能传，好坏都不能加一点，你能够做到这样，就能保全自己，也能够完成使命。

这虽然是一段讲外交官的修养，做外交的哲学，但也是告诉我们做人懂得谨言慎行，才能无尤少祸。俗话说嘴巴闭关，舌头收箭，我们说谨言慎行，其实也是一种耐与恒的做人境界。

徐文远是名门之后，他幼年跟随父亲被抓到了长安，那时候生活十分困难，难以自给。他勤奋好学，通读经书，后来官居隋朝的国子博士，越王杨侗还请他担任祭酒一职。隋朝末年，洛阳一带发生了饥荒，徐文远只好外出打柴维持生计，凑巧碰上李密，于是被李密请进了自己的军队。李密曾是徐文远的学生，他请徐文远坐在朝南的上座，自己则率领手下兵士向他参拜行礼，请求他为自己效力。徐文远对李密说："如果将军你决心效仿伊尹、霍光，在危险之际辅佐皇室，那我虽然年迈，仍然希望能为你尽心尽力。但如果你要学王莽、董卓，在皇室遭遇危难的时刻，趁机篡位夺权，那我这个年迈体衰之人就不能帮你什么了。"李密答谢说："我敬听您的教诲。"

后来李密战败，徐文远归属了王世充。王世充也曾是徐文远的学生，他见到徐文远十分高兴，赐给他锦衣玉食。徐文远每次见到王世充，总要十分谦恭地对他行礼。有人问他："听说您对李密十分倨傲，对王世充却恭敬万分，这是为什么呢？"徐文远回答说："李密是个谦谦君子，所以像郦生对待刘邦那样用狂傲的方式对待他，他也能够接受；王世充却是个阴险小人，即使是老朋友也可能会被他杀死，所以我必须小心谨慎地与他相处。我察看时机而采取相应的对策，难道不应该如此吗？"等到王世充也归顺唐朝后，徐文远又被任命为国子博士，很受唐太宗李世民的重用。

徐文远之所以能在五代隋唐之际的乱世保全自己，屡被重用，就是因为他在平时说话办事能够谨慎以待，不张扬不放纵。可谓深得道家做人的智慧。

有一篇文章叫《说话的温度》，讲述的也是这个道理。"急事，慢慢地说；大事，清楚地说；小事，幽默地说；没把握的事，谨慎地说；没发生的事，不要胡说；做不到的事，别乱说；伤害人的事，不能说；讨厌的事，对事不对人说；开心的事，看场合说；伤心的事，不要见人就说；别人的事，小心地说；自己的事，听听自己的心怎么说；现在的事，做了再说；未来的事，未来再说。"

此段描述，与庄子的用意不谋而合。言语能够引起风波，而行动会直接带来结果，做人做事，需要懂得忍耐矜持、谨言慎行，有时不妨多听听别人是怎么说的，这样自然能给自己免去不少祸患和麻烦。

老子有三宝，慈俭不为先

老子传了三件法宝："曰慈，曰俭，曰不敢为天下先。"在这里，慈，指内心深处纯良与中正的外在表现；俭，指适中适可的行事方式；不敢为天下先，即具体应该如何去做。凡事从"我"着手，恰好解决问题即可，无需过多的形式与修饰，否则，便是冗余。不敢为天下先，即不违背"道"，做事符合"道"的准则，无论是事物内在的道还是外在的道。背"道"而驰，就会冒天下之大不韪，循"道"而行，也有一定的前提要求，即"不敢"的时候，不具备某种能力的时候，没有认清某种"势"的时候，就不要"螳臂当车"，为天下之先。

汉文帝极为推崇且深谙"黄老之道"，他是将老子的传世三件宝真正身体力行的一代君主，慈、俭、不敢为天下先，都逐一做到。

汉文帝即位不久，就下了一道诏书说："一个人犯了法，定了罪也就是了，为什么要把他的父母妻儿也一起逮捕办罪呢？我不相信这种法令有什么好处，请你们商议一下改变的办法。"大臣们一商量，按照汉文帝的意见，废除了一人犯法、全家连坐的法令。后来的缇萦上书，废除肉刑，更是文帝仁慈治天下的表现。临淄太仓令淳于意因无心官场，辞官归故成为一名郎中。一次，当地一位豪商的妻子生了病，请淳于意医治，不料病人不治身亡，商人仗势向官府告了淳于意一状，当地官吏判处其"肉刑"，将其押赴长安。淳于意的小女儿陪父前往长安，并托人写了一封奏章传入宫门，乞求皇帝废除惨无人道的肉刑，自己甘愿没为官奴替父赎罪。汉文帝看了信，召集群臣，说："犯罪受罚，理当如此。但肉刑过于残酷，不利于人改过自新，将之取缔吧！"

吕祖谦曾说过："凡四百年之汉，用之不穷者，皆文帝之所留也。"综观西汉文帝在位的言行政措，有一点特别突出，即"躬自俭约"，文帝敦朴节俭是臣民的表率。《史记·孝文本纪》中记载：文帝即位从政23年间，生活俭朴，身着粗袍；修建陵墓全用泥瓦，甚至连墓室装饰也明令不准使用金、银、铜、锡等贵重金属；所宠爱的慎夫人，也随文帝过着简朴的生活，平时不着一般贵妇穿的拖地长裙，而是像劳动妇女那样"衣不曳地"，所居住的室内帷帐全无雕龙绣凤的纹饰。一次，汉文帝想在宫内修一座露台，就向工匠打听所需花费，当工匠告诉他修成需要百金时，汉文帝马上感叹："这花费相当于十户中等人家的财产啊。"于是放弃了原先的打算。

此外，文帝还经常揽过失于自身，他说："我听说天之道是祸自怨恨而起，福由行德而生，百官的不对，应该由我亲身负责……我不英明，不能施德及远，以致使边疆的人们不得宁息。"汉文帝下罪己诏非常频繁，无论天象异常或外患日亟，他都要罪己反省。后世许多人认为时为代王的刘恒在继承帝位之前的谦虚不过是一场"不敢为天下先"的表演，即便如此，也是文帝将黄老之术运用娴熟的表现吧。

汉文帝学习老子可谓抓住了其精髓所在，故能成为一代名主。后世帝王因此十分推崇于他，却少有人能真正做到，更别说与之比肩了，反而不少人假冒为善，欺世盗名，比如晋武帝司马炎就是其中一个。

晋武帝司马炎谋权篡位当上了晋朝的开国皇帝，这位以欺诈起家、取天下于孤儿寡妇之手的君主在他在位的第四年做了一件事，竟然波及后世中国科技的发展，可谓影响深远。

太医司马程阿谀谄媚，为讨好皇帝，利用精工绝巧的手工艺，精心设计制作了一件"雉头裘"，奉献上去。司马炎为标榜恭俭，将这件精巧的裘服在殿前烧毁，并下了诏书，认为"奇技、异服，典礼所禁"。机巧技艺、奇装异服是传统文化精神中所反对的，特敕令内外臣民，敢有再犯此禁令的，便是犯法。

我们读中国的历史，姑且不论司马氏得天下是好是坏以及对司马炎的个人道德和政治行为又作什么评价，但历来对奇技淫巧、精密工业以及科技发展的严禁，大体都是效法司马炎这一道命令的精神。因此，便使中国的学术思想，在工商科技发展上驻足不前，永远停留在靠天吃饭的农业社会的形态上。

　　电视剧《宰相刘罗锅》中曾用几个场景便将乾隆皇帝效法司马炎的虚伪之举表现得淋漓尽致：他奖赏一位身着补丁官服的虚伪官吏，标榜俭朴；他对西洋供奉的舰船模型不屑一顾……电视是在杜撰历史，也是在重现历史，许多封建帝王都是在老子传世"三件宝"中学到了些皮毛，便自欺欺人。帝王治世之道，便是现代的领导艺术；古代的处世之道，如今依然有着不变的价值。

　　老子的三件宝经过了历代的演绎，后人恐怕已找不出其原本的含义了，只有抓住关键，才能真正在老子的告诫中安守清净，从容处世。

第四节　虚怀若谷，得失不挂心

　　月盈自有亏，心满须归零。老子说："飘风不终朝，骤雨不终日，孰为此者，天地！天地尚不能久，而况于人乎？"世间万象，分秒在变，无法把握，亦无须把握。所以道家智慧告诉我们真正的君子就应该永葆一颗"归零心"，不要让自己的心中被太多不必要的成见充斥着，更不能盲目自大自满。能够经常发现自己的不足，才能不断进步。

月盈自有亏，心满须归零

　　道家强调物极则反的辩证法思想，放在做人就是一个"月盈则亏，水满则溢"的道理。所以道家智慧告诉我们，真正的君子就应该永葆一颗"归零心"，不要让自己的心中被太多不必要的成见充斥着，更不能盲目自大自满。能够经常发现自己的不足，才能不断进步。

　　谦虚的反面是骄傲自满，骄傲自满是通往成功之路上的绊脚石，它像有色眼镜一样，让我们看不到别人的闪光点，自以为是，止步不前，进而变得狭隘、自私、目中无人，如井底之蛙，看不到更广阔的世界。

　　有一只狐狸喜欢自夸自大，它以为森林中自己最大。

　　傍晚，它单独出去散步，走路的时候看见一个映在地上的巨大影子，觉得很奇怪，因为它从来没有看过那么大的影子。后来知道是它自己的影子，就非常高兴。它平常就以为自己伟大，有优越感，只是一直找不到证据可以证明。

　　为了证实那影子确实是自己的，它就摇摇头，那个影子的头部也跟着摇动，这证明影子是自己的没有错。它就很高兴地跳舞，那影子也跟着它舞动。它继续跳，正得意忘形时，来了一只老虎。狐狸看到老虎也不怕，就拿自己的影子与老虎比较，结果发现自己的影子比老虎大，就不理它继续跳舞。老虎趁着狐狸跳得得意忘形的时候扑过去，把它咬死了。

　　骄傲的狐狸因为一个影子就自我膨胀，最终葬送在虎口之下，这就是妄自尊大的后果。

　　人因自谦而成长，因自满而堕落。老子在《道德经》中说："生而不有，为而不恃，功成而不居。"又说："功成名遂，身退，天之道。"功成名就之后能隐退，甘心去做一个平凡人，这才符合天道。如果成功之后，只知自我陶醉，而迷失于成果之中，那就是为自己的成就画下句号。

　　成功常在辛苦日，败事多因得意时。谦受益，满招损。太多的警句都在告诫我们骄傲自满的危害。要知道，一个人的成绩都是在他谦虚好学、伏下身子扎实肯干的时候取得的，一旦骄气上升，自满自足了，那么他必然会停止前进的脚步。美国哲学家富兰克林说过："骄傲是一个人要除掉的恶习。"其实，从根本上来看，骄傲并不是自尊或自信。有一位哲学家说："一个人若种植信心，他会收获品德。"但一个人若种下骄傲的种子，他必收获众叛亲离的果子，甚至带来不可预知的危险，就像那只自夸自大、自我膨胀的狐狸一样。

所以，我们要时刻记得给自己的心清零。颗粒饱满的稻穗是低着头的，只有空瘪的稻穗才昂着头。在这个世界上，每个人都在为自己的成功拼搏，都想站在成功的巅峰上欣赏最美的景色，但是成功的路只有一条，那就是放低心态，放空心态。道家经典中有不少此类文字，比如《庄子》书里的齐桓公与木匠的这番对话。

齐桓公在堂上读书，木匠在堂下做车轮子。木匠停住手中的活问桓公："您读的是什么？"桓公漫不经心地说："圣人之言。""圣人还活着吗？"桓公说："已经死了。""那么说您读的只是古人留下的糟粕了！"桓公听了大怒，说道："我在这里读书，你有什么资格说三道四？今天如果说出个子丑寅卯倒还罢了，否则就处你死刑。"木匠不慌不忙地来到堂上，对齐桓公说："我这道理是从做车轮中体会出来的。榫眼松了省力而不坚固，紧了则半天敲打不进去；我可以让榫眼不松不紧，然后不慌不忙地敲进去，得之于手而应之于心，嘴里虽然说不出这松紧的尺寸，心里却是非常有数的。我心里这个'数'，无法传给我的儿子，儿子也无法从我这里继承下去。所以我都60岁了，还在这里为您做车轮子。圣人已经死了，他所悟出来的最深刻的道理也随着他的死亡而消失了，能够用语言表达出来的，只能是浅层次的道理。所以我说您读的书只不过是古人留下的糟粕罢了。"

庄子借这个故事以抒发其内心的情怀和艰难思索后的哲学结论。其中这样一则意味深远的故事，读来让人回味良久。

在通往成功的路上，人们都行色匆匆，刹那间的驻足，就有可能被别人超越。因此，有句话很值得借鉴："成功的路上没有止境，但永远存在险境；没有满足，却永远存在不足。"而我们最应该做的就是：清楚地认识到自己的不足，并为了弥补这些不足而努力学习。

虚心做人是道家十分强调的做人智慧，而放在反面来看，我们不仅要经常保持谦虚的心态，更要不断清除自己内心被尘世污染的尘垢。在道家看来，做人要追求心灵的自由，关键是努力净化自由的心灵，要果断地、毫不吝惜地清除心灵的垃圾，用真善美的圣水冲刷灵魂的灰尘。所以，我们要时刻警惕自己的心灵被势利丑恶的垃圾所污染，经常审视自己，为心清零。不要把人生得失看得太重，而是要经常打扫思想之屋，保持清新洁净，让真理和美德扎根在心灵的土壤，让真理和美德的阳光照彻我们的思想，那样自然就会感受到心灵的自由和生活的快乐。

心中无我，才能超越自我

有一天，深山里来了两个陌生人。年长的仰头看看山，问路旁的一块石头："石头，这就是世上最高的山吗？""大概是的。"石头懒懒地答道。年长的没再说什么，就开始往上爬。年轻的对石头笑了笑，问："等我回来，你想要我给你带什么？"石头一愣，看着年轻人，说："如果你真的到了山顶，就把那一时刻你最不想要的东西给我，就行了。"

年轻人很奇怪，但也没多问，就跟着年长的人往上爬。斗转星移，不知过了多久，年轻人孤独地走下山来。

石头连忙问："你们到山顶了吗？"

"是的。"

"另一个人呢？"

"他，永远不会回来了。"

石头一惊，问："为什么？"

"唉，对于一个登山者来说，一生最大的愿望就是登上世上最高的山峰，但当他的愿望真的实现了，同时，也就没有了人生的目标，这就好比一匹好马的腿断了，活着与死，已经没有什么区别了。"

"他……"

"他从山崖上跳下去了。"

"那你呢？"

"我本来也要一起跳下去的，但我猛然想起答应过你，把我在山顶上最不想要的东西给你，看来，那就是我的生命。""那你就来陪我吧！"

年轻人在路旁搭了个茅草屋，住了下来。人在山旁，日子过得虽然逍遥自在，却如白开水般没有味道。年轻人总爱默默地看着山，在纸上胡乱画着。久而久之，纸上的线条渐渐清晰了，轮廓也明朗了。后来，年轻人成了一名画家，绘画界还宣称他是一颗耀眼的新星。接着，年轻人又开始了写作，不久，他就因他的文章回归自然的清秀隽永一举成名。

许多年过去了，昔日的年轻人已经成了老人，当他对着石头回想往事的时候，他觉得画画、写作其实没有什么两样。最后，他明白了一个道理：其实，更高的山并不在人的身旁，而在人的心里，心中无我才能超越。

确实，更高的山在我们的心里，只有心中无我时，人才能攀越这座高山。正如庄子所说："随其成心而师之，谁独且无师乎？"一个人，如果依照自己生理和心理意识，自己建立一个观念"而师之"，认为这个才是最高明的，然后根据自己这个高明的观念解释一切。那么，每一个人心里都有个老师，所以就会谁也看不起谁，因为我有我的高明之处，而且不传给你。按自己的心态来判断一切、观感一切，认为自己就是大师，愚者都是如此！只有倒空了自己，才会发现虚无。而相反，一个人如果不肯放下膨胀的自我观念，时时把自己看得太重，反而会失掉自我。

《庄子·逍遥游》中说："至人无己，神人无功，圣人无名。"与老子所讲的"无为"是一个意思。庄子还曾多次提到"至人"，"至者，到也"。人要是做人做到了头，能够把握自己的生命，即称之为"至人"。怎样才能达到"至人"的境界呢？"无我"即忘记自我。道家讲："能够'乘天地之正，御六气之辩，以游无穷者'，才能做到'至人无己'。"

在这里，庄子试图告诉我们一个道理，那就是无我才是人生的至境，无我的谦卑是一种十分可贵的做人品质。甚至有时候，人生的许多祸患，其原因也往往是因为自己。或者换句话说人最大的敌人，其实往往也是自己。所以说，"无我之境，乃至境；忘己之人，乃至人"，并不夸张。

"满招损，谦受益"是圣古先贤留给后人的一句可以千年护身的箴言。谦恭有礼、虚怀若谷，好比打开心灵之门，迎来更广阔、更完美的人生境界。虚怀若谷，可谓是人生的至理名言。心太满，什么东西都装不进去；心不满，才能有足够的充实空间。放空自我，以平凡之态示人，才是真正的伟大。所以说，做人要让心中无我，这样才有可能不断超越人生，超越自我。

虚怀若谷，谦恭自守

老子强调"气也者，虚而待物者也。唯道集虚"。从这句话中，我们可以做这样的理解，那就是一个人要抛弃心中的得失成见，让心灵"虚而待物"，做一个谦虚君子，更能显出其力量与魅力。而一个人要保持内心的纯净与空灵，用庄子的话说就是要"去知集虚"。在道家看来，只有这样才能摆脱尘世得失心的干扰，拥有快乐美好的人生。而这正是做人谦虚的表现。相反，如果不够虚心，骄傲自大，那就很有可能犯一叶障目、贻笑大方的错误了。古往今来，因此闹过笑话甚至犯错误的人，数不胜数，就是大才子苏东坡也有过这样的经历。

有一次苏东坡去拜见王安石，当时王安石正在睡觉，他被管家徐伦引到王安石的东书房用茶。徐伦走后，苏东坡见四壁书橱关闭有锁，书桌上只有笔砚，更无余物。他打开砚匣，看到是一方绿色端砚，甚有神采。砚池内余墨未干，方欲掩盖，忽见砚匣下露出纸角儿。取出一看，原来是两句未完的诗稿，认得是王丞相写的《咏菊》诗。苏东坡拿起来念了一遍：西风昨夜过园林，吹落黄花满地金。

苏东坡哑然失笑，这诗第二句说的黄花即菊花。此花开于深秋，敢与秋霜鏖战，最能耐久。随你老来焦干枯烂，并不落瓣。说个"吹落黄花满地金"岂不错误了？

苏东坡兴之所发，不能自已，举笔舐墨，依韵续诗两句：秋花不比春花落，说与诗人

29

仔细吟。然后就告辞回去了。

不多时，王安石走进东书房，看到诗稿，问明情由，认出苏东坡的笔迹，口中不语，心下踌躇："屈原的《离骚》上就有'夕餐秋菊之落英'的诗句。他不承认自己学疏才浅，反倒来讥笑老夫！"又想："且慢，他原来并不晓得黄州菊花落瓣，也怪他不得！"随后叫徐伦取湖广缺官登记册来看。发现只有黄州府缺少一个团练副使。于是，把苏东坡贬为黄州府团练副使。

苏东坡在黄州与蜀客陈季常为友。重九一日，天气晴朗，恰好陈季常来访，东坡大喜，便拉他同往后花园看菊。令他惊讶的是，只见满地铺金，枝上全无一朵，惊得苏东坡目瞪口呆，半晌无语。苏东坡叹道："当初小弟被贬，只以为是王相公公报私仇。谁知他倒不错，我倒错了。今后我一定谦虚谨慎，不再轻易笑话别人。唉，真是不经一事，不长一智啊！"

我们也经常犯苏东坡这样的错误，往往为自己思想中某些固有的成见所左右，对事物做出错误的判断。所以，做人一定要低调，要谦虚，不要为自己的成见所蒙蔽，把一切作想当然的理解。

人类的智慧可以认识世间的万事万物，却偏偏难以认识自己。因为不认识自己，所以自命不凡；因为不认识自己，所以性情狂妄；因为不认识自己，所以才会逃避；因为不认识自己，才会在自己的强项上重重地摔伤。而只有找准自己的位置，认清自己的角色，才可以不迷失自我。

可惜的是，做出一点点成绩便会飘飘然是许多人的通病。成绩使人们的心无限膨胀、无限上升，以致不能再认清自己的实力，丧失理智地去攀登永远无法逾越的高峰。最后，不但得不到成功，还会搞得疲惫不堪、伤痕累累。

谦卑是一种无言却厚重的力量，它比骄傲更有力。一个人如果想在纷繁复杂的世间走好，有时谦恭比骄傲更有用处。

谦恭自守是一种人生的大智慧。特别是有功之人，却甘居下位，保持谦虚，是很难得的。"居功而不自傲"、虚怀若谷、谦恭自守是一种美德，是一个人取得更大成功的保障，而"自满者败，自矜者愚"，一旦你感觉到了自己的伟大，并希望别人对你顶礼膜拜时，那你就准备迎接失败吧。

自负其实是一种心理疾病，它绝对不能与自信画等号。自信的人对自我价值有积极的认识，他们坚强乐观，笑对生活中的挫折和坎坷；自负的人却过高地估计自我，狂妄自大，从不懂适时的收敛，最终将会跌进失败的深渊。

曾国藩是中国历史上最有影响的人物之一，其为人处世堪称难得。他常对家人说，有福不可享尽，有势不可使尽。他平日最好"花未全开月未圆"七个字，将其视做惜福保泰之法，常存冰渊惴惴之心，处处谨言慎行。他的处世原则是：趋事赴公，则当强矫；争名逐利，则当谦退。开创家业，则当强矫；守成安乐，则当谦退。出与人物应接，则当强矫；入与妻奴享受，则当谦退。若一面建功立业，外享大名，一面求田问舍，内图厚实，二者皆盈满之象，全无谦退之意，则断不能长久。

关于曾国藩还有一则有趣的故事，曾国藩天赋不高，少时在家苦读，一篇文章不知重复多少遍了，还没能诵出。时下有一贼，潜伏在他的屋檐下，希望等他睡觉之后行窃，无奈听他翻来覆去地读同一篇文章，却无法记诵。贼人大怒，跳出来说："这种水平还读书做甚？"随后将那文章背诵一遍，扬长而去！

贼人比曾先生聪明，却依旧是个无名小贼，曾国藩以谦恭谨慎之道为人处世，功成名就又全身而退，实乃真修道之人。

"水满则溢"，一个容器若装满了水，稍一晃动，水便溢了出来。自负的人心里装满了自己过去的所谓"丰功伟绩"，再也容纳不了新知识、新经验和别人的忠言了。长此以往，事业或者止步不前，或者猝然受挫。

一个人不管自己有多丰富的知识，取得了多大的成绩，或是有了何等显赫的地位，都要谦虚谨慎，不能自视过高。应心胸宽广，博采众长，不断地丰富自己的知识，增强自己的本领，进而获得更大的业绩。如能这样，则于己、于人、于社会都有益处。谦恭自守永远是成大事者所具备的一种品质，而只有浅薄者才会为自己的成功自鸣得意。

人在圈内，心在圈外

从前，郑国有个占卜识相十分灵验的巫师，名叫季咸，他知道人的生死存亡和祸福寿夭，所预卜的年、月、旬、日都准确应验，仿佛是神人。郑国人见到他，都担心预卜死亡和凶祸而急忙跑开。列子见到他却内心折服如醉如痴，回来后把见到的情况告诉自己的老师壶子，并且说："原先我总以为先生的道行最为高深，如今又有更为高深的巫术了。"壶子说："我教给你的还全是道的外在的东西，还未能教给你道的实质，你难道就认为自己已经得道了吗？只有众多的雌性可是却无雄性，又怎么能生出受精的卵呢！你用所学到的道的皮毛就跟世人相匹敌，而且一心求取别人的信任，因而让人洞察底细而替你看相。你试着跟他一块儿来，让他给我看看相吧。"

第三天，列子跟季咸一道拜见壶子。季咸走出门来就对列子说："呀！你的先生快要死了！活不了了，用不了十来天了！我观察到他临死前的怪异形色，神情像遇水的灰烬一样。"列子进到屋里，泪水弄湿了衣襟，伤心地把季咸的话告诉给壶子。壶子说："刚才我将如同地表那样寂然不动的心境显露给他看，茫茫然既没有震动也没有止息。这样恐怕他只能看到我闭塞的生机。试试再跟他来看看。"

第四天，列子又跟季咸一道拜见壶子。季咸走出门来就对列子说："真是幸运啊，你的老师遇上了我！征兆减轻了，完全有救了，我已经观察到闭塞的生机中神气微动的情况。"列子进到屋里，把季咸的话告诉给壶子。壶子说："刚才我将天与地那样相对而又相应的心态显露给他看，名声和实利等一切杂念都排除在外，而生机从脚跟发至全身。这样恐怕已看到了我的一线生机。试着再跟他一块儿来看看。"

第五天，列子又跟神巫季咸一道拜见壶子。季咸走出门来就对列子说："你的先生心迹不定，神情恍惚，我不可能给他看相。等到心迹稳定，再来给他看相。"列子进到屋里，把季咸的话告诉给壶子。壶子说："刚才我把阴阳二气均衡而又和谐的心态显露给他看。这样恐怕看到了我内气持平、相应相称的生机。大鱼盘桓逗留的地方叫做深渊，静止的河水聚积的地方叫做深渊，流动的河水滞留的地方叫做深渊。渊有九种称呼，这里只提到了上面三种。试着再跟他一块儿来看看。"

第六天，列子又跟神巫咸季一道拜见壶子。季咸还未站定，就不能自持地跑了。壶子说："追上他！"列子没能追上，回来告诉壶子，说："已经没有踪影了，让他跑掉了，我没能赶上他。"壶子说："起先我显露给他看的始终未脱离我的本源。我跟他随意应付，他弄不清我的究竟，于是我使自己变得那么颓废顺从，变得像随波逐流一样，所以他逃跑了。"

经过这件事情后，列子深深感到未曾学到"道"，于是他像从不曾拜师学道似的回到了自己的家里，三年不出门。他帮助妻子烧火做饭，喂猪就像侍候人一样。对于各种世事不分亲疏没有偏私，过去的雕琢和华饰已恢复到原本的质朴和纯真，像大地一样木然忘情地将形骸留在世上。虽然涉入世间的纷扰却能固守本真，并像这样终生不渝。

这个故事记录在《庄子·应帝王》中。列子为什么不能达到他老师壶子的境界，就在于他没有学到真正的"道"。庄子通过这则故事告诉我们，一个人如果去求知，一定要求真知，否则得了点皮毛就自以为是起来，那只能是白费时间，浪费生命。这就是道家所说的虚怀若谷的道理。其实，在这个浩渺的宇宙当中，我们不过如同沧海里的一粒粟米，我们所知道的永远只是局限于一个小小的圈内，而这个圈外的无极限的世界都是我们所未知的。圆圈里面是已知的，圆圈外面是未知的。你知识越多，也不过是这个圆圈越大一圈而已，而我们不知道的那个广阔的世界却是无垠的。正所谓"生有涯，而知无涯"，在浩瀚无际的世界中，唯有意识到这一点，才可能有所进步。一旦存有自满之心，便再无进取之可能了。

所以我们做人做事，要把眼光放开，要人在圈内，心在圈外。这样才不会闭塞一隅，自满自大。

人必须要有自尊心及自信心，但不可有自满心。有自信心是成功的必要条件，有自满心是失败的充要条件。一个人做事失败，虽不必由于有自满心，但有自满心的人，做事一定要失败。所以说，自满无疑是最大的障碍，一旦盲目自大，就会容易做出贻笑大方的事来。

杨万里是南宋著名的诗人，他知识渊博，非常有才华，所写的诗一直广为流传，但他为人很低调，一直非常谦虚。

江西有一个名士，他常常说自己学识渊博，天下没有人胜得过他。后来，他听说杨万里很有名，非常不服气，决定给他写一封信，说要亲自到杨万里的家乡——吉水来拜访他。杨万里早就听说这个人一贯骄傲得不得了，就给他回了一封信，说："我很欢迎您的到来，冒昧地向您提一个小小的要求，听说你们家乡的配盐幽菽非常有名，很想亲口尝一尝滋味，请您来时顺便捎带一点。"

那个名士拆信一看，不禁一下子愣住了，什么是配盐幽菽呀？自己从未听说过。他想了很久，也想不出是什么东西，他又不愿意去问别人，只好自己在街上到处乱找，但找了很久也没有找到。后来，他实在想不出是什么东西，只好空着手来到吉水。他见到杨万里后，寒暄了两句就问："您信中提到的配盐幽菽是不是卖的地方比较偏僻？我找了很久也没有找到。实在抱歉！"

杨万里听了哈哈大笑起来："你们那里家家户户都有啊！"说着，他随手从书架上取下一本《韵略》，翻开其中的一页。名士接过来一看，上面明明白白地写着"豉，配盐幽菽也"一行字。

他这才明白，原来所谓配盐幽菽，就是家庭日常食用的豆豉啊！豆豉是用黄豆或黑豆泡透、煮熟后再发酵的食品，然后再放上盐，这道家常小菜的别名就叫配盐幽菽。

名士看了非常惭愧，他这才明白自己平日读书太少了。从此以后，他再也不骄傲自大、目中无人了。

一个人如果开始骄傲了，那么他就看不到自己的缺陷，就不会继续学习，最终只能和肤浅挂钩了，就像这位名士。小小的家常小菜就把他难倒了。可见，知识界的广度和宽度都是我们无法预测和衡量的，所以唯有像列子那样，保持不辍的学习，不断丰富自己。否则一旦停下脚步，故步自封起来，就很难再进步了。

其实，学习、求知都需要一种想呼吸新鲜空气的欲望。心中充满求知的欲望，就会如饥似渴，就能克服各种困难，风雨不能阻拦，困难不能吓倒，这样的人怎么可能不获得人生的成功呢？

圈里圈外的智慧，值得我们仔细玩味。

不要落入自命不凡的陷阱

《庄子·徐无鬼》中提到一位南伯子綦，他说了几句很有哲理的话："我曾在山林洞穴里居住，正当这个时候，齐太公田禾曾来看望我，因而齐国的民众再三向他表示祝贺。我必定是名声在先，他所以能够知道我；我必定是名声张扬，他所以能利用我的名声。假如我不具有名声，他怎么能够知道我呢？假如我不是名声张扬于外，他又怎么能够利用我的名声呢？"

这只是庄子一贯的观点，庄子认为，一个招致祸患的人，其主要因素往往就是因为他名声在外，所谓"木秀于林，风必摧之"，因此，为了保全自己，一个人绝对不要做林中的那棵秀木。不仅如此，在道家看来要自我保全，还要能甘于平凡，若是一个人处处争强好胜，自命不凡，无异于是自堕孤立的陷阱。有一个寓言故事，相信我们能从中受到一些启发。

在高高的围墙背后，有一座很大的果园。果园里栽种着各种各样的果树，有苹果、梨、桃、杏、石榴、无花果，还有一些连名字也叫不出来，但果实却香甜可口的果树。

这些果树聚集在果园里，大家互相关心、互相帮助，相处得十分融洽，过着和睦、幸福的生活。春天，它们在五颜六色的花潮中嬉闹；夏末，沉甸甸的果实压弯了枝头。

有一天，这个温馨的大家庭增加了一个新成员——一棵自命不凡的核桃树。这棵核桃树确实长得干粗叶肥、高大英俊。果树们都热情地欢迎它，主动和它攀谈，很想与它友好相处。起初，核桃树态度非常谦和，与大家相处得不错。可是，过了不久，它的缺点就暴露出来了。

"我们何苦要龟缩在围墙后边呢？"它对伙伴们说，"我根本不想在这里当隐士，埋没自己的才华和美貌。我必须把我这高大健壮的枝干伸出围墙，让周围的人都见识一下我的美貌，品尝我的果实！"

其他的果树都奉劝它说："我们已经在这个果园里生活几十年了，正是由于围墙的保护，我们才能无忧无虑地成长，自由自在地生活。如果你把枝干伸出围墙，让过路的人来欣赏你，可能会招惹麻烦，因为过路人什么样的都有，怎能保证你不受伤害呢？"

高傲的核桃树把伙伴们的好心规劝当成了耳边风，它决定要在过路人面前展示一下自己的英姿。于是它不停地爬啊爬，终于翻过了高高的围墙。收获的季节到了，核桃树的枝条上挂满了核桃，它昂首挺胸，骄傲地向路人展示着自己的美貌和才华。可是绝大多数的过路人根本无心欣赏它的美貌，而是只顾用手去摘它的果实。摘不到的，就扯断它的枝条，甚至用石块投掷，用棍棒敲打。

没过多久，核桃树便伤痕累累、肢体不全了。它不单是赔了核桃，还损了枝叶，残断的树枝垂挂在围墙外边。

人常常因自己的才华而狂妄自大，喜欢处处崭露锋芒。然而，霜打露头草，枪打出头鸟。一个人即使是天才，若丝毫不懂收敛，必将成为别人斗争的对象，为自己带来不必要的麻烦。寓言里的核桃树因为它的自命不凡，而最终枝损树残，实在不值得。

在生活中，大多数人都是诋毁和排挤优秀者的。人们可以容忍平庸的大多数，却把少数优秀者视为异己。"木秀于林，风必摧之"，反映的就是一种阴暗的人性。也许人会有委屈，会心有不甘。但这却是被无数次证明了的道理。事实一次次地告诉我们：人应当追求优秀，但不可以总出风头。优秀的品质可以为自己赢得别人的敬佩和羡慕，但是，如果不懂得韬光养晦之道，优秀反倒成了别人嫉妒的根源，如果成为众矢之的，以个人单薄之身恐怕难以招架。

世事如庭前花，花开亦有花落，趋炎虽暖，但暖后会更觉严寒之威。古人云："勿睹天际彩云，常疑好事皆虚事；再现山中古木，方信闲人是福人。"木秀于林，风必摧之，斧必伐之，则此木必长于众目所瞩之处。只有藏于深山之中，自生自长，无人利用，最后倒成了一株珍稀的古木。做人自命不凡，往往招致祸患，其实平凡一点更显从容。

适时放弃，得失无碍

庄子提出，人得了道就是真人，真人有大智慧。道家认为，过于固守反而让我们成为它的俘虏，所以真人必定懂得放弃，不将世俗得失放在心上。

懂得放弃是一种智慧，汉代司马相如所著《谏猎书》有云："明者远见于未萌，而智者避危于未形。"

得失都是一样，有得就有失。得就是失，失就是得，所以一个人到最高的境界，应该是无得无失。但是人们非常可怜，都是患得患失，未得患得，既得患失。我们的心，就像钟摆一样，得失、得失，就这么样摆，非常痛苦。塞翁失马，你怎晓得是福还是祸呢？所以，在得失之间，不要把它看得太重。

中国有句古语说："苦海无边，回头是岸。"偏偏有人就执迷不悟，因此，烦恼都是自寻的。

人生有些错误是无法挽回的，有时，需要你付出代价，这个代价就是放弃。外在的放弃让你接受教训，心里的放弃让你得到解脱。生活中的垃圾既然可以不皱一下眉头就轻易丢掉，情感上的垃圾也无须抱残守缺。

超然忘我，该放下的要放下，不苦苦执着于自己的失与得、喜与悲，便不会活得那么"屈服"了。有人说，人的一生之中只有三件事，一件是"自己的事"，一件是"别人的事"，一件是"老天爷的事"。

今天做什么，今天吃什么，开不开心，要不要助人，皆由自己决定；别人有了难题，他人故意刁难，对你的好心施以恶言，别人主导的事与自己无干；天气如何，狂风暴雨，山石崩塌，人能力所不能及的事，只能是"谋事在人，成事在天"，过于烦恼，也是于事无补。人活得"屈服"，离道越来越远，只是因为，人总是忘了自己的事，爱管别人的事，担心老天的事。所以要轻松自在很简单：打理好"自己的事"，不去管"别人的事"，不操心"老天爷的事"。

有一个人曾经和女友做了一个小测验，说如果同时丢了三样东西：钱包、钥匙、电话本，最紧张哪一样？女友毫不犹豫地选择了电话本，而他毫不犹豫地选择了钥匙。答案说，女友是一个怀旧的人，他是一个现实的人。

后来他们分手了，女友的确总被过去纠缠得不快乐，一段大学时代未果的爱情至今还让她念念不忘，而爱情中的他早已为人夫，为人父。女友的心停在了过去，一直后悔当初没有坚持到底，因此，又错过了很多不错的人。他问她："还可以挽回吗？"她摇摇头，他说："那为什么不放弃？"她无奈地说："放弃不了。"

他说："其实是你不想放弃。"

我们就是这样，在放弃与固守之间徘徊不已，结果让自己陷入到烦恼痛苦之中。所以说做人不要总想着挽回，人生有时需要我们适时放弃。

放弃需要明智，该得时你便得之，该失时你要大胆地让它失去。有时你以为得到了某些时，可能失去了很多；有时你以为失去了不少，却有可能获得许多。不以得喜，不以失悲。尽自己最大的努力去做，任它花开花落，云卷云舒。

所谓不贪求，奥妙其实就在这里。许多东西，关注它本身太久了就会难以舍弃，遗祸就越明显，一旦我们想通了，发现其实它并没有那么重要。正是"心不挂怀，才是最高境界"。懂得在盈余放手，在充足时放弃，需要勇气，也需要智慧。毕竟，舍弃而求一得，于凡人讲，太多人参不透了。

放下，才能看到溪头风景

"飘风不终朝，骤雨不终日，孰为此者，天地！天地尚不能久，而况于人乎？"这是《道德经》二十三章中的一段话。在这里，老子把自然现象的因果律，用比喻来反复说明，一切都在无常变化中。飘风刮不了一个早晨，暴雨下不了一整天，是谁主宰这一切呢？是天地。天地都不能长久，更何况人！

我们看呱呱坠地的婴儿，生下来都是两手紧握，仿佛想要抓住些什么；看垂死的老人，临终前都是两手摊开，撒手而去。这是上天对人的启示，当他双手空空来到人世的时候，偏让他紧攥着手；当他双手满满离开人世的时候，偏让他撒开手。这就告诉我们，无论穷汉富翁，无论高官百姓，无论名流常人，都无法带走任何东西。上天总让人两手空空来到人世，又两手空空离去。既然如此，又何必偏执于某一点、某一事、某一物呢？世间万象，分秒在变，无法把握，亦无须把握。

《庄子·人间世》中也说过："且夫乘物以游心，托不得已以养中，至矣。何作为报也！莫若为致命，此其难者？"意思是说："至于顺应万物的自然而使心灵悠然遨游，让它寄寓在无穷的宇宙以保持平和，这就是最好的了。所以，你不如只管实实在在地传达使命，这难道也困难吗？"以无求的心境，以一颗平常心来对待所遇到的事情，这是对庄子这段话的最佳诠释。

做人处世，不将一些东西看得那么重，以虚怀恬淡的心境去面对万事万物，反而能够路转溪头别有天地，甚至还能让人在危难中化险为夷。

有个匪徒跟踪一个珠宝商人来到了大山里，一路上他总是没有机会下手。到了大山里，四周没有一个人，匪徒终于找到了下手的好机会，他拦住了珠宝商人的去路。面对劫匪，商人第一个反应就是立即逃跑。于是，一个拼命逃亡，另一个穷追不舍。走投无路的商人钻进了一个山洞里，匪徒也跟了进去。在山洞里，匪徒抓住了商人，不但抢了他的珠宝，连商人准备在夜间照明用的火把也抢去了。那个匪徒还算"仁慈"，他只图财没有害命。

之后，两个人各自寻找山洞的出口。山洞里黑极了，没有一丝光亮。匪徒庆幸自己把商人的火把抢来了，要不然到死也走不出这个纵横交错的山洞。他将火把点燃，借着火把的亮光在洞中行走。火把为他的行走带来了方便，他能看清脚下的石块，能看清周围的石壁，因而他不会碰壁，不会被石块绊倒。但是他始终没有走出这个山洞，最后饿死在里面。

商人失去了火把，心想着自己将要永远留在这个山洞里了，但是他又不甘心。没有了照明工具，他就在黑暗中摸索着前进，头不时碰在坚硬的石壁上，身体不时被石块绊倒，跌得鼻青脸肿。但是，过了一段时间，他看到从远处传来一丝光亮，那正是山洞的出口。他迎着那缕微光摸索爬行，最终逃离了山洞。

在黑暗中摸索的人最终走出了黑暗，有火把照明的人却永远留在了黑暗的山洞中。这并不奇怪，世间有很多事情都遵循这样的道理。我们总想得到什么，而不愿失去，却总是忘记，有时失去会让我们得到更多想得到的东西，包括生命。

有时候，人们就像那个匪徒，为了心中的妄念，做出违背自我的事情，因为手中拥有的东西比别人多，最终反而陷入人生的困境。

在生活与工作中，人们总是牵挂得太多，太在意得失，所以情绪起伏。被负面人性牵着鼻子走的人，不可能活出洒脱的境界。美国诗人爱默生曾解释过什么是成功："笑口常开；赢得智者的尊重和孩子的热爱；获得评论家真诚的赞赏，并容忍假朋友的出卖；欣赏美的事物，发掘别人的优点；留给世界一些美好，无论是一个健康的孩子，还是一个小园地或一个获得改善的社会现状，都可以；知道至少一人因你的存在而过得更快乐自在，这就是成功。"其实，幸福成功的人生，并不是把自己的心和手都塞得满满的，那样只会让自己负重难行。相反，一个人若能摈弃不必要的世俗功利心，坦然看待得失成败，才能超脱物我，找到人生的真谛。

第五节　平凡心是智，逍遥心是福

真正的自在和逍遥，并不是所有欲望的满足，同时也不是遥不可及的，而是能在我们有限的人生里，在各种各样的桎梏和不足中，得以实现。正如庄子笔下的野雉，它真正的逍遥自在，不是养尊处优反而是在山野之中。正是这种平凡的快乐才是智慧，才是真正的福气。

身心的自由最可贵

道家思想很注重人心灵的自由驰骋，强调逍遥自在，才是做人境界的极致。在《庄子·人间世》中有："瞻彼阕者，虚室生白，吉祥止止，夫且不止，是之谓坐驰。"通过这句话，庄子告诉我们，一个人人身的自由算不上自由，只有精神的自由才是真正的自由。只要精神自由了，就能获得心灵的解脱，获得生命的超越，如自在飞花一般，逍遥浮游于人生天地间，达到自由的大境界。这也就是《庄子》书中开宗明义的"逍遥游"所描述的境界。

如何实现真正的逍遥，庄子用了一个很动感的词来表达精神自由——坐驰。怎样才能坐驰呢？坐在那里，身子不动，心灵在宇宙之间自由飞翔驰骋。如果能够保持心灵的自由飞翔，那在人间就获得了真正的精神自在。

《庄子·养生主》中还讲了另一个故事，生动地向我们展示了这一道理。

戴晋生是个很有才学的人，魏王听说后，便把他请到王宫中面谈。谈话间，魏王见他气度不凡，是经国济世之才，于是要留戴晋生在宫中做官，赐给优厚的俸禄。

戴晋生却拒绝了，他说："您见过那沼泽荒地中的野鸡吗？它没有人用现成的食物喂养，全靠自己辛勤觅食，总要走好几步才能啄到一口食，常常是用整天的劳动才能吃饱肚子。可是，它的羽毛却长得十分丰满，光泽闪亮，能和天上的日月相辉映；它奋翅飞翔，引吭长鸣，那叫声弥漫整个荒野和山陵。您说，为什么会这样呢？因为野鸡能按自己的意志自由自在地生活，它不停地活动，无拘无束地来往于广阔的天地之中。现在如果把它捉回家，喂养在粮仓里，使它不费力气就能吃得饱饱的，它必然会失去原来的朝气与活力，羽毛会失去原有的光润，精神衰退，垂头丧气，叫声也不雄壮了。您知道这是什么原因吗？是不是喂给它的食物不好呢？当然不是。只是因为它失去了往日的自由。禁锢了它的志趣，它怎么会有生气呢！"

在庄子的眼中，野鸡为了生存，十步一啄，百步一饮，一天到晚四处找食。虽然如此，但它觉得很快乐，因为野鸡没被关在笼子里。而那些被关在笼子里的动物，虽然不必四处觅食，可它们失掉了原本平凡自在的快乐，为此付出了沉重的代价。其实平凡自在是珍贵的，一旦失去了就再也无法挽回，这也是道家给我们的一个做人智慧的启发。

可见，无论如何，一个人都要有自由精神，否则，就只能拾人牙慧，成为别人的精神附庸，永远活不出真实的自己，又何谈自由自在。而没有自由的心灵，就如笼中的小鸟；没有自由的心灵，就不会有独立的品格，花落泥沼，人生也就谈不上逍遥自在了。

人生能如自在飞花般逍遥悠游，这是比任何物质的享受都要珍贵的，野鸡尚且如此，更不用说人了。然而在现实生活中，许多人对自在逍遥的真正内涵有着或多或少的误解，比如对于一个身陷囹圄的人来说，想去哪儿就去哪儿，就是自在就是逍遥；对于一个疾病缠身的人来说，拥有健康就是自在就是逍遥；对于一个为高考埋头苦读的学生来说，自在逍遥的生活就是不再有考试；对于一个要养家糊口的人来说，有钱就能得自在得逍遥……其实都是一种狭隘偏颇的理解。真正的自在和逍遥，并不是所有欲望的满足，同时它也不是遥不可及的，而是能在我们有限的人生里，在各种各样的桎梏和不足中，得以实现。正如前面庄子所讲的野雉，养尊处优、食物丰足的生活并不能给它真正的逍遥自在，反而是在山野之中。虽然它需要不断地自己寻找食物，但是却能自在快乐。而这种平凡的快乐才真正是人生的快乐，才是真正的福气。

所以说，做一只自由游走的野鸡远比困在樊笼里的孔雀要逍遥自在得多，在我们看似简单平常的人生中，只要能放下过多的期待，逍遥自在的心境自然立现。

悲哀与幸运，不过是心念的选择

一大早，太阳还没有出来，一个渔夫来到了河边，在岸上他感觉到有什么东西在脚底下，后来发现是一小袋的石头。他捡起袋子，放在一旁，坐在岸边等待黎明，以便开始一天的工作。他懒洋洋地从袋子里拿出一块块的石头丢进水里。实在没有其他的事可做，他继续把石头一一丢进水里。

慢慢地，太阳升起，大地重现光明，这时除了一块石头之外其他的石头都丢光了，最后一块石头在他的手里。

当他借着白天的光看到了他手中所拿的东西时，心跳几乎要停止了，那是一颗宝石！原来在黑暗中，他把整袋的宝石都丢光了！在不知不觉当中，他的损失有多少！他充满懊悔，咒骂着自己，伤心地哭得几乎要失去理智。

渔夫在无意间碰到的财富足够丰富他的生活好几倍，然而在不知不觉当中，又从他手中消失了。

不过，就某方面来讲，他还是幸运的，至少还有一颗宝石留了下来，在他将那颗宝石丢掉之前，天已经亮了。所以一个乐观的人一定不会像渔夫那样心中懊恼，而是会庆幸自己还保留了一颗宝石。所以悲哀，还是幸运，完全在人的心念如何选择。

"终身役役而不见其成功，苶然疲役而不知其所归，可不哀邪！人谓之不死，奚益？其形化，其心与之然，可不谓大哀乎？"这是《庄子·齐物论》中的文字。在这里庄子表达了他对人生的见解，一句话就揭开了人生的内幕：人一辈子都忙忙碌碌做什么呢？"终身役役而不见其成功"，做自己身体的奴隶，做物质的奴隶，做别人的奴隶，为儿女、亲戚、工作，终身都在服役，最后却是一无所得地离去。

生活中，大多数的人并不会那么幸运，周围一片漆黑，时间如白驹过隙，太阳尚未升起时我们已经两手空空了。生命是一个很大的宝库，生活的秘密、奥妙、快乐、解脱、慈悲和智能……都期待我们好好掌握和利用，如果没有好好利用，只是白白地将它浪费掉，等到我们知道了生命的重要时，已经将时光消磨殆尽。

"萧然"是形容词，就是这样子；"疲役"，为生命所奴役，一辈子都处于疲惫不堪的状态，找不到自己的归宿，怎能不感到悲哀？生命的价值被《庄子》这一段批驳得一塌糊涂。

假定人真做到了长生不死，有什么用处呢？就算活一万年，也不过多等了一万年才死。所以这个形体的生命，不是真道。长命百岁，终是年老力衰，"其心与之然"，"心"已经随着身体外形变化，体能的消耗，也演变去了。"可不谓之大哀乎"，意为活长了又有什么用？这是真正的大悲哀。一个关于鹿和马的寓言故事，颇为犀利地点出了这一悲哀。

鹿和马都被公认为是跑得最快的动物，只不过鹿在森林中，马在草原上，它们都对彼此有亲切感，但是关系仅限于偶尔碰面时打个招呼而已。既然双方都有成为朋友的心愿，何不进一步促进彼此的关系呢？于是，鹿就邀请马到家里来玩，马欣然同意了。

那是一个春日的午后，草原上吹着温馨的风，马踏入了森林。然而，刚进入森林的马很快就后悔了。这里是和草原完全不同的世界，起初还不觉得怎么样，可是越往森林里面走，树木就越高大，绿叶也越来越茂密。

树林的枝叶重重叠叠地遮蔽了天空，草原上那习以为常的高挂天空的太阳，在这里完全看不见。怀着不安的马，陡然对住在这种地方的鹿害怕起来。它不得不承认，只有灵敏的鹿才适合这座密林。

后来，人类邀请马与他们合作，马看到了人类的智慧和无尽的财富，被吸引了。有一天，人说："其实你应该是世界上最快的，现在我们又能够提供给你丰盛的食物，如果你能够依照我们的方法去做，即使是在森林里，你也一定能够跑赢鹿。"不知道为什么，马竟然答应了。人类利用可以让马吃饱为条件，堂堂正正地骑到了它的背上，一起进入森林里追赶、猎捕鹿。一场阴谋开始了。

被追得走投无路的可怜的鹿在疑惑之中，满怀着悲伤，对马露出悲哀和疑惑的神情。可是，此时的马被鞭打的疼痛和缰绳操纵的窘迫弄得头脑麻木，它或许根本就没有多余的精力去察觉鹿的变化。从那次狩猎结束之后，人类便把马的缰绳紧紧抓在手中。他们喂养马，并把它们绑在专门建造的马厩里。

人，有的可以永远做自己生活的主人，而有的却选择了做自己生活的奴隶。就像故事中的马一样，为了满足自己的虚荣，填满自己的妒忌心，永远地丢弃了自由的权利。你选择了什么样的人生道路，决定了你享有什么样的人生。无论你要选择什么、放弃什么，都要弄清楚这样做值不值得。

看破因由，发现生活的美

在这个世界上，一个人如何才能获得逍遥的自由境界，道家的庄子提醒我们，"丧己于物，失性于俗者，谓之倒置之民"。就是说，一个人如果自己迷失在物质世界中，如果把自己的真性情流失到世俗之中，那么这个人就是一个本末倒置的人，就无法获得心灵的自由。

因此，一个人要真正获得自由的逍遥境界，必须看破执着于物、迷失于世俗的虚妄，所谓因由看破自逍遥，看破了这些虚妄的因由，就能获得逍遥的境界。

一个对生活极度厌倦的绝望少女，打算以投湖的方式自杀。在湖边她遇到了一位正在写生的画家，画家正专心致志地画着一幅画。少女厌恶极了，她鄙薄地睨了画家一眼，心想：幼稚，那鬼一样狰狞的山有什么好画的！那坟场一样荒废的湖有什么好画的！

画家似乎注意到了少女的存在和情绪。他依然专心致志、神情怡然地画。一会儿，他说："姑娘，来看看画吧。"

她走过去，傲慢地睨视着画家和画家手里的画。

少女被吸引了，竟然将自杀的事忘得一干二净，她真是没发现过世界上还有那样美丽的画面——他将"坟场一样"的湖面画成了天上的宫殿，将"鬼一样狰狞"的山画成了美丽的、长着翅膀的女人，最后将这幅画命名为"生活"。

少女的身体在变轻，在飘浮，她感到自己就是那袅袅婀娜的云……

良久，画家突然挥笔在这幅美丽的画上点了一些麻乱的黑点，似污泥，又像蚊蝇。少女惊喜地说："星辰和花瓣！"

画家满意地笑了："是啊，美丽的生活是需要我们自己用心发现的呀！"

生活的美丑也是世俗家给我们的变色镜，一个人必须摘下这个变色镜，用自己的眼睛去看世界，才能发现世界的美。懂得用心去体会生活，就会发现，生活处处都美丽动人。

曹雪芹的《红楼梦》中，跛足道人唱过一首《好了歌》：

世人都晓神仙好，唯有功名忘不了！古今将相在何方？荒冢一堆草没了！世人都晓神仙好，只有金银忘不了！终朝只恨聚无多，及到多时眼闭了！世人都晓神仙好，唯有娇妻忘不了！君生日日说恩情，君死又随人去了！世人都晓神仙好，只有儿孙忘不了！痴心父母古来多，孝顺儿孙谁见了？

如果世人都能看破功名利禄，像曹雪芹写得那样，还会执着一切吗？不执着了，就会享受当下，坦然接受一切，那逍遥的境界也就不远了。

福祸一如，平常以待

在老子的《道德经》里有一段十分著名的论述，就是"福兮，祸之所倚，祸兮，福之所伏"。《道德经》所宣扬的一种辩证思想，而塞翁失马，体现的正是这种福祸辩证的思想，基于此，我们可以明白，即使是看起来很坏的事情，也会带来意想不到的好处。生活中此类事常见，为人一定要懂得看淡祸福得失，有时看似失利的事反而是获得更大利益的前提和资本。同样，一时得意也不可沾沾自喜不可遏止，须知福祸常常不过一念之间，坏事可以变好事，好事也可能成为坏事。

《庄子·人间世》中说道："故解之以牛之白颡者，与豚之亢鼻者，与人有痔病者，不可以适河。此皆巫祝以知之矣，所以为不祥也。此乃神人之所以为大祥也。"这段话的意思是，古人祈祷神灵消除灾害，总不把白色额头的牛、高鼻折额的猪以及患有痔漏疾病的人沉入河中去用做祭奠。这些情况巫师全都了解，认为他们都是很不吉祥的。不过这正是"神人"所认为的世上最大的吉祥。

这是一段庄子式的滑稽幽默，却把人生之道看得十分透彻。庄子引用古代人的迷信来说明一般人认为不吉利的东西，但"神人"却认为这种"不吉利"反而有益无害。比如说，一匹头上有白毛的马没人敢骑，反而因此免去了一辈子的奴役；一头鼻子高高翘起的猪不会被杀掉作为祭品，才会好好地活到老。所以，世人认为不吉利的，在上天看来却是大吉大利。

确实，任何事情都有它的两面性，关键是看你如何从不利的一面看到有利的那一面。有一位国王和他的臣子，共同为我们解说了这条做人道理。

从前有一个国王，他除了打猎以外，最喜欢与宰相微服私访。宰相除了处理国务以外，就是陪着国王下乡巡视，他最常挂在嘴边的一句话就是"一切都是最好的安排"。

有一次，国王兴高采烈地到大草原打猎，他射伤了一只花豹。国王一时失去戒心，居然在随从尚未赶上时，就下马检视花豹。谁想到，花豹突然跳起来，将国王的小手指咬掉小半截。

回宫以后，国王越想越不痛快，就找了宰相来饮酒解愁。宰相知道了这事后，一边举酒敬国王，一边微笑着说："大王啊！少了一小块肉总比少了一条命来得好吧！想开一点，一切都是最好的安排！"

国王听了很是生气："你真是大胆！你真的认为一切都是最好的安排吗？"

"是的，大王，一切都是最好的安排。"

国王说："如果我把你关进监狱，难道这也是最好的安排？"

宰相微笑说："如果是这样，我也深信这是最好的安排。"

国王大手一挥，两名侍卫就架着宰相走出去了。

过了一个月，国王养好伤，又找了一个近臣出游了。谁知路上碰到一群野蛮人，他们把国王抓住用来祭神。就在最后关键时刻，大祭司发现国王的左手小指头少了小半截，他下令说："把这个废物赶走，另外再找一个！"因为祭神要用"完美"的祭品，大祭司就把陪伴国王一起出游的近臣抓来代替。脱困的国王欣喜若狂，飞奔回宫，立刻叫人将宰相释放了，在御花园设宴，为自己保住一命，也为宰相重获自由而庆祝。

国王向宰相敬酒说："宰相，你说的真是一点也不错，如果不是被花豹咬一口，今天连命都没了。可我不明白，你被关监狱一个月，怎么也是最好的安排呢？"

宰相慢慢地说："大王您想想看，如果我不是在监狱里，那么陪伴您微服私巡的人，不是我还会有谁呢？等到蛮人发现国王不适合拿来祭祀时，谁会被丢进大锅中烹煮呢？不是我还有谁呢？所以，我要为大王将我关进监狱而向您敬酒，您也救了我一命啊！"

宰相是一个明智的人，他能从事物的不利中看到有利的一面，并始终认为一切都是最好的安排，这无疑是一种积极的人生态度。

许多时候，正是因为有些人不能正确地看待自己的利与不利，没有正确认清自己的价值，没有好好地活在这个世界里，才会自己给自己找麻烦。人生中难免遭遇一些利害得失，学会辩证地看待事物的两面，就会少一些挫折感，人生也才能轻松愉快。

人生得失面前，往往充满着未知的变数，胜负未分，谁也不知道笑到最后的人究竟是谁。一时的得意，不必太沾沾自喜，一时的失意落魄，自然也不必过于执着懊恼。这也是道家教给现代人的一条处世真理。就像塞翁一样，有一失必有一得，人生福祸不过在人一念间，平凡的人生中，是福是祸皆以平常心对待，便是真逍遥。

无待的境界

有一则有趣的笑话，下雨了，大家都匆匆忙忙往前跑，唯有一人不急不慢，在雨中踱步。旁边大步流星跑过的人十分不解："你怎么不快跑？"此人缓缓答道："急什么，前面不也在下雨吗？"

从另一个角度看，当人们在面临风雨匆忙奔跑之时，那个淡然安定欣赏雨景的人，其实深谙从容的生活智慧。在现代都市竞争的人性丛林，从容淡定是一种难以达到的大境界，别人都在杞人忧天、慌不择路，只有他镇定从容。在雨中行走，就好像是在人生中行走一样，现实生活中，很多人都困于现状不得快乐，就如同阴雨天气，而如何在这不可避免的阴雨中得到自己的自在，这无疑是我们的一个重要人生课题。

庄子所谓的自在，也就是一种毫无阻碍的逍遥，是没有条件的，是绝对的自由。

庄子在《逍遥游》中将其解说为："若夫乘天地之正，而御六气之辩，以游无穷者，彼且恶乎待哉！"意思是说，如果人们能做到顺应天地万物的本性，把握六气的变化，而在无边无际的境界中遨游，他们就不必再仰赖什么了。这样的人，因为不依赖外物，自然能逍遥遨游于天地之间。

一个人为什么不能够得到逍遥，精神为什么不能获得自由呢？其实，他之所以不能获得自由，就是因为自己不能支配自己，而须受外力的牵连。所谓人在江湖身不由己，身处在这个世界中也是如此。当一个人受外力的牵连，即会受到外力的限制甚至支配。这种牵连，就是庄子所称的"待"。

现实生活中，我们每天都渴望获得自由，一个人要想获得人生的自由，必须超越"待"字。摆脱外力的牵连，才能真正达到逍遥游的境界。

列御寇为伯昏无人表演射箭的本领，他拉满弓弦，又放置一杯水在手肘上，发出第一支箭，箭还未至靶的，紧接着又搭上了一支箭，刚射出第二支箭而另一支又搭上了弓弦。在这个时候，列御寇的神情真像是一动也不动的木偶人似的。伯昏无人看后说："这只是有心射箭的箭法，还不是无心射箭的射法。我想跟你登上高山，脚踏危石，面对百丈的深渊，那时你还能射箭吗？"

于是伯昏无人便登上高山，脚踏危石，身临百丈深渊，然后再背转身来慢慢往悬崖退步，直到部分脚掌悬空，这才拱手恭请列御寇跟上来射箭。列御寇伏在地上，吓得汗水直流到脚后跟。伯昏无人说："一个修养高尚的'至人'，上能窥测青天，下能潜入黄泉，精神自由奔放达于宇宙八方，神情始终不会改变。如今你胆战心惊有了眼花恐惧的念头，你要射中靶的不就很困难了吗？"

伯昏无人的话发人深省。在现实生活中，我们常常倚待着某些东西来过日子，或者是具体的食物，或者是一种念想，这样固然也是难免，但是一旦过度，它们就会成为我们的精神束缚，人就无法真正自由地生活，无论是现实生活还是精神世界都会陷入桎梏之中。所以庄子借伯昏无人的话启示我们，一个人如果不懂得放下自己所倚恃的东西，就会产生依赖，就会在做事的时候有所分心，这样的人无法获得最后的成功，更何谈精神的自由呢？确实，有时候过度的倚靠常常会使自己陷入烦恼的束缚之中。

因此，一个人最重要的往往不是执着，而是学会放下，就像庄子所说的，如果能够遵循宇宙万物的规律，把握"六气"的变化，遨游于无穷无尽的境域，他还仰赖什么呢？一个人不再依赖外物的时刻，就是获得自由逍遥的时刻。

在道家看来，人生大自在，并非天方夜谭。凭着我们不断修持的一颗平凡心，恬淡随性，便是人生的大自在。庄子说过"无不将也，无不迎也，无不毁也，无不成也"，这种境界就是逍遥。《庄子》书中称其为"撄宁"，就是一种什么都能接受，什么都能凭依的"无骨"境界。这就是道家所提倡的自在境界。

古人所说的得道的人，就好像是已经把握到了万物的根本的人，又像婴儿拿到一个心爱的东西。婴儿生下来不到一百天，手里拿着东西时好像很牢，但是他没有用全力，而是把力气放到了若有若无间，安详宁静却把握得很牢，这就是"自在"的境界了。做人也可以用这个道理，即在若有若无之间把握住万物的根本，自在自得道。

我们学习道家的做人智慧，一定要好好体悟这个无待的境界。把束缚我们的东西尽可能放下，或者挣脱开。这些成为我们的"有待"的因素，不仅包括物质上的，还有无形的精神因素。比如，得失心，比如过去的记忆，比如别人的毁誉，等等。所以做人要求大逍遥，不能不放下这些负累。有人在文章里这样写道：如果你的演讲、你的演唱、你的书本和你的文章没有获得成功；如果你曾经尴尬；如果你曾经失足；如果你被诽谤和谩骂，请不要耿耿于怀。对这些事念念不忘，不但于事无补，还会占据你的快乐时光。抛弃它吧！把它们彻底赶出你的心灵。如果你曾经因为鲁莽而犯过错误；如果你被人咒骂；如果你的声誉遭到了毁坏，不要以为你会永远得不到清白，勇敢地走出失败的阴影吧。走出阴影，沐浴在明媚的阳光中。不管过去的或者是正在经历的一切多么痛苦，多么顽固，多么惊险，冷静以对，把担忧与惊慌抛到九霄云外。不要让担忧、恐惧、焦虑和遗憾消耗我们的精力。要主宰自己，做自己的主人。

主宰自己，其实就是让自己挣脱开有待的桎梏，最终获得大自在。而"无待"这个看似平常却大有深意的名词，也成为道家给予后人的又一株智慧之花。

幸福没有特权

道家主张物无贵贱，人生幸福没有特权，无论是富贵达人，还是穷困寒士，都拥有幸福的权利和自由。既然如此，那么幸福到底在哪里呢？其实幸福本来就不远，它就在你身边。

《庄子·骈拇》道："凫胫虽短，续之则忧。鹤胫虽长，断之则悲。故性长非所断，性短非所续，无所去忧也。"庄子说凫的腿即使很短，但如果你把它接长，凫就会很痛苦；鹤的腿即使很长，要把它截断，鹤也会很悲伤。所以，本性长的不要折断，本性短的不要接长，这样就没有什么可忧愁的了。有时候，我们感觉不到幸福，原因就在于我们常常会为凫续腿，为鹤折趾，其实都是违背我们的本性去追求幸福，自然等于缘木求鱼，这样，逍遥幸福又怎能求到呢？

有个人不知什么是幸福，他发誓要寻找到幸福。他先从知识里寻找，得到的是幻灭；从旅行里找，得到的是疲劳；从财富里找，得到的只是争斗和忧愁；从写作中找，得到的只是劳累。

难道知识、旅行、财富、写作与幸福快乐绝缘吗？显然不是。

在火车站里，他看到一位中年男子走下列车后，径直来到一辆汽车旁，先吻了一下车内的妻子，又轻轻地吻了一下妻子怀中熟睡的婴儿——生怕把他惊醒。然后，一家人就开车离开了。

他由此感慨道："生活的每一正常活动都带有某种幸福的成分。"

对于某个人来讲，我们可能是幸福的、满足的，也可能是不幸福的。

人生的目的是幸福。幸福大多是主观的，它原本就深植于人们心中，在生存需求的满足中，因而，幸福无所不在。

幸福是拥有一些熟悉、不需客套的朋友，能够相互分担、分享彼此的烦恼、快乐，尽管观点有所差异，却永远相互尊重。

幸福是拥有一个舒适的工作间：书架上列满了各式各样自己所喜欢、对自己有助益、启发的书，笔筒里都是自己所珍爱的文具，四周有绿色植物芳馨围绕，还有一把坐再久都能觉得舒适的坐椅。

幸福有时就是一种简单。幸福就是现在。

一个富人和一个穷人在一起谈论什么是幸福。

穷人说："幸福就是现在。"

富人望着穷人漏风的茅舍、破旧的衣着，轻蔑地说："这怎么能叫幸福呢？我的幸福可是百间豪宅、千名奴仆啊。"

不久，一场大火把富人的百间豪宅烧得片瓦不留，奴仆们各奔东西。一夜之间，富人沦为乞丐。

炎热的夏季，汗流浃背的乞丐路过穷人的茅舍，想讨口水喝。穷人端来一大碗清凉的水，问他："你现在认为什么是幸福？"

乞丐眼巴巴地说："幸福就是此时你手中的这碗水。"

一位少妇，回家向母亲倾诉，说婚姻很是糟糕，丈夫既没有很多的钱，也没有好的职业，生活总是周而复始，单调无味。母亲笑着问，你们在一起的时间多吗？女儿说，太多了。母亲说，当年，你父亲上战场，我每日期盼的，是他能早日从战场上胜利凯旋，与他整日厮守，可惜，他在一次战斗中牺牲了，再也没有能够回来。我真羡慕你们能够朝夕相处。母亲沧桑的老泪一滴滴掉下来，渐渐地，女儿仿佛明白了什么。

一群男青年在餐桌上谈起自己的老婆，说是总管来得太严，几乎失去了自由，边说边有大丈夫的凛然正气，狂饮如牛，扬言回家要和老婆怎么怎么斗争。邻桌的一位老叟默默地听了，起身问道，你们的夫人都是本分人吗？男青年们点头。老叟叹了一口气，说："我爱人当年对我也是管得太死，我愤然离婚，以致于她后来抑郁而终。如果有机会，我多希望能当面向她道一次歉，请求她时时刻刻地看管着我。小伙子，好好珍惜缘分吧！"男青年们望着神色黯然的老叟，沉默不语，若有所悟。

一位盲人，在剧院欣赏一场音乐会，交响乐时而凝重低缓，时而明快热烈，时而浓云蔽日，时而云开雾散。盲人惊喜地拉着身边的人说：我看见了，看见了山川，看见了花草，看见了光明的世界和七彩的人生。

一位病人，医生郑重地告诉他，手术成功，化验结果出来了，从他腹腔内摘除的肿瘤只是一般的良性肿瘤，经过一段时间的疗养他便可康复出院，并不危及生命。他顿时满面春风，双目有神，紧紧地握着医生的手，激动地说："谢谢，谢谢，是你们给了我第二次生命。"

幸福在哪里？带着这样的问题，芸芸众生，茫茫人海，我们在努力寻找答案。其实，幸福是一个多元化的命题，我们在追求着幸福，幸福也时刻伴随着我们。只不过，很多时候，我们身处幸福的山中，在远近高低的角度看到的总是别人的幸福风景，往往没有悉心感受自己所拥有的幸福天地。

扮演好自己的角色

古人就十分强调乐天知命的人生观，庄子在《逍遥游》中有一段关于此的精彩论述："朝菌不知晦朔，蟪蛄不知春秋，此小年也。"意思是说树根上的小蘑菇寿命不到一个月，因此它不理解一个月的时间是多长；蝉的寿命很短，生于夏天，死于秋末，它们自然不知道一年当中有春天和冬天。它们的生命都是短暂的，或许一般人觉得它们可怜，然而，那些生命即使活了几秒钟，也觉得自己活了一辈子，它们有它们自己的快乐。做人也是如此，每个人都有自己的活法，都有自己的角色，感受的境界也是各自不同。不管我们是谁，是青蛙还是龙王，最重要的是扮演好自己的角色，体会属于自己生命的快乐就足够了。

一天，龙王与青蛙在海滨相遇，打过招呼后，青蛙问龙王："大王，你的住处是什么样的？"

"珍珠砌筑的宫殿，贝壳筑成的阙楼，屋檐华丽而有气派，厅柱坚实而又漂亮。"龙王反问了一句："你呢？你的住处如何？"

青蛙说："我的住处绿藓似毡，娇草如茵，清泉潺潺。"说完，青蛙又向龙王提了一个问题："大王，你高兴时如何？发怒时又怎样？"

龙王说："我若高兴，就普降甘露，让大地滋润，使五谷丰登；若发怒，则先吹风暴，再发霹雳，继而打闪放电，叫千里以内寸草不留。那么，你呢，青蛙？"

青蛙说："我高兴时，就面对清风朗月，呱呱叫上一通；发怒时，先瞪眼睛，再鼓肚皮，最后气消肚瘪，万事了结。"

人活在世上都要扮演一定的社会角色，或者是"龙王"，或者是"青蛙"。龙王有龙王的活法，青蛙有青蛙的活法。不要一味地羡慕别人。人生总有不圆满的时候，每个人都不可能事事顺意，努力是不可少的，但是在努力之外，人更重要的是快乐地接受自己的人生，不要把不圆满的情绪扩大，以致于失掉了原本应有的简单快乐。就像故事中的"青蛙"也有自己的生活乐趣，而这些乐趣"龙王"不一定具备呢！

正所谓娑婆世界，万事都有缺陷，命运对于任何人而言都没有一个是圆满的。而如果一味纠缠在人生的得失成败上，反而令自己深陷苦恼，更无从谈逍遥快乐了。

人来到这个世界后，一开始都是无忧无虑的，因为需求的东西少，负担少，所以得到的快乐也就多。随着自己想要得到的东西不断地增加，要求不断地提高，各种各样的负担和烦恼也由此而生，除了苦苦挣扎得到想要得到的一切之外，再也没有时间去想自己是不是过得快乐。到了最后，终于明白了这个问题时，生命的守护神已经远离你而去了，随之而来的就是生命的衰落、灭亡。

所以道家智慧教人做人做事，要懂得乐天知命，扮好自己的角色。不管成功也好，失败也好，都淡然以待，因为世上难有真正的圆满。而偶然一时的缺陷与失落，有时反而会成为命运的转折。

从前有个国王，他有七个女儿，七位公主各有一千支用来整理她们头发的扣针，每一支都是镶有钻石且非常纤细的银针，扣在梳好的头发上就好像闪亮的银河上缀满了星星。有一天早晨，大公主梳头的时候，发现银针只有九百九十九支，有一支不见了，她烦恼不已，就自私地打开二公主的针箱，悄悄地取出一支针。二公主也因为少了一支银针而从三公主那里偷了一支，三公主也很为难地偷了四公主的针，四公主偷了五公主的，五公主偷了六公主的，六公主也偷了七公主的，最后被连累的是七公主。

正好第二天国王有贵宾要从远方来，七公主因为少了一支银针，剩下一把长发无法扣住，她整天都焦急地跟侍女在找银针，甚至说："假如有人找到我的银针，我就嫁给他。"第二天来的贵宾原来是一位王子，王子手里拿着一支银针，他说："淘气的小鸟在我狩猎的帽子里筑了巢，我发现里面有一支雕有贵城花纹的发针，是不是其中一位公主的？"六位公主都吵闹及焦急起来，认为那一支银针是自己失落的，可是她们的头发都用一千支银针梳得像银河一样美丽。"啊！那是我掉的银针！"躲在屋里的七公主急忙跑出来说。可是王子非但没有还七公主银针，还出神地吻了她，七公主未梳理的长发滴溜溜地垂到脚跟而发亮着……

每个人在人生的旅途中，都会经历许多不尽如人意之事，但拥有一千支银针的公主，并不能保证比失落了银针的公主拥有更好的命运。看过这个故事不禁令人感慨，或许命运并没有给我们满意的安排，或许令我们暂时遭受挫折，但是因为命运之手的指点，偶然的失落与命运的错失，其结局有时反而会更加圆满；又或许我们的生活很简单，但是依然会有自己的乐趣。而生命的各自快乐，就在于对各自生活的一种简单的满足。如果懂得了圆满的相对性，对生命的波折，对情爱的变迁，也就能云淡风轻处之泰然了。这正是道家哲人们教给我们的做人智慧。

心理学家马修·杰波博士说："快乐纯粹是内发的，它的产生不是由于事物，而是由于不受环境拘束的个人举动所产生的观念、思想与态度。"生命各有各的快乐，选择属于你自己的快乐，这就是道家提倡的人生快乐禅。其实，在这个世上，每个人都在争取一个完满的人生。然而，自古及今，海内海外，一个百分之百完满的人生是没有的，其实，不完满才是人生。努力扮演好自己的角色，乐天知命，才是快乐的人。

智慧就在最平常的事物中

有个渴望得到智慧点拨的人曾经遍游世界，寻找最聪明的人。听说世界上最聪明的人住在一座高山上的山洞里，于是他收拾行装，穿过群山和沙漠，来到传说中的这座山脚下。他骑着马走上窄窄的山间小道，来到了一个山洞前。"你是因智慧而扬名天下的最聪明的人吧？"他问坐在山洞里的老人。老人站起来，走到光亮的露天处，看着这位旅行者的脸说："不，我不是。""啊，那我究竟到哪里才能找到智慧？"老人盯着旅行者焦急的眼睛看了一会儿回答道："你现在最大的问题是在哪儿能找到你的马。"说完他转身回到山洞中去。

我们有时就像那个寻找智慧的人，一心寻觅着自己想要的东西，其实那些东西近在咫尺，只不过我们不能领悟。古语说，真人不露相。做个乡曲之地的生活哲学家，在生活中体味人生的智慧，才是最贴近生命的。

老子说："太上，下知有之，其次，亲而誉之；其次，畏之；其次，侮之。"有些人自认为自己懂得了许多，其实只是流于表面；表面看似下愚的人，虽不知佛，但他却认定一个东西，至死不渝，或许是"天"，或许是"命"，反倒比那些所谓的学者文人都看得开。最下愚的人，往往才是真正第一等的修道人。有两种人可以学禅。一种是目不识丁之人，本身容易修道开悟；另一种是聪明绝顶之人，智慧高人一筹。大多数人居于中间，一般都难有所成。所以说，众人眼中的一种下等人，人们都认为他很笨，其实他才是真智慧，是早已领悟到"道"的人。其实，智慧越是在低处，在不容易被人发觉的地方，越靠近真理。

历史不是一个平面，而是一条河，有其浮面，有其底层。浮面易见，底层不易见。政治与社会，犹如两条轨道，上面的政治人物都从下面的社会起来，因此，某种程度上说，底层比浮面更重要。同样，历史人物，也可分为一部分是上层的，一部分是下层的。跑到政治上层去的人物，是有表现的人物，如刘邦、项羽都是。还有一批沉沦在下层，他们是无表现的人物，但他们在当时甚至后世，一样举重若轻，只不过有些人为后世所知，有些人被埋入了历史之中。

道，其实无所不在，无所不包，与高低贵贱无关。

《庄子·知北游》中记载了这样一则故事：东郭子向庄子请教说："人们所说的道，究竟存在于什么地方呢？"庄子说："大道无所不在。"东郭子说："必定得指出具体存在的地方才行。"庄子说："在蝼蚁之中。"东郭子说："怎么处在这样低下卑微的地方？"庄子说："在稻田的稗草里。"东郭子说："怎么越发低下了呢？"庄子说："在瓦块砖头中。"东郭子说："怎么越来越低下呢？"庄子说："在大小便里。"东郭子听后不再吭声。庄子认为道无处不在，万事万物，一律平等，既然蝼蚁、稗草、瓦块砖头甚至大小便中都可以有道，人和人之间又怎会有什么高低贵贱之分？所以北海若才说："以道观之，物无贵贱；以物观之，自贵而相贱；以俗观之，贵贱不在己。以差观之，因其所大而大之，则万物莫不大；因其所小而小之，则万物莫不小。"

之所以提及高低贵贱的人为划分，是因为许多人自命不凡，总是鄙夷乡曲之地朴实无华的人们，其实他们才是真正的智者。

把生活当做一门艺术

生命是悲哀的，但是人不能因为生命的短暂和悲哀而陷入虚无，如何使短暂的、悲哀的生命有意义，是一个值得思考的问题，庄子为我们提供了一个诱人的答案，那就是"得至美而游乎至乐"。在庄子的眼中，人生如艺术一样蕴含着无处不在的美感，而生活对人而言就是一场表现与完成美的行为艺术。以什么样的姿态来表现它，这对于每一个人来说是人生的又一个重要课题。

庄子提倡一种艺术化的生活。一个人，在短暂的人生路上，能够以实际行动演绎好它，纵使平淡无奇，也能把生活演绎得绚烂而多彩。

孔子拜见老聃，老聃刚洗了头，正披散着头发等待吹干，那凝神寂志、一动不动的样子好像木头人一样。孔子在门下屏蔽之处等候，不一会儿见到老聃，说："是孔丘眼花了吗，抑或真是这样的呢？刚才先生的身形体态一动不动地真像是枯槁的树桩，好像遗忘了外物、脱离于人世而独立自存一样。"老聃说："我是处心遨游于混沌鸿濛宇宙初始的境域。"

孔子问："这说的是什么意思呢？"老聃说："你心中困惑而不能理解，嘴巴封闭而不能谈论，还是让我为你说个大概。最为阴冷的阴气是那么肃肃寒冷，最为灼热的阳气是那么赫赫炎热，肃肃的阴气出自苍天，赫赫的阳气发自大地；阴阳二气相互交通融合因而产生万物，有时候还会成为万物的纲纪却不会显现出具体的形体。消逝、生长、满盈、虚空，时而晦暗时而显明，一天天地改变，一月月地演化，每天都有所作为，却不能看到它造就万物、推演变化的功绩。生长有它萌发的初始阶段，死亡也有它消退败亡的归向，但是开始和终了相互循环，没有开端也没有谁能够知道它们变化的穷尽。倘若不是这样，那么谁又能是万物的本源？"

孔子说："请问游心于宇宙之初、万物之始的情况。"老聃回答："达到这样的境界，就是'至美''至乐'了，体察到'至美'也就是遨游于'至乐'，这就叫做'至人'。"

孔子说："我希望能听到那样的方法。"老聃说："食草的兽类不担忧更换生活的草泽，水生的虫豸不害怕改变生活的水域，这是因为只进行了小小的变化而没有失去惯常的生活环境，这样喜怒哀乐的各种情绪就不会进入到内心。普天之下，莫不是万物共同生息的环境。获得这共同生活的环境而又混同其间，那么人的四肢以及众多的躯体都将最终变成尘垢，而死亡、生存终结、开始也将像昼夜更替一样没有什么力量能够扰乱它，更何况去介意那些得失祸福呢！舍弃得失祸福之类附属于己的东西就像丢弃泥土一样，懂得自身远比这些附属于自己的东西更为珍贵，珍贵在于我自身而不因外在变化而丧失。况且宇宙间的千变万化从来就没有过终极，怎么值得使内心忧患？已经体察大道的人便能通晓这个道理。"

孔子说："先生的德行合于天地，仍然借助于至理真言来修养心性，古时候的君子，又有谁能够免于这样做呢？"老聃说："不是这样的。水激涌而出，不借助于人力方才自然。道德修养高尚的人对于德行，无须加以培养万物也不会脱离他的影响，就像天自然地高，地自然地厚，太阳与月亮自然光明，又哪里用得着修养呢！"

孔子从老聃那儿回来，把见到老聃的情况告诉给了颜回，说："我对于大道，就好像瓮中的小飞虫对于瓮外的广阔天地啊！不是老聃的启迪揭开了我的蒙昧，我不知道天地之大那是完完全全的了。"

老聃告诉孔子，他"游心于物之初"乃是"至美至乐"。一个真正得道的人，他的生活就会变得像艺术一样，其中有难言的真善美。一个人，如果能够忘记各种欲念是非，把生活当做一门艺术，他的生活就会变得更快乐。

英国诗人艾略特曾写过一首名为《空心人》的诗，诗的开头这样写：我们是空心人，我们是填充着草的人，倚靠在一起，脑壳中装满了稻草。

是的，现代社会中的人，失去了信仰的基石，以至于很早就忘记了人在社会中真正要追求的是什么。他们的心灵变得很空虚，所以只能用各种各样的欲望来代替。他们每天都在匆匆赶路，为了一些蝇头小利像苍蝇一样奔波不息。其实，生活的美一直在你的周围，如果你能改变自己的想法，珍视自己的内心，修身养性，把生活当做一门艺术来对待，你就能像庄子所说的那样，获得真正的艺术化的自由生活。

第二章 儒家做事

儒家将"内圣外王"视为君子的最高理想和境界，要求世人对内要注重自己的道德修养，对外又要能作出一番事业。这是中国人几千年来的人生核心追求。在《大学》中开宗明义说：诚心，正意，修身，齐家，治国，平天下。并且指出，欲治国平天下，须先从诚心正意开始，修养自己的心性，由"仁"而正心，由"义"而正心，由"诚"而正心。未立业，先习人，这是儒家的处世哲学。再辅以对中庸之道的心领神会，便是儒者的最高境界了。

第一节 清清白白做人，明明白白做事

儒家认为推己及人之为仁之方，就是要我们凭借自身的宽大心胸，来容纳世事，在儒者的眼里，无论是"好仁者"或"恶不仁者"，其实都有一颗仁爱的心，人性本善的另一层意思就是人性本仁。这是几千年前的圣人给世人开出的一剂良方，以此为仁德的原点，要我们清清白白做人，明明白白做事。君子当求仁义为本，坦荡无愧，便可以傲视天下。

推己及人，换位思考

"仁"是儒家学说中最重要的一个概念，对于此，孔子曾有自己的一番见解。孔子说："我没有看到一个真正爱好道德的人，讨厌一个不道德的人。"一个爱好"仁"道而有道德的人，其修养几乎无人可以比拟，如果讨厌不仁的人，看不起不仁的人，那么他还不能算是达到"仁"的境界。在孔子的眼里，无论是"好仁者"或"恶不仁者"，其实都有一颗仁爱的心，人性本善的另一层意思就是人性本仁。

儒家认为要做到仁，就要试着换位思考，将心比心，所以孔子说："己所不欲，勿施于人。"如果我们给别人东西，最好想想对方或自己到底想不想要，如果连自己都不想要，那么最好还是把这个东西拿回去。

《孟子》书中记载了一段有名的与齐宣王关于声色货利的对话，两个人交谈就像打太极拳一样，表面风平浪静，却是绵里藏针、波涛暗涌，隐藏的锋芒直指对手要害。最后，孟子的建议就是：齐宣王好乐就与民共享，好色就让人间的家庭幸福，好货则藏富于民。所以说推己及人，是一个道德评判的基本尺度。

每个人在社会上都不是孤立的，周围有许多与自己共同学习、工作和生活的人，为使学习顺利、事业成功、生活幸福，人们都愿意建立良好的人际关系。而推己及人则是实现人际关系和睦、融洽的重要之道。要做到推己及人，首先要做到"己所不欲，勿施于人"，然后再进一步做到"己欲立而立人，己欲达而达人"。也就是孔子所说的"推己及人可谓仁之方也"，一个有仁德的人，自己想要站得住，同时也要帮助别人站得住，自己想要事事行得通，同时也要帮助别人事事行得通。真正做到己立、立人，己达、达人。

推己及人，将心比心地为别人设想一下，这并不是一条高不可及的教条，其实，无论君子妇孺，这剂仁之方都同样适用。

南宋诗人杨万里的妻子在古稀之年，每到天寒时，天不亮就早早起来，然后径直走进厨房，熟练地生火、烧水、煮粥。满满的一大锅粥要熬上很长时间，杨夫人每次都耐心地等着。清甜的粥香顺着热气渐渐充满了厨房，飘到了院子里。院子的另一边，仆人们伴着这熟悉的香气陆陆续续地起床，洗漱完毕后，来到厨房，并接过杨夫人盛起的满满一大碗热粥喝了起来。杨夫人的儿子杨东山看到母亲忙碌的身影，甚是心疼。一次，他劝母亲说："天气这么冷，您又何苦这么操劳呢？"杨夫人语重心长地说："他们虽是仆人，也是各自父母所牵挂的子女。现在天气这么冷，他们还要给我们家里做活。让他们喝些热粥，心中有些热气，这样干起活来才不会伤身体。"

一席话说得儿子点头称是，杨夫人之所以能说出如此慈悲为怀的话，就是因为她是一个心地善良、懂得体贴与关怀的好人。她会设身处地体会别人的切身感受，所以能够为别人着想。这一做法既教育了儿子，也温暖了仆人们的心。

这段故事虽然讲的是生活里的小场景，但是由此推想，小中亦可见大。我们行走在这个社会当中，自己不想要的，也不要强加给别人，再进一步，自己想要立足，就要能够大度地让别人也能立足。所谓仁德之心，无非就是孔子所说的推己及人。

当然，并不是所有的事都要"己所欲"才施于人，推己及人也要有自己的"道"，即原则来遵循；毕竟不是所有于己有益的东西都适用于他人，当然也不是所有对他人有益的东西，别人都能接受。在他们不想接受时，决不能以"这是为他们好"为由，强迫其接受。因为每个人都有自由选择的权利，如果侵犯这一权利，不是也掉进"己所不欲，勿施于人"的陷阱了吗？

总而言之，儒家文化中所推崇的推己及人的"仁之方"，就是要我们凭借自身的宽大心胸，来容纳别人。这是几千年前的圣人给世人开出的一剂良方，是仁德的原点，也是儒家思想中值得我们现代人学习的一条重要的做人做事道理。

言必信，行必果

曾子是孔子的学生。有一次，曾子的妻子准备去赶集，由于孩子哭闹不已，曾子妻许诺孩子回来后杀猪给他吃。曾子妻从集市上回来后，曾子便捉猪来杀，妻子阻止说："我不过是跟孩子闹着玩的。"曾子说："和孩子是不可说着玩的。小孩子不懂事，凡事跟着父母学，听父母的教导。现在你哄骗他，就是教孩子骗人啊。"于是曾子把猪杀了。

曾子深深懂得，诚实守信、说话算话是做人的基本准则，若食言不杀猪，那么家中的猪保住了，却在一个孩子纯洁的心灵上留下不可磨灭的阴影。曾子用他的言行告诉世人，一诺千金是做人须信守的要义。

诚信，是儒家十分重视的一条做人原则。在《论语》中有不少关于此的论述。比如在《论语·为政》中孔子说道："人而无信，不知其可也。大车无輗，小车无軏，其何以行之哉？"人无信不立，在儒家看来，人失去信用就无法在社会上立足，诚信，是人们做事做人的最重要法则之一。而这也是儒家教给我们现代人的一条宝贵的做事道理。

近代学者梁漱溟先生曾说，中国文化的最大特征是"人与人相与之情厚"，就是说人和人在一起感情非常深厚，而这种感情的深厚是以信用作为基础的。如果一个人没有信用，根本就不能在社会上很好地生存。所以，自古至今，父母在教育儿女的时候，都非常注重对子女进行诚信方面的教育。像上面提到的曾子教子就是一个很好的例子。

一诺千金，自己说话一定要算数，自己许下的诺言，一定去实现它，即便是对孩子也是如此。信口开河、言而无信，只会让自己失去做人的从容与真挚，同时失去别人的真诚以待。反之，如果坚持遵守自己的承诺，往往会博得他人的爱戴。古人十分看重诚信，认为言必信，行必果，大丈夫一言既出驷马难追，甚至会用生命来换取信义。

张劭和范式同在太学学习，二人脾气相投，结拜为兄弟，后来两人分别返乡，张劭与范式约定第二年重阳将到范式家拜见他的父母，看看他的孩子。当约好的日期快到的时候，范式把这件事告诉他母亲，请他母亲准备酒菜招待张劭。

然而，范式左等右等，直到太阳西坠，新月悬空，仍不见张劭来赴约。母亲问：你们分别已经两年了，相隔千里，你就那么相信他吗？范式回答：张劭是一个讲信用的人，他一定不会违约的。范式一直候在门外，直至深夜时分，才见一黑影隐隐飘然而至，仔细一看，来的却是张劭的鬼魂。原来为了养家，张劭忙于经商，不知不觉忘了二人重阳之约，直到当日早上才回想起来。可是从张劭所在的山阳到这里足有一千里路，一天之内无论如何都走不到了。为了守约，他想起古人曾说过：人不能一日千里，而鬼魂可以。于是挥刀自刎，让鬼魂来赴这次约。

"请兄弟原谅我的疏忽。看在我一片诚心上，你去山阳见一见我的尸体，那我死也瞑目了。"话说完，张劭的鬼魂就飘走了。而范式在赶到山阳见了张劭灵柩后，自愧张劭为己而死，也挥刀自刎来回报张劭的信义！众人惊愕不已，后来就把二人葬在了一起。汉明帝听说此事，非常赞赏二人互相之间的真诚与心意，在他们墓前建了一座庙，称为"信义祠"。

因为诚信，所以张、范受人尊敬。信，人之言为信，言而无信则非人。诚信，就好像是人生的保护色。一个拥有诚信的人，他的人生将发出耀眼、灿烂的光芒。诗人海涅曾说："生命不可能从谎言中开出灿烂的鲜花。"谎言会埋没一个人的良知，让他从此失去他人的信任，生命因而变得暗淡无光。生活中，我们需要真诚面对生活的态度。在开始追求自己的事业时，如果能下定决心，将自己的诚信心态当做事业的资本，做任何事都要求自己不违背诚信心态的话，那在日后，即使不一定功成名就，也肯定不至于一败涂地。反之，一个在事业征途中失掉诚信心态的人，则永远不能成就真正伟大的事业。

做人一诺千金，约定和诺言都一定要兑现。正所谓"大车无輗，小车无軏"，輗和軏都是车子的关键所在，如果大车没有横杆，小车没有挂钩，那车子是走不动的。对于人来说也是一样，不管做人、处世、为政，"信"都是关键所在。一个人失去了信用，就失去了做人的基础，长此以往，别人对其只会敬而远之。

德行比才能更重要

儒家十分看重人的品德，认为德行比才能更重要。孔子在《论语·述而》中说道："如有周公之才之美，使骄且吝，其余不足观也。"意思是说，即使有周公那样的才能和美好的资质，只要骄傲吝啬，他其余的一切也都不值一提了。

这其中，才能资质属于才的方面，骄傲吝啬属于德的方面。也就是说，如果一个人才高八斗而德行不好，那么圣人连看也不看他一眼。只有德才兼备才是完美的人才，如果二者不可兼得时，德是熊掌，才是鱼。孟子舍鱼而取熊掌，圣人舍才而取德。

对此，近代学者胡适先生曾解释说：孔子的人生哲学注重养成道德的品行。无论做人做事都要以道德作为基础，只有品德高尚的人才能获得真正的成功。

有一位老锁匠一生修锁无数，技艺高超，收费合理，深受人们敬重。渐渐地，老锁匠年纪大了，为了不让自己的技艺失传，他决定为自己物色一个接班人。最后老锁匠挑中了两个年轻人，准备将一身技艺传给他们。一段时间以后，两个年轻人都学会了不少东西。但两个人中只有一个能得到真传，老锁匠决定对他们进行一次考试。

老锁匠准备了两个保险柜，分别放在两个房间里，让两个徒弟去打开，谁花的时间短谁就是胜者。结果大徒弟只用了不到十分钟就打开了保险柜，而二徒弟却用了半个小时，众人都以为大徒弟必胜无疑。

老锁匠问大徒弟："保险柜里有什么？"大徒弟眼中放出了光亮："师傅，里面有很多钱，全是百元大钞。"同二徒弟同样的问题，二徒弟支吾了半天说："师傅，我没看见里面有什么，您只让我打开锁，我就打开了锁。"

老锁匠十分高兴，郑重宣布二徒弟为他的正式接班人。大徒弟不服，众人不解，老锁匠微微一笑说："不管干什么行业都要讲一个'信'字，尤其是我们这一行，要有更高的职业道德。我收徒弟是要把他培养成一个高超的锁匠，他必须做到心中只有锁而无其他，对钱财视而不见。否则，心有私念，稍有贪心，登门入室或打开保险柜取钱易如反掌，最终只能害人害己。我们修锁的人，每个人心上都要有一把不能打开的锁。"

老锁匠的话着实耐人寻味，他把道德作为权衡徒弟的最终标准，所以二徒弟虽比大徒弟才能差，但最终因为品德高尚而被师傅选为接班人。

孔子教学生注重自身的道德修养，显然涉及伦理道德教育，目的当然还是建立良好的人际关系。在孔子的心目中，有高尚道德的人是有仁爱之心的人，也就是能博济众施之人，是能为他人着想的人。

所以孔子说："骥不称其力，称其德也。"就是说："对于千里马，不称赞它的力气，要称赞它的品质。"尚德不尚力，重视品质超过重视才能，这是儒家的人才思想，也正是我们今天选拔人才的标尺。

决定一个人价值和前途的不是聪敏的头脑和过人的才华，而是正直的品德。品德就是力量，它比"知识就是力量"更为正确。

我们的确可以看到这样一种现象，一个人如果品质不好、能力差也就算了，对别人对社会的危害还不会太大。恰恰是一个能力非常强、智商非常高的人，如果品质败坏、野心很大，那他造成的危害就会非常大，有时候甚至会达到致命的程度，断送一个单位、一家公司，甚至一个国家。没有灵魂的头脑，没有德行的知识，没有仁善的聪明，固然是一种力量，但它们是只能起坏作用的力量。他们或许能给人们一些启发，或者也能给人们一些趣味，但是很难让人尊敬他们，就好比我们对待扒手的敏捷或拦路强盗的马术一样。

反之，一个人品质很好，能力虽然差了点，但他只要虚心好学，提高自己，也会逐渐有所进步，把事情做得更好。当然，需要特别注意的是，我们不能因此走向另一个极端，忽略人的能力，不尊重知识，不尊重人才。毕竟，德行是我们行走人生的前提，才能则是创造人生的手段，两者结合，才能使我们的人生绚烂多姿！

修一颗赤子之心

孟子曾经说："存其心，养其性。"意思是保存赤子之心，修养善良之性。我们生来便有一颗赤子之心，不沾俗尘，不染污土，而仁爱是首先要培养出来的性情。为他人奉献善心，为社会造福祉，他人和社会必定会以善回报你。

在以前的药铺里人们常常可以看到这样一副对联："但求世上人无病，何妨架上药生尘。"这其中便包含着对生命的一种关怀，这样的悲天悯人、宽厚无私的情怀是很让人感动的。自己虽然是良医，却祈求别人不生病，其中蕴涵着至高境界的道德品质。

世间天地万物数不胜数，其中最能够打动人的莫过于一颗宽厚无私、善良之心。

山东潍县以前是个多灾多难的地方，经常发生水灾、旱灾。扬州八怪之一的郑燮（即郑板桥）在当地任县令七年期间，就有五年发生灾情。他刚到任那一年，潍县发生水灾，十室九空，饿殍满地，其景象惨不忍睹。郑板桥据实上报，请求朝廷开仓赈灾，可朝廷迟迟不准。在危急时刻，郑板桥毅然开仓放粮，他说："不能等了，救命要紧。朝廷若有怪罪，就惩办我一个人好了。"这样灾民很快得救了。

郑板桥秉承儒家心系天下苍生的精神，心念百姓疾苦。他深知"民为邦本，本固邦宁"的古训，做任何事，他首先想到的是百姓。他招民工修整水淹后的道路城池，采取以工代赈的办法救济灾区壮男；同时责令大户在城乡施粥救济老弱饥民，不准商人囤积居奇；他自己带头捐出官俸，并刻下"恨不得填满了普天饥债"的图章。他开仓借粮时有秋后还粮的借条，到秋粮收获时，灾民歉收，他当众将借条烧掉，劝人们放心，努力生产，来年交足田赋。由于他的这些举措，无数灾民解决了倒悬之危。

为了老百姓，他得罪了一些富户，特别在整顿盐务时，更是触动了富商大贾的私利。潍县濒临莱州湾，盛产海盐，长期以来，官商勾结，欺行霸市，哄抬盐价，贱进贵卖，缺斤少两，以次充好。郑板桥针对这些弊端严令禁止，因此，一些富人对他造谣毁谤，匿名上告。1752年，潍县又发大灾，郑板桥申报朝廷赈灾，上司怒其多次冒犯，又加上听信谗言，不但不准，反给他记大过处分，钦命罢官，削职为民。

离开潍县时，百姓倾城相送。郑板桥为官十余年，并无私藏，只是雇三头毛驴，一头自骑，两头分驮图书行李，由一个差丁引路，凄凉地向老家走去。临别时他为当地人民画竹题诗："乌纱掷去不为官，囊橐萧萧两袖寒。写取一枝清瘦竹，秋风江上作鱼竿。"

郑板桥为官，不以自己的才情作为晋升的手段，也不以此卖弄，而是用在为民谋福上，这种宽厚无私的精神才是人格的最高境界。

孔子在《论语·颜渊》中也曾说过："听讼，吾犹人也。必也使无讼乎！"意思是说：审理诉讼案件，我同别人一样能做好。但内心总是希望这些事情不再发生啊！孔子希望通过教化来提升人们的修养，减少案件的发生。这是以天下人为念的崇高博大的情怀。

中国古代故事里那个杞人忧天的人，总是受到人们的嘲笑。其实，换一个角度来看，他的行为恰恰体现出一种常人所没有的对苍生的悲悯心态，对潜在危险的一种担忧。

与杞人忧天者的备受嘲笑不同，悲天悯人在中国人的眼里却是一种高尚的情操，那种对人类的无等差的关怀令人动容。

悲天悯人，是要将福祉惠泽天下的芸芸众生，人只是这个世界微小的一部分，花草鸟兽作为世界的一分子，也应受到福祉的惠泽。孔子曾说"子钓而不纲，弋不射宿"，意思是说孔子钓鱼，但不用绳网捕鱼；孔子射鸟，但不射栖宿巢中的鸟。在孔子的眼里，一草一木皆生命，岂有不爱惜的道理。

确实，在这天地间，即使只是一只毫不起眼的小蚂蚁，也是造物主的恩赐，它的生命与我们人类的生命并没有本质区别，它也应该享有生命尊严。对生命的关怀并非人性的道德完善，也并非居高临下的施舍，而是对生命平等的尊重和深切的关怀。很多时候，我们在关怀其他生命的同时，也是对我们自身的关怀与尊重。

不做道貌岸然的伪君子

"文质彬彬，然后君子"，文质并重，是孔子认为最理想的为人处世境界。但是世人往往在文或者质上有所偏颇，因此真正能做到两者兼有的并不多。孔子也意识到了这一现实的问题，所以他才说：不得中行而与之，必也狂狷乎，狂者进取，狷者有所不为也。

中行即中庸之道，指的是文质彬彬的君子之风。如果没有这样的人，就和狂狷之人相处。狂者敢作敢为，狷者对有些事是不肯干的。这两种人言行举止上并不符合礼的要求，真性情的流露。所谓狂狷者本不合乎中，一偏于积极，一偏于消极，他们都有一种好处，即是能表现他们的个性，能率真不虚假也。虽然并不完全从仁心出发，表现的却是完整的纯粹的性情。

王国维《人间词话》说："'昔为倡家女，今为荡子妇。荡子行不归，空床难独守。''何不策高足，先登要路津？无为守贫贱，轗轲常苦辛。'可谓淫鄙之尤。然无视为淫词、鄙词者，以其真也。"这两首诗原本语言有些粗鄙，但是却依然值得欣赏，就在于他们情之真切。

相对地，孔子又说道：乡愿，德之贼也。后来的孟子也说过相似的话：阉然媚于世也者，是乡愿也。

乡愿其实就是道貌岸然的伪君子。内在道德败坏，但是表面上却是彬彬有礼，八面玲珑，世故圆滑，满口仁、义、礼、智、信。如《儒林外史》里的范进，在服丧期间为表孝道不肯用银镶杯箸吃饭，后来换了象牙的，仍然不肯用，直至换了双白颜色竹筷子才算罢休。看似一个至孝之人，不敢丝毫违礼，文章却接着写了一个细节：他在燕窝碗里拣了一个大虾圆子送到嘴里。伪君子的形象跃然纸出。

正是出于对伪君子的憎恶，所以孔子说：巧言令色，足恭，左丘明耻之，丘亦耻之。匿怨而友其人，左丘明耻之，丘亦耻之。之前孔子还说过：巧言令色，鲜矣仁。可见他对于巧言令色之徒是深恶痛绝。"鲜矣仁"和"德之贼"正是一个意思，都是质之不行。刘基在《卖柑者言》中就讽刺了这样的人：金玉其外，败絮其中。礼原本是出于真心，只是为那份心穿上一件合身而得体的衣裳而已，现在却是青出于蓝而胜于蓝，用花哨的衣裳来掩盖内心的不足，喧宾夺主。

孔子的人生态度也就是求心安，心若安定，外面的风吹雨打都可看做是过眼云烟。礼也是如此："林放问礼之本，子曰：大哉问！礼与其奢也，宁俭；丧与其易也，宁戚"。在孔子看来，心中之礼比外在的礼更重要。

奢华容易让人迷失礼原来的意义；丧事与其做到形式上的和易周备，不如人内心的哀伤。正是礼可简约，但心情不可淡薄。

鲁迅先生在《魏晋风度与文章与药及酒之关系》中写道：何晏、王弼、阮籍、嵇康之流，因为他们的名位大，一般的人们就学起来，而所学的无非是表面，对他们实在的内心，却不知道。因为只学他们的皮毛，于是社会上便很多了没意思的空谈和饮酒。阮籍等人的言行举止看起来不合礼法，但是他们知道自己内心的真情在流露。用鲁迅先生的话说：大凡明于礼义，就一定要陋于知人心的，所以古代有许多人受了很大的冤枉。例如嵇、阮的罪名，一向说他们毁坏礼教。但据我个人的意见，这判断是错的。魏晋时代，崇尚礼教的看来似乎很不错，而实在是毁坏礼教，不信礼教的。表面上毁坏礼教者，实则倒是承认礼教，太相信礼教。因为魏晋时代所谓崇尚礼教，是用以自利，那崇奉也不过偶然崇奉，如曹操杀孔融，司马懿杀嵇康，都是因为他们和不孝有关，但曹操和司马懿何尝是著名的孝子，不过将这个名义，加罪于反对自己的人罢了。于是老实人以为如此利用，亵渎了礼教，不平之极，无计可施，激而变成不谈礼教，不信礼教，甚至于反对礼教。但其实不过是态度，至于他们的本心，恐怕倒是相信礼教，当做宝贝，比曹操、司马懿要迂执得多。

这里曹操便成了孔子所说的乡愿，看似在维护伦理道统，其实他的心中并无这些道义在，伦理只是他的政治手段而已。既然伦理被不信伦理的人所利用，真心信伦理的阮籍等人便反其道而行之，如阮籍闻母丧，貌似镇定自若，与情理不通，却吐血数升，表其真情。他的行为表面上就是孔子所说的狷——偏于消极，当为而不为。若在正常的年代，他们完全可以做文质彬彬的君子，但是在司马氏实行白色恐怖的年代，真心信礼教的人却只能用这种方式来足于心。

孟子曾说：鱼，我所欲也，熊掌，亦我所欲也；二者不可兼得，舍鱼而取熊掌者也。对于孔子而言，文与质都是他所欲；二者不可兼得，宁取狂狷不取乡愿也。

孔子的这段话无疑给了我们很大的醒示作用。做人不论方圆，切不可学成乡愿那样的人，毫无原则，道貌岸然、内心腐败的人是最让人们痛恨的。所以生活当中，我们不仅自己一定不要有类似的行为，也要注意远离这样的人。所谓和而不流，也就是这个道理。

做人坦荡，远离忧惧

孔子说"君子坦荡荡，小人长戚戚"，后人也常用此以区别君子与小人。君子"坦荡荡"，胸襟永远是光风霁月，无论得意或艰难，都自然的胸襟开朗，乐观而不盲目，对人也没有仇怨。小人心里是永远有事情的，不是觉得某人对不起自己，就是觉得这个社会不对，再不然就是某件事对自己不利。

其实，世界根本没有改变，改变的只是心境。无论何时何地，保持着坦荡的心境，世界便是一片祥和。

一天，林先生站在一个珠宝店的柜台前，随手把自己的皮包放在了旁边。在他挑选珠宝时，一个衣着讲究、仪表堂堂的男士也过来挑选珠宝，林先生礼貌地把包移开。但来者却十分愤怒，告诉林先生他是个正人君子，根本无意偷他的包，林先生的举动是对其人格的侮辱，话说完便重重地将门关上，怒气冲冲地走出了珠宝店。

林先生莫名其妙地被人嚷了一通，也怒气满怀，没心思再看珠宝了，便出门开车回家。马路上的车阵像一条巨大而蠢笨的毛毛虫，缓慢地蠕动，看着前后左右的车林先生就气不打一处来：哪来这么多车？哪来的这些不会开车的司机？后来他与一辆大型卡车同时到达一个交叉路口，林先生想："这家伙仗着他的车大，一定会冲过去。"随即下意识地准备减速让行，此时，卡车却先慢了下来，司机将头伸出窗外，向他招招手，示意他先过去，脸上挂着一个愉快的微笑。林先生将车子开过路口的一瞬间，满腔的不愉快突然全部消失无踪，心胸豁然开朗。

你眼里的世界，是你心境的反应。林先生的经历，我们都可能遇到过。其实，做人只要问心无愧，坦坦荡荡，对于每天里遇到的各种突如其来的状况，我们也能应对自如，而不会被其搅乱心情，我们也就可以傲视天下。在儒家先贤眼里，这是君子风范的标准之一。

《论语·颜渊》中写道："子曰：仁者，其言也讱。曰：其言也讱，斯谓之仁矣乎？子曰：为之难，言之得无讱乎？"

孔子是大教育家，针对同样的问题他的回答却往往因人而异，这就是因材施教。在这里，他的弟子司马牛问老师：什么叫仁呢？孔子回答他的话很简单，他说一个仁道的人在说话的时候不会信口开河。

这个"讱"是告诉人们说话要忍一点，慢慢来。司马牛有时有放言高论的习惯，所以孔子教他不要随便说话。司马牛一听，说，原来做到仁是那么简单啊，就是不随意开口说话，说话的时候忍一忍，难道这就是您所提倡的仁吗？那也太容易了。我们知道凡是看起来很简单的道理往往做起来都很麻烦，关键是坚持不了。因为这时候需要我们有耐心和恒心，很多时候是在和我们的缺点较量，所以孔子说，你不要看得容易，真做起来很难。这是孔子在教育方面，针对学生的个性、行为、某一个缺点加以纠正。接着司马牛就问君子。君子在中国古代文化中——尤其是儒家的观念里，差不多是一个完整人格的代名词。

司马牛问君子。子曰：君子不忧不惧。曰：不忧不惧，斯谓之君子矣乎？子曰：内省不疚，夫何忧何惧？

他问孔子怎样才够得上一个君子。孔子道："不忧不惧。"我们听了这四个字，回想一下自己，长住在忧烦中，没有一样不担心的。大而言之，忧烦这个世界怎么一团糟；小而言之，自己怎样能得到领导重视，怎么才能不失恋……一切都在忧中，一切也在怕中。透过了"不忧不惧"这四个字的反面，就了解了人生几乎始终在忧愁恐惧中度过，能修养到无忧无惧，那真是了不起的修养，也就是"克己复礼"的功夫之一。司马牛一听，觉得这个道理太简单了。你看那些玩命之徒从来就没有什么好害怕的，他们没有钱的时候去偷和抢，反正活着也是活着，怎么活还不都是一样要死？孔子一听，知道他的学生又理解错了，赶紧忙着解释。

由此看来这个司马牛的悟性确实不怎样高，如果是颜回和子贡那样的弟子，肯定一下子就领悟到老师的真意了。孔子是说，一个人能做到内省不疚，就没有什么好忧惧的！

确实如此，老百姓的话说"不做亏心事，不怕鬼敲门"。一个人深更半夜的时候，我们不妨扪心自问有没有做了什么对不起别人的事，有没有昧着良心说瞎话，干没干过损人利己的事，如此等等。一圈问了下来，如果能做到没有任何亏心事，那么又谈什么忧惧呢？

做人是一辈子的事情，也是我们每个人共同的事业。能坦坦荡荡，自然没有忧惧，这个事业经营得怎样，就看我们平时的表现如何。所以一句话，看起来简单异常，但是等到我们真正去实践的时候，又会发现它原来不是自己所认为的那样。就好比君子的"内省不疚"，又有几人能真正说我暗自反省的时候没有觉得有一丝一毫的愧疚呢？这样的人是没有的，只是我们还是要秉持这样的信念，因为我们的内心需要安稳和宁静，为了这一份最简单的心安，我们还是要学会常常内省，不做让自己忧惧的亏心事，这是做人最起码的准则。

不管周围环境怎样，真正的君子，不应该为外物所困。比如一个公开的舞会，突然来了一位绝色的女子，她打扮入时，风度优雅，她款步而来，与全场最帅的男人跳了一支舞。有的人会衷心赞美，因为他的心里没有瑕疵，他看见了别人的美丽。而有的人则会挑剔，她怎么穿红色的衣服啊，那鞋子一看就是廉价货，舞蹈跳得一点都不专业，看她那傲慢的眼神真让人讨厌。其实这种人欣赏别人的眼光就有问题。

更有甚者，看见她抢了全场的风头，会莫名其妙产生一种憎恨。有的涵养差极的甚至大有打上一架的架势了。

后两种人就是所谓的小人，他们心里有条脆弱的小防线，他们容不下别人比他们强，认为这世界上很多人要与他为敌，认为别人占去了他们的风光，觉得总是有人在把他们比下去。于是心生厌烦，把自己那点底子全抖出来了。君子坦荡荡，小人常戚戚。生活是面镜子，人们看见的就是自己心里想的。

保持心境坦荡而不戚然，就要做到孔子所说的"不忧不惧"。

苏轼有词《定风波》曰：莫听穿林打叶声，何妨吟啸且徐行，竹杖芒鞋轻胜马，谁怕，一蓑烟雨任平生。确实，如果内心光明磊落又怎么能被外物影响呢？人的一生会遇见很多很多事情，但是只要我们本着正义与良知，行事光明磊落，即使是腥风浊雨，又怎么能挡住我们的步伐呢？

实践出真知，有行才有悟

公元前262年，秦昭襄王派大将白起进攻韩国，占领了野王（今河南沁阳），截断了上党郡（治所在今山西长治）和韩都的联系，上党形势危急。上党的韩军将领不愿意投降秦国，打发使者带着地图把上党献给了赵国。赵孝成王派军队接收了上党。过了两年，秦国又派大将军王龁率兵围住上党。赵孝成王听到消息，连忙派廉颇统领二十多万大军去救上党。他们才到长平（今山西高平县西北）时候，上党已经被秦军攻占了。廉颇见状连忙守住阵地，叫兵士们修筑堡垒，深挖壕沟，跟远来的秦军对峙，准备作长期抵抗的打算。王龁想尽快攻下长平，于是几次三番向赵军挑战，可廉颇说什么也不跟他们交战。

王龁想不出什么法子，只好派人回报秦昭襄王，说："廉颇是个富有经验的老将，不轻易出来交战。我军老远到这儿，长期下去，就怕粮草接济不上，怎么好呢？"秦昭襄王请范雎出主意。范雎说："要打败赵国，必须先叫赵国把廉颇调回去。"秦昭襄王说："这哪能办得到呢？"范雎说："让我来想办法。"几天后，赵孝成王就听到左右纷纷议论，说："秦国就是怕让年轻力强的赵括带兵；廉颇不中用，眼看就快投降啦！"他们所说的赵括，是赵国名将赵奢的儿子。赵括小时爱学兵法，谈起用兵的道理来，头头是道，自以为天下无敌，连他父亲也不在他眼里。赵王听信了左右的议论，立刻把赵括找来，问他能不能打退秦军。赵括说："要是秦国派白起来，我还得考虑一下。如今来的是王龁，他不过是廉颇的对手。要是换上我，打败他不在话下。"赵王听了很高兴，就拜赵括为大将，去接替廉颇。

蔺相如听后对赵王说："赵括只懂得读父亲的兵书，不会临阵应变，不能派他做大将。"可是赵王对蔺相如的劝告听不进去。当时赵括的母亲也向赵王上了一道奏章，请求赵王别派他儿子去。赵王把她召了来，问她什么理由。赵母说："他父亲临终的时候再三嘱咐我说：'赵括这孩子把用兵打仗看做儿戏似的，谈起兵法来，就眼空四海，目中无人。将来大王不用他还好，如果用他为大将的话，只怕赵军断送在他手里。'所以我请求大王千万别让他当大将。"赵王不相信这些话，还是让赵括带兵出征了。

这就是那则广为流传的成语故事——"纸上谈兵"，赵括只知读书，不会应变，更无临阵打仗的经验，所以蔺相如认为他无法胜任，用今天的话说，赵括就是一个眼高手低，只会夸夸其谈而没有实际经验的人。子贡问什么是君子，孔子回答说，君子一定会把实际行动放在言论的前面。而孔子的学生中，子路最怕听孔子对他讲话，因为他怕自己听了而做不到，有愧于为学。由此可见对真正的君子来说，实践是何等的重要。

孔子所说的道理不难明白。真正的君子就应少说空话，多做实事。而我们看一个人，也是要先看他是怎么做的，而不是单纯地只相信他说的话。如果赵王当时不是一时单方面听信了赵括的夸夸其谈，那么也许历史的细节会是其他的样子。可是，天违人愿，也许是赵国气数已近，天意让赵括上演了一幕"纸上谈兵"的历史剧。

公元前 260 年，赵括领兵二十万到了长平，廉颇验过兵符后，回邯郸去了。赵括统率着四十万大军，声势十分浩大。他把廉颇规定的一套制度全部废除，下了命令说："若秦国再来挑战，必须迎头打回去。故人打败了，就得追下去，杀得他们片甲不留。"那边范雎得到赵括替换廉颇的消息，知道自己的反间计成功，就秘密派白起为上将军，去指挥秦军。白起一到长平，布置好埋伏，故意打了几阵败仗。赵括不知是计，拼命追赶。白起把赵军引到预先埋伏好的地区，派出精兵二万五千人，切断赵军的后路；另派五千骑兵，直冲赵军大营，把四十万赵军切成两段。赵括这才知道秦军的厉害，只好筑起营垒坚守，等待救兵。秦国又发兵把赵国的救兵和运粮的道路切断了。

赵括的军队，内无粮草，外无救兵，守了四十多天，兵士都叫苦连天，无心作战。赵括带兵想冲出重围，秦军万箭齐发，把赵括射死了。赵军听到主将被杀，纷纷扔了武器投降。四十万赵军，就在只会"纸上谈兵"的主帅赵括手里全部覆没了。

赵括虽饱读兵书，对兵法了如指掌，但真正打起仗来却无法将平时侃侃而谈的兵法应用于实际的战争当中，最终战死沙场。

子曰："先行其言，而后从之。"孔子的意思说的就是要先有实际行动，然后再说大话，孔子认为，这才是符合君子的行为。所以，对于做人做事的道理，空有夸夸其谈是不行的，只有足够地实践，才能彻底参悟。否则，等到大事临头，就悔之晚矣。

大爱者爱国爱天下

幼年时期，屈原就有悲天悯人的情怀。年少时的屈原，在大人眼里也许还是孩子，但实际上他却比同龄人要早熟。当时正逢连年饥荒，屈原家乡的百姓们吃不饱、穿不暖，时有沿街乞讨、啃树皮、食埃土者，年少的屈原看见这一切，不禁伤心落泪。他发誓要为这些人做点什么，来缓解他们的痛苦。

一天，屈原家门前的大石头缝里突然流出了雪白的大米，百姓们见状，纷纷拿来碗瓢、布袋接米，将米背回了家。不久，屈原的父亲便发现家中粮仓中的大米越来越少，他很奇怪，便留意观察，看是否是有人偷米。有一天夜里，他发现屈原正从粮仓里往外背米，便将屈原叫住，一问才知道原来是屈原把家里的米灌进石缝里。乡亲们知道了真相都很感动，夸赞屈原。父亲没有责备屈原，只是对他说："咱家的米救不了多少穷人，如果你长大后做官，把国家管理好，天下的穷人不就有饭吃了吗？"

父亲的话激励了屈原，自此他勤奋治学，长大后学有所成。楚王得知他很有才能，便召他为官，让他管理国家大事。屈原为国为民尽心尽力，为后世之人称颂，真正做到了由小善转为大善的境界。他自幼怜悯他人，此乃小爱，乃人之常情的爱；而他后来爱国，则因爱人而由小变大，精神得到了升华，这是令后人敬仰的大爱。

孟子曾经说："存其心，养其性。"意思是保存赤子之心，修养善良之性。我们生来便有一颗赤子之心，不沾俗尘，不染污土，而"仁爱"是首先要培养出来的性情。屈原若不是怀着这样的爱国爱天下的大爱之心，也不会成为后世人们所缅怀的伟大人物。

爱国家，爱天下，爱苍生，这种情怀，一直是儒家做人哲学中的一个重要部分。华夏大地自古以来，爱国人士频出，那些可歌可泣的人物，是历史的丰碑。他们用生命演绎了一段段传奇。古人说"天下兴亡，匹夫有责"，便是这种大爱的集中体现。在儒家看来，人人当怀一颗爱国爱天下之心。

南宋末年，元兵南进，南宋文武官员拥着 11 岁的端宗皇帝退到广州海面。不久，端宗受惊而死，大家打算各奔前程。大学士陆秀夫挺身而出："古人只有一旅一成，还能中兴，现在百官都在，兵有数万，如果天不绝宋，岂有不能成功之理！"在他的坚持下，宋军继续与元军作战。逃亡朝廷最后以崖山作为根据地。在他们粮食断绝多日之后，元兵发起猛攻，终于打进崖山。陆秀夫估计已经无法护卫幼帝逃脱，于是他盛装朝服，对幼帝赵昺说："国事至今一败涂地，陛下当为国死，万勿重蹈德祐皇帝的覆辙。德祐皇帝远在大都受辱不堪，陛下不可再受他人凌辱。"说罢，他背起9岁的赵昺，又用素白的绸带与自己的身躯紧紧束在一起。为了不做俘虏，陆秀夫背起幼主，毅然跳进海里，壮烈殉国。崖山之战终于以宋军的彻底失败而告终，它标志着流亡政府的最后崩溃，也宣告了历时320年的宋朝灭亡。

陆秀夫的死，后世人评说不一，有人说他是愚忠。对此，我们今天且不去评判，单看他的行为，就是一种伟大的爱国精神。他受命于危难之际，殚精竭虑，颠沛流离，试图力挽狂澜，维护南宋江山，可是，南宋朝廷已经是穷途末路，尽管陆秀夫、文天祥等人竭力挽救，但终究无力回天。陆秀夫的努力虽未能重扶正倾之宋室，但其忠心报国的爱国精神可歌可泣。

人一生所追求的不仅仅是成功，更有高尚的人格精神，所以，陆秀夫在事业上的失败并不能毁损他的伟大。相反，临危受难的刚毅，不堪凌辱的决绝，都是令后辈肃然起敬的可贵精神。

人往往在最后的时刻才能体现出品格的高下。项羽固然自负，但四面楚歌绝不苟且偷生，一代枭雄的气魄和悲凉在乌江岸边写下传说。越王勾践忍气吞声，甚至为吴王夫差尝食粪便，以换来自己的性命，却在床榻之上卧薪尝胆，终于重建帝国。后主李煜天性羸弱，被人擒获后，整日哀伤感慨"阶下囚"的悲歌，终于还是被谋害了，文人的多愁善感让他连苟活的机会都不可得。

崇祯帝在王朝覆灭的一刻，不但自己一心求死，还杀了无数的嫔妃、宫娥，其残忍的一面留给了历史，任由后人评说。

在危难时刻，每一个谨小慎微的举动都暴露了巍峨或软弱，人性之光也在这个时候散发出了动人或伤人的力量。保国是一种责任，殉国也是一种责任。在无法不受凌辱的时候，纵身一跃既保全了国家和君王的尊严，也成就了自己的人生。所以，我们说陆秀夫托起了帝国的气节，同样也浇铸了自己灵魂的雕像。毫无疑问，他是一个对国家负责、对职责负责、对自己名誉负责的人。

第二节　和而不流，中庸为道

自古以来，儒家所讲的中庸境界，一直备受推崇。儒家经典《中庸》说道："尊德性而道问学，致广大而尽精微，极高明而道中庸"，尤其是"极高明而道中庸"一句话可谓大有深意。其实这种所谓极高明的境界在平凡生活中就可达到，并不一定非得在很高的地位才能获得。境界高远，却立足于现实，体现了超越境界与现实态度的统一。

和而不流，中庸为妙

晚清名臣左宗棠曾在江苏无锡梅园题字："发上等愿，结中等缘，享下等福；择高处立，就平处坐，向宽处行。"很简单，这二十四个字的意思就是：要有远大志向，却只求中等的缘分，对于享福则下等的就行；为人处世要站得高，站得高才能望得远，但是真正行动起来，却比较低调，不显山露水，做事情要有余地，为人宽容。这句话实际上就是"极高明而道中庸"的人生哲学。

上古有三帝：曰尧，曰舜，曰禹。他们都是这种哲学的实践者。

古书上说尧非常厉害："其仁如天，共知（智）如神。就之如日，望之如云。富而不骄，贵而不舒。"虽然富贵但是不炫耀不骄傲。他即位之后，首先是任人唯贤，促使内部达成统一。他做起事情来也比较平淡和低调，他亲自考察百官的政绩，奖励高贤，惩罚贪佞，这种为万乘之尊、却依然事必躬亲的作风，正是他务实的一面。他当帝王时，能够以天下为己任；他在位时世风淳朴，人们相处和睦，也是得益于他的高瞻远瞩。

第二个帝王舜则与尧不一样，他不像尧那么富有，而且母亲早逝，又遇到一个残酷的继母，最后被逼离家出走。尽管这样，他也不抱怨，他对父母不失子道，出走后依然想办法照顾他的继母，以尽孝道，对他那个傲慢的弟弟也给了极大的宽容。甚至到后来，继母和兄弟霸占他财产、要杀人灭口时，他都原谅了他们。他用他宽容但是朴实的行事作风感染了众人。人们从四面八方集中到他的周围，想和他同甘共苦。舜又努力进行管理和扩建城邦的工作。好事传千里，当时的天子尧知道舜的德行后，将自己的两个女儿配了舜做妻子。并在最后，将天子之位禅让于舜。尧到底看中舜什么呢？实际上就是他"极高明而道中庸"。前面说到他的行事比较朴实低调，后来对"四凶族"的流放则可见其雄才伟略。尧把天子之位传于这种人是明智之举。

大禹治水的故事，千百年来，脍炙人口。帝尧时，中原常常有洪水，百姓愁苦不堪。鲧治水患九年，未果。他的儿子禹继任治水。禹亲自视察河道，改进治水方法。他翻山越岭，蹚河过川，规划水道，到了很多地方，根据地势高低设法引洪水入海。禹为了治水可以说是鞠躬尽瘁。他新婚不久就离开妻子，踏上治水的道路。经过家门口，听到妻子生产，都咬着牙没有进家门，直接奔赴大水现场。一段时间过去了，当他第三次经过家门的时候，他的儿子已经懂得叫爸爸，而禹只是向妻儿挥挥手，并没有进去看看。这就是所谓"三过家门不入"。后来经舜赏识得天子之位，真正成了大人物。

像尧、舜、禹这样的人其实都是心中有天地，但是却很低调。他们不吹牛，只做好自己的事情，立足高远却从现实出发。在现代也是一样，那些能够真正领会"极高明而道中庸"的人往往都能成功。

自古以来，儒家所讲的中庸境界，一直备受推崇。儒家经典《中庸》说道，"尊德性而道问学，致广大而尽精微，极高明而道中庸"，尤其是"极高明而道中庸"一句话可谓大有深意。其实这种所谓极高明的境界在平凡生活中就可达到，并不一定非得在很高的地位才能获得。境界高远，却立足于现实，体现了超越境界与现实态度的统一。

李嘉诚也是这种哲学的实践者。他常常告诫他人做人要不骄不躁，切忌急功近利。李嘉诚还说"重要的是内心的安静，表面看来很忙，但内心其实没有波动，因为自知做着什么工作"。什么意思？其实就是不大喜也不大悲。喜怒哀乐之未发，谓之中；发而皆中节，谓之和。也就是中庸之道。由此观之，他能富甲一方，是有缘由的，正所谓人因梦想而伟大，因务实而成真。李嘉诚在他的儿子李泽楷进入商界时曾有过这样一句训话：树大招风，低调做人。从这里也可以看出他平实的一面来。正所谓极高明者当道中庸，成功者莫不如此，后人不妨仿效之。

要方圆有度而不是圆滑世故

《论语·雍也》中，孔子曾有这样一段话："中庸之为德也，其至矣乎！民鲜久矣。"孔子在这里是说，中庸作为道德，是最高的境界了，人们很久没有达到了。庸指平常的行为，即有普遍妥当性的所能实现的行为；中庸即实用理性，着重在平常的生活实践中建立起人间正道和不朽理则。

中庸即为人处世之道，很多人将中庸与明哲保身、圆滑世故联系起来，为中庸之道贴上了一个不光彩的标签。其实，中庸之道体现在做人做事方面，可以用外圆内方的做人哲学来加以阐释。

老子的理想道德是自然，是天地，天圆地方；孔子的理想道德是中庸，是适度，是不偏不倚，两者有着共通之处。中庸即在圆与方之间保持一种和谐。外圆内方、深浅有度是一门微妙的、高超的处世艺术，使人们在正义和生活的天平上保持着微妙的平衡。

中庸，并非老于世故、老谋深算者的处世哲学。人生就像大海，处处有风浪，时时有阻力。是与所有的阻力作正面较量，拼个你死我活，还是积极地排除万难，去争取最后的胜利？生活是这样告诉我们的：事事计较、处处摩擦者，哪怕壮志凌云，聪明绝顶，也往往落得壮志未酬身先死的结果。

提及中庸智慧的运用，不由得让人想起许多历史人物，如人们一直推崇的五代的冯道他曾事四姓、相六帝，在时事变乱的八十余年中，始终不倒，令人称奇。首先，此人品格行为炉火纯青，无懈可击，清廉、严肃、淳厚、宽宏；其次，其深谙中庸处世之道，深浅有度，中正平和，大智若愚。冯道有诗云："莫为危时便怆神，前程往往有期因。须知海岳归明主，未必乾坤陷吉人。道德几时曾去世，舟车何处不通津。但教方寸无诸恶，狼虎丛中也立身。"

真正谙熟中庸之道的人是大智慧与大容忍的结合体，有勇猛斗士的威力，有沉静蕴慧的平和，对大喜悦与大悲哀泰然不惊。行动时干练、迅速，不为感情所左右；退避时，能审时度势、全身而退，而且能抓住最佳机会东山再起。中庸而非平庸，没有失败，只有沉默，是面对挫折与逆境积蓄力量的沉默。在这个方面，曾国藩给后人提供了示范。

清朝名臣曾国藩位高权重，趋炎附势的人很多，他对此总是淡然处之，既不因被人奉承而喜，也不因人诡谀献媚而恼。曾国藩的一个手下对那些趋炎附势、溜须拍马的人非常反感，总想找机会教训他们一下，于是就在一次批阅文件时，将其中一位拍马的官员狠狠讽刺了一番。曾国藩看过该批阅后，对手下说，那些人本来就是靠这些来生存的，你这种做法无疑是夺了他们的生存之道，那么他们必然也将想尽办法置你于死地。曾国藩的一番话让手下恍然大悟、冷汗淋漓。

人在社会中，不可能远离是非，因此行事必须深浅有度，适可而止。中庸的处世方式最好的诠释便是"知性好相处"。曾国藩深谙人情之道，倘若拒绝被人拍马，则必是孤家寡人无人可用，倘若沉醉在逢迎之中，则会让那些颇有见地的人才流失。因此他采用了淡然处之的方法，耳中美言，胸有丘壑。

古语道："处治世宜方，处乱世宜圆，处叔季之世当方圆并用；待善人宜宽，待恶人宜严，待庸众之人当宽严互存。"处在太平盛世，待人接物应严正刚直，处天下纷争的乱世，待人接物应随机应变、圆滑老练，处在国家行将衰亡的末世，待人接物要方圆并济、交相使用；对待善良的人，态度应当宽厚，对待邪恶的人，态度应当严厉，对待一般平民百姓，态度应当宽厚和严厉并用。这才是中庸之道的注解。

黄炎培先生有几句深刻的座右铭："理必求真，事必求是；言必守信，行必踏实；事闲勿荒，事繁勿慌；有言必信，无欲则刚；如若春风，肃若秋霜；取象于钱，外圆内方。"保持中庸、深浅有度、恰如其分是为人处世的最高境界，过于锋芒毕露往往为世俗所不容，过于委曲求全又被视为软弱，只有外圆内方、刚柔相济，才能在纷繁复杂的人际关系中周旋有术，游刃有余。

中庸的处世方式，在不违反个人根本原则的前提下，像一道润滑剂，把人与人之间因棱角的摩擦而可能产生的矛盾及时化解。宽广的胸襟和"大智若愚"的智慧，能让人们在莫测的世事沧桑面前处变不惊，这便是中庸之妙！

做到一半刚刚好

在很多学者看来，中国人生活的最高典型应属中庸的生活。林语堂先生在《谁最会享受人生》中，深刻地剖析了中国人的生活模式，提出要摆脱过于烦恼的生活和太重大的责任，实行一种中庸式的、无忧无虑的生活哲学。林语堂先生说：我相信主张无忧无虑和心地坦白的人生哲学。

孔子说，两方面有不同的意见，应该使它能够中和，各保留其对的一面，舍弃其不对的一面，才是"中庸之为德也，其至矣乎"。孔子同时感叹说：一般的人很少能够善于运用中和之道，大家走的多半都是偏锋。

一个彻底的道家主义者理应隐居到山中，去竭力模仿樵夫和渔父的生活，无忧无虑，简单朴实如樵夫一般去做青山之王，如渔父一般去做绿水之王。不过要叫我们完全逃避人类社会的那种哲学，终究是拙劣的。此外还有一种比这自然主义更伟大的哲学，就是人性主义的哲学。自古以来，中国人最崇高的理想，就是做一个不逃避人类社会和人生，而仍能保持本性和快乐的人。

而中庸所标注的境界就是恰适的境界，其实就是做到一半刚刚好，好与坏，够与不够，都不必太满，不偏不倚，恰到好处。

在与人类生活问题有关的古今哲学中，至今还未发现有一种比中庸学说更深奥的真理。这种学说，就是指一种介于两个极端之间的有条不紊的生活。这种中庸精神，在动作与静止之间找到了一种完全的均衡。所以理想的人物，应属：一半有名，一半无名；懒惰中带用功，在用功中偷懒；穷不至于穷到付不出房租，富也不至于富到完全不做工，或是可以称心如意地资助朋友；钢琴也会弹，可是不十分高明，只可弹给知己的朋友听，而最大的用处还是给自己消遣；古玩也收藏一点，可是只够摆满屋子的一角；书也读读，可是不会过于用功；学识颇广博，但并不是某方面的专家……总而言之，这是中国人所发现的最健全的理想生活方式。

中庸作为一种处理事情的法则，现在也被西方学术界所认可。中庸是一种自然的生活方式，不是消极避世，也不是畏首畏尾，而是将心态调适到平和之处。现实中，大多数人都没有理解中庸之道，所以选择了剑走偏锋。但是，天地岿然不动，富贵名利成空，既然已经明了生命的本质，人生又何必走偏锋呢？维护一份平和，有时候恰恰是守住了一种快乐。

有一个女孩叫小茜，她上三年级时，学校组织排演戏剧，她被选来扮演剧中的公主。接连几周，母亲都煞费苦心地跟她一道练习台词。可是，无论她在家里表达得多么自如，一站到舞台上，她头脑里的词句便全都无影无踪了。最后，老师只好叫小茜靠边站。她解释说，她为这出戏补写了一个道白者的角色，请她调换一下角色。虽然她的话亲切婉转，但还是深深地刺痛了小茜——尤其是看到自己的角色让给另一个女孩的时候。那天回家吃午饭时，小茜没把发生的事情告诉母亲。然而，母亲却觉察到了她的不安，没有再提议她们练台词，而是问她是否想到院子里走走。

那是一个明媚的春日，棚架上的蔷薇藤正泛出亮丽的新绿。小茜无意中瞥见母亲在一棵蒲公英前弯下腰。"我想我得把这些杂草统统拔掉。"她说着，用力将它连根拔起。"从现在起，咱们这庭园里就只有蔷薇了。""可我喜欢蒲公英，"小茜抗议道，"所有的花儿都是美丽的，哪怕是蒲公英！"母亲表情严肃地打量着她。"对呀，每一朵花儿都以自己的风姿给人愉悦，不是吗？"她若有所思地说。小茜点点头，很高兴自己战胜了母亲。"对人来说也是如此。"母亲又补充道，"不可能人人都当公主，但那并不值得羞愧。"小茜想母亲猜到了自己的痛苦，她一边告诉母亲发生了什么事，一边失声哭泣起来。母亲听后释然一笑。

"但是，你将成为一个出色的道白者。"母亲鼓励小茜说，"道白者的角色跟公主的角色一样重要。"小茜这才擦干眼泪，绽放了迷人的笑容。

是的，生活中的很多角色，如果自己不去给予定位，那么对于我们来说，扮演什么角色又有什么差别呢？不能把公主的角色进行到底，那么中途变换身份来做一名念白者，同样也能做到优秀。如果我们心中存着不强求的快乐之心，如果心中本来就没有公主与道白的区别，又怎么会痛苦呢？或许，在这个的时候，人生就需要中庸的精神了。

清代学者李密庵有一首《半半歌》就是中庸生活哲学的最佳写照：

> 看破浮生过半，半之受用无边，半中岁月尽悠闲，半里乾坤宽展。
> 半郭半乡村舍，半山半水田园，半耕半读半经廛，半士半民姻眷。
> 半雅半粗器具，半华半实庭轩。衾裳半素半轻鲜，肴馔半丰半俭。
> 童仆半能半拙，妻儿半朴半贤。心情半佛半神仙，姓字半藏半显。
> 一半还之天地，让将一半人间，半思后代与沧田，半想阎罗怎见？
> 酒饮半酣正好，花开半吐偏妍。帆张半扇免翻颠，马放半缰稳便。
> 半少却饶滋味，半多反厌纠缠。百年苦乐半相参，会占便宜只半。

这首诗气韵贯通，文笔流畅，颂田园、写人伦、叙情趣、论时弊，读来令人耳目一新，更重要的是，它把那种中庸生活的理想很美妙地表达了出来。也许我们的生活中很难发现纯正的中庸思想，但是生活中的哲理大多相似，即使小小的生活片段，也能给人以深刻的领悟，说明深刻的道理。

危行言逊，不落祸患

做人危行言逊，方不落祸患。历史上以此道著称者其实不少。比如有一副对联说诸葛亮的戒慎："诸葛一生唯谨慎，吕端大事不糊涂。"吕端是宋代的一个宰相，小事马虎大事却从不糊涂，是个非常精明的人；而诸葛亮一生的事功在于谨慎。

孔子曾说，社会、国家上了轨道，通常要正言正行；遇到国家社会动乱的时候，人们自己的行为要端正，说话要谦虚，不然则会引火上身。儒家强调为人处世要危行言逊，也就是行为举止要谨慎，如履薄冰一般。虽然我们也说谨小慎微，但也要注意将谨慎与小气区别开来。人谨慎可以，绝对不能器量窄小。

郭子仪被唐德宗尊称为尚父，尚父这个称谓，只有周朝武王称过姜太公，在古代是一个十分尊崇的称呼。由唐玄宗开始，儿子唐肃宗，孙子唐代宗，乃至曾孙唐德宗，四朝都由郭子仪保驾。唐明皇时，安史之乱爆发，玄宗提拔郭子仪为卫尉卿，兼灵武郡太守，充朔方节度使。命令他带领本军讨逆。

郭子仪爵封汾阳王，王府建在首都长安的亲仁里。汾阳王府自落成后，每天都是府门大开，任凭人们自由进进出出，而郭子仪不允许其府中的人对此进行干涉。有一天，郭子仪帐下的一名军官要调到外地任职，来王府辞行。他知道郭子仪府中百无禁忌，就一直走进了内宅。

恰巧，他看见郭子仪的夫人和他的爱女正在梳妆打扮，而王爷郭子仪正在一边侍奉她们，她们一会儿要王爷递毛巾，一会儿要他去端水，使唤王爷就好像奴仆一样。这位将官当时不敢讥笑郭子仪，回家后，他禁不住讲给他的家人听，于是一传十，十传百，没几天，整个京城的人都把这件事当成笑话来谈论。郭子仪听了倒没有说什么，他的几个儿子听了却觉得大丢王爷的面子，决定对父亲提出建议。

他们相约一齐来找父亲，要他下令，像别的王府一样，关起大门，不让闲杂人等出入。郭子仪听了哈哈一笑，几个儿子哭着跪下来求他，一个儿子说："父王您功业显赫，普天下的人都尊敬您，可是您自己却不尊重自己，不管什么人，您都让他们随意进入内宅。孩儿们认为，即使商朝的贤相伊尹、汉朝的大臣霍光也无法做到您这样。"

郭子仪听了这些话，收敛了笑容，对儿子们语重心长地说："我敞开府门，任人进出，不是为了追求浮名虚誉，而是为了自保，为了保全我们全家的性命。"

儿子们感到十分惊讶，忙问其中的道理。郭子仪叹了一口气，说道："你们光看到郭家显赫的声势，而没有看到这声势有丧失的危险。我爵封汾阳王，往前走，再没有更大的富贵可求了。月盈而蚀，盛极而衰，这是必然的道理。所以，人们常说要急流勇退。可是眼下朝廷尚要用我，怎肯让我归隐，再说，即使归隐，也找不到一块能容纳我郭府一千余口人的隐居地呀。可以说，我现在是进不得也退不了。在这种情况下，如果我们紧闭大门，不与外面来往，只要有一个人与我郭家结下仇怨，诬陷我们对朝廷怀有二心，就必然会有专门落井下石、妒害贤能的小人从中添油加醋，制造冤案，那时，我们郭家的九族老小都要死无葬身之地了。"

郭子仪所以让府门敞开，是因为他深知官场的险恶，光明正大可以为自己澄清许多事情。他的政治眼光和德行修养，经过复杂的政治斗争修炼而成。郭子仪享年85岁，子孙皆为显贵。

历史上的功臣，能够做到功成名就的不少，但是能做到像郭子仪这样的，功盖天下而君主不怀疑，位极人臣而不令其他人嫉妒，却又着实不多。谨慎坦荡，这是儒家交给我们的处世做事之大智慧。回过头再看郭子仪的为人处世，他的确深谙孔子所说的危行言逊之法。

这些儒家的处世做事哲学给予我们这样的启发，那就是我们要懂得尽量谨言慎行，低调做人，这样才能较易明哲保身。

正直做人，聪明讲话

儒家主张为人正直，行为圆润，比如提意见，犯颜直谏是好事，但要把话说到好处，又要起到作用，这就需要智慧了。所以做人正直，讲话提意见也要掌握技巧尺度，毕竟忠言多半逆耳，我们也要掌握直谏的技巧。

知道什么情况下可以向别人提意见，甚至触犯对方。儒家认为只要掌握"勿欺而犯"的原则即可。所谓勿欺而犯，出自《论语·公冶长》，当时，子路问事君。子曰："勿欺也，而犯之"。

很多人为了讨好对方唯唯诺诺，甚至奴颜媚骨，除了让对方开怀外，根本不考虑其他人的利益，这样的人有违君子之道。所以当子路问孔子怎么侍奉君主时，孔子告诉他："不要欺骗他，但可以直言规劝他。"

唐太宗年间的名臣魏徵就称得上是"犯颜"的代表了。魏徵在太宗时任谏议大夫、检校侍中，领导周、隋各史的修撰工作，书成，升任左光禄大夫，封郑国公。他在为人臣时，敢于直面进谏，致使太宗少犯了许多错误。下面是几例魏徵直言进谏的小故事，由此我们可以领略一下古人游刃有余的"犯颜术"。

对魏徵的敢于直谏，太宗是既敬佩又有点害怕。一天，唐太宗得到一只雄健俊逸的鹞子，他让鹞子在自己的手臂上跳来跳去，赏玩得高兴时，看见魏徵进来了。太宗怕魏徵对他玩鹞子提出意见，但是回避又来不及了，无奈之下，只好把鹞子藏到怀里。其实，这一切早被魏徵看到，所以他禀报公事时故意喋喋不休，拖延时间。太宗不敢拿出鹞子，结果鹞子被憋死在怀里，太宗也只有惋惜的份了。

贞观六年，群臣都请求太宗去泰山封禅借以炫耀功德和国家富强，只有魏徵表示反对。唐太宗觉得奇怪，便向魏徵问道："你不主张进行封禅，是不是认为我的功劳不高、德行不尊、国家未安、四夷未服、年谷未丰、祥瑞未至？"魏徵回答说："陛下虽有以上六德，但自从隋末天下大乱直到现在，户口并未恢复，仓库尚为空虚，而车驾东巡，千骑万乘，耗费巨大，沿途百姓承受不了。况且陛下封禅，必然万国咸集，远夷君长也要扈从。而如今中原一带，人烟稀少，灌木丛生，万国使者和远夷君长看到中国如此虚弱，岂不产生轻视之心？如果赏赐不周，就不会满足这些远人的欲望；免除赋役，也远远不能报偿百姓的破费。如此仅图虚名而受实害的事，陛下为什么要干呢？"不久，正逢中原数州暴发了洪水，封禅之事从此停止。

贞观七年，魏徵代王珪为侍中。就在这年的年底，中牟县丞皇甫德参向太宗上书说："修建洛阳宫，劳弊百姓；收取地租，数量太多；妇女喜梳高髻，宫中所化。"太宗接书大怒，对宰相们说："德参想让国家不役一人，不收地租，富人无发，才符合他的心意。"于是就想治皇甫德参诽谤之罪。

魏徵听后谏道："自古上书不偏激，不能触动人主之心。所谓狂夫之言，圣人择善而从。请陛下想想这个道理。"最后还强调说："陛下最近不爱听直言，虽勉强包涵，已不像从前那样豁达自然。"唐太宗听后想了想，觉得魏徵说得入情入理，便转怒为喜，不但没有把皇甫德参治罪，还提升他为监察御史。

魏徵敢于犯颜直谏，所言多被太宗采纳。据史载：贞观十七年，魏徵病卒。太宗自制碑文，并为书石，对侍臣说："人以铜为镜，可以正衣冠；以古为镜，可以见兴替；以人为镜，可以知得失。魏徵没，朕亡一镜矣！"

自古以来，为民请命而致丢掉性命的大有人在，这样的人值得我们尊敬，但能把忠言送到听者的心里的，才称得上是真正的智者。否则说一通忠言，对方全然听不进去，甚至于还为此给自己招来一场祸事，那就大大的不值了。就像《红楼梦》里贾宝玉所说的，文死谏，武死战，不过是愚忠愚行，真正的忠义，应当是让自己的言行产生真实的积极的效果，而不是一味鲁莽行事。

魏徵之所以成为一代谏臣，绝不仅仅是靠着他的正直和敢于犯颜，当人们细翻史书，就会发现，他的进言都有理有据，句句点在要害上。这是一种说话的智慧，让对方无法反驳，只得依从。

当然，作为君子，要对上忠诚，勇于进谏，同时也要注意在为民请命时，讲究技巧，尽可能保全自身。不讲究些说话技巧，像"愣头青"一样莽撞，就会造成不必要的后果。

有勇无谋不是真勇

人们常说见义勇为，在如今，这个词常常只是指与歹徒搏斗，或参加救火抢险，遭受牺牲，这就是把"见义勇为"原先的含义缩小了。

所以，我们首先要弄清楚的，是对勇的理解。《论语·为政》中孔子说道："非其鬼而祭之，谄也。见义不为，无勇也。"孔子的这段话是说，拜祭别人的祖宗就是谄媚，看到应该做的事情，而不敢去做，是没有勇气的人。

孔子强调"忠恕"之道，认为人就应该时刻做到"勇以赴义"，看到应该做的事情就应该敢于去做，见义勇为。生活中许多人见义不为，对许多事情，明明知道应该做，却总是推说自己没有办法做到，到头来，只是"看得破，忍不过；想得到，做不来"。

孔子说："见义不为，无勇也。"义，就是指应该做的事。从另一个角度来说，就是要求"见义勇为"。

中国人自古以来就很重视这个"义"字，认为这是人与动物相区别的根本之处。人生的追求应该是"以义为上"，把道义放在第一位；生死、利害的取舍，是非、善恶的判别，都要以"义"为准绳；遇到合于道义，应该做的事，就要勇于去做。

中国的传统文化重视"勇"，并且谈勇总是与仁、智相联系，把智、仁、勇并称为"三达德"。在中国文化里，勇不仅仅是指赤手空拳与虎搏斗的鲁莽行为，也不仅仅是指天不怕，地不怕，不计胜败，敢于拼命的行为。真正的勇是：坚持道义而无所畏惧，不屈服于权势，不为利诱动心，不为死亡威胁动摇；真正的见义勇为不是不问一切地冒险，它是智、仁、勇的统一，既反对见义不为，也反对鲁莽盲动；本身包括了审时度势，避免不必要牺牲的要求。

人们对于"司马光砸缸"的故事或许都不陌生。司马光救小伙伴时将缸砸烂，水流光后小伙伴得救了。但如果只凭一时的勇气，而没有动脑筋的话，这个故事恐怕就得改写了。那样他的做法肯定是自己跳到缸里，然后把伙伴抬出缸面。这样一来，伙伴也许得救了，但他自己的结局肯定是死亡。

所以，救人应该讲究方法和智慧，靠着自己的一股蛮劲，就算你是救到人了，但又避免不了原本可以规避的损失，甚至是生命，那又有什么意义呢。

现实生活中，面对别人的困难，人们往往选择逃避。所谓的理由是："只是一个路人而已。"萍水相逢，为何不助一臂之力呢？别悄悄走开，你将是一个勇者！

很多时候，或许你的一句话，就能改变一个人的命运。

不要总是把见义勇为想象成是多么复杂的事情，有时候，它的确平凡到让人们足以忽略，但是同样闪烁着伟大的精神光芒。

当然见义勇为，这个义和勇，在儒家看来，都绝不是一味刻板的说教，什么是符合义的事情，什么又是符合勇的行为，这中间都有一个度的把握。比如一个小学生，遇见歹徒抢劫路人，如果上前制止，那绝不是儒家所提倡的见义勇为，因为他没有这个力量。相反，如果悄悄地报警，然后躲在一旁为赶来的警察提供线索，那就是一个有勇有谋的义者。这才是大义大勇。

孔子说见义不为，无勇也。同样，孔子也说，暴虎冯河，吾不与也。这个度要我们好好把握。

第三节　进退自如，在藏露中求稳

孔子七十岁"从心所欲不逾矩"。要达到这一境界，孔子特别强调了一点：君子不器。为人处世，守不器之道，自能屈伸进退得宜，刚柔并济，无往不利。能屈能伸，屈是能量的积聚，伸是积聚后的释放。进退皆宜，能屈能伸，是高超的处世技巧。君子不器，人生之路才会越走越宽。

屈伸自如，进退得宜

有一个人在社会上总是不得志，有人向他推荐一位退休的大学教授。

他找到这位老教授，倾吐了自己的烦恼。教授沉思了一会儿，默然舀起一瓢水，说："这水是什么形状？"这人摇头："水哪有形状呢？"

老教授不答，只是把水倒入一只杯子，这人恍然，道："我知道了，水的形状像杯子。"

教授无语，轻轻地拿起花瓶，把水倒入其中，这人又道："哦，难道说这水的形状像花瓶？"

教授摇头，轻轻提起花瓶，把水倒入一个盛满花土的盆中。水很快就渗入土中，消失不见了。这人陷入了沉思。这时，教授俯身抓起一把泥土，叹道："看，水就这么消逝了，这就是人的一生。"

那个人沉思良久，忽然站起来，高兴地说："我知道了，您是想通过水告诉我，社会就像一个个有规则的容器，人应该像水一样，在什么容器之中就像什么形状。而且，人还极可能在一个规则的容器中消失，就像水一样，消失得迅速、突然，而且一切都无法改变。"

这人说完，眼睛急切地盯着教授，渴盼着他的肯定。

"是这样。"老教授微笑，接着说："又不是这样！"说毕，老人出门，这人随后。在屋檐下，教授伏下身，用手在青石板的台阶上摸了一会儿，然后顿住。这人把手指伸向教授手指所触之地，那里有一个深深的凹口。教授说："下雨天，雨水就会从屋檐落下。你看，这个凹处就是雨水落下的结果。"

此人于是大悟："我明白了，人可能被装入规则的容器，但又可以像这小小的雨滴，改变这坚硬的青石板，直到容器破坏。"教授点头："对，这个窝会变成一个洞。"

这个故事告诉我们这样的人生哲理：人生当如水，无常形常式，却包容万物，所以，为人处世，参透屈伸之道，自能进退得宜。屈是伸的准备和积蓄，伸是屈的志向和目的。屈是手段，伸是目的。屈是充实自己，伸是展示自己。屈是圆通，是高超的处世技巧；伸能圆满，是美妙的做人心境。屈是柔，伸是刚。无论个人还是国家，都需要知晓屈伸的智慧。

一次，滕文公面临强大的齐国将在邻国薛筑城时，心里非常恐慌，于是请教孟子应该怎么做。孟子回答说："昔者大王居邠，狄人侵之，去之岐山之下居焉。非择而取之，不得已也。苟为善，后世子孙必有王者矣。君子创业垂统，为可继业。若夫成功，则天也。君如彼何哉！强为善而已矣。"孟子举出了周朝先祖太王的例子，即太王为避狄人的侵犯，体恤百姓，到岐山避难。意在劝谏滕文公面临强敌时，不要与人争强斗胜，而是自己勉励为善，巩固内部，然后自立图强。

孟子在这里提出了使国家保存下来的最实用的办法，也是能屈能伸之道。遥想项羽当年，率兵反秦，称王称霸，真是英雄豪气盖云天，这样一位大英雄在败北之际，却选择了自刎。空留一曲"力拔山兮气盖世，时不利兮骓不逝。骓不逝兮可奈何？虞兮虞兮奈若何"的悲歌。如果项羽能够回到江东，也许江东子弟还会跟随他，重谋天下，其结局也就不会如此悲惨。因此，人在该忍耐时当忍耐，万不可因一时之意气葬送自己的一生。

所以，儒家先哲们告诉我们说，大丈夫要能屈能伸。能屈难，能伸也不容易。勾践灭吴的故事，众所周知。当他被吴国打败，困于会稽山上时，可以说是遇到了人生道路上的一个坚硬的"容器"，他选择了蛰伏，卧薪尝胆，10年生聚，10年教训，励精图治，终于一举灭吴。这正是勾践能屈亦能伸的结果。

屈是一种气度，伸是一种魄力。处逆境当屈则屈，大丈夫矣。当屈不屈，意气行事，莽夫行为，易折。处顺境乘势应时，该伸则伸，伟丈夫矣。当伸不伸，一蹶不振，优柔寡断，无能。伸后能屈，需要大智。屈后能伸，需要大勇。屈有多种，并非都是胯下之辱；伸亦多样，并不一定叱咤风云。屈中有伸，伸时念屈。屈伸有度，刚柔相济。

做人就要学会能屈能伸，无论是在生活中还是在工作上都是如此。要学会做水一样的人，来适应这个社会。可以和一些人在一起共事；也可以一个人独立做工。可以被人捧到天上，也要学会忍受别人的责骂。在不断屈伸中慢慢地成长，来完善自己的价值观和人生观。做人若能达到屈伸自如的境地，那世界上再也没有困难和挫折、厄运和耻辱，它们全都在屈伸的转换中化作奋起的力量，帮助我们去赢取前方更大的成功。

君子不器，左右逢源

《论语》中总是提到两种对立的人，一是君子，一是小人。孔子说："文胜质则史，质胜文则野。文质彬彬，然后君子。"质是人们天生便有的东西，而文则是后天的修养，需要"每日三省吾身"，方能用恰当的言行将"仁"表现出来，合乎中庸之道；稍有偏差，即是"违仁"。可见要达到文质彬彬境界之困难，孔子也承认说自己在70岁时方能做到"从心所欲不逾矩"。要达到这一境界，孔子特别强调了一点：君子不器。

什么叫做器？宋代朱熹将之解释为："器者，各适其用而不能相通。成德之士，体无不具，故用无不周，非特为一才一艺而已。"就是说用途一定而不能通用的东西称为器。器最基本的特点就是僵化，这与"仁"也是相对立的。在儒家的哲学概念里，仁是真正生命，是活气，它的气息是一种朝气，是新鲜的。而器却是"暮气颓唐，是腐旧的"。不器就要求人们将生命的流动灌注于生活，让生活富有生机。

器皿往往容量一定、极易填满，而且已经定型、难以改变，并且不能改做他用。与之相对，君子则应当做到"不器"：要有海纳百川的胸怀，而不是像器具那样过满则溢；要学会灵活处事，毕竟每个人都是不同的锁，自己不可能用同一把钥匙去打开所有的锁；真正的君子还应该是通才，精而不专，不限于一两种技艺，别像程咬金的三板斧那样，舞弄几下就没了。多少英雄叹自己无用武之地，君子则应该博众家之长，把自己历练成为国于家的有用之材，而不是把自己局限于一个狭窄的空间里。

所以儒家所说的"不器"包含几层含义。其中第一重义便是指胸怀。子曰：君子成人之美。一种既能入乎其内，又能出乎其外，站在更高的层次上来看待世事的情怀，一种极目楚天舒的境界。关于君子不器的例子在历史上随处即是，谢原便是这样的一个人。

谢原生活在唐朝，善作歌词，所作的歌词在民间流传甚广。

有一年春暖花开的时候，谢原到张穆王家做客，张穆王亲自盛宴款待他。饮酒畅谈之余，张穆王让自己的小妾谈氏在帘子后面弹唱助兴，动听的歌声徐徐传来。谢原仔细一听，歌词是如此熟悉，谈氏唱的正是自己所作的一首竹枝词。张穆王见谢原听得十分出神，干脆叫谈氏出来拜见。谈氏长得貌美非凡，袅娜娉婷，她把谢原所作的歌词都唱了一遍。

谢原十分高兴，犹遇知音，对谈氏产生了爱慕之情。他站起来说："承蒙夫人的厚爱，在下感激不尽，只不过夫人所唱的是在下的粗浅之作。我应该重作几首好词，以备府上之需。"次日，谢原即奉上新词八首，谈氏把它们一一谱曲弹唱，两人配合得十分默契。这样一来，谢原和谈氏日久生情，终于有一天，谢原忍不住向谈氏表白了。谈氏虽然心里欢喜，但自知是张穆王的小妾，身不由己。

于是，谢原亲自去拜见张穆王，请求张穆王成全。

在去见张穆王之前，谢原已有心理准备去承受他的怒气。但张穆王听说后却哈哈大笑起来，说："其实我早有此意。虽然我也喜欢她，但你们两个是天生的一对。一个作词，一个谱曲，一个吹拉，一个弹唱，你说，这不是天造地设的一双吗？我怎能不成人之美呢？"

谢原没有想到张穆王如此大度。为报答张穆王，谢原把此事做成词，谈氏把它谱成曲，四处传唱。张穆王成人之美的美名马上传播开来，很多有识之士都来投靠他。

君子的雍容大观在张穆王身上得到了很好的体现，孔子若知此事，当说：君子成人之美，此张穆王之谓也。把美好的事情作为一种精神上的追求，能够在此得到乐趣，而不去计较自己的得失，这才是君子之风。而在待人接物上，君子更懂得变化之道，能够随机应变，随物赋形。孔子并不是迂腐的老夫子，他眼中的君子不是呆板僵化的，而是懂得智慧的价值之人。这是儒家所说的"君子不器"的第二层意思。

而君子不器的第三层含义，便是要我们尽力做一个"通才"。如曹丕在《典论·论文》里曾经评点建安七子说道：夫文本同而末异，盖奏议宜雅，书论宜理，铭诔尚实，诗赋欲丽。此四科不同，故能之者偏也；唯通才能备其体。七子文体上各有所长，但都不是通才，曹丕自己也并没有找到这样的人，而在现实生活中又有几个身兼数艺的人呢？可见孔子对君子的要求何等之高！

其实，儒家学问本就源于生活，其归宿也在于生活，这也是儒家所提倡的理想的实践途径。而我们今天学习儒家做事智慧，最重要的也在于把这种理想付诸实践。在我们的现实人生中，努力做一个有不器之才的君子，能够触水逢春，左右逢源，才能成为一个在生活中游刃有余的人。

君子求善贾，有张有弛

中国人是富有谦虚精神的民族，不擅长表现自己是很多中国人的共同特点。我们总是满怀希望地等着，等着伯乐从远方来发现我们、提拔我们。只可惜千里马常有，而伯乐不常有。并不是所有人都独具慧眼，将机会拱手送上。所以懂得进退之道的人无论做人做事，都会明白修炼一种推销自己的能力也是十分重要的。《论语》中就有一段关于这个话题的论述。

"子贡曰：有美玉于斯，韫椟而藏诸？求善贾而沽诸？子曰：沽之哉！沽之哉！我待贾者也！"这是《论语·子罕》中孔子与弟子子贡的一段对话。

子贡是孔子弟子中很聪明的一位，他见老师空怀着满腹的学问和品德，却不能做天下的大事，因此疑惑便想试探一下老师内心的想法，但是他没有冒失地直接去问老师，而是以隐喻的方式，说："有一块美玉在这里，老师！你说我是把它当宝贝藏起来好呢，还是出个高价把它给卖了？"孔子自然一听便明白子贡的意思，所以回答说："还是卖了吧！放在这里也无人知晓，更没有发挥它的价值。我在这里等人来买，可是卖不出去，没有人要！"

这是孔子的自嘲语，他感到礼乐崩溃而自己无法力挽狂澜，内心又不能做到像道家人物那样去归隐，因而有时难免会心生感慨，觉得大道不行，自己无可奈何又无能为力。不过通过孔子的话我们能看出一个人要想让别人接受自己，真的是难上加难。一个人就算有再高的才干，也要设法让他人知道，因为只有这样，才能发挥自己的才干，也就是类似毛遂自荐的意思。但是，自荐也绝不是沽名钓誉，所以孔子说"我待贾者"，需要智慧，和坚守君子道德原则。

有一匹千里马，身材瘦小，但却能矫健如飞，日行千里。这匹千里马混在众多马匹之中，黯淡无光，没有多少人知道它有与众不同的奔跑能力，因为它看起来实在太瘦弱。马场的马一匹匹被买主买走，这匹千里马始终没有被人相中。但千里马并不为之所动，在心里甚至耻笑那些庸庸之辈，对那些买主更是不屑一顾，认为他们目光短浅，与其被他们挑中，宁愿自己永远这样待着。马场的老板对这匹马渐渐地没有了信心和耐心，给的草料数量和质量越来越糟糕。但千里马仍然信心很足，它相信总有一天，伯乐会相中它的。

有一天伯乐真的来了，他在马场转了半天，来到了这匹千里马面前。千里马高兴极了，心想，这下机会来了。伯乐拍了拍马背，要它跑跑看。千里马见对方如此举动，心里很是不快：如果是伯乐，肯定一眼就会相中我，为什么还不相信我，还要我跑给他看呢？这个人一定不是真伯乐！于是千里马拒绝奔跑。伯乐失望地摇摇头，走了。

又过了一段时间，马场的马只剩下千里马了。老板见它可怜，本想骑着它回老家去，好好饲养它，可千里马就是不走。无奈之下，老板只好把千里马杀了，拿到街上去卖马肉。

千里马至死也不明白，世人为什么要这样对待它。

千里马的一生非常悲惨，"怀才不遇"，终年混迹于平庸之辈中，普通人不能看出它的不凡之处，伯乐也错过了提拔它的机会。但是，造成这悲剧的究竟是谁呢？是马场主吗？是伯乐吗？都不是。千里马应该反省自身，假如它抓住机会，站出来，表现出自己与众不同的优秀品质，假如它能让自己比那些平庸的凡马显得更高贵、更光彩，假如在伯乐面前它能够不顾一切地奔跑起来，用速度与激情证明自己的实力，恐怕它早就可以离开马场这个狭窄的空间，到属于自己的广阔领域大展拳脚，有一番作为了。

有句俗话"酒香不怕巷子深"，不知误了多少英雄。要有多么浓郁的芳香才能从深巷里传入人们的鼻端呢，又有多少人能够静下心来寻找这芳香的源头呢？只怕最终也不过是"长在深巷无人识"。

孔子的叹息多半是因为他生不逢时，但今天已经不是"玉在椟中求善价"的时代了，做人要懂得自我推销，同时在这个过程中也要把握尺度，有藏有露，能退能进，不能冒冒失失地张扬自己，当然也不能一味地谦虚退让。

预留退路，后事无忧

曾国藩带湘军围剿太平天国之时，清廷对其是一种极为复杂的态度：不用这个人吧，太平天国声势浩大，无人能敌；用吧，一则是此人手握重兵，二则曾国藩的湘军是曾一手建立的子弟兵，怕对朝廷构成威胁。在这种指导思想下，对曾国藩的任用经常是"用你办事，不给高位实权"。苦恼的曾国藩急需朝中重臣为自己撑腰说话，以消除清廷的疑虑。

忽一日，曾国藩在军中得到胡林翼转来的肃顺的密函，得知这位精明干练的顾命大臣在西太后面前荐自己出任两江总督。曾国藩大喜过望，咸丰帝刚去世，太子年幼，顾命大臣虽说有数人之多，但实际上是肃顺独揽权柄，有他为自己说话，再好不过了。

曾国藩提笔想给肃顺写封信表示感谢，但写了几句，他就停下了。他知道肃顺为人刚愎自用，很有些目空一切的味道，用今天的话来说，就是有才气也有脾气。他又想起西太后，这个女人现在虽没有什么动静，但绝非常人，以曾国藩多年的阅人经验来看，西太后心志极高，且权力欲强，又极富心机。肃顺这种专权的做法能持续多久呢？西太后会同肃顺合得来吗？

思前想后，曾国藩没有写这封信。后来，肃顺被西太后抄家问斩，在众多官员讨好肃顺的信件中，独无曾国藩的只言片语。

孔子说"人无远虑，必有近忧"（《论语·卫灵公》），孔子的这句话告诉人们，一个人如果做事情鼠目寸光，不深谋远虑，那么他一定会受到事情的困扰。这个道理很多人都理解，但是等到我们真的要去决定一件事的时候，又会常常犯了目光短浅的错误。所以有远见的人，做事懂得为自己想好退路。曾国藩无疑做到了，所以后来免掉了一场灾祸。

这世上有三种人，一种人雷厉风行，行事不思，不给自己留出任何余地；一种人三思而行，谨小慎微，没有十足把握绝不行动，处处留有退路，却不主动寻求出路；第三种人激情与理性并存，谨言慎行又行事果断，积极谋求出路，又不让自己陷入绝境。通常大部分人都会犯前两种人的错误，而能够像第三种人一样生活的，大多可以走进一个广阔的天地。

我们往往会陷入一个"置之死地而后生"的误区，很多人说，不留退路，才有出路，其实不然。破釜沉舟的勇气固然可嘉，背水一战或许能够充分激发个人潜力，但大多数时候，孤注一掷的人往往都会输得一败涂地。所以做人要居安思危，早早为自己多准备几条退路。说到这点，除了曾文正外，辅佐齐桓公建立霸业的管仲也可称得上是各中翘楚。

春秋时期，管仲与鲍叔牙以及召忽三人很要好，决心在事业上互相合作。他们曾经合作做过生意，但他们更想合作治理齐国。

当时齐王有两个儿子，一个叫纠，一个叫小白。召忽认为公子纠是长子，一定能继承王位，因此对管仲和鲍叔牙说："对齐国来说，我们三人就像大鼎的三条腿，缺一不可。既然公子小白不能继承王位，那干脆我们三人一同辅佐公子纠吧。"管仲说："这样等于吊死在一棵树上。万一公子纠没继位，我们三人不是都完了？国中的百姓都不喜欢公子纠的母亲和公子纠本人。公子小白自幼丧母，人们必定可怜他。究竟谁继承王位很难说。不如由一个人侍奉公子小白，将来统治齐国的肯定是这两个人中的一个。这样，不管哪一个当了齐王，我们当中都有功臣，可以相互照顾，进退有路，左右逢源。"于是他们决定由鲍叔牙去辅佐公子小白，由管仲和召忽辅佐公子纠。

后来，管仲射杀小白，小白装死。管仲以为小白已死，从容地陪公子纠回国继位。不料公子小白已先回国当了国王，成了齐桓公，鲍叔牙成了功臣，管仲和召忽成了罪人。

正因为管仲事先想到了退路，所以，鲍叔牙可以在齐桓公面前说情。齐桓公不但没杀管仲，反而让管仲当了宰相，协助自己干出一番霸主的事业。

人生无常，不会处处顺风顺水。今天的退路正是明天前进成功的进路。凡是有远见的人都不会被眼前的得失所蒙蔽，在适当时机，都能为自己留条后路，既是为后来提供一个大展宏图的余地，更是为自己留一条全身之道。当得意时，须寻一条退路，才不会死于安乐；当失意时，须寻一条出路，然后可以生于忧患。就像攀山，对自己熟悉的路，我们可以作进一步的打算，比如往旁边小径走走，看看周围有没有新的风景。对不熟悉的路，则要作退一步的打算，在每个分岔路口都做个记号，好知道怎么下山。只有那些知道退路的人才能攀上巅峰。

有人说人的命运就是因为选择而造成的，确实如此。我们在决定一件事的时候肯定要经过自己的思考，而通常匆忙下决定的人将来一定会为他的选择后悔。人生也像一盘棋，深谋远虑的人每走一步就能看到下面几步棋的走势，而有的人只会盯着眼前的一步。这样的人就是孔子口中的"人无远虑，必有近忧"，他们站得低望不远，只能将自己的人生之棋下得乱七八糟。

所以说，无论何时，做人都应该为自己留一条退路，一个人一旦孤注一掷地押上原本属于自己所有的东西，就有可能失去一切。"狡兔三窟"，做事留有余地，给自己保留一条退路，就不至于落得一败涂地的下场。记得提醒自己事情不能做尽做绝，如同话不能说尽说绝一样，否则不是伤人就会被别人伤，当事情做到尽处，力与势全部耗尽，想要改变，也无力回天了。

循序渐进，稳中求胜

孔子的弟子子夏在鲁国做了官，有一天回来向孔子请教，孔子对他说："无欲速，无见小利。欲速则不达，见小利则大事不成。"这里孔子是要告诉子夏为政的原则，就是要有远大的理想。

人们做事不要只讲究快，不要只图眼前小利，如果只图快，结果反而达不到目的；只图小利，就办不成大事。说明做事不能只图快不求好，急于求成反而干不好事。

俗话说，欲速则不达，万事不能一蹴而就，所以做人做事要掌握稳中求胜的准则，不可心急。其实说的也就是欲速则不达的道理。

古时候，宋国有个人，见别人家的庄稼长得很好，总觉得自己家的庄稼长得太慢，很是着急。有一天他忽然想出了一个好办法，于是便将自己地里的禾苗一棵一棵全部拔高了一些。看着自己家的庄稼一下子比别人家的庄稼高了，感到非常高兴。回到家里他得意地对家人说："今天可把我累坏了，我一个人让地里所有的庄稼都长高了一大截！"他的儿子听完他的详细介绍，立刻跑到地里去看，结果发现他们家的禾苗全都枯死了。这个拔苗助长的故事也充分说明了欲速则不达的道理。

历史上，一心求速成，因冲动而坏事的例子比比皆是。

东汉末年的刘备自桃园结义后，与义弟关羽、张飞弟兄三人想借"匡扶汉室"之名，成就一番事业。奋斗的前期一直是跌跌撞撞，未成什么大气候，还经常被别的诸侯逼得东躲西藏。后来得到诸葛亮的辅佐才时来运转，得了荆州，进了四川，经过艰辛的斗争，好不容易在蜀地称帝。当时三国鼎立的态势虽已形成，但曹魏强大，吴蜀两国相对弱小的格局并未打破，蜀地周围少数民族经常袭扰，国家初立更是百废待兴，百业待举。刘备要展宏图，本应凭借天时、地利、人和的良机，或在自己的领地里励精图治，稳固基业，或者加强吴蜀联盟，一致北面抗魏。可是由于东吴利用关羽骄傲自满的情绪，赚取荆州，并杀了关羽，使刘备悔恨交加，决计举倾国之兵，东出伐吴，企图消灭吴国，为他的二弟关羽报仇。

诸葛亮见这种情形，便率领文武百官当面劝谏。刘备不听，后来诸葛亮又专门写成奏章，讲明伐吴的害处，刘备也置之不理。学士秦宓再谏，刘备甚至要砍他的头，诸葛亮等人也只好由他去了。于是刘备亲自率领七十五万大军，出师伐吴。

起兵之时，蜀军一路上浩浩荡荡，气势恢宏，斩将夺关，蜂拥而来。此时东吴的大将周瑜、鲁肃、吕蒙已先后身故，孙权在危急之时，拜儒生陆逊为大都督，统率东吴六郡八十一州兼荆楚诸路军马，并郑重地嘱托道："京城以内的事，我自己主持，京城以外的所有疆土上的事，由你决策。"

刘备进军之际，打了几个小胜仗，已是喜不自胜，如今又听说东吴任命一介书生为帅，更是不放在眼里，便催促各路人马加速前进，大有毕其功于一役的架势。陆逊走马上任后，运用"持重不抢先，待机而制人"的战略严阵以待。原来，陆逊一上任就宣布他的决策："各处关防，牢守隘口，不许轻敌。"众将领开始对他这个白面书生统领大军就不大服气，今见他只下令死守不让出战，更是不理解，但碍于军令，勉强服从。当刘备大军压来，陆逊与吴将韩当并马而望，陆逊指着刘备的军马说道："刘备兵刚来，又连胜十余阵，锐气正盛……他们现在驰骋于平原旷野之间，正自得志，我们只要坚守不出，对方求战不得。一俟时机成熟，我将用奇计破之。"韩当只是撇撇嘴，没说什么，心想一个乳臭未干的小子，胆怯就是胆怯，还吹什么牛，心里很不以为然。可时隔不久，陆逊果真瞅准时机，率军动如脱兔，终于一把火烧了蜀军七百里连营。趁蜀军混乱，陆逊率大军掩杀过来，加之火助风威，风助火势，蜀军全线崩溃。刘备于夜晚乘黑冲出重围，靠沿途驿站焚烧将士丢弃的军车、铠甲等来阻断追兵，才逃回白帝城，所有舟船、军械等军用物资，丧失殆尽，蜀军尸骸漂满江面，顺江而下。直到此时，刘备还说："我竟被陆逊所折辱，岂不是天意！"其实，哪里是什么天意，完全是他"见小利""求速成"酿成的苦果。

刘备失败的事实，正为孔子所告诫的"欲速则不达"提供了绝好的佐证。

俗话说，磨刀不误砍柴工，只有多花点工夫去把刀磨快，才能砍出更多的柴。许多人学习外语往往缺乏耐心，不愿意去循序渐进地苦练基本功，不去背记单词，也不去理解分析语法，一心只希望获得快速掌握外语的秘诀。于是一些人便利用了人们的这一投机心理，制造了许多快速掌握外语的秘诀。其实这些秘诀很多只是为了赚钱，并不能有效帮助人们快速掌握外语。

又比如，不管是学生，还是家长，总希望他们的学习能很快进步，成绩能迅速提高，然而这是不现实的。所有的学习都必须循序渐进、逐渐提高。尤其是在上到高年级发现学习成绩不理想的时候，一定要有耐心把以前学过的低年级的教材再重新学习一遍，才可能真正提高高年级的成绩。

当今社会，每个人都渴望快速成功，所以很多人都产生了投机取巧的浮躁心理，最后的结果往往是欲速而不达。所以要想成功就不要太心急，一心急，事情只会越做越糟，事倍功半。

第四节　对人圆融，行事和气

　　孔子的美好品德可归结为：温、良、恭、俭、让，尤其值得一提的是这个"让"，就是"谦让"。这里的"谦让"表现出来的并不是消极的忍让，相反，它是一种积极进取的精神。诚如近代学者梁漱溟先生所言：儒家虽然提倡温、良、恭、俭、让，但实质宣扬的却是一种积极进取的精神。换句话说，"谦让"就是"以退为进，以柔克刚"，是一种方圆处世的态度。

一味耿介未必是件好事

　　山顶住着一位智者，他胡子雪白，谁也说不清他有多大年纪。
　　男女老少都非常尊敬他，不管谁遇到大事小情，都来找他，请求他提些忠告。
　　但智者总是笑眯眯地说："我能提些什么忠告呢？"
　　这天，又有年轻人来求他提忠告。
　　智者仍然婉言谢绝，但年轻人苦缠不放。
　　智者无奈，他拿来两块窄窄的木条，两撮钉子——一撮螺钉，一撮直钉。
　　另外，他还拿来一个榔头，一把钳子，一个改锥。
　　他先用锤子往木条上钉直钉，但是木条很硬，他费了很大的劲，也钉不进去，倒是把钉子砸弯了，不得不再换一根。
　　一会儿工夫，好几根钉子都被他砸弯了。
　　最后，他用钳子夹住钉子，用榔头使劲砸，钉子总算进到木条里面去了。
　　但他也前功尽弃了，因为那根木条裂成了两半。
　　智者又拿起螺钉、改锥和锤子，他把钉子往木板上轻轻一砸，然后拿起改锥拧了起来，没费多大力气，螺钉钻进木条里了，天衣无缝。
　　而剩余的螺钉，还是原来的那一撮。
　　智者指着两块木板笑笑："忠言不必逆耳，良药不必苦口，人们津津乐道的逆耳忠言、苦口良药，其实都是笨人的笨办法。那么硬碰硬有什么好处呢？说的人生气，听的人恼火，最后伤了和气，好心变成了冷漠，友谊变成了仇恨。我活了这么大，只有一条经验，那就是绝对不直接向任何人提忠告。当需要指出别人的错误的时候，我会像螺丝钉一样婉转曲折地表达自己的意见和建议。"

　　这是给所有耿直之人的一副良药，而且的确不是很苦口。
　　在中国古代儒家处世哲学中，很强调行事要懂得深浅之间的权宜尺度。许多时候，不讲方法、以硬碰硬只会把事情弄糟。而儒家修身更是十分注重这点。
　　比如在《论语·阳货》里就有一段孔子的谈话。"子曰：由也，女闻六言六蔽矣乎？对曰：未也。居！吾语女：好仁不好学，其蔽也愚。好知不好学，其蔽也荡。好信不好学，其蔽也贼。好直不好学，其蔽也绞。好勇不好学，其蔽也乱。好刚不好学，其蔽也狂。"
　　在这里，孔子所说的"好刚不好学，其蔽也狂"，其中"刚"就是直话直说的意思。一般认为胸襟开阔，直爽的人说真话，心肠直，所谓一根肠子。刚正就不阿，刚正的人一般脾气都比较倔，决不转变主见。但是孔子又说个性刚强的人，若不好学，他的毛病就会变成狂妄自大，满不在乎。
　　确实，个性坦率而耿直固然是一种美德，但是如果不约束自己的性格，任由其发展就坏了。这样就容易变成说话太直接的毛病。人生经验告诉我们弯曲的总比直接让人受用，因为不刺耳的话总是更易穿过人们的耳朵。

在南朝时，齐高帝曾与当时的书法家王僧虔一起研习书法。有一次，高帝突然问王僧虔："你和我谁的字写得更好？"

这问题比较难回答，说高帝的字比自己的好，是违心之言；说高帝的字不如自己的，又会使高帝的面子搁不住，弄不好还会将君臣之间的关系弄得很糟糕。

王僧虔的回答很巧妙："我的字臣中最好，您的字君中最好。"

历朝历代皇帝就那么几个，而臣子却不计其数，王僧虔的言外之意是很清楚的。

高帝领悟了其言外之意，哈哈一笑，也就作罢，不再提这事了。这样说话既没有一味逢迎高帝又不伤他的自尊，当然不能不说王僧虔回答得很妙。

一味耿介未必是件好事，相反，我们对人对事要能以圆融的智慧，掌握深浅之间权宜行事的尺度，适时弯曲，也未尝不是成功做事的一种境界。正所谓天有不测风云，人在遭遇特殊情况时，能站起来就站起来，站不起来就得见机振作，即要能屈能伸，不可撞到头破血流，让自己难有东山再起之日。掌握深浅尺度，行事和气，适时弯曲，人生之路才会越走越宽。

低眉顺目比金刚怒目更具威严

《论语·学而》里讲到子禽问于子贡曰："夫子至于是邦也，必闻其政，求之与？抑与之与？"子贡曰："夫子温、良、恭、俭、让以得之。夫子之求之也，其诸异乎人之求之与？"

子禽向子贡问道："孔子一到这个国家，就能听到这个国家的政事，是孔子求人告诉他的呢？还是人家主动告诉他的呢？"子贡回答说："孔子是以温和、善良、恭敬、俭朴、谦让的美德而使得人家主动地把政事告诉他的。他获得这些的方法，大概与别人的不尽相同吧！"

孔子的美好品德可归结为：温、良、恭、俭、让，尤其值得一提的是这个"让"，就是"谦让"。这里的"谦让"表现出来的并不是消极的忍让，相反，它是一种积极进取的精神。诚如近代学者梁漱溟先生所言：儒家虽然提倡温、良、恭、俭、让，但实质宣扬的却是一种积极进取的精神。换句话说，"谦让"就是"以退为进，以柔克刚"，是一种方圆处世的态度。

一个简单的比喻就是，人们总会发现：低着头的是稻穗，昂着头的是稗子；低头的稻穗充满了成熟的智慧，而昂头的稗子只是招摇着空白的无知。大哲学家苏格拉底曾说："天地只有三尺，高于三尺的人要想长久立于天地之间，就要懂得低头。"懂得低头是一种生存的智慧。

据说，秦始皇陵兵马俑博物馆的"镇馆之宝"是一尊跪射俑。许许多多出土的兵马俑都可以算作人间精品，但独独是它能够享有"镇馆之宝"的无上荣誉。最主要的原因是在出土、清理和修复的一千多尊各式兵马俑中，只有这尊跪射俑保存得最为完整，未经人工修复。如果仔细观察，就会发现俑身上的衣纹、发丝都清晰可见。据专家介绍说，这尊跪射俑之所以能够保存得如此完整，完全是得益于它自身的"低姿态"。原来兵马俑坑是地下通道式土木结构建筑，一旦棚顶塌陷、土木俱下时，高大的立姿俑自然是首当其冲遭受灭顶之灾，这样一来，低姿的跪射俑受到的损害就大大减小。此外，跪射俑呈蹲跪姿，右膝、右足、左足三个支点呈等腰三角形，完全支撑着上体，整个身体重心在下，增加了它的稳固性，这与两足站立的立姿俑相比，就避免了倾倒、破损。所以，秦始皇陵兵马俑中的跪射俑在经历了两千多年的岁月后，依然完整地呈现在我们面前，成为"宝中至宝"。

现在，我们的社会进入了一个新的世纪，到处都在宣传人应该张扬个性。鉴于此，为了追赶社会潮流，一批批的年轻人，打着"张扬个性，率意而为"的旗帜，不管三七二十一，就硬往前撞，大有"死了也悲壮"的气概。这固然从一个方面显示出了一个人的勇气和自信，但最终的结果恐怕是到处碰壁。

东汉末年的刘备再三低头：从三顾茅庐到孙、刘联合，每一次低头，都会迎来"柳暗

"花明又一村"，终于成就"三足鼎立"的辉煌。越王勾践低下高贵的头，以卧薪尝胆收回河山。

当今社会，错综复杂，变幻莫测。因此，在人生的漫长跋涉中，我们就必须学会低头。

低头，需要很大的勇气，所以我们应当用平和的心态，像跪射俑那样，时刻保持着生命的低姿态，这样就一定会避开无谓的纷争，避免意外的伤害；就能更好地保全自己，发展自己，成就自己。

婉拒，不可不修的一门技术

拒绝是一种艺术，当别人对自己有所希求而自己办不到时，就不得不拒绝。拒绝往往是难堪的，但不得已要拒绝别人时，儒家一直有着崇尚礼的传统。在儒家看来，拒绝也是要讲究礼仪的，尤其是对方以礼相待时。在这点上，就是孔子也不例外。

《论语》中记载了一段故事。说："阳货欲见孔子，孔子不见，归孔子豚。孔子时其亡也，而往拜之，遇诸涂。"意思是说：阳货想见孔子，孔子不见，他便赠送给孔子一只熟小猪，想要孔子去拜见他。孔子打听到阳货不在家时，往阳货家拜谢，却在半路上遇见了。我们且不管后面他们的对话内容。且看这里，孔子不齿阳货的为人，但是阳货以礼前来拜望，孔子不便直言，所以选择避而不见，然后趁其不在家时前去回访。虽然这种行为有人提出质疑，认为有违诚实，但是细想那种情形下，孔子的做法未尝不是两全之策。任何时候，委婉地拒绝对方，总比直言不讳的拒绝来得要巧妙和让人容易接受。

所以，我们还是应当向儒家学习一下圆融处世的拒绝之道。凡事不要随便地拒绝，不要无情地拒绝，不要傲慢地拒绝；要能委婉地拒绝，要有笑容地拒绝，要有代替地拒绝，要有出路地拒绝。

在人世间，每个人都要面临相聚与分离，面对痛苦与喜悦，面对接纳与拒绝。宽容是我们道德大厦中重要的横梁，但拒绝也是不可缺少的支柱。从自身而言，要学会拒绝痛苦，拒绝一些本可以避免的心理问题；从他人而言，要学会拒绝一些无法完成的任务，给自己留下更加广阔的空间，也避免因无法兑现自己的诺言而失信于人。

但是，拒绝需要方法，并不一定直接对对方说"不"。当你能够游刃有余地运用拒绝的艺术时，既解决了问题，实现了目的，也避免了双方的尴尬。

以前，有一个国王，他有一个美丽的女儿，被视如掌上明珠。凡是公主要求的东西，国王从来都不会拒绝，就是她要天上的星星，国王也恨不得攀登天空，为公主摘下来点缀彩衣。

一个春雨初霁的午后，公主带着婢女徜徉于宫中花园。忽然间，公主的目光被荷花池中的奇观吸引住了。原来池水的热气经过蒸发，正冒出一颗颗状如琉璃珍珠的水泡，浑圆晶莹，闪耀夺目。公主看得入神忘我，突发奇想："如果把这些水泡串成花环，戴在头上，一定美丽极了！"她打定主意，于是跑回宫中，把国王拉到了池畔，对着一池闪闪发光的水泡说："父王！您一向是最疼爱我的，我要什么东西，您都依着我。现在女儿想要把池里的水泡串成花环，戴在头上。""傻孩子！水泡虽然好看，终究是虚幻不实的东西，怎么可能做成花环呢？父王另外给你找些珍珠水晶，一定比水泡还要美丽！"国王无限怜爱地看着女儿。

"不要！不要！我只要水泡花环，我不要什么珍珠水晶。如果您不给我，我就不想活了。"公主哭闹着。束手无策的国王只好把朝中的大臣们集合于花园，忧心忡忡地说道："各位大臣们！你们号称是本国的奇工巧匠，你们之中如果有人能够以奇异的技艺，用池中的水泡，为公主编织美丽的花环，我便重重奖赏。""报告陛下！水泡刹那生灭，触摸即破，怎么能够拿来做花环呢？"大臣们面面相觑，不知如何是好。"哼！这么简单的事，你们都无法办到，我平日如何善待你们？如果无法满足我女儿的心愿，你们统统提头来见。"国王盛怒。

"国王请息怒，我有办法替公主做成花环。只是老臣我老眼昏花，实在分不清水池中的水泡，哪一颗比较均匀圆满，能否请公主亲自挑选，交给我来编串。"一位须发斑白的大臣神情笃定地打圆场。公主听了，兴高采烈地拿起瓢子，弯下腰身，认真地舀取自己中意的水泡。本来光彩闪烁的水泡，经公主轻轻一触摸，霎时破灭，变为泡影。捞了半天，公主一颗水泡也拿不起来。

显然，公主水泡花环的梦想是难以实现的，谁能将镜中美丽的花朵采撷下来？又有谁能够把水中动人的月影掬在手中？可是，当公主哭闹，国王盛怒之时，直接拒绝无疑是最愚蠢的行为，甚至可能招致杀身之祸。所以，聪明的大臣运用了自己的智慧，通过委婉的方式让公主自己领悟到水泡是无法串成花环的。

委婉像是一道善意的门缝，给他人留下了出入的空间，同时也给自己的机遇留了一个入口。人生有很多机遇，都是因为你留下的这一道狭窄的空间，才固执地找上门来。

万事和为贵

子曰："参乎，吾道一以贯之。"曾子曰："唯。"子出，门人问曰："何谓也？"曾子曰："夫子之道，忠恕而已矣。"这是《论语·里仁》里的一段，讲的是孔子对弟子曾参说，我的思想行为是贯通一致的。曾子点头称是，孔子走出后，其他学生问："老师是什么意思呢？"曾子回答，老师所讲求的，不过是忠和恕罢了。

正所谓清风拂面好为人，孔子的话可谓是给后人的一阵清风，启发我们与人相处，行事和气是多么重要。

孔子所说的恕，其实就是一种对人对事的宽容和气的气度，也是一种美德和修养。

子贡问孔老夫子："老师，有没有一个字，可以作为人终身可以奉行的原则？"夫子回答："恕。"唯有宽恕、和气可作为人一生的座右铭。

和气地待人接物，偶尔闭上一只眼睛，能够让你的内心更平静。

和气就是心胸博大，能够容纳许多表面看来不可接纳之事，还能够治疗爱生气的毛病。

杨先生是一家啤酒厂的经营者。有一家公司的采购员胡杨欠杨先生2000元啤酒款长期未付。

一次，胡杨来到啤酒销售部，对杨先生大发脾气，抱怨他出售的啤酒质量越来越差，并说社会上骂声一片，人们不会再买他们的啤酒。最后竟说出自己欠的那2000元钱也就免付了，原因是他出售的啤酒的质量一直就不怎么样，并表示他所在的公司及他本人不再购买对方的啤酒。

杨先生听后压住火气，又仔细询问胡杨一些情况，最后，杨先生出乎意料地向胡杨赔起不是，声称啤酒质量确有不尽如人意之处，最后说："对你的意见，我会尽快向厂部反映的。至于你欠的那2000元啤酒钱，你要不付，也就算了，谁让我的啤酒一直不争气呢！你说今后你们公司和你本人不再买我的啤酒，这是你们的自由，随你们的便。你说我的啤酒质量有问题，我现在给你介绍另外两家有名的啤酒厂……"

杨先生这一番话里有话的艺术性表述，确实出乎胡杨所料。欠账还钱，这是不成文的一种自然法规。胡杨本意不想付那所欠的2000元，以啤酒一向质量不怎么样为借口试图堵杨先生的嘴。然而，杨先生没有单刀直入地正面反驳他，却用了巧妙的迂回战术，假装虚心承认并接受胡杨的意见，待其发泄完后，即刻展开了攻势，用诚挚的话语，向对方表明啤酒厂的现状及未来的发展前景等。

胡杨最后被杨先生的诚意和坦率所打动，自此不但继续到该啤酒厂为其所在的公司购买啤酒，而且还动员了另外几家兄弟公司及几个单位，常年向该啤酒厂购买啤酒。

正所谓万事和为贵，和气能生财，杨先生的做法就是活生生的例证。做人就应该和气平易，能够容人之过，这样你的人生境界会更开阔，你的周围才能挤满知心的朋友和众多的合作伙伴。

"和气"两字包含着人生的大道至理。一个人的心中，如果装不下这一个"和"字，他的生活就会如在刀锋上行走。和气不仅是一种雅量、文明和胸怀，更是一种人生的境界与智慧，与人和气，人才能与自己和气，天下一团和气的时候，什么事情办不成呢？

和为贵，一股和风如春风化雨般，拂面吹来，有谁会不喜欢呢？这个"和"字，仿佛一方磨刀石，磨砺着我们的意志，磨亮了我们生命的彩虹，当一切终将逝去的时候，我们再来回首看，若是一任当年意气不肯平，如今哪有太和风？

在古代，有一个叫艾巴的人，他有一个特殊的习惯：每次生气和人起争执的时候，就以很快的速度跑回家去，绕着自己的房子和土地跑三圈，然后坐在田边喘气。

艾巴工作非常努力，他的房子越来越大，土地也越来越广。但不管房地有多广大，只要与人争论而生气的时候，他就会绕着房子和土地跑三圈。"艾巴为什么每次生气都绕着房子和土地跑三圈呢？"所有认识他的人，心里都感到疑惑，但是不管怎么问他，艾巴都不愿意明说。

直到有一天，艾巴很老了，他的房地也已经扩大了，他生了气，拄着拐杖艰难地绕着土地和房子转，等他好不容易走完三圈，太阳已经下山了，艾巴独自坐在田边喘气。他的孙子看到后恳求他说："阿公！您已经这么大年纪了，这附近地区也没有其他人的土地比您的更广大，您不能再像从前，一生气就绕着土地跑了。还有，您可不可以告诉我您一生气就要绕着土地跑三圈的秘密？"艾巴终于说出隐藏在心里多年的秘密，他说："年轻的时候，我一和人吵架、争论、生气，就绕着房地跑三圈，边跑边想自己的房子这么小，土地这么少，哪有时间去和人生气呢？一想到这里，气就消了，把所有的时间都用来努力工作。"

孙子问道："爷爷！您年老了，又变成最富有的人，为什么还要绕着房子和土地跑呢？"艾巴笑着说："我现在还是会生气，生气时绕着房子和土地跑三圈，边跑边想自己的房子这么大，土地这么多，想想还是一团和气的好些，又何必和人计较呢？一想到这里，气就消了。"

这个故事不禁让人联想到一句老话，万事和为贵。正所谓人生在世不如意者十之八九，我们遇事对人能够以和为贵才是智者的做法。和气能让人少生气，还能为人免灾祸，一个和字中间透着多少智慧。和气为贵，和气生财，这才是长久之道。

所以说万事和为贵，和气如同一缕清风拂人面，无比舒心。宋代大文豪苏东坡闻名天下的《前赤壁赋》，其文最得天地清和风致。我们平时无事之时，不妨拿来读一读，定能扫眉间不悦之气。其文首一段曰：壬戌之秋，七月既望，苏子与客泛舟游于赤壁之下。清风徐来，水波不兴。举酒属客，诵明月之诗，歌窈窕之章。少焉，月出于东山之上，徘徊于斗牛之间。白露横江，水光接天。纵一苇之所如，凌万顷之茫然。浩浩乎如冯虚御风，而不知其所止；飘飘乎如遗世独立，羽化而登仙……

大度宽容得人心

东汉光武帝刘秀在河北与自立为帝的王郎展开大战，王郎节节败退，逃入邯郸城里。经过二十多天的围攻，刘秀大军攻破邯郸，杀死王郎，取得胜利。在清点缴获来的书信文件时，官员们发现了一大堆私通王郎的信件，这些信件有好几千封，内容大都是吹捧王郎、攻击刘秀的，写信者都是刘秀一方的人，有官吏，有平民。有人很气愤，说这些人吃里爬外，应该抓起来统统处死。曾经给王郎写过信的人，都提心吊胆。刘秀知道这件事后，立即召集文武百官，又叫人把那些信件取过来，连看也不看，就叫人当众把他们扔到火中烧掉了。刘秀对大家说："有人过去写信私通王郎，做了错事。但事情已过，可以既往不咎。希望那些过去做错事的人从此安下心来，努力供职。"刘秀的这种处理方法，使那些曾经私通王郎的人松了一口气。他们都从心眼里感激刘秀，甘愿为他效劳。

常言道："将军额上跑得马，宰相肚里能撑船"。我们观察历史，凡是声名显赫的人物，大多是能容忍别人的人。光武帝刘秀之所以能开启汉代的中兴，其朗朗性情与宽宽度量不能不说是其中的一个关键因素。

自古以来人们就对宽宏大量的品性推崇有加。在先秦的儒家思想中，就有不少关于此类的论述。比如有一次，子夏的弟子来问子张交友的问题。子夏之门人，问交于子张。子张曰："子夏云何？"对曰："子夏曰：'可者与之，其不可者拒之'。"子张曰："异乎吾所闻，君子尊贤而容众，嘉善而矜不能。我之大贤与，于人何所不容？我之不贤与，人将拒我，如之何其拒人也？"

子夏的弟子问什么是交朋友之道，子张反过来先问，你的老师是怎么告诉你们的呢？子夏的学生说，我们老师教我们，对于可以交的朋友，就和他往来做朋友，不可以交的朋友，就距离远一点。子张说，我听到的和你说的不一样，我的老师孔子说，一个人在社会中交朋友要尊贤，有学问有道德的人值得尊敬，而对于一般没有道德、没有学问的人则需要包容，对于好的有善行的人要鼓励他，对不好的、差的人要同情他。

历史记载：范仲淹身为谏臣，赵抃作为御史，因辩论事情意见相左而互有隔膜。王荆公几次诋毁范公，并且说："陛下问赵抃，就知道他的为人。"后来有一天，神宗问清献公赵抃，赵抃回答说："忠臣。"皇上说："你怎么知道他是忠臣呢？"赵抃回答说："嘉祐初期，神宗违豫，他请立皇嗣，以安定国家，难道这不是忠吗？"退出后，王荆公问赵抃说："你不是与范仲淹有仇隙吗？"赵抃说："我不敢以私害公。"不敢以私害公，说起来容易，做到就难了。既不敢以私害公，自然也不敢以公为私。从那以后，有几个人能及他？不但范仲淹佩服他，神宗也佩服，王荆公也不得不服。

这种性情，民用之，则邻里和睦；官用之，则耳目清明；相用之，则济世立身；而王用之，则天下助之，慕者云集，广开言路，政治就会昌明。

人非圣贤，孰能无过，如果抓住别人的错误不放，三天一提，五天一批，怎能使人安心工作呢？要想成就大事，必定要涉及用人。而用人除了知人善用外，最难的怕是容忍他们的小缺点了。作为管理者就应该把自己当成宰相，肚子里应该能容人容物。只有能容得下别人，在为人处事上才能以和为贵，能息事宁人，或化干戈为玉帛。成功从合作开始，合作从和气开始，而和气则从度量开始。能够包容别人，和大家一起做事，才可以给自己带来快乐，也可以使团队中的每一个人都快乐起来。

第五节　安家智慧：有敬有爱

"百行孝为先"，孔子之学所重最在道。所谓道，即人道，其本则在心，而这人道最鲜明的体现是孝悌之心。所以要想培养仁爱之心，必先从孝悌始。有子说："其为人也孝弟，而好犯上者，鲜矣；不好犯上，而好作乱者，未之有也。君子务本，本立而道生；孝弟也者，其为仁之本与！"

有爱有敬才是孝

有一个财主有两个儿子，大儿子愚笨，不讨人喜欢，小儿子聪明伶俐，于是财主就尽心抚养小儿子。两个儿子逐渐长大了，大儿子一直在家里陪着父母，小儿子因为颇有才华，被父亲送到县城读书。

小儿子果然不负众望，考取了功名，一家人欢天喜地，两位老人也准备收拾行李，和小儿子一起到新地方开始生活。本来小儿子不想带着父母，但是想到兄长愚钝，就勉为其难地带上了两个老人家。

到了就职的地方之后，小儿子给父母选了一间房子，安排了一个奴婢，从此就消失了。两位老人看不见他的人影，生病了也只能使唤下人去找大夫。虽然在这里不愁吃穿，但是两个老人心里很难过。

一年以后，大儿子带着家乡的特产过来看弟弟，一见到老人，就难过地哭了——一年不见，父母老了许多，以前胖胖的父亲也瘦成一把骨头了。虽然大儿子很笨拙，但是很心疼父母，他决定带着父母回家生活。父母想到自己以前和大儿子生活在一起的时候，从来没有把他当回事，端茶倒水像下人一样使唤，但是他从来没有生气，反倒是乐呵呵地照顾自己，不禁也流下了眼泪。就这样，笨哥哥又带着老人回到乡下去了。小儿子想不明白：为什么父母不跟着我这样有头有脸的儿子，却要和那笨人一起生活？

其实，感动老财主的正是一颗孝心。只有让父母感受到我们的孝心，他们才会觉得幸福。现代社会，很多人可能会逢年过节给家里寄一些钱回去，但是父母最缺的并不是钱，而是关爱之心。

孝是儒家哲学中的一个重要概念。在《论语》中有很多处关于孝的探讨。比如，《论语·为政》篇："子游问孝。子曰：'今之孝者，是谓能养。至于犬马，皆能有养；不敬，何以别乎！'"子游问什么是孝道。孔子说："现在人只把能养父母便算做孝了。就是犬马，一样能有人养着。没有对父母的一片敬心，养老和养牛养马又有什么区别呢！"后来子夏也来问什么是孝："子曰：'色难。有事，弟子服其劳；有酒食，先生馔，曾是以为孝乎？'"孔子认为子女要做到孝顺，最不容易的就是对父母和颜悦色。仅仅是有了事情，儿女替父母去做，有了酒饭，让父母吃，这并不是完整的孝。正如钱穆先生所言，人之面色，即其内心之真情流露，色难，乃是心难。有愉色者，必有婉容。

孔子在这里强调的"孝"，必须是对父母发自内心的"敬"，是一种自觉的伦理意识和道德情感，而不仅仅止于"供养"上。否则就不是真正的孝。所以孝子伺候父母，以能和颜悦色为难。有的儿女在为父母盛饭倒水时总把碗或杯子"砰"的一声放在父母面前，把父母吓得哆嗦一下。这样的态度，会让父母有何感想？这样的行为能算做是孝敬吗？孔子生活在一个非常讲求"礼"的时代，人的一言一行都要符合"礼"，坐的朝向、与人说话的态度、看望生病的朋友时应该站的方位都有明确的礼制规定，而孝作为"礼"的重要内容，更是被强调得细致入微。正因为如此，许多人反而误解了"孝"的本意。对父母只是养老，却并没有尽孝。

孝，绝不仅仅是能够保证父母衣食无忧。因为父母更希望得到的是儿女的真情关心，有敬有爱才是真正的孝。

古语说："久病床前无孝子。"对父母尽孝可能会给自己的生活和事业带来许多麻烦。每当这时，人们便往往会或多或少地流露出一些厌恶的神色，这种时候我们不要忘记考虑父母心中的感受。恐怕此时父母心中隐隐的内疚和失望远远比老迈和病痛的折磨更甚。

孝，是原心不原迹的行为，儒家告诉我们孝敬要表现在行动上，但更要在心中，这才是真孝。所以儒家说，仅有孝的举动，却没有孝心，是远远达不到真正的孝的。孝，需要有行动，更需要用爱去浸润。在中国，对父母及老年人的孝养一直是个大问题，这也正是中国古代圣贤格外重视孝道的原因。要知道：孝不仅仅是养活父母，更是一种发自内心的真挚情感。

对父母的爱随时可以表达

"子欲养而亲不待"是出自《孔子·集语》的一个故事。

春秋时，孔子和弟子们出去游玩，忽然听到路边有人在啼哭，就上前去看怎么回事。啼哭的人叫皋鱼，皋鱼解释了他啼哭的原因："我年轻时好学上进，为了求学曾经游历各国，等我回来时父母却已经双双故去。作为儿子，当初父母需要侍奉的时候我却不在身边，这好像'树欲静而风不止'；如今我想要侍奉父母，父母却已经不在了。父母虽然已经亡故，但他们的恩情难忘，想到这些，内心悲痛，所以痛哭。"

人生在世，必然经历过种种痛苦的情感折磨，也在痛苦中锻炼得愈发坚强，面临悲痛愈发能强忍声色，而"子欲养而亲不待"却让人们备觉"生命中难以承受之痛"。当你挚爱的亲人离你而去，你在脑海中回想他们以往对你如何嘘寒问暖、呵护备至，你却一味顾及打拼自我天地，忽略了关爱他们，让他们在守望你的寂寞中落寞而去。你的悔，你的痛，成为你一生最深刻的烙印，任岁月怎般无情也抹杀不去。

很多人总在说，等到有钱、有时间了，一定要好好孝敬父母，但你可以等待，父母不能等待。在不经意间，父母渐渐变老。其实对父母的爱随时可以表达，尽孝要趁早。他们没有太多的要求，只是想多让你陪陪，所以一定要抽出时间，多陪陪父母，不要让父母失望。不要等到父母已经亡故却来不及孝敬，而让自己空留遗憾。

生孩子不易，养孩子更不易，父母为孩子付出的辛苦是没有当过父母的人难以理解的。古时候父母亡故，做子女的要服丧三年，这是对自己刚出生时父母精心守候的报答。孝敬父母，是每个人都应该奉行的，无论是过去还是现在。

闵名损，字子骞，春秋时期鲁国汶上人，是孔子著名弟子之一。闵子骞幼年即以贤德闻名乡里，他母亲早逝，父亲怜他衣食难周，便再娶后母照料闵子骞。几年后，后母生了两个儿子，待子骞渐渐冷淡了。闵子骞受到后母虐待，冬天穿的棉衣以芦花为絮，而其弟穿的棉衣则是厚棉絮。一天，父亲回来，叫子骞帮着拉车外出，外面寒风凛冽，子骞衣单体寒，但他默默忍受，什么也不对父亲说。后来绳子把子骞肩头的棉布磨破了，父亲看到棉布里的芦花，知道儿子受后母虐待，回家后便要休妻。闵子骞看到后母和两个小弟弟抱头痛哭，难分难舍，便跪求父亲说："母亲若在，仅儿一人稍受单寒；若驱出母亲，三个孩儿均受寒。"子骞孝心感动后母，使其痛改前非，自此母慈子孝，合家欢乐。

孟子曰："惟孝顺父母，可以解忧。"闵子骞的孝行备受后人推崇，明朝编撰的《二十四孝图》，闵子骞排在第三，成为中华民族文化史上先贤人物。闵子骞不仅孝，而且宽容友爱，正是这些品德，使一个即将分崩离析的家庭重归于好。以自己的行为感动后母，使家庭和睦，母慈子孝，生活没有遗憾，这实在是人生一大幸事。

三国时司马昭灭蜀，李密沦为亡国之臣。司马昭之子司马炎废魏元帝，采取怀柔政策，极力笼络蜀汉旧臣，征召李密为太子洗马。李密于是上了著名的《陈情表》，以孝为由，不得不让朝廷作出了妥协："伏惟圣朝以孝治天下，凡在故老，犹蒙矜育……臣无祖母，无以至今日；祖母无臣，无以终余年。母、孙二人，更相为命，是以区区不能废远……是臣尽节于陛下之日长，报养刘之日短也。乌鸟私情，愿乞终养……"

这虽是李密推辞不就之作，但是由于写得情挚意切，一直以来都被人们看成是对孝悯之人心声的表达。而此一文也足以堵住说他"不思新恩"的悠悠众口了。

商业家比尔·盖茨曾说过这样一句话：在这个世界上，什么事情都可以等待，只有孝顺是不能等待的。在现代，人们对自由的追求导致了家庭观念逐渐淡漠，孝的精神也逐渐丧失，这不仅是传统文化的重大损失，也是个人品德修养的重大缺陷。

父母生我、养我、育我，我们也应当爱之、惜之、怜之。儒家为孝道规定了各种条框，然而孝敬父母需要用条框来规定吗？爱父母、敬父母本是发乎情的内心诉求，它是一种浑然天成的情感。如果为自己曾经没有好好孝敬父母、爱惜父母而感到后悔，那么就抛却昨日之事，行今日之事，以最实际的行为实现自己的承诺，掏出自己的情感去关爱他们。人生最大的悲哀莫过于"子欲养而亲不待"，孝敬父母要及早，不要等父母都不在了才想起要孝顺，那就为时已晚，只能空留遗憾。

孝悌是人的一种本能

在中国要紧的是家庭生活，而家庭是由天伦骨肉关系来的，在家庭骨肉之间特别重情感，而人在感情盛的时候，常常是只看见对方而忘记了自己，所以他能够尊重对方，以对方为重，处处是一种让的精神。

因此在所有的礼之中，必须牢记孝悌在其中是最为重要的，所以有学者用"无声之乐，无体之礼"来强调儒家的孝悌概念。

在儒家观念里，孝悌被认为是人的一种本能，本是礼乐的一部分。著名学者梁漱溟认为，孝悌本来也与礼乐一样……礼乐的根本地方是无声之乐，无体之礼，即生命中之优美文雅。孝悌之根本还是这一个柔和的心理，亦即生命深处之优美文雅。礼乐原本就是以人之心为源头的，孝悌亦然。

孔子说："无声之乐，无体之礼，无服之丧，此之谓三无。"子夏曰："三无既得略而闻之矣，敢问何诗近之？"孔子曰："'夙夜基命宥密'，无声之乐也。'威仪逮逮，不可选也'，无体之礼也。'凡民有丧，匍匐救之'，无服之丧也。"

无论是乐，还是礼，都是来教化百姓的，只是方式有所不同。音乐当然要用声音来表示，礼仪自然要触及身体，他人有难时应有服丧之举才是常理，但是孔子却说"三无"。子夏也和我们一样疑惑，于是又作了进一步的询问。孔子的回答其实是超越了具体的礼乐仪式，将问题引到了关于"礼乐之原"的思考，那就是这三者殊途同归，最后走向的都是心灵的触动。

孔子以《诗经》中的三句话对它们作了解答。

其一，"夙夜基命宥密"，出自《诗·周颂》。《礼记正义》说："夙，早也；夜，暮也；基，始也；命，信也；宥，宽也；密，静也。言文、武早暮始信顺天命，行宽弘仁静之化。"郑玄认为是"言君夙夜谋为政教以安民，则民乐之"。"密"字有静的意思，再加上清晨和黄昏的背景，自然就能引起无声的联想。如果百姓心中能想到国君在昼夜操劳，自然就心生敬意，不逾规矩。其二，"威仪逮逮，不可选也"，出自《邶风·柏舟》，选即遣，原诗说威仪并非通过升降揖让之礼等外在的东西来体现，所以说是"无体之礼"。"凡民有丧，匍匐救之"出自《邶风·谷风》，"言凡人之家有死丧，邻里匍匐往救助之"，非必服也。所以用来说明"无服之丧"。

经过去粗取精，去伪存真，就知道这三者说的其实是一个道理：礼是从心里出来的，心到情到是最重要的。没有人对百姓说君主很操劳，但心中有数；没有人让你作揖鞠躬，但你自然会去做；邻家有难，虽然未必为之服丧，但就算是爬着也要去救。教化非生硬地指点他人，而是以化为教，是一种随风潜入夜、润物细无声的感染和熏陶。

古语有云，百善孝为先，中国古代的帝王们多以孝治天下。父母死后，子女按礼须持丧三年，其间不得行婚嫁之事，不预吉庆之典，任官者并须离职，称"丁忧"。因特殊原因国家强招丁忧的人为官，叫做"夺情"，从名称即可看出，不守孝是何等不近人情。

北魏时，房景伯担任清河郡太守。一天，有个老妇人到官府控告儿子不孝，回家后，房景伯跟母亲崔氏谈起这事，并说准备对那个不孝子治罪。崔氏是一个知书达理、颇有头脑的人，她得知情况后，说道："普通人家子弟没有受过教育，不知孝道，不必过分责怪他们。这事就交给我来处理好了。"

第二天，崔氏派人将老妇人和儿子接到家里，崔氏对不孝子一句责备的话也没说。崔氏每天同老妇人同床睡眠，一同进餐，让不孝子站在堂下，观看房景伯是怎样侍候两位老人的。

不到十天，不孝子羞愧难当，承认自己错了，请求与母亲一起回家。崔氏背后对房景伯说："这人虽然表面上感到羞愧，内心并没有真正悔改。姑且再让他住些日子。"又过了二十几天，不孝子为房景伯的孝顺深深打动，真正有了悔改的诚意，不断向崔氏磕头，答应一定痛改前非，老妇人也替儿子说情，这时崔氏才同意他们母子回家。后来这个不孝子果然成了乡里远近闻名的孝子。

崔氏很聪明，她相信每个人心中都会有仁在，其中之一就是孝心。她无所为而为，以身教代替言传，让他心中蛰伏之仁能被外面的影响触动得以彰显。

真正在宇宙之间往来流淌拨动人心的东西并非眼能见，耳能听，而是人们所谓的意味。只可意会不可言传，因为言传未必能收到预期的效果。

游必有方，带着孝心去游荡

包拯是庐州合肥（今安徽合肥市）人，历史上的包拯不像戏曲中所说的那样是由嫂子养大的，实际上他是由自己的父母养大的。父亲包仪，曾任朝散大夫，死后追赠刑部侍郎。包拯少年时便以孝而闻名，性直敦厚。在宋仁宗天圣五年，即1027年中了进士，当时28岁。先任大理寺评事，后来出任建昌（今江西永修）知县，因为父母年老不愿随他到他乡去，包拯便马上辞去了官职，回家照顾父母。他的孝心受到了官吏们的交口称颂。

几年后，父母相继辞世，包拯这才在乡亲们的苦苦劝说下重新踏入仕途。包拯主动辞去官职，回家孝敬父母，足见其对父母的孝心。时至今日，他对父母的孝敬也堪为当代人的表率。

儒家强调"父母在，不远游，游必有方"（《论语·里仁》）。孔子这句话的本义是："父母在时，不做远行。若不得已要远行，也该有个方位。"

古代交通不便，音讯传达非常困难。如果父母因为一些情况急切地想见到子女，一旦耽误了时间，那将留下无可弥补的遗憾。古时的孝子顾虑到这一点，因此就不外出游学或做官等。包拯无疑就是这样一位孝子。

而在今天，时代发展了，通讯工具也迅速更新换代，真正实现了"天涯若比邻"的美好理想。此时，远游者更有必要音讯常通，使家人知道你在何处，这种道理古今是相通的。

儒家认为年轻人志在四方，固然不错，但是要时常记挂着家中的父母亲人，时常问候一下，若是父母年纪渐老甚至生病，作为子女这个时候应当义无反顾地在父母身边照顾。用孔子的话说："子生三年，然后免于父母之怀。"父母生了我们，然后要三年我们才能离开父母的怀抱自由奔跑，在这个过程中，无论安好病恙，父母之爱都无私地给予我们、照顾我们。所以当他们老病之时，无论多远都要回家照顾父母，这也是孝的一部分。中国自古以来以仁孝为做人根本，古今的孝子都受人称赞。

一个风和日丽的好天气，树林中各种各样的鸟类都从巢中飞了出来，愉快地在空中飞来飞去。它们那美妙的歌声，给寂静的树林带来了勃勃生机。可是戴胜鸟和它的老伴却飞不出窝巢了，岁月不饶人，它们的身体早已虚弱不堪了，全身的羽毛已经变得干涩枯燥、暗淡无光，像老树上的枯枝般容易折断，双眼还生了翳病看不见了。为了养儿育女，它们的精力已经快要耗尽了。

老戴胜鸟觉得自己的子女都已经长大，能够独立生活了，自己的职责已经尽到，可以无怨无悔地离开这个世界了。因此，夫妻俩商量，决定不再离开自己的家，安心地待在窝里，静静地等待那迟早总会降临的时刻。但老戴胜鸟想错了，它们辛辛苦苦养育的那些孩子们是绝不会扔下它们不管的。这天早晨，它们的大儿子就带着一些好吃的东西，专程来看望它们。小戴胜鸟发现年迈的双亲身体不好，立即飞去把这个消息告诉了它的兄弟姐妹们。

戴胜鸟的儿女们很快都到齐了，它们聚集在双亲的旧巢前，有一只鸟说："我们的生命是父母亲最伟大的馈赠，它们用爱哺育了我们。现在它们老了，病了，眼睛也看不见，已经没有能力养活自己了。我们一定要帮它们治病，细心看护好它们，这是我们做子女的神圣义务！"这些话刚说完，年轻的戴胜鸟们立刻行动起来。有的飞去筑起温暖的新居，有的振翅飞去捕捉昆虫，有的飞到树林里去找治病的药。

新房子很快就落成了，孩子们小心翼翼地帮着父母搬了进去。为了让父母感到温暖，它们像孵蛋的母鸡用自己的体温去保护没有出壳的雏鸡一般，用自己的翅膀盖住老鸟。它们还细心地喂给父母泉水喝，并用自己的尖嘴帮忙梳理老戴胜鸟蓬乱的绒毛和容易折断的翎毛。

飞往森林的孩子们终于回来了，它们找到了能治失明的草药。大家高兴极了，它们把有特效的草叶啄成草汁给老戴胜鸟擦用。尽管药力很弱，需要耐心等待，它们却一刻也不让父母亲单独留在家里，总是轮流守候在父母身边。快乐的一天终于到来了，戴胜鸟和它的老伴睁开眼睛，向四周张望，它们认出了自己孩子的模样。孩子们都高兴极了，并准备了丰盛的食物，好好地庆祝了一番。知恩的子女们就这样用自己纯真的爱，治好了父母的病，帮助它们恢复了视觉和精力，以报答养育之恩。

鸟尚如此，人情若是不孝又何以堪。其实，儒家的孝并不是束缚人的绳索，当一个人远游时，要告诉父母自己在什么地方，这样一来，父母有什么事情，也能及时通知自己，以免留下什么遗憾。所以，做人尽孝，若是不能常在身旁照顾，也要游必有方，带着孝心去游荡，这才是孝道。

爱父母先要爱自己

孟武伯问孝。子曰："父母唯其疾之忧。"又说：父在观其志，父没观其行；三年无改于父之道，可谓孝矣。（《论语·为政》）

关于孔子的这段话一直以来有两种理解。一则是说父母最担心的是自己的孩子健康，所以为人子女要爱惜身体，所以《孝经》上也说身体发肤受之父母，不可轻易损毁。而另一种理解则主张说，一个人如果做到行为操守毫无亏失，能够成家立业有一番作为，然后让父母只为自己的身体而担忧，而不再忧虑品行的问题，这样的境界就是做到了孝。前一种解释以往论述得已经不少，这里我们来看下第二种说法，可谓是道出了天下父母之心，子女如果能常常以谨慎持身，使父母只忧虑子女的疾病，而没有别的东西可忧虑，这也应该是孝的一个重要方面。因为人的疾病不是自己所能控制的。

其实这个并不难理解，因为孝的本义就是指由父母对子女的爱而反射出子女对父母的敬爱。它是个相互转化的极其自然的过程。但是，现实社会中，有很多人能自理、自立了，却还是让父母整天为自己担惊受怕。

有一天，在一个关着一些死刑犯的牢房里，死刑犯们翻着杂志在那里闲聊。

一名犯人指着杂志中的珠宝说："我母亲没有一样像样的首饰，如果戴上这些首饰一定会很高兴。"

另一名犯人指着上面的房屋说："家里的房子已经很旧了，我的母亲如果有这么一间漂亮的房子多好。"

第三个犯人指着上面的汽车说："要是我的母亲有这么一辆车子，就可以常来看我了，不用每天走着来看我。"

杂志最后传到一个犯人的手中，他拿着杂志看了很长很长的时间，看着上面的珠宝、房子、汽车……他沉思许久，流着泪说："我们从出生，到母亲一口奶一口饭地哺育，到一件衣服一次脸色的无尽关怀，我们是母亲牵挂的根源，更是母亲幸福的寄托。我们的一举一动都牵连着母亲的心，我们是母亲心中终生的痛。母亲的付出，并不是希望得到物质的回报。是的，珠宝、别墅、小车的确是能给母亲带来快乐。但是，在母亲的心底，终极的幸福永远是儿子自身的优秀！如果我们的母亲有一个好儿子就好了！"

这时，所有的人都低下了头。

是啊，母亲最需要的是一个"好"儿子，她不需要为儿子的衣食住行而担心，除了疾病，她们就没有什么好替儿子担心的了。真是可惜，如果他们能早明白，就不至于落得如此下场了。如果一个人能真正体会到孩子生病时自己如何的忧虑、担心，就会知道什么是孝。所以，我们做人做事要像关心自己的孩子一样关心自己的父母，让父母只剩下对我们自己疾病的担忧，这样的孝才称得上是大孝，是真正的孝。

照顾父母须要竭尽全力

刬子是周朝时代人，祖上世代以耕种为生，老实巴交的爹妈，披星戴月地一年到头苦苦劳作，也只是混个半饥半饱。这年赶上闹灾荒，田里收成不济，日子越发艰难，爹妈忧急交加，一时心火上攻，双双眼睛失明，这可急煞了小小年纪的刬子。

为了给爹妈治病，刬子每天半糠半菜地侍奉双亲充饥后，就到处求人，寻医问药。一天，剡子到深山采药，路过一座庙宇，便进去讨口水喝。他见方丈童颜仙骨，就向他请求治疗眼病的方法。老方丈问明缘由，沉吟一下说："药方倒有一个，恐怕你采不来。"

"请说，我舍命去采！"

"鹿奶，鹿奶可以治眼疾。"

剡子听了，立即叩头谢过老方丈，飞步赶往鹿群出没的树林中。这里的鹿确实不少，可它们蹄轻身灵，一见有人靠近，就一阵风似的飞快逃去。

怎样才能弄来鹿奶呢？剡子绞尽脑汁，昼思夜想。一天，他见村东头猎户家的墙头上晒着一张鹿皮，忽地眼前一亮：把鹿皮借来，披在身上，扮成小鹿的模样，不就能悄悄接近鹿群了吗！于是，剡子迫不及待地走进猎户家，说明来意。好心的猎户欣然把鹿皮借给了他，还指点剡子如何模仿小鹿四肢跑跳的动作。经过多次演练，剡子竟然能举腿投足都像一只活脱脱的小鹿了。

第二天，剡子用嘴叼着一只木碗，悄悄地蹲在树林里。待鹿群走近时，披着鹿皮的剡子像一只小鹿似的不紧不慢地凑到一只母鹿身边，轻手轻脚地挤了满满一木碗鹿奶。直到鹿群走开了，他才站起身来，捧着鹿奶直奔家中。

从那以后，剡子多次用扮成小鹿的办法，去挤母鹿的奶汁。爹娘由于常常喝到鲜美的鹿奶，营养不良的身体一天天强壮起来，后来，失明的眼睛果然奇迹般地恢复了光明。

孝感天地，剡子用行动证明了这点。

孔子的弟子子夏曾说："贤贤易色，事父母能竭其力，事君能致其身，与朋友交言而有信，虽曰未学，吾必谓之学矣。"（《论语·学而》）

"事父母能竭其力"主要是指态度而言，孝敬父母只要是发自内心的、竭尽全力的即可，不必非要强求物质的富足。换句话说，就是尽管儿女不能保证让父母过上富足的生活，但只要能对父母发自内心地、量力而为地行孝，就是真孝。

有一种鱼叫黑鱼。当老黑鱼产子后双目会暂时失明，小黑鱼出生后便侍奉在老黑鱼左右，一个个争先恐后地往老黑鱼嘴里钻，自我献身以饱母腹，表达孝心。等老黑鱼的眼睛复明，能捕捉食物了，剩下的小黑鱼才会离去。

这样可爱的生灵，怎能不让人为之肃然起敬。古语说："百善孝为先，原心不原迹，原迹贫家无孝子。"这句话的意思是说，只要尽心尽力便是孝，如果一定要拿物质来衡量孝心，那么穷人家里就不会有孝子了。

所以说，只要将父母的一切放在心上，心中想着让父母过得更好，这样，即使你孝养父母显得力不从心也会问心无愧。从另一个方面讲，绝大多数的父母都不愿意子女因为自己而背上沉重的负担，只要儿女们过得好，对自己有一份孝心，这就是最好的局面。

孝是向下传递的教育

儒家认为，"孝"是伦理道德的起点。一个重孝道的人，必然是有爱心的、讲文明的人。重孝道的家庭，亲情浓郁、关系牢固；反之，必然是亲情淡薄、家庭结构脆弱容易解体。而家庭是社会的基础，可见，不重孝道将会影响到整个社会的稳定与和谐。

孝是一种向下传递的教谕。我们对待父母的态度，将成为将来孩子对待我们的态度。

从前有一对夫妻生了一个白白胖胖的儿子，他们尽心竭力地抚养儿子，所以孩子一天天茁壮成长。这对夫妻还有一个老母亲与他们同住，平时儿媳老是嫌弃婆婆，不愿意养婆婆，但是婆婆因为能帮他们干活，所以媳妇虽有怨言但还是让婆婆同他们吃住。年复一年，随着孙子渐渐长大，老奶奶越来越老了，她的腰因为长年的劳作变得弯曲佝偻，她再也不能做重活了。而且由于年龄的原因，吃饭的时候常会撒出一些饭粒。这时候，媳妇看婆婆越来越不顺眼，她急于想把婆婆赶出家门，于是总在丈夫面前说婆婆的坏话，没想到丈夫竟然答应妻子赶母亲出门。

一天吃过午饭，这对夫妻就把老母亲送到三十里外的山沟里，扔下几块饼，让老母亲自生自灭。没想到回家后，他们发现儿子在村口的大树下坐着。夫妻俩问儿子为什么不回家，儿子说："我在等奶奶，你们现在把奶奶拉出三十里地外，以后我拉你们八十里也不止。"听了儿子的一番话，夫妻俩顿时明白了。他们赶紧回到山沟里把母亲拉了回来。

这个故事多少有些讽刺的成分，但是却很有警世作用。

在《论语》中记载了有子的一段话，有子说："其为人也孝弟，而好犯上者，鲜矣；不好犯上，而好作乱者，未之有也。君子务本，本立而道生；孝弟也者，其为仁之本与！"（《论语·学而》）

有子说："做人，孝顺父母，尊敬兄长，而喜好冒犯长辈和上级的，是很少见的；不喜好冒犯长辈和上级，而喜好造反作乱的人，是没有的。君子要致力于根本，根本确立了，治国、做人的原则就产生了。因此，孝顺父母，敬爱兄长，可以作为'仁'的根本吧。"

孔子之学所重最在道。所谓道，即人道，其本则在心，而这人道最鲜明的体现是孝悌之心。这也就是为什么有"百行孝为先"的古训。所以要想培养仁爱之心，必先从孝悌始。《劝孝歌》中说："人不孝其亲，不如禽与兽。"尖锐而深刻的话语道出了"孝"这一为人处世的根本。中国古代有很多关于"孝"的事迹，著名的《二十四孝》就是典型的代表，其中的"卧冰求鲤"的故事是这样的：

晋朝琅琊人王祥，生母早丧，继母朱氏多次在他父亲面前说他的坏话，使他失去父爱。但是王祥并没有因为这些而怨恨父母，相反，他对父母非常孝顺。父母患病，他便衣不解带、日夜侍候。继母想吃活鲤鱼，但当时是寒冬腊月，冰封三尺，天寒地冻，根本无法捕鱼。但是王祥为了能让病中的继母吃上活鲤鱼，就解开衣服卧在冰上，想用自己的体温化开坚冰捉鱼。突然三尺厚的冰自行融化，从冰下跃出两条鲤鱼。王祥高兴地回家为继母做鲤鱼汤，继母食后，果然病愈。这就是"卧冰求鲤"的故事。后来王祥隐居二十余年，给父母养老送终后，才应邀出外做官。从温县县令做到大司农、司空、太尉，并被封为睢陵侯。后人为了纪念他，有诗云：继母人间有，王祥天下无。至今河水上，一片卧冰模。

"老有所终，幼有所养"，孝悌想必也是为了人类能够更好地生存下去而施行的一种生存策略。

此外，正如有子所说，将来这些不懂得孝敬父母的人如果到了社会上，就是社会动荡不稳定的主要因素！这绝不是危言耸听，不是骇人听闻！

孝是一种生存策略，将来孩子能否做到孝，关键还是在于父母的言传身教。所以在孩子出生开始，你就要明白，在无微不至的关怀和爱孩子的同时必须教会孩子孝敬你！如果不意识到这一点，以后就会自酿苦果，老无所养。

第三章　佛家修心

南宋川禅师颂曰：自小年来惯远方，几回衡岳渡潇湘。一朝踏着家乡路，始觉途中日月长。精神的流浪最苦。所以佛家修行，主张明心见性方能悟透世间玄机。通过止观双修，明心见性，棒喝机锋，达到心灵激荡，直指人心，参悟世态，实现激发内在潜能，释放压力，唤醒智慧，重建健康、快乐、智慧的人生目标，真正达到返璞归真、回归本心的境界。这是佛家的明心、修心之道。

第一节　心宽，路就宽

《华严经》中曾说："如悬镜高堂，无心虚招，万像斯鉴，不简妍媸，以绝常无常之静心，照常无常之圆理。"世间万象的妍媸、巨微，都只是一种表象，若能正确对待自己以及他人的优缺点，必能屏蔽掉外境的干扰，得到心灵的安定和平静。这就是佛家常说的悦纳自己、善待别人的道理。

把心腾空，才能包纳万物

在禅宗的观念中，空与有并非两个完全对立的概念，宇宙万物，因为虚空含纳包容，所以能拥有日月星河的环绕；因为高山不拣择砂石草木，所以成其崇峻伟大。

俗话说，海纳百川，很多人将"大海"作为浩瀚胸襟的代名词。而在佛家大师眼里，人的心是大海与高山都不能比的。

把心腾空，才能包容万物。

默雷禅师有个叫东阳的小徒弟。

这位小徒弟看到师兄们每天早晚都分别到大师的房中请求参禅开示，师父给他们公案，于是他也请求师父指点。

"等等吧，你的年纪太小了。"但东阳坚持要参禅，大师也就同意了。

到了晚上参禅的时候，东阳恭恭敬敬地磕了三个头，然后在师父的旁边坐下。

"你可以听到两只手掌相击的声音，"默雷微微含笑地说道，"现在，你去听一只手的声音。"

东阳鞠了一躬，返回寝室后，专心致志地用心参究这个公案。

一阵轻妙的音乐从窗口飘入。"啊，有了，"他叫道，"我会了！"

第二天早晨，当他的老师要他举示只手之声时，他便演奏了艺妓的那种音乐。

"不是，不是，"默雷说道，"那并不是只手之声，只手之声你根本就没有听到。"

东阳心想，那种音乐也许会打岔。因此，他就把住处搬到了一个僻静的地方。

这里万籁俱寂，什么也听不见。"什么是只手之声呢？"思量之间，他忽然听到了滴水的声音。"我终于明白什么是只手之声了。"东阳在心里说道。

于是他再度来到师父的面前，模拟了滴水之声。

"那是滴水之声，不是只手之声。再参！"

东阳继续打坐，谛听只手之声，毫无所得。

他听到风的鸣声，也被否定了；他又听到猫头鹰的叫声，但也被驳回了。

只手之声也不是蝉鸣声、叶落声……

东阳往默雷那里一连跑了十多次，每次各以一种不同的声音提出应对，但都未获认可。到底什么是只手之声呢？他想了近一年的工夫，始终找不出答案。

最后，东阳终于进入了真正的禅定而超越了一切声音。他后来谈自己的体会说："我再也不东想西想了，因此，我终于达到了无声之声的境地。"

东阳已经"听"到只手之声了。

一旦仔细去聆听那"只手之声"，人就踏上了心灵的解脱之旅，心感受到的万物之丰富便会远远超过自己视线范围之内的一切。内心丰富，却亦可呈现一种空无的状态，东阳在"无声之声"的境地中进入了真正的禅定，从"空无"中体验到了"富有"。

有位佛学大师说过："空才能容万物，茶杯空了才能装茶，口袋空了才能放得下钱。鼻子、耳朵、口腔、五脏六腑空了，才能存活，不空就不能健康地生活了。就像两个人相对交谈，也需要一个空间，才能进行。所以，空是很有用的。"

与其被满满的外物所累，不如索性全部放下，倾听那无比奇妙的"只手之声"，获得心灵的自由和解脱。

但是在纷扰的世间，要想把自己的心放空却不是一件容易的事。很多人都知道境由心造的道理，但很多人常常被外境所困，以至于令自己的心常常被困在围城中。只有明心见性，看清自己的本心，才能找到症结所在，剪掉心中的死结，让心灵得以放空，走出人生的围城，达到心神的通畅。

阳春三月，弟子们坐在禅师周围，等待着师父告诉他们人生和宇宙的奥秘。

禅师一直默默无语，闭着眼睛。突然他向弟子问道："怎么才能除掉旷野的草？"弟子们目瞪口呆，没想到禅师会问这么简单的问题。

一个弟子说："用铲子把杂草全部铲掉！"禅师听完微微笑地点头。

另一个弟子说："可以一把火将草烧掉！"禅师依然微笑。

第三个弟子说："把石灰撒在草上就能除掉杂草！"禅师脸上依然带着微笑。

第四个弟子说："他们的方法都不行，那样不能除根的，斩草就要除根，必须把草根挖出来。"

弟子们讲完后，禅师说："你们讲得都很好，从明天起，你们把这块草地分成几块，按照自己的方法除去地上的杂草，明年的这个时候我们再到这个地方相聚！"

第二年的这个时候，弟子们早早就来到这里。原来杂草丛生的地已经不见了，取而代之的是金灿灿的庄稼。弟子们在过去的一年时间里用尽了各种方法都不能除去杂草，只有在杂草地里种庄稼这种方法取得了成功。他们围着庄稼地坐下，庄稼已经成熟了，可是禅师已经仙逝了。那是禅师为他们上的最后一堂课，弟子无不流下了感激的泪水。

除掉心中的杂草，最好的方法不是用蛮力与之相抗，而是在心中播撒下新的种子，用新鲜生命饱满的热情来抗衡杂草的韧性。因为心中的死结往往就像杂草一样，有着极强的生命力，外力通常只能改变它们的生长轨迹，却不能完全将之从自己的生命中驱逐。

心灵是一座品类繁多的花园，需要我们时时垦殖翻耕。这个花园中有秽土，也有净土，所以不可能永远保持快乐与清净。只要是花园，就会生长杂草，四处蔓延。作为自我心灵的园丁，我们绝不能放任杂草丛生，占尽花木所需的阳光雨露，否则这座花园就必须成为人生困顿的围城，而及时修剪，求得和谐美好的内心环境，围城之中也能过自在人生。

心灵是一座花园，做自己心灵的勤劳园丁，在心中播下真爱和智慧的种子，收获充实快活的人生。

我们平常看山、看水、看花、看草、看人、看事，看尽男男女女，看尽人间万象，却很少人"看心"。

尽管我们看尽了世界上的美景奇观，却看不到自己的"心"。心是我们自己的，明心见性，才能找到自己。

空心才能包容万物，人立于世，要注意时刻为自己的心灵腾出一片空间，装载快乐和幸福。

悦纳自己，善待残缺

《华严经》中曾说："如悬镜高堂，无心虚招，万像斯鉴，不简妍媸，以绝常无常之静心，照常无常之圆理。"世间万象的妍媸、巨微，都只是一种表象，若能正确对待自己以及他人的优缺点，必能屏蔽掉外境的干扰，得到心灵的安定和平静。这就是佛家常说的悦纳自己，善待别人的道理。

世间上的事物总是异彩纷呈，就像花园里有芬芳的鲜花，也有新绿的小草。而我们的五个手指尚且长短不一，又如何期待每个人都有同样俊俏的脸、快乐的心呢？如此看来，完美的事物几乎是不存在的，面对不完美，我们应该抱有宽容和赞美之心。

一棵小草，没有参天大树的伟岸身躯，却依然是无限辽阔的草原中不可忽视的一道风景。一条小河，奔流的前方只有断崖残壁，然而一泻千里，却成就了瀑布的气势磅礴。

一扇贝壳，柔软的身体却不得不承受不安分的沙砾的摩擦，然而终有一日，会有闪烁迷人的珍珠绽放出耀眼的光彩。

世间众生，若一味地因自己的短处而放大痛苦，自然会与平凡生活的快乐和成功擦肩而过。所以，凡事不必过于追求完美，在世事面前，坦然对待众生的优缺点，包容自己和他人的不完美，有时反而会收到意想不到的效果。

春秋时期晋国有一位著名的乐师名唤师旷，他生而无目，故自称盲臣，又称瞑臣。

师旷不仅善于弹琴，也通晓南北方的民歌和乐器调律。据说，当他弹琴时，马儿会停止吃草，仰起头侧耳倾听；觅食的鸟儿会停止飞翔，翘首迷醉，丢失口中的食物。晋平公见师旷有如此特殊才能，便封为掌乐太师。

有一次，晋平公专门请人为师旷打造了一张特殊的琴，琴上的弦不仅长短一样，甚至粗细都是一致的。琴做得非常漂亮，上面精心雕刻着各种精美的图案，还镶嵌了金石美玉。

师旷试琴时，怎么也无法弹出完整的旋律，于是便细细地摸索琴弦之后问道："这张琴的琴弦难道是一样的吗？"

晋平公回答说："是啊，这样精致的琴弦，应该是世间独一无二的吧！乐师您双眼已盲，否则一定会惊艳于这张琴的完美！"

师旷摇了摇头，表情凝重地说："大王，这您就理解错了。一张琴，之所以能够弹奏出动听的音乐，正是因为上面的琴弦有短有长，有粗有细。一张琴中的大小弦各有不同的作用，大弦为主，小弦为辅，互相配合，才能弹出和谐美妙的乐曲。"

师旷吩咐侍者搬出了他原来使用的琴，手指在琴上划过，一串美妙的音符瞬时跃出，令人身心舒畅。

一张琴之所以有高低音乐，是依靠琴弦的长短、粗细来实现，这样才能弹奏出高低有致的美妙音符。在后人看来，如晋平公一样仅为达到外表的和谐与完美，而刻意求同的做法是不可取的。

事物各有长短，关键在于运用到正确的地方。书生儒冠可以在朝侍奉君主，却不能跃马驰骋，纵横疆场；赤兔乌骓，能日行千里，但若将其放到屋里捕鼠，它们甚至比不上一只小野猫；紫电青霜是天下闻名的锋利宝剑，若借给木匠用来做工活，可能还不如一把普通的斧头。事物不在于完美，而在于是否发挥了正确的价值。

佛告诉我们，世间正是由不完美构成的，面对这些不完美和遗憾，不必伤心，不必难过，坦然面对才是最好的处事态度。

"梅须逊雪三分白，雪却输梅一段香。"宋代诗人卢梅坡借梅雪之争，告诫众生人各有所长，也各有所短，这是自然之理，不必过于执着。取人之长，补己之短，才是正理，才得洒脱。

人人不尽相同，外表上有高低胖瘦的不同，才有赏心悦目的人间风景；智力上有贤愚巧拙的分别，才有趣味横生的社会百态。

江河中的小水滴自知力微，所以积聚大家的力量，形成一股激流，努力冲过礁岩，才能激起壮丽的浪花；丛林间的小毛虫自惭形秽，用尽全身的力量，奋身挣破蛹茧，变成一只蝴蝶，才能翩翩飞舞，享受绚烂的阳光。所以，残缺是生命的本质，也是世间的百态。我们应该放宽自己的心态，包容残缺，善待残缺，欣赏残缺，最后我们会发现残缺也是一种美。

不要被迁怒的病毒感染

佛陀曾对一位年轻的婆罗门说过：以嗔怒来回应嗔怒，这是恶劣的人、恶劣的事；不以嗔怒回应嗔怒的人，才能赢得最难赢的战争。因为他不但明白对方为何愤怒，也能够让自己沉静而提起正念，不但战胜他人，也战胜了自己，让自己和他人都获益，是双方的良医。面对他人的不良情绪时要注意控制自己的情绪，防止自己受到影响，并且学会不迁怒于他人。

"不迁怒"也是一门处事做人的学问，需要不断的修炼和提升。现实生活中，我们往往看到的都是"迁怒"的现象，明明是自己在外边受了气，根本不关别人的事，但是这口气不发泄出来心里就不会痛快，于是只好对着身边的人乱发火。比如下面这个踢猫效应的故事就是个典型的例子。

A是一家公司的市场部主管，一日，A在上班时因为堵车心情不好，而且还被警察罚款，来到公司后他一脸阴沉。这时，A的下属B因为工作来找A汇报，B理所当然成了A的情绪宣泄对象。B莫名其妙地被上司批评了一顿，本来很好的心情一下子也变坏了，而且一整天都闷闷不乐。

晚上下班回家，B的儿子小C看到父亲回来，很得意地将自己在幼儿园画的画拿给父亲看，希望得到父亲的表扬。B本来就很烦躁，不仅没有表扬儿子，反而骂了他一顿，说他瞎胡闹。小C莫名其妙被父亲骂了一顿，心里十分委屈，却又不知道说什么。这时，他家的小猫经过他面前，小C于是狠狠地踢了猫咪一脚……

本来只是生活中的一件小事，结果却引发了这么多一连串的事情，可见"迁怒"带来的影响有多坏了。迁怒伴随而来的是情绪失控，而这造成的后果则更为严重，它能让一个人失去冷静和理性的判断，有时候甚至会酿成灾祸。

如果我们在与人交往中都能注意控制一下自己的情绪，生活也许就没这么多争吵和不愉快了。

在一辆行驶的公共汽车上，人虽然不多却没有空位，有几个人还站着，吊在拉手上晃来晃去。一个年轻人身旁有几个大包，手里拿着一个地图在认真研究着，眼里不时露出茫然的神色。他犹豫了半天，很不好意思地问售票员："去颐和园应该在哪儿下车啊？"售票员是个短头发的小姑娘，正剔着指甲缝呢。她抬头看了一眼小伙子，说："你坐错方向了，应该到对面往回坐。"

要说这些话也没什么错，小伙子下站下车到马路对面去坐也就是了！但是售票员可没说完，她又说："拿着地图都看不明白，还看个什么劲儿啊！"

外地小伙子可是个有涵养的人，他嘿嘿笑了笑。旁边有个大爷可听不下去了，他对外地小伙子说："你不用往回坐，再往前坐四站换904能到。"要是他说到这儿也就完了，那还真不错，既帮助了别人，也挽回了北京人的形象。可大爷又说了一句："现在的年轻人呐，没一个有教养的！"

站在大爷旁边的一位小姐不爱听了："大爷，不能说年轻人都没教养吧，没教养的毕竟是少数嘛！"她显得真有教养——要不是又说了那最后一句话："就像您这样上了年纪看着挺慈祥的，不也有很多不干好事的吗？"马上就有几个老年人指责起了那位小姐……

这么吵着闹着车可就到站了。车门一开，售票员小姑娘说："都别吵了，该下车的赶快下车吧，别把自己正事儿给耽误了……再吵下去车可不走了啊！烦不烦啊！"

烦！不仅她烦，所有乘客都烦了！骂售票员的，骂外地小伙子的，骂那位小姐，骂天气的……别提多热闹了！

那个外地小伙子一直没有说话，最后他实在受不了了，大叫道："别吵了！都是我的错，我自己没看好地图，让大家跟着都生一肚子气！大家就算给我面子，都别吵了行吗？"听到他这么说，车上的人当然都不好意思再吵了，声音很快平息下来。可谁也想不到这小伙子又来了一句话："早知道北京人都是这么不讲理，我还不如不来呢！"

如果车上的人都能少说些话，多控制一下自己的情绪，也许情况就不会这么糟了。可见，情绪对于一个人的生活至关重要，当人们处于低潮的情绪中时，就会很容易迁怒于周遭所有的人、事、物，这是自然而然的。这就需要我们在日常的生活中学会控制情绪，提升智慧，加强自身的修养。对待不如意，很多时候我们只需要学会很简单的三个字："不迁怒！"

迁怒会使不良的情绪传染给更多的人，当人们不开心的时候，身边的人很容易就成了宣泄的对象，很多时候我们会找比我们弱的人进行发泄，以此平衡自己的情绪。同样的，被发泄者也会继续将这些负面情绪传递给别人，以此类推……迁怒造成的恶性循环就会使更多的人深受其害。

据说，科学家通过研究发现，原来心情舒畅、开朗的人，若同一个整天愁眉苦脸、抑郁难解的人相处，不久也会变得情绪沮丧起来。一个人的敏感性和同情心越强，就越容易感染上坏情绪，这种传染过程往往是在不知不觉中完成的。如果一个情绪良好的学生，和另一个情绪低落的学生同住一间宿舍，这个学生的情绪往往也会低落起来。在家庭中，如果有一个人情绪低落，他（她）的配偶最容易出现情绪问题。科学家们甚至证明，只需要20分钟，一个人就可以受到他人低落情绪的传染。

在生活中有这么一种人，他们总想让别人的喜怒哀乐与自己"同步"。当他们心情愉快时，希望周围的人也跟着自己高兴；当他们心情不好时，别人也不能流露出一点欢乐。否则，轻者耿耿于怀，重者便寻衅以"制伏"对方。这种情绪上以自我为中心的做法是极其不好的，因为它会严重破坏和谐的家庭及社会环境并造成许多不良后果。

在工作上也不乏这样的人，当他自己心情不好时，也不希望看到单位里其他同事说笑或进行正常的娱乐活动。他会不时地干涉、扰乱别人，破坏周围欢乐的气氛。时间久了，他就有可能因不受欢迎而成为孤家寡人，陷入被孤立的状态之中。其实，每个人都是独立的个体，都有掌握自己情绪的自由。所以，当自己心情不好时不要强求他人能感同身受，那样是不太现实的。

当我们理解了这个朴素的道理，也就明白了不迁怒的重要，更会在实践中用行动来支撑它。从另一方面来讲，爱迁怒的人多半脾气暴躁。如果我们能慢慢修炼，学会不迁怒于人，适时做自己情绪的主人，久而久之自己的性格也会发生转变，个人修养也会得到提高。

狭路相逢各让一步

《憨山大师醒世歌》中说："吃些亏处原无碍，退让三分也不妨。春日才看杨柳绿，秋风又见菊花黄。"生活中吃点亏，有时反而会让人看到更美的风景。

关于吃亏和退让，《菜根谭》中也有说："滋味浓时，减三分让人食，路径窄处，退一步与人行。"为人处世，有时候吃点亏也无妨，面对别人已经犯下的错误，也要学会放宽心，得饶人处且饶人。

战国时期，楚国梁国交界，两国边境上各设界亭，亭卒们各自在空地里种了西瓜，梁国的亭卒非常勤劳，锄草浇水，瓜秧长得非常好，而楚国的亭卒十分懒惰，不务农事，西瓜的长势就不好，与梁国的瓜田有了天壤之别。楚国的亭卒们心生妒忌，于是他们在一个无月的夜晚，跑过境把梁国地里的瓜秧给扯断了。

第二天，梁国的亭卒发现此事非常气愤，将之上报给县令宋就，要求也去扯烂楚国的瓜秧，宋就说："这样做当然很解气，可我们明明不愿意他们扯断我们的瓜秧，为什么还要去扯断别人的瓜秧呢？明明他人做得不对，我们再跟着学，这实在太狭隘。"人们觉得很有道理，就问他该怎么办，宋就说："你们可以每晚给他们瓜秧浇水，让他们的瓜秧好起来。"梁亭的人听了宋就的话觉得很有道理，于是就照做了。

过了一段时间，楚国人发现自己的瓜秧长得一天好似一天，他们很奇怪，经过仔细观察，才发现原来是梁国人为他们浇的水，觉得非常惭愧，无地自容，上报楚王。

楚王听了之后，特备厚礼送到梁国，表示酬谢，并以示自责，结果这两个国家成了友好的邻邦。

梁国人正是懂得得理也饶人的道理，以仁心容忍了他人的过失，从而修成了楚梁之好，一开始可能看似吃亏，但最后却因小得大。

在生活中有的人却不明白这个道理，因而对于别人的错误老是难以释怀。其实，人非圣贤，孰能无过。如果一味偏执，对犯了过失的人不予以赦免、宽恕，那就有可能使贤才埋没和流失。

事实上，在开拓创新、积极进取的人生道路上，每个人都不可避免地会出现这样或那样的失误或错误，这是可以理解的，因而应该给予谅解和释怀。

其实，不要偏执，一切看开，心胸放宽，包容万物，一个人自然能够在世间游刃有余，要知道有了"容"，才有"融"。

人间真正的快乐，不是自己能够创建的，即使是"向内走"，也要懂得与人相处，懂得给予，适当的时候吃点亏也无妨。狭路相逢时，各让一步，则皆大欢喜，否则，就往往是两败俱伤了。

人生不是平坦大道，所以我们在处世时不能全凭自我。狭路相逢，不妨各退一步。时时刻刻懂得与人为善，把握好自己的平衡，也令对方心感平衡，这就是大德了。切记莫把真心空计较，唯有大德享百福。不要太过计较亏与得，抛开自己的各种固执和坚持，内心深处即是大海，幸福的感觉自会油然而生。

孤芳自赏时，天地便小了

"墙角的花，你孤芳自赏时，天地便小了。"冰心这首隽永的小诗是对孤芳自赏者最好的劝告。

孤芳自赏的人，永远只是小家子气，注定无法成为"大家闺秀"，甚至常因"鼻孔朝天"而四处碰壁，于是他的人生天地便会变得小家子气起来。

在人际交往中，我们应该怀有包容之心，以谦让豁达来赢得更多的朋友；不要结党营私，局限在某个小团体之内，更不要自尊自大，走到孤立无援的死胡同。

方圆是个非常优秀的青年，头脑一向很聪明，在大学期间是令人羡慕的"学习尖子"。或许正是因为他太优秀了，所以其他人在他眼里简直不值一提。

他是一个特立独行的人，时时感到自己是"鹤立鸡群"。不仅周围的同学他看不上眼，连一些教授他也不放在心上，因为他们讲的课程对方圆来说实在太简单了。

学业上的优秀使方圆逐渐形成了一种优越感，因而在人际交往上常常变得极为挑剔，容不得别人有一点毛病。

一次，有位同学向他借了一本书，书还回来时弄破了一点，虽然那位同学一再向他表示歉意，但方圆仍然无法原谅他。尽管碍于面子，他当时什么话也没说，然而从那以后，他再也不愿理睬那个借书的同学了。

渐渐地，方圆成了其他同学眼中的"怪人"，大家不敢再和他交往，甚至不愿意和他交往。当然，这种"集体排斥"并没有阻碍方圆在学业上的成功。

方圆的功课门门都很优秀，年年都获得奖学金，还曾代表学校参加过国际性竞赛并获得了奖项。许多老师和学生都一致认为，他是一个难得的"天才"。

数年寒窗苦读后，方圆以优异的成绩毕业，顺利进入一家待遇优厚的大公司。他心中对未来充满了憧憬，准备干出一番轰轰烈烈的事业来。不过，上班后的生活远远不像在学校里那样简单，每天都少不了和上司、同事、客户等各种各样的人打交道，方圆对此感到十分厌烦。原因在于，他在与人交往时仍然抱着那种挑剔的心理，一旦与人接触就对他人的弱点非常敏感。

毕竟，方圆太优秀了，很少有人能够和他相提并论。他对别人的挑剔越来越严重，逐渐发展成对他人的厌恶。他讨厌那些平庸的同事、低能的上司，有时甚至说不清对方有什么具体的缺陷，但他就是感觉不对劲。

长此以往，方圆与周围的人关系搞得很紧张，彼此都感到很别扭。他经常与同事闹得不可开交，也往往因一些微不足道的小事而与上司发生龃龉。

终于有一天，方圆彻底变成了一个无人理睬的闲人了。尽管他确实很有才干，但上司却不再派给他任何任务，同事们也像躲避瘟疫一样远离他。在走投无路之际，他被迫写了一份辞职书，结果马上得到批准。

随后，方圆又到别处应聘，可是一连换了四五家单位，竟然没有一处令他感到满意。这位原本前途远大的青年，心情变得越来越苦闷，日益形单影只。在巨大的痛苦煎熬下，他的精神逐渐崩溃，最后被送入了一家精神病医院。

方圆的人生是一场悲剧，这场悲剧是他孤芳自赏的性格造成的。一个优秀的人，最难得的不是鹤立鸡群，而是保有一颗沉潜的心。看到自身的不足，用谦虚恭敬的态度待人处事。

人不能太不把自己当回事，也不能太把自己当回事。刚愎自用，对人对事吹毛求疵。这样的人，即便本领再高强，也不会受人尊敬、被人重用。放低心态，如水一般低吟浅唱，融入一汪清泉、一池平潭，融入江湖。没有什么值得刻意突显，也没有什么不能以清芬共享。任何好品种的花朵，都必须要经过设计布置，才能摆在客厅里，如果只会孤芳自赏或自命清高，永远是野花，摆不进客厅。

孤芳自赏的人注定是孤独的，也难成大气候。所以我们应该具备这种认识，做到谦虚恭敬，悦纳他人。

求同存异，不必强求一致

中国五千年的文明，讲究包容和海纳百川，强调要接受彼此的差异化，求同存异，和谐共处，因此中华文化之源流才能几千年不断绝。

法国的启蒙者伏尔泰说："虽然我不同意你的观点，但我誓死捍卫你说话的权利。"这是西方人对尊重个体与尊重自由的呐喊。

佛家大师在谈到佛教传到中国时，曾颇有感慨地说道：中国和佛教始终是和谐的。佛教文化被悠久的中华文化所接纳，并且继续发扬光大，成为中国的佛教。佛教对得起中国，中国也不负佛教，正是两者之间相互的包容造就了这一切。接着，大师说了一句朴实但也振聋发聩的话：你可以不信，但不必排斥。

这句话不仅适用于对宗教的信仰，也适用于每个人的为人处世。世事万象，不同的人持有不同的世界观人生观与价值观，而当这些不同的世界碰撞时，在面对他人与自己的不同时，需要我们学会求同存异。

有一条蛇，它的头部和尾部都想走在前面，互相争执不下，于是尾巴说："头，你总在前面，这样不对，有时候应该让我走在前面。"

头回答说："我总是走在前面，那是按照早有的规定做的，怎能让你走在前面？"

两者争执不下，尾巴看到头走在前面，就生了气，卷在树上，不让头往前走，它看到头放松的机会，立即离开树木走到前面，最后蛇掉进火坑被烧死了。

这条头尾相争的蛇，因为不知道求同存异的道理，伤害别人的同时，自己最终也受到了伤害。

这世上的事物千奇百怪，人与人之间也有着众多的差异，生活背景、生活方式、个性、价值观等的差异，让我们的相处也存在着或多或少的困难，无所谓希望或者失望、信任或者背叛，我们所能做的只能是相互尊重、相互包容、求同存异、真诚相对，不必强求一致。

弘一法师修的是佛法中的律宗，但他却一直在强调佛法各个宗派之间的密切联系，指出不同的宗派只是不同的道路，但所有的宗派的目的都是一样的，都是让人获得真正的智慧，这也就是所谓的殊途同归。

的确，佛法自创立以来，随着时间的推移和传播范围的扩大，出现了众多的佛法宗派。虽然各个宗派之间的教义稍有差别，而且修行的方式也大不一样，但是他们都有着一个共同的目的，那便是求得觉悟、能够成佛。不仅如此，佛法还一直将各宗派放到平等的位置上，使得各个宗派之间能够共存，并且共同求得发展。

世界上没有两片完全相同的树叶，佛法的各个宗派之间也都有差异，这也体现了自然界差异性存在的客观性。

正是因为这种差异性的存在，在客观上便要求我们要做到"求同存异"，即寻找相互之间相同地方的同时尊重相互之间客观存在的差异性，从而实现相互之间的合作。因此，要做到"求同存异"，"尊重"是基础，而且还需要有耐心、能包涵、心胸开阔。如果能将这一条与取长补短、开诚布公协调运用，那么，不仅双方能表达得更为舒畅，而且还能从中学到不少新东西。

我们要逐渐学会求同存异，保留相同的利益要求，与人相处也要照顾别人的利益，在自己的利益与别人的利益之间求中间值，使自己的利益和别人的利益都得到实现。

如果我们不懂得求同存异，那么，我们就很有可能在面临差异与分歧的时候会不顾同根生而相煎太急，最终使双方都受到巨大的伤害。

在日常的生活和工作中，我们也该本着"求同存异"的原则与他人相处。寻找人与人之间的共同点往往是我们打造良好人际关系的开始，也是求同存异的前提条件，并且在共同点的基础之上相互尊重对方的差异性，只有这样才能与对方进行合作，并且最终取得双赢的局面。

面对他人的不同，要学会理解，不信也别排斥，如此，人生的道路也会宽广许多。

嗔言碎语随风去

一个学僧问赵州禅师："听说你曾亲见过南泉禅师，是真的吗？"

赵州禅师回答说："镇州出产大梦萝卜头。"

一个学僧问九峰禅师："听说你亲自参拜过延寿禅师，是真的吗？"

九峰禅师回答说："山前的麦子熟了吗？"

赵州、九峰禅师，英雄所见略同。

一个学僧问赵州禅师："佛经上说，'万法归一'，那么一归何处？"

赵州禅师回答说："我在青州缝了一件青布衣服，有七斤重。"

又有一个学僧问赵州禅师："当身体死亡归于尘土时，有一个东西却永久留下。我知道这个东西，但这个东西留在什么地方呢？"

赵州禅师回答说："今天早晨刮风。"

有学僧问香林远禅师："什么是祖师西来意？"

他回答道："唉，坐久了，真感到疲劳啊！"

学僧问憨山禅师："佛是什么？"

他回答说："嘿！我知道怎样打鼓。"

学僧问睦州禅师："谁是各位佛祖的老师？"

他哼起了小调："叮咚咚咚……"

学僧又问他："禅是什么？"

他合掌念道："南无阿弥陀佛。"

但这学僧迷惘地眨着眼睛，不了解他的意思。

于是睦州禅师大喝道："你这可怜的孩子，你的恶业从何而来呢？"

这学僧仍无所悟。

睦州禅师就说："我的衣衫穿过多年之后，现在完全旧了，松松地挂在身上的碎片，已吹上天空了。"

又有一次，一个学僧问睦州禅师："什么是超佛越祖之说？"

禅师立刻举起手中的杖子对大家说："我说这是杖，你们说它是什么？"

没有人回答。

于是他再举起手杖问这个学僧："你不是问我什么是超佛越祖之说吗？"

一个学僧问洞山良价禅师："谁是佛？"

洞山良价禅师随口答道："麻三斤。"

佛陀教导弟子，不要妄生"嗔"念，其实就是在面对别人的怨怼和怒骂时不要计较太多，太计较就会平添怨气，那烦恼就会不请自来，那还何谈清静无为？洞山良价禅师的"麻三斤"，便是应世间万相烦恼的不嗔之法宝。

做人若能淡然处世，对别人的闲言碎语从不予以辩护，其实正是修养的功夫所在。如果别人依然纠缠不清，充耳不闻或指东打西，也是很好的应对之法，这样会使对方的攻击无所适从，最后对方也只能怏怏而退。

赵朴初居士曾在晚年时写了这样一首著名的《宽心谣》，读来发人深省：日出东海落西山，愁也一天，喜也一天；遇事不钻牛角尖，人也舒坦，心也舒坦；每月领取养老钱，多了喜欢，少也喜欢；少荤多素日三餐，粗也香甜，细也香甜；新旧衣服不挑拣，好也御寒，赖也御寒；常与知己聊聊天，古也谈谈，今也谈谈；内孙外孙同样看，儿也喜欢，女也喜欢；全家老少互勉励，贫也相安，富也相安；早晚操劳勤锻炼，忙也乐观，闲也乐观；心宽体健养天年，不是神仙，胜似神仙。

品读《宽心谣》，如同咀嚼橄榄，词清句畅，寄意深邃。生活中多份宽心而少份浮躁，添些喜悦而消些烦恼，人生就会变得豁然开朗，心态也能随之放宽。

同样的，一个人如果能够将外界的嗔言碎语当做耳边的一阵风一样，任它吹来，任它吹去，不为所动，就会省却很多烦恼，从而拥有一个清静圆满的人生。

在修禅的道路上深有体会的高僧多以"遇谤不辩"为自己的修行准则之一，即便被冠以恶名，仍能泰然自若，不加辩驳。于修行者来说，不妄语、不多嘴，自会令修行更进一步，即便遭人非议，但清者自清，随着时间的推移，真相是不可能被掩盖的，只要自己行得正坐得直，人格好坏立见，何必在意别人的背后私语。所以，对待毁谤的态度，应是一面深省自己，一面保持沉默。

深省的目的是看清自己的实力和本质；保持沉默、不去辩白，是对自己人格的信任。这种处世态度无疑为我们提供了一种解决问题的好方法。

面对毁谤或者他人的嗔言碎语时，我们有时很容易产生嗔怒。昭引和尚云游各地，被大家认做是一个行脚僧时，有信徒来请示："发脾气要如何改呢？""脾气皆由嗔心而来，这样好了，我来跟你化缘，你把脾气和嗔心给我好吗？"

嗔怒的锋刃对我们有什么益处呢？它既伤害别人，同时也伤害自己。嗔，这把双刃剑，剑锋所向，最终归结于我们自身。一个人如果能够每时每刻都用一颗宽容、豁达的心去面对世间的人与事，让他人的嗔言碎语随风而去，那么这个人的生活中就会除却很多烦恼，就能够时时拥有一颗宁静的心灵。

诗曰："不智之智，名曰真智。蠢然其容，灵辉内炽。用察为明，古人所忌。学道之士，晦以混世。不巧之巧，名曰极巧。一事无能，万法俱了。露才扬己，古人所少。学道之士，朴以自保。"

人与人的言语交锋里，"麻三斤"这样的回答或许才是最好的回答。上面这段看似驴唇不对马嘴的几次问答，其实是几位禅师在讲述了这样一个道理——有些话不必说得明确，佛在心中，用语言是无法阐述清楚的，要看修行者的真心如何，只有不断反省，不断领悟，答案才在修行者的心中。

其实，"佛"就好比一个人的品质，别人不断地对这人的品格质疑，这人答什么都是有主观因素的，在别人看来都是辩驳，但如果这人什么都不说，或者说些风马牛不相及的话，让别人自己去猜测。那么，时间一久，这人的人格就会被世人慢慢看清，他是好是坏也就不必多加解释了。

毁谤是打倒不了一个人的，除非自己本身没有实力。面对毁谤的方法是不去辩白，对是非则默摈之。

面对他人的嗔言碎语，就请放宽心，让它随风而去吧。

被遗忘与被铭记的

泰山不让土壤，故能成其高；大海不择细流，故能成其深。唯有宽容大度，才能庄严菩提；唯有宽容大度，才能成就一切。

宽容，有时就是选择性忘记。忘记他人的不好，而铭记他的善行，在宽容他人的同时也释放了自己。但事实上，并不是所有人都能做到。人们有时往往只揪住他人的过失不放，却容易忽视他人的优点所在。

佛家教导我们要宽容大度，其实就是要我们学会选择哪些该被遗忘，哪些该被铭记。而这些，都需要我们在生活中用心去体会。

铁匠和他的好朋友结伴去旅行，一路上两个人相互照顾。

有一天，他们在翻过一座大山时，铁匠不幸失足，在他滑向悬崖边的一瞬间，好朋友不顾自身危险，拼命拉住了他。铁匠于是在附近的一块大石头上刻下：某年某月某日，好朋友救了铁匠一命。

他们继续前行。一个月后，他们来到一处结冰的河边，他们为是踏冰而过还是寻桥而过争吵起来。一气之下，好朋友踢了铁匠一脚，铁匠跑到冰面上刻下：某年某月某日，好朋友踢了铁匠一脚。

有个过路的行人见了，好奇地问铁匠："你为什么把好朋友救你的事刻在石头上，而把他踢你的事刻在冰上？"

铁匠说："好朋友救了我，我永远都感激他；至于他踢我的事，我会随着冰上字迹的溶化而忘得一干二净。"

忘记那些该忘记的，铭记那些值得我们铭记的，这是宽容他人的体现。任何人，在具备"兽性"的同时也拥有"人性"。所谓"兽性"有时表现在一个方面——人是容易记仇的动物，他会把损害自己利益的人与事牢记于心；而在"人性"方面的表现是，他能在"忘"与"记"之间作出正确的选择：很快忘掉不愉快的东西，永远牢记别人的"好"。人之所以为人，就是在"人性"和"兽性"的较量中，"人性"往往能占据上风，即或是暂时退却，但也会最终取得胜利。

学会忘记与铭记是人生的一门必修课。在人生的旅途中，要学会记住别人对你的帮助，忘却自己对别人的不满，即使是面对他人的过失，我们也要学会谅解和宽容。学会宽容才能让你活得更自在、更轻松，从而坦然地去面对旅途上的风风雨雨。

东汉时期，苏不韦的父亲苏谦曾做过司隶校尉。另一个官员李皓和苏谦素有嫌隙，因此怀着私愤把苏谦判了死刑。

当时苏不韦只有18岁，他把父亲的灵柩送回家，草草下葬，又把母亲隐匿在武都山里，自己改名换姓，用家财招募刺客，准备刺杀李皓，以报杀父大仇，但刺杀一直没有成功。很久以后，李皓升为大司农。

苏不韦暗中和人在大司农官署的北墙下开始挖洞，夜里挖，白天则躲藏起来。干了一个多月，终于把洞打到了李皓的寝室下。一天，苏不韦和他的人从李皓的床底下冲了出来，不巧李皓出去了，于是杀了他的妾和儿子，留下一封信便离去了。

李皓回房后，看到这个场面大吃一惊，以后他每天都在室内布置了许多荆棘，晚上也不敢安睡。苏不韦知道李皓已有准备，杀死他已不可能，就挖了李家的坟，取了李皓父亲的头拿到集市上去示众。李皓听说此事后，心如刀绞，又气又恨，却不敢声张，没过多久就吐血而死。

苏不韦的一生生活在仇恨之中，为报仇竭心尽力。李皓只因一点儿私人恩怨无法忍受，就置人于死地，结果招致老婆孩子被杀，死了的父亲也跟着受辱，自己最终气愤而死，被天下人耻笑，真是愚蠢至极。以怨报怨就是如此，仇恨双方都得不到好处，这是一种"双输"的行为。因此何不将"冤冤相报何时了"变成"相逢一笑泯恩仇"的双赢，用一颗宽容的心对待仇恨呢？

宽容是一种美德。正如法国19世纪的文学大师雨果曾说过的一句话："世界上最宽阔的是海洋，比海洋宽阔的是天空，比天空更宽阔的是人的胸怀。"我们相信即使是一个人有坏处，那也一定有值得我们同情和原谅的地方。要知道，宽恕别人所不能宽恕的，其实是一种异常高贵的行为。

宽容是一种美。深邃的天空容忍了雷电风暴一时的肆虐，才有风和日丽；辽阔的大海容纳了惊涛骇浪一时的猖獗，才有浩瀚无垠；苍莽的森林忍耐了弱肉强食一时的规律，才有郁郁葱葱。江河不择细流，方能成其大。宽容是壁立千仞的泰山，是容纳百川的江河湖海。

宽容也是一种幸福，我们饶恕别人，不但给了别人机会，也取得了别人的信任和尊敬，我们也能够与之和睦相处。宽容，是一种看不见的幸福。宽容更是一种财富，拥有宽容，是拥有一颗善良、真诚的心。宽容和忍让是人生的一种豁达，是一个人有涵养的重要表现。

遗忘别人的"不好"，铭记别人的"好"。当我们对别人宽容之时，即是对我们自己宽容。因此，哲人才说："人类尽管有这样那样的缺点，我们仍然要原谅他们，因为他们就是我们。"

海纳百川而自清，宽容能让你获得一片更广阔的天空。

心旷为福门，心狭为祸根

心旷为福之门，心狭为祸之根。心胸宽广的人，他的世界会比别人更加开阔，而那些心胸狭隘的人只会把自己局限在狭小的空间里，郁郁寡欢。

在生活中，也许我们每个人都曾因别人的恶意诽谤或其他打击而深受伤害，这些伤痛一直在我们的心底，从来没有被治愈过，我们可能至今还在怨恨那些伤害过我们的人。其实，怨恨是一种被动和侵袭性的东西，它像一个不断长大的肿瘤，使我们失去欢笑，损害我们的健康。

怨恨，更多地伤害怨恨者自己。而这怨恨，有待我们宽广的胸怀来化解。

一天，一位住在山中茅屋修行的禅师趁夜色到林中散步，在皎洁的月光下，突然开悟。他喜悦地走回住处，眼见到自己的茅屋遭小偷光顾。找不到任何财物的小偷要离开的时候在门口遇见了禅师。原来，禅师怕惊动小偷，一直站在门口等待。他知道小偷一定找不到任何值钱的东西，早就把自己的外衣脱掉拿在手上。

小偷遇见禅师，正感到惊愕的时候，禅师说："你走老远的山路来探望我，总不能让你空手而回呀！夜凉了，你带着这件衣服走吧！"说着，就把衣服披在小偷身上，小偷不知所措，低着头溜走了。

禅师看着小偷的背影穿过明亮的月光消失在山林之中，不禁感慨地说："可怜的人呀！

但愿我能送一轮明月给他。"

禅师目送小偷走了以后，回到茅屋赤身打坐，他看着窗外的明月，进入空境。

第二天，他在极深的禅室里睁开眼睛，看到他披在小偷身上的外衣被整齐地叠好，放在门口。禅师非常高兴，喃喃地说："我终于送了他一轮明月！"

面对偷窃的盗贼，禅师既没有责骂，也没有告官，而是以宽广的心胸原谅了他，禅师的宽广胸怀和原谅也终于换得了小偷的醒悟。

送人一轮明月，我们的心中也会沐浴月光，这就是宽广胸怀的体现。心旷为福之门，心狭为祸之根。心胸宽广坦荡，不以世俗荣辱为念，不为世俗荣辱所累，不为凡尘琐事所扰，不为痛苦烦闷所惊，就会包容万物，容纳太虚，人也会活得轻松、潇洒、磊落、舒心。

心旷为福之门。心胸宽广能化解人和人之间的许多矛盾，增强人与人之间的友好情感。

世上只要有人的地方就有纷争，尤其是有"我"有"你"再加个"他"，你、我、他之间的纷争就更多了。所以，若能秉持"你好他好我不好，你大他大我最小，你乐他乐我来苦，你有他有我没有"这四句偈语中含有的精神，人与人便能和谐相处，正如《易经》中所言，地势坤，君子以厚德载物。

为人处世，面对摩擦和误会，我们若能心不存愤恨恶念，语不带尖酸刻薄，不伤害、诽谤他人，以宽广的心胸坚守善美的心念、清净的语言，便可在心地栽种一株株慈悲的草、宽容的花。如此，一朝人生的大原野就能绿意遍满，白云游天，驰骋其间，就是"只要自觉心安，东西南北都好"的潇洒自在。

心旷为福之门，心狭为祸之根。心胸宽广的人会受到更多人的喜爱和尊重，人生之路也会变得更加宽广。

身处泥泞，遥看满山花开

佛家常讲宽心，要人们即便身处泥泞之中，也能保持坦然乐观，当我们抬头时依旧可以看到远处山花烂漫。

人人都希望自己有更好的生活，过得很舒适快乐，但这首先最基本的就是要改变心态。想想看这其实也是我们自己的理想。但是，很多人在追求这种生活的过程中，不自觉地就陷入了一个可悲的圈子，开始把大把的时间放在了懦弱的抱怨上。换个角度想，无论是快乐还是痛苦，其实都是生活的一部分，只有心态调整好了，才会跳出这个圈子，去享受这一切，生存的要义非得打通这一关节。

一位年逾七旬的诗人曾经谈到，他的一生中有很多年轻貌美的异性朋友，她们都是些活泼天真可爱的姑娘。在他保留的相册中，有一张张青春无邪的笑脸，就像置身在大自然的鲜花绿草之中。

"在逆境中，是她们告慰了我这颗行将衰老和绝望的灵魂"。老诗人鹤发童颜，目光中闪着睿智的光，"我对她们的迷恋是一种圣徒对自然天性的崇拜，是对虚伪人生的逃避，是对衰老与死亡的抗拒"。

苦中作乐不是自找麻痹、不是消极退却。如果大家都不那么锋芒毕露、以牙还牙，多一些理解、尊重，世界也就不会被扭曲。诗人流沙河曾写过一首诗：我们将平分欢乐与忧愁，在眉宇间看出对方的心事……

"欢乐的贫困是件美事！"古希腊哲学家伊壁鸠鲁老先生说过这样一句话。一个人是可以既征服着困难，又生活得很快乐的。

有人曾经问过一些饱受磨难的人是否总是感到痛苦和悲伤，有的人答道："不是的，倒是很快乐，甚至今天我有时还因回忆它而快乐。"为什么会这样呢？这是因为他从心理上战胜了磨难，他从磨难中得到了生活的启示，他为此而快乐。换句话说，生活本来就是让人热爱的，真正的精彩不属于懦弱者。

有一位朋友，因为幼年时患了一场大病，命虽保住了，但下肢却瘫痪了。他的父亲是邮局干部，父亲在他中学毕业后设法在邮局给他安排了一份可以坐着不动的工作，工资及各种福利待遇都与常人无别。在这个岗位上，他干了三年。按说，一个重残的人，能有一份这样安稳有保障的工作，应该感到十分满足了。他的许多身体健康的同学，都还在为谋一份职业而四处奔波求人呢。但他却辞职了，因为他在人们的眼光中，不但看到了同情，更看到了怜悯还有不屑。他的自尊心在这种目光中一次次被刺伤，所以纵是父亲的耳光和母亲的哭求都没能阻止他。

辞职后他先是开了一间小书店，但不到半年便因城市改造房屋拆迁而不得不关门。之后，他又与人合办了一家小印刷厂，也仅仅维持了一年多，便因合伙人背信弃义而倒闭。两次经商，都没成功，而且还债台高筑，这时他的父母和朋友们又来劝他说："你一个残疾人，就别胡折腾了，多少好手好脚的人都碰得头破血流呢，何况你！"

父亲劝他趁自己还在领导岗位上，让他还是老老实实回邮局上班算了。但他还是没有回头，而是又选择了开饭店。这次他吸取前两次的教训，一年下来，小饭店竟赢利两万多元，于是他又开了两家连锁店。

10年之后，他的连锁饭店不但在他居住的城市生根开花，而且还不断在周边的大小城市一间间开张。他自然也就成了事业成功的老板，且娶了漂亮能干的姑娘。

当有人问他成功的经验时，他说了很多，但他说最重要的，就是千万不要同情自己。别人同情你不要紧，若自己同情自己，就会成为懦夫，而没有勇气去奋斗，一辈子只能在别人的同情中生活。

生活有时候会显出他不公平的一面，使我们经历磨难，使我们遇见挫折。可是当我们想想这世间的美好，就会发现生活本来就是让人热爱的。那些磨难与挫折，不过是生活中一点或酸或辣的调味品而已。如果把目光集中在这个地方，生活反而会变得一团糟糕。

当我们遭受损失、挫折的时候，不要把焦点放在自己无法挽回的部分，而要把焦点放在"生活里还有那些值得感谢""还能为自己做些什么"的部分。当自己的情绪呈现负面或消极的时候，要确保自己的意念完全投注在解决办法上，而非问题上；学着即使在与不幸共存的时刻，还能够积极向上、活在此刻。其实生活，同样有酸甜苦辣，不一样的是人的心态。生活本来的面目就是如此，我们与其在埋怨中度过，不如转变一下态度，告诉自己生活本来就是让人热爱的。埋怨只能证明无奈，生活不相信懦弱。即使身处泥泞也要有个好心态，也要往远处的山上看，看那满山花开得美艳。

❧ 第二节 以舍医贪，放下一颗尘心

医治"贪"病要用"舍"字。一切都是为自己着想，不肯予利益于别人，天下可爱的东西恨不得完全归诸自己一人，管什么别人的幸福，谈什么别人的安乐，他人的死活存亡都与自己没有关系，因此贪病就缠绕到我们的身上来了。假若懂得了舍，见到别人精神或物质上有苦难，总很欢喜地把自己的幸福安乐利益施舍给人，这样，贪的大病当然就不会生起了。

摊开手掌，才不致财富压身

真正的富人不一定是有钱人，有钱人钱财很多，房屋田产很多，但是一个人如果没有道德、智慧，也算不得是富有的人。

很多富人把手里的金钱当做保持自由的一种工具，以为追求金钱就是追求自由，久而久之却使自己成为金钱的奴隶，偏偏丧失了自由。金钱能够带来物质上的享受，却也能使

人们在追求金钱的旋涡中无形地失去了自己，不知不觉陷入贪婪的深渊，阻隔了个人心灵世界的丰富。

"贪"为人生三毒之首，贪名、贪利、贪感情，贪这个世界上的一切，都是属于贪。贪婪没有满足的时候，越加满足，胃口就越大。贪婪的人每天都生活在殚精竭虑、费尽心机的算计中，更有甚者可能会不择手段、走极端。而贪婪的人在这个过程中是无法知道贪婪的结果的，因为贪欲早已迷惑了他的心，遮住了他的眼，他不知道自己该在什么时候停下来，他就像一头拉磨的驴，只顾一个劲儿地往前走，此时再富有的人也是心灵上的乞丐。

假期里，一位富翁父亲带着儿子去农村体验生活，他想让从小锦衣玉食的儿子知道什么是穷人的生活。

他们在一个最穷的人家里待了两天。

回来后，父亲问儿子："旅行怎么样？"

"好极了！"

"这回你知道穷人是怎么过日子的了？"

"是的！"

"有何感想？"

儿子兴致勃勃地说："真是棒极了，他们一家人真富有啊！咱家只有一只猫，我发现他们家里有三只猫；咱家仅有一个小游泳池，可他们竟有一个大水库；我们的花园里只有几盏灯，可他们却有满天的星星；还有，我们的院子只有前院那么一点草地，可他们的院子周围全是大片大片的草地，还有好多好多的牛羊鸡鸭、瓜果蔬菜！"

儿子说完，父亲哑口无言。

接着儿子又说道："感谢父亲让我明白了我们有多么贫穷！"

孩子眼中总有大人看不到的世界，当这位富翁父亲陶醉于自己经营而来的富裕生活时，他可能从来没有想到过在儿子的眼里，自己是多么的贫穷！

一个有钱的富人，可以用金钱买到胭脂、花粉，可是买不到气质；可以用金钱买到山珍海味，可是买不到食欲；可以用金钱买到华美服饰，可是买不到美丽；可以用钱买到舒适床铺，可是买不到睡眠；可以用钱买到书本，可是买不到智慧；可以用钱买到酒肉朋友，可是买不到患难之交；可以用钱买到别墅豪宅，但是买不到幸福家庭。

如果一味贪图金钱财富，沾染上贪的习气，不仅会陷入欲望的深渊中不能自拔，欲望阴云也会彻底覆盖一个人的本心。

暴雨刚过，道路上一片泥泞。一个老太婆到寺庙进香，一不小心跌进了泥坑，浑身沾满了黄泥，香火钱也掉进了泥里。她不起身，只是在泥里捞个不停。一向慈悲的富人刚好坐轿从此经过，看见了这个情景，想去扶她，又怕弄脏了自己身上的衣服，于是便让下人去把老太太从泥潭里扶出来，还送了一些香火钱给她。老太太十分感激，连忙道谢。

一个僧人看到老太太满身污泥，连忙避开，说道："佛门圣地，岂能玷污？还是把这一身污泥弄干净了再来吧！"

瑞新禅师看到了这一幕，径直走到老太太身边，扶她走进大殿，笑着对那个僧人说："旷大劫来无处所，若论生灭尽成非。肉身本是无常的飞灰，从无始来，向无始去，生灭都是空幻一场。"

僧人听他这样说便问道："周遍十方心，不在一切处。难道连成佛的心都不存在吗？"

瑞新禅师指指远处的富人，嘴角浮起一抹苦笑："不能舍、不能破，还在泥里转！"

那个僧人听了禅师的话，顿时感到无比惭愧，垂下了目光。

瑞新禅师回去便训示弟子们："金钱珠宝是驴屎马粪，亲身躬行才是真佛法。身躬都不能舍弃，还谈什么出家？"

心存取舍，则有邪见与妄行；凡成就大事之人，无不是心中存善念，行善事者。

金钱一向被认为是财富的象征，但是对金钱的欲望太多，人生就会变得疲惫不堪。每个人都应学会轻载，更应当学会适可而止，因为心灵之舟载不动太多的重荷。

穷人可以富贵，富人也可能困窘。富人的慈悲不应该仅仅是金钱上的施舍，还应该包括心灵的布施，既是对他人的关爱，也是对自己的成全。当我们拥有财富时，与其握着拳头，只能看到掌中的世界，不如摊开手掌，欣赏整个浩瀚的天空，才不至于财富压身，成为贫穷的富人。

尘世有因才有果，有耕耘才有收获

凡事有因有果，世间没有不劳而获的道理，即使中奖了，发财梦实现了，也要有福报才能消受。我们希求财富，但财富不会从天上掉下来。

清代叶廷琯在《鸥陂渔话·葛苍公传》写过这样一句话："欲使他人干事，彼坐享其成，必误公事。"意思是说想要坐享他人的成果，必定会误了大事。世事有因必有果，没有来由的钱财和好处到了人手中，人们往往会在得到它的时候付出更多。只有那些通过自己的双手创造出的财富，才能让人用得心安理得，不被人嫉妒和觊觎。

现在的社会流行"乐透"彩券，不少人都希望自己能奇迹似的中了"乐透"，一夕致富。其实，"乐透"的背后不一定都是好的，一种彩券的发行，并非"几家欢乐几家愁"，而是"少数欢喜多家愁"。即使真正中奖了，也难免会担心税金多缴，害怕邻居觊觎，唯恐"不乐透"的人来找麻烦。所以"乐透生悲"的事情，也经常发生在人们的身边。

话说有一个乞丐，省吃俭用买来一张奖券，结果居然幸运地中了特奖。他欣喜之余把奖券塞在平时片刻不离手的一根拐棍里。一日走过一条大江，想到一旦领了奖金，就可以永远摆脱贫穷，再也用不着这根拐棍了，于是随手把拐棍往江心一丢。回到家，忽然想起，奖券还在拐棍里……

一场发财梦正好应验了"荣华总是三更梦，富贵还同九月霜"的谚语。

比尔·盖茨曾说："你活着的每一天，都应该努力去追求财富。只要你创造的财富是正大光明的，你会得到所有人的尊敬与赞扬。"可见，财富的获得也要通过正确的途径。所以，我们想要收获，就先要播种，想要发财，还是要脚踏实地努力工作。要知道人心不足蛇吞象，奢求太多，对自己实在没有什么好处。

有个人名叫王妄，三十余岁一无所成，也未娶妻，靠卖草来维持生活，穷困潦倒。有一天，王妄到村北去拔草，发现草丛里有一条七寸多长的花斑蛇受了伤，动弹不得，王妄遂救了此蛇，带回家中。蛇苏醒之后，为了表达感激之情，向王氏母子俩颔首点头。王氏母子见状非常高兴，为蛇编了一个小荆篓，小心地把蛇放了进去。从此王氏母子精心照顾小蛇，蛇慢慢长大了。

一天，小蛇爬到院子里晒太阳，被阳光一照变得又粗又长，像根大梁，这情形被王氏看见，惊得昏死过去。等王妄回来，蛇已回到屋里恢复了原形，着急地说："我今天失礼了，把母亲给吓死过去了，不过别怕，你赶快从我身上取下三块小皮，再弄些野草，放在锅里煎熬成汤，让娘喝下去就会好。"王妄说："不行，这样会伤害你的身体，还是想别的办法吧！"花斑蛇催促地说："不要紧，你快点，我能顶得住。"王妄只好流着眼泪照办了。母亲喝下汤后，很快苏醒过来，母子俩又感激又纳闷，可谁也没说什么，王妄再一回想每天晚上蛇篓里放金光的情形，更觉得这条蛇非同一般。

此时乃宋仁宗当政，仁宗整天不理朝政，对宫内生活深感枯燥，想要一颗夜明珠赏玩，公告天下谁能献上一颗，就封官受赏。王妄听闻此事，回家对蛇一说，蛇沉思了一会儿说："这几年来你对我很好，而且有救命之恩，总想报答，可一直没机会，现在总算能为你做点事了。实话告诉你，我的双眼就是两颗夜明珠，你将我的一只眼挖出来，献给皇帝，就可以升官发财，老母也就能安度晚年了。"王妄听后非常高兴，可他毕竟和蛇有了感情，不忍心下手，说："那样做太残忍了，你会疼得受不了的。"蛇说："不要紧，我能顶住。"于是，王妄挖了蛇的一只眼睛，把宝珠献给皇帝。宝珠在夜晚能够发出奇异的光彩，把整个宫廷照得通亮，皇帝非常高兴，封王妄为大官，并赏了他很多金银财宝。

皇上得到宝珠后，娘娘也想要一颗，于是宋仁宗下令寻找另一个宝珠，并说把丞相的位子留给第二个献宝的人。王妄遂起了歹念，想要蛇的另一只眼睛。于是，他回到家中去找蛇商量，但是蛇无论如何不给，劝说王妄道："我为了报答你，已经献出了一只眼睛，你也升了官，发了财，就别再要我的第二只眼睛了。人不可贪心。"

王妄早已鬼迷心窍，根本不听劝，无耻地说："我不是想当丞相吗？你不给我怎么能当上呢？况且皇帝已经允诺我了，如果我不把你的眼睛交出去，如何向皇帝交代。帮人帮到底，你就成全我吧！"他执意要取蛇的第二只眼睛，蛇见他变得这么贪心残忍，只好说："那好吧！你拿刀子去吧！不过你要把我放到院子里去再取。"王妄闻言心中一喜，立刻将蛇放到院子里，转向回屋取刀子。等他出来剜宝珠时，蛇已变成了大梁一般粗，一口将这个贪心的人吞了下去。

王妄不知餍足，不断地祈求不劳而获，最终落得身入蛇口的下场。

世间怎么可能会有人能无限制地任我们予取予求呢？人们想要得到财富，想要过上好生活，就必须要自己动手，付出辛勤的努力，才能耕耘出甜美的果实。那些每天坐等天上掉馅饼的人，是多么可悲而又可笑。正所谓尘世有因才有果，不问耕耘只问收获，哪里有这样的好事呢！

世上没有免费的午餐，我们要想收获，必先付出。

莫让贪毒入膏肓

当我们为自己着想时，也不忘给予别人，所得的不仅仅是物质上的享受，还能得到心灵的宽慰，生命就在收手和放手之间寻求着平衡。

人生常患大病，病由"贪"字而来。无论是金钱、物质还是情感上，人们一旦享受过多，所求便会更多。然而贪字却令人不知餍足，最后为了奢求和不择手段，这一个"贪"字，竟是折磨人，的确应当戒之。

能得能舍，不被贪毒腐化的人，历史上也有不少，明朝的彭泽便是其中一位。

彭泽少时家贫，苦志励学，明孝宗弘治三年考中进士，曾官至刑部郎中，后因得罪有势的宦官，被外放为徽州知府。

彭泽的女儿临出嫁，彭泽便用自己的俸银做了几十个漆盒当做陪嫁，派属吏送回家中。彭泽的父亲见后大怒，立刻把漆盒都烧了，自己背着行李奔波几千里来到徽州。

彭泽听说父亲突然来到，不知家中出了什么大事，忙出衙相迎，却见父亲怒容满面，一句话也不说。

彭泽见状，也不敢造次发问，见父亲满面风尘，又背负行李，便使眼色让手下府吏去接过行李。

彭泽的父亲更是有气，把行李解下，掷到彭泽的脚下，怒声道："我背着它走了几千里地，你就不能背着走几步吗？"

彭泽被骂得哑口无言，抬不起头来，只得背着行李把父亲请进府衙。

彭泽父亲进屋后，既不喝茶，也不落座，反而命令彭泽跪在堂下，府中官吏们纷纷上前为知府大人求情，全不济事，彭泽只得跪在父亲面前，却还不知为了何事。

彭泽的父亲责骂彭泽："你本是清贫人家子孙，如今做了几天官，就把祖宗家风全忘了，皇上任命你当知府，你不想着怎样使百姓安居乐业，却学着贪官的样儿，把宫中财物往自己家搬，长此下去，岂不成了祸害百姓的贪官？"

彭泽此时方知父亲盛怒是为了何事，却不敢辩解，府中衙吏替他辩白说东西乃是大人用自己俸银所买，并非官家钱物。

彭泽的父亲却说："开始时用自己的俸银，俸银不足便会动用官银，现在不过是几十个漆盒，以后就会是几十车金银。向来贪官和盗贼一样，都是从小开始，况且府中官吏也是朝廷中人，并不是你家奴仆，你却派人家几千里地为自己女儿送嫁妆，这也符合道理吗？"

彭泽叩头服罪，全府官吏也苦苦求情，彭泽父亲却依然怒气不解，用来时手拄的拐杖又痛打彭泽一顿，然后拾起地上还未解开的行李，径自出府，又步行几千里回老家去了。

彭泽受此痛责，不但廉洁自守，不收贿赂，而且不再挂心家里的事，一心扑在府中政务上，当年朝廷审核官员业绩，以徽州府的政绩最高。

彭泽受此庭训，可称得上是当头棒喝，他以后为官一生，历任川陕总督、左都御史、提督三边军务、兵部尚书等要职，都是掌握巨额军费，不要说有心贪污，即便按照常例，也会积累一笔十代八代享用不尽的财富。彭泽却为将勇，为官廉，死后破屋几间，妻子儿女的生活都成问题。之所以能清廉如此，自当归功于他父亲的教育。

彭泽清廉一世，值得借鉴，只可惜难有人做到。事实上人人都有欲望，想过美满幸福的生活，希望丰衣足食，在所难免，但不能把欲望变成不正当的欲求，变成无止境的贪婪。而且，在自己得到幸福的时候，别忘了给予他人帮助，这便是佛家所说的布施。

布施并不是要我们倾尽所有，而是一种依靠舍得来消除奢求的弊病，让自己的心胸敞开，而不要因为小名小利而变得心胸狭窄，惹人生厌。佛学给世人的启示正是通过舍来医治人们内心的贪婪，帮助人们回归真善美的本性。其实，我们可以换一个方法思考自己的"失去"，须知有舍才有得，安知失去就不是福呢？

医治"贪"病要用"舍"字。一切都是为自己着想，不肯把利益给别人，天下可爱的东西恨不得完全归诸自己一人，管什么别人的幸福，谈什么别人的安乐，他人的死活存亡都与自己没有关系，因此贪病就缠绕到我们的身上来了。假若懂得了舍，见到别人精神或物质上有苦难，总很欢喜地把自己的幸福安乐利益施舍给人，这样，贪的大病当然就不会生起了。

钱也要能进能出

人，从出生到死亡，不过是"赤条条来去无牵挂"，在生命的过程中，如果只想着做一个守财奴，那么赚再多的钱也没有任何意义，它只是暂时聚集在你这里的一堆数字，死后不知又成了谁的枷锁。不如舍去，换取世人更多的温暖。那些用了的钱财，才是你自己的。

古希腊称霸天下，征服大半个天下的亚历山大大帝死的时候，在棺材两侧各挖一个洞，将手伸出来，表明他也是两手空空走向死亡的。

所以人们在活着的时候对名利和财富牵挂异常，到死都不肯放手，但事实上死后的名利钱财也将不再属于自己，那么活着的时候吝啬物质上的付出又有什么意义呢？在这里并不是告诉人们，在活着的时候不去享受物质，非要把千金散尽，而是人们对待财物的态度要自然一些，不要太吝啬。

金钱和财富虽然美好，常令人们对其趋之若鹜，不遗余力地追求。不过，金钱不是万能，财富也未必总能令人快乐，只有超越其存在，才能享受人生。真正的金钱观，是要对金钱等物质上的东西喜于接受，也喜于付出。

有位信徒对默仙禅师说："我的妻子贪婪而且吝啬，对于做好事行善，连一点儿钱财也不舍得，你能慈悲到我家里来，向我太太开示，行些善事吗？"

默仙禅师是个痛快人，听完信徒的话，非常慈悲地答应下来。

当默仙禅师到达那位信徒的家里时，信徒的妻子出来迎接，可是却连一杯水都舍不得端出来给禅师喝。于是，禅师握着一个拳头说："夫人，你看我的手天天都是这样，你觉得怎么样呢？"

信徒的夫人说："如果手天天这个样子，这是有毛病，畸形啊！"

默仙禅师说："对，这样子是畸形。"

接着，默仙禅师把手伸展开，并问："假如天天这个样子呢？"

信徒夫人说："这样子也是畸形啊！"

默仙禅师趁机立即说："夫人，不错，这都是畸形，钱只能贪取，不知道布施，是畸形；钱只知道花用，不知道储蓄，也是畸形。钱要流通，要能进能出，要量入而出。"

握着拳头暗示过于吝啬，张开手掌则暗示过于慷慨，信徒的太太在默仙禅师这么一个比喻之下，对做人处世、经济观念、用财之道，豁然领悟了。握着拳头，你只能得到掌中的世界，伸开手掌，你能得到整个天空。

有的人过于贪财，有的人过分施舍，这都不是禅道里所讲的财富观。吝啬、贪婪的人应该知道喜舍结缘是发财顺利的原因，因为不播种就不会有收成。布施的人应该在不自苦、不自恼的情形下去做，同时也别忘了是在自己力所从心的情况下帮助别人，否则，就不是纯粹的施舍。

真正的施舍能让他人得到必要的帮助，自己也会因此获得快乐。

一个男子坐在一堆金子上，他向每一个过路的行人伸出手乞讨。仙人吕洞宾看到后走了过来，这位男子向他伸出双手。

"孩子，你已经拥有了那么多的金子，难道你还要乞求什么吗？"吕洞宾问。

"唉！虽然我拥有如此多的金子，但是我仍然不幸福，我乞求更多的金子，我还乞求爱情、荣誉、成功。"男子说。

吕洞宾从口袋里掏出他需要的爱情、荣誉和成功，送给了他。

一个月之后，吕洞宾又从这里经过，那男子仍然坐在一堆黄金上，向路人伸着双手。

"孩子，你所求的都已经有了，难道你还不幸福么？"

"唉！虽然我得到了那么多东西，但是我还是不幸福，我还需要快乐和刺激。"男子说。

吕洞宾又把快乐和刺激给了他。

一个月后，吕洞宾从这里路过，见那男子仍然坐在那堆金子上，向路人伸着双手，尽管有爱情、荣誉、成功、快乐和刺激陪伴着他。

"孩子，你已经拥有了你所希望拥有的，难道你还要乞求什么吗？"

"唉！尽管我拥有了比别人多得多的东西，但是我仍然不能感到幸福。老人家，请你把幸福赐给我吧！"男子说。

吕洞宾笑道："你需要幸福吗？孩子，那么，请你从现在开始学着付出吧，你可以把金子分给需要的人。"

一个月后，吕洞宾又从此地经过，只见这男子站在路边，他身边的金子已经所剩不多了，他正把它们施舍给路人。

他把金子给了衣食无着的穷人；把爱情给了需要爱的人；把荣誉和成功给了惨败者；把快乐给了忧愁的人；把刺激送给了麻木不仁的人。现在，他一无所有了。

看着人们接过他施舍的东西，满含感激而去，男子笑了。

"孩子，现在，你感到幸福了吗？"吕洞宾问。

"幸福了！幸福了！"男子笑着说。

男子虽然一无所有了，但是却变得幸福和快乐，这就是施舍的魅力所在。

在现代社会，许多有钱人都乐善好施，对金钱可以慷慨抛掷。他们认为，钱财并不总是给他们快乐，而散财、做慈善事业，反而让他们找回了幸福感。这是一种正确的金钱观和布施方式。

对于普通的人来讲，虽然没有大笔的财富，但也不必要为了金钱而变得锱铢必较。钱财是为了让自己的日子越过越好，而不是让自己变得越来越提心吊胆，或者终日汲汲而求。在这个世界上，只有被自己用出去的钱财才是自己的，那些被我们牢牢攥在掌心的财富不去被运用，到最后不可能永远为我们所拥有。

金钱，要能接受，也要能喜舍。

金钱本为身外物，我们要学会以正确的态度来对待它，让金钱能进也能出。

真诚布施者得吉祥

一句温暖的话，一只扶持的手，一个引导的箭头……生活在万千世界，每一次醉人的回眸，深情的拥抱，哪怕是陌生人一个善意的微笑，都是一种给予。而千万种给予中，真诚的给予便是布施。

王舍城旁住有一位非常穷苦的老太婆，名叫南陀。在一个每隔百年才能见到一次佛祖的日子里，南陀很想供养一盏灯火。但她用全部的钱却只能买到一点点灯油。南陀就带着那盏小灯跟着其他富有的信徒来到佛祖处，点燃灯火后诚心参拜。说也奇怪，那天晚上城中无故刮了一阵强风，将所有供奉佛祖的灯火都熄灭了，唯有南陀的那盏小灯火，依然在那里燃烧，大放光明。

这是佛教经典之一《贤愚经》中的一则小故事。它告诉人们的道理朴实而平凡，那便是：
供奉神佛，重要的并不在于供物的大小，而在于是否虔诚。曾有个江洋大盗给禅院布施香火钱，要求借宿，被禅师断然拒绝了。原因就在于禅师认为凡他所漂白的都将被大盗弄黑，不同类的人很难相处在一起。可见，并不是所有的给予都会被人所接受，还要看这个给予是否是真诚的。

《吉祥经》中有这样一句话：布施好品德，帮助众亲眷，行为无瑕疵，是为最吉祥。一般而言，所谓布施是指散发自己的财物来救济穷苦的人。所以有"贫穷布施难"的说法，因为自己的财物尚且不够用度，又如何谈到布施他人呢？

这里，且举另一则公案为例。

在释迦牟尼佛住世的时候，有一对夫妇生活极其贫苦，他们只能住在一个小破房子里，没有饭吃，没有衣服穿，于是只好天天到街上去乞讨。乞讨并不是很难的一件事，难的是夫妇俩没有衣服穿，只有一条裤子。没办法，他们只能轮流着穿。假如今天丈夫出去讨饭，就穿这条裤子出去，讨回来的饭，夫妇分着吃。明天呢，就是太太出去讨饭，也穿上这条裤子。日子也就这样马马虎虎地一天天过了下去。

有一位辟支佛，他有宿命通，能观察人的前世宿命，他看到这对夫妇穷成这个样子，于是用心观察一番，发现这两个人在宿世之中不肯布施，所以今生就只有受穷，穷得要两个人穿一条裤子。"啊！这回我要度他们去！"这位辟支佛就发愿要度两个人，让他们有机会种福，于是到这对夫妇的门前来化缘。

这位辟支佛是一个比丘的样子，托着钵，站在门口。这对夫妇看见有个和尚来化缘，而自己家里除了一条裤子什么都没有，于是丈夫就对太太说："唉！我们都要发一点布施心来求求福。为什么我们这么穷呢？就是因为以前我们不肯布施，所以现在穷成这个样子，今天我们应该做个布施。"

太太说："做布施？我们有什么可以布施？"丈夫就说："我们还有一条裤子啊！可以布施给这个出家人。"太太听了之后就发了脾气，说："你真是混账、糊涂！我们就一条裤子，如果布施给比丘，连这出去要饭的本钱都没有了，不能出去要饭，我们怎么活呢？"丈夫就劝他太太："不错，这确实很不容易，但是你看，那比丘在这儿也不走。再说我们生活已经如此贫苦，简直是生不如死，还不如布施掉这条裤子，我们在这里饿死算了。"太太一听，叹了一口气说："唉！好吧，你喜欢布施，就布施好了！"这夫妇俩就把这一条裤子从窗户递给了比丘。

比丘接过裤子后，就到释迦牟尼佛那里去，辗转供养释迦牟尼佛，说："这是我方才在一个穷苦人家化来的一条裤子，这条裤子是他们全家的财产，可是布施给我了。"

释迦牟尼佛接受了这条裤子，然后对人说："他家里就这么一条裤子，都能布施出来，尤其供养的是辟支佛，所以将来能得福无量。"

当时在释迦牟尼佛这个法会里，国王也在这儿，国王一听，就想："自己国家有这么一个穷得连饭也没得吃、连衣服也没得穿的人家，自己在皇宫里吃得好，穿得暖，这怎么能对得起百姓呢？"于是，国王生了大惭愧心，就派人给这穷苦的家庭去送米、送面、送吃、送穿。

两夫妇只布施一条裤子，便即刻得到了许多的回报，心里非常感动。于是便去拜见佛祖，佛就为他们说法，两个人经历了贫困的种种波折，一听到佛法，立刻就了悟了。

贫穷布施难。人在困难的时候仍能布施，这才是真正有布施心；越难越能做，这才具有真正的价值。

很多人总害怕别人劝他布施，以为这样便会失去很多。其实，布施是多方面的，并不一定非要把财物给人才叫做布施，就算是我们贫穷得一无所有，仍可以布施。比如说，见到人的时候，主动与人打招呼，长此以往地坚持下去，不但会有很好的人缘，而且这也是在行"语言的布施"。除此之外，见到人时含笑、慈颜、注目，这就是"容颜的布施"。见到人迷路时，指引他或者带他去；见到有人拿不动东西，事情做不了时，去帮助他，代他做，这就是"身行的布施"。见人受苦心生怜悯，见人布施心生欢喜，这就是"心意的布施"。

这里所举出的语言、容颜、身行、心意等的布施，只要愿意，任何人都可以做到。佛法不是陈列品，不是贵族的，佛法是大众化的，佛法是人人都能奉行的。

所以，"人世间，不管贫富，一直贪图拥有，即使有钱，也是富有的穷人；一个人虽然物质贫乏，但他乐于给人、助人，在精神上就是贫穷的富人"。

给，不是锦上添花；给，要雪中送炭。给，能给得不勉强，给得不后悔，甚至给得皆大欢喜，是无上的修养，也是无上的智慧。

真诚的给予不但让人能一解燃眉之火，还能让人从心底来感知我们的一片慈悲之心。真诚的给予便是布施，布施也让给予变得更加美好、更加有益。

有钱是福报，花钱是智慧

人人都想"拥有"，但问题在于人的欲望是无止境的，填饱了肚子，又求珍馐；娶了娇妻，又求美妾；有了房舍，又求华厦；谋得一职，又求升官；得到千钱，又求万金……

其实有钱是福报，而花钱更是一种智慧。宝贵的一生就在无止境的追求"拥有"中，苦恼地度过了。

每个人都希望拥有自己的房子，但若不能和至爱家人住在一起，别墅是否会有家的感觉？每个人都希望有自己的田产，但若不在其中播撒种子，一块荒地存在的意义又是什么？每个人都希望能够拥有巨额财富，但如果只是紧紧握在手中而不使用，一张永远不能支取的存折的价值在哪里呢？

以前，有一对兄弟，他们自幼失去了父母，相依为命，家境十分贫寒。他们俩终日以打柴为生，生活十分艰苦。即便如此，兄弟俩也从来没有抱怨过，他们起早贪黑，一天到晚忙得不亦乐乎。而且，哥哥照顾弟弟，弟弟心疼哥哥，生活虽然艰苦，但过得还算舒心。

观世音菩萨得知了他们二人的情况，为他们的亲情所感动，决定下界去帮他们。清晨时分，菩萨来到兄弟俩的梦中，对他们说："远方有一座太阳山，山上撒满了金光灿灿的金子，你们可以前去拾取。不过路途非常艰险，你们可要小心！并且，太阳山温度很高，你们一定要在太阳出来之前下山，否则，就会被烧死在上边。"说完，菩萨就不见了。

兄弟二人从睡梦中醒来，非常兴奋。他们商量了一下，便起程去了太阳山。一路上，他们不但遇到了毒蛇猛兽、豺狼虎豹，而且天空中狂风大作、电闪雷鸣。兄弟俩咬紧牙关，团结一致，最终战胜了各种艰难险阻，来到了太阳山。

兄弟俩一看，漫山遍野都是黄金，金灿灿的，照得人睁不开眼。弟弟一脸的兴奋，望着这些黄金不住地笑，而哥哥只是淡淡地笑。

哥哥从山上捡了一块黄金，装在口袋里，下山去了。弟弟捡了一块又一块，就是不肯罢手。不一会儿整个袋子都装满了，弟弟还是不肯住手。此时，太阳快出来了，可是弟弟仍在不住地捡。

一会儿，太阳真的出来了，山上的温度也在渐渐升高。这时，弟弟才慌了神，急忙背着黄金往回跑，无奈金子太重，压得他根本跑不快。太阳越升越高，弟弟终于倒了下去，被烧死在太阳山上。

哥哥回家后，用捡到的那块金子当本钱，做起了生意，后来成了远近闻名的大富翁。可弟弟永远留在了太阳山。

弟弟一心"拥有"，而哥哥聪明"用有"，哥哥因为不贪而享受了富有的恩赐，弟弟因贪得无厌而命丧黄泉。

河水要流动，才能涓涓不绝；空气要流动，才能生意盎然。拥有，还须"用有"才有意义，如能以"用有"的胸怀，来应真理；以"用有"的财富，顺应人间，让因缘有、共同有，来取代私有的狭隘；让惜福有，感恩有，来消除占有的偏执，即所谓"拥有，是富者；用有，才是智者"。富而加智，岂不善矣。

多贪多欲的人，纵然富甲天下，无法满足，等于是穷人。法国杰出的启蒙哲学家卢梭认为现代人物欲太盛，他说："十岁时被点心、二十岁被恋人、三十岁被快乐、四十岁被野心、五十岁被贪婪所俘虏。人到什么时候才能只追求睿智呢？"

人心不能清静，是因为物欲太盛。人生在世，不能没有欲望。除了生存的欲望以外，人还有各种各样的欲望，欲望在一定程度上是促进社会发展和自我实现的动力。可是，欲望是无止境的，尤其是现代社会物欲更具诱惑力，如果管不住自己的欲望，任它随心所欲，在行走时，就会因为身背重负而寸步难行。他们拥有的是痛苦的根源而非幸福的靠山；而少欲知足善用的人，会真正享受到富裕的生活。拥有财物而不用，和"没有"有什么差别呢？拥有财物而不会用，和"无用"有什么不同呢？

求财有止有度

正直的人不会吝啬接受财富，但对不义之财却从不沾惹。因为"不义之财"既会让自己受到欲望的牵制，也会让自己受到他人的牵制，落得一生不得自由。就像说了一句谎话，需要更多的谎话去填补这个窟窿。

"君子爱财，取之有道。"财富是人人皆爱之的东西，但对待财富的态度，便人所不同了。有的人为了敛财而疯狂，不惜做出伤风败俗、有违人性的事情；有的人则是通过艰辛的耕耘得到钱财，满足物质生活的需要。一个人的财富观，决定了这个人的人品及其名声和地位。佛家智慧教导世人，要懂得在获得财富时有止有度，否则就是杀鸡取卵，幸福一朝断送在自己贪婪的刀下。

许多富有人都非常谨慎地对待他们的财富来源和财富去处。

明朝的开国皇帝朱元璋曾给他的下属算过一笔账：老老实实地当官，守着自己的俸禄过日子，就好像守着"一口井"，井水虽不满，但可天天汲取，用之不尽。

朱元璋的这个账算得颇有哲理，"一口井"哲学说出了明哲保身的财富哲学，靠自己的劳动获取财富最踏实，不义之财最终葬送的是整个人生。

在这个世界上，很多人在追求财富。金钱是我们可以用最适合携带的形式来消化的个人能源，这种能源独一无二。或者可以这么说，金钱是一种可即刻伸缩的能源，我们只要加进一点爱和智慧，并将它送到它应该去的地方，它就能为我们带来更多的财富，就如同传说中的摇钱树一样。

人们只有对阳光下的财富心怀敬意，因此，阴暗中的财富自然会遭到人们的质疑。求富贵、去贫贱都应以义为准绳，以义导利，以义去恶，否则将适得其反。

古往今来，被法办的贪官，都有一个最大的教训，就在于守不住自己那口"井"，贪得无厌之徒，总嫌"水井"不满，于是利用职权，贪赃枉法，不择手段地谋取不义之财，当他们的不义之财如大江大河之水滚滚而来时，也常常就是连同他们自己也一起毁灭之日。此时，不仅大量的金钱财宝自己享受不到，就连浅浅一口井的水也丧失了，正是"机关算尽太聪明，反误了卿卿性命"。

人生的辩证法是无情的，有得必有失，想得到的更多，反而失之更惨。过于贪心的人不仅享受不到"一口井"给自己带来的幸福，而且弄不好最终还会把自己的脑袋也搭进去。有人说，在一个高速发展带来巨额财富的时代，想明白财富在哪里，是一件再正常不过的事；在一个社会急剧转型、贫富悬殊已损害社会公平的时代，追问财富、透视财富，是财富得以久远保持的正义保障。

一个铁匠技艺名满天下，收了很多徒弟，但他从不教给他们应该怎样做，每天只是默默地抡锤打铁。有一天他突患重病，奄奄一息，徒弟们都围在他的四周，希望能听到他最后说出秘不外传的绝招，铁匠用尽全身的力气断断续续地说："记住，铁热的时候，别用手摸……"

铁热的时候千万别用手摸，看到不义之财的时候也应该断然回避。

岳飞曾赞一匹千里马："受大而不苟取，力裕而不求逞，致远之才也。"它食量大而不苟取，拒食不精不洁之物，力量充裕而不逞一时之能，称得上负重致远之才。人亦是如此，不义之财毋纳，不正之道毋走，才能肩负重任，有所成就。

世上的路千千万万，但只有两个方向可以选择，即正与邪。很多人对"君子爱财，取之有道"产生了质疑，从而选择邪道走下去，一步步迈向黑暗的沼泽地，到了万劫不复之时，才发现自己曾经拥有最珍贵的幸福——自己动手，丰衣足食。

收取他人贿赂的钱财，自己将永远受制于人。人生的辩证法是无情的，有得必有失，想得到更多，反而失去更多。过于贪心的人不仅享受不到"一口井"给自己带来的幸福，弄不好还会把自己的生命也搭进去。

爱财之心，人皆有之，而君子取财，得之正道。这样的财来得心安理得，来得理所当然，对自己、对他人都没有坏处，用起来自然身心舒坦，别人也无从挑剔。

在名利旋涡中寻回自己

名利的旋涡容易让人迷失自己。

正如佛家所言，在无常的人生里，山河大地危脆，世间不断遭到破坏。佛陀要我们时时警惕，照顾好自己的心，不要与身外的名利、地位等纠缠不清，心若有贪念——贪名利、地位、权势，等等，这一生不仅不会快乐，还会过得很辛苦。凡夫就是时时在名利的旋涡里打转，才会由不得自己。

佛说人有二十难，而富贵学道就是第二难。在其中，佛提到：凡夫易被名利牵，贡高只因权势显；谦和好礼心有爱，富贵学道也不难。

这句话告诉人们，在学佛路上，最重要的是调适身心，身心调好，世间就没有难以解决的困难。人生最大的烦恼是心中有贪欲，佛陀告诉我们，生命不久长，寿命一期期不断地轮转，我们容易在无常、短暂的生命中起惑造业，因业力、烦恼的牵缠，让人心性颠倒迷失。

知道富贵学道比较困难，这很容易理解，因为富贵的人容易迷失道心。世间有多少人，在尚未显达前非常努力，低声下气，认真地付出自己的能力，以争取他人信任。有朝一日，当他财、名、利共聚时，傲慢之心就随之而生，忘了当初困顿的生活，这是因权势名利牵缠着他的心。

很久以前，佛教创立后，很多的国王、大臣也皈依三宝，虽然他们处于富贵名利当中，但是经过佛法的洗练后，逐渐了解佛法的真理，进而成为一国仁王、仁臣。

不过，在佛法普遍人心的同时，也有人燃起了利欲之心。譬如提婆达多，他原本是佛陀的弟子，在皈依出家后，看到佛陀受到很多人尊重敬仰，许多国王、大臣、长者都来皈投佛陀座下。佛陀能统理大众，提婆达多看在眼里，羡慕在心里，于是就开始生起贡高之心。因为他本身的条件不仅是释迦种族，也是王子之一。他想：既然佛能得到天下人的尊重，难道我就不可以？

于是，为了要超越佛陀，他开始追求利养。当时频婆娑罗王的太子阿阇世年轻气盛，也有着贡高我慢的心态，又受提婆达多的影响、唆使，两人意志相投，最后竟衍变成一个篡夺王位、杀父害母，另一个则是出佛身血，屡次想尽办法要伤害佛陀，分散佛陀的僧团。可后来只得以失败告终。

所以说，人心一旦被名利牵制，将造成不堪设想的后果。有智慧的人，在短暂的人生里，视荣华富贵如同浮云、梦境，也如草上的露水。而愚痴者则是被权势名利所迷惑。

就比如说释迦牟尼佛，他原是一个国家的太子，他能享尽天下的富贵荣华，但是一个真正的智慧者，所要追求的却是纯真的人生，以及内心的觉性。

颜回家境极其贫困，但内心却快乐无比，这种精神连孔子都不禁不赞叹、折服。而在现实中，能做到这点的人少之又少，不过唯其如此，这类人才更值得人们钦佩欣赏。

一对夫妻年轻时共同创业，到了中年终于小有成就，公司净资产一千多万，而且发展势头良好，提起这对夫妻，商界的人都伸大拇指。

然而就在他们的事业如日中天的时候，两人却隐退了，他们辞去了董事长、总经理的位置，将大部分股份卖给一个他们平时就很欣赏的企业家，将房子和车委托给好朋友照管，两个人潇洒地环游世界去了。消息传出后，大家都觉得太可惜，一些亲戚朋友也不理解，讽刺他们说："年龄这么大了，办事却像小孩一样，那么大的家业说丢就丢，放着好好的老总不做，偏要去环游世界！"

在一些人眼里，这对夫妻从此以后，再也体验不到当老总的风光及大把大把赚钱的乐趣了。其实，环游世界一直就是这对夫妻的理想，他们抛弃了虚名浮利得到了生活的真正乐趣，名利被他们看做是生命的修饰物，而不是人生的最终目的。

一个人如若养成看淡名利的人生态度，那么面对生活，他也就更易于找到乐观的一面。如此方能在纷繁的世界里，在自己的心中，构筑一片宁静的田园。

真正的快乐与金钱或地位是没有直接联系的。人类烦恼多半来自对名利的追逐。若身陷追逐名利的繁杂事务中，即使地位显赫，也没有快乐可言。

人们常说："富不过三代人。"可见富与贵并不是永恒的。只有在名利的旋涡中，寻回单纯的自己才是最明智的。

欲望是毒，放下是唯一的解药

古时候，有户人家有两个儿子。当两兄弟都成年以后，父亲把他们叫到面前说："在群山深处有绝世美玉，你们都成年了，应该做探险家，去寻求那绝世之宝，找不到就不要回来了。"

两兄弟次日就离家出发去了山中。

大哥是一个注重实际、不好高骛远的人。有时候，即使发现的是一块有残缺的玉，或者是一块成色一般的玉，甚至那些奇异的石头，他也统统装进行囊。

过了几年，到了他和弟弟约定会合回家的时间，此时他的行囊已经满满的了，尽管没有父亲所说的绝世完美之玉，但造型各异、成色不等的众多玉石，在他看来也可以令父亲满意了。

后来弟弟来了，两手空空，一无所得。弟弟说："你这些东西都不过是一般的珍宝，不是父亲要我们找的绝世珍品，拿回去父亲也不会满意的。"

弟弟拒绝回家，为了找到父亲口中的绝世珍宝，他决定继续去更远、更险的山中探寻，立誓一定要找到绝世美玉。

哥哥带着他的那些东西回到了家中。父亲建议他开一个玉石馆或一个奇石馆，那些玉石稍一加工，就是稀世之品，那些奇石是一笔巨大的财富。

短短几年，哥哥的玉石馆已经享誉八方，他寻找的玉石中，有一块经过加工成为不可多得的美玉，被国王御用做了传国玉玺，哥哥因此也成了倾城之富。

在哥哥回来的时候，父亲听了他介绍弟弟探宝的经历后说："你弟弟不会回来了，他是一个不合格的探险家。他如果幸运，能中途醒悟，明白至美是不存在的这个道理，是他的福气。如果他不能早悟，便只能以付出一生为代价了。"

很多年以后，父亲的生命已经奄奄一息，哥哥对父亲说要派人去寻找弟弟。

父亲说："不要去找了，如果经过了这么长的时间和挫折他都不能顿悟，这样的人即便回来又能做成什么事情呢？世间没有最纯美的玉，没有完善的人，没有绝对的事物，为追求这种东西而不知自止，何其愚蠢啊！"

对于一个不知足的人来说，天下没有一把椅子是舒服的，没有一块美玉是最无瑕纯净的。为了欲望，人们奔来奔去、忙里忙外，难有停息的时候，幸福和快乐也就无暇顾及。

禅语说：屋顶盖得粗糙，房子会遭雨水侵蚀，未经修养调御的心，欲望贪念会入侵。

佛说人有八苦，其中之一便是求不得。有欲而求，无奈求之不得，所以人生陷入万劫不复的痛苦深渊。而欲望，永不满足的欲望，便成了"有了千田想万田，当了皇帝想成仙""人心不足蛇吞象"的人性弱点。

正如悲观主义哲学家叔本华所说，欲望是痛苦之源，烦恼之根。人的欲望是永远无法满足的，痛苦与生命是无法分离的。人世间真正的痛苦往往源自于对欲望的执着。

传说，在西方极乐世界的佛国，空中时常发出天乐，地上都是黄金装饰的。有一种极芬芳美丽的花称为曼陀罗花，不论昼夜没有间断地从天上落下，满地缤纷。《法华经》也记载说：佛说法时，天雨曼陀罗花、摩柯曼陀罗花、曼殊沙花、摩柯曼殊花。

初见曼陀罗的人，都会惊诧于她的美丽，然而，谁都不会想到的事，如此美丽的花，却有剧毒，犹如充满诱惑力的欲望，掩盖的却是万丈深渊。另一方面，欲望也不全是可怕的，人生也是活在欲望里的，但要是让欲望无穷无尽地蔓延开来，人生也就变得欲壑难填，这样的人生也会变得可悲。

有一对即将结婚的未婚夫妻，兴奋地憧憬着未来的美好日子，因为他们中了一张高额彩券，奖金是7.5万美元。可是，这对马上要结婚的新人，在中奖后隔天，就为了"谁该拥有这笔意外之财"而闹翻了。

两人大吵一架，并不惜撕破脸，闹上法庭。为什么呢？因为这张彩券当时是握在未婚妻的手中，但是未婚夫则气愤地告诉法官："那张彩券是我买的，后来她把彩券放入她的皮包内，但我也没说什么，因为她是我的未婚妻嘛！可是，她竟然这么无耻、不要脸，说彩券是她的，是她买的！"

这对未婚夫妻在法庭上大声吵闹，各说各话，丝毫不妥协、不让步，所以也让法官伤透脑筋。

最后，法官下令，在尚未确定谁是谁非之时，发行彩券单位暂时不准发出这笔奖金。而两位原本马上要结婚的佳偶因争夺奖券的归属而变成怨偶，双方也决定取消婚约。

欲望容易蒙蔽人的眼睛，使其是非难辨，幻想与现实不分。过度的欲望，只能令人陷于痛苦的深渊。故事中的未婚夫妻正是被欲望填充了心房，而忘却了彼此间的幸福与爱情所在。

托尔斯泰说"欲望越小，人生就越幸福"，同理，我们也可以说欲望越大，就越容易致祸。的确，古往今来，多少人欲壑难填，多少人被贪婪打败，所以，生活中，我们一定要减轻欲望，懂得舍弃，只有这样才能从贪婪中解脱，从而获得心里安宁。

欲望是魔鬼免费赠送的一剂穿肠毒药，看我们谁能免疫。饮鸩不能止渴，为了摆脱痛苦，就要认清痛苦源于对欲望的执着。为了幸福，为了更好地生活，要学会满足于所拥有的。欲望越大，痛苦也会越大。

欲望是一朵带着剧毒的曼陀罗花，我们都中了它的毒，唯有放下是唯一的解药。世间万物，不必计较太多的东西，知足就好。

第三节 满怀一颗好心，满手都是慈悲事

愿做一棵树，给行路人乘凉；愿是一道桥梁，让众生渡过河流到他们的目的地；愿做一盏灯，给众生光明及正确的方向。佛陀教会我们要以慈悲心待人，满怀一颗好心，多做些善事，对人对己都是件好事。多情乃佛心，当我们对世间的人与物用情，多行善事，我们也能像佛陀那样满手都是慈悲事。

慈悲是最大的爱

在广州白云山能仁寺中有这样一副对联，"不俗即仙骨，多情乃佛心"，佛本多情，将天下苍生的喜忧福祸放在心中，这是禅法的心意。

佛本多情，时时惦记着天下苍生。修禅者的心境，是以慈悲之心，普度众生。佛法中的慈，是慈爱众生并给予快乐；而悲则是同感其苦，怜悯众生，并拔除其苦，二者合称为慈悲。大慈大悲正体现了佛心的深情，一个真正成佛的人往往是用情最深的人。

佛的慈悲心就像是环绕周身的清新空气，从来不曾远离世间所有生灵。

相传释迦牟尼佛在前一世是一位修行者。他日夜不断，诚心诚意，锲而不舍，勇猛精进地修行菩萨道，惊动了天界。天帝为了测试他的诚心，即令侍者化成一只鸽子，自己则变成一只鹰，在鸽子后面穷追不舍。

修行者看到鸽子的危难情况，挺身而出，把鸽子放进怀里保护着。老鹰吃不到鸽子，很是不满，责问修行者说："我已经好几天没吃的了，再得不到吃的就会饿死。修行人不是以平等视众生吗？现在你救了它的命，却会害了我的命啊！"

修行者道："你说得也有道理，为了表示公平起见，鸽子身上肉有多重，你就在我身上叼多少肉吃吧！"

天帝使用法力使放在天平秤上的修行者的肉总是比鸽子肉轻。修行者还是忍痛割下自己的肉，直到割光全身的肉，两边重量还是无法相等。修行者只好舍身爬上天平秤以求均等。

天帝看到修行者的舍身，老鹰、鸽子全部变回了原形。天帝问修行者："当你发现自己的肉已割尽，重量还是不相等，你是否有丝毫的悔意或怨恨之心呢？"

修行者答道："行菩萨道者应有难行难修、人溺己溺的精神，为了救度众生的疾苦，即使牺牲生命也在所不惜，怎会有后悔怨恨之心呢？"天帝被他的慈悲心以及无畏的精神所感动，又使用法力，使他恢复原来的健康。

鸽子的生命很重要，老鹰的饥饱也很重要，只有自己不重要，这种"我不入地狱，谁入地狱"的慈悲心使释迦牟尼佛能够坦然地舍弃自我，舍生取义救护众生。

佛陀能以这样的慈悲心待人，正是因为他心中自始至终都有一种"你重要，他重要，我不重要"的观念。佛学大师们也一直以此为自己生活修行的准则，他们认为，正因为内心对佛陀慈悲精神的无限敬仰与憧憬，并以此为言行准则，不知结了多少人缘，免除多少纷争，给人多少希望，予人多少欢喜。所以，佛家大师一向提倡"你大我小，你有我无，你乐我苦，你对我错"，若人人都能如此，人间何愁有什么问题不能解决呢？

一个再平常不过的清晨，洒水车司机发现了一个衣衫褴褛的小男孩一直尾随其后，一条街，又一条街。司机终于忍不住好奇，停车询问。原来小男孩是个孤儿，今天是他的生日，而洒水车放出的音乐，正是那首《祝你生日快乐》。司机得知原委，双眼潮热，邀请小男孩坐在驾驶室。那个清晨，整个城市便飘荡着温馨的生日歌。

生命因有了爱，而更加富有，因付出了爱而更有价值，更为芬芳。不过一首生日歌，就给一个小孩带来了莫大的快乐，温暖着小男孩，其实也温暖着每一个读到这个故事的人。慈悲的力量，其大不可描摹，不可估量，由此可见一斑。

俗话说，"投我以桃，报之以李"，今天我们帮助他人，给予他人方便，他人可能不会马上报答我们，但他会记住我们的好，也许会在我们不如意时给以回报。退一万步来说，我们帮助别人，他即使不会报答我们，但可以肯定的是，他日后至少不会做出对我们不利的事情。如果大家都不做不利于我们的事情，这不也是一种极大的帮助吗？

生活的目标是善良，这是我们的灵魂所固有的一种感情。行善是一种美德。善行既可以帮助身处困境中的人，又可以使自己的心灵得到安慰，使自己的修养得到提升。

当我们将手中的鲜花送与别人时，自己已经闻到了鲜花的芳香；而当我们要把泥巴甩向其他人的时候，自己的手已经被污泥染脏。与其在自我中心导致的疏远冷漠中承受孤单，不如走出自我封闭的心门，在融洽的互相交往中感受快乐——彼此的快乐。

愿做一棵树，给行路人乘凉；愿是一道桥梁，让众生渡过河流到他们的目的地；愿做一盏灯，给众生光明及正确的方向。

佛陀教会我们要以慈悲心待人，满怀一颗好心，多做些善事，对人对己都是件好事。

多情乃佛心，当我们对世间的人与物用情，多行善事，我们也能像佛陀那样满手都是慈悲事。

本是仙佛种，随处可开花

几百年前，有一位读书人到处拜佛求仙，访到宜兰一座山上，就在崖上题了一首诗：三十三天天重天，白云里面有神仙。神仙本是凡人做，只怕凡人心不坚。

这是怎样的一个道士，又是怎样的一颗了悟之心才能写下这样的一首诗呢？

在智者的眼中，佛本来就是凡人修的，所以他如此平凡。人人皆可成仙、成佛、成鬼、成神；所有的变化都起源于自己的智慧。只要你这个人是向上的，心生欢喜，心生平等，心生慈悲，便能随处开花得果，提升自己的生命境界，最终成佛。

因为，每个人都是佛在尘世洒下的一粒种子，都可能开花，每个人都可成仙成佛。

佛在《占察善恶业报经》中云："如来法身自性不空，有真实体，具足无量清净功业，从无始世来自然圆满，非修非作，乃至一切众生身中亦皆具足，不变不异，无增无减。"因此，在佛教中的"佛"并非禅而是人，并且佛陀当初在证悟真理时，第一句宣言就说："一切众生皆有佛性！"众生由于因果业报千差万别，众生的本体自性却并无二致。所以说，任何人都不必妄自菲薄，也不要把神仙看得太虚幻，只要你想，你也能修成佛法。

在人类这个生命的小宇宙里，所有生物的生命现象，人都具备了，只是大家没有回转来分析自己罢了。其实，人与佛的差异都是人所定的。人人心中皆有佛性。

有个小和尚曾满怀疑惑地去见师父："师父，您说好人坏人都可以度，问题是坏人已经失去了人的本质，如何算是人呢？既不是人，就不应该度化他。"

师父没有立刻作答，只是拿起笔在纸上写了个"我"，但字是反写的，如同印章上的文字左右颠倒。

"这是什么？"师父问。"这是个字。"小和尚说，"但是写反了！"

"什么字呢？"答："'我'字！"

"写反了的'我'字算不算字？"师父追问。

"不算！"

"既然不算，你为什么说它是个'我'字？"

"算！"小和尚立刻改口。

"既算是个字，你为什么说它反了呢？"

小和尚怔住了，不知怎样作答。

"正字是字，反字也是字，你说它是'我'字，又认得出那是反字，主要是因为你心里认得真正的'我'字；相反，如果你原不识字，就算我写反了，你也无法分辨，只怕当人告诉你那是个'我'字之后，遇到正写的'我'字，你倒要说是写反了。"师父说，"同样的道理，好人是人，坏人也是人，最重要的是你须识得人的本性。于是，当你遇到恶人的时候，仍然一眼便能见到他的'本质'，并唤出他的'本真'；本真既明，便不难度化了。"

师父的意思再明白不过，在这个世界上，佛与众生没有任何差别，每个人都是佛。每个佛也都是最平凡的人，一个人只要体悟到般若的智慧，就和佛无差别了，因此，如果要去度人，当然也要度坏人，如果这世上都是好人，还需要去度谁呢？

清末民初的国学巨擘章太炎先生在《齐物论释》一书中，阐述了"万物都是平等的，没有高低贵贱之分"这样一个观点。我们可以从中引申出这样一个结论，既然万物都是平等的，没有高低贵贱，那么每个个体就都是一个自在自足的个体，就像佛家所说的那样，自性自然圆满。

心、佛、众生原无差别，只是人的心理在作怪。

一大早，寺院门口就吵闹不休，玄素禅师前去询问，了解到原来是一个屠夫想要进寺烧香拜佛，但是寺里的僧人嫌他满手血腥，不肯让他进殿，于是双方就发生了争执。玄素禅师看到这个情景，立刻阻止了众僧人。

他问道："为何事在这里吵闹？"

旁边的僧人说道："这个屠夫每天杀猪宰牛，双手沾满了血腥与罪孽，怎么能让他破坏佛门的清净呢？"

旁边的人也附和道："每天晚上，他家里就会传来猪狗牛羊的哀叫声，听得人心烦，让人无法入睡，像他这样的人怎么可以到这里来呢？"

玄素禅师说道："你们这样说就不对了，他身为屠夫，为了生计被迫屠宰生灵，一定于心不安，有很多罪需要忏悔。佛门为十方善人而开，也为度化十方恶人而开。"

屠夫满面感激，来到禅师面前说："方丈慈悲，我杀孽太重，于心不安，于是我想要请方丈和各位法师到我家里去，我准备在家里办斋供养各位，以安慰我不安的心。我们全家斋戒沐浴三日，恳请各位光临寒舍，助我完成这个心愿。"

众人听了他的话，摇头不止。玄素禅师却用微笑化解了，他说道："在佛面前，人人平等，每个人都有同样的机会，只要与佛有缘，就可度他，佛门慈悲，不会舍弃任何人。"

屠夫也好，显贵也罢；刽子手也好，慈善家也罢，在佛陀眼里，皆为平等，哪里分谁聪明，谁愚钝，谁善良，谁凶恶呢？所以玄素禅师不但毫不犹豫，而且欣然愉快地接受屠夫的邀请去屠夫家做客。

将人分为三六九等，认为觉悟正道，得超得度只是少数特权者的专利，仅仅是人的妄想，违背了佛的本意。有尊卑贵贱分别之心的人，永远不能成为悟者。

心、佛、众生是没有差别的，每个人都是佛在尘世洒下的一粒种子，只是很多人沉沦于俗世，不能自拔，所以迷失了自己的本性，误认为佛和人不同。

因此，每个人都不必妄自菲薄，只要人们愿意满怀一颗慈悲之心，舍弃一切去修行，一样能够有所了悟。

怀一颗平等心待人待己

佛经说："心、佛、众生，三无差别，平等平等。"但也有人说："世间没有完全平等的事情。"诚然，事相上的平等很难达成，但我们可以从心理上建立平等的观念。世间大小尊卑岂有一定的标准？我们唯有摒除成见，彼此共尊，人我同等，怀待己之心去待人，相互接纳，才能和平相处，共享安乐，也才能真正领悟佛法中"众生平等"的真谛。

佛道求真性，尊重人的自性与本性，这也是佛家中尊重人的地方。佛重视发展人的自身潜能，主张自修自悟。同样的道理，用自己的心推及别人，自己希望怎样生活，就想到别人也会希望怎样生活，怀着待己之心去对待他人，做到众生平等，那么也就能很好地理解所看到的一些事情了。

如果没有平等，便谈不上善良。这正如一个高高在上的有钱人施舍一点残羹冷炙给乞丐，这不是善良，而是怜悯。佛法中的慈悲与善良之所以伟大，就在于佛祖是站在与众生平等的位置上来展示自己的慈悲与善良的。

凡事能怀着待己之心来对待他人，平等对待世间事物，这是一种高尚的人格修养，也是一种同理心的表现。在与人交往的过程中，要能够体会他人的情绪和想法、理解他人的立场和感受，并站在他人的角度来思考和处理问题。做到平等待人，也就容易获得他人的尊重。

周文王是商末西方诸侯之首，他为了作好兴周灭商的准备，在政治上广泛收罗人才，礼贤下士。

有一天，周文王到位于渭水不远的地方打猎，在溪边看见一个老人端坐在潭边垂钓。此人长须飘拂，仪态安详怡然。只见他一本正经，目不斜视地垂钓，文王走到近旁也不敢惊动。过了一会儿，老人把渔竿向上一提，没见提上鱼来，却见尾端系着一个直钩，文王不禁地说："直钩钓鱼能钓上来吗？"老人慢条斯理地说："我做事从不强求，愿者上钩嘛。"

文王见此人见识不凡，便上前深施一礼，并问起他的姓名。在交谈中文王才知道他姓姜名尚，又名牙，人称姜子牙。此人曾在商都朝歌屠牛卖肉，又在各处卖酒，一直穷困潦倒，连妻子也离他而去另嫁他人，年过花甲仍无用武之地。他听说文王礼贤下士，就来投奔。但无人引见，只好天天在渭水边钓鱼，等待时机。

他与文王一番谈话很有见地。文王丝毫不因为他的贫贱而产生傲慢心理，他说："当年我的先祖太公曾说过，将来一定会有圣人来到我们这里，帮助我们兴旺发达起来。先生恐怕就是那位圣人吧？从我们太公起，到先父，到我，盼望您很久了。"于是姜子牙随文王回国都，尽心辅佐周文王。

文王渭水屈身访贤的故事传遍全国，许多有本事的人知道文王礼贤下士，纷纷前来归附。文王对所有贤士都很恭敬、信赖，不讲地位、身份、贵贱，使众谋士鞠躬尽瘁忠心辅助文王。

周文王正是做到了礼贤下士，平等对待每一个人，才得到了这么多贤士的拥戴和辅佐，终成就了一方霸业。

在与人交往中，想要建立好人缘，需要我们敞开心扉，摆脱世俗的偏见，而不能有高低贵贱的想法在心中。因为只有平等待人，别人才愿意接纳我们，也才能够赢得别人的尊重。如果总是以居高临下的姿态去对待别人，就会失去很多愿意和我们做朋友的人。

在生活中，我们少不了要与人合作。这就需要我们平等地对待他人，并且要互相尊重、互相理解，这样我们的交流与合作才能顺畅进行。

众生皆平等。生活中，需要我们以平等、真诚的心待人，学会换位思考，以待己之心去对待他人。

慈悲无处不在

古诗有云："慈悲兹心亦非心，无心慈悲是真心，真心慈悲无兹心，无心权作有心心。"意思是说，真正的慈悲之心是忘我的，没有任何私心杂念的。在佛家的眼中，宁可失去一切，也不能没有慈悲。慈悲无处不在，即使是一滴水中也有大慈悲。

世界是一个统一的整体，我们从来都是与我们周围的事物和自然融于一体的，对它们进行关怀，实际上也是在关怀我们自身。万事万物在自然界原本都是应该享有自由的。因此，常存一颗悯物的心，不仅仅是一种博大的情怀，更是对人生与自然的一种理解和顿悟。

出家人以慈悲为怀，他们视众生为平等，也望众生彼此平等以待，互尊互敬，这份慈悲之心不言而喻。佛法十分注重慈善之心，而且一直都教导人们一心向善。佛法对善良的理解往往要比我们在世俗中的理解深刻得多，这也正是佛法的高深所在。佛法中的慈悲与善良之所以伟大，就在于佛是站在与众生平等的位置上处处来展示自己的慈悲与善良的。

但凡在修习佛法上得道的高僧，其慈悲之心皆不输佛。比如历史上有一位如滴水和尚，便是在慈悲中豁然开悟。

滴水和尚19岁时就上了曹源寺，拜仪山和尚为师，刚开始时，只被派去替和尚们烧水洗澡。

有一次，师父洗澡嫌水太热，便让他去提一桶冷水来冲凉。他便去提了凉水来，把热水调凉了，他先把部分热水泼在地上，又把多余的冷水也泼在地上。

师父便骂他："你这么冒冒失失的，地下有多少蝼蚁、草根，这么烫的水下去，会坏掉多少性命。而剩下的凉水，用来浇灌，可活草、树。你若无慈悲之心，出家又为了什么呢？"

他于是开悟了，并以"滴水"为号。

这就是"曹源一滴水"的故事。曹源既是曹源寺，也是曹溪的源头，这正是真禅的源头，即后来六祖慧能修身过的曹溪。

佛法对人是十分讲究慈悲的，甚至延及所有生灵，即使是再小再卑微如一只毫不起眼的小蚂蚁，在佛家眼中那也是一条生命，它与我们人类的生命本质上并没有什么区别，也应该享有生命的权利和尊严。

佛的戒律规定，佛家弟子们不但不做饭，连种田也是犯戒的，一锄头下去，泥土里不晓得死多少生命，所以不准种田。夏天，弟子们集中在一起修行、打坐，不准出来。因为印度是热带，夏天虫蚁特别多，随便走路踩死了很多生命，故不准许。在夏天以前先把粮食集中好了应用，到了秋凉以后才开始化缘。

佛法中不杀生、众生平等的观念、教义都极为深刻地体现了佛法对宇宙间生命的尊重与关怀。释迦牟尼佛曰："一滴水中有四万八千虫。"一个生命，无论其多么卑微，在这个世界上都应该有自己的一席之地。即便是水中看不见的生物，一样应该得到人的敬重，一滴水中也有三千慈悲。

在这偌大的一个地球当中，人们与身边的人、事、物有着藕断丝连的关系，既然共生于同一个空间，我们就应该互尊互敬，平等友爱。生命的联系当中存在着一个又一个的蝴蝶效应。可能因为我们的某一件错事，引发了一连串的反映，最后遭殃的还是我们。所以对众生抱有慈悲之心，对生活抱着平和度日的态度，不但世界可以消除争端，人的内心也会自在。

但是慈悲也必须以智能为前导，否则便会弄巧成拙。只有慈悲，没有智能，好比飞鸟片翼、车舆单轮，无法飞翔行走，圆满成功。没有智慧引导的慈悲，便很可能会泛滥。所以，在大师的眼中，真正的慈悲，不仅是微笑、赞美而已，有时严厉的折服也是慈悲。

一般来说，常常到寺院中拜佛的人会发现这样的细节：一进山门，首先便会看到一尊弥勒佛，他笑容满面，在山口欢天喜地地迎接所有信徒；但进入山门之后，便会看到威严的韦陀护法天将，他手拿金刚杵，身穿盔甲，面色严肃令人不由得心生畏惧。

"有的人在爱的慈悲鼓励中可以进步，有的人在严厉的折服里有所警惕。"所以，严厉有时候也是一种慈悲。

不管是严厉的慈悲，还是微笑的慈悲，都是众生的大慈悲。

只要我们有一念之慈，万物皆善；只要我们有一心之慈，万物皆庆。一念慈悲，不会伤害万物，万物当然欢喜；一心实践慈悲，万物受到爱护，当然就会庆幸。

一滴水珠中也有三千慈悲，希望我们都能满怀慈悲之心对待他人，世界也将充满慈悲。

生是一连串的责任累积

责任，是一种天赋的使命。每个人来到这个世上，都需要承担责任，没有责任的人生是空虚的，不敢承担责任的人是脆弱的。敢于承担责任，才能获得别人的尊敬和信任，获得人生的成就感和自豪感。

每个人来到这个世上，都需要承担责任，其实，生命就是一连串的责任的不断累积。

为人的一生，要对自己负责，要对父母负责，要对子女负责，要对工作负责，要对社会和国家负责。没有责任的人生是空虚的，不敢承担责任的人生是脆弱的。

责任就是一种使命，每个人都有责任感，每个人都为不辱使命而努力。责任能激发人的潜能，也能唤醒人的良知。给人责任，也就是给了信任和真诚；有责任，也就成就了尊严和使命。

一个劫犯在抢劫银行时被警察包围，无路可退。情急之下，劫犯顺手从人群中拉过一个人来当人质。他用枪顶着人质的头部，威胁警察不要走近，并且喝令人质要听从他的命令。警察四面包围，劫犯挟持着人质向外突围。突然，人质大声呻吟起来。劫犯忙喝令人质住口，但人质的呻吟声越来越大，最后竟然成了痛苦的呐喊。劫犯慌乱之中才注意到人质原来是一个孕妇，她痛苦的声音和表情证明她在极度惊吓之下马上要生产了。鲜血已经染红了孕妇的衣服，情况十分危急。

一边是漫长无期的牢狱之灾，一边是一个即将出生的生命。劫犯犹豫了，选择一个便意味着放弃另一个，而每一个选择都是无比艰难的。四周的人群，包括警察在内都注视着劫犯的一举一动，因为劫犯目前的选择是一场良心、道德与金钱、罪恶的较量。

终于，他将枪扔在了地上，随即举起了双手。警察一拥而上，围观者竟然响起了掌声。

孕妇不能自持，众人要送她去医院。已戴上手铐的劫犯忽然说："请等一等好吗？我是医生！"警察迟疑了一下，劫犯继续说："孕妇已无法坚持到医院，随时会有生命危险，请相信我！"警察终于打开了劫犯的手铐。

一声洪亮的啼哭声惊动了所有听到它的人，人们高呼"万岁"，相互拥抱。劫犯双手沾满鲜血——是一个崭新生命的鲜血，而不是罪恶的鲜血。他的脸上挂着职业的满足和微笑。人们向他致意，忘了他是一个劫犯。

警察将手铐戴在他手上，他说："谢谢你们让我尽了一个医生的职责。这个小生命是我从医以来第一个从我枪口下出生的婴儿，他的勇敢征服了我。我现在希望自己不是劫犯，而是一名救死扶伤的医生。"

责任，是天地交给我们的使命，在我们的血液里不息地流淌……一个罪犯的良知在面对责任时竟变得纯洁和虔敬，故事中的医生在职责的召唤中，终于选择了复活。这就是责任的力量！

责任的力量是无与伦比的：是责任使落叶归根，是责任使乌鸦反哺，是责任促使运动场上的英雄为了祖国而狂声呐喊……无论是罪恶还是污秽，一旦遭遇责任这样的主题，都会如阴暗角落里的螨类，在阳光中无处可逃。

生是一连串的责任累积，责任是来自自我的要求和别人的期许。

爱出者爱返，福往者福来

有一个青年苦于现实生活的郁闷、惆怅，情绪非常低迷，于是便到庙里走一走。

到了寺院，但见寺庙里香客不断，檀香馥郁。再看香客们的脸，一张张都写满坦然、安详、幸福，他有些迷惑：莫非佛门真乃净地，果真能净化众生的心灵？

流连寺院中，但见一位在枯树下潜心打坐的佛门老者，那入迷之态止住了他的脚步。走近细看，老者那面露慈祥却心纳天下的表情强烈地震撼了他——原来一个人能超然物外地活着是多么美好！

他悄然坐在了老者身边，请求老者开示。他向老者谈了他心中的苦痛，然后问："为什么现代人之间钩心斗角，纷争不已？"

老者拈须而笑，铿锵而悠长地说："我送你一句佛语吧。"老者一字一顿说的是："爱出者爱返，福往者福来！"

青年幡然醒悟！听佛门一偈语，胜读十年书啊！如果芸芸众生都能明白这个道理，这个世界岂不成了人间净土，又何来那么多的失意、忧烦、痛苦啊？

正如老者所言的，人们之所以不快乐，是因为他们不明白爱出者爱返，福往者福来的道理啊。如果心中有爱，胸中有福，只是一人独享，而却不与人分享，那人生又有什么快乐可言呢？

"爱出者爱返，福往者福来。"这是佛家对善念的推崇，为他人奉献善心，为社会造福祉，他人和社会必定会以善回报于我们。这就好比因果循环，我们种下了什么样的因，也将会收获什么样的果。

福往与福来犹如一对因果。追前因，才能逐后果，不执着于世俗的成果，才能找到人生的真谛。人们往往忽视了自己也是需要付出的，而去一味地寻求结果，结果只会导致不分青红皂白地怨天尤人，抱怨自己没有得到福来。福往与福来间，我们都要为自己的举动负责，因果之间不只是简单的报应关系，而是一种对责任的深化。

因果报应作为佛法教义中非常重要的一部分，是佛法世界观、人生观的精华所在。但在中国，这种思想并不是起源于佛教。《易经》中很早就有了这种思想，如："积善之家，必有余庆，积不善之家，必有余殃。"而孟子在与邹穆公对话时，引用了曾子的话，"出乎尔者，反乎尔者也"，这都是因果报应的观念。古今中外，一切事情都逃不开这个因果律。

因果，最简单的解释，就是"种什么因，得什么果"，这是自然界的普遍法则，世界上没有任何一种结果不是从它的原因生成，正所谓"种瓜得瓜，种豆得豆"，福往者才能福来。关于因果之缘的古今轶事，实在不胜枚举。

春秋时期，秦穆公在岐山有一个王室牧场，饲养着各种名马。有一天几匹马跑掉了，管理牧场的牧官大为惊恐，因为一旦被大王知道，定遭斩首。牧官四处寻找，结果在山下附近的村庄找到了部分疑似马骨的骨头，心想，马一定是被这些农民吃掉了。牧官大为愤怒，把这个村庄的三百个农民全部判以死刑，并交给穆公。

牧官怕秦穆公震怒，于是带领这些农民向穆公报告说，这些农民把王室牧场里的名马吃掉了，因此才判他们死刑。穆公听了不但不怒，还说这几匹名马是精肉质，就赏赐给他们下酒。结果这三百个农人被免除了死刑，高兴地回家了。

几年后，秦穆公与晋惠公交战，陷入绝境，士兵被敌军包围，眼看快被消灭，穆公自己也性命堪忧。这时敌军的一角开始崩裂，一群骑马的士兵冲进来，靠近秦穆公的军队协助战斗，这些人非常勇猛，只见晋军节节败退，最后只得全部撤走，穆公脱离险境。到达安全地点后，穆公向这些勇敢善战的士兵表达自己的谢意，并问他们是哪里的队伍。他们回答说：我们是以前吃了大王的名马，而被赦免死罪的农民。

这个故事正是验证了佛语所云的福往者福来，你对别人付出，总有一天也会收到他人对你的回报。因果即此理也，一念之善救人救己，人生就是如此。

一个人在其漫长的一生中所走的每一步，都已为明天埋下了伏笔。我们所做的每一件事，都如同我们撒下的一粒种子，在时光的滋润下，那些种子慢慢生根、发芽、抽枝、开花，最终结出属于自己的果实。我们自己所种下的因，遇到适合的条件就会产生一个结果。在这个世界上，因果自有定，做人不执着，不自私，不占有，为而无为，所得与所想，虽常不一致，但皆由人自己制造。

我们种了什么种子，自然结出什么果子。善得善果，恶得恶果。因果不辜负人，同时也在教育着人。这是佛法的智慧，也是人们应该认真思考的哲学观点。

因果是由万法因缘所起的"因力"操纵，由诸法摄受所成之"因相"主使，有其超然独立的特性。人可以改变天意，但不能改变天理，也就是不能改变因果；因分果分，是佛陀证悟之性海，为三际诸佛自知之法界，是不可妄加厘测的。

世间的爱就犹如这因果一样可以循环。爱，给予别人，不见得有直接的回报，但最终也会循环到自己身上。如果每个人在爱护自己的同时，也去关爱别人，那么最终自己也能得到更好的爱护。

爱出者爱返，福往者福来。世间的爱与福皆在这因果当中，留等我们去播撒与收获。

慈悲没有形式

内心的戒律往往胜过外在的拘束。佛法用慈悲心和智慧心来面对生活，力行实证，让我们在繁忙中领悟到源自内心的人生幸福真谛。慈悲心像是苦海的舟航、黑夜的明灯、救世的良方。也因此，慈悲布施不一定非要遵循某种固定的形式，只要守住心戒，保持理智，坚守内心的戒律，形式大可不必拘泥。所谓慈悲没有形式。我们不妨来看看这三兄弟是怎么做的。

有兄弟三人，虽然没有出家，但是喜好打坐参禅，时日一久，为了求更高的悟境，一起相约出外行脚云游。

有一天，在日落时他们借宿于一个村庄，恰巧这户人家的妇人刚死去丈夫，带了七个子女生活，第二天三兄弟正要上路的时候，最小的弟弟就对两位哥哥道："你们两位前往参学吧！我决定留在这里不走了。"两位哥哥对于弟弟的变节非常不满，认为他太没有志气，出外参学见到一个寡妇就动心想留下来，于是他们气愤地拂袖而去。

寡妇看到弟弟一表人才，就自愿以身相许。弟弟说："你丈夫刚死不久，我们马上就结婚实在不好，你应该为丈夫守孝三年，再谈婚事。"三年以后，女方提出结婚的要求，弟弟再次拒绝道："如果我和你结婚实在对不起你的丈夫，让我也为他守孝三年吧！"三年后，女方又提出结婚要求，弟弟再度婉拒道："为了彼此将来的幸福美满，无愧于心，我们共同为你的丈夫守孝三年再结婚吧！"三年、三年、再三年，经过九年，这一户人家的小儿小女都长大了，弟弟看到他助人的心意已完成，就和妇人道别，独自走上求道的路，最终他成就了佛果。

一个妇道人家要独自抚育七个年幼的孩子实在不容易，幸好有人愿意帮助她。最小的弟弟虽然不入山打坐，但甘心帮助一家孤儿寡母，不为世间的五尘六欲所转，反而将秽土转变为净域，可以说这位弟弟才是真正懂得佛的慈悲的人。而当初误以为他贪恋女色的两位兄长又怎么懂得他内心的真实想法呢？

慈悲的方式多种多样，只要出于慈悲、守住心戒，即使违背了修行中某些形式上的戒律，也依然能够修成正果。关于慈悲和守戒，还有一段荣西禅师的往事：

有一次，一个穷人来到荣西禅师面前，向他哭诉："我们家已经好几天揭不开锅了，上有老，下有小，一家人眼看就要饿死了，请师父发发慈悲，救救我们吧，我们一家人将感激不尽，永远记得师父的恩德……"

荣西禅师面露难色，虽然他想救这家人，可是连年大旱，寺里也是吃了上顿没下顿，让他如何救这家可怜的穷苦人呢？荣西禅师一时束手无策。

突然，他看到身旁的佛像，佛像身上是镀金的，于是他就毫不犹豫地攀到了佛像上，用刀将佛像上的金子刮了下来，用布包好，然后交给穷汉，说道："这些金子，你拿去卖掉，换些食物，救你的家人吧！"

那个穷人看到禅师这样，于心不忍地说道："我这是罪过呀，逼得禅师为难！"

荣西禅师的弟子也忍不住说："佛祖身上的金子就是佛祖的衣服，师父怎可拿去送人！这不是冒犯佛祖吗？这不是对佛祖大不敬吗？"

荣西禅师义正词严地回答："你说得对，可是我佛慈悲，他肯定愿意用自己身上的肉来布施众生，这正是我佛的心愿啊，更何况只是他身上的衣服呢！这家人眼看就要饿死了，即使把整个佛身都给了他，也是符合佛的愿望的。如果我这样做要入地狱的话，只要能够拯救众生，那我赴汤蹈火也在所不辞！"

虽然荣西禅师的行为看起来已经破戒，但是这种不顾个人修行，只为他人着想的胸怀，不正是慈悲的菩萨行为吗？

斑斓的蘑菇看上去很美，但却是有毒的，只能远观而不可品尝；绚烂的花朵令人欣羡，却可能是捕食其他生命的陷阱。世间的美并非都与善相关，而所有的善行，即使没有光鲜的外表，却都是美丽的。

所以，佛家讲究的慈悲并不是只有单一的形式。为了心中坚持的信念，有很多人选择了怒目金刚，舍身入地狱。慈悲不是一味地后退与忍让，不是毫无原则地迁就，而是面对给众生带来大苦难的罪恶能毫不犹豫地举起手中的屠刀捍卫无辜。佛说："放下屠刀，立地成佛。"然而，怒目的金刚宁愿拿起禅杖，扫荡一切妖魔，换来苍生的安宁。

所以，慈悲也可以有不一样的形式，有些看似严厉的行为却是大慈大悲。慈悲很重要，但重要之处并不在于形式，而是发自内心的善，就如戒律之严在于心，而不全在参禅打坐之间。

只要我们能心怀慈悲，保持理智，坚持心戒，那么慈悲的形式也就变得没那么重要了。

满怀好心，多行善事

世间什么最美，我们也许能从下面这段对话得到答案。

弥兰王曾向那先比丘求道："请问大师，世间哪里的水比大海之水更多呢？"

"比大海之水还要多的是佛法甘露的一滴水。"那先比丘回答说。

"为什么？"弥兰王百思不解。

"这一滴水，可以消除众生罪业，洗净身心，所以比大海之水更加有力，更加充沛。"

禅机总是简单而深邃的。一滴水便是一颗饱满的慈心，比大海更有力，更充沛。

曾经从竹林旁经过的人，会得出这样一份意外的发现。几场春雨过后，春笋从湿润的泥土中探出头来，鲜嫩的绿色瞬间充溢了全部的视野；初夏时节，竹林绿荫成片，绿的叶，青的竿，投下一片浓浓的绿荫；秋风拂过，竹林一片金黄，竹叶在微风的轻抚下翩翩起舞；隆冬来临，积雪覆盖之下，有无数生命正等待春暖花开，蓄势待发。

从为世人贡献的角度来看，竹子是世间最美好的植物，它以根、枝、叶、茎丰富人之所需，无私的奉献，得到世人的普遍喜爱。夏竹迎风摇曳，有招风驱暑之妙；竹声有如天籁，竹笛奏出美妙的乐音，给人间平添悠扬旋律。竹子的自在，竹子的柔美，竹子的宁静，竹子的节操，所谓"青青翠竹无非般若"，正是修身养性之妙用。

竹子的品质，不仅体现在那高洁傲岸的情操，还在其默默奉献的精神中。"出世予人惠，捐躯亦自豪"，它以其短暂的一生，从根到梢，从竿到叶，默默地奉献出来，无怪乎人们对其毫不吝啬地赞美。

佛陀降生于古印度，成道后，四处游化，阐释着人生的真理，广说佛法之要，教化了无数的弟子。他就像是慈父，也如同黑暗中的一盏明灯！

这一天，佛陀亲自巡视弟子的房间，看见一位比丘躺在床上，于是问道："你的身体是否安好，心中是否有烦恼？"这位比丘很想向佛陀恭敬地礼拜，于是努力地想撑起身子，但是因为疲惫不堪，所以根本无法起身。

佛陀见状，慈悯地来到比丘身旁慰问："你怎么病得这么重，却无人照顾呢？"比丘说："出家至今，我生性懒散，看见病人也不曾细心照料、关怀他人，所以自己生病了，也就没有人愿意前来关心，我真是感到惭愧啊！"

佛陀听完后，便亲自清理比丘的排泄秽物，把比丘的房间打扫得干干净净。

这时帝释天看到佛陀的慈心，也前来用水洗浴比丘的身体，而佛陀也以手轻轻地抚摸比丘。顿时，比丘身心安稳、全身舒畅，一切苦痛顿时化为清凉。佛陀这时对比丘说："你出家至今甚为放逸，不知勤求出离生死、解脱烦恼，所以才会身染疾苦，希望你从今天起，要精进用功。"比丘听后，便至诚地向佛陀顶礼忏悔："佛啊！承蒙您的探望与庇佑，如果不是佛光普耀、慈悲摄受，恐怕弟子早已身亡，轮回六道了。弟子从今日起，一定会发大心，上求佛道、普度群迷。"比丘真心忏悔并且精勤办道，后来即得证阿罗汉果。

佛陀不畏劳苦、不避污秽的行为感动了比丘，让他从内心深处产生一种向佛的力量，正是这种力量，敦促他修成正果。

佛法大乘菩萨道的精神，就是为利益一切众生而有所作为，处处牺牲自我，成就他人，应如是布施，应万缘放下，利益他人的身心。这才是生命的最高道德，也是宗教最闪耀的情怀，是世间最美丽的心灵。

播下慈悲的种子，世人都可享用丰硕的果实；留下几句仁爱的语言，世间都将充满温暖的和风。种子探头笑，和风拂柳枝，此中风情，此间美丽，都令人心中漾满欢喜。

法水清净明澈，能洗涤众生罪业，所以比大海之水更加有力、充沛。而世间之最美，皆由内心出发。美丽的容颜无法历久不衰，美丽的心却能永远动人，唯有心善、心真、心慈，显现于外的相貌、举止、气质才让人动心。

世间最美，皆由心生，愿人人都能有此感悟，并以此为自己做人的准则，满怀好心，多行善事。

做一辈子善事才是觉悟

"欲得净土，当净其心，随其心净，即佛土净"。净心不仅要去除怒心、嗔心、淫心，还要从根本上去除私心。

去除私心不一定要在表面上标榜大仁大义，而应该是一种由内而外的自然而然的心灵净化，从心底里为他人着想，把他人的苦痛当成自己的苦痛，为了让他人脱离苦海，而甘愿牺牲自己的利益。拥有清净心的人，必定由此清净心而生出无尽的大爱。

做人修行，做一件善事、一天善事并不难，难的是一辈子行善，在佛家看来，前者是布施积福，后者才是真正的觉悟。正所谓大爱无私，至善无痕也正是想成佛之人所必须拥有的品质。大爱无私，并依循行为上的善行成就，福德成就，自然可以成佛。所以学佛只有两种要事，一个是智慧资粮，一个是福德资粮。譬如我们现在研究《金刚经》，以及所有的佛经，都是找智慧，就是储备智慧的资粮。诸恶莫作，众善奉行，是找福德的资粮，智慧不够不能成佛，虽有智慧，福报不够也不能成佛。

那么究竟怎样才能成佛呢？参禅打坐，云游四海？成佛很困难吗？需要几十年甚至一生的艰苦修行？佛学大师给出的答案是："浩瀚的佛经有九千多卷，其实只要我们能谨守这八字真言——'诸恶莫作，众善奉行'即可消灾免难，如意安康。"

唐代诗人白居易喜欢佛法，有一次，他听说鸟巢禅师的修行相当高，于是专程到鸟巢禅师的住处去请教。白居易问鸟巢禅师："佛法的大意是什么？"鸟巢禅师答："诸恶莫作，众善奉行。"白居易鼻孔里哼了一声，说："这个，三岁的小孩也知道这样说。"

鸟巢禅师说："虽然三岁的小孩也说得出，但未必八十的老翁能够做到。"白居易心中服膺，便施礼退下了。

"诸恶莫作，众善奉行。"白居易听到禅师的答案，不以为然，认为佛法就这么简单吗？但禅师的回答却是发人深省的，道理虽然简单，但是又有几个人能够真正奉行呢？如果有人能真正的奉行，那他就真的离成佛不远了。

成佛需要莫作诸恶，并尽量做到至善。这就要求能够大爱无疆，把他人的痛苦看得和自己的一样重要，想他人之所想，尽心行善，至善了无痕。

做人也是如此，成就圆满，就要有至善的心，以一颗爱心惠及他人，不仅可以温暖他人，也能实现自己的生命价值。

小镇上有一家菜摊，平时顾客不多，因为这里的人都比较穷，买不起菜。不过，经常有些穷人家的孩子来这里转悠。虽然他们只是玩，可店主还是像对待大人一样与他们打招呼。"孩子们，今天还好吧？"

"我很好，谢谢。老板，这些马铃薯看起来真不错。"

"可不是嘛。你妈妈身体怎么样？"

"还好，一直在好转。"

"那就好。你想要点什么吗？"

"不，先生。我只是觉得你的马铃薯真新鲜！"

"你要带点儿回家吗？"

"不，先生。我没钱买。"

"用东西交换也可以呀！"

"哦……我只有几颗赢来的玻璃球。"

"真的吗？让我看看。"

"给，你看。这是最好的。"

"看得出来。嗯，只不过这是个蓝色的，我想要个红色的。你家里有红色的吗？"

"差不多有吧！"

"这样，你先把这袋马铃薯带回家，下次来的时候让我看看那个红色玻璃球。"

"一定。谢谢你，老板。"

每次店主和这些小顾客交谈时，店主太太就会默默地站在一旁，面带微笑地看着他们。她熟悉这种游戏，也理解丈夫所做的一切。

镇上很多贫困的人家没有钱买菜，也没有任何值钱的东西可以交换。为了帮助他们，他就这样假装着和孩子们为一个玻璃球讨价还价。就像刚才的这个孩子，这次他有一个蓝色的玻璃球，可是店主想要红色的，下次他一准儿会带着红色玻璃球来，到时候店主又会让他再换个绿的或橘红的来。当然打发他回家的时候，一定会让他捎上一袋子上好的蔬菜。

许多年过去了，店主因病去世。镇上所有的人都去向他的遗体告别，包括以前那些和他交换东西的孩子们，而今他们都已经成了社会上的成功人士。

店主太太站在丈夫的灵柩前，小伙子们走上前去，逐一拥抱她，亲吻她的面颊，和她小声地说几句话。然后，她泪眼蒙蒙地目视他们在灵柩前停留，看着他们把自己温暖的手放在店主冰冷苍白的手上。

一个人做一件好事容易，做一天好事也容易，最难的是做一辈子好事。这位店主便是以一生来行善，在佛家看来，这才是最大的行善，是真正的觉悟。

我们很难估量做善事对一个人生命价值的影响有多大。大爱无私，做善事并不是为了引起别人的关注，生命需要我们做的是敞开心扉爱他人，真诚地爱他人，去宽慰失意的人，安抚受伤的人，激励沮丧泄气的人。至善无痕，让施与心就像玫瑰花一样散发芬芳吧。

定义一个人的一生是否成功，不一定是用地位和财富来界定，而应该是看他是否能坚持良善的真心，利益他人的信念，不受动摇，至情无悔。

大爱无私，至善无痕。我们都应该怀着一颗慈悲的心，以一己之力帮助他人，做到至善至美，这也是人生之一大境界也。

第四节　耐得住烦恼，心安才能身安

"天地有大美而不言。"美到处都有，生活中不是缺少美，只是缺少发现美的眼睛。我们唯有秉持一颗单纯心，才能将世情看破，听无声的声音，看无色的世界，处不动的环境，做到佛经所提点的那般：犹如木人看花鸟，何妨万物假围绕。当我们心生清净，便会明白"心静佛土净，心安身也安"的道理。

心身不定时，烦恼不招自来

古代有个比丘学习入定，可是每当入定不久，就感到有只大蜘蛛钻出来捣乱。他感到很苦恼，可又没有解决的办法，只得请教老和尚去。"我一入定，就有大蜘蛛出来捣乱，赶也赶不走它。搅得我心烦意乱，我该怎么办呢？""下次入定时，你拿支笔在手里，如果大蜘蛛再出来捣乱，你就在它的肚皮上画个圈。看看是哪路妖怪？"老和尚出主意说。

得到老和尚的传授，比丘准备了一支笔。一次刚刚入定，果然大蜘蛛又跑出来了。比丘见状毫不客气，拿起笔来就在蜘蛛的肚皮上画了个圈圈。谁知刚一画好，大蜘蛛就消失了，并且再没出来捣乱。因为没了大蜘蛛，比丘安然入定，再无困扰。

后来，比丘出定了，他很想找到刚才的那只大蜘蛛，他按刚刚划的圈记寻找，却惊奇地发现本该画在大蜘蛛肚皮上的圆圈竟然在自己的肚脐周围。

这时，比丘恍然大悟，入定时的那个破坏分子大蜘蛛，不是来自于外界，而是自己心身不定造成的。

可见，我们的烦恼和困扰皆来自于自身的不安定。世界上的事往往就是这样，外因是变化的条件，只有内因才起决定作用。正如故事中的比丘一样，我们之所以烦扰，皆因心不安守本分造成的。

其实是非天天有，不听自然无，是非天天有，不听还是有，是非天天有，我们怎么办？真正的开悟，就是把烦恼、忧虑、分别和执着心通通放下。

这是个众生喧哗的时代，人潮汹涌，熙来攘往，忙碌与奔波充塞，不安和烦躁缠绕，心里总不是个滋味，却又说不出为何如此。可见，烦恼对人的困扰有多大。

烦恼如丝千千结，何苦自寻这么多烦恼呢？我们每天到底在烦恼些什么呢？怎样才能少些烦恼、多点洒脱呢？

清空内心的烦恼和忧虑，人的心灵也将变得舒畅，这也是摆脱心理压力的一个好方法。

关于烦恼的由来，曾有人给出了答案，乃因我们"无故寻愁觅恨"，真是一针见血啊！古人有一句诗形象地说："百年三万六千日，不在愁中即病中。"在这个世界上，本来苦楚烦愁已经够多了，我们自己却偏偏"身在此山中，云深不知处"，总是火上浇油、愁上添愁。"抽刀断水水更流，举杯消愁愁更愁"，诗仙李白如是说，他又是怎么做的呢？"人生在世不得意，明朝散发弄扁舟。"我们凡夫俗子当然没有这样的透彻和飘逸，因而每天都在为各种各样的事情而烦恼，学业、工作、婚姻、健康、财富……层层相印，无穷无尽。我们就像过滤器，烦恼的渣滓留驻了，却不知怎样除空洁净。这并非大家都多愁善感，实在是众生本相。

佛对众生充满怜悯，世间之人皆被烦恼所困扰，佛怎么忍心呢？为了解脱众人，佛就会挥慧剑，果决斩断烦恼丝。世人却不识自己的"庐山真面目"，只有继续"长恨此身非我有"，被各种各样莫名其妙的忧愁烦恼占据身心，心灵不得解脱，没有安宁静穆的时候，不管醒时睡时、忙时闲时。

《西厢记》中就有过描写人心理情绪的词句：花落水流红，闲愁万种，无语怨东风。无语怨东风，连东风都要怨，把人情世故描写到了极点。

一念万年，万年一念。一刹那就是永恒无尽的象征。这是我们讲到人的心念，一念之间，包含了八万四千的烦恼，这也就是我们的人生。解脱了这样的烦恼，空掉一念就成佛了，就是那么简单。

人不是佛，若没有烦恼，人也不成其为人啊！佛为何在莲花宝座上拈花微笑呢？也许就是世人都在烦恼吧。西语有云，人类一思考，上帝就发笑。情意相通也。是人皆有烦恼，得道高僧也不例外。

有僧人向善昭禅师问过类似的问题："心地未安，该怎么办好？"禅师反问道："谁在扰乱你？"僧人接着又追问："有什么解决的办法吗？"禅师回答："自作自受。"

的确，"天下本无事，庸人自扰之"，俗世中人为什么难得心安呢？因为放纵情绪如同脱缰的野马，心里堆满了各样繁杂事物，总是有千种思虑、万般妄想，也难怪人们感到处处烦恼了。

告别庸人自扰，才能追求快乐人生。有些时候，并不是烦恼在追着我们跑，而是我们追着它不放，既然如此，何不放开烦恼，让心灵得到安定呢？

屋宽不如心宽，身安不如心安

佛祖有云：身安不如心安，屋宽不如心宽。当今社会，世水流急，清净难寻。所谓"诗意地栖居"，说的不是身体，而是人的心灵。

身处嘈杂的现代化都市，要是能够心生清净，不受外界干扰，踏踏实实做好自己，实在是一件幸事。

佛经中说："清净心植众德本。"一切功德从清净心中来。要想往生西方，心一定要清净。如果人对于外界的事情心有挂碍，并由此生出了懊恼心、欢喜心，那么这颗心就失去了它的本来面目。

从前，在舍卫国里住着一个老人，他和儿子相依为命，日子过得十分艰苦。后来老人受到佛陀教义的启发，就和儿子一起出家，老人当了比丘，他的儿子当了小沙弥，两人成为师徒。这天，老比丘带着小沙弥一起出去化缘，师徒俩不知不觉越走越远，等他们想到要回去时，天已经快黑了。师父年纪大，走得很慢，徒弟就上前来搀着师父走。天色越来越黑，当他们来到一片树林中时，天已经黑得伸手不见五指了，只能听见师徒俩行走的脚步声和树叶的沙沙声，还有从远方传来的各种野兽凄厉的叫声。小沙弥知道树林中常有野兽出没，为了保护师父，就紧紧抱住师父的肩膀，连扶带推地快步向树林边缘走去。师父年老力衰，又东奔西走了一整天，早就累得走不动了，加上看不清楚道路，一个踉跄跌倒在地，头刚好磕在硬石头上，一下子就死去了。

小沙弥看到师父倒在地上，赶忙把他拉起来，可是见他没什么反应，才发觉师父已经死了，不禁大吃一惊，痛哭失声！天亮以后，小沙弥独自一人回到寺庙。寺里的比丘们知道事情的经过后，纷纷谴责小沙弥："你看！都是你不小心，害死了自己的父亲。""就是说嘛！竟然把自己的父亲推去撞石头，真是个不孝子！"小沙弥有口难辩，心中觉得很委屈，就去找佛陀诉苦。佛陀让小沙弥坐下，说道："你要说的话我全都知道了，你师父的死不是你的错。"话虽如此，但小沙弥还是眉头紧皱，无精打采的。

佛陀看了，微笑着继续说："我讲个故事给你听吧！从前有一个父亲生了重病，儿子很着急，到处求医问药。每天他服侍父亲吃过药后，就扶父亲上床躺下，让父亲睡个好觉。可是他们住的是一间茅草屋，地上又潮湿，引来许多蚊蝇，整天嗡嗡地飞来飞去，打扰父亲睡眠。儿子见父亲在床上睡不着，马上找来苍蝇拍到处追打蚊蝇，却怎么也打不完。儿子又急又气，转身抄起一根大棍子挥舞着，对着空中的蚊蝇拼命追打。恰巧有一只蚊蝇落在父亲的鼻子上，儿子一时没看清楚，慌忙一杖打去，父亲就这样被棍子重重揍了一下，连哼都来不及哼一声，就死去了。"佛陀停了一会儿说，"孝顺的儿子在无意中伤人性命，只能算是一个意外，不能因此指责儿子是杀人犯，否则可就冤枉他了。"佛陀看到小沙弥听得很认真，似乎有所感悟，就进一步问："你使劲推你的师父，是怕师父遭到野兽的袭击，想赶快离开树林，并不是心存恶念，故意要伤害他的性命，是吗？"小沙弥点头称是。佛陀说："我讲的故事和你所经历的事有些不同，但道理是一样的。佛法是慈悲的，你安心修行吧！"小沙弥听了佛陀的话，心中获得了安慰，从此更加勤奋修行了。

其实，正如故事中佛陀所讲的道理一样，世间最可怕的不是错事，而是错心。事情错了，可以改正，心错了，就会继续做错事。所以，凡事要注意自己的心有没有出错。

世间事物万分，人们常常抱怨尘世的困扰打乱了自己的心绪。但在佛的眼里，和乐无争、平安健康、富贵有钱、继往开来、善缘广结、人格满分是人间净土的几点特征，但这也只是根据芸芸众生的普遍心态而呈现的表面层次，真正的人间净土主要还是在人的内心，只要心中是净土一片，又怎么会被世俗的尘埃沾染呢？由此看来，心静和心安才是最重要的。

有人说"心是最有反应、最有感觉的器官。我们看大自然的山川鸟兽、花开花落，我们看人生的生老病死、苦乐无常，我们看世间的生住异灭、轮回流转等待，都会因心的触动而有喜怒哀乐的表现"。世间的风动幡动，其实都是因为心动罢了。起心动念间，如果我们自己身心茫然，就会不知所住，不知所往，甚至连自己究竟是对是错都分辨不清。

世间纷纷扰扰，唯有秉持一颗初心，才能将世情堪破，身安不如心安，心安才能身安。懂得了这个道理，人们的生活也能变得更加平静舒畅了。

脱去抱怨的心灵枷锁

抱怨是一种心理不平衡的反应，是一种追求完美的心理和情绪化心态的外在表现。"抱怨"存在于我们生活中每一个角落，就好像美丽也总是在不经意间闯入我们的视野一样。抱怨会带来烦恼、痛苦，会像滚雪球一样，越来越大，越来越沉重。抱怨也就成了人们心灵的一个沉重枷锁。

要想摆脱抱怨的情绪，我们不如像佛家大师开示的那样去做：不要抱怨别人，倾听别人的抱怨，接受别人的抱怨。有一颗不抱怨的心，美丽便会尽收眼底。

佛陀经过了多次轮回才终得正果，他想知道世间其他生命如何看待自己这一世的修行，便询问众生，假如可以重新选择，将会怎样选择今生的生活。众生的回答令佛陀大吃一惊。

猫说："假如让我再活一次，我要做一只鼠。我偷吃主人一条鱼，会被主人打个半死。而老鼠呢，可以在厨房翻箱倒柜，大吃大喝，人们对它也无可奈何。"

鼠说："假如让我再活一次，我要做一只猫。吃皇粮，拿官饷，从生到死由主人供养，时不时还有我们的同类给它送鱼送虾，很自在。"

猪说："假如让我再活一次，我要当一头牛。生活虽然苦点，但名声好。我们似乎是傻瓜懒蛋的象征，连骂人也都要说蠢猪。"

牛说："假如让我再活一次，我愿做一头猪。我吃的是草，挤的是奶，干的是力气活，有谁给我评过功，发过奖？做猪多快活，吃罢睡，睡罢吃，肥头大耳，生活赛过神仙。"

鹰说："假如让我再活一次，我愿做一只鸡，渴有水，饿有米，住有房，还受主人保护。我们呢，一年四季漂泊在外，风吹雨淋，还要时刻提防冷枪暗箭，活得多累呀！"

鸡说："假如让我再活一次，我愿做一只鹰，可以翱翔天空，任意捕兔捉鸡。而我们除了生蛋、报晓外，每天还胆战心惊，怕被捉被宰，惶惶不可终日。"

最有意思的是人的答卷。

不少男人一律填写："假如让我再活一次，我要做一个女人，可以撒娇，可以邀宠，可以当妃子，可以当公主，可以当太太，可以当妻妾……最重要的是可以支配男人，让男人拜倒在石榴裙下。"

不少女人的答卷一律填写："假如让我再活一次，一定要做个男人，可以蛮横，可以冒险，可以当皇帝，可以当王子，可以当老爷，可以当父亲……最重要是可以驱使女人。"

佛陀看完，重重地叹了一口气："为何人人只懂抱怨？若是如此，又怎会有更加丰富充实的来世？"

佛陀的叹息，引人沉思。就如故事中所说的一样，每个动物都有自己的不满，人也一样。每个人都有自己要抱怨的事情，似乎每个人都理直气壮，却忽略了幸福源自珍惜，生活不是攀比。当这些牢骚与抱怨化作心灵天窗上厚厚的尘埃时，灿烂的阳光又怎能照进心田？那漫天的花雨你又能看见几许？

一位哲人说，世界上最大的悲剧和不幸就是一个人大言不惭地说："没人给过我任何东西。"许多人都抱怨过处境艰难，毫无疑问，抱怨是无济于事的，反而是乐观旷达的心态能解开心灵的枷锁。抱怨相当于赤脚在石子路上行走，而乐观是一双结结实实的靴子。

有个寺院的方丈，曾立下一个奇怪的规矩：每到年底，寺里的和尚都要面对方丈说两个字。第一年年底，方丈问新和尚心里最想说什么，新和尚说："床硬。"第二年年底，方丈又问新和尚心里最想说什么，新和尚说："食劣。"第三年年底，新和尚没等方丈提问，就说："告辞。"方丈望着新和尚的背影，自言自语地说："心中有魔，难成正果。"

心中有魔，难成正果。"魔"就是新和尚心里永无止境的抱怨。像新和尚这样的人在现实生活中有很多，他们总是怨气冲天，牢骚满腹，总觉得别人和社会都亏欠了他们，从来感觉不到别人和社会为他们的生活所做的一切。这样的人只会心里抱怨，因此也很难有所成就。在抱怨中放纵，无异于燃烧自己有限的生命。人生苦短，值得我们用心去品尝的东西实在太多，耗费时间和精力去抱怨，其实是非常不明智的举动。少些抱怨，少些烦恼，我们的身心也会变得心静安康。

有句话说得好："天地有大美而不言。"美到处都有，生活中不是缺少美，只是缺少发现美的眼睛。通过万花筒看世界，美得变幻无穷；通过污秽的窗子看人生，到处都是泥泞。到底你的生命画布如何着色，要看你拥有一颗怎样看待世界的心。不抱怨，把天地装在心中，就能看见自然的美。

其实，人生多一点豁达，多一点宽容，多一点感悟，多一点理性，抱怨的情绪便会逐渐化为虚无。让我们脱去抱怨的心灵枷锁，使生命中的每分每秒都有所作为，每一步都留下坚实的脚印，人生也会因此变得更加美好。

修行先修一颗韧心

命运掌握在自己的手里，但未必每个人都能真正地主宰自己的命运而获得成功。

滴水能把石穿透，万事功到自然成。一个人成功与否，关键在于之前的积累。一个人积累的知识、积累的智能达到一定程度后，就会在一瞬间获得成功。正所谓持之以恒方可登峰造极。

"努力才是一个人的幸运之星，一个人不该把时间浪费在卜卦和选择黄道吉日上，自己才是自己的主。"成功靠我们自己去把握、去努力。

做人与修行一样，只要工夫深，铁杵磨成针。世间无难事，只要有恒心和毅力，一切困难都可以迎刃而解。这种学习方式看似简单，操作起来却并不简单。并且，持之以恒地坚持做一件事，其实际的意义并不在于事情本身，而在于做这件事情的过程对人的意志品质的修炼。一如既往地做好简单的事情，是坚持，是积累，时间长了，便会内化成人的一种韧性。

许多伟大的人之所以成功，关键并不在于他们有何特殊的过人之处，而是在于他们在无人监督与无人苛责之下，没有随波逐流，而是承诺有信，坚持到底。

坚持是最容易的，因为每个人都可以做到；坚持又是最困难的，毕竟没有几个人能够坚持下来。

世间的道理大多相同，一个人要想获得成功，千万不能心存侥幸，只有通过实实在在的努力，持之以恒，才可能在一瞬间实现人生的飞跃，获得人生的辉煌。凡事为人所不肯为，才能成人所不能成。

圣人曾经说过："故天将降大任于斯人也，必先苦其心志，劳其筋骨，饿其体肤，空乏其身，行拂乱其所为。"的确，一个肯做别人所不愿意去做的事情并且能将该事情做好的人必将有所成就。

佛家注重悟，更看重"行"。行动胜过语言，一万句空话也比不上一个有力的行动。所以要想修行，必须先修一颗坚定坚韧的心，否则这条漫漫修途是很难坚持到底的。面对天下的难为之事，只有勇于尝试别人所不敢做或不屑于做的事，才能收获别人所无法体会的成就和辉煌，生命也会变得更加圆满。

归省禅师担任住持期间，由于天旱，很少有人能拿粮食来养活这些僧人，僧人们只能每天喝粥吃野菜，个个面黄肌瘦。

有一日，归省禅师外出化缘，法远就召集大家取出柜里储藏的米做起粥来，粥还没做好，归省禅师就回来了，小师弟们一下就消失得无影无踪。归省禅师看到法远居然把应急用的米都用了，生气地说："谁让你这么做的？"

法远毫无惧色地说："弟子觉得大家面如枯槁，无精打采，于是就把应急用的米拿出来煮了，请师父原谅。"

归省严厉地说："打三十大板，驱逐出寺！"

法远默默地离开了寺院，但他没有下山，而是在院外的走廊觅了个角落栖息下来。无论刮风下雨，都不曾动摇他向佛的决心。

归省禅师有一次偶然看见他在寺院的角落睡觉，十分吃惊地问道："你住这里多久了？""已半年多了！"

"给房钱了吗？"

"没有。"

"没给房钱你怎么敢住在这里！你要住，就去交钱！"

法远默默托着钵走向市集，开始为人诵经、化缘，赚来的钱全部用来交房钱。

归省禅师笑着对大众宣布："法远乃肉身佛也！"

后来法远继承了归省禅师的衣钵，将佛学发扬光大。

欲修佛，先修一颗坚韧之心，因为修行是一生的事，托钵化缘乃为肉身佛。人生亦然，都不是一蹴而就的。而这都需要我们能耐得住烦恼，以持久韧心去做事。在人生中，能够去做别人所不愿意做的事情，不仅需要巨大的勇气，更需要我们踏踏实实地去做的一种精神。但是，机遇往往蕴涵在别人不愿意去做的事中，正因为别人不愿意去做，因此机会才会被愿意做的人所把握。因此，我们要养成认真仔细的习惯，对任何的事情都抱有认真负责的态度，相信，机遇和成功终究会悄然而至。

命运靠自己去把握，成功靠自己去努力。在成功的道路上不必着急，心安才能身安。不妨一步一个脚印，持之以恒地坚持努力，成功就在不远处。

勤勉认真，充实人生

无数人都在为了充实的人生而不断追求，不断努力着。这其中就包括人们为了修行而不断追求真理的过程。

佛经中谈到："若人寿百岁，邪学志不善，不如生一日，精进受正法。"其意思是说：如果能活一百岁，却学不好的东西，还不如活一天，去勤奋追求真理。

古人云："朝闻道，夕死可矣！"可见真理对于人而言是多么的重要。

佛祖为了求得佛法而甘愿献出自己的血肉，以此获得真理和智慧；古人为了寻求真理而头悬梁，锥刺股……而我们已经不需要像佛祖那样以生命为代价去寻求真理，得享快乐而充实的人生。

这些表明，真理的魅力与吸引力是巨大的，否则，不会有那么多人为此而前赴后继。可见，那些得到真理、明心见性的人从真理中找到了自己的未来面目，并且得到了精神上的满足，从而超越了生命，进而把握了生死。在佛经中，记载了这样一个动人的故事：

久远劫前是一位善根深厚的太子，名叫昙摩钳，他好乐善法，派人四处寻觅懂得佛法的善知识，却苦无所获。忉利天王知道他的愿心，想试验他的发心是否坚固，于是化作凡人优塞来到王宫，表示能解佛法。太子得知立刻出迎，顶礼接足奉为上座。

"我这法世间稀有难得，恐怕太子您不愿意付出代价！"优塞为难地说。太子立即表示不惜倾所有一切，只愿听闻佛法，解除烦恼痛苦。优塞要求说："那么请太子挖一大火坑，投身供养法宝，便能传授。"昙摩钳毫不犹豫地命令侍卫，挖掘深坑，并燃火于坑中。国王臣民们，见太子为了听闻佛法牺牲身躯，便向他哀求："请看在国家前途上不要牺牲自己，我们愿意做奴仆供优塞差遣。"而太子却坚定地说道："我累劫以来历经无数生死投转，以这色身在人道造贪嗔痴恶业，在畜生道受人鞭打负重、为人所食，在地狱一日间丧身无数，痛彻心髓，苦无间断。从未发心为法布施，今日此造业之身能供养法，实在是因缘殊胜，希望大众成就我上求佛道的愿心！"

优塞于是升座说法道："常行于慈心，除去患害想；大悲愍众生，矜伤为雨泪；修行大喜心，同己所得法；救护以道意，乃应菩萨行。"太子闻后便奋身跃入火坑，但炽热的火坑却刹那间化成清凉的莲池，太子端坐于清净芬芳的莲台上。昙摩钳悟出祸福无常、流转为苦的道理，为求真理为法忘躯，真是精进无畏的大菩萨！

的确，所谓"朝闻道，夕死可矣"，太子昙摩钳之所以愿意为了求得佛法而放弃自己的生命是因为他深深地明白要想求得真正的智慧是非常不容易的，因此，一定要懂得珍惜。这便是为法忘躯。

正是因为真理的可贵，才使得很多人在真理面前都发出了"朝闻道，夕死可矣"的人生感叹。"山重水复疑无路"，在寻求真理的道路上，并不会一帆风顺，而是充满艰难险阻并布满荆棘的，有的时候甚至要为此而付出生命的代价。正因为如此，真理更是难能可贵，才会有无数的人不畏艰难而孜孜不倦地追求着真理，哪怕是付出生命的代价。

的确，一个洞悉了人生百态，达到智慧圆融境界的人又怎么会在乎追求真理之路的艰辛或者自身的安危呢？对于他们而言，真理和智慧的价值远远高于生命本身。而一个掌握了真理的人必将是一个快乐、生命充实而丰盛的人。

修行中，除了强调要追求真理，佛教还主张勤勉精进，对于任何事情都要有一种认真负责的态度，这样才能提升自我，进入佛境。人生只有一次，而且时光短暂易失，没有比这仅有一次的人生更加值得我们去认真对待的了。不管我们的人生发生什么事情，遇到什么样的人，我们都应该认认真真地对待我们生命中的每一分、每一秒。人生原来也只是一个过程而已，因此，不管结果如何，我们都应该认真地对待每一件事情，力求将其做到最好。

也许"认真"是一项无法保证丰收的艰苦耕耘。认真是行而下层面的行为，它收获的往往是行而上层面的满足，它使人生的原生态得以展示，亦使人生的丰富性得以体现。

世界上怕就怕"认真"二字。而德国人向来是以认真严谨著称。如果在德国问路，他们不会随意指给人们，而是会精确地告诉你"走50米后向左转"，也正是因为如此，德国人才能制造出享誉世界的奔驰、宝马。意大利的皮鞋有名是因为它的设计好，这个世界上最耐穿的皮鞋还是德国的皮鞋。认认真真、踏踏实实是人生中一个既简单又深奥的哲理。只有认真地去对待生活，我们才能从生活中收获更多。

认真是我们对生活、对人生的一种态度，一个懂得事事都认真的人，一定是一个热爱生活且懂得生活的人，他也许会是一个平凡的人，但绝对不会是一个平庸的人，他的生命将因为他的认真而变得丰满而充实。他的人生没有虚度，而且在认真对待每一件事情中赋予了巨大的意义。

追求真理，认真修行，能为法忘躯、勤勉不辍的人，才能在不断的进取中提升自己，让自己在纷杂世界中得以心安，人生也会因此得以充实。

心性专一，有始有终

相传，一位得道高僧来到一座无名荒山，山间茅屋中闪烁金光，高僧料定此间必有高人，遂前往一探究竟。原来，茅屋中有一位老人，正在虔诚礼佛。老人目不识丁，从未研读佛经，只是专注地念着大明咒："唵嘛呢叭咪吽。"高僧深为老人的修为所动，只是他发现老人将六字真言中的两个字念错了，他指点了老人正确的梵音读法后便离开了，想老人日后的修为定能更上一层楼。然而，一年后，他再次来到山中，发现老人仍在屋中念咒，但金光已不再。高僧疑惑万分，与老人攀谈得知，老人以往念咒专心致志，心无旁骛，而得高僧指点后总是过于关注其中两字的读法，不由心绪烦乱。

念咒和做人做事的道理也一样，若不能专心致志，心性烦乱，事情也会变得一团糟。古人有云："杂则多，多则扰。扰则忧，忧而不救。""杂则多"，欲望多了，懂得多了，有时便会流于表面，不专一，不深入，博而不专；"杂则多，多则扰"，考虑得太多，困扰了自己，也困扰了他人；"扰则忧，忧而不救"，思想复杂了，烦恼太多了，痛苦太大了，连自己都救不了，又怎么救他人？正所谓"一屋不扫，何以扫天下"？

明代莲池大师在《竹窗随笔》中说道：宋代书法家米芾说过，学习书法必须专一于书法，不要再有其他爱好分心，方能有成就。与此类似的是，古代善于弹琴的人，也说必须专攻两三支曲子，方能进入精妙的境界。这里说的虽是小事，但也可以借喻大的方面。佛说把心集中在一个地方，那么没有办不到的事。所以说，心意开了叉，事情也不能成，心性专一，志向坚定，三昧就能很快得到。参禅和念佛的人，不能不明白这个道理。

综观世间学有专长之人，都是由于其对某一领域有所偏好，专注于心，穷根究底，终于"守得云开见月明"，学有所成。

因此，立于人世，不管做哪一行，无论做什么事，都要精神专一、有始有终。这正如修行之人想修成正果，须一门深入，方法毋杂。方法多了，智慧不及，不能融会贯通，反而一无所成。

专注于心是做人做事的大原则，博而不专，杂而不精，必会制约人生发展的高度。

有一只兔子，身材很修长，天生就很会"跳跃"，所以它一直以"跳远第一名"的荣誉感到无比自豪和光荣。一天，小森林的国王宣布，要举办运动会，来提倡全民运动。于是，兔子就报名参加"跳远"项目，果然兔子又击败了鸡、鸭、鹅、小狗、小猪等动物，再次得到"跳远金牌"。

后来，有一只老狗告诉兔子："兔子啊，其实你的天分资质很好，体力也很棒，你只得到跳远一项金牌，实在很可惜；我觉得，只要你好好努力练习，你还可以得到更多比赛的金牌啊！"

"真的啊？你觉得我真的可以吗？"兔子似乎受宠若惊。

"只要你好好跟我学，我可以教你跑百米、游泳、举重、跳高、推铅球、马拉松……你一定没问题啊！"老狗说。

在老狗的怂恿下，兔子开始每天练习"跑百米"，早晚也跳下水"游泳"，游累了，又上岸，开始"练举重"；隔天，跑完百米，赶快再"练跳高"，甚至撑着竿子不断往前冲，也想在"撑竿跳"中夺魁。接着，又掷铅球、跑马拉松……

到了第二届运动大会，兔子报了很多项目，可是它跑百米、游泳、举重、跳高、掷铅球、马拉松……没有一项入围，连以前它最拿手的"跳远"，成绩也退步了，在初赛中就被淘汰了。

这只小兔子的教训是深刻的，有些人很有"企图心和欲望"，想让自己很有名、出尽风头；就像兔子一样，在别人的怂恿下，即变得信心十足，觉得自己没问题，既可以做这个，又可以做那个，到头来，一样都没有做好。其实，兔子"跳远第一名"，就是专注在跳远领域的"顶尖成就"，何必一定要去跑百米、游泳、跳高、举重、掷铅球、跑马拉松……贪心得什么都要拿第一名呢？

是的，人一生的时间和精力都是极其有限的，如果我们想去做成一件事情，我们就必须将自己仅有的时间和精力集中地投入到一件事情中去，要知道只有一心一意地去做一件事情，才能让我们最终把事情做好。

法国科学家居里说："当我像嗡嗡作响的陀螺般高速运转时，就自然排除了外界各种因素的干扰。"

人，一旦进入专注状态，整个大脑就围绕一个兴奋点活动，一切干扰统统不排自除，除了自己所醉心的事业，生死荣辱，一切皆忘。

我们要想学有所成，做事情时就应该专心致志，坚持不懈。心静心安，心性专一，有始有终，才能守得云开见月明。

安心精进，永不停息

鬼逼禅师本来是个专门赶经忏的和尚，每每忙到三更半夜，才踩着月光归去。

某一晚，他刚赶完一堂经忏，回程中路过一户人家，院子里的狗不断地向他咆哮着，他听到屋子里传来女人的声音："快出去看看，是不是贼？"接着听到屋子里的男人说："就是那个赶经忏鬼嘛！"

他听了羞赧地想着："怎么给我起这么一个不好听的名字呢？我为亡者念经祈福，他们却把我叫做鬼！"这时候，正巧下雨了，他便跑到桥下避雨，顺道也打打坐，养养神，就双盘而坐。

这时真正来了两个鬼，一个鬼说："这里怎会有一座金塔？"另一鬼说："金塔内有舍利，我们快顶礼膜拜，以求超生善道！"于是两个鬼便不停地拜他。

这个出家人坐了一会儿，觉得腿痛，于是放下一条腿来，改成单盘。一个鬼就说："怎么金塔忽然变成银塔呢？"另一个鬼说："不管是金塔、银塔，皆有舍利在内，礼拜功德一样不可思议！"于是继续膜拜。

过了一段时间，这位和尚感到腿痛难忍，于是把另一条腿也放下来，随便散盘而坐。这时两个鬼齐声大叫："怎么银塔变成土堆了？竟敢戏弄我们，真是可恶！"

和尚听到两个鬼生气了，立刻又把双腿收起来，双盘而坐。两个鬼又叫："土堆又变成了金塔，一定是佛在考验我们的诚心，赶紧继续叩头啊！"

这时雨停了，这位和尚自忖：我结双盘，就是金塔；结单盘，就是银塔；随便散盘坐，就变成了泥巴，这跌禅坐修行的功德真是不可思议！

从此以后，他再也不赶经忏了，只管专心、精进修行，不久便智慧大开，获得神通，自号"鬼逼"，因为是鬼逼而成就自己的修行。

精进修行是佛门弟子一生的功课，故事中的和尚正是因为安心精进、永不停息地努力修行，最终获得顿悟，也成就了自己的修行。

古人云："圣贤之学，固非一日之具，日不足，继之以夜，积之岁月，自然可成。"这就是说，圣贤的学问，本来就不是一天就可以通足的。白天不够用，就用夜晚来继续学习，日日月月地积累起来，自然可以完成。

学习从来都不是一蹴而就的，而是一件终生的事情。一个人的为学精神只有永远年轻，才能够"苟日新，日日新，又日新"。因为终生不倦地学习，才能时时保持进步的状态，随时都会有新的境界。

专心和坚持是成功道路上的一对好伙伴。持之以恒，坚持不懈，滴水也能穿石。相反的，半途而废，浅尝辄止，只会让人止步不前，也得不到进步和发展。

学习亦是如此，它也正如逆水行舟一样，不进则退。有大学问的人，贵在有勤勉和持之以恒的努力。在一点成就面前就沾沾自喜、骄傲自满，自认为比别人高人一等，再聪明的人也会有栽跟头的那一天。

学无止境，学历只代表过去，只有学习能力才能代表将来。持续学习、虚心请教，才能少走弯路；盲目自大，放弃学习，放不下架子向别人请教，结果就很可能会摔跟头。

生命有限，知识无穷，任何一门学问都是无穷无尽的海洋，都是无边无际的天空，需要我们不断地去进取和钻研。

佛家修行讲究精进，人生亦是如此。安心精进，永不停息地努力和学习，我们的成功也会指日可待。

学佛在自心，成佛在净心

杨绛先生有一篇散文叫做《洗澡》，文中的内容很特别，她说的洗澡不是沐浴，而是给心灵洗澡，也就是净化和荡涤身心，与佛家所讲的"净心"有异曲同工之处。

生活在现代文明之中的人，心灵都被蒙上了一层厚厚的物质的尘垢，洗去心灵的尘垢，能够让我们以一种轻松快乐的心态去直面现实的人生。

其实，对于俗世中的人来说，净心并不玄妙，它实际上就是生命的一种积极、快乐、简单的状态。

注重加强自身的心灵建设，持续不断地净化心灵，人们能够得到单纯而简约的幸福。

人的心灵变化是无限的，从肮脏的心灵产生出肮脏的世界，从纯洁的心灵中产生出清净世界，这正是"心净则佛土净"的含义。

佛陀所创造的世界，是脱离了烦恼的清净世界，所以他解脱了一切烦恼。

因而，学佛在自心，成佛在净心。佛教的一切法门，主要是使人明白自心，佛教的一切修行方法，主要是使人清净自心。

释迦牟尼到了一个叫逝多林的地方，他看见地上不是很干净，于是立即自己拿起扫帚，准备清扫。这时，佛祖的弟子舍利子大目犍和大迦叶阿难陀等都闻讯赶了过来，看到佛祖亲自扫地，于是大家都纷纷效仿佛祖，一起扫地。扫完后，佛祖和众弟子便一起来到了佛殿，坐了下来。

这时，佛祖说道："其实，扫地有至少五种好处，一是可以让自己的心更加清净，二是可以让他人的心更加清净，三是可以方便大家，四是可以让劳动成为一种习惯，五是培养一种美好的品德。"

对于普通人来说，扫地是一件枯燥劳累之事，但对有心人来说，扫地也是一种修行的方式，也能让人的心灵得以清净。

"本来无一物，何处惹尘埃。"六祖慧能的这两句偈子讲的正是清净心与平等心。清净心不染，心地清净，毫无牵挂，心里"本来无一物"。以清净心一心念佛，决定自在往生。

其实，人类在任何时代都需要一颗清净心。清净心，即无垢无染、无贪无嗔、无痴无恼、无怨无忧、无系无缚的空灵自在、湛寂明澈、圆融无住的纯净妙心。也就是离烦恼之迷惘，即般若之明净，止暗昧之沉沦，登菩提之逍遥。有了清净心，则失意事来能治之以忍，快心事来能视之以淡，荣宠事来能置之以让，怨恨事来能安之以忍，烦乱事来能处之以静，忧悲事来能平之以稳……

如能清除妄心，回归真心，则学佛之人必修成正果；世俗之人，也能除去烦恼，自在逍遥。

一座县城里，有一位老和尚，每天天蒙蒙亮的时候，就开始扫地，从寺院扫到寺外，从大街扫到城外，一直扫出离城十几里。天天如此，月月如此，年年如此。

小城里的年轻人，从小就看见这个老和尚在扫地。那些做了爷爷的，从小也看见这个老和尚在扫地。老和尚虽然很老很老了，就像一株古老的松树，不见其再抽枝发芽，可也不见其衰老。

有一天，老和尚坐在蒲团上，安然圆寂了，小城里的人谁也不知道他活了多少岁。过了若干年，一位长者路过城外的一座小桥，见桥石上镌着字，字迹大都磨损，老者仔细辨认，才知道石上镌着的正是那位老和尚的传记。根据老和尚遗留的度牒记载推算，他享年137岁。

据说，军阀孙传芳的部队中有一位将军在这小城扎营时，突然起意要放下屠刀，恳求老和尚收他为佛门弟子。这位将军拿着扫把，跟在老和尚的身后扫地。老和尚心中自是了然，向他唱了一首偈：

扫地扫地扫心地，
心地不扫空扫地。
人人都把心地扫，
世上无处不净地。

也许那些物欲太盛的人会讥笑这位老和尚除了扫地，扫地，还是扫地，生活太平淡、太清苦、太寂寞、太没劲。其实这位老和尚就是在这与世无争的生活中，给小城扫出了一片净土，为自己扫出了心中的清净，扫出了137岁高寿，扫出了一生的平淡美。

世人心中之所以有诸多痛苦和烦恼，都是因为自己的心不净，如果不能去除淫心、贪心、怒心，人就会陷入尘世的各种诱惑、迷惘中不能自拔，从而难以享受生命中最本真的快乐。

人行走于世，心灵难免在红尘俗世中遭尘埃污浊，一旦心惹尘埃，人生之路也坎坷不平，此时，不妨扫一扫我们的心底，还我们一颗纯净的初心，也就还我们一个平坦宽广的人生大道。

第五节　福来不容易，惜福看本心

人生百年，几多春秋。向前看，仿佛时间悠悠无边；猛回首，方知生命挥手瞬间。时间是最平凡的，也是最珍贵的，金钱买不到它，地位留不住它，每个人的生命都是有限的。它一分一秒，稍纵即逝，与其每天长吁短叹，不如将其牢牢地把握，才能在有限的时间桎梏下获得最大的自由、最洒脱的幸福。

珍惜当下

有这样一句话："活着一天就是有福气，就该珍惜，当我哭泣着没鞋子穿的时候，我发现有人没有脚。"这告诉我们要惜福，珍惜点点滴滴，皆是修福缘。

因为惜福，所以我们懂得尊重每一件事物，尊重一朵花的恣意开放，尊重每一个生命的独立与自由。因为惜福，所以知道人与物、人与人，都是在一个特定的时空里相遇，一切皆是缘，惜缘就是惜福。

惜福让我们知道福来不容易，要珍惜当下，当下即是佛境。所谓"当下"，就是指我们现在正在做的事、待的地方、周围的人；"活在当下"就是要我们把关注的焦点集中在这些人、事、物上面，全心全意认真去接纳、品尝、投入和体验这一切。

人生最值得珍视的是什么？是不可追回的过去吗？是遥不可及的未来吗？其实都不是。人生最值得珍视的就是当下的实在。

雪停之后，文益前来告辞，桂琛禅师把他送到了寺门口，说道："你平时常说'三界由心生，万物因识起'。"

然后指着院中的一块石头说，"你且说说，这块石头是在心内，还是在心外？"

文益："在心内。"桂琛："一个四处行脚的出家人，为什么要在心里头安放一块大石头呢？"

文益大窘，一时语塞，无法回答，便放下包裹，留在地藏院，向罗汉桂琛禅师请教难题。一个多月来，文益每次呈上心得，罗汉桂琛都对他的见解予以否定。直到文益理尽词穷，罗汉桂琛才告诉他："若论佛法，一切现成。"

这一句话，使文益恍然大悟。

高明的法师们、大师们，接引众生往往用三心切断的方法，使人们了解初步的空性，把不可得的过去心去掉，把没有来的未来心挡住，就在现在心，当下即是。文益的大悟得桂琛点醒，亦是如此。所以我们要认清楚自己的心，才好修道。

真如本身是活泼的，只能形容是真如不动。认识自己的当下心就是要求我们抓住那活泼的自在，守住了它就守住了真如。

珍惜眼前人与事，珍惜当下，还因为人的生命是有限的，时间即是生命。

人生百年，几多春秋。向前看，仿佛时间悠悠无边；猛回首，方知生命挥手瞬间。

时间是最平凡的，也是最珍贵的，金钱买不到它，地位留不住它，每个人的生命都是有限的。它一分一秒，稍纵即逝，与其每天长吁短叹，不如将其牢牢地把握，才能在有限的时间桎梏下获得最大的自由、最洒脱的幸福。

自古以来，人生八苦中"死"是最让人惧怕的，所以秦始皇会派徐福出海寻药，一代枭雄曹操会慨叹"人生几何"。人生正如清晨的露珠，"去日苦多"，晶莹璀璨都只曾在瞬间绽放，微风拂过，生命就会陨落，阳光轻吻，生命便会干涸。生死常常就在一线之间，这一线，捆绑住了无数人的心，让他们无法摆脱对死亡的恐惧，对生存的留恋。

珍惜眼前人与事，学会惜福，我们此生不会荒度。

人终归都要走向死亡，人死如灯灭，该熄灭的自然会熄灭。这是谁也改变不了的生命规律。世人一晌贪欢，又有几个人能够领悟寂灭的境界？

正像另一位禅师所说："生死，在一般世人眼里，生之可喜，死之可悲，但在悟道者的眼中，生固非可喜，死亦非可悲。生死是一体两面，生死循环，本是自然之理。不少禅者都说生死两者与他们都不相干。"生者寄也，死者归也。生死有命，我们能把握的只有当下，所以不如珍惜眼前人与事，最后不妨援引一段圣严法师的人生经历与他的文字，让我们从中寻得几分省思与领悟。

1938年，圣严法师刚刚8岁，南方地区雨水绵绵，长江决堤，很多地方遭受了严重的洪灾。大雨过后，他跟随父亲去了灾情最为严重的村庄探望亲戚。到达目的地之后，眼前的一切让年纪尚幼的圣严法师大吃一惊：洪水还未退去，肮脏的水包围着村庄里仅剩的几间房屋，其他房舍大多已经被冲毁，村民们聚在房顶上等待着救援，水面上漂浮着人和牲畜的尸体，有的已经肿胀发臭。从那时候开始，圣严法师就感受到了生命的无常。

后来，圣严法师在他的传记《风雪中的行脚僧》里写道："当时我并无宗教信仰。但眺望着那江水，看着尸体漂过，我突然领悟到我们任何人，任何时候都可能死亡。在那年纪，我已知道死亡来临时，我们什么也做不了，唯有接受。担心死亡是没有用的。重要的是，直至死亡来临，要活得充实。"

相爱是缘分，用心去经营

杭州城隍山城隍庙门口有一副对联。上联是：夫妇本是前缘，善缘、恶缘，无缘不合。下联是：儿女原是宿债，欠债、还债，有债方来。可以说这两联对夫妻儿女的关系分析是很透彻的，其实夫妻之间不一定是好姻缘，有的吵闹一辈子，痛苦一辈子。

但是缘分归缘分，感情还需要经营。人都说某某怎么样是修来的缘分，其实经营就是修缘分。有缘分的人应该一起度过，但是正如佛家所言，有缘不一定是善缘，我们应该珍惜今生，度人度己，如若心诚，一份恶缘化为一份善缘也未尝不可。理想的家庭都得家人齐心协力去维系，尤其是夫妻之间更是如此。

一个女人是非常好的人，从结婚之日起就努力操持一个家。她会在清晨五点钟就起床，为一家老小做早饭；每天下午，她总是弯着腰刷锅洗碗，家里的每一只锅碗都没有一点污垢；晚上，她蹲着认真地擦地板，把家里的地板收拾得比别人家的床还要干净。

一个男人也是非常好的人。他不抽烟、不喝酒，工作认真踏实，每天准时上下班。他也是个负责任的父亲，经常督促孩子们做功课。

按理说，这样的好女人和好男人组成一个家庭应该是世界上幸福的了。

可是，他们却常常暗自抱怨自己的家不幸福。常常感慨"另一半"不理解自己。男人悄悄叹气，女人偷偷哭泣。

这个女人心想：也许是地板擦得不够干净，饭菜做得不够好吃。于是，她更加努力地擦地板，更加用心地做饭。可是，他们两个人还是不快乐。

直到有一天，女人正忙着擦地板，丈夫说："老婆，来陪我听一听音乐。"女人想说"我还有事没做完呢"。可是话到嘴边突然停住了——她一下子悟到了世上所有"好女人"和"好男人"婚姻悲剧的根源。她忽然明白，丈夫要的是她本人，他只希望在婚姻中得到妻子的陪伴和分享。

刷锅、擦地板难道要比陪伴自己的丈夫更重要吗？于是，她停下手上的家务事，坐到丈夫身边，陪他听音乐。令女人吃惊的是，他们开始真正地彼此需要。以前他们都只是用自己的方式爱对方，而事实上，那也许并不是对方真正需要的。

幸福更多的来自于众人所给予的爱的温暖，"没有什么比围炉团聚更愉快的事了"，能够在壁炉旁看到一幅其乐融融的画面是高质量家庭的最好证明。不停地操劳只能维持家的外观及形式，而最主要的，是要注重家庭里特有的——充满了爱、温暖与明朗的气氛。

建立和巩固家庭的是爱，是心灵的相通和无私的充分发挥。简单的激情是自私的，也不会长久，爱则会随着时间的流逝，日久弥深，越来越香醇。

夫妻之间的爱是每个家庭的基础。如果他们的爱是真切的、忠诚的，这个家庭就会是安全的、圣洁的。如果爱偏离了轨道，这个家庭就会面临悲惨和毁灭。

在不快乐的家庭里，存在着夫妻之间都没有感觉到的裂痕。如果他们了解几条简单的事实，灾难就可以避免：很多的对立都来源于粗鲁的态度和方式。

如果想要爱经得起风雨的考验，我们就必须投入自己的耐心、怜悯和自制。而最主要的则是"心灵相通"，这种心灵相通是好感和幽默的结合体。

如果我们把快乐作为自己的目标和权利，我们一定得不到快乐，并且可能毁了整个家庭。我们有权利追求快乐，但是，我们没有权利把这种快乐建立在他人不快乐的基础之上。

因此，在家庭中我们必须要牺牲自己自私的快乐，来换取真正有价值的快乐。如果我们去爱，去探究，我们的孩子将会把事实真相告诉我们。因为，虽然孩子是我们的，但孩子却并非属于我们，他们拥有自己的权利。我们不应该把他们培养得与自己一模一样。我们越是生活在一起，越应该互相体贴，并且注意自己的处事方式。我们永远也不应该忘记：每个人都有他害羞与孤独的天性，我们应该尊重，没有权利去破坏。

如果我们连家人都无法容忍，不能保持一种平和的心态，那么，我们与他人生活在一起时，也一定会发生摩擦。幸福家庭的秘密深藏于每个家庭成员的心中。他们彼此心灵相通，对孩子来说，家庭应是歇憩的场所，培养丰富的人性的土壤以及明亮无比的孩子之梦的温床；对夫妻来说，家庭是双方共同经营的葡萄园，两人一同培植葡萄，一起收获。

生命是否丰富多彩在更大程度上取决于小事情而不是大事情，抱有这种观点的人才是聪明的。因为，只有这些细小的事物才能描绘出生活的细节。

世界上没有什么地方比自己的家更舒适，它不仅是一处住所，不仅是工作之余休息的地方，更是心灵唯一的绿洲和安憩之地。能够用爱去经营维持家庭，是了不起的本事。

不留恋过去，不执着未来

佛："世间何为最珍贵？"弟子："已失去和未得到。"佛不语。经数载，沧桑巨变。佛再问之，答曰："世间最珍贵的莫过于正拥有！"

世间最珍贵的不是"得不到"和"已失去"，因为得不到的是幻象，已失去的是空空，而只有"现在"才是能把握的幸福。如果我们不想在这样的生活中匆匆老去，并想了解如何享受已经拥有的时间、金钱和爱，答案其实很简单，那就是让自己过好今天，把今天的事做好。

所谓"十年修得同船渡，百年修得共枕眠"。佛是在用他唯美的文字告诉世人应该要懂得去珍惜，不仅仅是珍惜自身，更要去珍惜他人，珍惜身边的每一件东西、每一件事物，即使它现今已变得残旧或者失去了价值，但依然不要去随便丢弃它。

从前，有一座圆音寺，每天都有许多人上香拜佛，香火很旺。在圆音寺庙前的横梁上有只蜘蛛结了张网，由于每天都受到香火和虔诚的祭拜的熏陶，蜘蛛便有了佛性。经过了一千多年的修炼，蜘蛛佛性增加了不少。

忽然有一天，佛祖光临了圆音寺，看见这里香火甚旺，十分高兴。离开寺庙的时候，不经意间看见了横梁上的蜘蛛。佛祖停下来，问这只蜘蛛："你我相见总算是有缘，我来问你个问题，看你修炼了这一千多年来，有什么真知灼见。怎么样？"蜘蛛遇见佛祖很是高兴，连忙答应了。佛祖问它："世间什么才是最珍贵的？"蜘蛛想了想，回答道："世间最珍贵的是'得不到'和'已失去'。"佛祖点了点头，离开了。

就这样，又过了一千年的光景，蜘蛛依旧在圆音寺的横梁上修炼，它的佛性大增。一日，佛祖又来到寺前，对蜘蛛说道："你可还好，一千年前的那个问题，你可有什么更深的认识吗？"蜘蛛说："我觉得世间最珍贵的是'得不到'和'已失去'。"佛祖说："你再好好想想，我会再来找你的。"

又过了一千年，有一天，刮起了大风，风将一滴甘露吹到了蜘蛛网上。蜘蛛望着甘露，见它晶莹透亮，很漂亮，顿生喜爱之意。蜘蛛每天看着甘露很开心，它觉得这是三千年来最开心的一天。突然，又刮起了一阵大风，将甘露吹走了。蜘蛛一下子觉得失去了什么，感到很寂寞和难过。这时佛祖又来了，问蜘蛛："蜘蛛，这一千年，你可好好想过这个问题：世间什么才是最珍贵的？"蜘蛛想到了甘露，对佛祖说："世间最珍贵的是'得不到'和'已失去'。"佛祖说："好，既然你有这样的认识，我让你到人间走一遭吧。"

就这样，蜘蛛投胎到了一个官宦家庭，成了一个富家小姐，父母为她取了个名字叫蛛儿。一晃，蛛儿长到16岁，已经是个婀娜多姿的少女了，而且长得十分漂亮，楚楚动人。

这一日，皇帝决定在后花园为新科状元甘鹿举行庆功宴。来了许多妙龄少女，包括蛛儿，还有皇帝的小公主长风公主。状元郎在席间表演诗词歌赋，大献才艺，在场的少女无一不被他吸引。但蛛儿一点也不紧张和吃醋，因为她知道，这是佛祖赐予她的姻缘。过了些日子，说来也巧，蛛儿陪同母亲上香拜佛的时候，正好甘鹿也陪同母亲而来。上完香拜过佛，两位长者在一边聊天。蛛儿和甘鹿便来到走廊上聊天，蛛儿很开心，终于可以和喜欢的人在一起了，但是甘鹿并没有表现出对她的喜爱。蛛儿对甘鹿说："你难道不曾记得16年前，圆音寺蜘蛛网上的事情了吗？"甘鹿很诧异，说："蛛儿姑娘，你漂亮，也很讨人喜欢，但你的想象力未免太丰富了一点吧。"说罢，和母亲离开了。

蛛儿回到家，心想，佛祖既然安排了这场姻缘，为何不让他记得那件事，甘鹿为何对我没有一点感觉呢？

几天后，皇帝下诏，命新科状元甘鹿和长风公主完婚；蛛儿和太子芝草完婚。这一消息对蛛儿来说如同晴天霹雳，她怎么也想不通，佛祖竟然这样对她。几日来，她不吃不喝，苦苦思索，灵魂即将出壳，生命危在旦夕。太子芝草知道了，急忙赶来，扑倒在床边，对奄奄一息的蛛儿说道："那日，在后花园众姑娘中，我对你一见钟情，我苦求父皇，他才答应。如果你死了，那么我也就不活了。"说着就拿起宝剑准备自刎。

就在这时，佛祖来了，他对快要出壳的蛛儿灵魂说："蜘蛛，你可曾想过，甘露（甘鹿）是由谁带到你这里来的呢？是风（长风公主）带来的，最后也是风将它带走的。甘鹿是属于长风公主的，他对你来说不过是生命中的一段插曲。而太子芝草是当年圆音寺门前的一棵小草，他看了你三千年，爱慕了你三千年，但你却从没有低头看过它。蜘蛛，我再来问你，世间什么才是最珍贵的？"蜘蛛听了这些话之，好像一下子大彻大悟了，她对佛祖说："世间最珍贵的不是'得不到'和'已失去'，而是现在能把握的幸福。"刚说完，佛祖就离开了，蛛儿的灵魂也回位了，她睁开眼睛，看到正要自刎的太子芝草，她马上打落宝剑，和太子深情地拥抱着……

人们往往为"得不到"和"已失去"而惋惜不已，却忽略了我们正拥有的东西。就像蛛儿和太子芝草的故事一样，世间最珍贵的东西其实是当下拥有的，如果连这都不知珍惜，而去追逐那些不切实际的"得不到"和"已失去"，人生又有何意义呢？

饱尝岁月风霜后，人们会发现，现在切实拥有的东西才是世间最珍贵的。福来不容易，惜福看本心，我们都要学会珍惜。一个人越是懂得去珍惜那些常人看来不值得珍惜的东西，他越是懂得去珍惜自己、珍惜人生，他也就会获得真正的幸福。

好好活着，便是惜福

古人说，一寸光阴一寸金，寸金难买寸光阴。生命也诚如这难买的光阴，一旦逝去，无法挽回。所以我们要好好珍惜生命，但惜生并不意味着畏死。

既然死是无法避免的，那我们不如以必死之心好好活着，如此便是惜福。

"是日已过，命则随减；如少水鱼，斯有何乐？"世事无常，生命的消逝似乎总让人充满了消极悲观的情绪，但佛家法师告诉我们，那些生活在浅水中的鱼，即使水越来越少，它们也快乐，因为，鱼和水每一次相逢，都是得其所哉，死在眼前，也可以活得快乐。

不如意事常八九，可与人言无二三，人生总是如此。世事没有一帆风顺的，但人仍然要在这不如意中度过人生的几十个寒暑。人与人生命的长度大致相同，但宽度却大相径庭：撑着不死，还是好好活着，表面看来没什么区别，其实实质大不一样。

大热天，禅院里的花被晒蔫了。

"天哪，快浇点水吧！"小和尚喊着，接着去提了桶水来。

"别急！"老和尚说，"现在太阳晒得很，一冷一热，非死不可，等晚一点再浇。"

傍晚，那盆花已经成了"霉干菜"的样子。

"不早浇……"小和尚见状，咕咕哝哝地说，"一定已经干死了，怎么浇也活不了了。""浇吧！"老和尚指示。

水浇下去，没多久，已经垂下去的花，居然全站了起来，而且生机盎然。

"天哪！"小和尚喊，"它们可真厉害，憋在那儿，撑着不死。"

老和尚纠正："不是撑着不死，是好好活着。"

"这有什么不同呢？"小和尚低着头，十分不解。

"当然不同。"老和尚拍拍小和尚，"我问你，我今年八十多了，我是撑着不死，还是好好活着？"

小和尚低下头沉思起来。

晚课完了，老和尚把小和尚叫到面前问："怎么样？想通了吗？"

"没有。"小和尚还低着头。

老和尚严肃地说："一天到晚怕死的人，是撑着不死；每天都向前看的人，是好好活着。得一天寿命，就要好好过一天。那些活着的时候天天为了怕死而拜佛烧香，希望死后能成佛的人，绝对成不了佛。"

说到此，老和尚笑笑："他今生能好好过，却没好好过，老天何必给他死后更好的生活？"

对于禅院里的花来说，"和尚没浇水"虽然很不如意，但那是和尚的事，"好好生长"才是它自己的事。这盆向前看的花，得一天寿命，便好好过一天，真正理解了生命的意义。

哀莫大于心死，撑着不死其实就是已经心死。既然生活在这个世界上时都没有领悟何为真生命，那还能指望他在死后获得全新的生命吗？

好好活与撑着不死是对同一种处境的不同选择，因为我们的生命必然终结，所以我们应该揣着一颗必死之心，能够直面生死才不会在逆境面前瞬间崩溃，而好好活着是一种积极的心态，追求一天比一天精彩的生活，只要眼睛还有光泽，心灵就永远不会荒芜。

当我们感觉到生活的枯燥或者痛苦时，并不是因为山河不够壮丽，也不是因为世界不够美丽，更不是人生不够绚丽，只是我们的心灵被束缚得不自由了。

好好活着，因为在死亡面前，我们别无选择。所以我们要珍惜生，但也不畏惧死。

"对酒当歌，人生几何？譬如朝露，去日苦多。"曹操写的这一名句被传唱了千年，诗句在雄壮之中道尽了对人生短促的无奈。弘一法师对生命有着深深的喜悦，留下了"华枝春满，天心月圆"的感悟。然而，在他面临死亡的时候，却是不惧不畏，安然视之。他留给我们的最好的福泽莫过于对待生命与死亡的态度：珍惜生，但并不畏惧死。

生命短暂，所以我们要珍惜；死亡无可避免，所以我们不要畏惧。能好好活着，便是真懂得惜福了，能做到这一点的人，他的人生将会是乐观而豁达的。

满怀爱心，常常感恩

万物皆有灵性，我们要常常惜福，时时感恩。

世间被创造的万事万物的存在自有其存在的理由，也都是去值得珍惜的，哪怕只是一片小小的菜叶。

雪峰、岩头、钦山三位禅师结伴而行，有一天经过一条河流，正商量到哪里去化缘、讲法，突然看到有一片碧绿新鲜的菜叶，缓缓从上游漂来。

三个人议论开了。

钦山："你们看！河中有菜叶漂流，可见上游有人居住，我们向上游走，就会有人家了。"

岩头："这么好的一片菜叶，竟让它流走，实在可惜！"

雪峰："如此不惜福的村民，不值得教化，我们还是到别的村庄去吧！"

三人谈得正热闹，一个人匆匆地从上游那边跑来，问："师父！你们看到水中的一片菜叶了吗？我刚刚洗菜时，不小心把它洗掉了，我一定要找到它，不然实在太可惜了。"

雪峰等三人听后，哈哈大笑，不约而同地说："我们就到他家去讲法吧！"

一片菜叶能值多少钱？但我们若对万事万物都以金钱的多少来加以计量，那么，我们永远都不懂得珍惜。要知道，哪怕只是一片小小的菜叶，那也是自然界的馈赠，我们也应该去珍惜它。

人生欲壑难填，惜福让我们懂得勤俭节约，更加珍惜自己当下拥有的，少一些攀比，从而就不会放纵自己的欲望，学会知足常乐，让心灵保持一种从容而优裕的境界。用感恩的心去感受富足，包容一切，感激一切，所以幸福不忘艰苦奋斗，勤俭节约。有福分固然重要，但不知爱惜，最后还是竹篮打水一场空。

惜福之人同时也会感谢生命之恩。拥有感恩之心的人，即使仰望夜空，也会有一种感动，正如康德所说："在晴朗之夜，仰望天空，就会获得一种快乐，这种快乐只有高尚的心灵才能体会出来。"生活中确实需要感恩，不懂得感恩，生活便会黯然失色，人生便没有滋味。不知感恩，永难幸福。

"感恩"是一种认同，是对世界万物，一花一草的深切的认同，更是一种回报。当我们从母亲的子宫里出来以后，母亲用乳汁将我们哺育成长，给予我们无私的母爱，我们更应该去懂得珍惜和回报这份恩赐、这份爱。

人是需要懂得"知恩图报"的，感恩的第一步便是知恩，只有先知恩，才能去报恩。这也是我们人类与生俱来的本性，是一个人不可磨灭的良知。

有成就的人都懂得要知恩图报，要报答恩人。正因为如此，他们得以树立了威望，成就了他们的事业。

一般的感恩都使我们的注意力集中在上天庇佑我们的好运道上，当我们身处顺境的时候，我们很容易发出感恩的言辞，然而，真正的感恩并不仅仅限于在顺境的情况下拥有一颗感恩的心，而是在逆境中也同样懂得去感恩。拥有一颗感恩的心，才能更懂得尊重：尊重生命、尊重劳动、尊重创造。

生活中人们往往不停地索取而仍不满足。是我们的生活越来越不幸了吗？是我们生存的环境更加艰难了吗？还是世界上不幸的人越来越多了吗？究竟有几个不幸的人，到底谁最不幸，每个人心中都有自己的答案。然而，我们的答案又是正确吗？不知满足不知感恩的人，永难幸福。

幸福本没有绝对的定义，许多平常的小事往往能撼动我们的心灵。能否体会幸福，只在于我们的心怎么看待。想要拥有幸福的生活，就要懂得常常惜福，时时感恩。

日日是好日

禅宗说："日日是好日。"一生的幸福也往往来自每一日快乐的积累。所以，我们要好好珍惜，过好每一日。

如何才能过好每一日的生活呢？佛学大师认为，应当每日说好话，每日行善事，每日常反省，每日多欢喜，只有今天把今天过好，明天把明天过好，才能一月一月、一年一年地过好，才会一生过好。日日是好日，每一日、每一分都应珍惜。

两千多年前，先圣在河边说道："逝者如斯夫，不舍昼夜。"逝水是不会有重归的，时间也不会重返，所以若想在每一天都获得充盈的快乐，就要有意识地珍惜从自己手指间溜过的每一秒钟。

一寸光阴一寸金，寸金难买寸光阴。众所周知，弘一法师的惜时精神令人钦佩，不过这都源于他的一段真实经历：

我于1936年的1月，扶病到南普陀寺来。在病床上有一只钟，比其他的钟总要慢两刻，别人看到了，总是说这个钟不准，我说："这是草庵钟。"

别人听了"草庵钟"三字还是不懂，难道天下的钟也有许多不同的吗？现在就让我详详细细地来说个明白：

我那一回大病，在草庵住了一个多月。摆在病床上的钟，是以草庵的钟为标准的。而草庵的钟，总比一般的钟要慢半点。

我以后虽然移到南普陀，但我的钟还是那个样子，比平常的钟慢两刻，所以"草庵钟"就成了一个名词了。这件事由别人看来，也许以为是很好笑的吧！但我觉得很有意思！因为我看到这个钟，就想到我在草庵生大病的情形了，往往使我发大惭愧，惭愧我德薄业重。

我要自己时时发大惭愧，我总是故意地把钟改慢两刻，照草庵那钟的样子，不止当时如此，到现在还是如此，而且愿尽形寿，常常如此。

从那以后，"草庵钟"也就成了珍惜时间的一个代名词，也成为提醒世人珍惜时间的警示钟。

日日是好日，日日都当珍惜。认真过好每一个属于我们的日子便是智慧。大师用草庵钟来不断提醒自己要珍惜时间，这不得不让我等钦佩。我们也应该时时刻刻提醒自己，时间就像是一阵风，来得快，去得也快；时间就像一页书，看得快，翻得也快；时间就像一匹良驹，跑得快，过得也快。睿智如弘一法师，也总是在努力把握生命里的每一分钟，身为普通人的我们，又有什么理由不去珍惜时间呢？让我们来听听佛祖的声音，看他是如何为世人解惑的。

有一天，如来佛祖把弟子们叫到法堂前，问道："你们说说，你们天天托钵乞食，究竟是为了什么？"

"世尊，这是为了滋养身体，保全生命啊。"弟子们几乎不假思索。

"那么，肉体生命到底能维持多久？"佛祖接着问。

"有情众生的生命平均起来大约有几十年吧。"一个弟子迫不及待地回答。

"你并没有明白生命的真相到底是什么。"佛祖听后摇了摇头。

另外一个弟子想了想又说："人的生命在春夏秋冬之间，春夏萌发，秋冬凋零。"

佛祖还是笑着摇了摇头："你觉察到了生命的短暂，但只是看到生命的表象而已。"

"世尊，我想起来了，人的生命在于饮食间，所以才要托钵乞食呀！"又一个弟子一脸欣喜地答道。

"不对，不对。人活着不只是为了乞食呀！"佛祖又加以否定。

弟子们面面相觑，一脸茫然，又都在思索另外的答案。这时一个烧火的小弟子怯生生地说道："依我看，人的生命恐怕是在一呼一吸之间吧！"佛祖听后连连点头微笑。

人的生命可以延续多长时间呢？佛祖的小弟子给了我们一个答案，生命就在一呼一吸之间而已。生命易逝，我们有什么理由不珍惜时间呢？

时间最不偏私，给任何人都是二十四小时；时间也偏私，给任何人都不是二十四小时。最啬时间的人，时间对他最慷慨。所以我们要抓住今天，不依赖明天，珍惜眼前。日日是好日，我们要学会惜时，珍惜每一个宝贵的日子。

梵音常在清净处

有位信徒问无德禅师说："同样一颗心，为什么心量有大小的分别呢？"禅师并未直接作答，告诉信徒说："请你将眼睛闭起来，默造一座城垣。"于是信徒闭目冥思，心中构想了一座城垣。信徒说："城垣造完了。"禅师说："请你再闭眼默造一根毫毛。"信徒又照样在心中造了一根毫毛。信徒说："毫毛造完了。"禅师问："当你造城垣时，是否只用你一个人的心去造？还是借用别人的心共同去造呢？"信徒回答："只用我一个人的心去造。"

禅师问："当你造毫毛时，是否用你全部的心去造？还是只用了一部分的心去造呢？"信徒回答："用全部的心去造。"于是禅师就对信徒开示："你造一座大的城垣，只用一个心；造一根小的毫毛，还是用一个心，可见你的心是能大能小啊！"

其实人的心何止能大能小，亦可净可浊，由此既能生快乐，又能生烦恼。

佛教传说中，佛陀出生即能行走，每走一步，脚下便涌现出朵朵金莲。莲花在佛教中有其特殊的意义，"佛祖慈悲怀，莲花朵朵开"。莲花以其"出淤泥而不染，濯清涟而不妖"的品格深受文人雅客的喜爱，其实，我们每个人心里都有一朵圣洁的莲花，因此，每个人也都有品性洁净的内心。把握这份心，就有机会得到幸福的青睐，从而脱离世间的痛苦，得到永恒的快乐。

人生的痛苦和悲哀都是来源于自己的心。一个人心中若太过执着，自然会迷失在欲望的丛林中，分辨不出正确的方向；只有心如水般清澈，如月光般轻盈，如莲花般纯净，才能拥有快乐的心境，拥有单纯的幸福。既然人生的痛苦大多来自于人的内心，那么，为何人的心总是不能保持一种平衡稳定的状态，而注定要为尘事所扰呢？

一位禅学大师有一个爱抱怨的弟子。有一天，大师派这个弟子去集市买了一袋盐。弟子回来后，大师吩咐他抓一把盐放入一杯水中，然后喝一口。"味道如何？"大师问道。"咸得发苦。"弟子皱着眉头答道。

随后，大师又带着弟子来到湖边，吩咐他把剩下的盐撒进湖里，然后说道："再尝尝湖水。"弟子弯腰捧起湖水尝了尝。大师问道："什么味道？""纯净甜美。"弟子答道。"尝到咸味了吗？"大师又问。"没有。"弟子答道。大师点了点头，微笑着对弟子说道："生命中的痛苦是盐，它的咸淡取决于盛它的容器。"

大师一语道破人们一直以来的困扰：生命中的痛苦是盐，它的咸淡取决于盛它的容器。

这真是一则智慧故事，感悟了其中妙处的众生。我们是愿做一杯水，还是一片湖呢？有人说，人生像是一个苦瓜，即使在圣水中浸泡，在圣殿中供养，放入口中，苦味依然不减，这是人生苦的本质；其实人生更像是一杯白水，放入蜂蜜就是甜的，放入盐粒就是咸的，放入茶叶有些苦涩，放入咖啡就有醇香。心是苦的，人生便如苦海无边；心是甜的，人生处处都是曼妙风景。

我们的心灵决定了我们的生活态度。清净之心宛如一粒小小的种子，虽然外表看来微不足道，但其中却蕴涵着最伟大的力量，凭借这种力量，人便能够实现非常大的提升。

在紧张忙碌的日子里，拿出一些小小的空闲为自己净心，片刻的净心会带来片刻的安宁，无数个片刻积累起来，人就获得了一份悠然自得的心情，整个身心也能达到和谐的状态，从片刻安宁到身心和谐，这又何尝不是一粒种子长成参天大树的过程呢？

纷乱的俗世，总有些不尽如人意之处，有权的将权力为己所用，有钱的花天酒地纵情挥霍，有色的卖弄青春不知老之将至。所谓"心生则种种法生，法生则种种心生"，既然境由心造，何不在自己的内心掘一座莲池，青莲开则净土在；亦可造一座花园，满园玫瑰芬芳之时，于己赏心悦目，送人则手有余香。

心情的颜色影响世界的颜色

一个云游的高僧送给至诚禅师一个紫砂茶壶，至诚禅师非常珍爱这个茶壶，每天都要亲自擦拭，打坐之余，便会亲自用紫砂茶壶泡壶好茶，品茶参禅，静心修佛。

有一天，禅师与远道而来的高僧交流佛法，留下一个小和尚打扫禅房，小和尚看见师父珍爱的紫砂茶壶，一时紧张，竟失手将紫砂茶壶摔碎。小和尚自觉闯了大祸。于是战战兢兢，捧着碎了的紫砂茶壶，背着藤条，待禅师归来后，跪在佛堂面前请求处罚。

至诚禅师扶起小和尚，淡淡地说道："碎了就碎了。"

旁观的小和尚不明白："师父不是很珍惜这个茶壶吗？为何茶壶碎了却是满不在乎的样子？"

至诚禅师说："茶壶已经碎了，后悔有什么用呢？后悔能让茶壶复原吗？既然如此，何苦沉浸在后悔中，得不偿失呢？"说罢依旧闭目参禅。

最钟爱的紫砂茶壶被打碎了，的确是件让人懊悔的事。但至诚禅师却说得很直白："茶壶已经碎了，后悔有什么用呢？后悔能让茶壶复原吗？"

至诚禅师不愧是高僧，深知后悔埋怨远不如轻装前进，不再计较已有的损失，而且干脆利落，只管向前！这就给了我们一个重要的启示，在前进的征程中，我们也应该学会权衡利弊，并认定豁达开通远胜于独自悔恨。

人生一世，花开一季，谁都想让此生了无遗憾，谁都想让自己所做的每一件事都永远正确，从而达到自己预期的目的。可这只能是一种美好的幻想，人不可能不做错事，不可能不走弯路。

做了错事，走了弯路之后，会后悔是人之常情，这是一种自我反省，是自我解剖与抛弃的前奏曲，正因为有了这种"积极的后悔"，我们才会在以后的人生之路上走得更好、更稳。倘若一味地埋头后悔，不仅会忘掉曾经的幸福，也会失掉勇气，放弃追逐前方的幸福，至诚禅师的那句"得不偿失"真是再恰当不过了。

有时候，其实幸福一直都在我们的身边，只是我们没有用心去体会而已。

从前有个老太太，她有两个儿子，大儿子卖扇子，小儿子卖伞。

老太太总是很忧愁，如果遇到天阴下雨，老奶奶就发愁了："太糟了！大儿子的扇子卖不出去了！"可是等到晴天出太阳，她又发愁："太糟了！小儿子的伞又卖不出去了！"所以，她成天愁眉苦脸，担惊受怕，一直很烦恼。结果，两个儿子也受她影响，心情很糟糕，生意自然做不好。

有一天，一个苦行僧路过老太太门口，看见连连叹气，于是上前询问原因，老太太便将理由一五一十告诉了他，苦行僧哈哈大笑，说道："老人家，您不如换个心境想问题。下雨时想：'太好了！小儿子的伞可以卖出去了！'出太阳时就想：'太好了！大儿子的扇子又可以卖出去了！'"

老太太觉得苦行僧的话很有道理，于是照着去做了。果然，她的心情变了：不论天气怎样，她都很高兴，每天活得开开心心，乐乐呵呵，两个儿子的生意也红火了起来……

虽然两个儿子卖的东西没有变化，天气也还是老样子：雨照下，天照晴，但老奶奶的心情变了，世界就变得大不一样了。

可见，心情的颜色会影响世界的颜色。

其实，福气，简单而朴实，有时候自行车的车轮声也是美妙的歌曲，有时候再动听的音乐也会让你心生烦恼，幸福不是某个人所专有的，而是在于这个人的心态。简单，充满着美好的愿望，所以才幸福。

生活中很多事情是无法改变的，同样一件事情在不同人的身上却有着截然不同的反应，有的人会一直愁眉不展，有的人依然和往常一样积极进取。如果一个人对生活抱一种达观的态度，就不会稍有不如意，就自怨自艾。大部分终日苦恼的人，实际上并不是遭受了多大的不幸，而是自己的内心素质存在着某种缺陷，对生活的认识存在偏差。事实上，生活中有很多坚强的人，即使遭受不幸，精神上也会岿然不动。充满着欢乐与战斗精神的人们，永远带着欢乐，欢迎雷霆与阳光。

幸福在我们的身边，需要我们去用心体会；幸福就在前方，需要我们努力去追逐。

第六节　忍苦忍辱是一生的修行

世界是不圆满的，不圆满就会有不如意，不如意就会有辱。在佛家看来，一切不如意就是辱，一切痛苦就是辱。谁都有辱，释迦牟尼佛也不例外。忍辱就是应对嗔恨心的。《金刚经》说一切法行成于忍，无忍辱则布施持戒均不能成就，所以让我们忍辱时要离四相，不苦不乐，无宠无辱，便是最终境界。

忍耐是人生必修课

在一座大山之中有座寺庙，庙里有一尊铜铸的大佛和一口大钟。每天大钟都要承受几百次撞击，发出哀鸣。而大佛每天都会坐在那里，接受千千万万人的顶礼膜拜。一天夜里，大钟向大佛提出抗议说："你我都是铜铸的，可是你却高高在上，每天都有人对你顶礼膜拜，献花供果，烧香奉茶，但每当有人拜你之时，我就要挨打，这太不公平了吧！"

大佛听后微微一笑，然后，安慰大钟说："大钟啊，你也不必羡慕我，你可知道吗？当初我被工匠制造时，一棒一棒地捶打，一刀一刀地雕琢，历经刀山火海的痛楚，日夜忍耐如雨点落下的刀锤……千锤百炼才铸成佛的眼耳鼻身。我的苦难，你不曾忍受，我走过难忍的苦行，才坐在这里，接受鲜花供养和人类的礼拜！而你，别人只在你身上轻轻敲打一下，就忍受不了了！"大钟听后，若有所思。忍受艰苦的雕琢和锤打之后，大佛才成为大佛，钟的那点锤打之苦又有什么不堪忍受的呢？

其实，不光佛需要行"忍"，一切成就也都来源于忍。忍耐任由风雨过，守得云开见月明。忍耐是一种人生智慧。

从某种程度上说，忍耐是成就一项事业的必需，忍耐能让我们在清净沉寂中体会生命的幸福。人要获得某方面的成就，必须学会忍耐。正如一位西方学者曾经说过："忍耐和坚持是痛苦的，但它会逐渐给你带来幸福。"

"忍"是修行佛道必须具备的心理姿态。这其中的"忍"是智慧，是力量，是认识、担当、负责、化解的意思。佛教讲"忍"有三个层次：即生忍、法忍、无生法忍。所谓"生忍"，即是一个人要维持生命，必须能忍。所谓"法忍"，就是除了维持基本的生存条件之外，还要活得自在，所以心理上的贪嗔痴成见，都要能自我克制自我疏通。所谓"无生法忍"，就是对于时间上的生老病死、忧悲苦恼、功名利禄、人情冷暖等，不但不为所动，而且要能真正地认知处理、化解消除。

佛教所谓的"忍"，即是能够克制各种欲望，使自己心态平和，继而得到心灵上的自在。忍之于追求佛道的人来说，是一种修行的方法，看似不适合普通人，但其实常人如能领会"忍"的意旨，对日常生活将会大有裨益。

我们平时所说的忍，即是忍耐。忍耐是一种为人处世的智慧，缺少忍耐常常使事情难以圆满解决，甚至会因一时愤怒酿成大错或大祸，这在现实生活中绝非少见。古希腊哲学家毕达哥拉斯认为人在盛怒下常常会做出不理智的行为，他说："愤怒从愚蠢开始，以后悔告终。"培根则告诫道："无论你怎么表示愤怒，都不要做出任何无法挽回的事来。"

从某种意义上说，忍耐是保全人生的一种谋略，因为小不忍则乱大谋，因为风物长宜放眼量。忍耐是一种弹性前进策略，它是人生的延长线，就像战争中的防御和后退有时恰恰是赢得胜利的一种必要准备。

"忍字心头一把刀"，不是意志极坚强者，很难能把这个写起来极简单的字做到位。而一旦做到位了，那他的一生事业一般来讲都会是别有天地。比如唐宣宗，便是其中一位。

李忱是唐宪宗李纯的第13子，于长庆中期被封为光王。在他即位之前，贵为王公的李忱却不得不离京出走，这得从他当时的处境说起。李忱的母亲并不是一个有身份有地位的妃子，她作为当时叛臣的罪女进宫，结果邂逅了当朝皇帝，生下了李忱，可惜在李忱的幼年，宪宗皇帝就被宦官暗杀了，留下这一对母子，既不能母凭子贵，也不能子凭母贵。

820年2月，李恒（李忱之兄）被宦官扶上皇位，是为唐穆宗；4年后穆宗服长生药病逝，其子敬宗李湛接任，但他只活到18岁，驾崩后由其弟文宗李昂、武宗李炎相继接任。

在这长达20年的时间里，三朝皇叔李忱的地位既微妙又尴尬，他只能以黄老之道韬光养晦，装傻弄痴。尽管他为人低调，不事张扬，但光王的特殊身份，还是让他逃避不了侄儿们猜忌、排斥、挤压的命运。文宗、武宗两位皇帝更是对他心存芥蒂，非但不以礼相待，还想方设法地迫害他。841年，唐武宗登基时，李忱为避祸全身，便"寻请为僧，行游江表间"，远离了是非之地。应该说，李忱当时作出的这一抉择，当属达人知命的明智之举。而流放底层，阅尽人世沧桑，也为他将来修成大器提供了一个难得的机会。

法号"琼俊"的李忱虽然隐居于与世隔绝的深山之中，但他并没有一心向佛，忘却心中之志。握瑾怀瑜的他，效法孔明抱膝于隆中、太公钓闲于渭水，准备待时而动。在唐武宗统治的6年间，他不停地通过秘密渠道打探宫内情况，积极从事夺权的活动，以实现"归去宿龙宫"的宿愿。

虽然他一直隐藏自己的这一志向，在福建境内的天竺山真寂寺的三年间，言行谨慎，不露端倪。但在一次与当时的名僧黄蘗和尚观瀑吟联时，他那深藏于心的雄才大略却通过一联对表露无遗。

一日，两人在山中闲话，面对悬崖峭壁上的一条飞瀑，黄蘗来了雅兴，对李忱说道："我得一上联，看你能否接下联。"李忱也兴致盎然，说道："你道来我听，我必对得上。"黄蘗于是吟道："千岩万壑不辞劳，远看方知出处高。"李忱几乎是脱口而出："溪涧岂能留得住，终归大海作波涛。"黄蘗听了，对其赞赏有加。

没有深沉的寂寞，哪有动地的长歌？李忱就像那瀑布，经历"千岩万壑不辞劳"的艰险后，终将飞珠溅玉、石破天惊。846年，深谙权谋、忍辱负重的李忱果然在太监们的拥戴下，从侄儿手中夺过大位，成为唐宣宗，时年37岁。由于他长期在民间阅世读人，深知黎民疾苦，故躬行节俭，虚怀纳谏，颇有作为，号称"大中之治"。

李忱能忍人所不能忍，终于忍而后发，摆脱了曾经的屈辱，并达到了自己的目标。可见要做大事，要成大事，关键在于一个"忍"字。

生活中我们同样要有忍耐精神，因为人生纷扰不断，若总以"得理不饶人"的心态去面对，自然会让自己处于一种孤立的境地，因此，我们都应该学会忍耐。

生活中有些事情或许你永远不会习惯，但这样的日子你还得一天一天地过下去，所以你必须学会忍耐。没有能力改变现状，你就必须忍耐、适应，等一切都过去了，剩下的就是美好了。

当然，忍耐不是单纯的品格个性，它是一种谋略。善于利用忍耐有助于事态向好的方面发展，反之就会恶化，所以说忍耐并不是逆来顺受，屈服于命运。生活的艰辛在人们的心中埋下了太多的隐痛，忍耐却可使人相信，风雨过后必见彩虹。忍耐虽然仅仅是佛家的"忍"中智慧之一，但若能融会贯通，足以叫常人受用一生。

能够拥有"生忍"，就具备面对生活的勇气；能够拥有"法忍"，就具备斩除烦恼的力量；能够拥有"无生法忍"，则到达了处处桃源净土自由自在的世界。

成大事者要有忍辱的胸怀

潜龙在渊的时候，它的力量是微小的，但是经过长时间的忍耐与修炼，潜龙最终得以变成飞龙在天。可见，微小的力量也不容小觑，经过修炼，它就有可能变成庞大的力量。

成大事者要有忍辱的胸怀。认识到这一点后，我们做人就应该抱有谦卑的态度，不可狂妄自大。所谓"敬人者人恒敬之"，只有以一颗谦卑、恭敬的心对待他人，才能换来同等的对待；"做人低姿态，做事高水平"，才会赢得他人的认可。

所以，做人应该像梅花一样，"恭敬谦和满芬芳"——在冬雪寒风的熬炼之后，散发扑鼻的香气。

佛教经典中有一句话："欲为诸佛龙象，先做众生牛马。"龙象是神佛的乘骑，牛马则是凡人的奴仆，虽然同是服务于人，但境界大不相同。

这句佛语箴言也道出了一个处世真谛：与其常常抬头仰望光环炫目的大人物，不如踏踏实实地从众生牛马做起。攀爬是一道徐徐上升的轨迹，即使有时候速度不尽如人意，但是经过一种长年累月的资本积累，也必然能促进人的提升与完善。

俗话说，"玉不琢不成器"，也是在说明这个道理。想拥有一件没有瑕疵的玉器，需要长期精心雕琢与打磨，每个人都应该为自己的理想付出应有的努力。

眼光要远，但脚步要近，做人、做事、求学，都要放大眼光，但是不能好高骛远，脚步要从近处开始，要脚踏实地。虽然每个人心中都有一个成为龙象的愿望，但是从牛马做起，从低处做起，从细节做起，会距离成功的顶峰更近一步。

不入苦海，焉得无涯境界。有所得，就要有所牺牲。做事亦是如此，要想成就一番大的事业，往往需要潜心修炼，韬光养晦，待到积蓄一定力量后才能强力出击，获得成功。

一位西方学者曾经说过："忍耐和坚持是痛苦的，但它逐渐给你带来好处。"人要获得某方面的成就，必须学会忍耐，从某种程度上说，忍耐是成就一项事业的必需。怎样叫"忍"？这个"忍"在佛法修持里是一个大境界，大乘的佛法必然"得成于忍"。因此"忍"是一个人获得成就不可回避的路程。

春秋时，越王勾践被吴王夫差打败，退守在会稽山上。越王要求同吴国讲和，吴国的条件是要勾践夫妇到吴国给夫差当仆役，勾践万般无奈，只好答应了。

勾践将国事委托给大夫文种，让大夫范蠡随同前往吴国。到了吴国，他们住在山洞石层中，夫差两次外出，勾践就亲自为他牵马。有人指骂他，他也不在乎，始终表现出一副驯服的样子，很讨夫差欢心。

一次，夫差病了，勾践在背地里让范蠡预测一下，知道此病不久就会好，他就亲自去见夫差，探问病情，并亲口尝了尝夫差的粪便，向夫差道贺，说他的病很快就会好的。夫差问他怎么知道。勾践就胡编说："我曾经跟名医学过医道，只要尝一尝病人的粪便，就能知道病的轻重。刚才我尝了大王的粪便，味酸而稍微有点苦，用医生的话说，是得了'时气症'，所以病很快会好，大王不必担心。"

果然不几天，夫差的病就好了。夫差认为勾践比自己的儿子还孝顺，深受感动，就把勾践放回国去了。

勾践归国后，深为会稽之耻而痛苦，一心伺机报仇。他爱抚群臣，教育百姓，经过三年，百姓都归顺了他。

为了锻炼斗志，不过舒服生活，勾践连褥子都不用，床上铺着柴草，还备了一个苦胆，随时尝一尝苦味，以不忘所受之苦。他还经常外出巡视，随从车辆装着食物去探望孤寡老弱病残，并送给他们食物。

后来越国终于与吴国在五湖决战，吴国军队大败，越军包围了吴王的王宫，攻下城门，活捉夫差，杀死吴国宰相。灭掉吴国两年后，越国称霸诸侯。

勾践卧薪尝胆的故事之所以千古流传，不但是因为勾践最后洗清了耻辱报了国仇，更主要的是他那忍辱负重的精神成为我们克服困难、知耻后进的楷模。在势不如人时忍辱负重，待到东山再起时，再一举反击。刘邦在取得基本胜利后广积粮、高筑墙、缓称王是忍耐，终成汉高祖一代帝业；项羽急不可耐，最终却是霸王别姬、饮恨乌江。韩信甘愿受胯下之辱是忍耐，司马迁遭受宫刑著《史记》是忍耐。

古往今来，"忍"字堪称众多有志之士的人生哲学。正如清代金兰生《格言联璧·存养》中所说的那样，"必能忍人不能忍之触忤，斯能为人不能为之事功"。在人生的历程中，我们会遇到一些需要忍耐的事情，借以历练自己的心智。学会忍耐，便像"退一步海阔天空"般，忍一次天便更蓝，海便更宽，心也变得更加包容和宽大。

潜龙之所以最后能变成飞龙在天，在于当它还在渊时能够忍，忍住一切，潜心修炼。生命的历程中存在着无数的苦难，身处苦难的过程需要忍，度过苦难的过程也要忍。忍过万般痛苦，我们的人生也就如海如山，境界无涯，成功便不远了。

心中无荣辱

世间什么力量最大？忍辱的力量最大。拳头刀枪，使人畏惧，但不能服人，唯有忍辱才能感化强者。

忍辱的力量是无穷的，它能让世间的事物形态得以改变。这就好比水是忍耐的，但流水的力量最大，洪水泛滥，冲坝决堤，水滴石穿，磨圆石棱……

忍辱的力量更是无畏的，它能让弱者不畏强敌，养精蓄锐，逐渐让自己变得强大起来，最后伺机出动，打败强者，获得成功。

世界是不圆满的，不圆满就会有不如意，不如意就会有辱。在佛家看来，一切不如意就是辱，一切痛苦就是辱。

那么，受辱的后果是什么？是嗔心。嗔是一切逆境上发生的憎恚心，为恶业的根本。当一个人的嗔恨心来的时候，他的无明怒火就把自己烧得不行、坐立不安了，此时此刻说出来的话或做出来的事情，都会伤害到别人。

忍辱就是治嗔恨心的。《金刚经》说一切法行成于忍，无忍辱则布施持戒均不能成就，可见忍辱的重要性了。大德高僧们认为"忍耐"与六度的"忍辱"是不同的，忍辱是没有"人相""我相"，忍耐则是君子报仇，十年不晚。

其实忍耐也未尝不可。既然不能轻易地忍辱，就把辱拿回去，慢慢研究，看看这个辱是什么东西。很多时候，在我们想研究的时候，根本就找不到辱了。

忍辱是比忍耐更深的层次，在下面的故事中有深刻的体现。

有位青年脾气很暴躁，经常和别人打架，大家都不喜欢他。

有一天，这位青年无意中游荡到了大德寺，碰巧听到一位禅师在说法。他听完后发誓痛改前非，于是对禅师说："师父，我以后再也不跟人家打架了，免得人见人烦，就算是别人朝我脸上吐口水，我也只是忍耐地擦去，默默地承受！"

禅师听了青年的话，笑着说："哎，何必呢？就让口水自己干了吧，何必擦掉呢？"

青年听后，有些惊讶，于是问禅师："那怎么可能呢？为什么要这样忍受呢？"

禅师说："这没有什么能不能忍受的，你就把它当做蚊虫之类的停在脸上，不值得与它打架，虽然被吐了口水，但并不是什么侮辱，就微笑着接受吧！"

青年又问："如果对方不是吐口水，而是用拳头打过来，那可怎么办呢？"

禅师回答："这不一样吗！不要太在意！这只不过一拳而已。"

青年听了，认为禅师实在是岂有此理，终于忍耐不住，忽然举起拳头，向禅师的头上打去，并问："和尚，现在怎么办？"

禅师非常关切地说："我的头硬得像石头，并没有什么感觉，但是你的手大概打痛了吧？"青年愣在那里，实在无话可说，火气消了，心有大悟。

禅师告诉青年的是"忍辱"，并身体力行，青年由此也会有所醒悟吧。禅师是心中无一辱，青年的心头火伤不到他半根毫毛。这就叫离相忍辱。

《金刚经》让我们忍辱时要离四相："须菩提，忍辱波罗蜜，如来说非忍辱波罗蜜，是名忍辱波罗蜜，何以故。须菩提，无我相，无人相，无众生相，无寿者相。是故须菩提，菩萨应离一切相。"这就是说：忍辱也是多余的，根本就没有辱，那我们忍的是什么？行菩萨道，就要觉悟、平等、慈悲。受辱生嗔，斤斤计较，那有什么慈悲可言？

但说归说，现实中一旦遇到挫折和打击，人们还是嗔念顿起，怒火中烧，这个时候，想想佛祖的忍辱告诫吧。

忍辱不是叫我们做缩头乌龟，而是学习乌龟的精神。忍辱不一定能成佛，但却能消解我们许多的烦恼。

忍辱，如流水磨棱角。如果我们不尽力去忍，就不会知道它的力量所在。忍辱，让人们少些烦恼，多些坦然，生活也会因此变得更加诗意。

退到悬崖，绝处逢生

当置之死地而后生，人们会发现，原来自己有这么大的能量啊。

当一个人感到所有外部的帮助都已被切断之后，他就会尽最大的努力，以坚忍不拔的毅力去奋斗，而结果，他会发现：自己可以主宰自己命运的沉浮。

而一旦人们发现自己还有一定的余地后，就有可能不会尽最大的努力去拼搏。俗话说：有拐杖，难独立。拐杖让人们有所依赖，也因此丧失了全力拼搏的动力。

独立行走，让猿终于成为万物灵长；扔掉手中的拐杖，我们才可以走出属于自己的路。人生的轨迹不需要别人定度，只有自己才能为自己的人生画布着色。去除依赖，独立完成人生的乐谱，相信我们定能奏响生命雄壮的乐章。

有些人经常持有的一个最大谬见，就是以为他们永远会从别人不断的帮助中获益。力量是每一个志存高远者的目标，而依靠他人只会导致懦弱。力量是自发的，不依赖于他人。坐在健身房里让别人替我们练习，是无法增强自己肌肉的力量的。没有什么比依靠他人更能破坏独立自主精神的了。如果我们依靠他人，将永远坚强不起来，也不会有独创力。要么抛开身边的"拐杖"独立自主，要么埋葬雄心壮志，一辈子老老实实做个普通人。

生活中最大的危险，就是依赖他人来保障自己。"让你依赖，让你靠"，就如同伊甸园的蛇，总在我们准备赤膊努力一番时引诱我们。它会对我们说："不用了，你根本不需要。看看，这么多的金钱，这么多好玩、好吃的东西，你享受都来不及呢……"这些话，足以抹杀一个人前进的雄心和勇气，阻止一个人利用自身的资本去换取成功的快乐，让我们日复一日原地踏步，止水一般停滞不前，以至于我们到了垂暮之年，终日为一生无为悔恨不已。而且，这种错误的心理，还会剥夺一个人本身具有的独立的权利，使其依赖成性，靠拐杖而不想自己一个人走；有依赖，就不会想独立，其结果是给自己的未来挖下失败的陷阱。

所以，丢掉拐杖，让自己独立自强，不要认为自己还有余地，不妨想象自己背后就是一个悬崖，已无余地。我们会发现，有时候给自己一个悬崖，其实就是给自己一片蔚蓝的天空。

有一个老人在山里打柴时，拾到一只样子怪怪的鸟，那只怪鸟和出生刚满月的小鸡一样大小，也许因为它实在太小了，还不会飞，老人就把这只怪鸟带回家给小孙子玩耍。老人的孙子很调皮，他将怪鸟放在小鸡群里，充当母鸡的孩子，让母鸡养育。母鸡没有发现这个异类，全权负起一个母亲的责任。怪鸟一天天长大了，后来人们发现那只怪鸟竟是一只鹰，人们担心鹰再长大一些会吃鸡。为了保护鸡，人们一致强烈要求：要么杀了那只鹰，要么将它放生，让它永远也别回来。因为和鹰相处的时间长了，有了感情，这一家人自然舍不得杀它，他们决定将鹰放生，让它回归大自然。然而他们用了许多办法都无法让鹰重返大自然。

他们把鹰带到很远的地方放生，过不了几天那只鹰又回来了，他们驱赶它，不让它进家门，他们甚至将它打得遍体鳞伤……许多办法试过了都不奏效。最后他们终于明白：原来鹰是眷恋它从小长大的家园，舍不得那个温暖舒适的窝。

后来村里的一位老人说："把鹰交给我吧，我会让它重返蓝天，永远不再回来。"老人将鹰带到附近一个最陡峭的悬崖绝壁旁，然后将鹰狠狠向悬崖下的深涧扔去。那只鹰开始也如石头般向下坠去，然而快要到涧底时它终于展开双翅托住了身体，开始缓缓滑翔，然后轻轻拍了拍翅膀，就飞向蔚蓝的天空，它越飞越自由舒展，越飞动作越漂亮。它越飞越高，越飞越远，渐渐变成了一个小黑点，飞出了人们的视野，永远地飞走了，再也没有回来。

其实我们每个人又何尝不像那只鹰一样，总是对现有的东西不忍放弃，对舒适安稳的生活恋恋不舍？

人在面对压力时会激发出巨大的潜能，因此，我们不必因惧怕逆境和挫折而去当温室里的花朵。温室里的花朵固然可以安全舒适地生活，但人生不可能一帆风顺，一旦逆境来临，首先被摧毁的就是失去意志力和行动能力的温室花朵，经常接受磨炼的人却能创造出崭新的天地，这就是所谓的"置之死地而后生"。

一个人要想让自己的人生有转机，就必须懂得在关键时刻把自己带到人生的悬崖。给自己一个悬崖，其实就是给自己一片蔚蓝的天空。

人要为梦想去奋斗。我们有信心获得成功，我们就有可能成功，因为，我们体内有一股巨大的潜能。我们勇敢，困难便退却；我们懦弱，困难就变本加厉地欺负我们。我们勇敢，就可能成功；我们懦弱，则肯定会失败。

给自己一个悬崖，让自己全力去拼搏，去修炼，最终我们会收获属于自己的一片天空。

躬行才能证得圆满

古人云："读万卷书，行万里路。"满腹经纶却不知如何运用的人被称为"思想的巨人，行动的矮子"。这样的"矮子"很多，既有赵括纸上谈兵成为千年笑柄，又有马谡痛失街亭万古遗恨。所以古人又说："纸上得来终觉浅，绝知此事要躬行。"

修行不是口头禅，修行需要我们亲自去践行。一者礼敬诸佛，我愿自今以后实践人格的尊重；二者称赞如来，我愿自今以后实践语言的赞美；三者广修供养，我愿自今以后实践心意的布施；四者忏悔业障，我愿自今以后实践行为的改进；五者随喜功德，我愿自今以后实践善事的资助；六者请转法轮，我愿自今以后实践佛法的弘传；七者请佛住世，我愿自今以后实践圣贤的保护；八者常随佛学，我愿自今以后实践真理的追随；九者恒顺众生，我愿自今以后实践民意的重视；十者普皆供养，我愿自今以后实践圆满的功德。

大师有十大誓愿，而最后一桩却归于对圆满功德的实践。一切过程都必将结束于实践之中，学习亦是如此。

行，既是行动，也是行走，行动是一种随时而发的实践，行走是永远身在途中的状态。也就是说，修行与学习相伴相随，永远都不会停止。

唐代的智闲和尚曾拜灵佑禅师为师，有一次，灵佑问智闲："你还在娘胎里的时候，在做什么事呢？"

"还在娘胎里的时候，能做什么事呢？"他冥思苦想，无言以对，于是说："弟子愚钝，请师父赐教！"

灵佑笑着说："我不能说，我想听的是你的见解。"

智闲只好回去，翻箱倒柜查阅经典，但没有一本书是有用的。他这才感悟道："本以为饱读诗书就可以体味佛法，参透人生的哲理，不想都是一场空啊！"

灰心之余，智闲一把火将佛籍经典全部烧掉了，并发誓说："从今以后再也不学佛法了，省得浪费力气！"于是他前去辞别灵佑禅师，准备下山，禅师没有任何安慰他的话，也没有挽留他，任他到自己想去的地方。

智闲来到一个破损的寺庙里，还过着和原来一样的生活，但心里总是放不下禅师问他的话。有一天，他随便把一片碎瓦块抛了出去，瓦块打到一棵竹子上，竹子发出了清脆的声音。智闲脑中突然一片空明，内心澎湃。他感到了一种从未体验过的颤抖和喜悦，体验到了禅悟的境界。

他终于醒悟了："只有在生活实践中自悟自证，才能获得禅旨的真谛。"于是他立即赶到灵佑禅师身边，说道："禅师如果当时为我说破了题意，我今天怎么会体会到顿悟的感觉呢？"

真正的学禅绝不仅仅是参参禅，念几句弥陀，更在于参悟禅宗道理，在于以慈悲的"行"

来实践开悟的"知"。生活中所有的事情都是如此，"纸上得来终觉浅，绝知此事要躬行"，无论是自己在经典中学到，还是由圣人大德告知，都不是真正地懂得，仍然需要通过亲身实践来参悟，唯有躬行才能证得最终的圆满。

"后世研究禅宗，动辄抓住禅宗为言下顿悟，立地成佛的话柄，好像只要聪明伶俐、能言善道，说一两句俏皮话，立刻就算悟道，完全不管实际做学问与下工夫的重点，这当然会落在"我其谁欺！欺人乎！欺天乎"的野狐禅了！不然，就想自己不用反省的工夫，只要找一个明师，秘密地授一个诀窍，认为便是禅宗的工夫，"敝帚自珍，视如拱璧"，这又忘了达摩大师所说的"诸佛法印，非从人得"的明训了。近代谈禅，不是容易落于前者的空疏狂妄，便是落在后者的神秘玄妙，实在值得反省"。这段话明确提出了成佛要经历一番实践和修行。

"如人饮水，冷暖自知。"佛法是需要修证的，一个人去修证、实践佛法不一定能成佛，但一个不去修证、实践的学佛者绝不可能获得解脱。所以不少佛学大师主张人要实践的原因也是在此。

刘勰曾在《文心雕龙》中说："操千曲而后晓声，观千剑而后识器。"练习一千支乐曲之后才能懂得音乐，观察过一千柄剑之后才知道如何识别剑。要学会一种技艺，不是容易的事；做个鉴赏家，也要多观察实物，纸上谈兵是不行的。所以，并非埋头死读书，读书破万卷与在读书中实践是相辅相成的，只有如此，学习才能多有所获。

忍让是春风化雨般的善意

古松苍劲，高山巍峨，而这一切雄奇壮美的景象莫不与忍让和耐力相关，千百年风雨的吹打，数十载寒暑的磨炼，老松依然有自己的坚韧，山川仍然保持自己的壮美。

忍让和耐力蕴含着神奇的柔和力量，像是一股温暖的春风，它轻轻吹过，冰河开冻，花木成行。它并非指丧失原则的一味退让，而是源自内心慈悲的一种高境界的坚守，从不曾剑拔弩张，却依旧保持了应有的风范与淡定。

唐玄宗开元年间有位梦窗禅师，他德高望重，既是有名的禅师，也是当朝国师。梦窗便是一位具忍者之风范的得道高僧。

有一次他搭船渡河，渡船刚要离岸，这时从远处来了一位骑马佩刀的大将军，大声喊道："等一等，等一等，载我过去！"他一边说一边把马拴在岸边，拿了鞭子朝水边走来。

船上的人纷纷说道："船已开行，不能回头了，干脆让他等下一班吧！"船夫也大声回答他："请等下一班吧！"将军非常失望，急得在水边团团转。

这时坐在船头的梦窗禅师对船夫说道："船家，这船离岸还没有多远，你就行个方便，掉过船头载他过河吧！"船夫看到是一位气度不凡的出家师父开口求情，只好把船撑了回去，让那位将军上了船。

将军上船以后就四处寻找座位，无奈座位已满，这时他看见坐在船头的梦窗禅师，于是拿起鞭子就打，嘴里还粗野地骂道："老和尚！走开点，快把座位让给我！难道你没看见本大爷上了船了？"没想到这一鞭子正好打在梦窗禅师头上，鲜血顺着脸颊流了下来，禅师一言不发地把座位让给了那位蛮横的将军。

这一切，大家都看在眼里，心里是既害怕将军的蛮横，又为禅师的遭遇感到不平，纷纷窃窃私语："将军真是忘恩负义，禅师请求船夫回去载他，他还抢禅师的位子，并且打了他。"将军从大家的议论中，似乎明白了什么。他心里非常惭愧，不免心生悔意，但身为将军却拉不下脸面，不好意思认错。

不一会儿，船到了对岸，大家都下了船。梦窗禅师默默地走到水边，慢慢地洗掉了脸上的血污。那位将军再也忍受不住良心的谴责，上前跪在禅师面前忏悔道："禅师，我……真对不起！"梦窗禅师心平气和地对他说："不要紧，出门在外难免心情不好。"

"出门在外，难免心情不好"，这句话中包含的忍让与善意，将对那位蛮横将军的内心产生怎样的撞击呢？忍让就如春风化雨般的善意一样，让人心头无比舒适。梦窗禅师用一句简单的话感化了冒犯他的人，如春风化雨，这般风范，令人不得不肃然起敬。

柔和的力量是强大的：声音柔和，就能够渗透到更加辽远的空间；目光柔和，轻轻拂过便能卷起心扉的窗纱；表情柔和，与人的沟通交流便更加容易。

两千多年前，圣人就曾经说过"柔胜刚，弱胜强"，正如以柔克刚的太极，在行云流水般的自然柔和，不知不觉间，已然登峰造极。

忍让让自己蕴涵着一股能担当、接受、处理、面对的能力和勇气，不以语言、暴力去抗拒，而是由内心一种柔和却强大的力量化解。

风暴瞬间的力量很强大，但柔和之风反而更具有持续的温和作用。为人处世亦是如此，暴力只会显示出我们的无知与浅薄，而适时的忍让和柔和态度却能让我们赢得他人的尊重和爱戴。

以柔克刚，如春风唤醒花木成行，柔和的力量更能贴近人的心灵。

戒也是一种自由

俗话说："没有规矩，不成方圆。"在人世间存在的万事万物，都受着一定的约束，如此才能有序且有益地运行。没有一个事物是绝对自由的，但只要在规矩之内运行，它就享有自由的运动和自在存活的权利。

佛法中也存在着十分严格的"持戒"，因为任何事物都需要有一定的约束。倘若只是挂个名或者明知故犯则是最不好的，还不如不去受戒。戒的含义就是约束自身，不去侵犯别人的权益，如此一来自己才能活得心安理得，活得自在。所以，"约束"是一件非常严肃的事情，一定要认真对待。

正如歌德所说："一个人只要宣称自己是自由的，就会同时感到他是受限制的。如果你敢于宣称自己是受限制的，你就会感到自己是自由的。"人如果能清楚地知道自己该做什么、能做什么，他所能发挥的空间往往超乎想象，他所能成就的事业也就绝不简单。倘若放任自己做一些违背社会生存原则的事情，那么整个社会将会与他为敌，他又能如何自由自在呢。约束与自由的相对性和复杂性正在于此。

这就好像那则寓言，车轮对方向盘说："你总是限制我的自由。"

方向盘说："我若不限制你的自由，你就会跌到深渊中去。"

由此，我们悟出了一个道理：汽车不能离开方向盘的限制，而在方向盘限制的范围内，汽车却可以自由地驰骋。

人也是如此，人和社会的关系就是汽车和方向盘的关系，人是社会性的动物，是离不开社会约束的。虽然生活中，很多人都崇尚自由，反对约束，但须知这世界上不可能存在"绝对自在"一说。

例如作家贾平凹笔下的云雀，总以为笼子是它的束缚，想方设法地逃离那里，飞向心中的自由之所——天空；后来，它发现笼子外的世界有太多危机，有太多的艰辛束缚着它，使它疲惫，于是它回到了那个原本是约束，现在又成为它眼中自由的地方——笼子。

从这只平凡的云雀身上，我们不难看出，约束和自由并非绝对的，而是相对的。有了约束才会有自由，因为自由存在的前提是束缚，没有各种各样比如道德法律上的约束和规定，或者各种人为的规则和要求，自由就无从谈起；另一方面，没有自由，约束也就失去了它本身具有的意义和作用。所以，自由和约束看似矛盾，却又和谐统一。

不仅是人，自然界亦如此。"大鱼吃小鱼，小鱼吃虾米"这句话阐述的就是生物链，而生物链就是自然界中自由与约束的关系。没有一种生物是没有天敌的，它们在和同类生活的同时，也必然要提防天敌的袭击。假设哪天狮子不吃羊了，豹不吃兔子了，所有动物都安乐地繁殖，终有一天，世界上的动物会越来越多，那么除了"人口危机"外，还会出现"牲口危机"，到时候动物们是不是也需要找一个星球来移民呢？

再如，当我们陶醉于硕果满枝的果园时，迷恋于赏心悦目的花草时，折服于巧夺天工的盆景时，我们可曾思考：如果没有人们对它的精心修剪，没有人们对它们的"约束"，它们将会是一副什么样子？我们大概只会看到没有果实的纷繁的枝叶，杂乱无序的花草，更不可想象那盆景又是副什么尊容。

动植物本身不懂得约束，所以是自然的运行规律去调节他们的生存环境，对它们进行选择。而人与动植物有着根本的区别，所以人在自然当中才不总是处于被动，这一切皆因人懂得自我约束，趋利避害。

我们要持有一种"戒"的态度，这不仅适用于修行，同样适用于生活，因为"戒"的意思正是人们应自我管束，此种管束对人对事都具有促进作用，能够帮助人们顺应规律而成事，能够促进人们与时代同进步而不后退，从而令人们获得完满自在的生活。

"戒"的意义不是侵犯，而是使人们的生活更加规范和有序，其精神就是自由。所以说，戒，也是一种自由。

低头看清脚下路

"手把青秧插满田，低头便见水中天。身心清净方为道，退步原来是向前。"有些风景只有低头才能欣赏，有些道理只有谦虚才能领悟。人生并不是要时时昂首阔步，适时的停顿和认识自己能让我们走得更远。

有一则寓言读来有趣且发人深省。

五根手指闲来无事，无意中提及谁最优秀这个话题，发生了激烈的争执。大拇指洋洋得意地说："在咱们五个当中我是最棒的，我最粗最壮，人们赞美谁、夸奖谁时，都会把我竖起来……"闻听此言，食指不服气了，站出来说："咱们五个当中，我才是最厉害的，别人哪里出现错误，人都会用我把错误指出来……"中指拍拍胸脯不可一世地说："看你们一个个矮的矮，小的小，哪有一个像样的，我才是真正顶天立地的英雄……"到无名指了，它更是心有不甘："你们算什么，人们最信任的是我，当一对情侣喜结良缘的时候，那颗代表着真爱的结婚戒指带在谁身上啊？"轮到小指发言，虽然它最不起眼，可气势却不低，它说："谁最重要，不能只看这些小事，当每个人虔心拜佛、祈祷的时候，我是站在最前面的，所以最重要的是我！"

这时，手的主人说话了："你们对我来说同样重要，谁也不比谁强，谁也不会比谁差。"

人们心中总觉得自己比身边的朋友强。其实，没有一个朋友不如自己。虽然可能我们在许多方面有过人之处，但总有一个方面要逊色于人。金无足赤，人无完人，每根手指都有它存在的意义，就像每个人都有自己的优势和劣势。所以，人贵在于自知。正所谓，知人者智，自知者明。知道自己的不足在哪，才是智者的行为。

如何自知，可从观水自照得之。水具有滋养万物生命的德性，所以老子形容它，"处众人之所恶，故几于道"。正所谓"水唯能下方成海，山不矜高自及天"。低头方能自省，谦虚才可有悟。

道心和尚和无知和尚都在净念禅师门下修行佛法。净念禅师经常接受应酬，陪高官吃饭，到处笼络财主，要人出资修建寺庙，并且吩咐道心和尚和无知和尚四处化缘，吸纳兴建寺庙的经费。

道心和尚心中对净念禅师非常不满，认为他有失出家人的德行，于是在寺中四处说净念禅师的是非，怂恿众人将净念禅师从住持的位置上赶下去。无知和尚对此却从无半点怨言，每日出去化缘普度，笼络富人捐献钱款；寺庙修建屋宇时，无知和尚也在一旁监督，不敢怠慢。道心于是称无知为"元宝和尚"。

然而半年之后，寺中修建的屋宇尽数盖好，接纳了许多因为水灾而寄宿的灾民。净念禅师也每日焚香讲课，开导灾民，分文不收。

道心这才知道误会了净念禅师的本意，羞愧之下离寺修行。而无知和尚则继承了净念禅师的衣钵。

低头方能自省，谦虚才能有悟。道心与无知两位和尚，便在谦卑与狂妄之中显出了高低，其修行的气量与修证的境界自然也不可相提并论。

水犹如一面古镜，观照人生的不同趋向，何时何地应当何去何从，某时某刻应当如何运用宝鉴以自照、自知、自处。这样即使看似一无所长，一样能找到与自己相契的人生途径，走出自己精彩的人生。

登高能望远，但适时地低头才能看清脚下的路，认识到自己的不足并加以自省。傲气能让人自信，但有些道理只有以一颗谦虚的心来对待才能领悟得到。

忍受磨砺才能变成珍珠

并不是每一个贝壳都可以孕育出珍珠，也不是每一粒种子都可以萌生出幼芽。流水也会干涸，高山也可崩塌，而自信的人，可以在纷乱红尘中自由驰骋，游刃有余。

自信的人具有独立思考的能力以及忍辱负重的耐力，以智慧判断出自己所需要的东西，树立正确的理想并且为之奋斗。人的一生，只有为自己作出了准确定位，放稳自己的脚步，才能做到有目的而不盲从，遇挫折而不退缩，才能活出生命的意义。

沙粒之所以能成为珍珠，只是因为它有成为珍珠的信念。芸芸众生都只是一粒粒平凡的沙子，但只要怀有成为珍珠的信念，也能长成一颗颗珍珠。

很久很久以前，有一个养蚌人，他想培养一颗世上最大最美的珍珠。

他去海边沙滩上挑选沙粒，并且一颗一颗地问那些沙粒，愿不愿意变成珍珠。那些沙粒一颗一颗都摇头说不愿意。养蚌人从清晨问到黄昏，他都快要绝望了。

就在这时，有一颗沙粒答应了他。

旁边的沙粒都嘲笑起那颗沙粒，说它太傻，去蚌壳里住，远离亲人、朋友，见不到阳光、雨露、明月、清风，甚至还缺少空气，只能与黑暗、潮湿、寒冷、孤寂为伍，不值得。

可那颗沙粒还是无怨无悔地随着养蚌人去了。

斗转星移，几年过去了，那颗沙粒已长成了一颗晶莹剔透、价值连城的珍珠，而曾经嘲笑它傻的那些伙伴们，依然只是一堆沙粒，有的已风化成土。

也许我们只是众多沙粒中最平凡的一颗，但只要我们有要成为珍珠的信念，并且忍耐着、坚持着，当走过黑暗与苦难的长长隧道时，我们就会惊讶地发现，在不知不觉中，自己已长成了一颗珍珠。每颗珍珠都是由沙子磨砺出来的，能够成为珍珠的沙粒都有着成为珍珠的坚定信念，并为之无怨无悔。

很多人都曾有过怀才不遇的感觉，自认为自己的才华未得到别人的认可，能力无处施展，这时候，不妨反观自身，以弥补自己的缺陷，使自己的满腔热情与自信在沉淀之后变得更加坚韧。

其实，人最佳的心态莫过于能屈能伸，既要有成为珍珠的信念，也要在信念的实现过程中承受必要的压力，甚至屈辱。

我们常常将理想比做前行路上的灯塔，即使海面波浪翻滚，狂风暴雨，依然能够为船只照亮前行的方向。修行之人，无论走到哪里，都能感受到佛光的普照与感召。

怀着成为珍珠的信念，坚定自己的方向，经过努力，一样可以获得成功。

能屈能伸，能进能退

人生之旅，坎坷多多，难免直面矮檐，遭遇逼仄。在这种情况下，人要学会低头，学会弯腰。

弯曲，是一种人生智慧，在生命不堪重负之时，适时适度地低一下头，弯一下腰，抖落多余的负担，才能够走出屋檐而步入华堂，避开逼仄而迈向辽阔。

孟买佛学院是印度最著名的佛学院之一，这所佛学院的特点是建院历史悠久，培养出了许多著名的学者。还有一个特点是其他佛学院所没有的，这是一个极其微小的细节。但是，所有进入过这里的人，当他们再出来的时候，无一例外地承认，正是这个细节使他们顿悟，正是这个细节让他们受益无穷。

这是一个被很多人忽视的细节：盂买佛学院在它正门的一侧，又开了一个小门，这个门非常小，一个成年人要想过去必须弯腰侧身，否则就会碰壁。

其实这就是盂买佛学院给它的学生上的第一堂课。所有新来的人，老师都会引导他到这个小门旁，让他进出一次。很显然，所有的人都是弯腰侧身进出的，尽管有失礼仪和风度，却达到了目的。老师说，大门虽然能够让一个人很体面很有风度地出入。但很多时候，人们要出入的地方，并不是都有方便的大门，或者，即使有大门也不是可以随便出入的。这时，只有学会了弯腰和侧身的人，只有暂时放下面子和虚荣的人，才能够出入。否则，你就只能被挡在院墙之外。

盂买佛学院的老师告诉他们的学生，佛家的哲学就在这个小门里。

其实，人生的哲学何尝不在这个小门里？人生之路，尤其是通向成功的路上，几乎是没有宽阔的大门的，所有的门都需要弯腰侧身才可以进去。因此，在必要时，我们要能够学会弯曲。弯下自己的腰，才可得到生活的通行证。

人生之路不可能一帆风顺，必然会有风起浪涌的时候，如果迎面与之搏击，就可能会船毁人亡，此时何不退一步，先给自己一个海阔天空，然后再图伸展。

妙善禅师是世人非常景仰的一位高僧，被称为"金山活佛"。他1933年在缅甸圆寂，其行迹神异，又慈悲喜舍，所以，直至现在，社会上还流传着他难行能行、难忍能忍的奇事。

在妙善禅师的金山寺旁有一条小街，街上住着一个贫穷的老婆婆，与独生子相依为命。偏偏这儿子忤逆凶横，经常呵骂母亲。妙善禅师知道这件事后，常去安慰这老婆婆，和她说些因果轮回的道理，逆子非常讨厌禅师来家里，有一天起了恶念，悄悄拿着粪桶躲在门外，等妙善禅师走出来，便将粪桶向禅师兜头一盖，刹那间腥臭污秽粪尿淋满禅师全身，引来了一大群人看热闹。

妙善禅师却不气不怒，一直顶着粪桶跑到金山寺前的河边，才缓缓地把粪桶取下来，旁观的人看到他的狼狈相，更加哄然大笑，妙善禅师毫不在意地道："这有什么好笑的？人身本来就是众秽所集的大粪桶，大粪桶上面加个小粪桶，有什么值得大惊小怪的呢？"

有人问他："禅师！你不觉得难过吗？"

妙善禅师道："我一点也不会难过，老婆婆的儿子以慈悲待我，给我醍醐灌顶，我正觉得自在哩！"

后来，老婆婆的儿子被禅师的宽容感动，改过自新，向禅师忏悔谢罪，禅师欢欢喜喜地开示他。受了禅师的感化，逆子从此痛改前非，以孝闻名乡里。

妙善禅师将身体看做大的粪桶，加个小的粪桶，也不稀奇。这种认识正是他高尚的人格和道德慈悲的表现，而正是这一刻他弯下了腰，忍住了屈辱，才感化了忤逆的年轻人。

人生有起有伏，当能屈能伸。起，就直上云霄；伏，就如龙在渊；屈，就不露痕迹；伸，就清澈见底。这是多么奇妙、痛快、潇洒的情境啊！

悟·破·习

"悟""破""习"是构筑智慧、成功人生的三个重要方面。人之所以为人，就在于其有悟的灵性。悟，让生命实现了从有限到无限的飞跃，人生成败的玄机就在于"悟"字之中。

破，即打破、破除。破是立的前提，所谓不破不立，大破方能大立。人生要想有所建树，必"破"字当先，破除阻碍我们发展的各种陋习、束缚创新的各种陈规、限制我们人生格局的各种短视……这样我们才能得到真正的解脱和自由，开创崭新的生命格局。

习，有学习、练习、反复实践之意。每个人出生之初，本来差别不大，但在后天，有的人取得伟大的成就，有的人却平平庸庸，甚至有的人跌进堕落的深渊，这天壤之别的形成，就完全在于一个"习"字。

深刻理解"悟""破""习"三者的内涵，我们才能超越现状、改造自我、走向成功。

第一章　悟

> 一沙一世界，一花一天堂。唯有悟，才能让我们认识到人生的真谛；唯有悟，才能让我们懂得生命的法则；唯有悟，才能让我们将宇宙万象的本质收敛于刹那之间……"悟"是生命中的钻石，只要一点点就抵过千千万万。俗话说："师傅领进门，修行靠个人。"这个造化的深浅就仰仗我们的悟性如何。一切的成就都是用心"悟"得的，人生成败的玄机就在这"悟"字之中。

第一节　悟己：明心见性，自知者明

人生一世，最难的事不是认识他人，而是洞见自己。我们的眼睛看向世界，世界就在眼前，所以向外看他人并不难。最难的是我们能够静下心来，安安静静地审视自己的内心，在明澈的自我世界中，找到安顿身心的法门。

知人者赢一时，自知者赢一世

老子《道德经》中有一句经典名言："知人者智，自知者明。"知人者，是智慧；自知者，是高明。人需要认识他人，因为"知己知彼，百战不殆"；人更需要认识自己，正如星云大师所说的那样"要知道自己的长处和短处在哪里"，多思考一下自己的缺陷和不足，"才能借由不断的自我调整而进步"。

人生一世，最难的事不是认识他人。我们的眼睛看向世界，世界就在眼前，所以向外看他人并不难。难的是我们能够静下心来，安安静静地审视自己的内心，在明澈的自我世界中，找到安顿身心的法门。须知，只有时时用自己心之触角去体会、感受，才能找到起心动念间不断变幻的自己。

寻得自己，一个人才算找得到正确的人生。正确认识自己，才能使自己充满自信，才能使人生的航船不迷失方向。正确认识自己，才能正确确定人生的奋斗目标。只有有了正确的人生目标，并充满自信，为之奋斗终生，才能此生无憾，即使不成功，自己也会无怨无悔。

看清自己是我们成功的必然，不能因为境况的不如意而迷迷糊糊，混天了日。只有正确地认识自己，评价自己，找到不足和差距，我们才能不断取得进步，走出困境，走向成功。

多年前的一个傍晚，一位叫亨利的青年移民站在河边发呆。那天是他20岁生日，可他不知道自己是否还有活下去的必要。亨利从小在福利院长大，身材矮小，长相也不漂亮，讲话又带着浓厚的法国乡下口音。所以他一直很瞧不起自己，认为自己是一个既丑又笨的乡巴佬，连最普通的工作都不敢去应聘，没有工作，也没有家。

就在亨利徘徊于生死之间的时候，与他一起在福利院长大的好朋友约翰兴冲冲地跑过来对他说："亨利，告诉你一个好消息！"

"好消息从来不属于我。"亨利一脸悲戚。

"不，我刚刚从收音机里听到一则消息。拿破仑曾经丢失了一个孙子，播音员描述的相貌特征，与你丝毫不差！"

"真的吗，我竟然是拿破仑的孙子？"亨利一下子精神大振。联想到爷爷曾经以矮小的身材指挥着千军万马，用带着泥土芳香的法语发出威严的命令，他顿时感到自己矮小的身材同样充满力量，讲话时的法国口音也带着几分高贵和威严。

第二天一大早，亨利便满怀自信地来到一家大公司应聘。他竟然应聘成功了。

20年后，已成为这家公司总裁的亨利，查证自己并非拿破仑的孙子，但这早已不重要了。

亨利20岁时的潦倒和20年之后的成功，其间的不同关键在于亨利先前的自卑和后来的自信，但不是盲目的自信。人贵有自知之明，难得真正了解自己，战胜自己，驾驭自己。自以为是的自知与真正的自知不同，自以为了解自己是大多数人容易犯的毛病，真正了解自己是少数人的明智。

对自己的评价过低容易自卑；评价过高又容易自大；只有评价准确了，才能实事求是、恰如其分地感知自我，完善自我，对自己了然于心，做到有自知之明。可现实中人们常常高估自己，过于自信和自重，总觉得高人一等，而造成不必要的尴尬和悲剧。当然也有低估自己的人，其表现为往往自轻和自贱，多委靡少进取，总以为自己不如人，而经常处于无限的悲苦之中。

一个人具备了自知之明，其人格就会顶天立地，其行为不卑不亢，其品德上下称道，其事业左右逢源。这样的人在人生道路上就能经常解剖自己，自勉自励，改正缺点，量知而思，量力而行，及时把握机遇，不断创造人生的辉煌。

只有自知，才能知人。自知比知人困难，也比知人重要。知人者赢一时，而自知者赢一世！

由识心而找心，由找心而明心，由明心而安心

认识心内的世界，首先要认识我们的心。由识心而找心，由找心而明心，由明心而安心。人，若能悟到这一层次，就算是修行到了真正的境界。一切凡夫都有我相、人相、众生相、寿者相，打破这些执念，自然能推开迷雾见青天，认识一个全新的自己。在这一过程中，我们要随时观察自己，要使此心无所住。如果心心念念住在某一种东西上，或住在某一种习气上，始终不能解脱，就很难认清自己，更无法与这世界形成和谐的关系。

因此，一个看清自己、认识自己、看透外界的人，必须学会不要将自己的心执着于任何观念和习气上。

马祖道一禅师是南岳怀让禅师的弟子。他出家之前曾随父亲学做簸箕，后来父亲觉得这个行当太没出息，于是把儿子送到怀让禅师那里去学习禅道。在般若寺修行期间，马祖道一整天盘腿静坐，冥思苦想，希望能够有一天修成正果。

有一次，怀让禅师路过禅房，看见马祖道一坐在那里面无表情，神情专注，便上前问道："你在这里做什么？"马祖道一答道："我在参禅打坐，这样才能修炼成佛。"怀让禅师静静地听着，没说什么就走开了。

第二天早上，马祖道一吃完斋饭准备回到禅房继续打坐，忽然看见怀让禅师神情专注地坐在井边的石头上磨些什么，他便走过去问道："禅师，您在做什么呀？"怀让禅师答道："我在磨砖呀。"马祖道一又问："磨砖做什么？"怀让禅师说："我想把他磨成一面镜子。"马祖道一一愣，道："这怎么可能呢？砖本身就没有光明，即使你磨得再平，它也不会成为镜子的，你不要在这上面浪费时间了。"怀让禅师说："砖不能磨成镜子，那么静坐又怎么能够成佛呢？"马祖道一顿时开悟："弟子愚昧，请师父明示。"怀让禅师说："譬如马在拉车，如果车不走了，你使用鞭子打车，还是打马？参禅打坐也一样，天天坐禅，

能够坐地成佛吗？"

马祖道一把心念执着于坐禅，所以始终得不到解脱，只有摆脱这种执着，才能有所进步。成佛并非执着索求或者静坐念经就可，必须要身体力行才能有所进步。一开始终日冥思苦想着成佛的马祖道一，在求佛之时，已经渐渐沦入歧途，偏离了参禅学佛的本意。马祖道一未能明白成佛的道理，就像他没有明白自己的本心一样，他不了解自己的内心如何与佛同在，所以他犯了"执"的错误。

修佛也好，参禅也好，在认识和理解禅佛之前，修行者必须要先认识自己的本身，然后发乎情地做事，渐渐理解禅佛之意。如果执着于认识禅佛之道，最后连本身都不顾了，这就是本末倒置的做事法。就像一个人做事之前，必须要理解自身所长，才能放手施为地去做事。如果只看到事物的好处而忽略了自身能力，又怎么可能将事情做好呢？这便是寻明心，安身心的魅力所在。

待人须宏大，律己要细微

森林中有一条河流，河水湍急，不停地打着旋涡，奔向远方。河上有一座独木桥，窄得每次只能容一人通过。

某日，东山上的羊想到西山上去采草莓，而西山的羊想到东山上去采橡果，结果两只羊同时上了桥，到了桥中心，彼此碰到了，谁也走不过去。

东山的羊见僵持的时间已很长了，而西山的羊照样没有退让的意思，便冷冷地说道："喂，你长眼了没有，没见我要去西山吗？"

"我看是你自己没长眼吧，要不，怎么会挡我的道？"西山的羊反唇相讥。

于是，两只互不相让的羊开始了一场决斗。

"咔"，这是两只羊的犄角相碰撞的声音。

"扑通"，这是两只羊失足，同时落入河水中的声音。

森林里安静下来，两只羊跌入河心以后淹死了，尸体很快就被河水冲走。

故事中的悲剧本来是可以避免的，只要有一只羊后退到桥头，等另一只过后再上桥，两只羊便都会平安无事。可悲的是，山羊们都固执地认为狭路相逢勇者胜，不肯宽容和忍让，最终都葬身河底。

这样的故事在人世间也是经常发生的，当然，也是同样的两败俱伤的结果。其实，人世间最大的力量不是枪炮、子弹，不是拳头、武力，人世间最大的力量是忍，要做到"遭恶骂时默而不报，遇打击时心能平静，受嫉恨时以慈对待，有毁谤时感念其德"。宽容，是胸襟博大者为人处世的一种人生态度。总是对别人吹毛求疵的人，一定不是个受欢迎的人。能容天下者，方能为天下人所容。据此看来，你若要彩虹，你就得宽容雨点，若是在雨点滴到身上的那一刻便勃然大怒，又怎么能在彩虹出现的刹那拥有一种怡然自得的心情来观赏那美丽的风景呢？

心胸豁达开朗的人，凡事看得高、看得远，不被眼前利益所蒙蔽，当然容易有成就；心量狭隘自私的人，处处与人计较，琐碎小事就能扰乱他的心志，成功的可能性也就相对减少了。

星云大师说过，世上只要有人的地方就有纷争，尤其是有"我"有"你"再加个"他"，你、我、他之间的纷争就更多了。所以，做人应该以恕己之心恕人，以责人之心责己，"一个真正的忍者，对待恶骂、打击、毁谤都要有承担、忍耐的力量"。若能秉持"你好他好我不好，你大他大我最小，你乐他乐我来苦，你有他有我没有"这四句偈语中含有的精神，人与人必能和谐相处，正如《易经》中所言，地势坤，君子以厚德载物。

"宽以待人"既是一种待人接物的态度，也是一种高尚的道德品质，它能够化解人和人之间的许多矛盾，增强人和人之间的友好情感。同时，一个人如果能够养成"宽以待人"的优良品德，就一定可以在同他人的相处中，严格要求自己，宽恕地善待他人，不断提高自己的思想境界，使自己成为一个道德高尚的人。

心旷为福门，心狭为祸根

有一只青蛙生活在井里，这里有充足的水源。它对自己的生活很满意，每天都在欢快地歌唱。

有一天，一只鸟儿飞到这里，便停下来在井边歇歇脚。青蛙主动打招呼说："喂，你好，你从哪里来啊？"

鸟儿回答说："我从很远很远的地方来，而且还要到很远很远的地方去，所以感觉很劳累。"

青蛙很吃惊地问："天空不就那么大点吗？你怎么说很遥远呢？"

鸟儿说："你一生都在井里，看到的只是井口大的一片天空，怎么能够知道外面的世界呢！"

青蛙听完这番话后，惊讶地看着鸟儿，一脸茫然和失落的样子。

许多人都读过井底之蛙的故事，或许都曾嘲笑过这只青蛙的肤浅，可是在生活中，许多时候我们自己做了井底之蛙却不自知。如果我们的心灵只是井口般大小，禁锢其中的我们就只能做一只井底之蛙，相较别人的逍遥快活，我们或者是一脸茫然，继续不自知地愚蠢生活，或者是一边艳羡别人的幸福，一边哀嚎自己的苦痛。

我们都有这样的经验，当筋缩导致了人体种种病痛的滋生，就需要拉筋，让身体更健康，让生命得以延长。健康与经筋的长度有关，和拉筋一样，幸福与心灵的宽度有关。心旷为福门，心狭为祸根，将你的心灵空间不断放大延伸，就能容下更多的幸福之泉。正如佛家所说："大肚能容，容天下难容之事；开口常笑，笑天下可笑之人。"无论欢笑苦痛，让你的心都一一容纳，将其转化为人生中前进的动力，变换为生命中难能可贵的记忆。

胸怀宽广的人，乐观、向上，视野广、理解人；心胸狭窄的人，悲观、偏激、自负、自私、鼠目寸光、猜疑心重。决定因素是一个人的抱负、知识和修养。以天下为己任的人，绝不会为了区区小事斤斤计较；知识渊博的人，绝不会因为一时的困难和挫折而一蹶不振；有良好修养的人，绝不会稍不如意就怒发冲冠。

1917年1月4日，一辆四轮马车驶进北京大学的校门，徐徐穿过校园内的马路。这时，早有两排工友恭恭敬敬地站在两侧，向蔡元培，这位刚刚被任命为北大校长的传奇人物鞠躬致敬。

新校长缓缓地走下马车，摘下他的礼帽，向这些杂工们鞠躬回礼。在场的许多人都惊呆了：这在北大是前所未有的事情，北大是一所等级森严的官办大学，校长是内阁大臣的待遇，从来就不把工友放在眼里。今天的新校长怎么了？

像蔡元培这样地位崇高的人向身份卑微的工友行礼，在当时的北大乃至中国都是罕见的现象。兼容并包是一种博大的胸怀，尊重杂工也是一种伟大的胸怀。

在生活中，每天都有琐碎的事情发生。如果对待每一件事情，我们都那么在意，那么很可能我们的生活就被这些小事情给拖垮了。适当的放开胸怀，给自己一片天空，不要以为整个大地都是你的，而你的目光也只看着那一块属于自己的土地。把目光放远，也或者学会释怀，学会淡化，这样你就会少了很多压力。身边的每一件事情都是你幸福的源泉，只要你敞开心扉，随手抓住的都会是快乐。

平淡之心生出高人之境

62岁的苏轼被朝廷贬到海南时，天空正下着绵绵细雨，斜风吹打在身上，透出一丝凄凉。虽然居陋室，食粗饭，但苏轼并不以为苦，倒是经常和当地士绅百姓共叙桑麻乐事。他也不以文豪自居，入乡随俗，身披当地衣冠，走街串巷，享受难得的快慰。

一次，苏轼来到一座山头，惹来一个黎山樵夫的善意笑声。虽然语言不通，但樵夫也看得出，他是一个身居山林的贵人，出于对他的好感，慷慨地送了一匹布，好让他抵御寒冷的海风。

他和周围的邻居关系也非常融洽，左邻右舍常送饭食给他。当人们听他说起往事的时候，苏轼的脸上总是乐呵呵的，并没有伤感怅然之色，笑称"昔日富贵，一场春梦"。

而事实上，苏东坡在海南的谪居生活是十分困顿的。岭南天气潮湿，地气蒸溽，而海南为甚，这对于年老的苏东坡，无疑是难以适应的。但是苏轼去世前自题画像却将贬官黄州、惠州、儋州看成是自己的平生功业。

苏轼对苦难并非无动于衷，麻木不仁，对政敌的迫害也不是逆来顺受，而是以一种平常心的人生姿态来对待接踵而至的不幸，从而蔑视丑恶，消解痛苦，蕴含着坚定、乐观的精神。正所谓：宠辱不惊，闲看庭前花开花落；去留无意，漫随天外云卷云舒。坐看闲云不是自我安慰的方式，更非嘲弄人世的对抗姿态，而是将际遇当成阅历，明得失而知荣辱，以平常心看开一切的对人生百态最好的彻悟。

孟子一生中思想不为当世君主所接受，还受到各种中伤，但他为人豁达，只一句"行或使之，止或尼之，行止非人所能也"而已。意思是我的思想如果可行，那么自然会被推行；如果行不通，我自己也会见势而止。而行得通或行不通则不是人力可以安排的，这需要靠天意了。这句话体现了孟子的人格魅力，即"穷则独善其身，达则兼济天下"的精神。得机会，救天下，救国家，救社会；不得机会，则自己修身养性，一切处之泰然。他所拥有的那颗平常心，令无数人钦佩不已。

人文大师柏杨先生说："一个人要想舒舒服服睡个甜蜜的觉，有赖心情平静，心情如果不平静，纵然请老道念咒都没有用。有心事时固然睡不着，太高兴也睡不着，过分忧愁时同样也睡不着。"他的文章虽然非常犀利，却因深知平常心的重要，而得以在写作之外的现实世界中，仍能保持一种从容的态度，做到佛家所讲的"吃饭的时候吃饭，睡觉的时候睡觉"。如果没有一颗平常心，如何能熬过那10年的牢狱生活，如何能在一段又一段失败的婚姻后仍有勇气步入婚姻的殿堂，如何能在世人的诘难中仍坚持写作……正是平常心，让柏杨活得如此长寿；也正是平常心，让柏杨取得了如此的成就。

"一个强烈的决心，以摄取人生至善至美，一股殷殷热的欲望，以享乐一身之所有，但倘令命该无福可享，则亦不怨天尤人。"林语堂的这句话就是对平常心最为精辟的解释！哈佛也告诉学生：宝贵的平常心会让你宠辱不惊。一个人，无论成败，只要能拥有一颗宁静的心，他就是幸福的。

一对老夫妇谈恋爱的时间是1967年元月，那时候，粮店里的米与副食店里的肉、豆腐和百货店里的肥皂、布匹，以及煤铺里的煤等生活物资均要凭票供应，男方的家在城郊的小菜园里，用现在的话来说，那里是当地的蔬菜基地。

女孩第一次"访地方"时，男方留她和媒婆吃中饭，菜很简单。只有两道：几个荷包蛋外加一碗萝卜丝。其中，那几个鸡蛋是向邻居借的，萝卜则是自己种的。在回家的路上，媒婆说男方人穷又小气，劝漂亮的女孩不要嫁过来。女孩却说男方煮的萝卜丝很好吃，说明他很能干。

过了一段时间，当女孩一个人再次来找男孩时，男孩刚好捉了一些鲫鱼。招待女孩的菜仍然是两道，除了油煎鲫鱼外，还有一碗红烧萝卜。吃饭时，女孩称赞男孩的萝卜做得很有特色，并说自己很喜欢吃萝卜。男孩说："是吗？你下次来我请你吃另一种口味的萝卜。"

在后来的来往中，女孩尝尽了男孩所制的不同口味的萝卜：清炒萝卜、清炖萝卜、白焖萝卜、糖醋萝卜、麻辣萝卜、萝卜干和酸萝卜等。再后来，女孩就成了这些萝卜的俘虏，嫁给了男孩。

当有人质问老太太当时为何不嫁给那些有条件煮肉炖鸽杀鸡烧鱼的男人，却嫁给只会烹饪萝卜的人时，老太太说："当时我认为，一个男人，在那种清贫的日子里竟能够把一种普通的萝卜烹饪出甜酸苦辣咸等几种不同的口味，味美而令我大饱口福、弥久难忘，我想他同样能够将清贫的日子调理得色彩斑斓。谈婚论嫁，既要注重眼前，更要注重将来。这不，如今我和他结婚已30多年了，你看我们吵了几次架？更不像某些同龄人那样动不动就闹离婚。日子虽然过得平淡了一点，但平淡中更能见真情！"

老太太说得不错，在我们的日常生活中，愈是具有平常心的人，生活愈能幸福，因为唯有这样的人，才能发现生活中最美的风景。平常心贵在平常，波澜不惊，生死不畏，于无声处听惊雷。

平常心是对生命透彻的领悟，古人曰：生命薄如蝉翼，存在就该满足，这是有一定道理的。如果真的能够理解这句话，那一切烦恼困顿，均可弃之风中，不必挂怀。领悟生命的真谛，知晓生之弥足珍贵，就会以一种宁静的心态善待一切。

生命是一个过程，让我们怀着玩味的心情，怀着一颗平常心对待身边所有的事情。毕竟，如莫泊桑所言"人的一生，既不是人们想象的那么好，也不是那么坏"。

莫以成败论英雄，毋从得失计输赢

人常常被得失所左右，一时的成败得失、争短论长，常常让人陷入欲望的陷阱。

南怀瑾大师说，"不尚贤，使民不争"是消极地避免好名的争斗，"不贵难得之货，使民不为盗"是消极地避免争利的后果。权与势，是人性中占有欲与支配欲的扩展，很少有人能够跳出权势得失的圈子。正如明朝无名氏在其所著《渔樵闲话》中写道："为利图名如燕雀营巢，争长争短如虎狼竞食。"

佛经中说，凡是对一切人世间或物质世界的事物沾染执着，产生贪爱而留恋不舍的心理，都是欲。情欲、爱欲、物欲、色欲，以及贪名、贪利，凡有贪图的都算是欲。只不过，欲也有善恶之分，善的欲行可与信愿并称，恶的欲行就与堕落衔接。

得失的欲望对于每一个人，都是情感宣泄和精神的需求，是消遣生活，获得乐趣的方式。得可以是荣耀，失可以是屈辱。智者看淡得失，耿耿于怀者则斤斤计较。

有一则成语故事"楚王遗弓"，讲的便是对待得失的态度。

春秋时，楚王行猎，失落了一张名贵的弓，众人四下披草寻觅，却一无所获。侍卫长忧惧万分，匍行回报，自愿领罚，想不到楚王仰天而笑，挥手说："楚王遗弓，楚人得之，皆吾胞吾民，不必找了！"这事很快传扬开来，市井酒肆之间，闻者无不动容，都称颂楚王心量宽宏，是君子。有人去问孔子，孔子点点头，淡然一笑，只说："天下人人可得，何必曰楚？"孔子在慨叹楚王的心还是不够大，人掉了弓，自然有人捡得，又何必计较是不是楚国人呢？

"人遗弓，人得之"应该是对得失最豁达的看法了。生生死死，死死生生，世间的一切总是继往开来，生息不断的，得与失，到头来根本就是一无所得，也一无所失！

有首小诗中说："不要说你得到的太少太少，不要说你失去的太多太多，多的还会化成少，少的还会化成多……"然而，许多人却看不透得失的本质。

患得患失的人，一生总是很苦恼，对取舍疑虑不决，本来拥有一些自己并不需要而多余的东西，却又费尽脑汁想使这些东西不减反增。其实，得与失只有一线之隔，意以为得，就是得意；意以为失，就是失意。颜回居陋巷，一箪食，一瓢饮，也能得意在其中；秦王统一六国，兼并天下，也能失意于其间。说到底，总是内心蠢蠢的欲望在作祟。

依据老子的本意，要使得人们真正做到不受私欲主宰，必须"虚其心，实其腹，弱其志，强其骨，常使民无知无欲"。如此这般，在现实社会谈何容易？难就难在无欲与虚心。正因为不能无欲，因此老子才教给人们一个消极的办法，"不见可欲，使民心不乱"。

有首禅诗说："尘沙聚会偶然成，蝶乱蜂忙无限情。同是劫灰过往客，枉从得失计输赢。"世界本是一颗颗沙子堆拢来，偶然砌为成功的世界，人生亦是如此，人们就像蜜蜂蝴蝶一样，到处飞舞，痴迷忙碌，正所谓："采得百花成蜜后，为谁辛苦为谁甜。"

人生一世，劳苦一生，为儿女，为家庭，为事业，最后直到生命之火燃尽，仍找不到生命的答案。明知道到头来终是一场空，也跳不出世俗的羁绊。人在旅途，同为劫灰过往客，又何必在一时的输赢得失中斤斤计较？

不为名利所缚，怡然逍遥人间

惠施在梁国做了宰相，庄子想去见见这位好友。有人急忙报告惠子："庄子来，是想取代您的相位哩。"惠子很恐慌，想阻止庄子，派人在国中搜了三日三夜。不料庄子从容而来拜见他道："南方有只鸟，其名为凤凰，您可听说过？这凤凰展翅而起，从南海飞向北海，非梧桐不栖，非练实不食，非醴泉不饮。这时，有只猫头鹰正津津有味地吃着一只腐烂的老鼠，恰好凤凰从头顶飞过。猫头鹰急忙护住腐鼠，仰头视之道：'吓！'现在您也想用您的梁国来吓我吗？"惠子十分羞愧。

一天，庄子正在濮水垂钓。楚王委派的二位大夫前来聘请他："吾王久闻先生贤名，欲以国事相累。"庄子持竿不顾，淡然说道："我听说楚国有只神龟，被杀死时已三千岁了。楚王珍藏之以竹箱，覆之以锦缎，供奉在庙堂之上。请问二大夫，此龟是宁愿死后留骨而贵，还是宁愿生时在泥水中潜行曳尾呢？"二大夫道："自然是愿活着在泥水中摇尾而行啦。"庄子说："二位大夫请回去吧！我也愿在泥水中曳尾而行哩。"

庄子不慕名利，不恋权势，为自由而活，可谓洞悉幸福真谛的达人。

古今中外，为了生命的自由、潇洒，不少智者都懂得与名利保持距离、选择平凡逍遥的生活。庄子就是其中的代表型人物。人活在世界上，无论贫穷富贵，穷达逆顺，都免不了与名利打交道。《清代皇帝秘史》记述乾隆皇帝下江南时，来到江苏镇江的金山寺，看到山脚下大江东去，百舸争流，不禁兴致大发，随口问一个老和尚："你在这里住了几十年，可知道每天来来往往多少船？"老和尚回答说："我只看到两只船。一只为名，一只为利。"一语道破天机。

淡泊名利是一种境界，追逐名利是一种贪欲。放眼古今中外，真正淡泊名利的很少，追逐名利的很多。今天的社会是五彩斑斓的大千世界，充溢着各种各样炫人耳目的名利诱惑，要做到淡泊名利确实是一件不容易的事情。

旷世巨作《飘》的作者玛格丽特·米切尔说过："直到你失去了名誉以后，你才会知道这玩意儿有多累赘，才会知道真正的自由是什么。"盛名之下，是一颗活得很累的心，因为它只是在为别人而活着。我们常羡慕那些名人的风光，可我们是否了解他们的苦衷？其实大家都一样，希望能活出自我，能活出自我的人生才更有意义。

世间有许多诱惑：桂冠、金钱，但那都是身外之物，只有生命最美，快乐最贵。我们要想活得潇洒自在，要想过得幸福快乐，就必须做到：学会淡泊名利享受、割断权与利的联系，无官不去争，有官不去斗；位高不自傲，位低不自卑，欣然享受清心自在的美好时光，这样就会感受到生活的快乐和惬意。否则，太看重权力地位，让一生的快乐都毁在争权夺利中，那就太不值得，也太愚蠢了。

当然，放弃荣誉并不是寻常人具有的，它是经历磨难、挫折后的一种心灵上的感悟，一种精神上的升华。"宠辱不惊，去留无意"说起来容易，做起来却十分困难。红尘的多姿、世界的多彩令大家怦然心动，名利皆你我所欲，又怎能不忧不惧、不喜不悲呢？否则也不会有那么多的人穷尽一生追名逐利，更不会有那么多的人失意落魄、心灰意冷了。只有做到了宠辱不惊、去留无意方能心态平和，恬然自得，方能达观进取，笑看人生。

融小我于大我，拓展生命的深度

有这样一个感人至深的故事：

佛陀有一回与五百商人同坐一条船，船上有一个贼，想杀五百商人窃取金银珠宝。佛陀当时心想：如果告诉商人，贼一定活不了；不告诉商人，贼一定会杀商人。怎么办呢？无奈之余，佛陀自己就把贼杀了。

让这贼杀五百商人，他会堕入无边地狱的，佛陀大慈大悲完全无我，想："我自己来下地狱，我来解救他。"因而以大悲心做下这"杀一救众"的伟大创举。

正所谓"我不入地狱，谁入地狱"，便是"牺牲"的极致。在现实的人世间，同样有伟大的牺牲之举。

道德，无疑是动人的，柏杨先生曾说过："任何崇高的道德行为，都含有自我牺牲的因素，删除了自我牺牲，就没有孝道，也没有厚道，而且没有了爱。道德就成了一句空话。"所有崇高的道德，都是与牺牲相关联的，或许如此才能凸显道德震慑人心的力量，又或许如此才能使道德化为永恒。但无论何者，牺牲都成了道德的伴随之物，因为有着它的存在而使道德显得更加耀眼夺目。

秦朝末年，韩信发兵袭齐。齐军败退，齐将田横悲愤交加，为图复国之计，自立为王，率部属五百人隐入海岛（即今田横岛）。

公元前206年，刘邦建汉称帝，为消灭各地残余反抗势力，刘邦又派使者来岛招降："田横来，大者封王，小者封侯，不来则举兵加诛。"面对刘邦的再次召见，田横出于"国家危亡，利民至上"的思想，为保全五百部属性命，毅然带着两名随从前往洛阳朝见刘邦。但行至洛阳三十里外的尸乡时（今河南偃师），田横获悉刘邦召见的目的旨在"斩头一观"，愤然对随从说："当初我和刘邦都想干一番大事业，而如今一个贵为天子，一个却要做他的臣子，我忍辱负重只不过是想保全我五百人的性命，刘邦见我，无非是想看我面貌，此地离洛阳三十里，若拿着我的人头快马飞驰去见刘邦，面貌还不会变。"言外之意是：我死，刘邦会认为岛上群龙无首，五百人的性命也就保住了。

说完，他不顾随从再三跪求，遥拜齐国山河，悲歌："大义载天，守信覆地，人生遗适志耳。"慨然横刀自刎。

田横自杀后，二随从急将田横之首送至洛阳，刘邦看到田横能为五百人自杀，感动落泪说："竟有此事，一介平民，兄弟三人前仆后继为齐王，这能说不是贤德仁义之人吗？"遂派两千禁军，以王礼葬田横于河南偃师，并封田横的二随从为都尉。

二随从不被官位所动，埋葬田横后，随即在其墓旁挖坑自尽。留岛的五百兵士听说田横自杀后，深感"士为知己者死"，田横为保全属下性命而去洛阳，他们为表达对田横的忠义之心，遂集体挥刀自刎。

田横为属下谋利殚精竭虑、捍卫国家坚贞不屈、大义载天、守信覆地、舍生取义、甘抛头颅的大无畏精神，真乃大英雄也。对田横的评价，司马迁曾说过："田横之高节，宾客慕义而从横死，岂非至贤！"唐朝的韩愈也这样说过："自古死者非一，夫子（田横）至今有耿光。"田横用他的生命印证了柏杨先生的"道德牺牲"，也践行了孟子所言的"舍生取义"之理。

"生，我所欲也；义，亦我所欲也，二者不可得兼，舍生而取义者也。"几千年前的孟子面对心灵的选择，毅然发出了舍生取义的呐喊，是心灵的选择激发出了先哲的思想火花。"删除了自我牺牲，道德就成了一句空话。"柏杨先生探寻到了道德最深的层次，用沉甸甸的"牺牲"，对孟子的话重新作了解读。

其实，"牺牲"，未必非要"舍生"，未必时时需要佛家"我不入地狱，谁入地狱"的悲壮，只需在人生路上，多行仁义之事，做事以大义为先，融个人的"小我"于社会的"大我"之中，舍得贪婪、舍得名利、舍得自我，便能活出人生的极致，同时也为道德增添更为动人的光环。

虎啸深山，龙潜海底，驼走大漠，雁排长空，万物都有它的极致之美。人生亦然，也有自己的极致。人生匆匆，如白驹过隙，如流星划过，我们不能选择生命的长度，但我们能够拓展生命的深度，为短暂的人生增添更为动人的一笔。

第二节 悟人：一叶知秋，远近有度

观人重在言与行，识人重在德与能

"子曰：视其所以，观其所由，察其所安，人焉廋哉？人焉廋哉？"孔子观察人，"视其所以"，看他的目的是什么；"观其所由"，知道他的来源、动机；"察其所安"，再看看他平常做人是安于什么，一个人做学问修养，如果平常无所安顿之处，就大有问题。有些人有工作时，精神很好；没有工作时，就心不能安，可见安其心之难。

看任何一个人为人处世，他的目的何在？他的做法怎样？再看他平常的涵养，他安于什么？有的安于逸乐，有的安于贫困，有的安于平淡。做学问最难是平淡，安于平淡的人，什么事业都可以做，因为他不会被外物所困扰。

"视其所以"，是指要了解一个人，就要看他做事的目的和动机。动机决定手段。周恩来为中华之崛起而读书，苏秦为扬名于天下而"锥刺股"，易牙为篡权而杀子做汤取悦于齐桓公。我们要看他做什么，更要看为什么这样做，要透过荷叶看到藕。如果我们仅被表面的现象所迷惑，我们对人的认识又有多少呢？齐桓公被易牙所谓的忠诚所感动，结果落了个死无葬身之地。

"观其所由"，就是看他一贯的做法。君子也爱财，但君子和小人不同，小人可以偷，可以抢，可以夺，甚至杀人越货；君子却做不来，即使钱财如同身旁的鲜花可以随意采撷，他也要考虑是不是符合道。有时候不在乎做什么、做多大、做多少，而要看他怎么做，官做得大，却是行贿得来的，钱赚得多，却是靠坑蒙拐骗得来的，那也为人所不齿。

"察其所安"，就是说看他安于什么，也就是平常的涵养。比如心浮气躁，比如急功近利，比如一有成绩就自视甚高、目中无人，比如一遇挫折就垂头丧气、怨天尤人，等等，都是没有涵养的。这样的人，做事有可能半途而废，交友有可能背信弃义。只有踏实安静的人才能有所成就，而不被身外之物所干扰。想想吧，越王勾践如果没有静心，怎么能卧薪尝胆？司马迁如果沉不下心，宫刑的痛苦还不缠绕终生，哪还有什么心思写《史记》？韩信如果没有静心，早成为流氓的陪葬品，还能帮助刘邦成就霸业？静心是在寂寞中的坚韧，在困苦中的达观，在迷离中的坚定，在庸常中的高贵，在失败中的自信，在成功中的沉稳。有如此品质的人，谁又能怀疑他呢？

用这三点去识人，又怎么不能够把人看明白呢？然而，自古以来，能够完全了解一个人、看透一个人，是一件不容易的事情。虽然不容易，但还是要去体味，毕竟识人是与人交往的基础。只有在对一个人的性格品质有所了解的情况下，才能决定与其相处的模式以及关系的远近。

在一个阳光明媚的清晨，柏拉图和老师苏格拉底一起在一片幽静的树林里散步。

柏拉图对老师说："东格拉底这人很不好！"苏格拉底问："为什么这么说？"柏拉图说："他经常挑剔您的学说，并且不喜欢您的扁鼻子。"苏格拉底笑了笑，缓缓地说："可我倒觉得他这人很不错。"柏拉图很迷惑地问："您怎么会这样认为呢？"

苏格拉底说："他对他的母亲很孝顺，照顾得非常周到；他对他的老师十分尊敬，从来没有对老师有不恭敬的行为；他对朋友很真诚，常常当面指出别人的缺点，帮忙改正；他对孩子很友善，经常和孩子们在一起做游戏；他对穷人非常富有同情心，我曾经亲眼看见他搜出身上最后一个铜板，放进了乞丐的帽子里……"

"但是，他对您不那么尊敬！"柏拉图说。

"孩子，问题就在这里，"苏格拉底抚摸着柏拉图的肩头，慈爱地说，"一个人如果站在自己的立场上来看待别人，常常会把人看错。所以，我看人，从来不看他对我如何，而看他对待别人如何。"

苏格拉底的话非常有道理，要想客观地认识一个人，不能总是站在自己的立场上，因为这会把自己的利益放在其中考虑，很有可能有失偏颇。

识人不同于相人。识人是经由观察一个人的行为与言论以鉴识其品德与才能，而相人是观察一个人的相貌与体征以判定其一生的吉凶祸福。两者小同大异。所以，与人交往，不能只凭借别人的相貌或体征评断其秉性，需要长时间去了解。当然，也不要在开始的时候就把很重要的事情交付于不知根知底的人，以免上当受骗，后悔莫及。

得人之道，在于识人。而识人之前，重在观人。观人重在言与行，识人重在德与能，不细观则不能明识，不明识则不能善用。只有知人才能善任，因为对一个人了解得越深刻，用起来就越得当，相处起来才能减少摩擦。

其言不可信，唯行方是真

从前有一个仗义的人，广交天下朋友。临终前对他儿子讲，如果有难解决的事情时，可以去找你洛河的李叔帮忙。儿子想了想问父亲为何要找那个不太说话、平时又不苟言笑的李先生，为什么不去找平时与父亲交往颇多的那些人呢？

父亲听完后笑笑说："别看我自小在社会闯荡，结交的人多如牛毛，其实我这一生就交了两个真正的朋友，一个是你徐州的刘伯伯，可惜他住得太远怕是不能及时帮忙；一个就是你李叔。其他的不足为托啊。"

儿子纳闷不已，因为他始终不明白为何平时那么多经常来往的"和善"的叔叔伯伯们不是父亲真正的朋友。他的父亲看出儿子的疑虑后就贴在他的耳朵边交代一番，然后对他说，你按我说的去见见我的这些朋友，朋友的含义你自然就会懂得。

儿子先去了他父亲认定的"一个朋友"李叔那里，对他说："我是某某的儿子，现在正被别人追杀，情急之下投身你处，希望予以搭救！"那位李叔一听，容不得思索，赶紧叫来自己的儿子，喝令儿子速速将衣服换下，穿在了眼前这个朋友的"逃犯"儿子身上，而自己儿子却穿上了"逃犯"的衣服。

儿子明白了：在你生死攸关的时刻，那个能为你肝胆相照，甚至不惜割舍自己亲生骨肉搭救你的人，可以称为你的一个朋友，虽然他平时看起来不见得比别人"和善"。这就是"一个朋友"的选择。

儿子又去了他父亲说的一位不是真朋友的人那里，把同样的话叙说了一遍。这个"朋友"听了，对眼前这个求救的"逃犯"说："孩子，我不是不救你，只是事情太大了，你看我也没有什么门路，要不你再到别处看看……"

儿子明白了：在你患难时刻，那个急于脱身，怕惹祸上身的人是不足以把他作为真的朋友的。

"听其言而观其行"，这是考察一个人的正确方法，与朋友相交也是如此。嘴里说得明白，笔下写得明白，绝不等于心里明白，更绝不等于他能做到。对人，不要听他怎么说，要看他怎么做。只听一个人说的话，或只看一个人写的文章，必须小心，那可能是一幅引导你迷失的错误地图。了解一个人，必须看他做的事。有的人平日里对你满嘴的甜言蜜语，实际上却是口蜜腹剑，与你相交完全是为了某种龌龊的目的，一旦达到目的，马上翻脸不认人。他是"满载而归"，而你却吃了个大大的"黄连"。相反，有的人虽不会说漂亮话，却能为你两肋插刀。所以，在与人交往时，不要只是听信他的一面之词，而是要细心观察他的一举一动，这样才能看清楚与你交往的到底是一个什么样的人。

言语，只是反应人性的一个方面。人在说话的时候，潜意识里总会将自己美化，而掩盖那些性格中的缺点。唯有通过实际行动，才能看到真正的人性。只有一个人的所作所为，才能最真实地反映出一个人的道德与品行。更多的时候，我们需要的不是竖起耳朵去听别人说了些什么，而是擦亮眼睛看别人做了些什么。

茫茫人海，与我们有交往的人太多，有些只是匆匆擦身的过客，而有些则会在我们的生命中长久地驻足，无论是那些我们想了解的还是不想了解的人，都需要我们对其有一个评判，而这个评判的标准，只能通过眼睛来做出判断，唯有用眼睛看他的所作所为，才能获得尽可能真实的信息。因而，观人以行，才是了解别人的黄金法则。

临之以利以观其心

有一个王子养了几只猴子，训练它们跳舞，并给它们穿上华丽的衣服，戴上人脸的面具，当他们跳起舞来时，逼真精彩得像人在跳舞一样。有一天，王子让这些猴子跳舞，供朝臣们观赏，猴子的精彩演出获得满堂的掌声。可是其中有一位朝臣故意搞恶作剧，丢了一把坚果到舞台上去，这些猴子看见了坚果，纷纷揭掉面具，抢食坚果，结果一场精彩的猴舞就在朝臣的嘲笑中结束。

《伊索寓言》里的这一则寓言说明了猴子的本性并不因为学习舞蹈和戴上面具而改变，猴子就是猴子，看到坚果就原形毕露！所以，"临之以利以观其心"，不失为一个识别人心的好方法。权力、官位、金钱、欲望、利益历来都是人心的试金石。当自己的利益没有受到损害时，或对自己有利时，人们之间就可以称兄道弟、亲密无间。可是一旦有损于他们的利益时，他们就像变了个人似的，见利忘义，唯利是图。

如果把人比成这故事中的猴子，人不是也戴着假面具在人生的舞台上表演吗？因此小人戴上面具，会让你误以为是君子；恶人戴上面具，会让你误认为是大善人；好色之徒戴上面具，会让你误以为是柳下惠！真令人防不胜防呀！

猴子不改其好吃坚果的本性，因此看到了坚果，就忘了它正在跳舞娱人。人的表现虽然不会像猴子那么直接，但不管他再怎么伪装，碰到他的弱点，他总会无意识地显现他的真面目，因此好色的人平时道貌岸然，但一看到漂亮的女性就会两眼色眯眯，言行失态；好赌的人平时循规蹈矩，但一上牌桌就废寝忘食，不知罢手！不是他们不知道显露这种本性不好，而是一看到所好之事或所好之物就忍不住要掀掉假面具——就像那群猴子！

用"投其所好"来看人，可以看出一个人的人品，而人品会影响他的行事、判断和价值观，甚至影响他为善或为恶的抉择。无论是交朋友、找合作伙伴或共事，这都是一项重要的参考！

一个人的成功，取决于其处世水平，也即识人水平的高低。唯有学会投其所好，观其人品，识别人心，才能让自己的人生之路更顺利些。

识人不容易，识人禁忌要牢记

"人"是非常简单的一个字，而"识人"却是极其难懂的一门学问。在人与人互动越来越频繁、人心却越来越难辨真假的当今时代，不管是新交或旧识，每天都要不断跟人交手、相处。很多时候，能否精准识人成了交际的关键。

然而，想要做到精准识人，尤其是识人才，一定要牢记两大禁忌。

禁忌一：凭个人爱好识人

了解历史的朋友都知道，颜驷历经汉文帝、汉景帝和汉武帝三世，直至白发老翁之时，仍在郎署（汉朝官署名）为郎（宿卫之官名）。很多人都好奇，为何颜驷一生如此不得志？究其原因，就不得不说三位皇帝的喜好了。正如颜驷所言："文帝好文而臣好武，景帝喜好年老的而臣尚年少，陛下喜好年少的而臣已年老，因此历经三世都没有晋升的机会，只好一直在此当差了。"试想，如果文帝好武，景帝喜好年少，武帝喜好年老的话，颜驷一生的机遇必定大不相同。

虽说人非草木，有自己喜好的事物与厌恶的事物是常情。但如果识人鉴人的时候也完全根据自己的喜好来，往往会大失精准。在识人过程中，若不能察明对方的本质，而完全从自己讨厌对方出发，很容易忽略了对方的优点，甚至把对方的缺点当做优点。相反，若完全从自己喜好对方出发，会很容易忽略了对方的缺点，甚至把对方的优点当做缺点。

禁忌二：凭出身识人

生活中，大家总喜欢用"狗眼看人低"来讽刺那些仅仅以他人的出身来评价其高下的人。虽然这种讽刺有些难听，但仅凭借出身背景来识人确实是比较片面与武断。

公孙鞅是魏相公叔座的家臣。公叔座死前，曾极力向魏惠王推荐公孙鞅，劝魏惠王"以国事听之"，重用公孙鞅。但是，魏惠王认为公孙鞅只是个家臣，身份太低微了，那些劝告只是公叔座病得糊涂而乱讲的。所以，公叔座死后，魏惠王并没有重用公孙鞅。由于一些嫉贤妒能者企图加害公孙鞅，公孙鞅只好投奔秦国。在秦国，公孙鞅受到秦孝公的重用。结果，秦国日强，魏国日弱。

可见，在魏惠王的眼中，公孙鞅正是被"以出身辨人才"的偏见所埋没和扼杀。

识人难，精准识人更难！千万不可因为自己的喜好或仅凭对方的出身背景，将一个人彻底定性，那样很不客观、很不全面。

人际交往的明灯，便在于"久而敬之"

豪猪身上的毛硬而尖。冬天到了，天气寒冷的时候，它们就聚在一起，互相依靠，借彼此的身体取暖。但是当它们靠近时，身上的毛尖会刺痛对方使它们立刻分开，分开后因为寒冷它们又聚在一起，聚在一起因为痛又分开，这样反复数次，最后它们终于找到了彼此间的最佳距离——在最轻的疼痛下得到最大的温暖。

其实，豪猪的例子对于友情同样适用，过于亲近，有时会被刺伤，过于疏远，又感受不到友情的温暖，只有把握好相处距离，才能让友谊之树常青。

"近则不逊远则怨"，人与人之间的交往不可太近，也不可太远。明智之人在交往之中懂得保持适当的距离。孔子就非常佩服春秋时期的晏子对于交朋友的态度，晏子不轻易与人交朋友，但如果交了一个朋友，就会善始善终。对于我们来说，每个人都有朋友，但善始善终的很少，新朋友在增加，老朋友也在流失，正所谓："相识满天下，知心能几人？"然而，这位杰出的政治家、思想家对朋友却能全始全终，他是怎么做到的呢？晏子让友情地久天长的要诀就在于使人"久而敬之"，交情越久，他对人越恭敬有礼，别人对他也越敬重。这四个字说来简单，做起来却不容易。一般来说，关系亲密的朋友，言谈举止都更为随便，就好比人们心情不好时总爱对亲密的人发脾气一样。但一时的口不择言，有时会变成永远的伤疤。因此，交友之道，便在于"久而敬之"。

世界上没有一种关系可以是永远不变的，朋友也是一种随时可以改变的关系，也是一种难以真正确定的关系。距离是维持朋友关系最重要、最微妙的空间，一旦空间被挤压被侵占，友谊的大厦就会倒塌。遗憾的是有些人不善于调整距离，恨不得朝朝暮暮泡在一起，这便犯了交友的大忌。

古人云，"君子之交淡如水"，这是一句朴素的真理，当人忽略了"距离"就会使朋友之间轻松自如的关系变得紧张、压迫，充满了危机。朋友关系的存续是以相互尊重为前提的，容不得半点强求、干涉和控制。彼此之间，情趣相投、脾气对味则合、则交，反之，则离、则绝。朋友之间再熟悉、再亲密，也不能随便过头、不恭不敬，这样，默契和平衡将被打破，友好关系将不复存在。每个人都希望拥有自己的一片私密天空，朋友之间过于随便，就容易侵入这片禁区，从而引起冲突，产生隔阂。待友不敬，有时或许只是一件小事，却可能埋下破坏性的种子。所以，维持朋友亲密关系的最好办法是往来有节，互不干涉，久而敬之。

当然，久而敬之不代表疏远，不代表感情变淡，而是让友谊在一个合理的距离中维持良好的状态，永远"不离不弃"。

春秋时鲍叔牙和管仲是好朋友，二人相知很深。他们俩曾经合伙做生意，一样地出资出力，分利的时候，管仲总要多拿一些。别人都为鲍叔牙鸣不平，鲍叔牙却说，管仲不是贪财，只是他家里穷。管仲三次做官都被撤职，几次帮鲍叔牙办事都没办好，别人都说管仲没有才干，鲍叔牙又出来替管仲说话："这绝不是管仲没有才干，只是他没有碰上施展才能的机会而已。"更有甚者，管仲曾三次被拉去当兵参加战争，结果三次逃跑，人们讥笑他贪生怕死。鲍叔牙再次直言："管仲不是贪生怕死之辈，他家里有老母亲需要奉养啊！"

后来，鲍叔牙当了齐国公子小白的谋士，管仲却为齐国另一个公子纠效力。两位公子在回国继承王位的争夺战中，管仲曾驱车拦截小白，引弓射箭，正中小白的腰带。小白弯腰装死，骗过管仲，日夜驱车抢先赶回国内，继承了王位，称为齐桓公。可惜最终公子纠失败被杀，管仲也成了阶下囚。后来齐桓公登位后，要拜鲍叔牙为相，并欲杀管仲报一箭之仇。鲍叔牙坚辞相国之位，并指出管仲之才远胜于己，力劝齐桓公不计前嫌，用管仲为相。齐桓公于是重用管仲，果如鲍叔牙所言，管仲的才华逐渐施展出来，帮助齐桓公成为春秋五霸之一。鲍叔牙一次次为管仲申辩，并始终善待自己的朋友，不离不弃；不但帮管仲走上了施展抱负的仕途，也为这段友谊留下了千古佳话。

久而敬之、交而不弃，这些都是千古贤人总结出来的宝贵的交友之道，这些道理放在今天同样适用。掌握好交友之道，你的友情之路将会更加顺畅。

言必有防，不议人非

明太祖朱元璋出身贫寒，年少时的朋友多数都是穷人。他做了皇帝后，这些儿时的朋友纷纷找上门来。这些人以为朱元璋会念在昔日共度患难的情分上，赏他们个一官半职，谁知朱元璋最忌讳别人揭他的老底，认为那样会有损自己的威信，因此对这些人大都拒而不见。

有位和朱元璋一块长大的好友，千里迢迢从老家赶到南京，因为他与朱元璋的关系非同一般，所以在几经周折之后，还是进了皇宫。一见面，这位老兄便当着文武百官大叫大嚷起来："哎呀，朱老四，你当了皇帝可真威风呀！不认得我了？当年咱俩可是一块儿光着屁股玩耍的呀，你干了坏事总是让我替你挨打。记得有一次咱俩一块儿偷豆子吃，背着大人用破瓦罐煮，豆子还没煮熟你就先抢起来，结果把瓦罐都打烂了，豆子全撒了。你吃得太急，豆子卡在嗓子眼儿，还是我帮你弄出来的。怎么，不记得啦！"

这位老兄还在那唠叨个没完，宝座上的朱元璋被戳到痛处，再也坐不住了。盛怒之下，他下令把这个儿时的好友斩了。

这便是揭人伤疤的下场，朱元璋的这位好友其实并无恶意，他不过是想重提儿时的旧事，来表示自己与朱元璋的亲密，但他忽略了对方的感受，触到了对方的隐私和痛处，给对方造成了一定程度的伤害，因而"灾难自己找上门"，落得了被朋友处斩的下场。

每个人的心中总是会有一块不愿被人触及的伤痛，就像是《阿Q正传》中阿Q的一头癞头疮。俗话说："打人莫打脸，骂人不揭短。"你心中的痛自然是不愿被人提及的，那么在和别人交往的时候，就千万不要毫无顾虑地触及人家的伤痛，更不能刻薄地揪住人家的短处不放。即使是再亲密的朋友，也无需用揭人伤疤的方式，来展示关系的亲密。

语言的表达本身就是一门复杂的艺术，即使一个人非常明确自己的心意，且能够游刃有余地驾驭语言，他所表达出来的也是"第二义"，是残缺不全的。更何况，有的时候是未经思考便脱口而出的，自然就难免会造成错误。所以，说话之前为自己的言语加一道过滤网，尤其注意切勿谈论他人的是非。

"闲谈莫论人非"，这是古人修身的名言，也体现了古人对于为人处世的另一层哲理性的思考与智慧。一如那句经典的电影台词"有人的地方就有江湖"一样，有人的地方就有是非。人生在世，你有你的是非，他有他的是非，是非总是讲不清的，而人往往容易为是非所累。

有这样一个大家耳熟能详的故事：

祖孙俩买了一头驴，爷爷让孙子骑着走时，别人议论孙子不懂孝敬；孙子让爷爷骑着走时，有人指责爷爷不疼爱孙子；祖孙俩干脆都不骑了，又有人笑话他们放着驴不骑是傻瓜；祖孙俩同时骑在驴背上，又有人指责他们不爱护动物。结果，不知所措的爷孙俩只好绑起驴扛着走了。

的确，所谓的"是非"本身就是极其无聊的谈资，没有任何的意义。而且那些喜欢在背后议论他人、搬弄是非的人往往也是最可恶的人。他们几乎都是庸庸碌碌之人，因为发表议论需要时间，而且要找恰当的时间，还要几个人凑在一起，这样所需要的时间就更长。他们在论人是非上浪费了太多的时间与精力，自然在正事上就少了很多机会，也就注定了其无法出众。

那些论人者，多是出于某种恶意的心理，而且多数是搬弄是非之人。他们靠对别人说长道短来达到自己某种不可告人的目的，或是挑拨是非，或是嫁祸于人，或是有意想把某人拉下马、赶下台。这种人可以称之为阴谋家，是很危险的人物。在某一段时间内，这种人可能很得势，因为能言善辩，又很会察言观色，所以他们的目的有可能达到。但如果总是故技重演，就难免会被别人发现，最终只会落得身败名裂、众叛亲离的下场。

如果不想陷入是非的恶性循环之中，我们就必须先要管住自己的嘴巴，做到"言必有防，不议人非"，才能做个堂堂正正的人，才能磊落地与他人相处，才能拥有天长地久的友谊。

知己难求，必以诚相待

东汉时，有一位名叫荀巨伯的人。有一次，他收到一封急信，说一位朋友得了重病。朋友远在千里之外，故荀巨伯赶了好几天的路程。可是当他到了友人所住的郡地时，却发现此地被敌人围住了。他潜入城池去看望朋友，朋友对他说："谢谢你在这个时候还来看望我。现在城被敌人围住了，看样子是守不住了。我是一个快要死的人了，破不破城对我来说是无关紧要的；你没有必要留在这里，趁现在能想办法，你赶快走吧！"荀巨伯立刻说道："你这是什么话？朋友有难当共之，现在大难临头，你却要我扔下你不管，自己逃命，我怎么能做这等不义之事？"

敌人破城之后，一路打进来，挨户搜索，但见家家户户凌乱不堪，人皆逃走，却有一个院子井然有序，于是进去，见到了安坐的荀巨伯，大发威风说："我们大军所到之处，所向披靡，你是何人，竟敢不望风而逃，难道想独当其锋不成？"荀巨伯对他们说："你们误会了。我并不是这城里的人，到这里只是来看望一个住在这里的朋友。现在朋友病重，危在旦夕，我不能因为你们来了就丢下他不管。你们如果要杀的话，请杀我，不要杀我这位已痛苦不堪、无法救治的朋友。"敌人听了瞠目结舌。半晌，一位头领看了看手中的大刀，发言道："哎，我们是一群不懂得道义的人。像我们这样的人，怎么可以在这样一个崇尚道义的地方胡乱闯荡？走吧！"敌人竟因此退走，一郡得以保全。

古人常说："千金易得，知己难求。"要想交到真正的朋友确实很难，但是，"一分耕耘一分收获"，只要你对朋友付出了真心，你也会得到朋友的真心回报。生活中有许多人抱着"有事有人，无事无人"的态度，把朋友当做受伤后的拐杖，复原后就扔掉。此类人大多会被抛弃，没人愿意再给他们帮忙。

与朋友真诚相待，应做到以下几点：

（1）同舟共济，互相帮助。人们在一起共事时，大家同舟共济，只要采取合作态度，互相帮助和关照，是最容易产生感情认同的，这样的交情将更为牢固。

（2）有共同兴趣，交往投机。有时候共同的爱好、兴趣，也可能成为彼此交情的纽带。比如，两个人都爱下棋，在路边棋场相识，成了棋友；都爱垂钓，在湖边相遇，成了钓友。这样共同的东西把彼此召唤到一起，在共同切磋中，便结下了友情。

（3）绝不持"一次性交际"的想法。在某些实用型人物的眼中，所谓的"人情"便是你帮我的忙，我马上找个理由回帮，就像借债还钱，概不赊欠。这种一次性的交际行为看似洒脱，实则包含了太多的困惑与无奈。诚然，受助者也许在短时间内不愿再次开口求助，而实施援助行为的一方其实也没有必要固守"事不过三"的古训。当人家确实有困难而无能为力的时候，尽管你已经帮助过他，尽管他不好再向你开口，但作为知情者，你不应无动于衷，而不妨主动伸出援助之手。事实上，这种交际行为能够赢得更大的人情效应，即使受助者一时无力给你回报，但你的行为风范，你的崇高禀性，已会被更多的人所知晓。

要知道，虚伪狡诈的人让人讨厌，难结良友；真诚的朋友给人一种安全感，招人喜欢。对好友坦诚相待，你得到的将会比付出的多得多。

路径窄处，留一步与人行

一次，苏格拉底在大街上与人辩论，结果被对方踢了几脚，可苏格拉底显出若无其事的样子。有人对此迷惑不解，苏格拉底解释说："我没有必要去踢一头驴子。"苏格拉底将对方比喻成一头驴子，也就是说，智者是不应该跟一头驴子计较的。驴子是动物，它们没有意识、思想，控制不了自己的言行，所以会做出一些粗鲁的事情来。但是人类是有智慧的，如果与动物较劲，那与动物又有何区别呢？苏格拉底运用这样的思维，避免了一场"战斗"。

试想，如果换作别人，可能丝毫不会后退，没准儿直接冲上去与那个人扭成一团，你打我一拳，我踢你一脚，后果可想而知了。

古人常说："路径窄处，退一步与人行；滋味浓时，减三分让人尝。"就是说在道路狭窄的时候，要退一步让别人能走；在享受美餐的时候，要分一些给别人吃。这也是立身处世取得成功的最好方法。

懂得退让并非是示弱的行动，而是智慧的表现。对于我们做人来说，不要事事处处争强好胜，不要遇事就和人硬碰硬，应该明白"退一步海阔天空"的道理。处处和人硬来，最终可能双方都头破血流。

有这样一则寓言：

南方的河里有一条豚鱼，游到一座桥下，撞在了桥柱上。它不怪自己不小心，也不想绕过桥柱，反而生气起来，认为是桥柱撞了自己。它气得张开嘴，竖起颚旁的鳍，胀起肚子，漂在水面上，很长时间一动也不动。飞过的老鹰看见它，一把抓起来，把它的肚子撕裂，这条豚鱼就这样成了老鹰的食物。

苏东坡听后就此议论说："世上有的人在不应该发怒的时候发怒，结果遭到了不幸，就像这条豚鱼，'因游而触物，不知罪己'，不去改正自己的错误，却安肆其忿，至于磔腹而死，真是可悲！"

事情发生后总是责备别人，当然会有很多气受了。豚鱼错就错在不会退避。现实生活中，不是有很多这样的"豚鱼"吗？如果不能看清形势，该退的时候就退，而是时时逞强，只会使自己陷入孤独无助的处境；生意场上如果不能量力而行，适时退让一步，就可能会造成错误投资，损失惨重，那么，种下的苦果只会由自己来吞食。

据说有一年，香港政府因财政拮据，便想出了一个办法：把中环海边康乐大厦所在的那块土地进行拍卖。这块土地面积大，属于黄金地段，是非常有利可图的地方。消息传出后，有资产的人纷纷披挂上阵，连远在港外的富商们也都赶来参加投标。一时间，香港码头机场人满为患，饭店老板个个眉开眼笑。

不过觊觎者虽多，有资格的就那么几个，真正打这块地皮主意的，只有李嘉诚的长江实业有限公司和英国的渣打银行。为了不让港外人士购地，有意让这两家中的一个获胜，便采取了暗中投标的方式，谁也不知道别人所投价格为多少。

李嘉诚心里有打算，地皮虽好，也有个底限，否则买回来也是亏本，而渣打银行必然拼命抬价，以扳回前几次败北丢的面子，李嘉诚报上 20 亿港元。那渣打银行活脱脱的英国绅士脾气，底气不足却要打肿脸充胖子，又认为李嘉诚必定拼命抬价，于是豁出了老本，报出了 34 亿港元的价格。结果当然是渣打银行获胜。正当银行上下举杯欢庆时，打听消息的探子回来报告说，李嘉诚的报价比他们少 14 亿港元，顿时一个个脸色变得死灰，总裁吃惊得连酒杯都掉在地上摔得粉碎，连连地说，英国绅士上了中国商人的大当。

李嘉诚精打细算，忍住了黄金地段的巨大诱惑，果断地抽身而退，把烫手的山芋甩给了渣打银行。试想，如果李嘉诚忍不住，把自己的老本全部押上，很有可能落个失败的"威风"，这又有何价值。这就显示了"退一步海阔天空"的妙处，凡事能够量力而行，多懂得适时而退，这样才能保持长久的成功。

不管是做事，还是做人，都必须要懂得退让的要诀，要在退让中体现出自己的魄力和智慧，同时也能保存实力，量力而行，而不是为了表面文章而大伤元气，这才不失为人生当中的妙招。

退一步让三分，不仅给别人留一条活路，也是自己拓宽人际资源的绝妙之策。生活中，今天你让了他一步，明天他会还你两步，这样一来二去就等于交了一个好朋友，朋友多了好办事，人脉是一个人在社会上打开一道通往成功的方便之门。如果你凡事都想利益独享，凡是好处都自己独吞，那么即使你有着惊世的才华也只能是无用的白纸，而且在别人的心目中你也是一个自私自利的人，如果学点分享主义，好处利益分给众人，让每个人的心理得到平衡，这样大家肯定会通力合作，协助你顺利取得成功。

《菜根谭》中有句话说："人情反复，世路崎岖。行不去处，须知退一步之法；行得去处，务加让三分之功。"这句话的意思就是，人间世情反复无常，人生之路崎岖不平。在人生之路走不通的地方，就要知道退让一步的道理；在能走得过去的地方，也一定要给别人三分的便利，这样才能逢凶化吉、一帆风顺。

适时投其所好，方能皆大欢喜

很久以来，"投其所好"作为一个贬义词被人鄙夷，这主要是因为"投其所好"者的目的往往是自私的、不可告人的。假如目的是光明磊落、合乎情、顺乎理，"投其所好"就可以正名了。我们这里的攻心术上的用法，正是基于后一种意义的理解之上的。

心理学表明，情感引导行动。积极的情感，比如喜欢、愉悦、兴奋往往产生理解、接纳、合作的行为效果；而消极的情感，如讨厌、憎恶、气愤等则带来排斥和拒绝。那么，正如管理心理学所证明的："如果你想要人们相信你是对的，并按照你的意见行事，那就首先需要人们喜欢你，否则，你的尝试就会失败。"这表明，要使别人对你的态度从排斥、拒绝、漠然处之到对你产生兴趣并予以关注，就需要最大限度地引导、激发对方的积极情感。"投其所好"实际上就是一种引导和激发的过程。

有一次，思想家爱默生与独生子欲将牛牵回牛棚，两人一前一后使尽所有力气，也没能把牛牵进去。家中女佣见两个大男人满头大汗，徒劳无功，于是便上前帮忙。她拿了一些草让牛悠闲地嚼食，并一路喂它，很顺利地就将牛引进了栏里，剩下两个大男人在那里目瞪口呆。

虽然这里面对的是一头牛，但也足见投其所好的威力。动物尚且如此，何况人呢？面对自己所好，能有几人视而不见呢？

李白斗酒诗百篇，一生好入名山游。据袁枚《随园诗话补遗》记载：汪伦与李白素不相识，但他渴望能与李白见上一面，于是便写信，邀李白去泾县（今安徽皖南地区）旅游，他在信上热情洋溢地写道："先生好游乎？此地有十里桃花，先生好饮乎？此地有万家酒店。"李白听闻有好风光，还有美酒，便欣然而往。至汪伦处，李白见其乃泾川豪士，为人热情好客，倜傥不羁，心中顿生几分好感，并问桃园酒家何处？汪伦道："桃花者，潭水名也，并无桃花；万家者，店主人姓万也，并无万家酒店。"引得李白大笑，并留数日后方离去。

李白和汪伦这两位朋友同是不拘俗礼、快乐自由的人。在山村僻野，本来就没有上层社会迎来送往那套烦琐礼节，看来，李白走时，汪伦不在家中。当汪伦回来得知李白已走时，立即携酒赶到渡头饯别。不辞而别的李白固然洒脱不羁，不讲客套；踏歌欢送的汪伦，也是豪放热情，不作儿女沾巾之态。因此有了那首千古佳作："李白乘舟将欲行，忽闻岸上踏歌声。桃花潭水深千尺，不及汪伦送我情。"

一位隐居的无名人士，一位狂放不羁的诗仙酒徒，就这样神奇地相聚，演绎了一段千古佳话。其实应该是汪伦聪明，知道投其所好，用酒来诱引李白，这位对酒当歌的大诗人，可以"天子呼来不上船"，用酒做诱饵是正中下怀。

"投其所好"还是一种非常有效的劝说方法。

19世纪，在维也纳上层社会的妇女中，流行一种宽檐的帽子，帽檐上装饰着五颜六色的羽翎，十分华美。当这些女士们进入剧场看戏剧时，坐在她们后面的观众就只能看到她们的高高的帽子，而看不到舞台，于是就向剧场经理提出抗议。剧场经理起初只是一味请求女士脱帽，但谁也不予理睬。后来，经理眉头一皱，计上心来，只听他说："本剧场照顾年老的女士，只有她们可以不必脱帽。"此言一出，剧场的女士们纷纷摘下了帽子。

"只有年老的妇女可以不脱帽。"言外之意就是"脱帽的都是年轻女人"，这就迎合了女人的爱美心理，因此达到了想要的效果。

在人际交往中，投其所好是一种智慧，是有效沟通的一种方式。要想使别人与我们交好，或者合作，必须善用投其所好的原则。为人处世，一味地以我为主，我行我素，看似有个性，其实很容易伤了别人的心，伤了大家的感情。而将投其所好运用得当，则友谊长存，皆大欢喜。

寡言则过少，巧言则路多

隋朝有位大将军，常常为自己的官位比他人低而怨声不断。他认为凭自己的能力，完全可以当上宰相。对同僚他不屑一顾，对上司更是出言顶撞。一些过分的话传进皇帝耳朵里，他被逮捕入狱。皇帝责备他嫉妒心太强，自以为是，目无尊长，但念他劳苦功高，便将他释放了。

换了别人，这样的教训已经足够让他清醒过来，低调行事。可他偏偏不领情，开始向别人夸耀自己的功劳卓著，并大肆宣传自己与皇族的亲厚关系，甚至说出"太子与我情同手足，连高度机密也对我附耳相告。"他的对头立刻告发了他，并添油加醋，说他早有谋反之心，常常说些大逆不道的话。这一次，皇帝发慈悲饶恕了他，但从此之后撤销了他的官职。

大将军的政治生命就此结束了，他的遭遇是可悲的。其实，只要他低调一些，少说几句没分寸的话，何至于落到这种境地。

平常人一日中有用之话仅十之一二，无用之话十之八九。所以，寡言少过，少说话，犯错的可能性就小。

如果一个人总是滔滔不绝地讲话，说得多了，话里就自然而然地会暴露出许多问题。比如你对事物的态度，你对事态发展的看法，你今后的打算，等等，会从谈话中流露出来，被你的对手所了解，从而制定出相应的策略来战胜你。而且，你的话多了，其中自然会涉及他人。由于所处的环境不同，人的心理感受不同，而同一句话由于地点不同、语气不同，所表达的情感也不尽相同，别人在会话的过程中也难免会加入他个人的主观理解，等到你谈的内容被谈话对象听到时，可能已经大相径庭，势必造成误解、隔阂，进而形成仇恨。因此，从某种意义上讲，说话太多可能是一个人最大的灾祸。

说话过多有百害而无一利。言多必失，话一出口，不加思考，匆忙之中妄下结论，所造成的影响，是再用几百句、几千句话也弥补不了的。一言既出，驷马难追。放纵你的口舌，让那些言语的毒汁四下喷溅，在伤害他人的同时，最终肯定是伤害自己。

在人情世故中，一言一行都关系着每个人的成就荣辱，所以言行不可不慎。

由于"言多必失"的教训很多，不少人将"三缄其口"作为处世的座右铭。那些成功的人，说话就会把握分寸感，不管在什么场合都是落落大方，说话时候，说得很充分，不该说的时候，一句话也不说。

有的人口齿伶俐，在人际交往中口若悬河、滔滔不绝，这固然是不少人所向往的。但如果口无遮拦，说错了话，说漏了嘴，也是很难补救的。所以应看对象、看场合说话。并讲究"忌口"。否则，若因言行不慎而让别人下不了台，或把事情搞糟，那是最不合算的事。

你说出来的永远都要少于需要说的。只讲表面现象，不作实质结论。"千呼万唤始出来，犹抱琵琶半遮面"。吞吞吐吐，似有难言之隐；似隐却露，故作弦外之音。关键性的内容言者并不明言，却有意做出强烈的暗示，使闻者不难从中领悟辨识话中之"话"、弦外之"音"，自行得出合乎逻辑的结论。此种手段的"妙处"在于：言者未曾明言，便可不承担明言的责任；言者未做结论，便无强加于人之嫌；然而言者所要表达的关键内容却尽为闻者所知，其目的已然达到。善奏弦外之音的人比那些凡事喜欢大鸣大放、夸夸其谈的人要高明得多。

清朝道光年间（1821～1850年），军机大臣曹振镛当政之时，对政敌打击往往不动声色，却"言致敌败"，非常有效。

曹振镛对军机大臣蒋攸铦很讨厌，两人面和心不和，就一直想把他排挤走。一次，琦善因处理鸦片战争后与英国殖民者"洋务"不当，被革去两江总督职。道光皇帝问曹振镛道："两江总督地处南海边陲，与洋人对峙，交往很大，职位非常重要，我想派一个资深望重、久历封疆的官员去担任此职，你看谁合适呢？"

曹振镛知道蒋攸铦刚由直隶总督任上调上来，属于道光帝想要的那一类人，但是由自己提出来，不免授人以排挤同僚的口柄，也会引起道光皇帝的怀疑，所以他不直接提出由蒋氏调任，而提肯定不能调任的川陕总督那彦成。于是，曹振镛说："臣以为川陕总督那彦成资历最深。"

果然，这个建议遭到了道光皇帝的否决，说："川陕一带，正发生民乱，那彦成不能调动。"说着又看了看曹振镛。当时军机处要员都在座，蒋攸铦亦在身旁，但是曹振镛就是不说话。道光环视四周，看到了蒋攸铦，马上说："你就是前朝的封疆大吏，去任两江总督正合适。"此事就这样敲定了，实际上蒋攸铦由军机大臣调任两江总督，从地位与权力上，都有下放的嫌疑，所以，蒋攸铦出来后对人感慨地说："曹公的智巧，真可怕呀！他把自己的意思含而不露，却让陛下说出来，就无可更改了，这样的排挤，真是高明至极啊！"

曹振镛仅用了一句话就成功地让道光帝替自己赶走了政敌，可谓高明之至。不仅除去了眼中钉，也没有损害自己在主子眼中的形象，更不会落人口实，留下话柄。达到了一举三得的效果。

说话是一门艺术。最高超的说话艺术即是慎言，"话说一半，点到为止"即为精要。这样不仅能够掩藏自己的真实意图，还能为自己留有事后自我辩解的余地，为自己保留一条后退抽身之路。聪明人善用而不滥用这门艺术，往往利用最简洁的语言，传达自己的意思，也能给别人留下最深刻的印象，在人情中达到最理想的效果。

第三节　悟道：方圆有道，人生通达

做人做事，需要借鉴别人的智慧。今天的李嘉诚、比尔·盖茨等，并不是靠一个人的力量成就辉煌的，他们一定遇到了人生中重要的良师益友。可以说，每个成功者的背后，都是很多人的帮扶。想要跨越生命中的障碍，突破过去的自己，除了懂得坚持，还需要有化水为风的智慧与勇气。生命中总是充满着无数的未知，强渡人生所有的关卡，必定撞个头破血流，惨烈狼狈。借助别人的智慧，从容走过沙漠，一样也能成就自己。

前车之鉴，后事之师

去过苏州的人，大部分都尝过那里一种名为"万三蹄"的猪蹄，肉味劲道，嚼劲十足，之所以命名为"万三蹄"，大概是后人出于对富商沈万三的讥讽。这个元朝明朝一肩挑的商业巨子，在元朝岌岌可危的时候，投靠了朱元璋，捐献了半个南京城，本是想买个官运亨通，荣华富贵更上一层楼，却不想荒唐的马屁，反而惹起了朱元璋的猜忌，后将他流放外地不说，还将整个苏州的赋税增加了好几倍，使得苏州百姓积怨很深。所以，沈万三落个"万三蹄"的骂名也不足为怪，他成了后世苏商的前车之鉴。在代代的承接与延伸中，低调做人，埋头做事，远离官僚，亲近商人成了苏商的经商之道。正因为如此，历史上的苏商才会规避了因改朝换代而导致的商业沉浮，才会这样代代传承的于世间生存着。

要说这规矩的来源，便不得不提到范蠡，在两千四百多年前的一个冬夜，吴国被越王勾践所灭，出力最大的便数范蠡。而他却并没有问勾践要封赏，只是讨得了一个自由身便隐姓埋名，远赴他乡了。"狡兔死，走狗烹"，这个道理，范蠡深深明白，伴君如伴虎，不如游弋江湖的好。从此政坛上少了一位良臣，商场上却出现了一位精明的商人。隐居苏州的范蠡开始经商，但他经商置产的方式让人难以捉摸，他遵循着"人舍我取，人取我予"的"待乏理论"，赚进天文数字般的财富，却在获得千金后，总是散尽离去。

正式于明朝万历年间形成的苏商帮派，虽然难以雄霸天下，却是最"乐活"的一批商人，他们做好自己的本分，便不再操心别的事情。沈万三就是不懂得这个道理，做买卖之余，还去涉足政治，结果晚节不保，在苏商的眼中，这真是得不偿失。苏商不去和晋商拼财力，不去和鲁商比吃苦，就是要为自己而活，享受江南水乡的气息，过着"深巷明朝卖杏花"的日子。沈万三忘记了范蠡的亲身实践得出的经验，后来的苏商却没有忽视掉沈万三的教训，沈万三的前车之鉴令后进的苏商子孙明智地选择了与范蠡一样的态度——远离官府，避开风云变幻无常的政治。

前人经历过的事，不要轻易将其抛诸脑后，忘记过去意味着背叛，无视以前的经验教训，必将在人生的道路上大费周折。

"子曰：温故而知新，可以为师矣。"从文字上去解释，就是温习过去，知道现在的，便可以做人家的老师了。更深一步的理解则是，认识了过去，就知道未来，过去就是你的老师。前车之鉴，必定能成为后事之师，因为前人的成功与失败，为我们后人总结了丰富的经验教训，如果我们能学习前人的成功经验，必能走上成功的捷径；如果我们能对前人的失败教训加以警惕，不重蹈覆辙，那么就可以少经历一些人生的磕磕绊绊。所以，前人的经验，是我们的一大宝贝，只要你利用好了，你的人生将会顺遂很多。

肖伯纳是英国杰出的戏剧作家、世界著名的幽默大师、诺贝尔文学奖获得者。肖伯纳享年94岁，他不仅才思敏锐，有"当代人中最清楚的头脑"，并且还有可与著名运动员相比美的强健体质。

肖伯纳少年时代，其父就对他说："孩子，要以我为前车之鉴，我干的事你都不要效仿！"原来，他父亲喜欢乱吃东西，一顿吃很多的肉，喝很多的酒，且整天抽烟，又不爱活动，于是身体一直不好，大大影响了他的生活和事业。肖伯纳听从父亲的教导，从小养成了良好的生活习惯，不吸烟，不喝酒。肖伯纳成名之后，财富如潮水般地涌来，但他仍然毫不奢侈。饮食多样化，从不挑食、偏食，并且以清淡为主，膳食通常是黑面包、通心粉、可可菜、小扁豆、鸡蛋等。他一生都坚持锻炼。每天他很早起床，天天坚持洗冷水浴、游泳、长跑、散步，他还喜欢骑自行车、打拳。70多岁时，他还曾与当时世界著名的运动家、美国人丹尼同住在波欧尼岛上的一家旅馆，每天两人过着一样的生活：起床后洗冷水澡，接着游泳，然后躺在海边沙滩上进行日光浴。午后，他们还一起长途散步。

肖伯纳吸取父亲的经验教训，以健康的身体来作为创作伟大事业的根本，最终取得了完美的胜利。

前人的经验教训，从安身立命的根本，到为人处世的原则，再到成功立业的举措，都为我们留下了巨大的财富，只要你善于运用，便可以使之为你创造出更多的成就。这就是站在前人肩上超越前人的道理所在吧。

杜牧的《阿房宫赋》中"秦人不暇自哀，而后人哀之；后人哀之而不鉴之，亦使后人复哀后人也"，这一句便道出了"前车之鉴，后事之师"的道理。古人云："以铜为鉴，可以正衣冠；以人为鉴，可以明得失；以史为鉴，可以知兴替。"以史为鉴，可以找到行事的准绳，看到过去的得失，规划未来的方向。

身做入世事，心在尘缘外

大诗人苏轼因"乌台诗案"被贬到黄州做小吏，于城东开荒种地，在黄州的第三个春天，他写下了一首千古传诵的小词："莫听穿林打叶声，何妨吟啸且徐行。竹杖芒鞋轻胜马，谁怕？一蓑烟雨任平生。料峭春风吹酒醒，微冷，山头斜照却相迎。回首向来萧瑟处，归去，也无风雨也无晴。"

词中描述野外途中偶遇风雨这一生活中的小事，于简朴中见深意，于寻常处生奇景，特别是其词注更是有几分禅性："三月七日沙湖道中遇雨。雨具先去，同行皆狼狈，余独不觉。已而遂晴，故作此。""余独不觉"四个字非常精彩，写出了诗人旷达超脱的胸襟。面对人生沉浮、利害得失、情感忧乐，他的理解是"也无风雨也无晴"，这就是一种对人生深度理解后心灵的回归，心与天地同呼吸、与万物共命运，和谐共存，从而达到平常心境。

在平常心这份土壤中，生长着一份进取心境，也只有在进取过程中，才能体会平常心的可贵。而苏轼能够在平常心与进取心中，在生命与生活的天平上找到儒与道之间微妙的平衡，更显出不可多得的品质，他也因此成为做人做事的楷模。苏轼一生颠沛流离，什么苦难都品尝过，但他将那些苦涩吞咽，化作甘甜的糖浆、优美的诗行。

在中国文人里，能够穿梭在"儒与道""出世与入世"间，而又将一份尘心调整适当的，除苏轼之外，还有很多。"细读中国几千年的历史，会发现一个秘密。每一个朝代，在其最鼎盛的时候，在政事的治理上，都有一个共同的秘诀，简言之，就是'内用黄老，外示儒术'。"国学大师南怀瑾先生曾经用这句话一语道出儒道文化在中华民族历史上扮演的重要角色。治国如此，修心入世也概莫能外。

在古人眼里，每个人对外作为社会角色，积极入世，承担社会责任；对内则是自然角色，修身养性，调适心灵。道家是自然，可帮助"自我"的调适，与天地共存，与万物合一，而儒家是适度，是重任，是铁肩担道义。"神于天"是生命自由的洒脱与遨游，"圣于地"是社会人格的自我完善。抬头是道家的理想主义，高远飘逸；低头是儒家的现实主义，稳重坚实。在这理想与现实之间行走，人们一方面追求着自我生命的完满，一方面也塑造着社会角色的责任。这既是中国人始终追求的人格理想，也是儒道文化为后世撑起的广阔天地。

儒学的精髓是积极入世。"修身、齐家、治国、平天下"，《论语》带着人生四部曲从遥远的春秋缓缓走来。在人生和社会的舞台，我们需要和各种人打交道，需要处理人脉、责任、言行等问题，孔子的智慧可以适用于普遍的为人处世。修身正己，方能给自己的未来发展制造稳固的平台；义利两不忘，在得失间找到正确的尺度，把握好自己的言行，才能在交际中各得其所。《论语》中的立德处世、心存仁念、和谐中庸、诚信礼义，直到今天依然是最实用的生存法则。

道家思想则高屋建瓴。从宇宙天地和人生命完满的宏观角度来思考人应当度过一个怎样的生命征途，站在天道的中心和人生的边缘来反思人生。深入人性，不一味固守冠冕堂皇的道德原则，为人们构建了一片朴素自然的天地，乘物以游心，帮助人们在焦躁的社会安顿身心，获得自由，找到宁静的精神家园。《庄子》中的生死、机心、名利、养生、自由等人生哲理，启发人们超脱现实世界的物欲之海、名利之场，过上一种真正健康幸福的生活，实现精神的绝对自由。

一个缺乏理想主义的人，虽然是务实的，但注定缺乏情趣，而一个没有理想的人，则注定难以成就自己的人生。所以，一个人无论为社会做多少事，他必须是清醒的、有活力的、能快乐起来的。这样的人，才可以使他的亲朋好友，乃至于家国百姓都对他有一份信任和托付。如果一个人心灵是混乱的，身体是脆弱的，连自己的生命都无法担承，那家国大业则无从谈起。

所以，无论社会还是人生，无论面对外在的世界还是内心的自我，我们都在不断寻求理想与现实的平衡。天圆，是生命的圆融；地方，是生活的踏实。身做入世事，心在尘缘外，走在这广阔的天地之间，最大的幸福就是充实而自在地生活。

点滴成江河，行远必自迩

约翰·布勒起初只是美国通用汽车公司整车装配线上的一名杂工，他的成功，就始于工作中一次次平凡的积累。正是抱着积累平凡就是积累卓越的工作理念，他在30岁就被擢升为公司的总领班，成为通用公司最年轻的总领班。

约翰是在20岁时进入工厂的。工作一开始，他就对工厂的生产情形做了一次全盘的了解。他知道一部汽车由零件到装配出厂，大约要经过13个部门的合作，而每一个部门的工作性质都不相同。

他当时就想：既然自己要在汽车制造这一行做一番事业，就必须对汽车的全部制造过程都能有深刻的了解。于是，他主动要求从最基层的杂工做起。杂工不属于正式工人，也没有固定的工作场所，哪里有零活就要到哪里去。因为这项工作，约翰才有机会和工厂的各部门接触，因此对各部门的工作性质有了初步的了解。

在当了一年半的杂工之后，约翰申请调到汽车椅垫部工作。不久，他就把制椅垫的手艺学会了。后来他又申请调到点焊部、车身部、喷漆部、车床部等部门去工作。在不到5年的时间，他把这个厂的各部门工作都做过了。最后他又决定申请到装配线上去工作。

约翰的一位朋友杰克对约翰的举动十分不解，他问约翰："你工作已经5年了，总是做些焊接、刷漆、制造零件的小事，恐怕会耽误前途吧？"

"杰克，你不明白，"约翰笑着说，"我并不急于当某一部门的小工头。我以能胜任领导整个工厂为工作目标，所以必须花点时间了解整个工作流程。我正在把现有的时间做最有价值的利用，我要学的，不仅仅是一个汽车椅垫如何做，而是整辆汽车是如何制造的。"

当约翰确认自己已经具备管理者的素质时，他决定在装配线上崭露头角。约翰在其他部门干过，懂得各种零件的制造情况，也能分辨零件的优劣，这为他的装配工作增加了不少便利。没有多久，他就成了装配线上最出色的人物。很快，他就被晋升为领班，并逐步成为15位领班的总领班。

约翰的晋升，缘于他不断地学习，无论他处于哪个位置，都从未停止对自己的要求。要在人生的道路上积累更多的知识与智慧，就不要放松自己在任何一件事上的要求。

一个人想要最终获得一个圆满、成功、幸福的人生，一定需要一个成功势能积累的过程，正如《庄子·逍遥游》所言："风之积也不厚，则其负大翼也无力，故九万里则风斯在下矣。而后乃今培风，背负青天而莫之夭阏者，而后乃今将图南。"如果风积聚得不大，那么它就没有力量承负巨大的翅膀，所以鹏飞上九万里的高空，风就在它的下面，然后才能乘风。背负青天，没有什么能阻碍它，然后才打算往南飞。

因此，做大事者必须点滴积累，步步成形。这就要求我们永远不能中止点滴的积累。每天都比前一天多一点点知识，多一点点勇气，多一点点智慧，点滴成江河，行远必自迩。

贞观十六年（642年），唐太宗问魏征："我克己奉公，一心一意治理朝政，仰慕前代圣贤，并努力效仿他们。将积累美德、增加仁义、建立功业、为民谋利这四个方面当做最重要的事情来实施，我经常用它们来自勉。可是，人常常没有自知之明，不知道我所说的这几件事，做得好还是不好。"

魏征回答："德、仁、功、利陛下都能做得到。对内平定祸乱，对外攘除戎狄，是陛下所建的功；安顿百姓，使其各有生计，是陛下所积的利。这么说来，功与利所占居多，只有德与仁，还需陛下自强不息，躬行实践，一定是可以达到的。"

唐太宗以先贤为自己的学习榜样，一直在努力将自己培养成一个仁君明君。德、仁、功、利就是他的目标，让别人评价自己与目标相差还有多远，更加客观和有激励作用。

成大事者在任何事情上都对自己严格要求，在每件事情上都是精益求精的执行者。他们不会因为事情的大小而放松对自我的要求，永远不会因为事情小而随便对付。他们总是对小事投入极大的热情，将细节做到完美无缺。这正是他们成就不凡的原因。

成功就是每天进步一点点。老子在《道德经》中说："合抱之木，生于毫末；九层之台，起于累土；千里之行，始于足下。"这说明了一个道理：量变积累到一定程度就会发生质变。一个人，只要坚持每天进步一点点，终有到达成功的那一天。

人生如茶，水温够了，时间够了，茶香自然会飘散出来。无论从事什么样的工作，都需要慢慢积淀，当时机成熟，风力充足，有了一定的能力才智作为本钱，定能一飞冲天。

入世时心怀天下，出世时不留一念

天上月圆月缺，地上花开花谢，海中潮涨潮落，四季暑往寒来。社会也与这变化中的万物一样，难以永恒，就像登上山顶看完壮丽的日出就要下山一样，当壮志已酬之时，也就是含蓄收敛急流勇退的时候了。

功成身退乃天之道，入世时心怀天下，出世时不留一念，这才是正确的处世态度。许多人虽然身在世外，却心不肯走，往往自惹烦恼和祸患。例如汉代的张良。张良屡建功勋，不敢居功，只自谦退封为"留侯"，却不能再加上三点水而一"溜"了之，结果免不了受吕后的毒害而殁。

有了种种的历史教训，后来很多人都学乖了。例如东晋的葛洪和南朝齐梁之际的陶弘景。葛洪早早抽身，自求出任"勾漏令"，以宦途当做隐遁的门面，暗暗地修炼着自己的仙道，得以善终。而陶弘景更是及早地名冠"神武门"，每天优哉游哉地山中玩乐，做了个地道的"山中宰相"，满足自己精神领域上的追求。再如梁武帝时期的韦睿。

韦睿是汉丞相韦贤的后裔，后来跟随了梁武帝萧衍，屡次升迁至侯爵的地位。梁武帝北伐时期，韦睿奉命统部北伐，屡建奇功，他虽身体奇弱，却用兵如神，敌人对他畏惧万分。一次，前方军情告急，梁武帝派遣亲信曹景宗与他会师。韦睿对曹景宗执礼甚谨，每每有军事上的胜利，均让景宗去领功，自己则从不争功。在与曹景宗赌博的时候，韦睿也故意输给他，以免引起景宗的嫉恨。

梁武帝知道韦睿厉害，所以一般不委以重任，对他始终心存顾忌。好在韦睿自知苟活乱世需要圆融的手段，退隐山林不是上策，积极进取、争名逐利也不是上策，所以即便成功之时仍深自谦退，以免猜忌。所以，韦睿平平安安地活到了七十九岁得以善终，遗嘱上要求穿薄服葬了，也不要陪葬品。在他身死之后，梁武帝总算被他的诚信感动了，来到他坟前痛哭流涕。

悉数中国古代许多道子、儒士，特别是唐代以前的名士，他们当中那些睿智者，大都走了功成身退一途。

也许生活中有许多华丽舞台在等待你走上去，但这些舞台未必总是尽如人意般美好，也许它就是暴露你弱点的契机，让你在不知不觉间掉入陷阱。

就比如秦代的名相李斯，当初他贵为秦相时，"持而盈"，"揣而锐"，最后却以悲剧告终。临刑之时，他才对其子说："吾欲与若复牵黄犬，出上蔡东门，逐狡兔，岂可得乎？"他临死才翻然醒悟，渴望带着孩子过着牵狗逐兔的返璞归真生活，在平淡中找寻幸福，但却悔之晚矣。

进一步，容易；退一步，难。成功有时易得，安然而退却成难事。少数人看透功名实质，重视过程，淡看结果，终能悠然反航，而大多数人还沉迷于名利的旋涡，越陷越深，何其可悲！

所以，入世时心怀天下，出世时不留一念，功成身退，才是你最高明的立世之道。

身轻失天下，自重方存身

有两个空布袋，想站起来，便一同去请教上帝。上帝对它们说，要想站起来，有两种方法，一种是得自己肚里有东西；另一种是让别人看上你，一手把你提起来。于是，一个空布袋选择了第一种方法，高高兴兴地往袋里装东西，等袋里的东西快装满时，袋子稳稳当当地站了起来。另一个空布袋想，往袋里装东西，多辛苦，还不如等人把自己提起来，于是它舒舒服服地躺了下来，等着有人看上它。

它等啊等啊，终于有一个人在它身边停了下来。那人弯了一下腰，用手把空布袋提起来。空布袋兴奋极了，心想，我终于可以轻轻松松地站起来了。那人见布袋里什么东西也没有，便一手把它扔了。

有的人不能自知修身涵养的重要，犯了不知自重的错误，不择手段，只图眼前攫取功利，不但轻易失去了天下，同时也戕杀了自己，犯了"轻则失本，躁则失君"的大错。

一个人要傲然矗立于天地间，首先必须自重。

"圣人终日行而不离辎重"，这是《老子》中的一句话，它并非简单指旅途之中一定要有所承重，而是要学习大地负重载物的精神。

大地负载，生生不已，终日运行不息而毫无怨言，也不向万物索取任何代价。生而为人，应效法大地，有为世人众生挑负起一切痛苦重担的心愿，不可一日失却这种负重致远的责任心。

如果你始终戒慎畏惧，随时随地存着济世救人的责任感，能做到功在天下、万民载德，自然会荣光无限，正如隋炀帝杨广所说的："我本无心求富贵，谁知富贵迫人来。"道家老子的哲学，看透了"重为轻根，静为躁君"和"祸者福之所倚，福者祸之所伏"自然反复演变的法则，所以才提出"虽有荣观，燕处超然"的告诫。

虽然处在"荣观"之中，仍然恬淡虚无，不改本来的素朴；虽然燕然安处在荣华富贵之中，依然超然物外，不以功名富贵而累其心。能够到此境界，方为真正超脱之士，奈何世上少有人及，老子感叹："奈何万乘之主，而以身轻天下。"

提及身轻失天下，不由想到了新朝王莽。当了十五年新朝皇帝的王莽，是近两千年来中国历史上争议最多的人物之一，有人把他比做"周公再世"，是忠臣孝子的楷模，有人把他看成"曹瞒前身"，是奸雄贼子的榜首。白居易一语道破天机："向使当初身便死，一生真伪复谁知！"

王莽是皇太后王政君弟弟王曼的儿子，父辈中九人封侯，父亲早死，孤苦伶仃。与同族同辈中声色犬马的纨绔子弟相比，王莽聪明伶俐，孝母尊嫂，生活俭朴，饱读诗书，结交贤士，声名远播。他曾几个月衣不解带地悉心侍候伯父王凤，深得这位大司马大将军的疼爱。

加官晋爵后的王莽依旧行为恭谨，生活俭朴，深得赞誉。正当王莽踌躇满志之时，成帝去世，哀帝即位，王莽的靠山王政君被尊为太皇太后，失去了权力，王莽下野，并一度回到了自己的封国。

这段期间，王莽依然克己节俭，结交儒生，韬光养晦。为了堵住悠悠之口，哀帝以侍候王太后的名义，把王莽重新召回到京师。随着年仅九岁的汉平帝即位，王莽将军国大政独揽一身，其野心也急剧膨胀。

而后，一心想当帝王的王莽，假借天命，征集天下通今博古之士及吏民四十八万人齐集京师，"告安汉公莽为皇帝"的天书应运而生，王莽也理所应当地由"安汉公"而变为摄皇帝、假皇帝。"司马昭之心，路人皆知。"在平定了几多叛乱之后，王莽宣布接受天命，改国号为"新"。

称帝后，他仿照周朝推行新政，屡次改变币制，更改官制与官名，削夺刘氏贵族的权力，引发豪强不满；他鄙夷边疆藩属，将其削王为侯，导致边疆战乱不断；赋役繁重，统治苛暴，加之黄河改道，以致饿殍遍野。王莽最终在绿林军攻入长安之时于混乱中为商人杜吴所杀，新朝随之覆灭。

不以一己私利而谋天下大众的大利，立大业于天下，才不负生命的价值。可惜大多数人，只图眼前私利而困于个人权势的欲望中，而不能自拔。

要知道，身轻失天下，自重方存身。

能屈能伸，乃智者人生

孟买佛学院是印度最著名的佛学院之一，这所佛学院的特点之一是建院历史悠久，培养出了许多著名的学者。还有一个特点是其他佛学院所没有的，这是一个极其微小的细节。但是，所有在这里学习过的人，几乎无一例外地承认，正是这个细节使他们顿悟，正是这个细节让他们受益无穷。

这是一个被很多人忽视的细节：孟买佛学院在它正门的一侧，又开了一个小门，这个小门只有1.5米高、0.4米宽，一个成年人要想过去必须学会弯腰、侧身，否则就会碰壁。

其实这就是孟买佛学院给它的学生上的第一堂课。所有新来的人，老师都会引导他到这个小门旁，让他进出一次。很显然，所有的人都是弯腰侧身进出的，尽管有失礼仪和风度，但是却达到了目的。

老师说，大门虽然能够让一个人很体面、很有风度地出入。但有很多时候，人们要出入的地方，并不是都有着方便的大门，或者，即使有大门也不是可以随便出入的。这时，只有学会了弯腰和侧身的人，只有暂时放下尊贵和虚荣的人，才能够出入。否则，有很多时候，你就只能被挡在院墙之外了。

孟买佛学院的老师告诉他们的学生，佛家的哲学就在这个小门里。

其实，人生的哲学何尝不在这个小门里。人生之路，尤其是通向成功的路上，几乎是没有宽阔的大门的，所有的门都需要弯腰、侧身才可以进去。因此，在必要时，要忍辱负重。

人在遇到不测风云时，能站起来就站起来，站不起来就得见机振作，即要能屈能伸，不可撞到头破血流，让自己难有东山再起之日。进退皆宜，能屈能伸，人生之路才会越走越宽。

一次，滕文公面临强大的齐国将在邻国薛筑城时，心里非常恐慌，于是请教孟子应该怎么做。

孟子回答说："昔者大王居焉，狄人侵之，去之岐山之下居焉。非择而取之，不得已也。苟为善，后世子孙必有王者矣。君子创业垂统，为可继业。若夫成功，则天也。君如彼何哉！强为善而已矣。"孟子举出了周朝先祖太王的例子，即太王为避狄人的侵犯，体恤百姓，到岐山避难。意在劝谏滕文公面临强敌时，不要与人争强斗胜，而是自己勉励为善，巩固内部，然后自立图强。

孟子在这里提出了使国家保存下来的最实用的办法，也是能屈能伸之道。遥想项羽当年，率兵反秦，称王称霸，真是英雄豪气盖云天，这样一位大英雄在败北之际，却选择了自刎。空留一曲"力拔山兮气盖世，时不利兮骓不逝。骓不逝兮可奈何？虞兮虞兮奈若何"的悲歌。如果项羽能够回到江东，也许江东子弟还会跟随他，重谋天下，其结局也就不会如此悲惨。因此，人在该示弱时当示弱，万不可因一时之意气葬送自己的一生。

大丈夫要能屈能伸。能屈难，能伸也不容易。勾践灭吴的故事众所周知。当越国被吴国打败，困于会稽山上时，可以说勾践遇到了人生道路上的一扇小门！他选择了弯腰和侧身通过这扇小门，卧薪尝胆，十年生聚，十年教训，励精图治，终于一举灭吴。这正是勾践能屈亦能伸的结果。

　　为人处世，参透屈伸之道，自能进退得宜，刚柔并济，无往不利。能屈能伸，屈是能量的积聚，伸是积聚后的释放。屈是伸的准备和积蓄，伸是屈的志向和目的。屈是手段，伸是目的。屈是充实自己，伸是展示自己。屈是圆通，是高超的处世技巧；伸能圆满，是美妙的做人心境。屈是柔，伸是刚。

　　屈是一种气度，伸更是一种魄力。处逆境当屈则屈，则为大丈夫矣。当屈不屈，意气行事，不过莽夫行为。处顺境乘势应时，该伸则伸，则伟丈夫矣。当伸不伸，一蹶不振，优柔寡断，则懦夫耳。伸后能屈，需要大智。屈后能伸，需要大勇。

　　屈有多种，并非都是胯下之辱；伸亦多样，并不一定叱咤风云。屈中有伸，伸时念屈。屈伸有度，刚柔相济。

　　能屈能伸者，成功者之谓也！

看懂世态炎凉，熟谙人情冷暖

　　晋国大夫文子曾遇到过不知投奔谁为好的难题。文子流亡在外，经过一个县城。随从说："此县有一个啬夫，是你过去的朋友，何不在他的舍下休息片刻，顺便等待后面的车辆呢？"文子说："我曾喜欢音乐，此人给我送来鸣琴；我爱好佩玉，此人给我送来玉环。他这样迎合我的爱好，无非是为了得到我对他的好感。我恐怕他也会出卖我以求得别人的好感。"于是他没有停留，匆匆离去。结果，那个人果然扣留了文子后面的两车人马，把他们献给了国君。

　　在变幻莫测的人世间，我们永远无法预测将来会遇到什么人，会发生什么事。当世道艰难的时候，也许人们迫不得已，但是有些人或许本来就是墙头草，他们永远见风使舵。在你春风得意的时候，为你喝彩，不惜牺牲自己的尊严；在你遭遇挫败的时候，他们跟着落井下石，转眼就成陌生人。小人随时变色，君子才是真朋友。

　　在北宋的历史中让我们都很钦佩的几个大文豪，在王安石实行新法时，很遗憾他们不是同一个阵营的人。比如司马光和苏东坡等就是反对王安石的保守党。尽管政见不和，他们却欣赏王安石的才情与人品。

　　眼看着他为了变法任用了吕惠卿等小人，司马光没有袖手旁观，而是及时写信给王安石说："忠信的人，在您当权时，虽然说话难听，觉得很可恨，但以后您一定会得到他们的帮助；而那些谄媚的人，虽然顺从您，让您觉得很愉快，一旦您失去权势，他们当中一定会有人为了自己的私利出卖您。"

　　果然，王安石被罢免了相位后，吕惠卿当上了宰相。他很快便与王安石发生矛盾，甚至企图将王安石置于死地。这正应验了司马光信中的话：王安石养了一条恶狗，现在成了气候，要反过来咬主人了。

　　与司马光一样，对世态人情颇具洞察力的还有战国名相蔺相如。蔺相如曾是赵国宦官缪贤的一名舍人。缪贤曾因犯法获罪，打算逃往燕国躲避。蔺相如问他："您为什么选择燕国呢？"

　　缪贤说："我曾跟随大王在边境与燕王相会，燕王曾私下握着我的手，表示愿意和我结为朋友。我想，如果我去投奔燕王，他一定会接纳我的。"蔺相如劝阻说："我看未必啊。赵国比燕国强大，您当时又是赵王的红人，所以燕王才愿意和您结交。如今您在赵国服罪，逃往燕国是为了躲避处罚，燕国惧怕赵国，势必不敢收留您，他甚至会把您抓起来送回赵国的。您不如向赵王负荆请罪，也许有幸获免。"缪贤觉得有理，就照蔺相如所说的办，向赵王请罪，果然得到了赵王的赦免。

　　缪贤以为燕王是真的想和自己交朋友，他显然没有考虑自己背后的一些隐性因素，如自己的地位、对燕王的利用价值等等。可是当他成了赵国的罪人时，地位变了，价值也失去了，他贸然到燕国去，当然很危险。

　　《红楼梦》中有一句话揭示了人们生存的道理：世事洞察皆学问，人情练达即文章。

我们亟须一双明察秋毫的眼睛，去透析变幻莫测的世态人情。

圆中预，方中立，古人处世之真理

在《资治通鉴》中有这样一个故事：

一次，魏王攻陷了一座城池，大宴群臣。宴席之上，魏王问文武百官："你们说我是明君呢，还是昏君呢？"百官多是趋炎附势之徒，纷纷说道："大王是一代明君。"正当魏王飘飘然时，问到任座，正直的任座却说："大王是昏君。"魏王如被泼了一盆冷水，问："何以见得？"任座说："大王取得了城池，没有按顺序分给您的弟弟，而是分给了您的儿子，可见您是昏君。"魏王恼羞成怒，命令手下把任座赶了出去，听候发落。接着问下一个臣子，这位大臣说："大王是明君。"

魏王心中暗喜，忙问："何以见得？"这位大臣说："臣曾听说明君手下多出直臣。现在大王手下有像任座这样的直臣，可见大王是明君！"魏王听罢，觉得有理，急忙命人把任座重新请了进来。

上文中第一种人一心曲意逢迎，为人圆滑却失其德，失其筋骨；而任座过于刚正，险些因之获罪；最后一位大臣，柔中带刚，既使魏王喜悦，又救了人，是最上乘的处世之道，即内方外圆之道。

古语道："处治世宜方，处乱世宜圆，处叔季之世当方圆并用；待善人宜宽，待恶人宜严，待庸众之人当宽严互存。"处在太平盛世，待人接物应严正刚直，处天下纷争的乱世，待人接物应随机应变、圆滑老练，处在国家行将衰亡的末世，待人接物要方圆并济、交相使用；对待善良的人，态度应当宽厚；对待邪恶的人，态度应当严厉；对待一般平民百姓，态度应当宽厚和严厉并用。这里所说的道理就是为人处世应该遵循的方圆之道。

为人处世，需要一颗方正的心。但是有方无圆，则性情太刚，太刚则易折，在现实生活中经常愤世嫉俗，牢骚满腹，自命不凡却又处处碰壁，遇挫折缺少变通，很容易歇斯底里，自暴自弃，并把自己推向极端。有圆无方，则谓之太柔，太柔之人缺筋骨，乏魄力，少大志，在生活中难以有大作为。所以方圆相生才是为人处世之本。

清朝光绪年间（1875～1908年），孙中山刚刚从日本留学归国。有一次，在路过武昌总督府时，他想见一见当时的两广总督张之洞，于是便让守门人传一张便条进去。张之洞打开这张便条，只见上面写着："学者孙中山求见张之洞兄。"张之洞没听过这个人，好奇其有如此大的口气，于是问道："他是什么人？"守门人说："一个书生。"张之洞非常不高兴，提笔在条子上写道："持三字帖，见一品官，白衣尚敢称兄弟？"守门人出来，将条子递给孙中山。

孙中山看过之后，从容地在条子上写道："行千里路，读万卷书，布衣也可傲王侯。"守门人又将条子传了进去，张之洞看过之后，连忙说："请！"

孙中山以一介"布衣"笑傲王侯，可见其充盈天地的浩然正气和不惧怕权贵的精神。但不得不承认的是孙中山运气好，恰遇君子，如果遇一昏官，早给他闭门羹了。当时身在高位的两广总督能折服于孙中山的气势，也可看出张之洞的器量以及识才爱才之心。张之洞初以规矩来要求他人，不肯见布衣书生；但后为其魄力和骨气所动，欣然接见，也算破了自己的"规矩"，堪称圆润变通的典范了。

"方"乃做人之根本，"圆"乃立世之道。纵观人的一生，无非是做人与做事两个方面。为什么铜钱是内方外圆？这就是中国辩证哲学的集中体现，做事要方，做人要圆。凡事都在圆中预，方中立，这是古人谋事的原则，也是亘古不变的真理。世间事物都在方圆之中，而方圆是历史和哲学的辩证。

方是做人之本，是堂堂正正做人的脊梁；圆是处世之道，是妥妥当当处世的锦囊妙计。只有内方，具有正直的品格，为人处世才能无愧于天地，但是月满则亏，水满易盈，过于刚直则易折，因此凡事要学会变通，要讲究圆融，即外圆。外圆是以万变来处理内方这一不变。懂得这一道理，行走于人世间就会随心所欲了。

"有心"是一切成功的因

从前，在巴蜀有两个和尚，一个很有钱，每天过着舒舒服服的日子；另一个很穷，每天除了念经时间之外，就得到外面去化缘，日子过得非常清苦。有一天，穷和尚对有钱的和尚说："我很想到南海去拜佛，求取佛经，你看如何？"有钱的和尚说："路途那么遥远，你要怎么去？"穷和尚说："我只需一个钵、一个水瓶、两条腿就够了。"有钱的和尚听了哈哈大笑，说："我想去南海也想了好几年，一直没成行的原因是旅费不够。我的条件比你好，我都去不成了，你又怎么去得成？"

过了一年，穷和尚从南海回来，还带了一本佛经送给有钱的和尚。有钱和尚看他果真达成愿望，惭愧得面红耳赤，一句话也说不出来。

只要下定决心，有恒心、有毅力，那么天底下再难的事也会变得容易了。穷和尚虽然没有钱，坐不起车船，但是因为他有坚强的毅力，虔诚向佛，于是跋涉遥远的路途，一路以化缘为生，终于达成了愿望。

对于修行佛道的人，领悟真经奥义不是件容易的事情；对于在尘世苦海里沉浮的人来说，活着同样是件不易的事情。然而，只要肯做个有心人，学习、修行和生活，无论哪一样，都不会变成难事。所谓"世上无难事，只怕有心人"。

那么，什么才是有心呢？怎样才算是用心呢？其实，用心就是以最认真、最细心、并且全心全意、尽力的态度来做好每一件事情。

用心是做好每一件事的基本前提，它可以使工作更有效率，从而事半功倍，而且还可以得到他人的信任，使别人对自己有好的看法。更重要的是，用心可以为自己养成一个良好的习惯，对自己日后的发展定会大有帮助。

日本战国时期有一位名将叫丰臣秀吉。有一次，带着部队长途行军，找到一所寺庙，将军一进去，因为又累又渴，便大声叫嚷，要人端茶出来，一位小和尚端上一大碗的冷茶，将军喝完之后还觉得意犹未尽；第二次时小和尚端出了一碗温茶，第三次，小和尚端上了小碗的热茶，将军喝完之后，便纳闷地问小和尚，为何三次呈上的茶水，容器大小及温度皆不同。

小和尚答道："将军长途跋涉，口渴之际，大碗的冷茶最能解渴，至于第二碗，就不再适宜喝冷茶，免得胃寒，所以我用中碗装着温茶奉上。待将军喝完两碗茶水之后，不会再急着牛饮，我才呈上小杯的热茶，不至于烫伤将军的唇舌，又可借由茶香，恢复将军旅途劳顿后的精神。"

丰臣秀吉听完之后，立刻要求小和尚加入他的军队。这个小和尚后来成为丰臣秀吉最心爱的大将之一。

看完了这个故事，相信你已经了解了那位小和尚的用心，连这种小细节也不放过，足见他的智能所在。

的确，有心的人总是能看到别人所看不到的地方，想到别人所想不到的地方。因为用心，他们往往会比常人多一份感悟，深一层体会，进而在生活、为人、处世、做事等各个方面都表现出极其认真，并且能把事情做到尽善尽美，也只有用心的人才能真正将事情做好，而他们对于事情的那种用心的态度往往也是最打动人心的。

做个有心人去生活，生活才能过得舒坦。世事繁杂，俗事、琐事、杂事缠身，在红尘中难得一丝清闲，但做个有心生活的人，就会懂得生活，做一个可在滚滚红尘中"众人皆醉我独醒"的高人，做一个脚踏实地、游刃于生活的人。而此时，生活也自会为你敞开一扇大门，让你尽情领略生活的醇香，感受人情的抚慰。

做个有心的人，不为大事惊扰，不为小事烦恼；做个有心的人，可看清是非，识别善恶；

做个有心的人，可身在局内享受乐趣，可抽身局外，跳脱窘困。做一个有个性的人、有修为的人、有质量的人，高尚的人、大气的人。你才会是个成功的人。

大智若愚，学精明不如学糊涂

宁武子是春秋时代卫国有名的大夫，经历卫国两代的变动，由卫文公到卫成公，两个朝代完全不同，宁武子却安然做了两朝元老。国家政治上了正轨，他的智慧、能力发挥得淋漓尽致；当政治、社会一切都非常混乱，情况险恶，他还在朝参政，但在"邦无道"时，却表现得愚蠢鲁钝，好像什么都很无知。

但从历史上看他并不笨，对于当时的政权、社会，在无形之中，局外人看不见的情形下，他仍在努力挽救，表面上好像碌碌无能，实际却有所作为。所以孔子给他下了一个断语："宁武子，邦有道则知，邦无道则愚。其知可及也，其愚不可及也。"意思是说：宁武子这个人，当国家有道时，他就显得聪明，当国家无道时，他就装傻。他的那种聪明别人可以做得到，他的那种装傻别人就做不到了。

我们知道，"愚不可及"是一个贬义词，是说一个人蠢到家了。如果谁不小心被套上了这个词，那么这个人必定是愚蠢至极。但事实上，愚不可及有时却是一种非常高明的处世之道。

聪明难得，糊涂更加难得。人活在世上，谁不愿意聪明自信，大展宏图呢？谁不愿意春风得意，成为万人瞩目的对象呢？但有时，一个人太过突出，反而容易成为众矢之的。所以，必要时，一个人需要隐匿锋芒，学会揣着明白装糊涂。

糊涂是一种心态、是一种做人的智慧。既然世上许多事，分清对错都不容易，或者说根本没有搞清楚对错的必要，那么还是装糊涂比较明智。

鲁迅先生曾专门揭示了"难得糊涂"的真正含义，他说："糊涂主义，唯无是非观等等——本来是中国的高尚道德。你说他是解脱、达观罢，也未必。他其实在固执着什么，坚持着什么……"

正如鲁迅先生所说的"在坚持着什么"，其实难得糊涂的人实际上是再清醒不过了。之所以要"糊涂"，是因为将世上的一些事情看得太明白、太清楚、太透彻，因为有某种无以言表的原因，不得不糊涂起来。生活中，在该装糊涂时不妨就糊涂一把。

历史上，糊涂者有，聪明者也不缺。但那些不识时务的聪明者的后果往往是"聪明反被聪明误"，给后人留下了血的教训。"机关算尽太聪明，反误了卿卿性命"，这话出自《红楼梦》，说的是为人过于精明的王熙凤，她精于算计，处事八面玲珑，最后的结局却是丢掉了性命。

《红楼梦》第四十六回有这样的情节：

邢夫人把凤姐叫来，悄悄地对凤姐说："有一件为难的事，我不得主意，先和你商议；老爷因看上了老太太屋里的鸳鸯，要她在房里。我想这倒是常有的事，就怕老太太不给。你可有法子办这件事么？"

王熙凤万万没想到，婆婆将这样一件尴尬事推到自己面前。一方面婆婆交办的事不好推托，另一方面鸳鸯是贾母最信任的大丫头，如果插手此事，肯定会得罪贾母，更了不得。凤姐想了想，决意采取精明的态度，避免介入这件尴尬事。她对邢夫人笑着说："依我说，就别碰这个钉子去。老太太离了鸳鸯，饭也吃不下去，哪里舍得了？老爷如今上了年纪，行事不免有点儿悖晦，太太劝劝才是。"

王熙凤企图用这些话打消邢夫人帮贾赦占有鸳鸯的念头。但是，邢夫人不识相地说道："大家子三房四妾的也多，偏咱们就使不得？我劝了也未必依。你不是不知老爷那性子的！劝不成，先和我闹起来。"

王熙凤知道再劝下去，婆婆就会对自己有看法，马上见风使舵："太太这话说得极是。我先去哄着老太太，等太太过去了，我搭讪着走开，打屋子里的人我也带开，太太好和老太太说，给了更好，不给也没妨碍，众人也不能知道。”

王熙凤这番话表面上是为邢夫人出谋划策，实际上是在给自己预留后路，让邢夫人自己去碰钉子。邢夫人见她这般说，便又欢喜地答应了她的安排。果然事到临头，王熙凤以换衣服为借口脱离了“是非之地”，自己巧妙地躲开了。

邢夫人向鸳鸯摊了牌，结果碰了一鼻子灰。鸳鸯最后哭闹着来到贾母面前，表示了誓死不离贾母的决心。

此时的贾母果然不出所料，气得浑身打战，把在场的人不分青红皂白地臭骂了一顿：“我统共剩了这么一个可靠的人，他们还要来算计！”王熙凤也在现场，贾母责怪她几句，她便用早已想好的几句中听的话哄得贾母没了脾气。后来，邢夫人被贾母数落得满脸通红，浑身感觉不自在。

如果就事论事，王熙凤做得可以说很漂亮，既没有得罪邢夫人，更没有得罪贾母，在无形当中化解了一场可能出现的大风波。但是，王熙凤的悲剧在于她时时处处都这样精明，让上上下下里里外外的人都知道她是个再精明不过的人，这不但让她自己活得很累，更四面树敌，让大家都对她产生了疑惧乃至反感，真可谓聪明反被聪明误，“机关算尽，反误了卿卿性命。”

中国古代的道家和儒家都主张“大智若愚”，而且要“守愚。”其实在“若愚”的背后，隐含的是真正的大智慧大聪明。聪明难，糊涂更难，装糊涂就是难上加难。而为人处世，揣着明白装糊涂才是高明之道。

以低求高，外抑内扬

美国《时代周刊》刊登了2005年度“全球最具影响力的100人”名单，华为技术有限公司总裁任正非先生成为中国内地唯一入选的企业家，和微软前任董事长比尔·盖茨、苹果电脑首席执行官史蒂夫·乔布斯等跨国企业大腕比肩。

《时代周刊》评价说，任正非显示出惊人的企业家才能，他在1988年创办了华为公司，这家公司已重复当年思科、爱立信卓著的全球化大公司的历程，如今这些电信巨头已把华为视为“最危险”的竞争对手。

不过，这个极富传奇色彩的电信大佬以及他所统领的华为公司，却并不致力于“抛头露面”，其行事作风倒是出奇的低调。

任正非的低调是出了名的，这位企业家从不接受媒体的采访，从不在公共场合抛头露面，从不参加各种无关紧要的集会、宴会，这与他的很多同行形成了强烈的反差：很多人都是唯恐被媒体和大众冷落，他却唯恐被媒体“曝光”。

任正非在一次讲话中说道：“希望全体员工都要低调，因为我们不是上市公司，所以我们不需要公示社会。我们主要是对政府负责任，对企业的有效运行负责任。对政府负责任就是遵纪守法，我们2007年交给国家的税收共27亿，2008年可能会增加到40多个亿。我们已经对社会负责了。”

不仅如此，华为的低调还体现在诸多方面：

华为的电信设备经营在国际国内市场纵横捭阖，但是在公开场合，华为从不称自己第一，华为也从不张扬地打广告，如果不是偶尔有新闻说华为在某国中标，或做并购交易，人们则无从知道华为为什么可以做得这么好。

从VCD（video compact disc 激光压缩视盘）到DVD（digital video disc 数字激光视盘），各大企业都非常注重宣传，业界一直非常热闹。而华为只是把关注点集中在自己的基础方面：一个是产品，一个是品牌。能让媒介了解的，也是基于这两个方面的延伸。华为关注的是企业的长远利益，追求的是“做久”，所以短视的宣传不是他们要选择的方向。

也正因为如此，华为的广告很少出现在公众媒体上。恰如任正非本人经常所讲的那样：“只有安静的水流，才能在不经意间走得更远。”

然而，这种低调的宣传策略使它的产品给人一种踏实、靠得住的感觉。相反，许多注重高调宣传的企业，却给人一种轻浮的印象。

华为集团是典型的低调企业。但是，虽然它如此低调，却获得了巨大的成功。它正是通过低调达到了真正的"高调"！

根据华为公布的业绩数字，2006年华为销售收入为656亿元人民币，销售合同销售额达到110亿美元，其中有65%来自海外市场。华为已经率先实现了国际化，成功打入世界级企业的行列。

或许只有考察历史，我们才能更深刻地了解任正非及其所领导的华为，才能真正理解任正非的沉默和低调所承载的意义和价值。在当今这个争名逐利、物欲横流的社会里，或许缺少的恰恰就是这种低调做人、踏实做事的精神吧。

其实，无论对于一个人还是一个企业的发展来说，荣誉、名声都只是些虚无缥缈的东西，说到底不过是过眼云烟而已。名誉固然重要，但切实的利益、长远的发展才是更为重要的，因此，无论是个人，还是团体，只有淡化功名，踏踏实实地立足现实事业，才能更容易取得胜利，创造奇迹。

低调做人是一种高超的处世谋略，低调做人绝不意味着卑微，它是一种"以低求高"的强者韬略。生活中常常看见一些貌似"平淡无奇""胸无大志"的人，最后却"一鸣惊人"，做出出人意料的成绩。

在流行唱高调的今天，低调的功能常常被人忽视。其实，低调经常是制胜的法宝，低调是一种外"抑"内"扬"的策略，低调的姿态常常能够战胜高调，取得出奇制胜的效果！

第二章　破

同样的榕树种子，放在小盆里栽种，最多只能长到半米高；放到大盆子里，就会长到一米多高；而放到大自然中，就可以长到五米以上。想要取得长足的进步，就一定要开放自我，打破限制自己发展的旧格局。打破旧格局，就是要改变自己的旧观念、旧思想、旧习惯，从某种意义上来说，就是一定程度的自我否定和自我改变。舒展自己的人生，需要我们打破禁锢自己的旧格局，只有这样，我们才可以开创更大的发展空间。

第一节　破局：胸藏万物，大格局成就大事业

世界上最难攻破的不是那些坚固的城堡和城池，而是自己的"心墙"。它阻挡了阳光的照射，妨碍了空气的流动，禁锢了生命的盛放，正如一位哲人曾说的："世界上没有跨越不了的事，只有无法逾越的心。"很多时候，阻挡我们前进的不是别人，而是我们自己。因为怕跌倒，所以走得胆战心惊、亦步亦趋；因为怕受伤害，所以把自己裹得严严实实。殊不知，我们在封闭自己的同时，也封闭了自己的人生。

解除紧抓不放的人生，重新设定人生格局

有个叫伊凡的青年，读了契诃夫"要是已经活过来的那段人生，只是个草稿，有一次誊写，该有多好"这段话，十分神往，打了份报告递给上帝，请求在他的身上做个试验。上帝沉默了一会儿，看在契诃夫的名望和伊凡的执着份上，决定让伊凡在寻找伴侣一事上试一试。

到了适婚年龄，伊凡碰上了一位绝顶漂亮的姑娘，姑娘也倾心于他，伊凡感到非常理想，他们很快结成夫妻。不久伊凡发觉姑娘虽然漂亮，可她一说话就"豁边"，一做事就"翻船"，两人心灵无法沟通，他把这一次婚姻作为草稿抹了。

伊凡第二次的婚姻对象，除了绝顶漂亮以外，又加上了绝顶能干和绝顶聪明。可是也没多久，他发现这个女人脾气很坏，个性极强，聪明成了她讽刺伊凡的"利器"，能干成了她捉弄伊凡的手段，他不像她的丈夫，倒像她的牛马、她的工具。伊凡无法忍受这种折磨，他祈求上帝，既然人生允许有草稿，请准予三稿。上帝笑了笑，也允了。

伊凡第三次成婚时，他妻子的优点，又加上了脾气特好一条，婚后两人和睦亲热，都很满意。半年下来，不料娇妻患上重病，卧床不起，一张病态黄脸很快抹去了年轻和漂亮，能干如水中之月，聪明也一无用处，只剩下了毫无魅力可言的好脾气。

从道义角度看，伊凡应与她厮守终生；但从生活角度看，无疑是相当不幸的。人生只

有一次，一次无比珍贵，他试探能否再给他一次"草稿"和"誊写"。上帝面有愠色，但想到试点，最后还是宽容他再作修改。

伊凡经历了这几次折腾，个性已成熟，交际也老练，最后终于选到了一位年轻漂亮能干温顺健康要怎么就怎么好的"天使"女郎。他满意透了，正想向上帝报告成功，向契诃夫称道睿智，不想"天使"竟要变卦：她了解了伊凡是一个朝三暮四、贪得无厌、连病中人也不体恤的浪荡男人，提出要解除婚约。上帝很为难，但为了确保伊凡的试点，未允。

"天使"说，我们许多人被伊凡作了草稿，如果试验是为了推广，难道我们就不能有一次草稿和誊写的机会？满腹狐疑的伊凡，正在人生路上踟蹰，忽见前方新竖一杆路标，是契诃夫二世写的："完美是种理想，允许你修改 10 次也不会没有遗憾！"

过分苛求完美只能带给自己终身遗憾，人的内心对一些事物、人总感觉无法满足，在对比之后甚为懊恼，感到不够完美，殊不知，缺憾美才是人生的主旋律。而人总是在苛求完美的过程中给自己套上压力的镣铐，形成紧抓不放的人生和四处局限的狭隘格局。

其实，根本就没有真正的"最大最美"，人们要学会不对自己、他人苛求完美。或许我们都应该学着欣赏缺憾美，否则将被完美主义累坏了身心。或许总喊累的人该明白一个事实：让你累的不是繁重的家务，也不是忙碌的工作，而是一个有名无形的"面子"。

总是有人在抱怨自己的压力太大：上司的责难、同事间的竞争、家庭的负担……凡此种种似乎都来自于我们身边的环境，但细想起来，很多时候正是我们自己给自己压上了心灵的重担，比如对完美的过分追求，对面子的过分讲究，等等。

有人认为追求完美是做事精益求精的体现，其实大错特错了。精益求精是一种对自己、他人、工作负责的态度，是一种不满于现状，不断进取的精神；完美有时表现得不近乎常理，不切实际，容易产生压力感，因为任何人都懂得所谓的完美其实并不存在。

受古老的中国受儒家文化思想的影响，自小每个人就了解面子的重要——饿死事小，失节事大。然而在不违背道德的情况下，何不让我们生活得滋润一些？或许有一天我们会悲哀地发现：我们的一生原来都在为别人而活！一个孩子要说想当个小丑，中国的老师和家长会说："真没出息！"美国的老师与家长则会说："这真是个伟大的梦想，你将会因为你的表演而带给他人欢乐！"

周黎曾在美国生活过一段时间，他总爱在夜晚跑到一个酒吧找人聊聊。时间久了，便和那里的调酒师认识了。周黎从内心里对他有过一丝同情，问调酒师："如果将来你失业了，怎么办？"调酒师愣了一会儿，答道："那或许我只有重新回到华尔街做个金融家了！"这一次轮到周黎纳闷了：一个普通的调酒师怎么能够做体面的金融家？

但事实令他更加瞠目结舌：原来调酒师就是厌倦了华尔街的生活才来做调酒师的！他对自己的目前状态很满意，他认为看到客人在品尝他调出的美酒时有特别的成就感，而这种幸福甚至华尔街的体面也不能给予！

调酒师的经历，向压力之下的我们昭示一个轻松的出口：活出自己的风采，而不必在意面子。人要懂得给自己解压，在繁忙的工作中，不懂得释放自我的人都会活得太累。解除紧抓不放的人生，享受生活的轻松，才能更好地上阵拼杀，为自己赢得一份专属于自己的胜利，赢得更宽广的人生。

我们一味追求完美，而给自己加上了沉重的压力，于是让人生陷入困顿中无法抽离，而人生格局也跟着越来越小，越来越局限。其实，我们只要解放自己，不给自己施加压力，就能解除这样紧抓不放的人生，重新设定出更广阔的人生格局。

把积极心态放到最大，照亮我们的人生格局

一天夜里，一场雷电引发的山火烧毁了美丽的"万木庄园"，这座庄园的主人迈克陷入了一筹莫展中。面对如此大的打击，他痛苦万分，闭门不出，茶饭不思。

转眼间，一个多月过去了，年已古稀的外祖母见他还陷在悲痛之中不能自拔，就意味

深长地对他说:"孩子,庄园变成了废墟并不可怕,可怕的是,你的眼睛失去了光泽,一天一天地老去。一双老去的眼睛,怎么能看得见希望呢?"

在外祖母的劝说下,迈克决定出去转转。他一个人走出庄园,漫无目的地闲逛。在一条街道的拐弯处,他看到一家店铺门前人头攒动。原来是一些家庭主妇正在排队购买木炭。那一块块躺在纸箱里的木炭让迈克的眼睛一亮,他看到了一线希望,急忙兴冲冲地向家中走去。

在接下来的两个星期里,迈克雇了几名烧炭工,将庄园里烧焦的树木加工成优质的木炭,然后送到集市上的木炭经销店里。很快,木炭就被抢购一空,他因此得到了一笔不菲的收入。他用这笔收入购买了一大批新树苗,一个新的庄园初具规模了。

几年以后,"万木庄园"再度绿意盎然。

迈克的生活在庄园烧毁之初黯淡无光,因为他绕着烧成废墟的庄园,看到的都是毁灭。如果他一直这么悲观下去,也许他的生命会和他的庄园一样成为荒芜。幸好,他抛开那种可能让他生命成为废墟的心念。他的人生态度积极起来,再度绿起来的不仅是庄园,还有迈克的生活。

不要忽视一个简单的心念对我们产生的影响。心念是思维的镜子,而思维决定我们处世的态度,我们的态度决定了我们的人生。想知道人生的结局,便把今天的心念放大一百万倍:一天爱一个人,我们的人生便充满爱;一天逃避一个问题,我们是生命的懦夫;一天生一次气,一生便没有快乐可言?爱默生说:"一个人的样子就是他整天所想的那个样子。"思维转动,人生也便转动。心念放大,人生也便扩大。

一位忧愁的人找到智者,向他不断地诉苦。

智者对他说:"拿张纸来,把你剩余的资产一一记下来。"

他叹息:"我已经一无所有了。"

"没有关系,让我们试试看,你太太还在你身边吗?你的孩子呢?你的朋友呢?你的诚信情况?你的健康?现在,把你拥有的资产列举出来吧!"

"了不起的妻子,结婚30年;愿意帮助我的三个乖顺的孩子;乐于帮助我并尊敬我的好友;诚实,没有做过可耻的事;良好的健康状况;居住在一个安居乐业的国家里。"

终于,忧愁者露出了笑容,对智者说:"我好像从没有想过这些事,甚至从来没有思索过。不过,现在我认为事态并不如自己想象的那般严重了。如果我能获得某些自信,或许我真的能够重新再来!"

忧愁者的忧愁是源于他的心念,他的释怀同样源于心念。当他把心念中所有投射负面效应的灯关闭,生命自然不会再有阴影。请随时检视自己的思维体系,一旦发现问题,立即将它切换到正确频道。如果我们的心念正以一种不恰当的方式运行,那么我们人生便会失去正确的方向。

从前,有一个小沙弥受不了寺院的清苦,变得厌世、轻生。

有一天,他独自一人走上了寺院后面的悬崖险峰,就在他紧闭双眼,准备纵身跳下时,一只大手按住了他的肩膀。他转身一看,原来是老方丈。小沙弥的眼泪马上就流出来了,他告诉方丈,他已经万念俱灰,真的"看破红尘,四大皆空",什么牵挂都没有了,只想一死了之。

老方丈慈爱地说:"生命没有错误,要珍惜自己的生命,其实你拥有的东西还很多很多,你先看看你手背上有什么。"

小沙弥抬手看了看,讷讷地说:"没什么呀!"

"那不满是眼泪吗?"老方丈语气沉重地说。

小沙弥眨巴眨巴眼睛,又是串串热泪。

老方丈满眼关切,又说:"再看看你的手心。"

小沙弥又摊开双手，看自己的手心。看了一阵，不无疑惑地说："没什么呀！"

老方丈呵呵一笑说："那不满是阳光吗？"

小沙弥愣怔了一下，脸上也泛起丝丝的笑容。

老方丈又循循善诱地说："你再抬头看看。"

这回小沙弥开窍了，没等方丈开导，就激动说："还有蓝天，我还有蓝天！"

老方丈舒心地叹了口气，对小沙弥说："其实，你除了眼泪、阳光和蓝天，还有一颗勇敢顽强的心以及健康的身体……"

虽然生命并不像我们所想象的那样，总是充满了阳光和坦途，当对生活失望的时候，你不妨像故事中的小沙弥一样抬头看看蓝天，感受一下阳光与蓝天的美丽。我们不妨把那些妨害我们的消极心念全部抛开，把积极心念放到最大，让我们的人生从此更加光明顺畅，人生格局也日益宽广！

扩大内心格局，摆出人生棋局的大阵势

几个人在岸边岩石上垂钓，旁边有几名游客欣赏海景，也欣赏他们钓鱼。不一会儿，一个钓者竿子一扬，钓上了一条大鱼，大概有三尺来长。

落在岸上后，那条鱼依然腾跳不已，围观的人都啧啧称奇。可是这个钓者却冷静地解下鱼嘴里的钓钩，顺手将鱼丢回海中。

围观的众人一阵惊呼，这么大的鱼犹不能令他满意，足见钓者的"雄心大志"。就在众人屏息以待之际，钓者渔竿又是一扬，这次钓上的是一条两尺长的鱼，钓者仍是不多看一眼，解下鱼钩把鱼放回海里。

等到第三次钓者的渔竿扬起，人们看到钓线末端钩着的是一条不到一尺长的小鱼。围观众人以为这条鱼也将和前两条大鱼一样，被放回大海，不料钓者将鱼解下后，小心地放进自己的鱼篓中。

游客中有人百思不解，追问钓者为何舍大鱼而留小鱼。钓者回答："喔，那是因为我家里最大的盘子只不过一尺长，太大的鱼带回去，盘子也装不下……"舍三尺长的大鱼而宁可取不到一尺的小鱼，这是令人难以理解的取舍，而钓者的唯一理由，竟是因为家中的盘子太小，盛不下大鱼！

在我们的生活经历中，其实也存在许多类似的例子。比如，我们有一番雄心壮志时，就习惯性地提醒自己："我想得也太天真了吧，我只有一个小锅，煮不了大鱼。"因为自己背景平凡，而不敢去梦想非凡的成就；因为自己学历不高，而不敢立下宏伟大志；因为自己自卑保守，而不愿打开心门，去接受更好、更新的信息……凡此种种，我们画地为牢、故步自封，既挫伤了自己的积极性，也限制了自己的发展。那些吃不到大鱼的人，常常并不是因为钓不到大鱼，而只是缺少了一个盛鱼的盘子。就像那些人生篇章舒展不开，无法获得大成就的人，大多是没有大格局的人。

所谓大格局，就是以长远、发展、全局的眼光看待问题，以博大的胸襟对待周围的人和事。对一个人来说，格局有多大，人生就有多辉煌。那些想成大业的人都需要高瞻远瞩的视野和不计小嫌的胸怀，需要"活到老、学到老"的人生大格局。古今中外，大凡成就伟业者，他们一开始就从大处着眼，一步步构筑他们辉煌的人生大厦。

学过下围棋的人都有这样的体验，老师会教给你，先挂子，后谋篇，再布局，最后还要做出很多"眼"。等到把整个棋局摆开了，天地空间也就扩展起来了。一块地方"死"了，还有许多别的眼可以做"活"，正所谓"狡兔三窟"，总还是有别的地方可以做起来的。

这就有点像我们的人生，拉开一个大的格局，确立一个比较完善的生命坐标系，你的支点就起来了，人生的高度、宽度和广度也就出来。就像下一盘好棋，最重要的就是格局。有什么样的人生格局，就有什么样的人生结局。

我们看现在社会上很多人都是所谓的"穷忙族"，却很少有人反思。为什么这么多人

整天都在忙忙碌碌，有的人轰轰烈烈、叱咤风云，有的人默默无闻、籍籍无名呢？这其中当然有努力的程度，但也包含了格局的问题。中央电视台曾经有一个非常流行的广告词：心有多大，舞台就有多大。说得简单点，人生和下棋一样，只有把自己的"局"做大了，才有可能立大志、成大事、宏大业。

心的格局很大才能全观生命万花筒，所以，对每个人来说，都应该扩大自己内心的格局，去构思更广阔的前景、更美好的蓝图。当人生的棋局摆开大的阵势之后，我们会蓦然发现，在每个人的心里，竟然都藏着如此浩瀚无垠的空间，能够容得下宇宙间永恒无尽的智慧。

用新眼光替换旧生命，把保守格局更新为大格局

家明毕业在即，下一步应该怎么办，有很多的路摆在他面前。大学4年，家明对自己所学的专业并不满意，他想从事一个新的专业，可是对这个新专业的知识了解得并不多，用人单位又怎么会轻易录用一个"门外汉"？他没有信心，于是，给自己制订了三套方案：第一，考研，继续学习本来的专业，拿到硕士学位，提高自身价值；第二，找一份自己所学专业的工作，放弃所有好高骛远的想法，老老实实地工作；第三，随便找份工作，半工半读，等到有一定经验之后再考虑转行。方案虽好，他却开始犹豫了，不知道到底选择哪条路，甚至没有为选择做什么准备。时间一天天地过去，家明总会对自己说："不怕，车到山前必有路，到时候自然就解决了。"别的同学有的认真地为考研备战，有些已经和企业签约了，家明还是一天一天地等待着……

车到山前真的必有路吗？未必。对那些爱思考，积极行动的人来说，路在任何时候都是有的；而对那些像家明这样整天活在幻想中，不为自己的将来考虑的人来说，再平坦的路他也走不好，他们会为自己的消极等待付出惨痛的代价。

"车到山前必有路，船到桥头自然直"，这是中国古代的谚语，意思是指不要被困难吓倒，任何事情都有解决的办法，表达了人们对前途充满信心的乐观主义精神。然而，令人遗憾的是，在实际生活中，有些人却把这句话当成了"护身符"和"挡箭牌"，遇到什么困难，不去认真想办法解决，而是能拖则拖，能逃则逃，实在不行了，来一句"车到山前必有路"。

他们似乎没有什么烦恼，也没有什么忧愁。他们的一生似乎注定要等待、要期盼，无数次的机遇从他们的手指间滑落，他们并不在意，因为他们把"车到山前必有路"奉为圣旨，他们相信这句话可以帮他们战胜一切困难，逃避一切责任。其实他们也不知道"车到山前"是否真的有路，若有，算是侥幸；若没有，"车到山前"该怎么办呢？大格局者，从来不会把自己置于一种无望的境地。

车到山前必有路，只是一种精神上的慰藉，它不代表长久，更不代表能解决任何问题。当你遇到困难时，朋友可以安慰你，老师可以教导你，家人可以鼓励你，但是，最终解决问题的只能是你自己，在最紧要的关头，你只能靠自己。旧的眼光阻碍了生命的历程。

所以，如果这句古训已经在你的心中根深蒂固，请马上跳出它为你设置的陷阱。"车到山前必有路"是我们为自己的懒惰寻找的一个借口，本应该今天办的事情我们却推到明天；本应该当机立断做的决定我们却拖到以后，我们枕着它终日沉溺于缥缈的幻想之中，于是我们生命的光阴便一点一点地消耗在我们自以为逍遥无忧的日子中了。我们习惯了等待，习惯了等待每一天都会产生奇迹，我们的意志就在这一次又一次的等待中日渐消磨。

可是有一天当你一个人来到山前的时候，你会惊讶而且沮丧地发现，矗立在你面前的山巍峨无比，根本没有你可以走的路。这一事实告诉我们：遇到困难时，不能抱有"车到山前必有路"的侥幸心理，应该奋力拼搏，用自己的智慧和力量战胜各种困难，开辟出一条平坦大路来。

在过去，保守或许和怯懦者追求的安稳联系在一起，也曾被人们吹捧为安全的象征，但在当今的世界，把保守主义当做信仰的人，只会因循守旧，跟着别人走路，他们是很难做出不凡的成绩的。美国《未来学家》杂志上有这样一句话，"竞争优势的秘密是创新，这在现在比历史上的任何时候都更加突出。创造力对于创新是非常必要的，公司文化应该

提倡创造力，然后将其转变成创新，而这种创新将导致竞争的成功。"这是被是现代市场经济体认可的一条真理，保守主义已经成了削弱创新的阻力，现在社会需要的是那些敢于解放自己，不把保守当信仰的人。

人类的每一次进步，都是对先前保守的舍弃，哥白尼舍弃了统治古希腊很久的"地心说"，才在《天体运行论》中阐明了日心说；布鲁诺接受并发展了哥白尼的日心说，通过望远镜观察天体发现太阳系只是无限宇宙中的一个天体系统，为行星三大运动定律的提出打下了基础；而后牛顿舍弃了认为苹果落地不足为奇的保守思想，提出了万有引力；爱因斯坦舍弃了保守，大胆突破，提出了光量子理论，奠定了量子力学的基础。随后又否定了牛顿的绝对时间和空间的理论，创立了震惊世界的相对论，因此可以这样说：追求真理的过程就是不断地打破保守主义的过程。

历史前进中的风云变化，细想起来，也是保守主义被逐渐淘汰的过程。著名学者袁行霈在作《中华文明史能给二十一世纪的人类什么启示》的报告里说：中华文明在四大文明古国中不是最早的，但是唯一没有中断过的。他认为其中的原因很多，但不断变革是其中之一。

人生亦是如此，如果你也想"路漫漫其修远兮，吾将上下而求索"，而不想"驿外断桥边，寂寞开无主"；如果你不想像烈日下饥渴的鳄鱼，忍受着饥渴还固执地守着那干涸的池塘；如果你也希望着高呼"仰天长啸出门去，我辈岂是蓬蒿人"；如果你也渴望着"长风破浪会有时，直挂云帆济沧海"；那么就请你抛弃保守主义的信仰吧，观过繁花，才能领略春的妖媚；置身郁葱，才能感知夏天的清凉；走近金色的稻田，才能饱赏收获的香味；忍受了冬的寒冷，才能感知春天的温暖！抛弃保守主义的信仰，你才能尝到突破自己的喜悦。你的人生，不多不少，也许就差这一步，就是艳阳高照。

中国现代著名国画大师李可染曾这样说：踩着前人的脚印前进，最佳结果也只能是"亚军"。保守的人，是一种萎缩的生命，他们也只能跟在别人的身后，唯唯诺诺，没有突破。

所以，从今天起，让我们把保守的旧格局丢开，让新的眼光占据你我未来的生命，让我们的人生在新的大格局上打开生动的篇章。

以开放的胸襟打开未知的格局

有一条鱼在很小的时候被捕上了岸，渔人看它太小，而且很美丽，便把它当成礼物送给了女儿。小女孩把它放在一个鱼缸里养了起来。

每天，这条鱼游来游去总会碰到鱼缸的内壁，心里便有一种不愉快的感觉。后来鱼越长越大，在鱼缸里转身都困难了，女孩便为它换了更大的鱼缸，它又可以游来游去。可是每次碰到鱼缸的内壁，它畅快的心情便会暗淡下来。它有些讨厌这种原地转圈的生活了，索性静静地悬浮在水中，不游也不动，甚至连食物也不怎么吃了。

女孩看它很可怜，便把它放回了大海。它在海中不停地游着，心中却一直快乐不起来。一天它遇见了另一条鱼，那条鱼问它："你看起来好像闷闷不乐啊！"它叹了口气说："啊，这个鱼缸太大了，我怎么也游不到它的边！"

我们是不是就像那条鱼呢？在鱼缸中待久了，心也变得像鱼缸一样小了，不敢有所突破，有一天到了一个更为广阔的空间，已变得狭小的心反倒无所适从了。

人在年轻的时候往往觉得自己看到什么就是什么，这样未免过于狭隘。我们应当认识到可能还有自己未看到的领域，要给自己保留其他更宽广格局的可能性。在没有达到那些境界之前，不要先去否认或者怀疑，如此一来，人生才有继续提升的空间。以开放的胸襟面对未知的格局，应该成为我们的一种生活的态度。

乾隆五十八年（1793年），英国特使马戛尔尼到中国来通商。他向乾隆展示了一系列"能显示欧洲先进的科学技术，并能给皇帝陛下的崇高思想以启迪"的事物——蒸汽机、棉纺机、织布机以及一系列能代表欧洲最先进科技的武器与生产工具等。但乾隆皇帝对这些东西似乎一点也不感兴趣，而他最宠爱的福康安将军，对于英国卫队表演的欧洲火器操则轻描淡写地说："看也可，不看也可，这火器操想来没有什么稀罕。"对于马戛尔尼提出中国可以广开通商口岸的意见，乾隆很是无所谓："天朝物产丰富，无所不有，原不借外夷货物以通有无。"

本着"四方皆蛮夷""我天朝无所不有，焉用外求"的妄自尊大的心理，清朝封建统治者实行了闭关锁国政策。他们既昧于世界大势，又盲目排外。正当封建统治者自我满足昏睡无知时，西方列强已经进入轰轰烈烈的工业革命时代。当大炮、军舰对准清朝时，大部分中国人还不知道英吉利在世界的哪个角落。

晚清的闭关锁国政策把中国完全封闭了起来，使其处于一种与世隔绝的状态，严重阻碍了中国与世界的联系，妨碍了对世界先进文化和科学技术的吸收，拉大了与世界的距离，最终导致了近代中国长期处于落后挨打的局面。

封闭保守会使一个国家沦陷，使一个时代终结。无论国家、社会、企业还是个人，一定要吸取历史的教训，开放自我，才能强大自我。

其实，心有多大，世界就有多大。如果不能打碎心中的四壁，你的翅膀就舒展不开，即使给你一片蓝天，你也找不到自由的感觉。打开自己，需要开放自己的胸怀。

开放，是一种心态、一种个性、一种气度、一种修养；是能正确地对待自己、他人、社会和周围的一切；是对自己的专业和周围的世界都怀有强烈的兴趣，喜欢钻研和探索；是热爱创新，不墨守成规，不故步自封、不固执僵化；是乐于和别人分享快乐，并能抚慰别人的痛苦与哀伤；是谦虚，勇于承认自己的不足，并能乐观地接受他人的意见，而且非常喜欢和别人交流；是乐于承担责任和接受挑战；是具有极强的适应性，乐意接受新的思想和新的经验，能够迅速适应新的环境；是坚强，敢于面对任何的否定和挫折，不畏惧失败。

不打开自己，一个人就不可能学会新东西，更不可能进步和成长。开放的胸怀是学习的前提，是沟通的基础，是提升自我的起点。在一个组织里，最成功的人就是拥有开放胸怀的人，他们进步最快，人缘最好，也容易获得成功的机会。

开放的心自由自在，可以飞得又高又远；而封闭的心像一池死水，永远没有机会进步。如果你的心过于封闭，不能接纳别人的建议，就等于锁上一扇门，禁锢了你的心灵。要知道褊狭就像一把利刃，会切断许多机会及沟通的渠道。生活在一个不断开放的时代，我们也要以开放的胸襟打开未知的格局，为自己建设一个不断开放、不断进步的人生。

人无远虑，格局有限

经过贞观之治和武则天的励精图治，以及唐玄宗李隆基开元时期的精心治理，大唐已经达到全面兴盛。自李隆基登基始，到开元二十九年（741年），恰好是三十年。他第一年用的年号是先天，次年改为开元。古人以三十年为一世，李隆基为皇一世，天下太平富足，国家稳定，经济繁荣，农业和手工业都有较大的发展，达到了大唐开国以来的鼎盛时期。可凡事有兴盛必有衰亡，兴盛的巅峰也必是衰亡的开始。开元以后唐玄宗用人失当，任李林甫、杨国忠为相，并且迷恋贵妃杨玉环，"后宫佳丽三千人，三千宠爱在一身"，"春宵苦短日高起，从此君王不早朝。"政治腐败，奸臣当道，大唐终于由兴盛走向衰亡，最终酿成安史之乱，大唐盛世的景象一去不返。

中国有句古话说"生于忧患，死于安乐"，意思是人要有忧患意识！这是一个自古以来便时常被人提起的话题，置身在社会之中，与人为伍，不管身在森林丛莽，百兽呈凶；海洋深渊，龙虾癫狂。一个人如果不知道自己身处的环境，那就大祸临近了。

社会中好人、坏人、善良、丑恶、阴暗、光明，如孪生兄弟一般，无处不在。好人、善良、光明，对你有益无害。可是遇上坏人、歹徒、不法分子，如果你始料不及，毫无戒备，你就有可能蒙受伤害和损失，给你的人生造成甚至是不可挽回的灾难。因此，在这些形形色色的人群中，在这些利益相斥的团体中，你必须高度自危、警醒不歇，以使他们不能侵害你、伤害你，自己不蒙受损失。

危机如影随形，一个人如果没有危机意识，就肯定无法取得进步，因此，需要居安思危，不可一味地追求奢侈享受，挥霍浪费，不思进取。历史已经给了我们很多借鉴，上述唐朝由盛转衰的故事就是很好的一例。

而另一位古代的帝王，则是凭借着浓厚的危机意识，将帝国重新带入了辉煌，他就是东汉光武帝刘秀。

刘秀9岁丧父，叔父将他养大。他在叔父任职的萧县读书，完成启蒙教育，后到长安太学游学，专攻儒家经典。寄养的生活和所受的教育，使他形成了谨厚诚信、勤俭自励的性格。

游学长安后，刘秀回到南阳家乡，操持家业，从事农业生产。史称他"乐施爱人，勤于稼穑"。由于"长于民间，颇达情伪"，深知百姓稼穑的艰难和民情的好恶，所以他为政宽简，并大力减轻百姓负担。

刘秀做了皇帝后，每日都是清晨即起，早早上朝，议政讲经，很晚才退朝。处理政务，"兢兢如不及"。太子见他太辛苦了，便劝他注意休息，他却说："吾自乐此，不为疲也。"

身为一国之君的他生活俭朴，不事浮华。"身衣大练，色无重彩，耳不听郑卫之音，手不持珠玉之玩"。他屡次拒绝群臣"封禅泰山"的进谏，直到临死前一年，才带领百官，登封泰山。针对秦始皇时期开始形成并愈演愈烈的"厚葬"之风，他还屡次下诏提倡薄葬。他自己也是这么躬行实践的。在为自己修造寿陵的时候，他对窦融说："今所制地不过二三顷，无为山陵、陵池，才令流水而已。"他在临终前，又下了一道遗诏说："朕无益百姓，皆如孝文皇帝制度，务从约者。"因而《后汉书·循吏传》称颂这个时期是"勤约之风，行于上下"。

刘秀当政的时期，就是中国历史上有名的"光武中兴"时期。因国君的仁厚和提倡节俭，不劳民伤财，使得国泰民安。

虽然我们身处和平年代，但要时刻保持清醒的头脑，要有居安思危的意识。愿我们每个人在日常生活中铭记，"常将有日思无日，莫待无时思有时"，尽可能地做到未雨绸缪，在心理上及生活上有所准备，好应付突如其来的变化，即便不能将问题消弭，也可以将伤害降到最轻。但万物皆有度，太淡的忧患意识使人麻木不仁，太浓的忧患意识使人变成惊弓之鸟。

一个人如果没有忧患意识，没有长远的眼界，那么，他的人生格局就会受限。因为任何一个突如其来的危机，也许都会阻碍他人生的发展，局限其人生的格局。

不顾大局，就会"出局"

大局意识，就是以整体利益为重，凡事从大局出发，在事关大局和自身利益的问题上，能以宽广的眼界审时度势，以长远的眼光权衡利弊得失，自觉做到局部服从整体，自我服从全局，眼前服从长远，立足本职，甘于奉献。

说到顾全大局，我们会不由自主地想到历史上"以大局为重，不计小嫌"的代表人物——蔺相如。

负荆请罪的故事，说的是赵国的蔺相如几次奉命出使秦国，立下显赫功劳，深得赵王的赏识与重用，被封为上卿，位居老将军廉颇之上。廉颇居功自傲，对此不服，屡次故意挑衅，蔺相如以国家大事为重，始终忍让。后来，廉颇终于醒悟，向蔺相如负荆请罪。将相和好，团结一致，共同辅国，建立了生死不渝的友情。当时一些诸侯国听说这件事之后，都不敢侵犯赵国。

蔺相如不计较个人荣辱得失，以国家利益为重的博大胸襟和廉颇知错就改的坦诚胸怀，都在启发我们，在任何时候都要顾全大局，把国家、民族利益放在第一位。不难想象，假如当时蔺相如和廉颇"内战"，那么就会"祸起萧墙"，赵国会受到周边诸侯国的夹攻，到时国将不国，又哪来家的安宁呢？

拨开重重的历史烟云，我们似乎可以看见大禹治水，三过家门而不入，终将水患"治服"；孔丘周游列国，推行仁政；三闾大夫行吟泽畔，问天叩地，投身汨罗；文天祥的"人生自古谁无死，留取丹心照汗青"；方志敏不为高官厚禄所动，含笑上刑场……这些人不为名、不为利，只为了心中的大局。他们是国家的脊梁，他们的精神是中国急需的钙质。鲁迅说得好："我们自古以来，就有埋头苦干的人，有拼命硬干的人，有舍身求法的人……"我们需要的就是更多舍身求法的人。

古代如此，今天也一样，凡事顾全大局仍然是为人处世的重要品质，是应该大力弘扬的传统美德。以大局为重，不计小嫌是一种难得的风度。有这种风度的人，心胸宽广，不记私怨，不但能赢得人们的尊敬和拥护，往往也能干出一番大事业。而那些斤斤计较、小肚鸡肠、睚眦必报的人，必定不会受人欢迎，甚至会为人所不齿，也就很难有所作为。

生活中，我们可以发现，很多优秀的人才，因为性格中的某些缺陷，在做事的过程中，不能从大局出发而目光短浅，不能把握长期效益而损公肥私，从而铸成大错，造成严重的损失，甚至一失足成千古恨。当今社会，从来不缺乏人才，但人们也不难发现，那些成就突出却自命不凡的人在生活中屡屡碰壁，那些精明能干而过于计较得失的人不为朋友所接纳。为什么这样"有才华"的人在社会中不被接纳和重用呢？因为在领导者的眼里，全局高于一切，一个自私自利的人，一个只为自己或少数人利益着想的人，一个心中只有"我"而无"我们"的人，是永远得不到领导者的重视的。不顾大局的人，到头来可能会被淘汰出局。

真正优秀的人，他们不会急功近利，而是把个体远大的发展目标建立在大局发展的基础之上，时刻以公司整体利益为重，把公司放在第一位。具备这样统观全局、服务大局优良素质的人，在赢得领导信任的同时，更能为自己的职业生涯带来莫大的好处。

我们想成功，就要有宽广的胸怀，有长远的眼光，从大局出发，不拘泥于眼前的枝节小事，以大局作为判断的标准。这才是人生应有的格局。

没有跨越不了的事情，只有无法逾越的心

一个人在他 25 岁时因为被人陷害，在牢房里待了 10 年。后来沉冤昭雪，他终于走出了监狱。出狱后，他开始了几年如一日的反复控诉、咒骂："我真不幸，在最年轻有为的时候竟遭受冤屈，在监狱度过本应最美好的一段时光。那样的监狱简直不是人居住的地方，狭窄得连转身都困难，唯一的细小窗口里几乎看不到阳光；冬天寒冷难忍，夏天蚊虫叮咬……真不明白，上帝为什么不惩罚那个陷害我的家伙，即使将他千刀万剐，也难解我心头之恨啊！"75 岁那年，在贫病交加中，他终于卧床不起。弥留之际，牧师来到他的床边："可怜的孩子，去天堂之前，忏悔你在人世间的一切罪恶吧……"

牧师的话音刚落，病床上的他声嘶力竭地叫喊起来："我没有什么需要忏悔，我需要的是诅咒，诅咒那些造成我不幸命运的人……"

牧师问："您因受冤屈在监狱待了多少年？离开监狱后又生活了多少年？"他恶狠狠地将数字告诉了牧师。

牧师长叹了一口气："可怜的人，你真是世上最不幸的人，对你的不幸，我真的感到万分同情和悲痛！他人囚禁了你区区 10 年，而当你走出监牢本应获取永久自由的时候，你却用心底里的仇恨、抱怨、诅咒囚禁了自己整整 40 年！"

现实生活中，有不少人和故事中的人一样，给自己编织"心理牢笼"：有些人总是唠叨自己的坎坷往事、身体疾病，或抱怨自己遭受的不平待遇和生活苦难；有些人还喜欢用自己不懂的事情塞满自己的脑袋，把一些不相干的事与自己联系在一起，造成了心理障碍。殊不知，对那些过去的往事、不平的经历，甚或想不明白的事情，一味地责怪和抱怨是于事无补的。如果总是对想不通、想不开的事情患得患失，就很容易使自己失去判断能力，最后被囚禁的就是自己的整个人生。

　　人的心理牢笼千奇百怪、五花八门，但它们都有一个共同的特点，那就是这些所谓的"心理牢笼"都是人自己营造的。时间一长，个人就会不知不觉地把自己囚禁在"心狱"之中，就像故事中的那个可怜的人那样，至死都被囚禁在无尽的怨恨当中，哪还有时间去追求丰富多彩的人生呢？

　　世界上最难攻破的不是那些坚固的城堡和城池，而是自己的"心墙"。它阻挡了阳光的照射，妨碍了空气的流动，禁锢了生命的盛放，正如一位哲人曾说的："世界上没有跨越不了的事，只有无法逾越的心。"

　　在成长的过程中，很多人因为遭受来自社会、家庭的议论、否定、批评和打击，奋发向上的热情便慢慢冷却，逐渐丧失了信心和勇气，对失败惶恐不安，变得懦弱、狭隘、自卑、孤僻、害怕承担责任、不思进取、不敢拼搏。事实上，他们不是输给了外界压力，而是输给了自己。很多时候，阻挡我们前进的不是别人，而是我们自己。因为怕跌倒，所以走得胆战心惊、亦步亦趋；因为怕受伤害，所以把自己裹得严严实实。殊不知，我们在封闭自己的同时，也封闭了自己的人生。

　　一个渴望有所成就的人，必须走出自己的"心狱"。心中有"牢笼"，便限制了人潜质的发挥。所以，要想开放自己的人生，取得骄人的成绩，关键在于冲出"心理牢笼"。

　　那些给自己编织"牢笼"的人，他们日复一日在迷宫般的、无法预测又乏人指引的茫茫人生中损坏了"罗盘"，这坏掉的罗盘可能是扭曲的是非感，或蒙蔽的价值观，或自私自利的意图，或是未设定的目标，或是无法分辨轻重缓急，简直不胜枚举。卓越人士会保护好人生罗盘，维持正确的航线，不被沿路上意想不到的障碍困住，坚定地向前行进，最终轻松而顺利地抵达终点。

　　有句话这样说："自己把自己说服了，是一种理智的胜利；自己被自己感动了，是一种心灵的升华；自己把自己征服了，是一种人生的成熟。大凡说服了、感动了、征服了自己的人可以凭借潜能的力量征服一切挫折、痛苦和不幸。"其实，许多人的悲哀不在于他们运气不好，而在于他们总爱给自己设定许多条条框框，这种条框限制了他们想象的空间和奋进的勇气，模糊了他们前行的航向和人生的追求。他们看似一天到晚忙个不停，实际上已经套上了可怕的枷锁，注定碌碌无为。可见，敢于打破自我设定的障碍，冲出自己编织的"心理牢笼"，多一点超越，多一点豁达，生活就会不一样。

第二节　破杂：要空出所有，才能建设一切

　　抛却心中的妄念、妄想，保持一片清明境界，才是上天给我们的道路。人活得很自然，一天到晚头脑清清楚楚，不要加上后天的人情世故。如果加上后天的意识上的人情世故，就会有喜怒哀乐，使得身体内部受伤害，就会有病不得长寿。人生是一场旅行，当行囊过于沉重时，就应该拿掉一些累赘的东西，只有适当地放弃才能让你轻松自在地面对生活。

去除烦躁与复杂，恢复生活的本真

　　一个樵夫上山去打柴，看见一个人在树下躺着乘凉，就忍不住问他："你为什么不去打柴呢？"

　　那人不解地问："为什么要去打柴？"

　　樵夫说："打了柴好卖钱呀。"

　　"那么卖了钱又有什么用呢？"

　　"有了钱你就可以享受生活了。"樵夫满怀憧憬地说。

　　乘凉的人笑了："那么你认为我现在在做什么？"

这个人没有把自己盲目地投入到紧张的生活中，他过的是恬静的日子——躺在树下轻松自在地呼吸，并且对生命充满由衷的喜悦与感激。这种简单、干净的生活方式是多么令人向往啊。这是一种发自心灵的简单与悠闲。

简单地做人，简单地生活，按照自己的喜好安排自己的生活，想想也没什么不好。金钱、功名、出人头地、飞黄腾达，当然是一种人生。但能不依附权势，不贪求金钱，心静如水，无怨无争，拥有一份简单的生活，不也是一种很惬意的人生吗？毕竟，你用不着挖空心思去追逐名利，用不着留意别人看你的眼神，心灵没有锁链，快乐而自由，随心所欲，想哭就哭，想笑就笑……

著名作家刘心武说："在五光十色的现代世界中，应该记住这样古老的真理：活得简单才能活得自由。"在这里，简单可能也需要一部分的调整，但是生活的大体方向不曾改变，原本的生活里有什么，我们就在享用什么，不需要过多复杂的修饰，而是遵循生命本身的喜悦。

简单是一种自然的，不刻意的表象，但是它不是粗陋和做作，而是一种真正大彻大悟之后的升华。用过电脑的朋友都知道，在系统中安装的应用软件越多，电脑运行的速度就越慢，并且在电脑运行的过程中，还会有大量的垃圾文件、错误信息不断产生，若不及时清理掉，不仅会影响电脑的运行速度，还会造成死机甚至整个系统的瘫痪。所以必须定期地删除多余的软件，清理垃圾文件，这样才能保证电脑的正常运转。

我们的生活和电脑系统的情况十分类似，现代人的生活太复杂了，到处都充斥着金钱、功名、利欲的角逐，到处都充斥着新奇和时髦的事物。被这样复杂的生活所牵扯，我们能不疲惫吗？如果你想过一种幸福快乐的生活，就不能背负太多不必要的包袱，要学会删繁就简。托尔斯泰笔下的安娜·卡列尼娜以一袭简洁的黑长裙在华贵的晚宴上亮相，惊艳无比，令周遭的妖娆"粉黛"颜色尽失。所以，去除烦躁与复杂，恢复本真，才能让我们的人生释放最美丽的光芒。

在走进21世纪的时候，我们是否应该回头看一看现代人的生活？所有人都莫名其妙地忙碌着，被包围在混乱的杂事、杂务、尤其是杂念之中，一颗颗跳动的心被挤压成了有气无力的皮球，在坚硬的现实中疲软地滚动着。也许是因为在竞争的压力下我们丧失了内心的安全感，于是就产生了担心无事可做的恐惧，所以才急着找事做来安慰自己。这样不知不觉中，我们已经陷入了一种恶性循环，离真正的快乐、甚至真正的生活越来越远。

在20世纪末，人类对自然的征服可谓达到了顶峰，人们恨不得把地球上能开发的地方都开发出来以满足日益增长的消费需求？我们被工业、电子、传媒、科技、城市等人工风景紧紧地包围着。信息的汹涌和浩大正如大海的汹涌和浩大，我们每一个人都在这海里沉浮着，在一层层海浪的推举下荡来荡去。也许我们并没失去什么，却凭空地感到凄惶。现代人已经很难找到宁静和从容，找到自己内心的真实。

很多时候，并不是我们行动，而是大海的力量左右我们行动。但如果我们认识到自己的处境，从而奋力反抗时势的捉弄，还有可能获得抵达遥远彼岸的渺茫希望。可怕的是，我们并没有充分认识到这一点，我们的心已被时代蒙住，极易把被动错认成自由。

也许是我们真的太累了。在追逐生活的过程中，我们也应该尝试着放弃一些复杂的东西，还原生命的本源，让一切都恢复简单的面孔。其实生活本身并不复杂，复杂的只有我们的内心。所以，要想恢复简单的生活，必须从心开始。而只有一切恢复简单本真的面貌，人生的步伐才能更轻盈和便捷。

剔除生命杂质，快乐自然盈心

从前在峨眉山下有一个樵夫，他长年累月都以打柴为生，早出晚归，风餐露宿，但是家里仍然常常揭不开锅。于是他老婆天天到佛前烧香，祈求佛祖慈悲，让他们脱离苦海。

真是苍天有眼，好运降临。有一天樵夫在大树底下挖出了十八个金罗汉。转眼间，他就变成了百万富翁。于是他买房置地，宴请宾朋，好不热闹。亲朋好友也都像是一下子从地下冒出来似的，纷纷前来向他表示祝贺。

按理说樵夫应该非常满足了，现在终于知道荣华富贵是什么滋味了。可是他只高兴了一阵子，就开始愁眉苦脸，吃睡不香，坐卧不安了。他的妻子看在眼里，劝他说："现在我们还有十七个金罗汉，吃穿不愁，又有良田美宅，你为什么还是愁眉苦脸的呢？你这个丧气鬼，天生就是个受穷的命！"

樵夫听到这里，不耐烦了："你个妇道人家懂得什么？我们得了金罗汉的事情，人人都知道了。如果有人来偷来抢怎么办？我是愁没有最好的地方来藏它们。"妻子听过之后也觉得有理。于是夫妻二人开始找藏金罗汉的好地方。可是无论何地他们都觉得不安全，结果就这样天天找，天天担心，生活没有了一刻的宁静。

人生在世，名利钱财、金银珠宝等都是身外之物，即使时时刻刻永不停息、永无止境地去追求和索取它，也不会有满足的时候。相反，一味地追求反而丢失了生活的宁静与快乐，真是得不偿失。

其实，快乐是一种身心愉快的状态，离苦得乐，是人最本质的需要。快乐很简单，它与一个人的财富、地位、名气无关，它不需要大量的金钱去支撑，也不需要以名气为后盾，更不需要乌纱帽来提携。相反，快乐只与一个人的内在有关，物质财富的获得可能让人获得快乐，可是处理不当则会成为人生的负累，生活从此远离快乐，永无宁日。物质环境的好坏，固然可以影响到人的心情与思想。但有高度精神修养的人，同样也能够以自己的心去改变环境。如果没有立身处世的道德标准和精神的修养，纵然有再多的财富、再好的物质环境，他也不会快乐。

快乐无须附丽，它只是内心深处的富足，它像一缕清纯的阳光，既可以照亮自己，也可以照耀周围的人。那些身无长物的人，同样可以获得人生的快乐。

孔子说颜回："贤哉！回也。一箪食，一瓢饮，在陋巷，人不堪其忧，回也不改其乐，贤哉回也！"颜回短暂的一生，师从孔子，周游列国，虽有满腹经纶，德才兼备，但是甘于贫苦生活而不改其乐，可以说是乐由心生、无须附丽的典型了。

传说某一天，上帝闲来无事，和天使们聊天。他突发奇想，说："我要人类在付出一番努力之后才能找到幸福快乐，我们把人生幸福快乐的秘密藏在什么地方比较好呢？"

第一位天使想了想，说："把它藏在高山上，这样人类肯定很难发现，非得付出很多努力不可。"上帝听了摇摇头。

另一位天使跟着说："把它藏在大海深处，人们一定发现不了。"上帝听了还是摇摇头。这时，又有一位天使说："我看哪，还是把幸福快乐的秘密藏在人类的心中比较好，因为人们总是习惯向外去寻找，而从来没有人会想到在自己身上去挖掘这幸福快乐的秘密。"

上帝听了这个回答，拍手称快，并采纳了天使的建议。

从此，这幸福快乐的秘密就藏在了每个人的心中。

确实，只有心才是快乐的根。

快乐不是霓虹灯下的买醉，不是一掷千金的快感。不放纵生命，不麻醉灵魂，珍惜生命的点点滴滴，才是快乐；拥有一颗感恩的心，感激生命，感激阳光雨露，忘却曾经的苦痛，快乐之情会油然而生；历尽沧桑后，快乐是一份安心，宠辱不惊，不为利驱，不为名逐，不为情惑，快乐是看花开花落、云卷云舒的散淡安然。

如果你希望有所成就并且生活得逍遥自在、豁达明朗，就首先要努力使自己成为一个有道德教养的人，一个有良好品格的人，一个有丰富心灵的人，一个有益于他人的人，这样才能有效地防止那些使人沮丧和紧张的因素，从而充分享受工作和生活本身蕴涵的乐趣，在任何情况下保持一种"临清风，对朗月，登山泛水，肆意酣歌"的心境，陶陶然乐在其中，不亦快哉！

行走青山绿水之间，且听风吟，了无牵挂，快乐盈心！

以真诚和坦率赢得胜利

由于遗弃或收缴来的自行车无人认领，警察决定将它们拍卖。

第一辆自行车开始竞投了，站在最前面的一位大约10岁的小男孩说："5元钱。"叫价持续了下去，拍卖员看了一下前面的那个男孩，他没加价。

跟着几辆也出售了，那小男孩每次总是出价5元，从不多加。不过5元钱实在太少了，因为每辆自行车最后的成交价几乎都是三四十元。

渐渐地，人们都感到奇怪。暂停休息时，拍卖员问男孩为什么不再加价，小男孩告诉他："我只有5元钱。"

拍卖快结束了，现场只剩下最后一辆非常漂亮的单车，拍卖员问："有谁出价吗？"

这时，站在最前面，几乎已失去希望的小男孩轻声地又说了一遍："5元钱。"

拍卖员停止了喊价，观众也静坐着，没有人举手，没有人出第二个价。最后，小男孩拿出握在手中已被汗水浸得皱巴巴的5元钱，拿走了那辆全场最漂亮的自行车。现场的观众纷纷鼓掌。

如果在现场，相信我也会被感染而为那个小男孩鼓掌的。因为，在生活中，像他那样毫无保留地亮出自己的底牌的人实在不多，像他那样坦坦荡荡地去竞争的人实在太少。小男孩执着、真诚、坦荡，敢于亮出自己的底牌而丝毫不觉得惭愧地一次次喊价，正是这种执着而真诚的坦荡让别人感到他的需求，并且为这种执着的坦率而满含敬佩之情，不再竞争。于是，我们明白了，不论是什么交易，只要我们拥有一片渴望之心、热爱之心、真诚之心，并且毫无保留地亮出自己的底牌，坦荡地、执着地追求，我们就能感动他人，感动上苍，从而赢得竞争，达成自己的追求，完成梦想。除了欺诈和厮杀，我们其实还有许多方法去达到目的，完成梦想，比如诚信和执着。

竞争，很多时候是一件极为残酷的事情，因为它弱肉强食，因为它往往意味着优者胜出，强者胜出，而条件不佳者，则不得不在一浪高一浪的激烈竞争中败下阵来。在如今这个"金钱至上"的社会中，有太多的人为了争名夺利，他们已经放弃了自己的原则。他们做事看他人的脸色，行动听他人的智慧，而不管这个指挥者的命令是对还是错。

于是，我们已经习惯不轻易亮出自己的底牌，就是为了让别人猜不透而不得不恐惧地选择退却，而现在，我们不得不收起惯性的看法，而选择慎重思考。

英国的一个城市公开招聘市长助理，条件必须是男人。当然，所说的男人并不仅仅是从生理上界定，它指的是精神上的男人，每一个应考的人都理解。经过了多次文化和综合素质的角逐，有一部分人获得了参加最后一项特殊的考试的权利，这也是最关键的一项。那天，他们轮流去一个办公室应考，这最后一关的考官就是市长本人。

第一个男人走进来，只见他高大魁梧，仪表堂堂。市长带他来到一个特别的房间，房间的地板上洒满了碎玻璃，尖锐锋利，望之令人心惊胆战。市长以万分威严的口气说："脱下你的鞋子！将里面桌子上的一份登记表取出来，填好交给我！"男人毫不犹豫地将鞋子脱掉，踩着尖锐的碎玻璃取出登记表，填好交给了市长。他强忍着钻心的痛，依然镇定自若，表情泰然，静静地望着市长。市长指着一个大厅淡淡地说："你可以去那里等候了。"男人非常激动。

市长带着第二个男人来到另一间特殊的屋子，屋子的门紧紧地关着。市长冷冷地说："里边有一张桌子，桌子上有一张登记表，你进去将表取出来填好交给我！"男人推门，门是锁着的。"用脑袋把门撞开！"市长命令道。男人不由分说，低头硬撞，一下、两下、三下……足足有半个小时，头破血流，门终于开了。他取出表认真地填好交给了市长，市长说："你可以去大厅等候了。"男人非常高兴。

就这样，一个接一个，那些身强体壮的男人都用自己的意志和勇气证明了自己。市长表情有些沉重。他带最后一个男人来到一个房间，市长指着站在房间里的一个瘦弱的老人对男人说："他手里有一张登记表，去把它拿过来填好交给我！不过他不会轻易给你的，你必须用你刚硬的铁拳将他打倒……"男人严肃的目光射向市长："为什么？""不为什么，这是命令！""你简直是个疯子，我凭什么打人家？何况他是弱小的老人！"市长又带他分别去了那个有破碎玻璃的房间和紧锁着的房间，同样遭到了他的反对和拒绝。市长对他大发雷霆，男人气愤地转身就走，却被市长叫住了。市长将这些应考的人都召集在一起，告诉他们只有最后一个男人考中了。

那些伤筋动骨的人都捂着自己的伤口审视着被宣布考中的人，当发现他身上的确一点伤也没有时都惊愕地张大了嘴巴，非常不服气，异口同声地问："为什么？"市长说："你们都不是真正的男人。""为什么？"市长语重心长地说："真正的男人懂得反抗，是敢于为正义和真理献身的人，而不是选择唯命是从，作出没有道理的牺牲的人。"

最高的道德是一个人要坚守自己的原则。当你外在的行动和内在的思想相称时，你是诚实的。当你抛弃你的真理去取悦他人时，你就放弃了诚实。没有什么比做真正的自己更重要，放弃那些迎合别人的无谓牺牲，你将拥有别人最真诚的敬意。

在触碰世界之前，心中先有"我"

黄美廉，一个从小就得了脑性麻痹的残疾者。脑性麻痹夺去了她肢体的平衡感，也夺走了她发声讲话的能力。从小她就活在诸多肢体不便及众多异样的眼光中，她的成长充满了血泪。然而这些外在的痛苦并没有击败她内在奋斗的精神，她昂首面对，迎向一切不可能，终于获得了加州大学艺术博士学位。她用她的手当画笔，以色彩告诉他人"寰宇之力与美"，并且灿烂地"活出生命的色彩"。

站在台上，她不时地挥舞着她的双手；仰着头，脖子伸得好长好长，与她尖尖的下巴扯成一条直线；她的嘴张着，眼睛眯成一条线，扭曲地看着台下的学生；偶尔她口中也会咿咿呀呀的，不知在说些什么。她基本上是一个不会说话的人，但是，她的听力很好，只要你猜中或说出她的意见，她就会乐得大叫一声，伸出右手，用两个指头指着你，或者拍着手，歪歪斜斜地向你走来，送给你一张用她的画制作的明信片。

"黄博士，"一个学生问她，"你从小就长成这个样子，请问你怎么看你自己？你都没有怨恨吗？"

"我怎么看自己？"美廉用粉笔在黑板上重重地写下这几个字，字很深很重，有力透纸背的气势。写完这个问题，她停下笔来，歪着头，回头看着发问的同学，然后嫣然一笑，回过头来，在黑板上龙飞凤舞地写了起来：

1. 我会画画！我会写稿！
2. 我的腿很长很美！
3. 爸爸妈妈这么爱我！
4. 我好可爱！
5. 上帝这么爱我！
6. 我有只可爱的猫！
……

所有听到她这么说的人都沉默了，面对众人的沉默，她在黑板上写下了她的结论："我只看我所有的，不看我所没有的。"

或许，在别人眼里，黄美廉有很多缺陷，但她并没有因此而自我否定，在进入世界之前，她发现了自己美好的一面。我们可以像黄美廉那样，端详自己值得欣赏的地方，诚实面对自己。试着给自己找个清幽宁静之所，细心端详自己，诚实面对自己，问自己几个问题：

（1）我如何寻求更多的机会？
（2）我的劣势或者不足之处在哪里？
（3）我现在还可以掌握哪些机会？
（4）我当前已经拥有的了哪些优势和资源？

（5）我现在正面临哪些威胁？

（6）未来还有可能出现哪些威胁？

写出这些问题的答案，写得越多越详细，你将越清楚地明白自己的追求在何方；接着用一些正面的形容词形容自己，有洞察力的、有自信的、外向的、有说服力的、有抱负的、精确的、有决断力的、有勇气的、勤奋的、锲而不舍的……诸如此类，以确定自己的个性特征。我们必须明白，对自己的评价将大大影响我们日后的成功，越能真正了解自己的人，越能免受人事繁杂的干扰，越能活出真正的自我。

当我们对着世界抱怨它的无情时，不妨先问问自己是否花了足够的时间来了解自己？我们到底是珍珠还是沙子？我们是否了解自己的生命矿坑里那些珍贵的宝石都藏于何处？如果答案是否定的，那么请先与自己对话，先挑战自己。你会发现你的身体里竟有如此丰富的宝藏，而在挖掘你生命矿脉的每一阶段，你都会发现一个真正的自己。

1947年，美孚石油公司董事长贝里奇到开普敦巡视工作，在卫生间里，看到一位黑人小伙子正跪在地上擦洗黑污的水渍，并且每擦一下，就虔诚地叩一下头。贝里奇对此感到很奇怪，问他为什么要这样做，黑人答道："我在感谢一位圣人。"

贝里奇好奇地问他：为什么要感谢那位圣人？小伙子说："是他帮助我找到了这份工作，让我终于有了饭吃。"贝里奇笑了，说："我曾经也遇到一位圣人，他使我成了美孚石油公司的董事长，你想见他一下吗？"小伙子说："我是个孤儿，从小靠教会养大，我一直都想报答养育过我的人。这位圣人如果能让我吃饱之后，还有余钱，我很愿意去拜访他。"

贝里奇说："你一定知道，南非有一座有名的山，叫大温特胡克山。据我所知，那上面住着一位圣人，他能给人指点迷津，凡是遇到他的人都会有很好的发展前途。20年前，我到南非时登上过那座山，正巧遇上他，并得到他的指点。如果你愿意去拜访他，我可以向你的经理说情，准你一个月的假。"

这位年轻的小伙子是个虔诚的教徒，很相信神的帮助，他谢过贝里奇后就真的上了路。30天的时间里，他一路披荆斩棘，风餐露宿，终于登上了白雪皑皑的大温特胡克山。然而，他在山顶徘徊了一整天，除了自己，没有遇到任何人。

黑人小伙子很失望地回来了。他见到贝里奇后说的第一句话是："董事长先生，一路上我处处留意，但直至山顶，我发现，除我之外，根本没有什么圣人。"贝里奇说："你说得很对，除你之外，根本没有什么圣人。因为，你自己就是你自己的圣人。"

20年后，这位黑人小伙子做了美孚石油公司开普敦分公司的总经理，他的名字叫贾姆讷。在一次世界经济论坛峰会上，他以美孚石油公司代表的名义参加了大会。在面对众多记者的提问时，关于自己传奇的一生，他说了这么一句话："发现自己的那一天，就是人生成功的开始。能创造奇迹的人，只有自己。"

想要有所成就之前，我们总是急于进入纷繁的世界想在其中找到自己的位置，但我们在触碰世界之前，总是忘记先好好审视自己。我们忘记唤醒体内沉睡的自我。这就好比一位铁匠在打造铁块之前，事先没有对铁块进行研究，并不了解这块铁的特性，这样的铁匠无法将铁块打造成一件适合其特性的工具，无法发挥这块铁的最大价值。在你身上拥有钻石宝藏，这些"钻石"足以使你的理想变成现实，在你开始打造你的人生之前，请先好好端详自己，一定是有什么你独有而别人没有的，一定有什么是只有你能做好而别人做不好的。把握了自己，你才会发现你身体里的钻石宝藏，才能够成为自己生活的主宰。

生命是趟旅行，多余的行李要抛弃

相传，有一次，苏格拉底带着他的学生来到了一个山洞里，学生们正在纳闷，他却打开了一座神秘的仓库。这个仓库里装满了放射着奇光异彩的宝贝。仔细一看，每件宝贝上都刻着清晰可辨的字，分别是：骄傲、嫉妒、痛苦、烦恼、谦虚、正直、快乐……这些宝贝是那么漂亮，那么迷人。

这时苏格拉底说话了："孩子们，这些宝贝都是我积攒多年的，你们如果喜欢的话，就拿去吧！"

学生们见一件爱一件，抓起来就往口袋里装。可是，在回家的路上他们才发现，装满宝贝的口袋是那么沉重，没走多远，他们便感到气喘吁吁，两腿发软，再也无法挪动脚步。苏格拉底又开口了："孩子们，还是丢掉一些宝贝吧，后面的路还很长呢！""骄傲"丢掉了，"痛苦"丢掉了，"烦恼"也丢掉了……口袋的重量虽然减轻了不少，但学生们还是感到很沉重，双腿依然像灌了铅似的。

"孩子们，把你们的口袋再翻一翻，看看还有什么可以扔掉一些。"苏格拉底再次劝那些孩子们。学生们终于把最沉重的"名"和"利"也翻出来扔掉了，口袋里只剩下了"谦逊""正直"和"快乐"……一下子，他们有一种说不出的轻松和快乐。

人的欲望就像个无底洞，任万千金银也是难以填满的。欲望是需要用"度"来控制的。人具有适当的欲望是一件好事，因为欲望是追求目标与前进的动力，但如果给自己的心填充过多的欲望，只会加重前行的负担。人贪得越多，附加在心上的负担也就越重，可明知如此，许多人却仍然根除不了人性劣根的限制。对于真正享受生活的人来说，任何不需要的东西都是多余的。

适当放下是一种洒脱，是参透人性后的一种平和。背负了太多的欲望，总是为金钱、名利奔波劳碌，整天忧心忡忡，又怎么能有快乐呢？只有放下那些过于沉重的东西，才能得到心灵的放松。

一个人需要的其实十分有限，许多附加的东西只是徒增无谓的负担而已，人们需要做的是从内心爱自己。曾有这么一个比喻："我们所累积的东西，就好像是阿米巴变形虫分裂的过程一样，不停地制造、繁殖，从不曾间断过。"而那些不断膨胀的物品、工作、责任、人际、家务占据了你全部的空间和时间，许多人每天忙着应付这些事情，早已喘不过气来，每天甚至连吃饭、喝水、睡觉的时间都没有，也没有足够的空间活着。

拼命用"加法"的结果，就是把一个人逼到生活失调，精神濒临错乱的地步。这时候，就应该运用"减法"了！这就好像参加一次旅行，当一个人带了太多的行李上路，在尚未到达目的地之前，就已经把自己弄得筋疲力尽。唯一可行的方法，是为自己减轻压力，就像扔掉多余的行李一样。

人生是一场旅行，当行囊过于沉重时，就应该拿掉一些累赘的东西，只有适当地放弃才能让你轻松自在地面对生活。

生命活着要顺其自然，要不增不减，抛却心中的妄念、妄想，保持一片清明境界，才是上天给我们的道。这个道就是本性，人活得很自然，一天到晚头脑清清楚楚，不要加上后天的人情世故。如果加上后天的意识上的人情世故，就会有喜怒哀乐，使得身体内部受伤害，就会有病不得长寿。

著名的心理大师荣格曾这样形容："一个人步入中年，就等于是走到'人生的下午'，这时既可以回顾过去，又可以展望未来。在下午的时候，就应该回头检查早上出发时所带的东西究竟还合不合用，有些东西是不是该丢弃了。理由很简单，因为我们不能照着上午的计划来过下午的人生。早晨美好的事物，到了傍晚可能显得微不足道；早晨的真理，到了傍晚可能已经变成谎言。"

或许你过去已成功地走过早晨，但是，当你用同样的方式走到下午时，却发现生命变得不堪负荷，坎坷难行，这就是该丢东西的时候了！

旁观者清，当局者迷。对于人性的弱点，每个人都有足够的了解，而一旦置身其中进行取舍时往往就不是那么一回事了。这不是不识"庐山真面目"，只因"身在此山中"，这也是人性的一种悲哀。

抛却心中的"妄念"，才能够使你于利不趋，于色不近，于失不馁，于得不骄，进入宁静致远的人生境界。人生中该收手时就要收手，切莫让得到也变成了另外意义上的失去。合理地放弃一些东西吧，因为只有这样我们才能得到更珍贵的东西。

保持自然的生活方式，生活可以很简单

一个人被烦恼缠身，于是四处寻找解脱烦恼的秘诀。有一天，这个人来到一个山脚下，看见在一片绿草丛中有一位牧童骑在牛背上，吹着横笛，逍遥自在。他走上前去问道："你看起来很快活，能教给我解脱烦恼的方法吗？"牧童说："骑在牛背上，笛子一吹，什么烦恼也没有了。"他试了试，却无济于事。于是，他又开始继续寻找。

不久，他来到一个山洞里，看见有一个老人独坐在洞中，面带满足的微笑。他深深鞠了一个躬，向老人说明来意。老人问道："这么说你是来寻求解脱的？"他说："是的！恳请不吝赐教。"老人笑着问："有谁捆住你了吗？""没有。""既然没有人捆住你，何谈解脱呢？"他蓦然醒悟。

我们又何尝不是像这个人一样四处寻找解脱的途径？殊不知，并没有谁捆住你的手脚，真正难以摆脱的是困于心中的那个瓶颈。打破心中的瓶颈，清除掉心中的垃圾，你就可以在属于自己的天空中自由翱翔。人之所以不快乐，就是因为活得不够单纯；其实，不要去刻意追求什么，不要向生命去索取什么，不要为了什么去给自己设置障碍，其实，简单而自然，本身就是一种幸福。

周国平先生讲过这样一个故事。故事很简单，但如果深入思考，你会发现生活表象下面的人生真谛。

一个农民从洪水中救起了他的妻子，他的孩子却被淹死了。事后，人们议论纷纷。有人说他做得对，因为孩子可以再生一个，妻子却不能死而复活。有人说他做错了，因为妻子可以另娶一个，孩子却没法死而复活。

哲学家听说了这个故事，也感到疑惑不解，他就去问农民。农民告诉他，他救人时什么也没去想。洪水袭来，妻子在他身边，他抓起妻子就往山坡游。待返回时，孩子已被洪水冲走了。

人心随着年龄、阅历的增长而越来越复杂，但生活其实十分简单。保持自然的生活方式，不因外在的影响而痛苦抉择，便会懂得生命简单的快乐。人生当中，许多时候，我们并没有机会和时间进行抉择。人生的抉择是最困难的，也是最简单的，困难在于你总是在抉择面前思虑再三，简单在于你根本不去考虑抉择问题，而是遵循生命自然的方式。

放弃"第四个面包"，用减法清算人生

非洲草原上的狮子吃饱以后，即使羚羊从身边经过，也懒得抬一下眼皮。瑞士奶牛也是一样，只要解决了吃饭问题，它就会闲卧在阿尔卑斯山的斜坡上，一边享受温暖的阳光，一边慢条斯理地反刍。

有一位作家非常赞赏瑞士奶牛和非洲狮子的生存哲学，他说，假如你的饭量是三个面包，那么你为第四个面包所做的一切努力都是愚蠢的。

王立有一个做医生的朋友，几年前到一个宾馆去开会，一眼瞥见领班小姐，貌若天仙，便上前搭讪。小姐莞尔一笑，用一种很不经意的口气说："先生，没看见你开车来哦！"这个朋友当即如五雷轰顶，大受刺激，从此立志加入有车族。后来他们在一起吃饭，几杯酒下肚之后，这个朋友告诉王立，准备把开了一年的"昌河"小面包卖掉，换一辆新款的"爱丽舍"。然后又问王立买车了没有？王立老老实实地回答，还没有，而且在看得见的将来也没有这种可能性。他同情地看着王立："唉！一个男人，这一辈子如果没有开过车，那实在是太不幸了。"

这顿饭让王立吃得很惶惑。因为按他目前的收入水平，买辆"爱丽舍"，他得不吃不喝地攒上好几年。更糟糕的是，若他有一天终于买上了汽车，也许在他还没有来得及品味"幸福"滋味的时候，一个有私人飞机的家伙就会同情地对他说："作为一个男人，没开过飞机太不幸了！"那他这辈子还有救吗？

这个问题让王立坐立不安了很长时间。如何挽救自己，免于堕入"不幸"的深渊，让他甚为苦恼。直到有一天，他无意中听到了在台湾创立济慈医院的证严法师在一次讲法时说的一段话：有菜篮子可提的女人最幸福。因为幸福其实渗透在我们生活中点点滴滴的细微之处，人生的真味存在于诸如提篮买菜这样平平淡淡的经历之中。我们时时刻刻拥有着它们，却无视它们的存在。

王立恍然大悟。原来他的这个医生朋友在用一个逻辑陷阱蓄意误导他：没有汽车是不幸的；你没有汽车，所以你是不幸的。但这个大前提本身就是错误的，因为"汽车"与"幸福"并无必然的联系。

在一个成功人士云集的聚会上，王立激动地表达了自己内心深处对幸福生活的理解："不生病，不缺钱，做自己爱做的事。"会场上爆发了雷鸣般的掌声。

成功只是幸福的一个方面，而不是幸福的全部。人们对"成功"的需求是永无止境的，没完没了地追求来自外部世界的诱惑——大房子、新汽车、昂贵服饰等，尽管可以在某些方面得到快乐和满足，但是这些东西最终带给我们的是患得患失的压力和令人疲惫不堪的混乱。

两千多年前，苏格拉底站在熙熙攘攘的雅典集市上叹道：这儿有多少东西是我不需要的！同样，在我们的生活中，也有很多看起来很重要的东西，其实，它们与幸福并没有太大关系。我们对物质不能一味地排斥，毕竟精神生活是建立在物质生活之上的，但更不能被物质所约束。面对这个已经严重超载的世界，面对已被太多的欲求和不满压得喘不过气的生活，我们应当学会用好生活的减法，把生活中不必要的繁杂除去，让自己过一种自由快乐的生活。

简单是快乐，放弃是拥有

哲学界有一句名言叫做"拥有就是被拥有"，比如说，我拥有一辆汽车，那么就等于我同时被这辆车所拥有，因为我必须时常担心：我的车会不会被偷走？保险费是不是又该交了？诸如此类的问题伴随着拥有这辆车同时到来。许多人常常会问："我拥有什么？"实际上，一个人"有"的越多，就越不"是"他自己，因为他拥有的越多，需要担心和关注的外部事物就越多，他就越没有时间去做他自己。

由此可知，拥有的东西太多并不是什么好事，人的生命内涵和注意力被分散了，最后反而使自己成了拥有物的奴隶，从而丧失了人生的意义。

当然，我们不可能什么都不拥有，而是不要去拥有一些不需要的东西。换言之，我们所拥有的东西必须是我们所能够掌握的，也就是要简化我们的生活。

有个亿万富翁，一天因为工作上的问题，他六神无主，烦躁的很。他的办公室空调开在适宜的温度上，然而，他还是感觉热，浑身要出汗的感觉。他踱步到窗前，顺着窗户向外看，只见一个拉板车的人正躺在夏日炎炎的大街上，呼呼地睡得正香，而给他抵挡太阳的仅仅是板车旁的一点点阴凉。富翁很纳闷，他问自己的助手，那个人在这种情况下怎么就睡得这么香呢？助手告诉富翁，你想让他睡不着吗，很简单，给他10万块钱。

于是，富翁按照助手的意思去做了。这下，那位拉板车的可真睡不着觉了。他拧拧自己的大腿，怀疑自己是不是在做梦，当他确信无疑时，他开始琢磨开了，这10万元该怎么花？他想买座别墅，可又不够。想买辆车搞出租，可是没有生意怎么办？想开个店吧，要是亏本了，太可惜。就这样，他实在是不知道该怎样花这笔钱。于是日夜思考，觉也睡不好了，饭也吃不香，连拉板车也没心思了，弄得他直后悔，不该接受这笔钱。

拉板车的人在几乎一无所有的情况下可以睡得很香甜，而在拥有了对他来说很大的一笔钱后，却吃不香睡不好了。对他来说，不是他拥有了金钱，而是金钱拥有了他。

我们一定都有清理打扫房间的体会吧，每当整理好自己最爱的书籍、资料、照片、唱片、影碟、画册、衣物，把不需要的东西扔掉，之后你会发现：房间原来这么大，这么清亮明朗！

其实，我们的心灵也是一间房，也需要经常的清理。心里堆积的东西太多了，人也会变成它们的"奴隶"，得不到放松。

一个人，在尘世间走得久了，心灵无可避免地会沾染上尘埃，使原来洁净的心灵受到污染和蒙蔽。心理学家曾说过："人是最会制造垃圾污染自己的动物之一。"的确，清洁工每天早上都要清理人们制造的成堆的垃圾，这些有形的垃圾容易清理，而人们内心的烦恼、欲望、忧愁、痛苦等无形的垃圾却不那么容易清理。因为，这些真正的垃圾常被人们忽视，或者，出于种种的担心与阻碍不愿去扫。譬如，太忙、太累，或者担心扫完之后，又会面对一个未知的开始，而你又不确定哪些是你想要的，万一现在丢掉，将来想要时却又捡不回来，怎么办？

清扫心灵不像日常生活中扫地那样简单，它充满着心灵的挣扎与奋斗。不过，你可以每天扫一点，每一次地清扫，并不表示这就是最后一次，而且没有人规定你一次必须扫完。但你至少要经常清扫，及时丢弃或扫掉拖累你心灵的东西。

有句话说得好："简单是快乐，放弃是拥有"，不为太多的外物所累，人才能感受到轻松。灵魂才有空闲去感受生活中美好的东西。试着给自己的生活来一次大"清理"，看看哪些东西是必不可少的，哪些东西只会增加我们的负担。哪些想法是推动生活向更美好的方向发展，哪些想法只会让生命变得更累。留下真正需要的，摈弃哪些没有必要存在的，简化生活，你会发现，生活原来可以更美的！

第三节　破困：苦痛不入心，生命得升华

"十年修得同船渡，百年修得共枕眠。"有缘人但请相爱相惜，缘到尽头不妨相忘于江湖。红尘看破了不过是沉浮；生命看破了不过是无常；爱情看破了不过是聚散罢了。有情并不是有罪过的，对于世人来说更是如此。但是人们面对各种各样的情感时去奢求更多，就会给自己带来痛苦。

命里有时终须有，命里无时莫强求

从前，有个书生和未婚妻约好，在某年某月某日结婚。到那一天，未婚妻却嫁给了别人。书生受此打击，一病不起。家人用尽各种办法都无能为力，眼看奄奄一息。

这时，过路的一个云游僧人，得知情况，决定点化一下他。僧人到他床前，从怀里摸出一面镜子叫书生看。

书生看到茫茫大海，一名遇害的女子一丝不挂地躺在海滩上。路过一人，看一眼，摇摇头，走了……又路过一人，将衣服脱下，给女尸盖上，走了……再路过一人，过去，挖个坑，小心翼翼把尸体掩埋了……疑惑间，画面切换，书生看到自己的未婚妻。洞房花烛，被她丈夫掀起盖头的瞬间……

书生不明所以，僧人解释道：那具海滩上的女尸，就是你未婚妻的前世，你是第二个路过的人，曾给过她一件衣服。她今生和你相恋，只为还你一个情。但是她最终要报答一生一世的人，是最后那个把她掩埋的人，那人就是他现在的丈夫。

书生大悟，"唰"地从床上坐起，病竟然痊愈了！

命里有时终须有，命里无时莫强求。对于爱情，甚至是世间的一切，最好本着一颗"得之我幸，不得我命"的平常心。

爱情这杯酒最苦之处也许就是失去所爱之人，失恋会给你带来一时的痛苦和伤感，但失恋并不意味着永远失去幸福，失去感情生活。我们应该明白，勉强的爱情不会幸福，为对方的离去而制造悲剧的人也并非缘于真爱。爱，需要豁达，实在抓不住爱，就轻轻放手吧。

一个周五的早晨，格兰的礼品店依旧开门很早。格兰静静地坐在柜台后边，欣赏着礼品店里各式各样的礼品和鲜花。忽然，礼品店的门被推开了，走进来一位年轻人。他的脸色显得很阴沉，眼睛浏览着礼品店里的礼品和鲜花，最终将视线固定在一个精致的水晶乌龟上面。"先生，请问您想买这件礼品吗？"格兰亲切地问。可是，年轻人的眼光依旧很冰冷。"这件礼品多少钱？"年轻人问了一句。"50元。"格兰回答道。

年轻人听格兰说完后，伸手掏出50元钱甩在柜台上。格兰很奇怪，自从礼品店开业以来，她还从没遇到过这样豪爽、慷慨的买主呢。"先生，您想将这个礼品送给谁呢？"格兰试探地问了一句。"送给我的新娘，我们明天就要结婚了。"年轻人依旧面色冰冷地回答着。格兰心里咯噔一下：什么，要送一只乌龟给自己的新娘，那岂不是给他们的婚姻安上一颗定时炸弹？格兰沉重地想了一会，对年轻人说："先生，这件礼品一定要好好包装一下，才会给你的新娘带来更大的惊喜。可是今天这里没有包装盒了，请你明天早晨再来取好吗？我一定会利用今天晚上为您赶制一个新的、漂亮的礼品盒……""谢谢你！"年轻人说完转身走了。

第二天清晨，年轻人早早地来到了礼品店，取走了格兰为他赶制的精致的礼品盒。

年轻人匆匆地来到了结婚礼堂——但新郎不是他而是另外一个年轻人！他快步跑到新娘跟前，双手将精致的礼品盒捧给新娘，而后，转身迅速地跑回了自己的家中，焦急地等待着新娘愤怒与责怪的电话。在等待中，他的泪水扑簌簌地流了下来，有些后悔自己不该这样做。傍晚，婚礼刚刚结束的新娘便给他打来了电话："谢谢你，谢谢你送我这样好的礼物，谢谢你终于能明白一切，能原谅我了……"电话的一边新娘高兴而感激地说着。年轻人万分疑惑，他什么也没说，便挂断了电话。但他似乎又明白了什么，迅速地跑到了格兰的礼品店。推开门，他惊奇地发现，在礼品店的橱窗里依旧静静地躺着那只精致的水晶乌龟！

一切都已经明白了，年轻人静静地望着眼前的格兰。而格兰依然静静地坐在柜台后边，冲着年轻人轻轻地微笑了一下。年轻人冰冷的面孔终于在这瞬间被改变成一种感激与尊敬："谢谢你，谢谢你，让我又找回了我自己。"

格兰笑着说："先生，过去的就让它过去吧，你的宽容会为一对新人带来幸福的。"年轻人抬起头问道："我想知道我送给他们的究竟是什么？"

"是两颗相交在一起的水晶心。"格兰淡淡地答道。

生活是多姿多彩的，爱情只不过是人生旅途上的一个里程碑。当你面临失恋的痛苦时，不必悲伤，身边还有更多美好的东西，可以医治失恋的创伤，冲洗掉一切烦恼、痛苦、惆怅、失意的情绪。

歌德才华出众，他一生经历了十几次恋爱，每次他都全心地投入，把自己全部的热情奉献给对方，但一次又一次都未取回感情的"投资"。当他意识到爱情已面临破灭的边缘，有可能给对方带来灾难时，他立即从对方身边离开，不给对方带来痛苦，也及时地挽救了自己。

23岁那年，他又深深地爱上了一个叫夏绿蒂的少女，哪知她已经有了未婚夫，歌德又一次遭受沉重的打击，只好默默地离去。这已经是他的第5次失恋了。为此他痛苦至极，把一把匕首放在枕头底下，几次想到自杀，但后来终究还是下不了手，他把全部的精力投身到文学创作中去，及时地以工作热情补偿了感情上的失落，以事业的成功补偿了失恋的痛苦，也成就了自己。

多一分坚强，失恋的人照样可以光鲜亮丽地生活，因为生命比我们预料的要顽强、要博大。恩格斯在21岁那年，曾失恋过一次。他在自己的日记中写道："还有什么比痛苦的失恋更高尚和更崇高的痛苦——爱情的痛苦更有权利向美丽的大自然倾诉！"他果然去向大自然倾诉了，他越过了阿尔卑斯山，又到了意大利，很快在大自然的怀抱中医治了心灵的创伤，达到了心理的平衡。

对待爱情,需要有"命里有时终须有,命里无时莫强求"的胸怀,当一切痛苦风轻云淡时,你就会发现,失恋没有什么大不了,失恋的痛苦只不过是像被蚂蚁叮过一样,只是有点微痛而已。

缘来不容易,良缘要珍惜

有一位美丽、温柔的女孩,身边不乏追求者,但她遇到了漂亮女孩常有的难题:在同样优秀的两个男孩中应该选择谁?锋长得帅气,很开朗很幽默。宇也不错,很善良,只是内向和羞涩,不善表现自己。

在心底,她喜欢宇。但她不知宇对她的爱有多深。于是,她决定等情人节再做出选择。她想:要是宇送来玫瑰,或跟她说"我爱你",那么,她就选宇。

但是,现实总不能如愿。

情人节那天,送来玫瑰并说"我爱你"的是锋,不是宇。宇只给她送来一只鹦鹉,也没有说什么"我爱你"之类。一直深信缘分的她颇感失望。女友来访,她随手就将那只鹦鹉给了女友。她说,是缘分叫她选择锋。

几个月后,女孩偶遇女友,女友啧啧地说,那只鹦鹉笨死了,一天到晚只会说"我爱你、我爱你",吵死了!女友说得轻描淡写,于她却像是一个晴天霹雳……那是宇送给她的呀!

为什么会是这样呢?原因也许就在于表露爱情的方式。很多女孩太追求"意会",或太固守女孩含蓄的美德,死死不肯流露自己的真心,让男人去猜,等男人来追。可男人是粗心的,你不暗示,他怎如你一般心细如发?就算他很想追你,但世事难料,怎能保证事情不节外生枝,阴错阳差,好事付诸东流?缘分不待人,它来的时候,该抓的一定要抓,不要等到木已成灰,才来空叹息。勇敢地爱你想爱的那个人,即使是帅哥,你也不要畏缩,大胆地说出来,让他明白你的心意,哪怕被无情拒绝,只要曾经努力过,你就没有什么再可遗憾。

有人说:"在对的时间,遇见对的人,是一生幸福;在对的时间,遇见错的人,是一场心伤;在错的时间,遇见对的人,是一声叹息;在错的时间,遇见错的人,是一段荒唐。"天意弄人,缘起缘灭,为什么最真的人却总碰不到最真的心?想起来让人欲哭无泪。或许爱情就是这样"狡猾"的东西吧,它有时躲在暗处,有时笑眯眯与你迎面而过,未找到爱情的你,左顾右盼却看它不到,遇到爱情的你,又总是瞻前顾后,羞羞答答,信奉"矜持"的教条,或者等待着他会先开口,结果一恍惚间,已是沧海桑田,再回首时,心依旧人已远,空留一腔怅惘在心间!

人生之中,你孜孜以求的缘,或许终其一生也得不到,而你不曾期待的缘反而会在你淡泊宁静中不期而至。古语云:"有缘千里来相会,无缘对面不相识。"

"十年修得同船渡,百年修得共枕眠。"人世间有多少人能有缘从相许走进相爱,从相爱走完相守,走过这酸甜苦辣、五味俱全的漫漫一生呢?红尘看破了不过是沉浮;生命看破了不过是无常;爱情看破了不过是聚散罢了。而在聚散离合之间,又充盈了多少悲欢交集的缘分啊。

每一段缘分的来临都不容易,而每一份缘散都让人唏嘘。记住吧,缘来不容易,良缘要珍惜!

爱若成为固执,就摧毁了自由

浪漫女和现实男是一对恋人,他们两人如漆似胶地相爱着,真可以说是一日不见,如隔三秋。一次,为了考察现实对自己的忠诚程度,浪漫问:"你到底爱不爱我?"

"十二分地爱你!"现实回答。

"那假设我去世了,你会不会跟我一起走?"

"我想不会。"

"如果我这就去了,你会怎样?"

"我会好好活着！"

浪漫心灰意冷，深感现实靠不住，一气之下和现实分开了，去远方寻觅真爱。

浪漫首先遇到了甜言，接着又碰见蜜语，相处一年半载后，均感不合心意。过烦了流浪的日子，浪漫通过比较，觉得现实还是多少出色一些，就又来到现实面前。

此时，现实已重病在床，奄奄一息。

浪漫痛心地问："你要是去世了，我该咋办呢？"

现实用最后一口气吐出一句话："你要好好活着！"

浪漫猛然醒悟。

对于爱情，很多人一直执着于自己内心的一个标准：爱情是一种浪漫的体验。这种体验使任何事物在恋爱者的眼中，都是一种美好。爱情中不能没有浪漫，没有浪漫，也就没有了爱情，然而，爱情的浪漫毕竟只是一种主观的、很缥缈的东西，总是依赖于一种现存的事情上，没有现实做基础的爱情是不牢固的，总有一天泡沫破了，梦也就醒了。

其实，真正的浪漫，来自对生活的真实面对，来自对爱人的真心付出。男孩不肯用虚华的甜言蜜语来欺骗女孩的感情，这正是发自心底的真爱，也是对女孩和自己人生的负责。

真正的浪漫从不是浅薄的、程式化的甜言蜜语，也不是死去活来的心灵激荡；它更应该是一种现实的温馨与美好，是一种真正地、全心全意为对方着想的相互关爱——这才是爱情的真谛！真正的爱情只有蜕变成亲情才能永存，浪漫只能是一时的风花雪月，再美丽的爱情到最后也要踏踏实实过日子。生命苦短，几十载光阴，如梦般飘逝无痕，如果能和自己心爱的人，在余晖下，相依携手看天边的浮云，看飘零的枫叶，这何尝不是人世间最大的幸福呢？真正的浪漫并非全是烛光晚餐加玫瑰香槟。浪漫有时只是一种质朴至纯的表达，并不需要过多的物质条件。浪漫不是华丽语言的伪饰，它需要我们用行动来表达。浪漫，从来都是一种相濡以沫的支持，或是风雨中一起面对的豪情。浪漫，本色至纯！

还有些人在爱情中总是在追求完美。其实，完美的标准是相对而言的，因人的审美观不同而不同，今天以胖为美，明天就可能以瘦为美。古人以脚小为美，如果今天有"三寸金莲"走在大街上，大家只会同情她肢体的残疾。

有一位先生娶了一个体态婀娜、面貌娟秀的太太，两人恩恩爱爱，是人人称美的神仙美眷。这个太太眉清目秀，性情温和，美中不足的是长了个酒糟鼻子。柳眉、凤眼、樱桃小口，瓜子脸蛋上却长了个酒糟鼻子，好像失职的艺术家，对于一件原本足以称傲于世间的艺术精品，少雕刻了几刀，显得非常突兀、怪异。

这位丈夫对于太太的鼻子终日耿耿于怀。一日出外经商，行经贩卖奴隶的市场，宽阔的广场上，四周人声沸腾，争相吆喝出价，抢购奴隶。广场中央站了一个身材单薄、瘦小清癯的女孩子，正以一双汪汪的泪眼，怯生生地环顾着这群如狼似虎、决定她一生命运的大男人。这位丈夫仔细端详女孩子的容貌，突然间，他被深深地吸引了。好极了！这个女孩子的脸上长着一个端端正正的鼻子，于是，他不计一切，买下她！

这位丈夫以高价买下了长着端正鼻子的女孩子，兴高采烈地带着女孩子日夜兼程地赶回家，想给心爱的妻子一个惊喜。到了家中，把女孩子安顿好之后，他以刀子割下女孩子漂亮的鼻子，拿着血淋淋而温热的鼻子，大声疾呼："太太！快出来哟！看我给你买回来最宝贵的礼物！"

"什么样贵重的礼物，让你如此大呼小叫的？"太太疑惑不解地应声走出来。

"喏，你看！我为你买了个端正美丽的鼻子，你戴上试试。"

丈夫说完，突然抽出怀中锋锐的利刃，一刀朝太太的酒糟鼻子砍去。霎时太太的鼻梁血流如注，酒糟鼻子掉落在地上，丈夫赶忙用双手把端正的鼻子嵌贴在伤口处。但是无论他怎样努力，那个漂亮的鼻子始终无法粘在妻子的鼻梁上。

可怜的妻子，既得不到丈夫辛苦买回来的端正而美丽的鼻子，又失掉了自己那虽然丑陋但是货真价实的酒糟鼻子，并且还受到无妄的刀刃创痛。而那位糊涂丈夫的愚昧无知，更是叫人可怜！

完美主义的人表面上很自负，内心深处却很自卑。因为他很少看到优点，总是关注缺点，总是不知足，很少肯定自己，于是就很少有机会获得信心，当然会自卑了。不知足就不快乐，痛苦就常常跟随着他，周围的人也一样不快乐。

两情相悦诚可贵，相敬如宾不可缺

很多人都认为，爱是一个非常崇高与无私的东西，它就像春天花草的芳香，夏天灼日般的热度，秋天累累硕果的甘甜，冬天白雪的纯净，不能带有丝毫的杂质。他们总是觉得爱是需要绝对的奉献和牺牲的，是一种彻底的情感交流，是双方彼此交融在一起、不分彼此的共同体。这是相当错误的，爱不是一个共同体，而是一个独立的个体，它是对等的，是需要双方共同经营的。虽然彼此间的付出是应该的，但又不是理所当然的。如果把对方的付出视为理所当然，那就会掉进一个爱情的坟墓，对方便会舍你而去，你们的爱情也就走到了尽头。

恋爱中最不可效仿的就是无所谓地接受爱，认为另一半的付出是理所当然的人，是太自我的人。爱情中的恋人有时候会很盲目，容易分不清方向和对错，如果一个以自我为中心的人走进爱情，他很可能依然我行我素，容易变得自我。一个以自我为中心的人，不会爱别人，不会为别人着想，更不会激励对方成长，这样的人在当今社会不在少数。他们在情感上会很苛刻，爱与幸福似乎与他们无缘，因为他们要求整个地球围着他们转，而地球有自己转动的方向。他们不会在爱中发现自我，因为他们不把对方当做对象，而是当做控制的俘虏，他们不会在爱中成长，因为他们不会从对象身上吸收营养，而是向对方施展魔法。

把另一方的付出视为理所当然时，你就会把她当做自己人了，会压制对方各种享受自己生活的权利。而实际上维持爱情，双方必须是平等的，任何一方都不可能成为另一方的附属物和牺牲品。既然双方是平等的，我们就要学会尊重，尊重对方的存在和对方的一切独立因素。经营爱情的要素有很多，对个人的长进承担责任，感情公开、忠诚，有高度自尊，对人生有持积极的态度，等等。而尊重才是真正爱情赖以建立的基础，认为另一半的付出是理所当然的最根本的原因就是没有真正尊重对方。

尊重就要相敬如宾，这里没有"牺牲""奴隶""暴力"的字眼，只有"理解""关怀""爱慕"。正如美国人纳撒尼尔·布拉登在《浪漫爱情的心理奥秘》里的描述：受到爱侣的尊重，我们就会感受到一种理解和被爱，感受到彼此的心心相印。从而不断地增强我们对爱侣的爱慕之心。也许尊重让我们心灵坦然、释怀、心胸宽广，也是尊重让彼此的心挨得更近，更加从容地面对一切挑战，生活也就明了而灿烂。

尊重的基础是相互信任、两情相悦，互相尊重是奠定感情基础的前提。相爱的双方，当然应该尊重对方的观念、习俗和生活方式，尤其要尊重对方的私人空间。尊重对方的私人空间，从表面上看，是相互间的尊重，而实质上，是相互间的信任。无论是恋人还是夫妻，"常相思，不相疑"其实比什么都重要。

要做到不再视另一半的付出是理所当然的，关键在于我们要懂得如何去经营爱情。爱情之路是一个漫长的过程，它不是静止不动的。真正的爱情这东西得来不易，就像温室里的花草一样娇柔，刚开始当两个人热恋时，感情热烈得就要把彼此都燃烧了，但是时间一长，冷却的爱情却需要彼此都很真诚地去维系与经营，需要我们精心的呵护和培植，爱情才不会变质。而且爱情失去很容易，就像一块易碎的玻璃制品，不经意间就会被打破，七零八落的，很难收拾。

爱情是互相感动的两情相悦，是男女之间从心底深处发出的欢喜和快乐。爱情需要在相敬如宾的尊重中经营，从而在经营中建立更深厚的爱情。

你侬我侬有时尽，平平淡淡总是真

爱情究竟是什么？这个问题让古今中外的有情人感到为难，因为回答不了。无人能给"爱情"下一个准确的定义——即便是有，恐怕也不能"放之四海而皆准"。

爱情，其实可以分为现实主义一派与理想主义一派，现实主义者说："爱情没有永恒的，爱情是靠不住的感情。"理想主义者说："爱情是纯洁而高尚的，真爱是永恒的。"彼此非难，难分难解，最终谁也说服不了谁。

蒙田说过一段话："我承认，爱情之火更活跃，更激烈，更灼热……但爱情是一种朝三暮四、变化无常的感情，它狂热冲动，时高时低，忽冷忽热，把我们系于一发之上。而友谊是一种普遍和通用的热情……再者，爱情不过是一种疯狂的欲望，越是躲避的东西越要追求……爱情一旦进入友谊阶段，也就是说，进入情意相投的阶段，它就会衰弱和消逝。爱情是以身体的快感为目的，一旦享有了，就不复存在。"

蒙田没有将爱情的功效过分夸大，但也不是要大家对爱情绝望，只是表达了一个客观事实。可以说真正的爱情或许到了最后都归于平淡，激情热烈的爱不能相守一生，或者说不可能一生都对某一对象怀着激情洋溢的爱。

青年人最好不要一切为了爱，以爱的名义耽误了学业、事业，到头来还有可能"竹篮打水一场空"。

莫扎特年轻时，倾慕爱恋过好多位秀丽、美貌的姑娘，但时间都不太长。当他21岁时，与母亲一起外出进行第二次演奏旅行。在去巴黎的途中，路经曼汗城时，莫扎特邂逅了一个芳名阿蕾霞的德国少女。

这位少女有着银铃般优美的歌喉，莫扎特整个心都被她迷住了。他就以教阿蕾霞的声乐为借口，说服母亲在曼汗停留了相当长的时间。少女为了报答莫扎特的盛情，曾把芳心默许给他，莫扎特为此大为感激，表示愿意娶阿蕾霞为妻，帮助她成为歌剧明星，并把这一想法写信告诉父亲。

母亲目睹这一切，感到如此下去，势必影响巴黎之行，就在儿子的信后，悄悄加了一段意味深长的补白："这位姑娘很会唱歌是真的，可是我们不能不忘记自身的利害。"父亲来信，对莫扎特婉转警告："你想要成为将来被世人淡忘的平凡的音乐家呢，还是做一位留名青史、受人祝福的第一流音乐家？你愿意做时常被美貌所迷、不多几时死于床铺上、让妻儿流浪街头的人，还是做一名基督徒，过幸福的生活，重视名誉与自主，给予家族以安乐？"接着父亲又以强烈的语气追加道："必须前往巴黎，不得迟延。然后加入伟大人物的行列。若是不能成为恺撒，就不必做人。"在父亲的忠告下，莫扎特强忍感情，终于向阿蕾霞告别，和母亲踏上巴黎之途。

后世之人能知道莫扎特，莫扎特的父亲是一等功臣。年少的时候也许会对爱情充满各种各样的幻想，一旦幻灭就会感到"灭顶之灾"，其实大可不必。你要知道，在这个世界上总有一个人是为你而生，也许你只要转个弯就能与他邂逅。随着年岁的增长，我们渐渐会懂得什么叫"真爱"，那一切不过是平平淡淡。

要想"人上人"，必先"人下人"

每个职场新人进入公司的时候总会有这样那样的困惑，依莲就是这样的人。她是一家杂志社的编辑，刚入职不久，但是新环境的各个方面都让她有着诸多不适。为了排解心中的苦闷，她找来了一个朋友聊天。依莲那天看起来很拘谨，一直在搅动杯里的咖啡，看得出来满腹心事。

"我后悔了！"她终于开口。面对朋友询问的目光，她说："我后悔出来工作，我后悔没有考研究生。""我天天都不想去上班，每天早上起来想到要去公司，我就觉得恐惧。我讨厌去那里，真的很害怕去公司。我每天劝说自己、鼓励自己去接受，但是我真的很不开心，我讨厌这份工作，我讨厌工作……"依莲在宣泄情绪，朋友耐心地听着。

"我是今年7月份毕业的，从7月中旬到公司入职，如今已经有好几个月了。我对业务还一点都不熟悉，心里非常着急。但是没有办法——领导给我分配的工作非常少，并且都是些别人不愿意写的东西，乏味又出不了彩的版面才会安排给我。更多的时候是让我帮别人修改稿子，无非就是改改错字，调调句式，毫无技术含量。

"而且那些老编辑还总说我改得不对，把他们的稿子改坏了，这令我非常气愤。给他们改稿子本来就不是我的职责，改不好我还要挨骂。直到现在，我在办公室里还只是个跑腿打杂的角色，每个人都可以支使我，热午饭、买电话充值卡、拖地、擦桌子、给广告商送杂志……简直成了他们的保姆！

"更可气的是，我感觉自己一点尊严都没有，无论谁发现我哪里做得不好了，就会批评一通，有时候他们自己遇到麻烦了，也会说我一顿，我就是个出气筒！你说，在这样一个欺生、又不给新人成长和发展机会的单位，我能看到自己的前途吗？

"我也想过辞职，但现在的形势，我们这些应届生，没有关系是很难找到工作的。我该怎么办呢？"依莲越说越激动，不禁流下泪来，朋友递上纸巾，柔声安慰。

大学毕业生初入职场，要完成从学生到社会人的转变。在这个转变过程中，难免会遭遇尴尬和困惑。如果承受能力比较差，难免会感到受排斥。有不少人表示，刚入职场的时候，"仿佛做了插班生"，不能融入工作团队，找不到工作归属感。如果同事态度不友好，领导不重视其发展，精神上的压力就更大了。依莲的情况就是这样，她希望自己能尽快地进入工作状态，但是同事们却把她当保姆和受气包，领导也只是给她安排一些琐碎的事情，在她看来根本得不到锻炼和成长。

刚刚入职的年轻人，往往非常在意自己在工作中的表现，希望尽快崭露头角，但是作为公司领导和老员工，却希望能磨一磨新人身上的锐气，让他们学会服从，能够脚踏实地，不要太浮躁。职场新人如果不能看透领导和同事的用意，或者性格过于敏感和孤僻，往往会把事情想得非常灰暗，给自己带来很大的烦恼和困扰。依莲就因为这些事情没有处理好而产生了厌职情绪。但是厌职并不能解决问题，反而会影响自己的职业发展。

其实，面对这些问题，新员工不必过度焦虑，主动从自己身上找原因，在做事之前先学会做人和与人相处，经过一段时间，你就会发现曾经横亘在你面前的那条看似不可逾越的人际鸿沟已经在不知不觉中消失了。

学会做人，首先要学会尊重别人。老同事遇到新手大多希望对方低调、谦虚、尊重自己，这是一种很普遍的心态。那么不妨迎合他们的这种需要，尽可能地尊重他们。而且你对业务一点都不熟悉，多尊重老同事，谦虚地向他们请教也非常有利于自己的成长。只要你让对方感觉到你的诚恳和求知心切，一般人都会给你一些指点和建议。

在工作方面，如果对业务还不熟悉，对自己所在的行业没有足够的了解，你最好多做事、少说话。如果工作中没有特别多的事情可以干，干些杂活也未尝不可。新人只有任劳任怨，从小事做起，让上级和同事看到你对待工作和环境的态度，谦卑的人更容易被人接受，从而快速融入新环境，工作也会逐渐进入状态，很多情绪上的问题也就迎刃而解了。

如果你没有经历过苦的阶段，你就无法进入甜的阶段和真正了解甜的内涵。职场新人，往往要从基层做起，先做"人下人"，才能做"人上人"。"先苦后甜"，任何优秀的职场中人都是这样走过来的。

独木难撑大厦，众人拾柴火焰高

刘键毕业于一所名牌大学，经过几年的市场实战历练、摸爬滚打，他羽翼渐丰，自认为具备了独当一面的能力。他从原来的公司辞职，希望跳槽到更好的公司，寻找到一个向更大发展空间的平台。经朋友介绍，他从广州来到武汉，到某公司市场部就职。由于有扎实的专业知识，以及大公司里积累的丰富工作经验，大方开朗的他深得领导青睐。刘键本人也自信满满，尝试着要在公司的事务中找到机会充分展示自己的能力。一次，公司在内部广征市场拓展方案时，刘键所在的部门也跃跃欲试。经理也有意将此次方案的制作作为一个练兵的机会。他在分配任务时提醒：作为尝试，刘键与几名"后起之秀"可以每人单独完成一份，也可以合作完成一份。

凭借着在大公司工作的经验，以及对市场行情的把握，刘键决定单挑，而不是与他人合作。他花了整整一个星期，查阅很多资料，冥思苦想、细斟慢酌，终于完成了自认为不错的方案。完成"大作"后，他满以为自己的报告能够得到领导的赏识。报告上呈后，经理的评价出乎他的意料："缺少了本地化的东西，操作性不强。不过，你的宏观视野很开阔。"上级的评价使他心里搞不清究竟问题出在哪里。之后，经理把几名"后起之秀"叫到一起，让他们分别揣摩彼此的方案。在经理的"撮合"下，他们将各自方案中的亮点进行了提炼和重构，结果，新方案被老总评优，列为备选的最终方案之一。想着自己能与资深员工"并驾齐驱"，他们甭提多高兴了。

事后，经理指出，他之所以给出提醒，就是想让这几名年轻人互相合作、取长补短，不料，他们竟然都选择了单兵作战，都不愿意与他人合作。大家希望借助这次机会，崭露头角的想法固然没有错。但是，这样做的结果就是每个人的方案都不够完美。而集中大家的智慧合作完成后的报告则集中体现了每个人的精华所在，报告的质量远远超出了之前各自的方案。而从参与做报告的每个员工来讲，在此次方案的制作过程中，都从他人的身上学到了不少的东西，加深了员工之间的交流和沟通，工作能力也相应地获得了极大的提升，可谓受益匪浅。大家都感慨道，以前这种相互交流、相互学习的机会太少了，以至于都忽视了身边的同事身上也有很多的智慧火花。这件事对刘键触动也很大，他总结这件"策划否决案"时，感慨地说："想要尽快成长，还是得注重协作和请教，否则，欲速则不达呀！"

尽管人人都希望自己能够超越他人，而事实上每个人的成功都无法与他人的协作割裂开来。要想取得成功，就要改变自己的思维方式，把自己变成可以与所有人沟通的超链接，抛掉不愿与人合作的狭隘观念。如今，在公司招聘员工的时候，大多数的招聘条件都会将具备团队合作能力列入其中。可见，员工的团结协作对于公司的运作来讲至关重要。对于员工来讲，如果刻意与其他员工拉开距离，就会导致自己在公司中处于孤立无援的境地。一旦在工作中需要他人配合才能完成任务时，与别人的链接就会非常脆弱、甚至中断，结果可想而知。

当前，社会化的分工越来越精细，我们大多数人都只能是专注于一部分的工作。要想在工作中取得良好的成绩，就需要来自其他员工的配合、协调，才能顺利完成。前提条件之一就是要努力与其他人建立良好的合作关系，让自己与他人的超链接牢固、畅通。我们的工作要与上司、下属、同事、客户等不同角色的人产生联系。而不同角色的人也会给我们的合作、沟通带来困难，这就迫使我们要找到与不同的人相处的契合点。其实，看似错综复杂的关系也并非无从着手。以诚待人、团结协作的相处原则可谓放之四海而皆准。只要我们在与人相处中遵循这个原则，职场上的人际关系处理起来就会很轻松。

当然，也要明白，与周围同事之间的人际关系重在长期的积累，不能刻意地追求短期效应，急功近利的做法也只能得到暂时的利益。要维持长久的良好关系就要有真诚的底线。只有平时积累有良好的人脉关系，在工作中搭建起来的链接八方联动、整合多方资源，则会助你在职场更好地施展自己的才能，也只有和别人合作，才能创造出更大的成就，从中方能体现出你更大的价值。

所以，独木难撑大厦，众人拾柴火焰高。单枪匹马不如合作共赢，良好的团结合作的局面一旦形成了，团体的智慧迸发的火焰还会少吗？而你的价值还会体现不出来吗？

强中更有强中手，"亮剑"就有收获

令人荡气回肠的电视剧《亮剑》收视率很高，很多人都是反复地收看这部电视剧，被片中主人公李云龙的英雄气概所震撼。李云龙推崇亮剑的精神，亮剑即是指一个剑手，明知对方是绝世高手也敢于在他面前亮剑，拼死相搏、血溅七步。尤其是李云龙与国民党军官楚云飞的对手戏，更是扣人心弦。当针尖对上麦芒、当烈火遇上寒冰，二者之间的交锋，相当激烈。李云龙、楚云飞都是骁勇善战的铁骨硬汉，相互之间都是非常赏识对方，私交甚好可谓惺惺相惜。但是，在战场上相遇的时候，都会坚持竭尽全力地放手一搏，希望与对方充分较量，能够分出胜负。两人同为热血军人，坦荡豪迈的厮杀、争锋过程就是军人价值的展示。李云龙认为旗鼓相当的对手相遇"好比一名剑客，即使面对天下第一高手，也要敢于亮出自己的剑"。

对于职场人士来讲，一旦遇到与自己水平相当的人，或者是业务能力远远超过自己的人并非坏事。每个人一生都要面对很多艰难险阻，选择逃避退缩还是勇敢一搏，最终的结果自然也大相径庭。与高手交锋，要敢于亮出自己的勇气，敢于光明正大地与之交锋。

当公司里很少，甚至几乎没有能与自己匹敌的人时，也许这并不是好事。因为没有了对手的竞争，我们就会在满足中逐渐地消磨掉自己的锐气，进取心很快就会被消磨殆尽。一旦没有了锐意进取的动力，那就意味着我们事业的拐点到了。

其实，即使自己水平再高，能够与我们进行交锋的高手也不少。关键的问题在于我们有没有与高手进行交锋、一比高下的勇气和信心。有很多人之所以能够取得事业的成功，并非有过人的禀赋、显赫的背景，而是有不断树立目标、不断迎头赶上的精神。

很多创业成功的企业家，在创业的时候，也曾遭受到过很大的挫折，但是他们一直都不惧怕挫折，而是有勇气面对挑战。他们在和高手的交锋中，没有退缩，哪怕自己在学识、经验上处于劣势，也要勇敢一搏。只要有勇气与高手竞争，就是成功的一半。

当然，也有可能很多人惧怕与高手交锋之后，会惨遭失败。其实，结果并不重要。如果我们经过较量，自己的能力、水平超过对方，这是对自己实力的一种检验。如果我们败在对方手下，输的也仅仅是暂时的能力、水平，而不是勇往直前的精神。敢于承认这个结果就是对自己的一种激励、鼓舞。李云龙就曾说过，倒在对手剑下并不丢人，如果连剑都不敢亮，就别当这个剑客。与高手交锋，方能充分展示自己的英勇、谋略，在高手云集的行业内，大家势均力敌、针锋相对。因此，要想超越对方就不仅要付出汗水，还要有超群的智慧。在世界杯的赛场上，众人期待的是高手交锋，纵横战场的英姿飒爽、豪迈气概。

强中更有强中手。永远不要奢望这个领域里没有人能够超越自己。那么，如何在高手如林的竞争中占有一席之地呢？那就要有勇气与高手交锋，不断提升自己的能力。在与高手的交锋、对决中，你会不断克服自己的弱点，超越自我。其实，在与高手的竞争中，即使自己失败了，也无须悲观、叹气，因为我们要超越的不是他人，而是自己。

磁场不对，"排挤"不可避免

刚走出大学校园的小泉，一直都在庆幸自己能杀出重围，顺利应聘到一知名公司工作。工作了一段时间后，他发现周围的同事不再对他友好，并事事采取不合作态度，处处给他设置难题来进行百般刁难，让他出尽洋相……小泉意识到同事们在有意排挤他。面对这种状态，小泉的情绪一落三丈。该如何采取有效措施来应对，小泉不知如何是好。

一个人在公司里的定位，依据工作的职位、人际、能力等而有所不同。有的人是各方争相笼络的对象，在公司里走路有风，人人称羡；但是有些人却没有这般幸运，工作只是为了图口饭吃，工作成就谈不上，充其量只是一个循规蹈矩的上班族。不管居于何种角色，在职场里最令人失望的还是遭人排挤。

遭人排挤的确是一件令人不快的事，但是并非能力强的人才会有此遭遇，能力弱的人同样也有面临此种惨状的可能。总之，磁场不对，排挤之事就难免会出现。

在公司单位被同事排挤，必然有其原因。这些原因不外乎以下六种情况：

（1）近来升级连连，招来同事妒忌，所以群起排挤你。

（2）你刚到本单位上班，你有着令人羡慕的优越条件，包括高学历、有背景、相貌出众，这些都有可能让同事妒忌。

（3）雇用你的人是公司内人人讨厌的头号公敌，故连你也受牵连。

（4）衣着奇特、言谈过分、爱出风头，而令同事却步。

（5）过分讨好上级而疏于和同事交往。

（6）妨碍了同事获取利益，包括晋升、加薪等可以受惠的事。

如果是属于第一项、第二项，这情况也很自然，所谓"不招人妒是庸才"，能招人妒忌也不是丢面子的事。只要你平日对人的态度和蔼亲切，同事们不难发觉你是一个老实人，久而久之便会乐于和你交往。

如属第三项，那便是你本人的不幸，唯有等机会向同事表示，自己应聘主要是喜爱这份工作，与雇用你的人无关，与他更不是皇亲国戚的关系。只要同事了解到你不是公敌派来的密探，自然会欢迎你。

如果是属于第四项、第五项，那你要反省一下，因为问题是出在你自己身上，如想令同事改变看法，唯有自己做出改善。平时不要乱发一些惊人的言论，要学会当听众，衣着也应切合身份，既要整洁又要不招摇，过分突出的服装不会为你带来方便，反而会令同事们把你当成敌对目标。

如果是属于第六项，你就要注意你做事的分寸。

能够获利当然令人向往，但做人不要把利看得太重，更不要和同事争名夺利。人们常说该是你的推也推不掉，不该是你的抢也抢不来。明白了这个道理，还有什么可争的呢？在遇到这类事情时，该让就让，摆出一副高姿态来。虽然你这次吃了亏，但以后会得到补偿的。塞翁失马，因祸得福，眼前看来不是好事，谁说将来就不会有好的结果呢？

如何看出自己是不是遭排挤呢？在公开场合，大家正开心地天南地北谈笑，当你走近，气氛霎时冻结起来，也许个个噤若寒蝉，让你觉得相当尴尬，你也无从知道原因，只有自己瞎猜。此外，如果大家在会议上谈事论理，你明明知道自己的分析中肯有理，但是无法获得共鸣，似乎只有自己孤军奋斗，这样的态势如果没有特别原因，那么必是遭到排挤了。

受排挤的时候要镇定，要继续有条不紊地做自己的事，同时采取一些必要的措施来消除排挤你的人对你的敌意。

此外，你也要注意做事的分寸，在必要的时候保护和捍卫自己的利益。面对排挤，退让是无用的表现。你可以忍耐，但必须有自己的底线。一味忍耐的结果，就是让你成为办公室的受气包和可怜虫。

礼贤下士，则"百川"汇集

老子说："善用人者为之下。"善于用人的，必然谦虚待人，居人之下。因为，儒生不可辱，人才一般都有极强的自尊心，他们的自尊心得不到满足，是难以全心全意为你服务的。诸葛亮说："士为知己者死。"只要你真心尊重人才，必然换来他们忠诚的追随。

做人不一定要有很深的专业知识，但要懂得领导知识，特别是识人用人知识，并且越精通越好。明朝的开国皇帝朱元璋出身于社会的最底层，受尽磨难，最终一飞冲天，成为九五之尊。在这漫漫的夺权路上，他如何能取得一次又一次的胜利？其实功劳应该属于那些追随他打天下的弟兄们，他们选择了跟随朱元璋。这就是朱元璋的高明之处，即他不仅知道人的重要性，而且善用人才。

朱元璋知道，若要打天下，必须广求天下贤士。因此，他每攻占一地，总要访求当地名士，并把他们请入军中求计问策。

朱元璋攻占滁州后，儒士范常前来拜谒。朱元璋亲自热情款待，留置幕下，为己重用。朱元璋渡江攻打太平时，陶安率父老出城迎接。朱元璋次日即召见他，谈论天下大事。双方谈得无比投机，朱元璋竭力将其留置身边，对他特别厚待。朱元璋占领应天后，马上宣布："贤人君子有愿意跟随我建功立业的，我都尊礼重用。"消息传开，夏煜、孙炎、杨宪等十几个儒士前来拜见，朱元璋均加以录用。朱元璋打下徽州后，大将邓愈向朱元璋推荐徽州名儒朱升。朱元璋对朱升早有耳闻，现在听了邓愈的介绍，知道朱升果有才华，便效仿刘备三顾茅庐，登门拜访朱升，向他请教平定天下的大计。朱升被朱元璋的诚意打动，遂进言三策："高筑墙，广积粮，缓称王。"即操练兵马，积蓄实力；奖励农耕，广积粮食；避露锋芒，勿早树敌。朱元璋牢记于心，作为自己一个时期内奉行的基本方针。

后来，朱元璋亲征婺州。他知道婺州一向以多儒士而闻名，如果能将一些儒士为己所用，则不仅有助于稳固对当地的统治，也可以扩充自己的智囊团。所以，攻克婺州后，朱元璋迅即召见并聘请了十几位当地儒士，向其征询治国之道，请其讲解儒家经典和历史书籍，并把范祖干、王冕、许瑗等纳入幕府，让他们参议军国大政。

由于网罗到的人才越来越多，再加上朱元璋一向知人善用，所以他的实力越来越雄厚，最终凭借众人之智，各个击破其他割据政权，最后把元军赶到大漠以北，终于成为收拾残局的主宰者，建立了大明帝国。

老子说"上善若水"，他认为水的最大长处是"善下之"，善下则百川汇集。领导就要向水学习，谦虚待人，尊重人才，以换得下属的信任和喜爱，从而集众人之力做好事业。

第四节　破陋：执着处撒手，心静才能行远

其实，生活中烦恼总是难免，但大多都是我们强加给自己的。要想摆脱烦恼，快乐起来，放下才是解脱之道。只有破执着，我们才会收获快乐。只有保持一颗随缘的心，我们会收获真诚；放下烦恼，我们会收获幸福。

第三章　习

习，是中国文化里一个有着丰富内涵的概念，有学习、练习、反复实践之意。《论语》中说："性相近也。习相远也。"在生下来之初，人的本性相近，只是因为生长环境不同，导致学习的东西不一样，有的学好，有的学坏，时间一长就大为不同了。正面的"习"能在日积月累之中扩充人的善良天性，增加人的知识、提高人的技能，培养出德才兼备的优秀人才。因此，我们要深刻领悟"习"之道。

第一节　习新：不"创"则不立，机遇自"新"生

当我们遇到自己不想做但又确实非做不可的事情时，不如用发挥自己的创意，采用一种全新的方法做事情，自得其乐；当我们遇到忧伤，不如用创意为生活打造一个游乐场，困境因此转换出了一条出路。创意是一种绝处逢生的生活智慧，能让我们拨开迷雾抓住机遇，抓住成功。

有新意，危机就能变良机

美国钢铁大王安德鲁·卡内基就是这样一位杰出的代表。卡内基是美国一钢铁公司的老板。他一直想有大的发展，兼并一些大的钢铁公司，但一直未能如愿。后来，美国全国性的罢工越来越多，所有的钢铁企业包括卡内基的公司都受到强烈的冲击。对一般人来说，这是个大问题。而聪明的卡内基却感到：机会来了。他积极采取得力措施，使公司尽快从罢工问题中解脱出来。

卡内基积累了处理罢工问题的经验，同时积极储备资金。在此基础上，他密切注意各个竞争对手的状况，抓住机会，将这些处于罢工困境中的公司一家家兼并过来。卡内基的公司获得了跳跃式的发展，其钢铁产品在全国市场上的占有率从1/7一跃而为1/3，成为美国最大的钢铁公司。

卡内基的成功是一个把危机变成转机的经典案例。在中文里，"危机"这个词是由两个字组成的，"危"字的意思是"危险"，"机"字则可以理解为"机遇"。通常，保守胆怯的人只看到"危险"，而看不到"机遇"；那些胆大心细，敢于创新，善于把握机遇的人，就能拨开危险的迷雾抓住机遇，而抓住机遇离成功也就不远了。

商战中像这样事例并不少见，下面让我们看看柯达公司是如何在一场商战中打败富士的吧。

日本富士胶片公司在 1984 年的洛杉矶奥运会上，酝酿了一个打败头号竞争对手柯达公司的计划，要从这个最大的胶片制造商手中抢夺市场。作为该计划的一部分，富士投入数百万美元，获得了洛杉矶奥运会胶卷指定产品的资格。

柯达公司由于先期重视不够，并没有投入多大的人力物力。当发觉富士公司正以咄咄逼人的态势杀过来时，木已成舟，为时晚矣。仅此一举，柯达已被排斥在全球最重要的体育盛会之外，从而失去了极大的市场。公司决策者们一筹莫展，后来，在公司一位中层雇员的建议下，柯达找到了国际管理集团，请他们帮忙想一想"粉碎富士进攻"的策略和办法。

这家公司发现富士公司的"独占性"并没有包括洛杉矶奥运会的全阶段，他们只是"独占"了奥运会举办的那两周时间。

所以，这家公司建议柯达公司将其宣传重点放在奥运会举办前那狂热的 6 个月中。

在此期间，柯达赞助了美国田径队，并聘用了一批有希望获得金牌的运动员为其宣传，还赞助了奥运会举办前的田径选拔赛，整个洛杉矶遍布柯达的出版物、电视片及张贴广告。待奥运会来临，许多运动营销专家甚至没有注意到富士，还以为是柯达赞助了这届奥运会呢！

柯达公司的高明之处就在于，用全新的创意把握住了变化中的机会。他们没有把目光局限于富士公司已经获得了奥运会胶卷指定产品资格这一不利的消息，而是主动出击，将问题的突破口选在了奥运会举办前 6 个月这段时期，从而化被动为主动，一举扭转了局势。柯达公司后发制人，挫败劲敌富士的例子为我们如何摆脱不利局面，把危机变成转机上了生动的一课。

危机之中蕴涵着机遇。强者能够在危机中看到转机，变被动为主动。所以，只要有新意，危机就能变良机。

盲从乃是死，创造才是生

相信很多人都有过这样的经历：来到一个十字路口，看到红灯亮着，此时没有车路过，尽管你清楚地知道闯红灯是违反交通规则的，但是发现周围的人都对红灯视而不见，都在往前闯，于是犹豫了一下，也跟着大家一起闯红灯。

比如，你经过几天几夜的思考，获得了一个自以为很好的新想法。当你把这个想法告诉一位同事，那位同事说："你错了！"你又告诉第二位同事，第二位同事还是说："你错了！"于是，你告诉自己："大家都认为我是错的，看来我的确是错了。"

再比如，你与朋友们上街买衣服，在琳琅满目的衣服中挑来拣去，你选中了一件自己喜欢的衣服，但朋友们却认为这件衣服不好看，不适合你，罗列了一大堆意见。迫于他们这种"无形的意见压力"，你最终放弃了自己的意见。

你看到上面事例的共同点了吗？不错，那就是从众。

从众，其实质就是一个人因受到群体的影响，最终放弃自己的意见，转变原有的态度，采取与多数人保持一致的行为现象，也就是我们通常所说的"随大流"，它是形成思维定式最常见也是最主要的因素之一。从众通常表现为在认知事物、判定是非的时候，多数人怎么看、怎么说，自己就跟着怎么看、怎么说，人云亦云；多数人做什么、怎么做，自己也跟着做什么、怎么做，缺乏独立思考的能力。它是思维定式中最常见、最重要的因素之一。

思维上的"从众定式"，能使个人有一种归宿感和安全感，能够消除孤单和恐惧等有害心理，也是一种比较保守和保险的处世态度。跟随着众人，如果说得对、做得好，自然能分得一杯羹；即使说错了、做得不好也不要紧，无须自己一人承担责任，况且还有"法不责众"的习惯原则。所以，很多人愿意采取"从众"这种中庸的处世方式。

从众是人类或群体动物长期以来形成的生活方式，本来无可厚非，但有时人们的从众心理具有盲目性，见大家都参与，自己也参与，从来不问所参与事情的是非对错，结果往往令人啼笑皆非。

有一家超市在搞优惠促销活动，有一个人，看见很多人挤着排队，认为大家一定是买什么好东西，便跟在后面排了起来。排了一个多小时，终于轮到他买了，一看每人只能买两包卫生纸，真是哭笑不得。

盲从多出现在那些不独立思考、没有主见的人身上。盲从是对人生不负责的一种表现，盲从者从不愿意挑起"思考""开创"的重任。盲从是可怕的，这时候人们的思想被"大众"所局限，意志和思想无法发挥作用，更不可能做出什么开创性的成就。

当今社会上充满了形形色色的追随者和模仿者，他们大都是盲目跟从者，总是喜欢追随他人的足迹行走，沿着他人的思路思考。他们认为，走别人走过的路可让自己省心省力，是走向成功、创造卓越人生的一条捷径。殊不知，"模仿乃是死，创造才是生"。

对任何人来说，模仿都是极愚拙的事，是创造的劲敌。它会使你的心灵枯竭，没有动力；它会阻碍你取得成功，干扰你的进一步发展，拉长你与成功的距离。职场上有这样的说法，"同样的一个创意、一条新路，第一个走的是天才，第二个走的是庸才，第三个走的是蠢材，第四个走的就要进棺材了"，从中可见盲从者的悲哀。

盲从会使人迷失自己的前进方向。不论是工作中还是生活中，我们都习惯于走别人走过的路，我们偏执地认为走大多数人走过的路不会错，但是，我们忽略了一个重要的事实，那就是，走别人没有走过的路往往更容易成功。

走别人没有走过的路，意味着你必须面对别人不曾面对的艰难险阻，吃别人没吃过的苦，但唯有如此，你才能够发现别人不曾发现的东西，达到别人无法企及的高度。

成功者之所以能取得惊人的成绩，正是由于他们想到了别人没想到的东西，走着别人没走过的路，正是这一思路支持着他们一路走来，让他们跨越障碍，直至成功。

用"新"寻求突破，让特殊化成为招牌

目前，动画片《喜羊羊与灰太狼》在很多的电视台播出，每到播放的时间段，成千上万的儿童端坐在电视机前津津有味地观看这部片。这部动画片已经成为儿童们最喜爱的动画片。大街小巷里，随处可见儿童用品，诸如衣服、鞋子、文具、玩具等物品上有喜羊羊的图像。甚至，就连年轻人也很喜欢这部动画片，并把动画片里的故事情节延伸到了生活中，"嫁人要嫁灰太狼，做人要做懒羊羊"就成了2009年人尽皆知的经典网络流行语。据一些业内的人士保守估计，这部动画片仅衍生产品的价值就超过10亿元以上，被人称为中国有史以来最赚钱的动画片。那么，这部动画片为什么能够获得如此巨大的成功呢？它的创作团队就走了不同寻常的创作之路。成功打造这部动画片的是广东原创动力文化传播有限公司，公司的总经理卢永强被人称为"喜羊羊之父"。他带领他的团队走了一条超越他人的特殊路径。

一直以来，国外的动画片在中国市场上都有很高的占有率。很多小孩子都是伴随着国外的经典动画片成长起来的，诸如《奥特曼》、《聪明的一休》、《机器猫》、《蓝精灵》等作品。卢永强一直在考虑如何能够做出中国原创的动漫。他很执着于自己的梦想，毅然放弃了收入颇丰的编剧等工作，带领他的团队搞创作。当然，做出新意的创作之路是非常艰辛的。他们在经过反复的论证、实验过后，认为颠覆传统动画片就要改变以前动画片的不足，诸如说教的色彩浓厚、缺乏生活气息、不够幽默、缺少生气等，而是要塑造快乐的生活化动画形象。

经过艰苦的创作历程，《喜羊羊与灰太狼》获得了巨大的成功，颠覆了以往中国动漫低幼、简单的诸多特点，获得了巨大的成功。

试想，如果卢永强一直沿袭以前动漫的老路，没有跳出传统的窠臼，那么就不会有这部动漫的诞生。一味地复制、模仿他人走过的道路，就注定不能开辟出属于自己的道路。只要能够找到自己不同于他人的特殊化所在，其实就距离成功不远了。

在我们中国人传统的做事方式中，人们推崇墨守成规的做法。如果打破常规就会招致人们的不满、反对，俗话说的"枪打出头鸟"就是警告人们不要挑战常规。然而，在当前

急剧变迁的时代，很多新兴行业也应运而生，很多事情是没有先例可循的。在现代社会，人们推崇不断创新、推陈出新的理念，要走出特殊化的道路才能为自己开辟一片天地。如果一味地用常规的思维来做事，很难让自己脱颖而出。

在市场竞争如此激烈的年代，雷同化、单一化的产品已经泛滥成灾，沿袭常规的模式就是死路一条。面对着摆在自己面前的难题，要解决它，就要采取特殊化的方式来处理。特殊化也就意味着你必须要打破常规，独辟蹊径，采取新思维、新思路，用自己独特的思维方式来解决问题，当然特殊化并不是凭空而来的，天上不会无缘无故地掉下馅饼。当然，不可否认，在当今的社会，特殊化是对自己提出了更高的要求。因为，很多做法可能是很多人都尝试过了，留给自己的创意空间其实并不是很多。这意味着必须具备更深厚的积淀、更高明的智慧才能够迎刃而解。要找准突破口，准确分析自己所面临的情况，不断实验、不断失败，才能最终取得成功。

所以，只要你在工作中，善于发现、善于观察，善于创新，就会给自己留下发展前景。用"新"去寻求突破，就能形成自己特殊化的招牌，让自己在竞争中处于有利地位。

抓住闪现的灵感，让创意照进现实

曹操死后，曹丕继位。曹丕生性多疑，唯恐几个弟弟与他争，便先后借口逼死了两个弟弟，唯独剩下三弟曹植。一天，曹丕命令曹植在大殿上走七步后，就必须以"兄弟"为题吟诗一首，诗中不能出现"兄弟"二字。如果曹植做不到，就要被杀掉。曹植才华横溢，平时酷爱作诗，常常是出口成章。他听完哥哥的题目后，此情此景激发了他的灵感，随即吟出了"煮豆燃豆萁，豆在釜中泣。本是同根生，相煎何太急。"这首诗非常生动形象地表达了曹植对哥哥无情残害的悲愤。曹丕听完也深受触动，放曹植一条生路。

曹植在极其短暂的时间内就吟出了这首诗，救了他一命。这首流传至今的名篇是在曹丕无情残害弟弟的境况下做出的，这种情境激发了曹植的灵感。可见，灵感的闪现有助于人们的创新。

当我们搞策划、写文章的时候，常常会觉得自己文思枯竭，冥思苦想、搜肠刮肚却无从下笔。而在不经意的时候，又会觉得当时文思泉涌、豁然开朗，这时其实就是我们思维中的灵感出现了。灵感是创造力、想象力的源泉，往往能够打破平时的思维桎梏，而闪现出智慧的火花，创造出意想不到的奇迹。

在特定的情景、意境中，灵感就会闪现。当然，灵感的降临并不是毫无基础的，它常常是基于个人平时的积累和储备，才会在某一时刻被激发的时候，突然迸发出来。这就要求我们平时有意识地增加自己的知识储备、勤于动脑、善于思考。

随着人们需求的多元化，社会上相应地也衍生出很多新兴行业。美甲就是其中之一，这个看似简单的手艺，其实也是需要类似艺术家们的创作灵感才能在市场上占据一席之地。

近几年美甲行业悄然兴起，大街小巷的美甲店也如雨后春笋涌现出来，很多爱美的女士都会经常走进美甲店。从小就喜爱画画的李萍也通过美甲技术学习开起了一家美甲店。要知道美甲店的成本虽然不高，但是对美甲的手艺要求相当高，尤其是在美甲的"装饰"环节，很多顾客都希望指甲上的图形是独具匠心的。因此，优秀的美甲师也要具备艺术家搞创作的灵感，能够根据客人的手形、指形即兴创作，这才能招徕回头客。经营一段时间后，李萍就体验到竞争的激烈，仅自己这条街上就有四五家美甲店，竞争的激烈程度可想而知。而且，这条街上的顾客都是回头客，要想站得住脚，就要千方百计满足顾客的需求。于是，李萍就下定决心一定要创作出好的指尖作品，她经常阅读各种杂志、平时留意每位顾客的喜好，时间长了，顾客能惊喜地发现，李萍每次来都能够根据她们的指形，创作出风格迥异，而又与自己气质吻合的图案，她的美甲店生意就兴隆起来了。

试想，如果李萍仍然延续守旧、落后的图案，不能激发自己的创作灵感，可能很快就要关门歇业了。很多时候，大家每天所接触到的事物都没有差异，存在差异的是不同的人对来自生活的信息、材料的加工程度是不一样的，这也就成就了不同的人生轨迹。有心人常常能够激发自己的灵感，有效地将来自生活中的素材巧妙地组合起来，以此在市场上占领先机。

俄国作曲家柴可夫斯基曾经说过，"灵感是这样一位客人，他不拜访懒惰者"。的确，灵感常常会不期而遇、稍纵即逝。当你有灵感闪烁的时候，不要轻易放走它们，要学会捕捉住日常生活中闪现出来的灵感。其实，抓住灵感并不是很难的事情。关键在于你有没有捕捉的信心。一旦脑子里有新想法、新理念迸发出来的时候，就马上把它们记下来。经过天长日久的积累，这些灵感就会常驻你的脑海。一旦需要的时候，就随手拈来，使你在潜移默化中受益。当然，捕捉住灵感，不是要把它固定在纸面上，而是要重新再回到我们的脑海中，充分发挥想象力、联想力，把我们的灵感变成创新，让创新照进我们的现实。

用无限创意打破生存的困境

意大利电影《美丽人生》讲述了"二战"前拥有犹太血统的圭多开了一家书店，他有个乖巧可爱的儿子乔舒亚。父子俩平时总会玩些有趣的游戏，日子过得十分美满。"二战"爆发，纳粹分子抓走了他们，并将他们关进了犹太人集中营。圭多不愿意让儿子乔舒亚幼小的心灵在惨绝人寰的集中营里受到伤害，于是他对儿子说，这是在玩一场游戏，在游戏中能够获得1000分的人可以得到一辆真正的坦克。天真好奇的儿子相信了圭多的话。圭多一边干着脏苦的工作，一边以游戏的方式保护着儿子的童心。

圭多把希望带给了绝望中的人们，在充满鲜血和死亡的集中营里为人们找到了人生的美丽，让人们在痛苦中感受生的希望，让人们梦想不死。这就是创意的力量。就好像电影《天使爱美丽》中的艾米莉，她用各种奇思妙想，让自己在孤独的寻爱的旅程中创造无穷的惊喜。生活虽无聊，但世界如此有趣，换个角度便能突破灰暗的困境，让我们忘记脚下的泥泞而只看到满天繁星。

当我们遇到自己不想做但又确实非做不可的事情时，不如用创意引爆一个好玩的点，自得其乐；当我们遇到忧伤，不如用创意为生活打造一个游乐场，困境因此转换出了一条出路。创意是一种绝处逢生的生活智慧。

战时，汤姆森太太的丈夫到一个位于沙漠中心的陆军基地去驻防。为了能经常与他相聚，她搬到那附近去住，那实在是个可憎的地方，她简直没见过比那更糟糕的地方。她丈夫出外参加演习时，她就只好一个人待在那间小房子里。热得要命——仙人掌阴影下的温度都高达华氏125度，没有一个可以谈话的人。风沙很大，到处是沙子。

汤姆森太太觉得自己倒霉透了，觉得自己好可怜，于是她写信给她父母，告诉他们她放弃了，准备回家，她一分钟也不能再忍受了，她宁愿去坐牢也不想待在这个鬼地方。她父亲的回信只有三行，这三句话常常萦绕在她的心中，并改变了汤姆森太太的一生：有两个人从铁窗朝外望去，一个人看到的是满地的泥泞，另一个人却看到满天的繁星。

她把父亲的这几句话反复念了多遍，忽然间觉得自己很笨，于是她决定找出自己目前处境的有利之处。她开始和当地的居民交朋友，他们都非常热心，当汤姆森太太对他们的编织和陶艺表现出极大的兴趣时，他们会把拒绝卖给游客的心爱之物送给她。她开始研究各式各样的仙人掌及当地植物，试着认识土拨鼠，观赏沙漠的黄昏，寻找300万年以前的贝壳化石。

她发现的新天地令她既兴奋又刺激。于是她开始着手写一本小说，讲述她是怎样逃出了自筑的牢狱，找到了美丽的星辰。

是什么给汤姆森太太带来了如此惊人的变化？沙漠没有改变，改变的只是她自己。她换了一种角度来看待她当下的生活，为她带来了一段精彩的人生经历。如果我们总是想着失败，那我们就不会成功，如果我们一直沉浸于伤感，那我们就一定会悲伤。

人生总免不了要遭遇这样或者那样的困境。面对困境时，我们的习惯措施和办法往往是这些：紧急救火，被动补漏，收拾残局，总结经验教训……这些举措都是遭遇挫折之后能发挥一定作用的，其实，还有另外一个重要的措施，那就是创新！因为，换个创新的角度，困境也许就是出路。

在美国西部的一个农场，有一个伐木工人叫刘易斯。一天，他独自一人开车到很远的地方去伐木。一棵被他用电锯锯断的大树倒下时，被对面的大树弹了回来，他躲闪不及，右腿被沉重的树干死死压住，顿时血流不止，疼痛难忍。面对自己从未遇到过的失败和灾难，他的第一个反应就是："我该怎么办？"

他看到了这样一个严酷的现实：周围几十里没有村庄和居民，10小时以内不会有人来救他，他会因为流血过多而死亡。他不能等待，他必须自己救自己。他用尽全身力气抽腿，可怎么也抽不出来。他摸到身边的斧子，开始砍树，但因为用力过猛，才砍了三四下，斧柄就断了。他觉得没有希望了，不禁叹了一口气，但他克制住了痛苦和失望。他向四周望了望，发现在不远的地方，放着他的电锯。他用断了的斧柄把电锯弄到手，想用电锯将压着他的腿的树干锯掉。可是，他很快发现树干是斜着的，如果锯树，树干就会把锯条死死夹住，根本拉不动。看来，死亡是不可避免了。

正当他几乎绝望的时候，他忽然想到了另一条路，那就是不锯树而把自己被压住的大腿锯掉。这是唯一可以保住性命的办法！他当机立断，毅然决然地拿起电锯锯断了被压着的大腿。他终于用常人难以想象的决心和勇气，成功地拯救了自己！

面临困境时，我们应让自己的生命创意得以发挥，换一个角度去思考，也许就能走出所谓的失败，走向成功。用我们特别的眼光换一个角度看世界，这是一种技巧，更是一种生活的态度。用创意转换生活角度的人可以把集中营当成游乐场，而不去发现生命多样风景的人，即使身处迪士尼的梦幻世界，也无法体验人生乐趣。

创新要有几分"疯"，敢想敢破又敢做

章太炎先生是德高望重的革命家和国学大师。看到章太炎这三个字，人们就会想起一个个响当当的名字：鲁迅、钱玄同、曹聚仁……这些历史名人都是他的弟子。章先生青年时代投身革命，其著作《驳康有为论革命书》轰动海内外，他曾点名骂光绪帝，招致牢狱之灾；后来担任同盟会机关报《民刊》的主编，提如椽巨笔，行淘天之文，指点江山，叱咤风云，为中国革命立下汗马功劳。但就是这样的一个伟大人物，却有这一个让人匪夷所思的绰号——"章疯子"，而他本人非但不对此表示反感和愤慨，反而欣然接受。他还曾这么调侃自己："兄弟我是一个神经病。"揆诸平常人情，恐怕一般人都唯恐别人说自己疯癫，章太炎则不然，他公然宣称"才典功业，都是神经病里流出来的"，并在东京留学生会为他举办的欢迎会上说："也愿诸位同志，人人个个，都有一两分的神经病"。

章太炎当年呼吁"逐满独立""推翻满清""光复汉族"，时人视为大逆不道之惊世骇论而群相侧目，说之为"疯癫""神经病"云云，章太炎也因此几陷囹圄，几乎招致杀身之祸。但章太炎依然执着，"兄弟是凭他说个疯癫，我还守我疯癫的念头"。

但从章太炎先生的所作所为中我们可以看出，如果说章先生是"疯子"，那么他不是真的疯，这种疯和鲁迅先生《长明灯》中的"疯子"一样，因为不被世俗理解和触动了某些反动势力的利益才被误解和污蔑为"疯"，这"疯"中闪耀着真理的光芒，蕴涵着呐喊前进的不屈力量。诚如章太炎先生自己说的："独有兄弟却承认我是疯癫，我是有神经病，而且听见说我疯癫，说我有神经病的话，反倒格外高兴。为什么缘故呢？大凡非常的议论，不是神经病的人断不能想，就能想，亦不敢说。遇着艰难困苦的时候，不是神经病的人断不能百折不回，孤行己意，所以古来有大学问成大事业的，必得有神经病，才能做到。"

在这里，我们能够看出章先生"疯"的精神内核，那就是：敢想敢做，敢于创新，百折不回。这里面的道理其实很简单，一个人如果没有类似"疯"的这种"神经病"，不敢想前人之未想，不敢做前人之未做，只是抱残守缺，毫无创新，那么他肯定不会有大学问；一个人如果没有这种"神经病"，一遇到困难的阻隔、流言的诋毁便打退堂鼓，没有百折不回的

毅力和勇气，不能孤行己意，那么他肯定不会成就一番大事业。所以，章太炎先生就曾认真地宣称："总之，要把我的神经病质传染诸君，更传染与四万万人。"章太炎先生的"疯狂"和创造力是一种独特的个性，这种个性增添了他的个人魅力，更成为铸就其一生伟大事业的重要因素。而但凡所有做出大事业的成功人士，皆具有这种敢于创新、敢于突破的"疯狂"个性。

20世纪80年代初，广受年轻人喜爱的"随身听"，是日本新力公司董事长盛田昭夫的得意杰作。

时任总经理的盛田昭夫认为，年轻人都喜欢音乐，青少年尤其爱好此道，不过他们欣赏音乐的场所只能在房间内或汽车中，出了门、下了车，音乐便离他们而去，所以许多年轻人往往因为音乐而不喜爱户外运动。盛田昭夫想到：是否能够开发出一种可以让人们在房子、汽车之外欣赏音乐的产品呢？当他把这个构想在公司的产品设计委员会上提出之后，除了一个年轻人兴致勃勃地表示这是个非常棒的构想之外，其他的人都认为不可思议而加以反对。盛田昭夫坚持自己的想法，力排众议，并开始着手开发这一产品。产品开发成功后，第一批的产量是3万台，许多人对于这3万台的销路表示忧虑，盛田为了鼓舞士气，信心十足地立下誓言："年底之前销售量若达不到10万台，我便引咎辞职。"

产品上市之后，立即引起年轻人的抢购，销售量势如破竹，几创纪录，到了当年年底，已突破40万台。不但盛田保住了总经理的职位，该产品还成为公司获利最多的商品。

紧接着，在产品功能上再做改良，以扩大市场并应付竞争者的挑战。第三年，在全球的销售量已达到400万台，创造了该公司单一产品在一个年度内最高的销售量纪录，也再度证明了盛田昭夫的远见卓识。

哈佛大学的教授们经常说的一句话就是："这个世界上没有什么不可能。"哈佛学子也受到这一理念的鼓舞不断挑战常规、挑战自我，于是，创造出一个个时代的新成果。我们平时也经常听到"没有做不到，只有想不到"这句话。自然，世界上有一些事是不可能做到的，但可以做到的事更多。很多时候不是因为我们做不到，而是因为不敢想、不愿想。勇敢地去想、勇敢地去做，"不可能"的事也会变为可能。

这是一个张扬个性的时代，每个人都要喊出自己的声音，活出自己的新鲜色彩。一个不会创新、没有个性的人往往是缺乏创造力和意志力的。但是，在现代社会中也有很多张扬个性的人，他们有的以穿奇装异服为个性，有的以出口成"脏"为个性，甚至还有人以打架斗殴为个性……在这里，我们有必要反思个性的真正含义。其实，张扬个性并不是穿时尚的衣服，拥有最时尚的物品，这些都是外在的表现。真正张扬个性是要做真正的自己，真正的个性中必须包含了一种建设性的东西，有利于自身的发展和进步的新东西。正如章太炎先生的"疯"中包含的是他敢想敢做和百折不回的精神，显现出的是他革命家的胆识和国学大师的智慧。我们生活在这个世界上也要张扬出自己的个性，找出自己的闪光点，发掘出自己的潜力，创造出新鲜的事物，真正发挥自己的特点和价值。

撞南墙前就回头，创新要先会变通

当你走在路上，眼看就要到达目的地了，这时车前突然出现一块警示牌，上书四个大字："此路不通！"这时你会怎么办？

有人选择仍走这条路过去，大有不撞南墙不回头之势。结果可想而知，已言明"此路不通"，那个人只能在碰了钉子后灰溜溜地掉转车头，返回。这种人在工作中常常因"一根筋"思想而多次碰壁，消耗了时间和体能，却无法将工作效率提高一丁点，结果做了许多无用功。

有人选择驻足观望。不再向前走因为"此路不通"，却也不掉头，想法有二：一是认为自己已经走了这么远，再回头心有不甘且尚存侥幸心理；二是想如果回头了其他的路也不通怎么办？结果驻足良久也未能前进一步。这种人常常会因懦弱和优柔寡断而丧失机会，留下无尽的遗憾。

还有另一类人，他们会毫不犹豫地掉转车头，去寻找另外一条新的出路。也许会再次碰壁，但他们仍会不断地进行尝试，直到找到那条可以到达目的地的路。这种人是真正的勇者与智者，他们懂得变通，因此能更快更好地创新。

此路不通就换方法。正是遵循了这个信条，人们才最终找到了解决问题的新办法。一个卓越的人，必是一个注重寻找方法的人。当他发现一条路不通或太挤时，就能够及时转换思路，改变方法，寻找一条更为通畅的路。

有一天，江南春外出办事等电梯的时候，听到有人抱怨电梯很慢，等电梯的时间很无聊。这一句话马上点醒了江南春："如果有电视，人们在等电梯的时候就不会感到无聊了，效果也会比招贴画好很多。"接下来他又想："我在电视上播广告怎么样？如果有比看广告还无聊的时间，我想大多数人还是会关注广告的。"

发现了空白，就必须马上填补空白。江南春开始实施他的"蓝海计划"。2002年6月到12月，江南春说服了第一批40栋高档写字楼。2003年1月，江南春的300台液晶显示屏装进了上海50栋写字楼的电梯旁。2003年5月，江南春正式注册成立分众传媒（中国）控股有限公司，并担任董事局主席和首席执行官。此时的江南春决定绕开竞争惨烈的传统媒体，走"分众"之路，专攻楼宇液晶媒体。

短短19个月时间，江南春领导的分众传媒利用数字多媒体技术所建造的商业楼宇联播网就从上海发展至全国37个城市；网络覆盖面从最初的50多栋楼宇发展到6800多栋楼宇；液晶信息终端从300多个发展至12000多个；拥有75%以上的市场占有率。

从传统的广告代理到发现分众传媒的"大蛋糕"，在当今市场环境瞬息万变的环境下，江南春善于变通，勇于突破常规思路，发现市场空白，运用蓝海思维，发现蓝海商机，创造了一个新的广告市场。

可见，变通能够让人的思维灵活起来，从而产生超常的构思，提出不同凡俗的新思想、新观点。"此路不通"就换条路，"这个方法不行"就换个方法，应该成为每一个人的创新理念。

第二节 习精：只要精一事，不必通万物

人都喜欢贪多，却不明白一个道理：贪多而"消化不良"反而会一无所获。所以，与其掌握许多平庸的本领，不如精通一门过硬的技术。在现代社会，职场竞争就是一种筛选的过程，每个人都是在不停地筛选中被安排到适合的位置。如果你不够专业，不够专精，那你就不适合，立即就会被替代。

只需精一事，不必通万物

《荀子·劝学》、《礼记·劝学》以及东汉蔡邕《劝学篇》中都提到了一种小动物——"多才多艺"而又样样"稀松平常"的鼫鼠。"鼫鼠五能不能成一技。五技者，能飞不能上屋，能缘不能穷木，能泅不能渡渎。能走不能绝人，能藏不能覆身是也。"能飞却飞不过屋顶；能攀而攀不上树梢；能游而游不过小水沟；能跑而赶不上人走；能藏而不能"覆身"。这就是五技而穷的鼫鼠的悲哀。

鼫鼠掌握了五种技能：飞翔、游泳、攀树、奔跑和掘洞。它为此感到非常自豪：在动物世界里，有谁像我这样多才多艺？雄鹰飞得高，但它会游泳、掘洞、攀树、奔跑吗？老虎跑得快，但它会飞翔、游泳、攀树、掘洞吗？海豚是游泳能手，但它会其他四种技能吗？鼫鼠把自己和各种动物都比了个遍，越比越觉得自己的本领高，越比越觉得自己了不起。

在它看来，老虎当兽中之王，雄鹰为鸟中之王，都是徒有虚名而已。真正的动物首领，非它莫属。

然而，人们还是把它与老鼠并列，划入啮齿目；又将它与弱小动物排在一起，归进松鼠科。

鼯鼠为此愤愤不平："胡闹，胡闹！老鼠、松鼠算什么东西？我可是动物中的通才、全才啊！"有一天，鼯鼠正在向几只老鼠炫耀自己的五种技能，突然，一只老虎出现在它面前："小兄弟，你在说什么？"

鼯鼠吓得魂飞魄散，撒腿就跑。但是，它用尽力气跑了半天，老虎几步就追上来了。没办法，它慌忙爬上一棵树，这时，一只金钱豹又蹿了过来，三下两下就蹿上了树顶。情急之中，鼯鼠张开四肢飞到空中。但是，它的"翅膀"并不能像鸟一样扇动，只能滑翔。一只雄鹰轻轻扇了两下翅膀，眼看就要抓住它。无路可走了，鼯鼠"扑通"一声钻进水里。它刚想喘口气，一只水獭已箭一般地向它扑来。鼯鼠狼狈地爬上岸，伸出利爪掘洞藏身。水獭跟踪追来，没费吹灰之力，就扒开了它的洞穴，把它抓在手中。

"兄弟，我想领教领教，你还有什么招数吗？"水獭讥讽地问。

鼯鼠浑身像筛糠一样颤抖不止，后悔不迭地说："拥有一身平庸的本领，不如掌握一件过硬的技巧啊！"

总想成为掌握多种技能的多面手，最后却往往什么也不专精。

人都喜欢贪多，却不明白一个道理：贪多而"消化不良"反而会一无所获。正如鼯鼠的感悟所得："业广不如业专。"与其掌握许多平庸的本领，不如精通一门过硬的技术。

在就业成为一个大问题的今天，高级技工却十分抢手，这是因为技术密度极大的工作需要精通一门技术的人去做，技术专是对我们提出的一个更高的要求。所以，当我们忙着去学习各种各样的知识技能，考取各种各样的证书时，不妨冷静地想一想，挑出最适合自己的、最有前途的一门，专心致志地在这一方面学好学精，这才是我们最好的出路。

专精是你的安身立命之本

文艺复兴时期，一个画家是否能够出人头地取决于能否找到好的赞助人。米开朗琪罗的赞助人是教皇朱里十二世，一次在修建大理石石碑时，两人产生了分歧——他们激烈地争吵起来，米开朗琪罗一怒之下扬言要离开罗马。大家都认为教皇一定会怪罪米开朗琪罗，但事实恰恰相反——教皇非但没有惩罚米开朗琪罗，还极力请求他留下来。因为他清楚地知道米开朗琪罗一定能够找到另外的赞助人，而他永远无法找到另一位米开朗琪罗。

米开朗琪罗身为艺术家，其专精的画艺是他手里的王牌。所以，他走到哪里都可以安身立命，如果我们也想拥有安身立命之本，专精是我们唯一的选择。

职场竞争就是一种筛选的过程，每个人都是在不停地筛选中被安排到适合的位置。如果你不够专业，不够专精，那你立即就会被替代。因此，成为公司内最专精的人，是你安身立命之本。

现代商业社会竞争激烈，那些不能胜任，没有专业能力的人，都被摈弃在就业的大门之外，只有最能干的人，才会被留下来，他们永远都不怕失业。现实是残酷的，为了自己的利益，每个老板只保留那些最优秀、最专精、最有价值的员工。正如一位老板所说的那样："我手下有8名销售代表。其中两名顶尖高手创造的销售增长额高达总数的50%。这两个人我是丢不起的。"

这两个"丢不起"的员工，就是老板"不可替代"的员工。无论是在什么领域，任何一个人拥有了别人不可替代或逾越的能力，就会使自己的地位变得十分稳固。正如一名企业家所说的那样，一个人拥有了别人不可替代的能力，才会使自己永远立于不败之地。具有不可替代性，就可以让自己的地位坚不可摧。一个拥有特殊才能的人不需要依赖特定的上司或特定的工作场所来巩固自己的地位。

有一个关于两个苹果的故事。主角贝尔蒙多是巴黎一家大酒店餐饮部的一名小厨师，他没有特长，做不出一道像样的大菜，只能在厨房当下手。他憨憨的，谁都可以说他两句。经济低迷时期，酒店年年要裁去一定比例的员工，照理贝尔蒙多应首当其冲，但他会做一道特别的甜点：将两个苹果的果肉放入一个苹果中，使这个苹果显得特别丰满，而从外表上一点也看不出是两个苹果拼成的，果核也巧妙地被去掉了，吃起来特别香。

一次，这道甜点被一名贵夫人发现，贵夫人是该酒店最重要的客人，她长期包租一套酒店最昂贵的套房，她十分喜爱贝尔蒙多的甜点，并接见了他。从此，贵夫人每次来酒店，都不会忘了点那道甜点，所以每次酒店裁员，不起眼的贝尔蒙多总是风平浪静；而他，可爱的贝尔蒙多，也由此成为酒店不可或缺的人。

从上面这个例子我们可以看出，要成为一名称职的员工只靠勤勤恳恳是不够的，还必须要培养自己的核心竞争力。拥有别人不具备的某种能力或专业技能，你才会成为公司不可或缺的员工。当老板需要人手的时候，第一个想到的就是你。久而久之你在老板心目中的地位也会逐步提高。巴尔塔莎·葛拉西安在《智慧书》中写道："在生活和工作中，要不断完善自己，使自己不可替代。让别人离开了你就无法正常运转，这样你的地位将会大大提高。"

作为一名在现代职场激烈的竞争环境中打拼的从业者，为了避免被淘汰的命运，为了更好地发展，就要努力提升自己的价值，使自己成为那个不可或缺的人。我们在平时工作之余，不妨问问自己：我是不是这里不可或缺的人？在这个组织里我有什么安身立命的资本？如果回答不是特别肯定的话，那我们就要加油，赶快给自己充电、回炉。当别人有的能力你不缺，而你有的专精能力别人又没有，你就有了安身立命的资本。

精进不断，提升技能无止境

在越来越追求完美的今天，不断地改进我们的工作已经变得尤为重要。只有不断地改进我们的工作，才能让自己不断地得到提高，也才能让我们的工作不断地做到更好，进而接近完美的状态。

要想成为专精的人员，就要把工作做到最好，而把工作做到最好的前提条件则是我们必须在工作中不断地改进自己的工作方法，改变自己的工作思路。

有个刚刚进公司的年轻人接到了老板交代的一项任务：为一家知名企业做一个广告策划方案。

因为是老板亲自交代的，他不敢怠慢，认认真真地做了半个月。半个月后，他拿着这个方案走进了老板的办公室，恭恭敬敬地放在老板的桌子上。谁知，老板看都没看，只说了一句话："这是你能做的最好方案吗？"年轻人一怔，没敢回答，老板轻轻地把方案推给年轻人，年轻人什么也没说，拿起方案，走回了自己的办公室。

年轻人苦思冥想了好几天，修改后交上，老板还是那句话："这是你能做的最好的方案吗？"年轻人心中忐忑不安，不敢给予肯定的答复，于是，老板还是让他拿回去修改。

这样反复了四五次，最后一次的时候，年轻人信心百倍地说："是的，我认为这是最好的方案。"老板微笑着说："好，这个方案批准通过。"

有了这次经历，年轻人明白了一个道理：只有持续不断地改进，工作才能做好。这以后，在工作中他经常自问："这是我能做的最好的方案吗？"然后再不断进行改善。不久，他就成了公司不可缺少的一员，老板对他的工作非常满意，后来，这个年轻人做了部门主管，他领导的团队业绩一直很好。

是的，如同人的身体能够保持健康活泼是因为人体的血液时刻都在流动、更新一样，人只有对自己的工作不断进行改进，才能在工作中受益无穷而不断地得到成长，最终取得骄人的成就。

某毛巾厂有心改造产品，想来想去除了质地、颜色、图案这些老话题之外，实在不知该从何处着手。有人提议，应该让呆板的毛巾生动活泼起来，使消费者觉得既实用又有趣，这样才能压倒他人，拔高自己。主意是不错，可办法在哪里？

带着这一目标，他们找到一种特殊染料，生产出变色毛巾。这种毛巾图案奇特：毛巾干燥时的图案是猪八戒背媳妇，泡水后的图案则为猪八戒背孙悟空；干燥时的图案为贾宝玉娶薛宝钗，泡水后的图案变为贾宝玉牵手林黛玉；干燥时的图案是小学生刻苦攻读，泡水后的图案变成戴上博士帽的大小伙……各式各样，应有尽有。这种毛巾上市后，果然一枝独秀，压倒竞争对手。

工作做完了，并不表示不可以改进了。在满意的成绩中，仍要抱着精益求精的态度找出毛病，发掘未发挥的潜力，创造出最佳业绩，这才是一个精业员工应有的表现。

你是否能够让自己在公司中不断得到成长，这完全取决于你自己。如果你仅仅满足于现在的表现，凡事都做到"差不多"或者"将就"的程度，那你的专业程度永远不会增加，你在公司的地位也永远都不会变得更加重要，因为你根本就没有作出重要的成绩。当公司赋予你一项重任时，你一定要做到超越公司的期望，千万不要只满足于得过且过的表现，要做就要做到最好。在追求进步方面，不要想着适可而止，一定要做到永不懈怠；在知识能力方面，不要满足于一知半解，一定要做到融会贯通——只有如此，你才能成为专业人员，成为公司中不可或缺的人物，成为公司发展天平上更重的一个砝码。

一桶新鲜的水，如果放着不用，那么，它不久就会变质，我们的工作也是一样，倘若每天都按部就班地去做，那么，我们的工作也不会有什么大的进展。因此，每个人都必须在每天的工作之中有所改进。这也是一种不懈进取的精神，而在我们的职场中，进取精神又显得尤为重要和可贵。因此，从今天开始，从此刻开始，用一颗进取的心来精进你的工作吧。

将专业进行到底，临危受命仍游刃有余

某会展策划公司承接了一个大型会展的项目，老板非常高兴，要知道这个项目做成了，在业内就会很快占领一席之地了。正当公司上上下下都在为即将到来的会展而忙碌的时候，负责项目策划的吴经理突然病倒了，住进了医院。这下公司里就像炸开了锅，离展览会举行只剩下一个月的时间了，能否按期完成任务就成了疑问。这时，老板任命吴经理的助理李凤负责接替项目策划部门经理工作，带领大家做最后的冲刺。李凤进行会展策划的水平是部门最强的，这是一个展示自己能力再好不过的时机，同时也是对公司的发展具有关键性作用的时候，于是，李凤尽管倍感压力，还是鼓足勇气接下这个任务。

会展策划是一个高度依赖团队协作的项目，必须要求团队的每个成员群策群力，把握好每个细小的环节才能最终完成。李凤要求部门的员工都各自提出方案，等大家按时交上来之后，她再综合大家的思路确定最终要提交老板的方案。得到老板肯定后，立即分工明确，采取责任人的方式将展会布置的各项工作落实到每个人的头上。半个月后，会展如期顺利地举行。由于各项工作精心布置、安排周密，得到了老板以及部门员工的赞赏。

李凤的成功，来自她过硬的专业能力，也正是她的专业，让她在临危受命时仍能游刃有余。所以，当一个人自身专业能力够强时，所有的危机对他来说都可能是机遇，所有的困难对他来说都可能是走向成功的垫脚石，一个人要想成为一个举足轻重的人，就得要有强大的专业能力。越专业，你才能越强大。而你越强大，你的公司就会越重视你，你的地位就越无人能够取代。

职场如战场，风云变幻，当你所在的公司处于风雨飘摇，几乎无人有足够的专业水平独撑大局的时刻，老板希望你能够力挽狂澜、临危受命，你是后退拒绝呢？还是有足够的勇气迎接挑战呢？摆在你面前的是两难的选择，克敌制胜的法宝只有自己过硬的专业水准，以及敢于接受挑战的勇气和信心。

李·艾柯卡是美国汽车业的传奇人物：他从一文不名的推销员做起，登上了美国福特公司总经理的宝座；后遭到排挤，离开了福特公司。在即将退休时，他临危受命，来到濒

临破产边缘的克莱斯勒公司出任总裁，承担起重振公司的重任。艾柯卡来到克莱斯勒汽车公司后主动出击，大刀阔斧地对公司进行整改，并向政府寻求支持，他利用一切机会说服国会议员，取得了巨额贷款，从而使公司得到了重振的绝佳机会。

在艾柯卡的率领下，克莱斯勒汽车公司在经营最惨淡的那段日子里推出了K型车，K型车计划的成功使克莱斯勒汽车公司起死回生，成为仅次于通用汽车公司、福特汽车公司的美国第三大汽车公司。终于到了这一天，作为克莱斯勒汽车公司总经理的艾柯卡，把一张面额高达813亿美元的支票交到银行代表手里，至此，克莱斯勒汽车公司还清了所有债务。要知道，这比他们当初预计的日期整整提前了12年。事后，艾柯卡满怀深情地说："积极主动、奋力向前，哪怕时运不济！积极主动、永不绝望，哪怕天崩地裂！"

艾柯卡的事例告诉我们，再困难的环境也会有转机，只要面对问题不逃避，勇挑重担，总会找到解决问题的办法。在面对困难之时，你自身的专业能力会释放出能量，解决一个又一个问题，而在这过程中，你得到了更多的磨炼，而你的专业能力也随之得到新的提高，这样的良性循环，对你的职业生涯乃至你的人生来说，是多么可贵啊！

现在，社会分工越来越细，横跨多个领域的高手毕竟只是少数，那么，我们要为自己设定一个目标，这个目标就是努力提升你的专业能力。哪怕是临危受命，自己仍能够凭借专业的业务水平独当一面。临危受命，信心、勇气是必不可少的。但是也要明白，只有信心、勇气还是不够的，专业能力的提升更是至关重要。

精益求精，方可持续专精

北宋时期有一位小"神童"，名叫方仲永，家里世世代代以耕田为生，祖祖辈辈都是大字不识的农民，而方仲永却从小就天资过人。

仲永长到五岁时，其实一直都不曾认识笔、墨、纸、砚。有一天，他忽然放声哭着要这些东西。父亲对此感到惊异，于是从邻近人家借来给他。仲永拿着这些东西，当即写了四句诗，并且题上自己的名字。这首诗以赡养父母、团结同宗族的人为内容，传送给全乡的秀才们观赏。大家都特别惊讶一个五岁的孩童竟能写出如此优秀的诗文。

从此，大家开始指定物品让他作诗，而每次他都能立即写好，并且诗的文采和道理都有值得看的地方。同县的人对他感到惊奇，渐渐地把他的父亲当做宾客一样招待，有的人还花钱求仲永题诗。那些有钱人家经常邀请方仲永到自己家来，一方面是为了目睹一下这位神童的才华，另一方面也是显示一下自己爱惜人才。当然，每当方仲永走的时候，那些有钱人家都会给一些钱以表心意。

方仲永的父亲恰恰是一个十分爱钱的人，自然而然地方仲永当成了一棵摇钱树。当没有人邀请的时候，他就领着方仲永主动登门拜访，以求得人家给点小钱。

他的父亲沾沾自喜，认为这样有利可图，于是开始每天拉着仲永四处拜访同县的人，把时间都花在这上面，不再让他学习。

由于整天跟着父亲东家进西家出，方仲永的学业荒废了。他没有时间像别的孩子一样在学堂里念书，继续学习，而是完全浪费在了东奔西走，卖弄文采上。他在诗歌方面的才华，由于没有坚持下去加以培养，也渐渐地"不进则退"了。

当方仲永长到二十多岁的时候，他已经完全没有作诗的天赋了，还比一般同龄读书人差距甚远。一个神童就这样慢慢地变为普通人了。

天资聪明的方仲永，最后却成为一个庸庸碌碌的普通人，这是多么大的遗憾啊！我们为其扼腕的同时，不禁要思考这遗憾背后的原因。毫无疑问，就是因为方仲永的爸爸目光短浅、满足于眼前的小利，没有让方仲永坚持继续学习，因而让他在这条路上不但没有越来越优秀，反而一直无限制地消耗现有的天资，最终消耗殆尽。

这说明一个道理，一个人就算天资再高，在某一方面多么专精，都不能停止继续学习，一旦离开持续的学习更新，不断地掏老本，则会不进则退，最终把自己精通的东西荒废于无形。精益求精，方可持续专精，即是这个道理。试想一下，如果方仲永接受了良好的后天教育，那么说不定我们中国古代又会多一位伟大的文学家，名垂史册。方仲永也就不会像一颗流星，只有瞬间的光芒，转瞬即逝了。

在各行各业中，会有很多人像方仲永一样，在某一方面拥有独特的才能，但如果这些人也像方仲永一样不再继续学习，那么他们本来专精的事物就会慢慢地消失殆尽，因为周围的人都在充电，都在不断学习，即使本身才能不是很高，没有任何天赋，在经历后天勤奋努力学习之后，他们不断克服自己的不足，一步步精益求精，最终也会成为非常有才干的人，并在某个领域内独树一帜。

我们每个人都一样，如果你在某方面特别精通的话，请一定要坚持继续学习，让自己"精英"的地位永远存在！要相信，只有保持专精，精益求精，你才有长期立足的可能！虽然你本身已经很优秀了，但一定要在保持的基础上继续创新、继续改进，争取做到最好，只有这样，你才能够一直保持优势，在行业内一枝独秀！

精专一技，成为专家型员工

一个成功的经营者曾经说过："如果你能专注地制作好一枚针，应该比你制造出粗陋的蒸汽机赚到的钱更多。"成为专家型员工，你将不可替代。

对一个领域百分之百地精通，要比对一百个领域各精通百分之一强得多。一个拥有一项专业技能的人，要比那种样样不精的多面手更容易获得成功。一个成功者，应当专注于自己的职业，随时都注意自己的缺陷，并设法弥补，不断追求专业技能上的进步，让自己成为一个行业的行家里手。反之，如果一个人什么都想做，要顾到这个，又要想到那个，事事只求"将就一点"，结果当然是一事无成。

重庆煤炭集团永荣电厂的罗国洲，是一名有30年工龄的普通而不平凡的员工，从烧锅炉到司炉长、班长、大班长，至今他仍深情地爱着陪伴他成长并成熟的锅炉运行岗位。就是在这个岗位上他当上了锅炉技师，成为国内远近闻名的"锅炉点火大王"和锅炉"找漏高手"；就是这个岗位，让他感受到了一名工人技师的荣耀和自豪。

罗国洲有一副听漏的"神耳"，只要围着锅炉转上一圈，就能在炉内的风声、水声、燃烧声和其他声音中，准确地听出锅炉受热面是哪个部位管子有泄漏声；往表盘前一坐就能在各种参数的细微变化中，准确判断出哪个部位有泄漏点。

除了找漏，罗国洲还练就了一手锅炉点火、锅炉燃烧调整的绝活。在用火、压火、配风、启停等多方面，他都有独到见解。锅炉飞灰回燃不畅，他提出技术改造和加强投运管理建议，实施后使飞灰含碳量平均降低到8%以下，锅炉热效率提高了4%，为企业年节约32万元。

针对锅炉传统运行除灰方式存在的问题，罗国洲提出"恒料层"运行，经实施，解决了负荷大起大落问题，使标煤耗下降0.4克／千瓦时，年节约200多万元。

罗国洲学历不高、工种一般、职务很低，但他却成为社会公认的技术能手和创新能手，他的成长经历给我们的启迪就是：干一行，爱一行，精一行，无论我们做什么工作，都要认真钻研业务技能，让自己成为岗位上的专家。

业务水平的高低直接关系着我们的服务、产品、工作质量，同时也关系着集体和个人利益。要做一个称职的员工，就必须做到敬业，对自己所从事的事业精益求精，刻苦钻研业务知识，做本行业的尖兵。

精业的本质就在于你不断完善专业技能，达到艺术的境界。正如马丁·路德金说的："如果一个人是清洁工，那么他就应该像米开朗琪罗绘画、像贝多芬谱曲、像莎士比亚写诗那样，以同样的心情来清扫街道。他的工作如此出色，以至于天空和大地的居民都会对他注目赞美：'瞧，这儿有一位伟大的清洁工，他的活儿干得真是无与伦比！'"

如今，老板想要的就是精业的员工。如果你想让自己成为一名称职的员工，你就要把做公司的"专家员工"作为自己的座右铭，不断地激励自己去提高业务素质。从细节做起，从现在做起，把自己当做是乐队的指挥，把工作当做自己的艺术作品去完成。

相信很多人都曾为一个问题而困惑不解："明明自己比他人更有能力，但是成就为什么总是远远落后于他人？"对此，我们不要疑惑，不要抱怨，而应该先问问自己一些问题："自己是否专注于自己的工作？""自己是否真的走在前进的道路上？""自己是否像画家仔细研究画布一样，仔细研究职业领域的各个细节问题？""为了增加自己的知识面，或者为了给你的老板创造更多的价值，你认真阅读过专业方面的书籍吗？"

如果答案是肯定的，说明你正在不断完善自己的专业技能，正朝着让自己成为公司"专家员工"的方向努力。如果答案是否定的，那么这就是你无法取胜的原因。如果你想让自己成为一名称职的员工，你就要练就自身完美的专业技能，因为这是你作为一名职员的本分。无论我们从事什么行业，只要想在该行业中站稳脚跟、做出一番成就，就必须具备精湛的专业技能，并且还要以精益求精的态度不断提高自己的专业技能水平，最终成为专家型的员工。

第三节　习业：学而时习，事建功成

在这个世界上，到处都有一些看来很有希望成功的人，他们的身上有着非凡的品质，眼中也闪烁着智慧之光。但是，他们最终并没有成功，原因就在于缺乏勤奋的工作精神。而那些资质一般，又没有什么特别能力的人，因为能够通过勤奋弥补自身的不足，并且坚持不懈，所以成就了自己的辉煌。

勤能补拙，笨鸟先飞早入林

世界上的雄辩家，有很多都是最初被认为说话笨拙的人，狄里斯就是其中一个。

狄里斯生于公元 382 年，在西欧被称为"历史性的雄辩家"。据说，他的声音很低，而呼吸很短促，口齿不清，旁人经常听不懂他在说些什么。

不过，他的知识非常渊博，因此他的想法也相当深奥，很擅长分析事理，几乎无人能出其右。

当时，在狄里斯的祖国首都雅典，存在很严重的政治纷争，因此，能言善辩的人格外受到重视，一向能引领时代潮流和趋势的狄里斯，认为自己缺乏说话技巧是很不合时宜的。于是他做了一番充分的考虑，并且准备好演讲的内容，从容走上了演讲台。

但是，很不幸的，他遭到了失败。原因就在于他的低音和呼吸短促，口齿不清，以至于别人无法听清楚他所说的话。但是，狄里斯并不灰心，他反而比过去更努力，训练自己的胆量和意志力。

他每天都跑到海边去，对着拍打岩石的浪花大声喊叫，回家以后，又对着镜子看自己说话时的嘴形，做发音练习，一直持续不辍。狄里斯就这样努力了好几年，直到他 27 岁时，终于再度走上台向众人演讲。

辛苦的努力总算有了成果。他这次演讲得到了许多的喝彩与掌声，而狄里斯的名气，也就这样打响了。

谁不梦想着成功、荣誉，但是让人遗憾的是总有元帅与士兵的区别。拿破仑说："不想当元帅的士兵，不是好士兵。"但是如何才能当上元帅呢？任何一位功成名就的人都知道，勤奋是通往荣耀之门的必经之路。

一些自诩聪明的人，最后竟然不如"大智若愚"的人所取得的成就。究其原因，小聪明的人是"聪明反被聪明误"，他们仗着自己的"小聪明"，不再努力，于是被那些"不太聪明"的人甩在了身后。也总有一些眼红他人机遇好的人，但别人的机遇果真全是靠走运得来的吗？恐怕未必。有多少辛勤的汗水，就有多少丰硕的果实。

"勤能补拙是良训，一分辛苦一分才。"勤奋可以让我们每个人都获得以前没有的才干，勤奋可以让我们每个人都发现一些真知灼见。一个勤奋的人必定能够战胜困难，取得超越自我的成就。

在哈佛大学法律系的毕业典礼上，一位学生代表发表感言时这么说："我最应当感谢的人是我伟大的母亲。"然后，他讲了下面这个故事。

有一个孩子想不明白自己的同桌为什么每次都能考第一，而自己每次却只能排在同桌的后面。回家后，他问道："妈妈，我是不是比别人笨？我觉得我和他一样听老师的话，一样认真地做作业，可是，为什么我总比他落后？"妈妈听了儿子的话，感觉到儿子开始有自尊心了，而这种自尊心正在被学校的排名伤害着。她望着儿子，没有回答，因为她不知该怎样回答。又一次考试后，孩子考了第20名，而他的同桌还是第一名。回家后，儿子又问了同样的问题。她真想说，人的智力确实有高低之分，考第一的人，脑子就是比一般人的灵。然而这样的回答，难道真是孩子想知道的答案吗？她依然没有回答孩子。

应该怎样回答儿子的问题呢？有几次，她真想重复那几句被无数父母重复了无数次的话——你太贪玩了；你在学习上还不够勤奋；和别人比起来还不够努力……以此来搪塞儿子。然而，像她儿子这样脑袋不够聪明、在班上成绩不甚突出的孩子，平时活得还不够辛苦吗？所以她没有那么做，她想为儿子的问题找到一个完美的答案。

儿子小学毕业了，虽然他比过去更加刻苦，但依然没赶上他的同桌，不过与过去相比，他的成绩一直在提高。为了对儿子的进步表示赞赏，她带他去看了一次大海。就是在这次旅行中，这位母亲回答了儿子的问题。母亲和儿子坐在沙滩上，她指着海面对儿子说："你看那些在海边争食的鸟儿，当海浪打来的时候，小灰雀总能迅速地飞起，它们拍打两三下翅膀就升入了天空；而海鸥总显得非常笨拙，它们从沙滩飞向天空总要很长时间，然而，真正能飞越大海、横过大洋的还是它们。"

这位哈佛学生的故事印证了在哈佛流传的一句名言："只有比别人更早、更勤奋地努力，才能尝到成功的滋味。"

勤奋的道理每一个人都懂，却不是每一个人都能做到的，而那些真正能做到的人，就能获得成功。

天下没有免费的午餐。个人奋发向上的辛勤实干是取得杰出成就必须付出的代价，好逸恶劳的懒惰品行与任何杰出成就都无缘，正是辛勤的双手和大脑使得人们富裕起来。事实上，任何事业的成功都只能通过辛勤的实干取得。没有辛勤的汗水，就不会有成功的喜悦与幸福。

真正的幸福绝不会光顾精神委靡、四体不勤的人，幸福只在辛勤的劳动和晶莹的汗水中。只要你够勤奋，笨鸟也能先入林！

一勤天下无难事

曾有人问李嘉诚成功的秘诀。李嘉诚讲了一则故事：

日本"推销之神"原一平在69岁时的一次演讲会上，当有人问他推销的秘诀时，他当场脱掉鞋袜，将提问者请上讲台，说："请你摸我的脚板。"

提问者摸了摸，十分惊讶地说："您脚底的老茧好厚呀！"

原一平说："因为我走的路比别人多，跑得比别人勤。"

提问者略一沉思，顿然醒悟。

李嘉诚讲完故事后，微笑着说："我没有资格让你来摸我的脚板，但可以告诉你，我脚底的老茧也很厚。"

李嘉诚的故事给我们这样的启示：人生中任何一种成功的获取，都始之于勤并且成之于勤。勤奋是成功的根本，既是基础，也是秘诀。没有勤奋，任何一项成功都不可能唾手即得。

一位成功人士曾经说过："我不知道有谁能够不经过勤奋工作而获得成功。"寓言中守株待兔的人，曾经不费吹灰之力就得到一只兔子，但此后他就再也没有得到半只兔子。所以，不要指望不劳而获的成功，只有勤奋得到的成功才能持久。

一勤天下无难事，人们在年轻时，就培养成"勤勉努力"的习性，并且在工作中永远不减勤勉且更加努力，那么这种无形的财产和力量将会成为你终生受用的法宝。

华人传奇人物王永庆，15岁小学毕业后被迫辍学，在中国台湾南部一家米店当小工。除了完成送米工作外，他悄悄观察老板怎样经营，学习做生意的本领。因为他总想：假如我也能有一家米店……

第二年，王永庆请父亲帮他借了200元台币，以此做本钱，在自己家乡嘉义开了家小米店。开始经营时困难重重，因为附近的居民都有固定供米的米店。王永庆只好一家家登门送货，好不容易才争取到几家住户同意用他的米。他知道，如果服务质量比不上别人，自己的米店就要关门。于是，他特别在"勤"字上下工夫，甚至于趴在地上把米中的杂物一粒粒拣干净。

为了多争取一个用户，他宁愿深夜冒雨把米送到用户家中。他的服务态度很快赢得了众多用户，业务逐渐开展起来了。

不久，王永庆又开设了一个小碾米厂。由于他处处留心，经营水平日渐高超，再加上他勤快能干，每天工作十六七个小时，克勤克俭，业务范围逐渐拓宽。此后，又开办了一家制砖厂。

王永庆成功的原因之一，就是他懂得"一勤天下无难事"的道理。王永庆有一次在美国华盛顿企业学院演讲时，谈到了他一生的坎坷经历。他说："先天环境的好坏，并不十分重要，成功的关键完全在于一己之努力。"

勤奋刻苦是一所高贵的学校，所有想有所成就的人都必须进入其中，在那里可以学到有用的知识，培养独立的精神和坚忍不拔的习惯。其实，勤劳本身就是财富，如果你是一个勤劳、肯干、刻苦的员工，就能像蜜蜂一样，采的花越多，酿的蜜也越多，你享受到的甜美也越多。

所有伟大人物尽管各自成功道路不尽相同，但他们无一不是用勤奋去探测自己灵魂的最深层，在开启生命最强的能量之后，能让种能量不断升级，从而让潜能发挥到极致。美国著名作家杰克·伦敦在19岁以前，还从来没有进过中学，但他非常勤奋，通过不懈的努力，充分发挥了自己的潜能，从一个小混混成为一个文学巨匠。

杰克·伦敦的童年生活充满了贫困与艰难，他整天像发了疯一样跟着一群恶棍在旧金山海湾附近游荡。说起学校，他不屑一顾，他把大部分的时间都花在偷盗等勾当上。不过有一天，他漫不经心地走进一家公共图书馆内，读起名著《鲁宾孙漂流记》时，他看得如痴如醉，并受到了深深的震动。在看这本书时，饥肠辘辘的他竟然舍不得中途停下来回家吃饭。第二天，他又跑到图书馆去看别的书，另一个新的世界展现在他的面前——一个如同《天方夜谭》中巴格达一样奇异美妙的世界。从这以后，一种酷爱读书的情绪便不可抑制地左右了他。一天中，他读书的时间达到了10～15小时，从荷马到莎士比亚，从赫伯特斯宾基到马克思等人的所有著作，他都如饥似渴地读着。

19岁时，他决定停止以前靠体力劳动吃饭的生涯，改成以脑力谋生。他厌倦了流浪的生活，他不愿再挨警察无情的拳头，他也不甘心让铁路的工头用灯按自己的脑袋。于是，就在19岁时，他进入了加利福尼亚州的奥克德中学。

他不分昼夜地用功，从来就没有好好地睡过一觉。天道酬勤，他也因此有了显著的进步，只用了3个月的时间就把4年的课程念完，通过考试后，他进入了加州大学。他渴望成为一名伟大的作家。在这一雄心的驱使下，他一遍又一遍地读《金银岛》、《双城记》等书，之后就拼命地写作。

他每天写5000字，也就是说，他可以用20天的时间完成一部长篇小说。他有时会一口气给编辑们寄出 30 篇小说，但它们统统被退了回来。后来，他写了一篇名为《海岸外的飓风》的小说，这篇小说获得了《旧金山呼声》杂志所举办的征文比赛头奖，但他只得到了 20 美元的稿费。到 1903 年，他有 6 部长篇以及 125 篇短篇小说问世。他成了美国文艺界最为知名的人物之一。

杰克·伦敦的经历一点都不令人惊讶，一个人的成就和他的勤奋程度永远成正比。试想，如果杰克·伦敦不是那么勤奋，写作不是那样废寝忘食，他绝对不会取得日后的成就。辛勤劳动是生存的需要，也是生命意义所在。勤奋的人充实、自信，能时常感到"幸福的疲倦"。勤奋是到达卓越的阶梯，是让强势的潜能升向终极的秘诀。勤奋是一种态度，是人生创意的本质所在。奋斗不息才能让我们的大脑血脉畅通不止。

勤奋不是一刻不停地干

在一般人的眼里，汉夫雷·戴维肯定算不上命运的宠儿。由于出身贫寒，他接受教育和获得科学知识的机会都很有限。然而，他是一个有着真正勤奋刻苦精神的小伙子。当他在药店工作时，他甚至把旧的平底锅、烧水壶和各种各样的瓶子都用来做实验，锲而不舍地追求着科学和真理。后来，他以电化学创始人的身份出任英国皇家学会的会长。

年轻的约翰·沃纳梅克每天都要徒步 4 英里到费城，去那里的一家书店打工，每周的报酬是 1.25 美元，但他勤奋刻苦的精神让人感动。后来，他又转到一家制衣店工作，每周多加了 25 美分的工资。从这样的一个起点开始，他勤奋刻苦地工作，不断地向上攀登，最终成为美国最富有的商人之一。1889 年，他被哈里森总统任命为邮政总局局长。

世界上的各种伟大事业都是那些意志坚定、不畏艰苦、勤奋敬业的人干出来的。勤奋是通往成功的必经途径，这是放之四海而皆准，且在任何时代都不会过时的真理。要想脱颖而出，你就必须付出比以往任何时代更多的勤奋和努力，拥有积极进取、奋发向上的决心，否则你只能由平凡转为平庸，最后变成一个毫无价值和没有出路的人。

勤奋刻苦还是对敬业的最好注解。要做一个好的员工，你就要像那些石匠一样，一次次地挥舞铁锤，试图把石头劈开。也许 100 次的努力和辛勤的捶打都不会有什么明显的结果，但最后的一击，石头终会裂开的。成功的那一刻，正是你前面不懈努力的结果。

为了取得更大的工作成就，加薪也好，晋职也罢，你必须不断地奋斗，而勤奋刻苦地训练专业技能尤其必要。如果你是有志于在工作上取得成功的人，每天都应该把这个问题在自己的心中问上几遍："我勤奋吗？"

勤奋敬业的精神是走向成功的坚实的基础，它更像一个助推器，把你自己推到上司面前。如果有一天你得到了升迁，你应该自豪地对自己说："这都是我刻苦努力的结果。"

勤奋工作的习惯就是成功的点金术。而那些出类拔萃的人物、那些将勤奋的准则奉为金科玉律的人们，将使整个人类因他们的工作而受益。再也没有什么比偷懒和做事磨蹭更能阻碍一个人成功的了——它会分散一个人的精力、磨灭一个人的雄心，使我们只能被动地接受命运的安排，而不是主动地去主宰自己的生活。

要想把自己变成一个勤奋的人，就需要从以下几个方面努力。

首先，牢记自己的梦想。只有给自己一个奋斗的理由，你才能坚定信心，锲而不舍。有太多的人只为工作而工作，或只为薪水而工作，所以他们往往会把工作当成一项讨厌的责任，或者是惩罚，这种思想注定了他们只会偷懒和拖拉。而如果你把它当成实现梦想的阶梯，每上一个阶梯，就会离梦想更近一点，你还会那么痛苦吗？

其次，学会用心工作。很多老资格的公司职员习惯于只用手工作，因为这些工作他们已经很熟悉了，闭着眼睛都能做好。然而只用手工作会使人们把 10 年当做 1 天来过，10 年以后，他们只掌握了一种工作方法。也就是说，10 年来他们在自己的工作上没有任何进步，这对于处在人才竞争日益激烈环境的现代人来说，无疑是十分糟糕的。勤奋工作不仅要尽善尽美地完成工作，还必须用你的眼睛去发现问题，用你的耳朵去倾听建议，用你的大脑去思考、去学习，把10年真正当做10年来过，那么10年之后你所具备的才能还愁不被老板赏识吗？勤奋工作不是机械地工作，而是用心在工作中学习知识、总结经验。在上班时间不能完成工作而加班加点，那不是勤奋，而是不具备在规定时间里完成工作的能力，是低效率的表现。

再次，自己奖励自己。勤奋总与"苦"和"累"联系在一起，如果长期处于苦和累的环境中，你可能会厌倦，甚至放弃。所以，适时地奖励一下自己是非常重要的。当自己掌握了一种好的处理工作的方法，或工作效率有了显著的提高时，不妨去看一场向往已久的演出，或者只是为自己准备一顿丰盛的晚餐。这样的奖励往往会刺激你更加努力地工作。

勤奋并不是要你一刻不停地干，把自己弄得筋疲力尽只会导致低效率。所以，工作累了的时候不妨花上几分钟的时间放松一下，给自己紧张的大脑"换换挡"。

最后，成功之后还要继续努力。勤奋通向成功，而成功很可能会成为勤奋的坟墓。有一项调查表明，诺贝尔奖的获得者获奖之后的成就、论文篇数等远不及其获奖前的一半。

成功之后就不再努力的例子并不鲜见。很多人在凭借着勤奋努力终于被上司所提拔和重用之后，就觉得应该放松一下了——为自己前段时间那么辛苦的工作补偿一下，结果又回到原来的那种好逸恶劳、不求上进的生活状态中去了。请记住萧伯纳的名言："人生有两出悲剧，一是万念俱灰，二是踌躇满志。"这两种悲剧，都会导致勤奋努力的中止。在取得了一个小目标的成功之后，要重申自己的大目标，告诉自己还有更加美好的前途在等着自己，使自己重新振作，继续勤奋，永不满足。

在职场中，永立不倒的英雄所凭借的绝不是安逸中的空想，而是踉跄中的执着，重压下的勇敢，逆境中的自信，艰苦中的勤勉和奋发，是在任何环境中的扎实工作和锲而不舍的求知精神。这是他们成功的秘诀，也是所有想成功的人必须具备的素质。

比他人多坚持一分钟

有一位熨衣服的工人住在拖车房屋中，周薪只有60元。他的妻子上夜班。虽然夫妻俩都在工作，但赚到的钱也只能勉强糊口。他们的婴儿耳朵发炎，他们只好连电话也拆掉，省下钱去买抗生素治病。

这位工人希望成为作家，夜间和周末都不停地写作，打字机的噼啪声不绝于耳。他的余钱全部用来付邮费，寄原稿给出版商和经纪人。

他的作品全被退回了。退稿信很简短，非常公式化，他甚至不敢确定出版商和经纪人究竟看没看过他的作品。

一天，他读到一部小说，令他记起了自己的某部作品，他把作品的原稿寄给那部小说的出版商，出版商把原稿交给了皮尔·汤姆森。

几个星期后，他收到汤姆森的一封热诚亲切的回信，说原稿的毛病太多。不过汤姆森的确相信他有成为作家的希望，并鼓励他再试试看。

在此后的18个月里，他又给编辑寄去两份原稿，但都被退回了。他开始试着写第四部小说，不过由于生活逼迫，经济上捉襟见肘，他开始放弃希望。

一天夜里，他把原稿扔进垃圾桶。第二天，他妻子把它捡回来。"你不应该半途而废，"她告诉他，"特别是在你快要成功的时候。"

他瞪着那些稿纸发愣。也许他已不再相信自己，但妻子却相信他会成功，一位他从未见过面的纽约编辑也相信他会成功，因此，每天他都坚持写1500字。

写完了以后，他把小说寄给汤姆森，不过他以为这次仍然会失败。可是他错了，汤姆森的出版公司预付了2500美元给他。

这个人就是史蒂芬·金，史蒂芬·金的经典恐怖小说《嘉莉》也就这样诞生了。这本小说后来销了500万册，还被摄制成电影，成为1976年最卖座的电影之一。

哈佛学子、诺贝尔经济学奖得主萨缪尔森说："辛勤的蜜蜂永远没有悲伤的时间。"没有人能一步登天，遇到困难的时候不要轻言放弃。谁都不可能一蹴而就，成功的路上从来都是布满荆棘的，谁能坚持到困难向他屈服的时候，谁就将是成功者。三分钟热度无法成就你的梦想，只有坚持勤奋，才能抵达成功的彼岸。

主动找事做，比他人多做一点

率先主动是一种勤奋，是一种良好的素养，它能使人变得更加敏捷、更加积极。你没有义务做自己职责范围以外的事，但是你可以选择自愿去做，来驱策自己快速前进。无论你是管理者，还是普通职员，"比别人多做一点"的工作态度能使你从竞争中脱颖而出。你的老板、委托人和顾客会关注你、信赖你，从而给你更多的机会。

卡洛·道尼斯最初为杜兰特工作时，职务很低，现在已成为其下属一家公司的总裁。

有人曾经请教道尼斯先生成功的诀窍。他说："在为杜兰特先生工作之初，就注意到，每天下班后，所有的人都回家了，杜兰特先生仍会留在办公室里继续工作到很晚。因此，我决定下班后也留在办公室里。是的，的确没有人要求我这样做，但我认为自己应该留下来，在需要时为杜兰特先生提供一些帮助。""工作时，杜兰特先生经常找文件、打印材料，最初这些工作都是他自己亲自来做。很快，他就发现我随时在等待他的召唤，并且逐渐养成招呼我的习惯……"

杜兰特先生为什么会养成召唤道尼斯先生的习惯呢？因为道尼斯自动留在办公室主动为他服务。这样做获得了报酬吗？没有。但是，他获得了更多的机会，最终获得了提升。

一个优秀员工的成功，除了尽心尽力履行自己的工作职责以外，还要多做一些岗位职责之外的工作。当然，分外的工作可能会让你的工作变得很紧张，但能督促你保持旺盛的斗志，而且还可以在工作中不断地锻炼自己，充实自己。最重要的是，多参与一些其他领域的工作，也会让你拥有更多的表演舞台，从而充分发挥自己的才华。

潘德斯在一家五金店做事，每月的薪水是50美元。有一天，一位顾客买了一大批货物，有铲子、钳子、马鞍、盘子、水桶、箩筐等。这位顾客过几天就要结婚了，提前购买一些生活和劳动用具是当地的一种习俗。货物堆放在独轮车上，装了满满一车，顾客希望潘德斯能帮他把这些东西送到他家去。其实，送货并非潘德斯的职责，潘德斯完全是出于自愿为客户运送如此沉重的货物的。

送货途中，车轮不小心陷进了一个泥潭里，顾客和潘德斯用尽了力气，车子仍然纹丝不动。恰巧有一位商人驾着马车路过，帮他们把车子拉了出来。当潘德斯返回商店时，天已经很晚了，老板也并没有因潘德斯的额外工作而称赞他。一个星期后，那位商人找到潘德斯并告诉他说，愿意为他提供一个月薪500美元的职位，原因是潘德斯工作很努力，热情很高，尤其在卸货时清点物品数目细心和专注。潘德斯接受了这份工作。

和潘德斯一样，在实际工作中，我们应该多做一些分外的工作，说不定这些额外的付出就是我们走向成功的开始。

著名的企业家杰西·彭尼说："除非你愿意在工作中超过一般人的平均水平，否则你便不具备在高层工作的能力。"因此，每个年轻人都应当尽力去做一些职责以外的事，而不是像机器一样只做分配给自己的工作。

一个成功推销员曾用一句话总结他的经验："你要想比别人优秀，就必须坚持每天比别人多访问5个客户。""比别人多做一点点"已经成为很多职场杰出人物共同信奉的职业信条。有时候，比别人多做一点点，你就能够在工作和事业上赢得更多的发展机遇。

不要半途而废，分步实现大目标

美国有个84岁的老太太莫里斯·温莱，1960年曾轰动美国。这位高龄老太太，竟然徒步走遍了整个美国。人们为她的成就感到自豪，也感到不可思议。

有位记者问她："你是怎么实现徒步走遍美国这个宏大目标的呢？"

老太太的回答是："我的目标只是前面那个小镇。"

莫里斯太太的话很有道理，其实，事业亦是如此，我们每个人都希望发现自己的事业目标，并为实现这个目标而生活和工作。如果你能把你的人生目标清楚地表达出来，就能帮助你随时集中精力，发挥出你人生进取的最高效率。

然而，如果你想轻松打好事业这副牌，光有大目标做引导还不行，你还必须一步一个脚印，制定每一个事业发展阶段的"短期目标"。

要实现自己的目标，需要把远期目标分解成当前可实现的目标。俗语说得好："罗马不是一天建成的。"既然一天建不成辉煌的罗马，我们就应当专注于建造罗马的每一天。这样，把每一天连起来，终将会建成一个美丽辉煌的罗马。

因此，如果我们不能一下子实现自己的目标，就应当将长期目标分解成一个个当前可实现的目标，分段实现大目标。

25 岁的时候，哈恩因失业而挨饿。他白天在马路上乱走，目标只有一个，躲避房东讨债。一天他在 42 号街碰到著名歌唱家夏里宾先生。哈恩在失业前，曾经采访过他。但是，他没想到的是，夏里宾竟然一眼就认出了他。

"很忙吗？"他问哈恩。

哈恩含糊地回答了他，猜他看出了自己的遭遇。

"我住的旅馆在第 103 号街，跟我一同走过去好不好？"

"走过去？但是，夏里宾先生，60 个路口，可不近呢。"

"胡说，"他笑着说，"只有 5 个街口。是的，我说的是第 6 号街的一家射击游艺场。"这里有些所答非所问，但哈恩还是顺从地跟他走了。

"现在，"到达射击场时，夏里宾先生说，"只有 11 个街口了。"

不大一会儿，他们到了卡纳奇剧院。

"现在，只有 5 个街口就到动物园了。"

又走了 12 个街口，他们在夏里宾先生的旅馆停了下来。奇怪得很，哈恩并不觉得怎么疲惫。夏里宾向他解释为什么要步行的理由："今天的走路，你可以常常记在心里。这是生活中的一个教训。你与你的目标无论有多遥远的距离，都不要担心。把你的精力集中在 5 个街口的距离。别让那遥远的未来令你烦闷。"

不要迷失自己的目标，每次只把精力集中在面前的小目标上，这样，遥不可及的大目标便在眼前了。

目标的力量是巨大的。目标应该远大，才能激发你心中的力量，但是，如果目标距离我们太远，我们就会因为长时间没有实现目标而气馁，甚至会因此变得自卑。所以我们实现大目标的最好方法，就是在大目标下分出层次，分步实现大目标。

在现实中，我们做事之所以会半途而废，往往不是因为难度较大，而是因为觉得成功离我们较远。确切地说，我们不是因为失败而放弃，而是因为倦怠而失败。只有把大目标化成小目标，尽力完成每一个阶段目标，才能取得人生的胜利。

只要精神不滑坡，方法总比问题多

有两个青年外出打工，一个去上海，一个去北京。可是在候车厅等车时他们都改变了主意。因为邻座的人议论说，上海人精明，外地人问路都收费；北京人质朴，见吃不上饭的人，不仅给吃的，还送旧衣服。

去上海的人想，还是北京好，挣不到钱也饿不死，幸亏车还没到，不然真掉进了火坑。

去北京的人想，还是上海好，给人带路都能挣钱，还有什么不能挣钱的？我幸亏还没上车，不然真失去了一次致富的机会。

于是他们在退票处相遇了，互相换了票。原来要去北京的人得到了上海的票，去上海的人得到了去北京的票。去北京的人发现，北京果然好。他初到北京一个月什么也没干，竟然没饿着。不仅银行里的纯净水可以白喝，大商场里欢迎品尝的点心也可以白吃。

去上海的人发现，上海果然是个可以发财的城市，干什么都可以挣钱。带路可以赚钱，开厕所可以赚钱，弄盆凉水让人洗脸都可以赚钱。只要想点办法，再花点力气都可以赚钱。凭着乡下人对泥土的感情和认识，第二天，他在建筑工地装了十包含有沙子和叶子的土，以"花盆土"的名义，向不见泥土而爱花的上海人兜售。当天他在城郊间往返数次，就净赚了几十元钱。一年后，他凭着"花盆土"竟然在大上海拥有了一间小小的门面。

在走街串巷中，他又有了一个新发现：一些商店楼面亮丽而招牌较黑，一打听才知道清洁公司只负责洗楼而不洗招牌。他立即抓住这一机会，买了梯子、水桶和抹布，办起一个小型清洁公司，专门负责擦洗招牌。如今，他的公司已有200多个员工，业务已由上海发展到杭州、南京等地。

一次，他坐火车去北京考察市场。在北京车站，一个捡破烂的人把头伸进软卧车厢，向他要一个啤酒瓶。一刹那，两人都愣住了，因为几年前，他们曾换过一次车票。

这个故事令人深思。困苦、阻碍并不可怕，可怕的是精神"滑坡"。

生活中，许多平庸者、失败者的悲哀，常常在于面对困境时缺乏足够的智慧和勇气，跳不出习惯性的误导，总是自觉不自觉地在一条路上前行，这些人一想到改变，同时就会想到可能出现的一系列困难，甚至很棘手的问题。其实，问题是打破习惯观念的最好武器，它的无情和冷漠，逼迫着你不得不改变，不得不去找方法。

一位名人说："在停止尝试的时候，就是你完全失败的时候。"欠缺勇气、自信的人，常常与平凡、庸碌相伴。而大多数成功者敢想敢做，不甘于在问题、困难面前止步。他们一步步坚定地走着，相信只要精神不滑坡，方法总比问题多。

1883年，工程师约翰·罗布林雄心勃勃地意欲着手建造一座横跨曼哈顿和布鲁克林的大桥。然而桥梁专家们却劝他说这个计划纯属天方夜谭，不如趁早放弃。罗布林的儿子华盛顿·罗布林——一个很有前途的工程师，也确信这座大桥可以建成。父子俩克服了种种困难，在构思建桥方案的同时，也说服了银行家们投资该项目。

然而大桥开工仅几个月，施工现场就发生了灾难性的事故。父亲约翰·罗布林在事故中不幸身亡，华盛顿的大脑也严重受伤。许多人都以为这项工程会因此而泡汤，因为只有罗布林父子才知道如何把这座大桥建成。

尽管华盛顿·罗布林丧失了活动和说话的能力，但他的思维还同以往一样敏锐，他决心要把他们父子俩花费了很多心血的大桥建成。一天，他脑中忽然一闪，想出一种用他唯一能动的一根手指和别人交流的方式，他用那根手指敲击他妻子的手臂，通过这种密码方式由妻子把他的设计意图转达给仍在建桥的工程师们。整整13年，华盛顿就这样用一根手指指挥工程，直到雄伟壮观的布鲁克林大桥最终建成。

这个令人难以置信的奇迹蕴涵着一个道理：脚不能达到的地方，眼睛可以达到；眼睛不能达到的地方，心可以达到。

生活中，在种种问题中喘息奔波而最终能取得成功的例子也有很多。那是因为他们能够不管别人说"那不可能"的话，而抱着"我一定要把那件事完成给你看"的信念之故。

我们不难听到无数失败的理由和借口。借口是消极的力量。怀疑、不相信、潜意识要失败的倾向以及不是很想成功，都是失败的主要原因。

开放式的成功人士，他的精神会永远昂扬向上，因为他坚信：无论如何，方法总比问题多。

抓住问题的根源，在危机中找转机

在美国纽约，有一家联合碳化钙公司，为了进一步谋求发展，斥巨资新建了一栋52层高的总部大楼。工程马上就竣工了，但如何面向社会宣传而又不引起人们的反感呢？公司的广告部人员绞尽了脑汁，仍然找不到一个满意的宣传方式。

就在这时，值班人员报告，在大楼的32层大厅中发现了大群的鸽子。这群鸽子似乎将这个大厅当成巢穴了，把整个大厅搞得脏乱不堪。可是，应该怎样处理这群鸽子呢？如果处理得不好，势必会引起环保组织的攻击。终于，他们找到了问题的根源，那就是处理鸽子的方式。

如果处理得巧妙，就可以使麻烦变成机遇。相关工作人员冥思苦想，终于得到了一个"一举两得"的好办法，那就是利用鸽子这一偶然事件大做文章，制造新闻。他们先派人关好窗子，不让鸽子飞走，并打电话通知了纽约动物保护委员会，请他们立即派人妥善处理好这些鸽子。

动物保护委员会的人闻讯后立即赶来了，他们兴师动众的大举动马上惊动了纽约的新闻界，各大媒体竞相出动了大批记者前来采访。

三天之内，从捉住第一只鸽子直到最后一只鸽子落网，新闻、特写、电视录影等，连续不断地出现在报纸和荧屏上。这期间，出现了大量有关鸽子的新闻评论、现场采访、人物专访。而整个报道的背景就是这个即将竣工的总部大楼。此时，公司的首脑人物更是抓住这千金难买的机会频频出场亮相，乘机宣传自己和公司。一时间，"鸽子事件"成了酷爱动物的纽约人乃至全美国人关注的焦点。

随着鸽子被一只只放飞，这家碳化钙公司的摩天大楼以极快的速度闻名遐迩，而这家碳化钙公司却连一分钱的广告费都没花。

回过头，我们再想一想，如果这家碳化钙公司没有找到问题的根源，没有意识到鸽子的处理方式会关系到公司的利益，若处理不当，不但会损害公司的形象，更会丧失免费宣传公司大楼的机会。

在工作中，没有人不希望能最快、最有效地解决问题，但有的人能做到，有的人却做不到，这其中的原因有很多，而是否懂得抓要点、抓根本，是关键。

在老板看来，一名称职员工最关键的素质是解决问题的能力，尤其是在紧要关头。正如一家知名的跨国集团总裁所说的那样："通向最高管理层的最迅捷的途径，是主动承担别人都不愿意接手的工作，并在其中展示你出众的创造力和解决问题的能力。"

然而解决问题不能一味地靠决心和蛮力，最重要的还是要发现问题的关键。就像人们熟悉的那个"钥匙圈"的故事说的，任意抽出一把钥匙，并问道："这是什么地方的钥匙？""开家门的。""它可以用来开你的汽车吗？""当然不行。""为什么不能用这把钥匙开车门呢？"答案显而易见，问题不在钥匙本身，而在你的选择和使用。解决问题也一样，最为紧要的是要找到解决问题的关键，在危机之中找到转机。

眉毛胡子一把抓，结果往往是事事着手、事事落空，即使事情能做成，也要付出很多的时间和精力。与此相反，有的人不管遇到多棘手的问题，都能够以最快的速度，抓住问题的要点，并采取相应的手段，这样，再棘手的问题也能很快解决。

第四节　习定：心静如行云流水，心定度一世浮生

忍耐不仅是一种机智，也是一种坚韧的毅力和顽强的意志。一切的成就也都来源于忍。孔子的克己复礼是忍耐，他的思想至今在人间散发着理性的光芒，成为众人提倡的奉行之本。韩信甘愿受胯下之辱是忍耐，司马迁遭受宫刑著《史记》是忍耐。

有容德乃大，有忍事乃济

小不忍则乱大谋。能屈能伸，成事之道也。忍不是懦弱无能，忍是不屑堕入无间地狱的诱惑。

忍是以退为进，忍就是相信时光的力量，不是依靠自己，而是相信冥冥之中自有公道。忍得一时方能成就伟业，相反，不能忍耐、毛毛躁躁，最终只能错失良机、遗恨千古。莫

大的祸患，都来源于不能忍耐一时。

当父母教导你的时候，你是否不耐烦地顶嘴甚至是恶言相对，之后看到父母受伤的表情又后悔不已；当你恋爱的时候，是否因为恋人的一次迟到而怒火三丈吵得天翻地覆，最终为破裂的感情唏嘘良久；当你工作的时候是否会因为受到一点点委屈就不依不饶，之后不仅没有讨回公道反而失掉了人心；当你在拥挤的公车上被人踩了一脚，你是否会愤恨地骂那个"肇事者"，之后引来一场"热烈"的争吵……多少人因为一时冲动而犯下错误，留下遗憾，这都是因为没有一颗忍耐包容的心，没有三思而后行的智慧。所以，遇事不要着急，先忍住性子，冷静分析后再处理事情，三思而后行，就算做不出伟大的事业，但也不会犯下不应该犯的错。

话说有一个人在外面做生意，因为年关将近，急急忙忙地想回家过年，回家前突然想到要带些东西给太太，在街上走着看着，这一样家里也有，那一样家里也有，突然看到一个老和尚坐在那儿，身旁写着"卖偈语"的招牌。

"咦！什么叫做卖偈语呢？"

老和尚回答说："我的偈语能消灾免难，保吉祥安康。"

商人想，买个吉祥的偈语回去送给太太，倒是个别致的礼物，便说："老和尚，那我就跟你买个偈语吧。"

这位老和尚就说偈语道："向前三步想一想，退后三步想一想，嗔心起时要思量，熄下怒火最吉祥。"

他接着说："你记住：以后你若愤怒生气的时候，要把我这一首偈语拿出来念一念，会有很大妙用的。不过这首偈语价值是十两黄金。"

商人一听吓了一跳："就这四句话值得十两黄金吗？老和尚！你太欺骗人了！"

老和尚哈哈一笑，这个商人觉得对方是个年老的出家人，也就不和他计较。他就这样子回家了，回到家正好是深夜的时候，门也没有上锁，随手一推就推开来了。想要叫太太，但太太已经睡着了，床底下怎么会有两双鞋子呢？一双女人的，一双男人的，他想："你这不要脸的贱人，我不在家，你就作这样的坏事。"一气之下，立刻到厨房里拿了把菜刀，想要杀死这一对奸夫淫妇。

正当举刀要杀下去的时候，突然想起了那个老和尚卖给他的偈语，于是他就开始在心里默念起那首偈语："向前三步想一想，退后三步想一想，嗔心起时要思量，熄下怒火最吉祥。"

他就在那里进啊退啊的，退啊进啊的，把太太给惊醒了。

太太一醒来，看见丈夫站在床前，就说："唉哟！你这个人，怎么这样迟才回来？"

丈夫怒道："你床上还有什么人？"

"没有啊！"

"这双鞋子？"丈夫指着鞋子责问。

"你这个没心肝的人，你到这个时候才进门，我左等右等，等你回来团圆，你人未到，我摆双鞋子表示夫妻成双讨个吉祥，你倒平白无故地冤枉我。"

商人定睛一看，没有什么男人啊！他大声道："偈语有价值！有价值！就是黄金一百两、一千两、一万两也值得！"

所以，在情绪激动时，不妨忍耐一时，三思而后行，为自己留几步路，留个回旋的空间，将会有意想不到的转机，这样对人、对己都好。

事业失败需要忍耐，感情受挫需要忍耐，人生磨难需要忍耐，合作共事需要忍耐，人际关系需要忍耐，家庭生活需要忍耐。在人生的历程中，我们会遇到一些需要忍耐的事情，借以历练自己的心智。学会忍耐，在生命历程中实践忍耐，你就能够在不久的将来成就你的人生。

耐住寂寞，在寂寞中守望成功

有"马班邮路上的忠诚信使"称号的王顺友就是这样一个甘于寂寞、耐得住寂寞的人。

王顺友，四川省凉山彝族自治州木里藏族自治县邮政局投递员，全国劳模，2007年"全国道德模范"的获得者。他一直从事着一个人、一匹马、一条路的艰苦而平凡的乡邮工作。邮路往返里程360公里，月投递两班，一个班期为14天，22年来，他送邮行程达26万多公里，相当于走了21个二万五千里长征，相当于围绕地球转了6圈！

王顺友担负的马班邮路，山高路险，气候恶劣，一天要经过几个气候带。他经常露宿荒山岩洞、乱石丛林，经历了被野兽袭击、意外受伤乃至肠子被骡马踢破等艰难困苦。他常年奔波在漫漫邮路上，一年中有330天左右的时间在大山中度过，无法照顾多病的妻子和年幼的儿女，却没有向组织提出过任何要求。

为了排遣邮路上的寂寞和孤独，娱乐身心，他自编自唱山歌，其间不乏精品，像"为人民服务不算苦，再苦再累都幸福"，等等。为了能把信件及时送到群众手中，他宁愿在风雨中多走山路，改道绕行以方便沿途群众。他还热心为农民群众传递科技信息、致富信息，购买优良种子。为了给群众捎去生产生活用品，王顺友甘愿绕路、贴钱、吃苦，受到群众的交口称赞。

20余年来，王顺友没有延误过一个班期，没有丢失过一个邮件，没有丢失过一份报刊，投递准确率达到100%，为中国邮政的普遍服务作出了最好的诠释。

王顺友是成功的，因为他耐住了寂寞，战胜了自己。耐得住寂寞，是所有成就事业者共同遵循的一个原则。它以踏实、厚重、沉思的姿态作为特征，以一种严谨、严肃、严峻的表象，追求着一种人生的目标。当这种目标价值得以实现时，仍不喜形于色，而是以更淡定的人生态度去探求实现另一奋斗目标的途径。而浮躁的人生是与之相悖的，它以历来不甘寂寞和一味追赶时髦为特征，有着一种强烈的功利主义驱使。浮躁的向往、浮躁的追逐，只能产出浮躁的果实。这果实的表面或许是绚丽多彩的，却并不具有实用价值和交换价值。

耐得住寂寞是一种难得的品质，不是与生俱来的，也不是一成不变，它需要长期的艰苦磨炼和自我修养。耐得住寂寞是一种有价值、有意义的积累，而耐不住寂寞是对宝贵人生的挥霍。

一个人的生活中总会有这样、那样的挫折，会有这样、那样的机遇，然而只要你有一颗耐得住寂寞的心，用心去对待、去守望，成功就一定会属于你。

成就大业者都是能耐得住寂寞的，古今中外，概莫能外。门捷列夫的化学元素周期表的诞生，居里夫人的镭元素的发现，陈景润在哥德巴赫猜想中摘取的桂冠等，都是他们在寂寞、单调中扎扎实实做学问、在反反复复的冷静思索和数次实践中获得的成就。每个人一生中的际遇肯定不会相同，然而只要你耐得住寂寞，不断充实、完善自己，当际遇向你招手时，你就能很好地把握，获得成功。

蛰伏时养精蓄锐，争取更好地飞翔

《卧虎藏龙》让华裔导演李安名噪一时。有人认为他的成功全靠运气，其实，李安能有今天的成功，与他的坚忍密不可分。

1978年8月，艺专毕业后，李安申请到美国伊利诺大学攻读戏剧。1983年顺利拿到硕士文凭后，李安花了一年的时间制作自己的毕业作品。作品出来时，除了得到当年最佳作品奖的荣誉外，也吸引了经纪人公司的注意。有一家经纪人公司不仅与他签约，还表示要将李安推荐到好莱坞。

进入好莱坞电影城发展几乎是每个年轻人的梦想，李安也不例外。与经纪人公司签约后，李安原以为离梦想已经不远了，但事情并不如想象中美好。原来所谓的经纪人，并不是帮他介绍工作，是要他有了作品后，再代表他把这部作品推销出去。然而没有剧本，哪来的电影作品？于是毕业后的李安，转而专心埋首于剧本创作。

　　墙上的日历就像李安笔下的稿纸一样,撕了一张又一张,整整6年的时间,他都待在家里写剧本,等机会。要进好莱坞,谈何容易!于是李安选择从中国台湾出发,果然,电影《推手》一推出,立即受到来自各界的瞩目与好评,李安6年的蛰伏得到了肯定。他说:"6年不是一段短时间,如果没有相当的耐心,可能早已消沉了。"

　　6年之中,李安最大的体会就是,身处逆境中千万不要焦躁不安、惊慌失措及盲目挣扎。"我庆幸自己学会了忍耐,才有今日的成就。"

　　有的时候,无论你怎么努力,成效似乎都不大,若退一步,忍苦耐烦,静观其变,先求其次,待选定时机再东山再起,投入到选中的事业中,这时你才能真正获得成功。所以说,蛰伏时多一分忍耐,多一分养精蓄锐,一定能获得更大的成功。历史上,无数英雄豪杰的事迹向我们证实了这一道理。

　　成吉思汗很小的时候,就对蒙古人受金国欺辱的情形怒不可遏,蒙古部落对金国可谓是恨之入骨,只是自身势力尚不足以与金国抗衡,只得忍辱负重等待时机。

　　后来成吉思汗渐渐崛起,但势力仍很单薄,虽对金国早已"怨入骨髓",但还是不敢以卵击石,依旧忍受着金国的残暴统治。为了歼灭仇敌塔塔尔部,他毅然接受了金国的邀请,金军联手消灭了塔塔尔部落。对这一切,成吉思汗异常冷静和从容,他认为:与金军与塔塔尔部都是他的仇敌,但仅凭他当时的力量,消灭任何一个都有很大困难,不如借一个仇敌之手先灭了另一个仇敌,少了些心头之患,以后就可以全力以赴对付金国。

　　立国称汗之后,成吉思汗对金国的态度逐渐强硬了起来。尤其是降服了西夏之后,成吉思汗更是威震北方,令金国也有些害怕了。此时金国大势已去,却还要撑住所谓"大国"的门面,对蒙古部落指指点点,俨然以统治者自居,简直可笑之极。即使在这个时候,成吉思汗还是没有"睚眦必报",所谓"君子报仇十年不晚",他仍然不动声色。后来,卫王永济继位,给成吉思汗讨伐金国带来了机会。报仇的时机到了,他开始了反击。

　　正是成吉思汗韬光养晦,坚忍等待时机,才有了后来的元朝,才有后来"一代天骄"的美名。所以,要成大气候者,就不得不经过漫长的等待和忍耐,只有经历了最深沉的准备和磨砺之后,你才会飞得更高。

　　其实,这不仅仅适用于成大业上,也适用于我们生活中的方方面面。例如在工作中,当我们的能力不足以解决面对的困难时,不妨让退一步。当然让退一步绝不是知难而退,而是灵活机动,养精蓄锐,另辟蹊径,更好地取得成功。当事业到了即将成功的时候,正是最艰难的时候,退一步换个思路,坚持到底,则成功在望。所以,当你陷于囹圄时,不妨多一份忍耐,多一份坚持,多一份准备,以迎接更大的成功。

忍耐以适应变化,获得真的成功

　　西武集团在世界上是赫赫有名的企业,它的掌门人堤义明在1987年连续两年登上《福布斯》企业家财富榜的榜首。然而,西武集团今天的成就,却来自于一个"忍"字。

　　堤义明的父亲——西武集团创始人堤康次郎临终时,留下一份特殊的遗嘱:"在我死后的10年里,不要做任何创业,只能忍,即使有新的构想,也不能付诸行动。10年之后,你想怎么做就怎么做,你一定要按照我的想法去做。"

　　堤义明在早稻田读大学时,就已经是一个非常有主见的年轻人。他和几位好友一起创办了早稻田大学观光会,发动学生到西武企业去打工,表现出了很强的企划能力和实践能力。父亲去世后,堤义明接管了西武集团。

　　当时,堤义明正是意气风发、血气方刚之年,很想做出一些大事情,但他必须遵守父亲的遗训。10年间,面对很多投资机会,堤义明都忍住了大干一场的冲动。其中,放弃地产业的投资,是最不被人理解、事后又证明是最明智的行为。

　　当时,日本工业进入全盛时代,工商企业蓬勃发展,地价猛涨。这个时候,堤义明却做出了一项惊人的决定:"西武集团退出地产界。"整个日本的企业界都为此震惊,那时,做土地投资就像印钞票。这时有人开始怀疑堤义明的能力，有人还开始中伤堤义明，说他只知道靠着家业生活，于是他的高层主管也对他失去了信心。为此，企业还专门召开了一次专题会议，讨论是否投资地产业，堤义明在会议上面对经验比他丰富、年龄比他大的高层主管这样说："现在土地投资的好时机已经过去了。什么都要讲求平衡，现在大家一个劲儿地炒地皮，结果只能把正常的状态搞坏，我想，过不了多久就会出现失衡的大问题。"他当机立断："我们集团必须得有一个明智的决定，如果全体一致同意，那事情就不妙了，全体一致的主张，往往都会有毛病。现在你们大家都不同意我的看法，可是我知道我是对的，你们全都没有看到地产业的风雨已经来临了。这件事情我决定了，大家就照我的话去做就行了。"

对于这个决定，有的人说堤义明其实是拥有了太多的土地，满足了，所以不想再做土地买卖。不错，当时西武集团拥有的土地数量是日本最多的，可是在地产行情最好的时候放弃地产投资，却并不是因为他已经握有大量的土地，而是因为他收集到了足够的情报。分析表明，地产业的景气只能够维持几年，土地供过于求，只有及时收手，才不会在大灾难来临的时候一败涂地。堤义明的想法不久就得到了验证，很多地产投机者一一陷入了困境。

到1974年，堤义明忍够了10年，确保阵脚不乱，为他后来的全面出击打下了良好的基础。1974年之后，当其他企业还没有从地产投资失败中恢复元气时，他已经大举进入酒店业、娱乐场、棒球队等多个行业，在全日本刮起了一股"堤义明旋风"。

以变化适应变化，是一种策略，但前提是你要具备变化的能力。忍耐，以不变应万变也是一种策略，在这种策略下，你可以更仔细地观察对手、养精蓄锐、磨炼内功，等待时机的降临。

现今社会处于高速变化中，跟着外界高速变化，往往使我们力不从心，不仅不能很好地适应变化，反而会因为手忙脚乱而失去自我，造成"赔了夫人又折兵"的结果。所以，忍耐，以不变来适应变化不失为一个良策，西武集团的成功证明了这一点。其实，这不仅对于企业有用，对我们个体的人生也是有用的。一个人最重要的就是保持独立完整的自我，以不变的自我应外界的万变，才能不被外部世界牵着鼻子走，才能获得真正的成功！

在忍耐中坚强，在坚强中成长

有一支刚刚被制作完成的铅笔即将被放进盒子里送往文具店，铅笔的制造商把它拿到了一旁。

制造商说，在我将你送到世界各地之前，有5件事情需要告知：

第一件，你一定能书写出世间最精彩的语句，描绘出世间最美丽的图画，但你必须允许别人始终将你握在手中。

第二件，有时候，你必须承受被削尖的痛苦，因为只有这样，你才能保持旺盛的生命力。

第三件，你身体最重要的部分永远都不是你漂亮的外表，而是黑色的内芯。

第四件，你必须随时修正自己可能犯下的任何错误。

第五件，你必须在经过的每一段旅程中留下痕迹，不论发生什么，都必须继续写下去，直到你生命的最后一毫米。

铅笔的一生是充满传奇的一生，它用自己的生命勾勒着世人心中最精致的图画，书写着最温暖的文字，即使在生命渐渐消失的时候，还在创造着新鲜的美丽。但是，它所迈出的每一步，都踩在锋利的刀刃上，它一生都在忍受着无穷的痛苦。

生活总是充满苦难和磨炼的，而充实的生命、幸福的人生，需要能够忍受寂寞，忍受他人的恶意羞辱，忍受生活的磨炼，在忍耐中坚强，在坚强中成长。

美国前总统克林顿的童年很不幸。他出生前4个月，父亲死于一次车祸。他母亲因无力养家，只好把出生不久的他托付给自己的父母抚养。童年的克林顿受到外公和舅舅的深刻影响。他自己说，他从外公那里学会了忍耐和平等待人，从舅舅那里学到了说到做到的男子汉气概。他7岁时随母亲和继父迁往温泉城，不幸的是，双亲之间常因意见不合而发生激烈冲突。继父嗜酒成性，酒后经常虐待克林顿的母亲，小克林顿也经常遭其斥骂。这给从小就寄养在亲戚家的小克林顿的心灵蒙上了一层阴影。

坎坷的童年生活，使克林顿形成了尽力表现自己，争取别人喜欢的性格。

他在中学时代非常活跃，一直积极参与班级和学生会活动，并且有较强的组织和社会活动能力。他是学校合唱队的主要成员，而且被乐队指挥定为首席吹奏手。

1963年夏，他在"中学模拟政府"的竞选中被选为参议员，应邀参观了首都华盛顿，这使他有机会看到了"真正的政治"。参观白宫时，他受到了肯尼迪总统的接见，不但同总统握了手，而且还和总统合影留念。

此次华盛顿之行是克林顿人生的转折点，使他的理想由当牧师、音乐家、记者或教师转向了从政，梦想成为肯尼迪第二。

有了目标和坚强的意志，克林顿此后30年的全部努力，都紧紧围绕这个目标。上大学时，他先读外交，后读法律——这些都是政治家必须具备的知识修养。离开学校后，他一步一个脚印：律师、议员、州长，最后达到了政治家的巅峰——总统。

人都希望在一个平和顺利的环境中成长，但上帝并不喜爱安逸的人们，他要挑选出最杰出的人物，让这部分人历经磨难，千锤百炼终成金。一位大学者说过："苦难是一所学校，真理在里面总是变得强有力。"每一个渴望成功的人都需要到苦难中接受教育。

历经风雨的洗礼，忍耐苦难的磨炼，生命才能常活常新。忍是人生一大修养，也是过幸福生活不可或缺的动力。

真正的忍耐不仅在脸上、口上，更在心上，是自然就如此，不需要费力气、分毫不勉强的忍耐。人要活着，必须以忍处世，不但要忍穷、忍苦、忍难、忍饥、忍冷、忍热、忍气，也要忍富、忍乐、忍利、忍誉。以忍为慧力，以忍为气力，以忍为动力，还要发挥忍的生命力。只要你在忍耐中坚强，就必定能在坚强中成长。

学会自制，化险为夷

刘备投奔曹操后，在住所后院辟了一块菜地，每日亲自浇灌，放下身段，夹着尾巴度日，让外人觉得他不过凡夫俗子，没有野心，更让曹操对他放心。关羽、张飞两位诚实直爽之人，哪里懂得刘备的思想。所以当二人劝说刘备应当留心天下大事，而不应该做种菜这种下贱的活时，刘备总是说："这不是两位兄弟所知道的。"

一天，关羽和张飞都不在，曹操派人来请刘备过去。刘备大吃一惊，但又没有办法，只得随来人入府拜见曹操。曹操绵里藏针地说："您学种菜可真不容易呀！"刘备说："没有事消遣消遣罢了！"曹操就邀刘备来到小亭里，只见里面诸物齐备，盘置青梅，一樽煮酒，于是二人对坐，开怀畅饮。

酒喝到半醉时，忽然阴云密布，骤雨将至。随从说天边挂着长龙，并指给二人看，曹操借题发挥，便问："您知道龙的变化吗？"刘备说："知道得不太详细。"曹操说："龙能大能小，能升能隐，大则兴云吐雾，小则隐芥藏形；升则飞腾于宇宙之间，隐则潜伏于波涛之内。现在正是深春时节，龙能够顺应时节而变化，就好像人得志纵横四海一样。龙作为动物，可用世上的英雄来做比方。您长期以来，游历四方，一定知道当世英雄。请您试着说说吧！"刘备说："我是肉眼凡胎，哪里能认得英雄呢？"曹操说："您就不要太谦虚了吧！"刘备仍然装糊涂："我得到您的庇护，做了朝廷官员。天下英雄，真的不知道啊。"曹操说："那么，既然您不知道他们的长相，也应该听到他们的名字吧。"再装糊涂是没有办法了，这条路堵死了，于是，刘备举出淮南袁术，河北袁绍，刘表、江东孙策、益州刘璋、张绣、张鲁、韩遂等人，都一一被曹操否定。刘备只好说："除这些人之外，我实在不知。"

曹操说："所谓英雄，是指胸怀大志，腹有良谋，有包藏宇宙之机、吞吐天地之志的人啊！"刘备说："那么，谁能称作这样的英雄呢？"曹操用手指了指刘备，又指指自己，说："今天下英雄，只有您与我罢了！"曹操看似不经意的话，其实不仅是一种试探，更包藏着杀机，且不说刘备正在曹操的府上，即使在外边，如果证实了曹操的推测，他也不会放过刘备的。

刘备听后大吃一惊，到底被曹操识破真面目了，那么，自己"放下身段"的招法是不是没有瞒过奸雄曹操呢？如果这时默认或辩解，都将无济于事，慌乱之中，手中的汤匙和筷子掉到地上。恰在此时，大雨将至，雷声隆隆，刘备随即从从容容、不动声色地俯下身子，捡起了汤匙和筷子，又不紧不慢地说："雷声一震竟有如此大的威力，我的匙筷都掉了。"曹操笑着说："男子汉大丈夫也害怕雷吗？"刘备说："圣人见到迅雷风烈还变色哪，我怎么能不害怕呢？"一句话就把自己因听到曹操的话而吃惊落匙的原因轻轻掩饰过去。曹操果然相信了刘备的话，认为他听到打雷还要害怕，可见不是真英雄了，也就不再怀疑刘备了。

刘备放下身段，克制自己的言行免除了曹操的猜忌，保住了身家性命。不久，刘备便逃走了，最后，建立了一番大功业。

成大事者善自制。历史往往是最有说服力的。自制，是一种忍耐，是一种等待成功的方法。能放下身段克制自己言行的人是聪明人，他们能够通过忍耐和等待获得机会，这也是他们能够成就一番事业的重要素质之一。

自制力强的人，处在危险和紧张状态时，不轻易为激情和冲动所支配，不意气用事，能够保持镇定，克制内心的恐惧和紧张，做到临危不惧，忙而不乱。生活中到处都潜伏着危险，我们要像刘备一样，克制住自己，在黑暗来临之前忍耐住内心的愤怒、耻辱等情绪的波涛汹涌，把即将来临的危险化为无形。所以，自制是每个人都必备的保全人生的武器，我们无论是做大事还是做小事，如果情况对自己不利，都应该学会克制，忍耐一时的不满，积蓄成功的力量，并努力寻找一切有利于自己成功的机会。

退隐心灵，保持精神世界的宁静

人们为自己寻找退避之所：乡间、海边、山上的房子，我们也一定非常希望得到这样的房子，殊不知，还有一种更佳的退避之法，这就是无论何时你想退避独处时，其力量掌握在你们自己手里，而不以外在的环境为转移。一个人想退到更安静、更能免于困扰的地方，莫过于退入自己的灵魂之中，特别是沉静在平静无比的思维里。

我们每一个人都需要有一间恬静的房子，像是海洋深处不受干扰的安静中心，远离海面兴起的惊涛骇浪。

内心的恬静房子，是用想象力建造而成的，它的功能就像消除心理压力的一间厢房一样。它能消除我们的忧虑与压力，使我们精神焕发，而能更充分地准备应付未来发生的事情。

相信每一个人的内心都有一个恬静的中心，从不受外界的影响，像轮轴的数学中心点一样，永远保持固定不动，我们所要做的，就是去发掘这个内心安静的中心点，并且定期地退到里面去休息、静养，重整活力。

进入这个宁静中心的最好方法，是用想象力建造一间心理的小房间，用我们最恬静、最清新的一切材料来装潢它：可以是美丽的风景，如果我们喜欢绘画；可以是一册我们喜爱的小诗，如果我们喜欢诗歌；墙上的颜色是我们所喜欢、愉悦的颜色，但是应该选择宁静色彩的淡蓝色、浅绿、黄色、金色。这间房间的装潢要简洁而不纷乱，要干净且井然有序。简单、安静、美丽是三个主要的方针。这间房间要有安乐椅，从小窗望出去可以看到美丽的海滩，可以看到拍击海滩又退回去的海浪，但是我们听不到声音，因为我们的房间很静。

我们能够通过静思逐渐认识自己。大多数人现在都知道，不用到西藏去，坐在山顶上静思，在自己公寓里和家里就能做这件事。我们与家人住在一起时可以静思，工作时也同样可以静思。如果我们经常进行反思，也就能逐渐清醒地认识到我们所做事情的价值。这种自我意识应比其他任何东西都更能使我们去摆脱令人厌倦的工作。

没有精神世界的宁静，没有这种发自内心的自我意识，多数人会在生活中随波逐流，不明白自己做事的目的。所以，我们要不时地集中精神洞察内心世界，使自己认识到此时此刻的自我。通过沉思默想，意识到人的内心深处。一旦你得到了内心世界的满足，你就会忽视外部世界；不管在哪儿，你总是有"你"与你在一起，总能感受内心的"我自为我，自有我在"的舒适感受。

这并不意味着你要避开外部世界，它只是说，你首先得在内心建造一个坚实的自我，外部世界的享受只是装点，而不是你赖以生存的物质基础。它还意味着你以十分悠闲的姿态生活在这个世界上，与周围的一切人和物相处得十分融洽，而不是做个匆匆的过客，对他们视而不见。

你无须定时定点，每天只用几分钟静坐沉思便可以了。就像平时静思那样坐好，集中精力在每一呼吸动作上，然后去想象爱、容忍、仁慈逐渐将你包围，占据你的整个心灵，使你感到爱的温暖，犹如置身于爱的怀抱中。在这种感觉和温暖中呼吸，让它延伸到全身，使全身都感觉到温暖。

你可以按自己的愿望，长时间地享受这种情感，而不停地做深呼吸。每一次呼吸都给你带来心灵更多的爱。做完之后，你会感到心中更平静、更安详、更充满爱心。这种寂静太美妙了，它把你与外部世界联系在一起，这一点在你不断遭受到外界噪音刺激时是无法做到的。

在下一次有机会时，你不妨试一试。晚上回到家后，不要忙着开电视，如果你是一人独处，那种没有人"做伴儿"的感觉也许很可怕，但如果你这样过几天，经过一个过渡性的阶段，你就有可能使自己适应了。听听外面来自大自然的声音。早晨也不要打开电视机，享受一下安宁和温馨，听一听自己心灵的感受。你还可以就在家里为自己辟出一个清静的地方，安排一个夜晚，独自一人静静地待在家里；有可能的话，再去为自己安排一个一人独享的安静的周末。

这时，你会发现，当你每天使喧闹声消失后，你就会更充分自由地享受悦耳的声音。在某个晚上放一段美妙的乐曲，在没有不和谐的噪音里，可以尽情地欣赏它。你还可以花点时间和你喜欢的人的交谈，用心去听他说的每一句话，而不去听电视节目里对你来说毫无意义的饶舌。

其实，无论何时何地，你都可以退隐自己的心灵，保持自己精神世界的宁静，从而以更淡定自如的姿态与这个世界打交道。

给自己冷静的时间，保持内心的淡定

从前有一个农夫，因为一件小事和邻居争吵起来，争论得面红耳赤，谁也不肯让谁。最后，那人只好气呼呼地去找牧师，因为牧师是当地最有智慧、最公道的人，他肯定能断定谁是谁非。

"牧师，您来帮我们评评理吧！我那邻居简直不可理喻！他竟然……"

那个人怒气冲冲，一见到牧师就开始了他的抱怨和指责。但当他正要大肆讲述邻居的不是时，被牧师打断了。

牧师说："对不起，正巧我现在有事，麻烦你先回去，明天再说吧。"

第二天一大早，农夫又愤愤不平地来了，不过，显然没有昨天那么生气了。

"今天您一定要帮我评个是非对错，那个人简直是……"他又开始数落起邻居的恶劣。牧师不快不慢地说："你的怒气还没有消退，等你心平气和后再说吧！正好我昨天的事情还没有办完。"

接下来的几天，农夫没有再来找牧师。有一天牧师在前往布道的路上遇到了他，他正在农地里忙碌着，心情显然平静了许多。牧师问道："现在你还需要我来评理吗？"说完，微笑地看着对方。

农夫羞愧地笑了笑，说："我已经心平气和了！现在想来那也不是什么大事，不值得生那么大的气，只是给您添麻烦了。"

牧师仍然心平气和地说："这就对了，我不急于和你说这件事情就是想给你思考的时间，让你消消气啊！记住：任何时候都不要在气头上说话或行动。"

很多时候怒气会自然消退，稍稍耐心等待一下，事情就会悄悄过去，你的心又会归于平静。

所以，安禅何必须山水，灭却心头火自凉。生活就是心灵的修炼场，懂得克制自己的情绪，懂得宽容别人，这就能保持内心的淡定，这才是生活的真谛。

当然，人是感情的动物，表达情绪是无可厚非的，但是，如果不加控制地任意表达，就成了一时冲动的宣泄，而此时冲动者就成了一个最软弱、最容易被打败的人。忍耐一下，三思而后行，冲动便消失得无影无踪。学会舒缓冲动，是高情商的一大表现。养身贵在戒怒，戒怒就是养怡身心，尽量做到不生气、少生气，思想开朗，心胸开阔，宽宏大量，宽厚待人，谦虚处世。这样不仅有益于身心健康，也利于提高自己的道德修养和思想水平，于人于己都有益而无害，还有利于维护人与人之间的感情。

一对情侣在咖啡馆里发生了口角，互不相让。然后，男孩愤然离去，只留下他的女友独自垂泪。

心烦意乱的女孩搅动着面前那杯清凉的柠檬茶，泄愤似的用勺子捣着杯中未去皮的新鲜柠檬片，柠檬片已被她捣得不成样子，杯中的茶也泛起了一股柠檬皮的苦味。

女孩叫来侍者，要求换一杯剥掉皮的柠檬泡成的茶。

侍者看了一眼女孩，没有说话，拿走那杯已被她搅得很浑浊的茶，又端来一杯冰冻柠檬茶，只是，茶里的柠檬还是带皮的。原本就心情不好的女孩更加生气了，她又叫来侍者："我说过，茶里的柠檬要剥皮，你没听清吗？"她斥责着侍者。

侍者看着她，他的眼睛清澈明亮，"小姐，请不要着急"，他说道，"你知道吗，柠檬皮经过充分浸泡之后，它的苦味溶解于茶水之中，将是一种清爽甘洌的味道，正是现在的你所需要的。所以请不要急躁，不要想在3分钟之内把柠檬的香味全部挤压出来，那样只会把茶搅得很浑，把事情弄得一团糟。"

女孩愣了一下，心里有一种被触动的感觉。她望着侍者的眼睛，问道："那么，要多长时间才能把柠檬的香味发挥到极致呢？"

侍者笑了："12个小时。12个小时之后柠檬就会把生命的精华全部释放出来，你就可以得到一杯美味到极致的柠檬茶，但你要付出12个小时的忍耐和等待。"

侍者顿了顿，说道："其实不只是泡茶，生命中的任何烦恼，只要你肯付出12个小时的忍耐和等待，就会发现，事情并不像你想象的那么糟糕。"

女孩看着他，似乎没有琢磨透侍者的话。

侍者又微笑着说："我只是在教你怎样泡柠檬茶，顺便和你讨论一下用泡茶的方法是不是也可以泡出美味的人生。"说完，侍者鞠躬离去，留下女孩自己思索。

在生气的时候，不妨给心灵泡一杯柠檬茶，给自己一点时间，也给别人一点时间，让彼此都冷静下来。有时，时间就是愤怒最好的解药，再大的火气也会随着时间降下来。所以，遇事多忍耐和等待一下，心境常常会大不同。处理结果的大不同，常常都是在小处分野。灭却心头火，解脱自己和别人，让我们的心灵感受到淡定宁静的舒适，也让我们的情感有更宽阔的空间。

在静时积蓄，在动中发挥

有一个探险家，只身到南美的丛林中，找寻古印加帝国文明的遗迹。他雇用了一群当地人作为向导及挑夫，一行人浩浩荡荡地朝着丛林深处前行。

当地人的身上虽然背负笨重的器材及行李，但仍健步如飞。而探险家却总是喊着需要休息，让所有人停下来等候他。

日子一天天在赶路中过去，探险家虽然体力跟不上，但也希望能早点到达目的地。

到了第四天，探险家一早醒来，便立即催促那群土著打点行李，准备上路。不料领导土著的翻译人员却拒绝行动，令探险家为之恼怒不已。经过详细的沟通，探险家终于了解，这群土著自古以来便流传着一项神秘的习俗，在赶路时，皆会竭尽所能地拼命向前冲，但每走上三天，便需要休息一天。

探险家对于这项习俗好奇不已，询问负责翻译的向导，为什么在他们的族群中，会留下这么耐人寻味的休息方式。向导很庄严地回答探险家的问题，道："那是为了能够让我们的灵魂能够追得上我们赶了三天路的疲惫身体。"

探险家听了向导的解释，心中似有所悟，沉思片刻后，探险家面露微笑。此刻，他认识到这是他此次探险当中最好的收获。

人生如行船，遇平缓而疾进，遇险滩而缓动，无论是生命的过程还是工作的节奏，有动有静有张有弛才合乎规律，过动则犹如紧绷的琴弦，玉指一拨便戛然崩断；过静则有如死水一潭，停滞腐化，活力全无。故事中的探险家，为了一探古迹，实现自己的夙愿，马不停蹄地赶往印加古迹，这正是"过动"的体现。这种过动使他在途中因为体力不支，隔三差五地休息，在别人的等待中空耗了许多宝贵的时间，到头来也是得不偿失。

孙子兵法里说，"疾如风，徐如林，侵掠如火，不动如山"，讲求的也是一种动静互补的人生智慧。与《周易》所言的"太极生两仪"有相同的妙趣。一如当代大画家黄宾虹所说："纵游山水间，既要有天马腾空之劲，也要有老僧补纳之沉静。"

正因如此，所谓"以静制动"或"以动制动"不过是一时的应对之策，终究成就不了"生生不息"的生命进程。动静不能相互替代，互为补充才是最高境界。对于生命来说，静是积蓄，动是发挥。更重要的，静还是一种过滤，它可以把你行动和思想中的杂质滤去，使你获得一种坦然明朗的心境，使你排除干扰专心致志地去实现自己的目的。

人生犹如舞台，动好比在台前表演，静好比在台后准备，静动交错互为前提方可演好人生之戏，方可谋大事业成大气候。

第五节　习福：心有善念，贫富皆福

种子撒落在泥土里，到了春天，我们就会看到一条鲜花小路。种子撒落在人心里，时间会让我们收获意外的惊喜。以爱为出发点，做一个彻彻底底的自己。以慧心待人惠人，能更好地悠游世间。

人生一善念，吉神已随之

一个周末的晚上，松树堡的寡妇正和她5个年幼的儿女围坐在火堆旁。虽然和孩子们说笑着，但她心里却愁云密布。在这个广阔却寒冷的世界里，她没有一个朋友，没有任何人可以依靠。这一年来，她一个人用那双瘦弱的双手支撑着整个家庭。

如今正属寒冬，森林早已披上了洁白的银装，北风吹得松枝哗哗作响，连她的小屋也颤动起来。屋内的火堆上正烤着一条青鱼，这是她们全家唯一的一点食物。当她看到孩子们欢笑的脸庞时，心里便充满了无限的凄楚和焦虑。是的，她相信上帝一直保佑着她，并了解她的疾苦和贫困，她也知道上帝曾经答应帮助那些孤儿寡母，而上帝绝不会食言，可她现在仍然感到万分的凄苦和无助。

几年之前，上帝带走了她最大的儿子。他离开家庭，到遥远的地方去寻找宝藏，从此便杳无音讯，再没回来过。不久，上帝又派死神带走她的伴侣和依靠——丈夫。但她从来都没有沮丧过。她艰辛地劳动，不仅供养着自己的孩子，还不时地帮助其他的穷人。

她刚把这最后的食物放在桌上，就听到一阵敲门声和狗叫声。全家的注意力都被吸引了过来，孩子们争先恐后地跑去开门。门口站着位十分疲倦的旅人，他衣衫褴褛，但十分健康。

旅人走进屋，请求留宿一夜，并想要一些吃的。他说："我一整天滴水未进了。"寡妇听了十分难过，现在她心里关心的不只是自己的事了。她毫不犹豫地把最后一点食物分了一份给旅人，并微笑着告诉孩子们："我们绝不会因为这小小的善举而被遗弃，也绝不会因此陷入更深的困苦之中。"

旅人于是来到盘子旁，当他发现盘中的食物少得可怜时，抬头惊奇地望着这一家人："天啊，你们只有这一点食物吗？"他叫道，"但却仍然把它分给一个陌生人？你们真是太善良了。可是，"他继续问，"你们慷慨地分给我最后一点食物，这些可怜的孩子不就要挨饿吗？"

"是啊！"寡妇忽然泪流满面，"可我还有一个儿子，如果他还没有被上帝带走的话，现在不知在世界的哪个角落。我如此待你，也祈祷别人能如此待他。上帝的仁爱遍施大地，他会保佑我们。就是此刻，我的儿子可能也在四处流浪，和你一般疲惫饥饿，我只希望他能被一户人家所收留，即使这户人家和我们一样的贫困。因此我又怎能背叛上帝，不真诚地收留你呢？"

寡妇刚说完话，旅人便激动地跑过去抱住了她。"上帝果真使你儿子被一个善良的家庭所收留，并且赐予了他财富，使他能感谢真诚收留他的人：我的妈妈！哦，亲爱的妈妈！"原来旅人正是寡妇多年未见的大儿子，他刚从印度归来。为了给家人一个惊喜，他掩藏了自己的身份。当然，这是一份最令人感动，也最令人快乐的惊喜！

故事中的女主人给我们上了一堂人生哲理课，她向我们展现了人性中的善和美。使得我们感悟到：人生一善念，吉神已随之，善行必有善报。人活着应该有助于人，真诚待人，只有这样，才能得到别人的帮助和尊敬，才能感到真正的快乐，才能获得自己的幸福。

一位哲学家一次问他的学生们："世界上最可爱的东西是什么？"学生听了，便争先恐后地站起来回答。最后一个学生回答道："世界上最可爱的东西，是善。"那哲学家说："的确，你所说的'善'这个字中包含了他们所有的答案。因为善良的人，对于自己，他能够自安自足；对于别人，他则是一个良好的伴侣，可亲的朋友。"善良、诚恳、坦率、慷慨，都是宝贵的财富，这种财富要比千万的家产有价值得多。而且有这种财富的人，没有一分钱的资本，也能做出伟大的事业。

如果一个人能够大彻大悟、尽力去为他人服务，他的生命将来也必定有惊人的发展。人生的美德再没有比和气、善良更宝贵的了。给别人以帮助和鼓励，自己不但不会有损失，反而会有所收获。

通常，一个人给别人的帮助和鼓励越多，从别人那儿得到的收获也越多。而那种吝啬的人，对他人不表同情、不予赞助的人，无异于使自己陷于孤独无助的境地。有时说几句鼓励的话，就可以造就许多的成功者，也就大大地有利于世界。

世界上到处有着给那些爱人者、助人者建立的纪念碑，这些纪念碑不是用大理石或古铜建成的，而是建立在他人的心中，尤其是被受助者和被感动者的心中。如此说来，善良能给予人们莫大的收获。

一份善行播出去，将会有无数善行返回来；赠予别人一份祝福，就会收获更多的祝福。善，是人间温暖的所在，也是一个人幸福的源泉。

慈心善行，先从尊重做起

有位作家，在回忆自己 30 年前的故事时，讲述了这样的故事。

那个时候她还是一个小姑娘，父亲是新英格兰一个小镇的补鞋匠。每天放学以后，她都到父亲的小店去帮忙，她的工作是将顾客送来的鞋贴上标签，然后把取鞋票交给他们。顾客中有一个人她最不喜欢。

大家都叫他棕衣人布朗宁。不论春夏秋冬，他总是戴着一顶棕色的羊毛帽子，穿一件棕色的破夹克，磨损的袖子油亮亮的。他白天在街上游荡，到了快打烊的时候，家里的钱匣子也满了，他就会来占小姑娘父亲的"便宜"。有一天，眼见闹钟一点一点地移向关门的时间，小姑娘突然看见棕衣人布朗宁向她家的小店走来。她看了看自己的表：5 点 30 分，于是急忙把窗口的牌子从"营业"换成了"休息"，希望这样一来可以阻止他进来，但是棕衣人布朗宁还是推门走了进来。

他用干瘦的手推了推破烂的帽檐，走过柜台，脸上布满了深深的皱纹，潮湿的破夹克散发着落水狗的气味。小姑娘很生气，转过身去整理架上的鞋。布朗宁却径直走到后面，站在父亲的身旁用低沉的声音说："这几天我的手头有些紧，你看能不能借几个子儿给我买点吃的？"

父亲放下手里的工具，走到孩子所站的柜台边。"对不起，宝贝儿。"父亲说。他打开钱匣子，拿出了两张一元的票子，将它们递给棕衣人布朗宁。"别喝酒，布朗宁，"他严厉地说，"给孩子们买一点牛奶和面包。"布朗宁点点头，抓紧了递过来的钱。父亲把布朗宁送到门口，看见他确实走进了街对面的杂货店。父亲站在那儿很长时间，直到看见布朗宁手里提着一桶牛奶和一袋面包从店里出来，才转身回到小店。

然后作家回忆说："在父亲的鞋店工作的那些年里，我看见过多少次这样的情景？20 次？30 次？100 次？为什么父亲从不抱怨？他肯定从来没有收回过布朗宁'借去'的钱。现在我已成年了，父亲也退休了，我才问他。

"爸爸，那时你为什么老是借钱给布朗宁？你知道你借给他的每一分钱，对他来说不过是又多了一分酒钱，难道你不觉得他是在占你的便宜吗？"

父亲在餐桌旁坐了下来，他已经听见我多次抱怨邻居借了家里的鸡蛋、割草机、黄油等而不归还。父亲说："我从来就没有期待布朗宁会还我钱。很早我就决定，我不借钱给他，在我的心里是把钱给他。如果他说是借钱，那是他的事。但是，从我来说，我是把钱作为礼物送给他。""我估计那对你来说更简单一些。"我微笑了，想起了父亲的小店从来没有详细的账本。

"卡丽，"父亲说，"当你做好事的时候，不要老是想要得到回报。"

我继续剥着玉米，父亲到院子里去欣赏孙子盖的小房子。这时我才逐渐意识到原来自己的家庭一直是多么"富有"！

在物质方面，给予意味着自己的富有。但真正的富有并不是你给了别人多少钱，而在于你给别人的尊重。

现在很多人都在追求财富，很多人很有钱，但他们不是精神上的贵族。因为贵族不仅指的是金钱的富足，还有生活品质的优越，有对生命的尊重。只有懂得尊重和给予的人，才是真正的贵族。

一个绅士在路上遇到流浪汉，结果翻遍了口袋，发现恰好这一天没有带钱，于是他非常不好意思地说："对不起，兄弟，我今天一分钱也没有带。"流浪汉听了之后，很感动地说："不，你叫我一声兄弟，你已经给了我很多。"

其实，慈善就是这样，不在于我们是去了孤儿院还是敬老院，也不在于我们能够拿出一分还是拿出一元，重要的是我们在给予对方帮助的时候，让他们觉得自己"并不可怜"。如此，他们既获得了帮助，又感到了生命的尊严，而这尊严比我们递过去的金钱更能给他们以信任、勇气和安全。

慈心善行，是给别人的关爱，更是给别人的一份尊重。在你爱人、尊重人的同时，别人也会爱你，也会尊重你。

关爱别人，先要了解别人的需要

有这么一个笑话：

有一天，老师教同学们要有爱心，要学会关爱别人，要日行一善。他还给同学们派出行善的任务，第二天要当众说自己做了什么善事。

第二天，老师问小明："小明，你昨天做了什么好事吗？"

"我扶一位老奶奶过马路！"小明大声地回答道。

"真好！那小强呢？"

"我帮小明扶老奶奶过马路！"小强也高兴地回答道，等待老师的表扬。

"为什么老奶奶需要那么多人扶呢？"

"那是因为老奶奶并不想过马路，我们俩就一起硬是把老奶奶扶过去了！"

这个笑话让你发笑的同时，会不会也让你反思一些关于行善的问题呢？我们的生活中，其实不乏这样"硬要扶老奶奶过马路"的人，他们有的只是出于假装的善心，想把自己伪饰成善良的人；有的则是出于自己的一相情愿，而把自己的善心强加到不需要的人身上；还有的则是没把善心用到正确的点上，帮助别人做了别人不想做的事，而没有帮助到别人真正需要帮助的地方。

因此，关爱别人，要先了解别人的需要。只有这样，你才能真正地帮助别人，而别人也才会领你这份情。

很久以前，英国有位孤独的老人，无儿无女，又体弱多病，他决定搬到养老院去，并宣布出售他漂亮的住宅。因为这是一所有名的住宅，所以购买者闻讯蜂拥而至。住宅的底价是8万英镑，但人们很快就将它炒到10万英镑，而且价钱还在不断攀升。

老人深陷在沙发里，满目忧郁。是的，要不是健康状况不好的话，他不会卖掉这栋陪他度过大半生的住宅。

此时，一个衣着朴素的青年来到老人面前，弯下腰低声说："先生，我也想买这栋住宅，可我只有1万英镑。""但是，它的底价就是8万英镑，"老人淡淡地说，"而且现在它已经升到10万英镑了。"

青年并不沮丧，他诚恳地说："如果您把住宅卖给我，我保证会让您依旧生活在这里，和我一起喝茶、读报、散步，相信我，我会用整颗心来照顾您！"

老人站起来，挥手示意人们安静下来："朋友们，这栋住宅的新主人已经产生了，就是这个小伙子。"青年人就这样出人意料地赢得了胜利。

其实想想，青年人获胜也并非没有道理，世界上最强大的不是坚船利炮，而是一颗仁厚的爱心，故事中的小伙子正是以此赢得老人的青睐，成为住宅的主人。他虽然和其他买家一样想获得这个宅邸，但是他动用的不仅仅是金钱，还有自己的智慧和感情，他用自己利人利己的思想给老人送去了安详的晚年，也帮助了自己。

关爱别人，就是仁；了解别人，就是智。仁爱就是关怀，而关怀的基础就是了解。只有先了解别人，尊重别人，才有可能正确地关怀、帮助别人。

心安理得，贫富皆福

《庄子》中曾记载了这样一则故事：

庄子身穿粗布衣并打着补丁，工整地用麻丝系好鞋子走过魏王身边。魏王见了说："先生为什么如此疲惫呢？"

庄子说："是贫穷，不是疲惫。士人身怀道德而不能够推行，这是疲惫；衣服坏了鞋子破了，这是贫穷，而不是疲惫。这种情况就是所谓生不逢时。大王没有看见过那跳跃的猿猴吗？它们生活在楠、梓、樟等高大乔木的树林里，抓住藤蔓似的小树枝自由自在地跳跃而称王称霸，即使是神箭手羿和逢蒙也不敢小看它们。等到生活在柘、棘、枳、枸等刺蓬灌木丛中，小心翼翼地行走而且不时地左顾右盼，内心震颤恐惧发抖；这并不是筋骨紧缩有了变化而不再灵活，而是所处的生活环境很不方便，不能充分施展才能。如今处于昏君乱臣的时代，要想不疲惫，怎么可能呢？比干遭剖心刑戮就是对这种情况最好的证明啊！"

庄子物质生活很贫穷，但是他的精神生活却并不贫穷。安贫乐道是庄子对自己的要求，也是对世人的忠告。但正如庄子所说，贫穷并非疲惫，安贫乐道的人也并非没有精神内涵，不思进取。

一个人物质上贫穷并不可怕，但一定不要使自己的心理贫穷，心理贫穷才是真正的可悲。庄子生活困苦，但是庄子的精神力量却散发出耀眼的光辉，他深谙快乐生活的道理，心与物游，天真烂漫，这种贫穷在某种意义上说是最富有。

荣华富贵并不一定就永久快乐，贩夫走卒也不是一辈子劳苦，一个人只要心安理得，恰如其分地做其"本分"事，即是幸福。

安贫乐道并不是让人不思进取，而是让人以贫困来磨炼自我，懂得勤劳耕耘才能收获；安守本分并不是让人处处退让，而是让人认清自己的能力，找到自己的位置，继而再接再厉，奋斗不止。恰如其分地做自己所能做到的事情，这才是富有的秘诀。

有了钱财和权力，未必总能给人带来快乐，烦恼也会随着名利袭上心头。反而是那些本本分分活着的人，每天做着有益的事情，反而获得了幸福，因为他们或许物质上未能达到富足，但精神却不匮乏。

春秋时的名士原宪住在鲁国，拥有一丈见方的房子，屋顶盖着茅草；用桑枝做门框，用蓬草做成门；用破瓮做窗户，用破布隔成两间；屋顶漏雨，地面潮湿，他却端坐在那里弹琴。子贡骑着大马，穿着白大衣，里面是紫色的里子，小巷子容不下高大的马车，他便走着去见原宪。

原宪戴顶破帽子，穿着破鞋，倚着藜杖在门口应答，子贡说："呵！先生患了什么病？"原宪回答说："我听说，没有钱叫做贫，有学识而不能身体力行叫做病，现在我是贫，不是病。"子贡因而进退两难，脸上露出羞愧的表情。

子贡自以为了不起，听了原宪对于贫穷的看法，脸上露出了羞愧的表情。因为他自己实际上有了心病，不能从高层次看待贫困的问题，也忍受不了贫困的生活，更不理解那些忍受贫困，而心怀大志的人。

很多普通人虽然过着贫苦的生活，但他们享受着劳动的快乐和精神的充实，每一步向幸福生活在迈进；相反，许多人心灵空虚，贪欲满腹，即使家财万贯，也未必能快乐，因为他们不知道知足常乐，不懂得心安理得，也就注定了他们得不到快乐，只能在欲望和痛苦的泥淖中苦苦挣扎。

幸福，只需要一点知足达观

生活在林中的小鸟，只要有一根可以立足的树枝，它便会觉得整个天地都属于自己；口渴的田鼠，只要饮到河中的一点点水便会知足，而不会奢求一个粮仓。

所谓"知足常乐"，小人物也有小人物的境界，只要自己觉得满足就可以了，没有必要再去贪求其他多余的东西。

每个人所拥有的财富，无论是有形的，还是无形的，其实没有一样真正属于自己。那些东西不过是暂时寄托于你，有的让你暂时使用，有的让你暂时保管而已，到了最后，物归何主，都未可知。

智者会把这些财富统统视为身外之物。如果过分地索求，财富只能成为人生的一种负担，而它带给人的只有痛苦和对幸福快乐的无从把握。

《大学》中有曰："止于至善。"这是说人应该懂得如何努力而达到最理想的境地和懂得自己该处于什么位置是最好的。这便是知足常乐之意，在知前乐后当中，也是透析自我、定位自我、放松自我的过程。人们因为知足，所以不至于迷失方向，去追求不切实际的事物而把自己弄得心力交瘁。

一个富翁到海边的小渔村度假。傍晚，他来到海边散步，看见一个渔民满载而归。富翁与渔民闲聊了起来，看着他捕的鱼，问他为什么不再多捕一些呢？

"这些鱼已经足够我一家人生活所需。""那么你一天剩下那么多时间都在干什么？"渔民满足地说："我呀？我每天回来后跟孩子们玩一玩，黄昏时晃到村子里喝点小酒，跟哥们儿玩玩吉他，我的日子可过得充实又忙碌呢！"

富翁不以为然，帮他出主意："我倒是可以帮你忙！你应该每天多花一些时间去捕鱼，到时候你就有钱去买条大一点的船。然后你可以捕更多的鱼，再买更多渔船，拥有一个渔船队。到时候你就不必把鱼卖给鱼贩子，而是直接卖给加工厂。接着你自己开一家罐头工厂，离开这个小渔村，搬到洛杉矶，最后到纽约，在那里经营你不断扩张的企业。"

"这要花多少时间呢？""15～20年。"

"然后呢？"

富翁大笑着说："然后你就可以在家当富翁啦！时机一到，你就可以宣布股票上市，把你公司的股份卖给投资大众。到时候你就发啦！你可以几亿几亿地赚！"

"然后呢？"

富翁说："到那个时候你就可以退休啦！你可以搬到海边的小渔村去住。每天出海随便捕几条鱼，跟孩子们玩一玩，黄昏时晃到村子里喝点小酒，跟哥们儿玩玩吉他！"

渔夫一脸自得地说："我现在不就达到这样的生活目标了吗？"

人们兜兜转转、忙于奔命，最后却往往回到了原点，发现期待的生活与曾经已经过上的生活并没有区别，不禁充满了失望。其实大多时候不必为不顺心的事情感到沮丧，毕竟每个人都有自己的生活方式，或许如今的生活很简单，但是它既然存在，就一定会有它的乐趣，只不过人们没有感受到而已。

快乐纯粹是内发的，它的产生不是由外物而来，而是因不受环境拘束的个人举动所产生的观念、思想与态度。这种观念和思想常来自于人们的知足感。在那些用平凡色彩渲染的人生里，宁静和温馨生活对于风雨兼程的人们来说是心灵的避风港口，如何获得宁静、温馨，唯"知足常乐"四字，它会使人生多一份从容和达观，帮助人们选择属于自己的乐趣所在。

沉得住气 低得下头 立得住身

人生在世，每个人都希望获得成功、过得幸福，但为什么起点看起来没有什么差别的人，若干年后却结果大不相同？有人感叹人生无常，有人感慨环境弄人，也有人归咎于自己没有好运气。其实这些都不成为理由，真正的答案在于你是否悟透了为人处世之道。为人处世之道看似庞杂，其实可以归纳为三点，那就是"沉得住气，低得下头，立得住身"。

第一章　沉得住气

世界潜能激励大师安东尼·罗宾斯说过："成功的秘诀就在于懂得怎样控制痛苦与快乐这两股力量，而不为这两股力量所反制。如果你能做到这点，就能掌握住自己的人生；反之，你的人生就无法掌握。"这就需要我们，面对困境要从容，面对顺境要超然。不论得失成败，不论荣辱盛衰，不论喜怒哀乐，都要沉住气，以不变应万变，这样才能成就灿烂人生。

第一节　沉住气，从最低处走向成功

从简单做起

张瑞敏曾经说过："什么是不简单？把每一件简单的事情做好就是不简单；什么是不平凡？能把每一件平凡的事情做好就是不平凡。"人不能重大轻小，这样最容易一事无成。真正的成事之道是：不急于做大事，而是从小事做起。

老子所说的"天下难事，必做于易"这句话更是精辟地指出了凡事皆应该从简单的事情做起，因为平凡的事情更加重要。其实，做平凡的事情是人在社会竞争中的基础。只有将平凡的事做好，努力把平凡的事做细，小事成就大事，细节就能成就完美。

所以，你要想比别人优秀，就要在每一件小事上下功夫。认真地把事情做对，用心地把事情做好。看不到平凡的事的人，或者不把平凡的事当回事的人，做什么事都是敷衍了事。这种人无法把生活当作一种乐趣，也无法体会到生活中的成就感。而注重细节的人，不仅认真对待生活，将平凡的事做细，而且注重在做事中找到机会，从而使自己走上成功之路。

我国驻纳米比亚大使任小萍女士说："在我的职业生涯中，每一步都是组织上安排的，我自己其实没有什么自主权。但是，在每一个平凡岗位上，我都要有自己的选择，那就是要比别人做得更好。"

大学毕业后，任小萍被分到英国大使馆做一个普普通通的接线员，很多人都认为这是一个很没出息的工作，但是任小萍对这个普通工作的态度是十分认真的。她把使馆所有人的名字、电话、工作范围甚至连他们家属的名字都背得滚瓜烂熟。有些电话进来，有事不知道该找谁，她就会尽量帮他准确地找到人。慢慢地，任小萍成了一个全面负责的留言点和一个主管式的秘书。

不久之后，任小萍就因工作出色而破格调去给英国某大报记者处做翻译。该报的首席记者是个名气很大的老太太，得过战地勋章，被授过勋爵，但老太太的脾气也很大，硬是把前任翻译给赶跑了。这位老太太因为看不上任小萍的资历，所以刚开始就不想要她。在经过朋友的劝说后，老太太才勉强同意让任小萍试一试。结果一年后，老太太逢人便说："我的翻译比你的好上十倍。"

又是不久之后，因为工作出色，任小萍被破格调到美国驻华联络处，在这里她干得又同样出色，因此获得了外交部的嘉奖。

常言道：一屋不扫，何以扫天下。人生当中无小事，每做好一件平凡的事情实际上就是对自身能力和素养的一次锻炼，尤其是年轻人千万不要因为事情小或者低微就鄙视它，放弃将会使你失去一次锻炼的机会，也就减少了一次提高自己的机会。现代有句流行的话说：态度决定一切。如果你能实事求是，丢掉不切实际的幻想，不骄不躁，从身边的小事做起，扎根于不起眼的工作。那么，成功也就离你越来越近了。

所以，我们应该改变心浮气躁、浅尝辄止、眼高手低的毛病，要注重平凡的事情，用一颗平平常常的心，把小事做好。在这个世界上，最容易完成的事情是最简单的事情，最难的事是成百成千次地重复一件简单的事情，而成功就恰恰在于此。

拒绝浮躁，欲速则不达

常常听人慨叹"这个时代人心浮躁"。的确，当今社会高科技和信息产业的迅速发展使许多人盲目追求速度，不计后果地搞投机，忽略了必要的付出和应有的耐心，可以说，急功近利是"浮躁"产生的直接动因。

"浮躁"在字典里解释为："急躁，不沉稳。"因此，可称它是一种畸形的价值取向。比如一个人今天种了株桃树，明天就想吃到桃子，令人担忧的却是这种"浮躁症"在现今社会越发流行，在时代的大背景下，低调者要能按捺得住自己浮躁的心，守住自己可贵的高尚和安稳，而不是变得越发盲目、急躁和疯狂般的急功近利，看看那些成功人士，有哪个不是一步步走出来的？

要想摆脱浮躁的侵扰，就要深谙"欲速则不达"的道理。在漫漫人生路上，面对任何事情都不要急于求成，要一步一个脚印，一点一点积累。为达到目标，有时候一定要把前进的步伐放慢，或是暂时停下来歇歇，这样的退一步、等一等，不过是歇歇脚，是为走得更远做准备。什么东西都有一个"度"，超过这个"度"，急于想实现什么，到时候什么也实现不了。只有摆正心态，以弱者的姿态冲击对手，才有希望。

农夫在地里种下了两粒种子，很快它们变成了两棵同样大小的树苗。第一棵树从一开始就决心长成一棵参天大树，所以它拼命地从地下吸收养料，储备起来，用以滋润每一个细胞，盘算着怎样向上生长，完善自身。由于这个原因，在最初的几年，它并没有结果实，这让农夫很恼火。而另一棵树同样也拼命地从地下吸取养料，打算早点开花结果，它做到了这一点。这使农夫很欣赏它，并经常浇灌它。

时光飞转，那棵久不开花的大树由于身强体壮，养分充足，终于结出了又大又甜的果实。而那棵过早开花的树，却由于还未成熟，便承担起了开花结果的任务，所以结出的果实苦涩难吃，并不讨人喜欢，而且自己也因此而累弯了腰。农夫叹了口气后，用斧头将它砍倒，当柴烧了。

由此不难看出，急于求成者只会导致失去自我，迷失方向，最终走向人生失败。所以，当我们遇到困难时，不妨把眼光放远些，停下来重新考虑一下，时刻保持一个清醒的头脑，客观分析自身实力，以求稳步前进，自然会水到渠成。做人如此，做企业也要如此，急功近利是失败的前兆。

据权威机构调查显示，我国民营企业的平均寿命只有三年半，为什么许多民企品牌，瞬间成为过眼烟云？在杭州世贸会展中心，慧聪国际资讯有限公司首席执行官郭凡生批评说："目前我国许多民营企业做品牌存在严重的急功近利心态，在认知程度上局限于做品牌就是为了市场，为了马上赚钱，顾眼前而不考虑长远，对品牌的高目标指向缺乏明确认识。"其外在主要表现是，炒作成了企业提高品牌知名度的惯用手段。许多"泡沫"品牌，说倒就倒。他认为，品牌是"人品""产品""企品"的合一，要靠科技创新，靠文化支撑。要想打造国际品牌，对我国民营企业来说，首先要调整和改变这种急功近利的心态。

俗话说，"心急吃不了热豆腐"，稳中求胜才能获得常胜。那些欲求速成而不求本质的人，迟早会栽跟头。所以，我们一定要低调从事，摆正心态，以求稳步前进。

今日事要今日毕

古人曰："今日事，今日毕。"其意就是要把眼前的所有事都作为大事。可是在我们的生活中，有的人做事总是拖拖拉拉，今日的事情总是拖到明天去做，甚至拖到后天。有些人遇到一些挫折就闷闷不乐。

古人说得好："合抱之木，生于毫末；九层之台，起于垒土；千里之行，始于足下。"只有经受住小事的考验，才能对自己充满信心，最终走向成功。

低调者在面对不确定的未来时，常常也会犹豫不决。但他们能不断改进和提高自己，他们会订下时间表，只要时间一到，就会下定决心，立即行动，去把握未来，创造未来。

1955 年，张海迪出生在山东济南。不到 5 岁时，她突然被医生诊断为脊髓血管瘤。这种病会反复发作，非常难治，她被迫做了三次大手术，脊椎骨被摘去 6 块，最后高位截瘫。原本天真活泼的海迪，只能整天卧床度日！

一天，海迪终于按捺不住心中的渴望，对妈妈说："妈妈，我要上学！"妈妈背过身去，抹去两眼的泪，强装镇静地说："孩子，爸爸和妈妈会让你学到知识的！"从此，爸爸妈妈每天下班后轮流给海迪上课。海迪的学习生涯就这样开始了。海迪的学习并不顺利，她要一边学习一边治疗，但她顽强地坚持着，即便是刚刚做过大手术，只能一动不动地躺在病床上，她也没有停止学习。慢慢地，她学会了汉语拼音，学会了查字典，学会了越来越多的字。

常年卧床使海迪身上长了大面积褥疮，而手术造成的肋间神经痛也不断地折磨着她。有时她实在感到疲倦，就对妈妈说："妈妈，今天的作业我明天再做行吗？"妈妈说："今日事今日毕！"海迪明白了，学习是自己的事，绝不能拖拉，要像在学校里的孩子一样，每天完成作业！于是她在家学习时，每天都订下计划，不完成当天的计划不睡觉，绝不把今天的事拖到明天去做。每当病痛袭来时，坚强的她为了分散注意力，就猛揪自己的辫子，想起了妈妈说的话：今日事今日毕。就这样，虽然海迪没有机会走进校门，她却自学完小学、中学的全部课程，自学了英语、日语、德语和世界语，并攻读了大学和硕士研究生的课程。后来，她又开始从事文学创作，先后翻译了《海边诊所》等数十万字的英语小说，编著了《向天空敞开的窗口》、《生命的追问》、《轮椅上的梦》等书籍。今天，当我们读着张海迪的一本本散发着油墨香的著作时，就能感受到深藏其中的执着精神。

今日事，今日毕，这是一种能力的体现，更是一种对待生活的态度。只有默默无闻地干好眼前事，才能有大的成功。

找准你的位置

我们经常听到有人在抱怨："学习枯燥极了！""工作总是重复，太无聊了。"其实不然，没有人因为平凡而注定平庸。平平凡凡的"雷锋"，连毛主席都为他题词；平平凡凡的"李素丽"，是整个公共服务业的榜样；还有那些被称之为人类灵魂工程师的老师们……在这些平凡的岗位上有多少不平凡的业绩啊！所以，只要我们找准位置，每个人都是社会的英雄，都有生命的亮色，平凡的付出一样可以汇聚成江海。而这些平凡的人之所以做出了不凡的业绩，正是因为他们找准了属于自己的位置。

大千世界，芸芸众生，我们每一个人就像是棋盘上的一粒棋子，各有其位，各有其用。只有找准了自己的位置，我们才能得心应手、大展宏图，否则便很难有所成就。

2002 年，日本人田中耕一获得了诺贝尔化学奖。在此之前，田中耕一是岛津制作所的一名普通工程师，名不见经传。他的经历也非常平凡，而且既非教授亦非博士，连硕士学位也没有，只是毕业于东北大学工学部电气工学专业，与化学、生化等领域完全无关。

田中耕一大学毕业后进岛津制作所，以后的日子里，他怀着极大的热情埋头于实验室的研究工作，把自己的终身大事、荣誉和升迁统统置之度外。在没有获得诺贝尔奖之前，他的头衔也只是个主任，经济上也不是很富裕。甚至可以说，田中耕一几乎处于日本企业社会的最底层。

由于这种种的平凡，所以田中耕一在日本学术界基本无人知晓，以至于获得诺贝尔奖的消息传来时，日本学术界都措手不及。2001 年的诺贝尔化学奖获得者名古屋大学的野依，针对此事说："这说明只要自己努力，不在学术界活跃也能得到诺贝尔奖。"

有这样一句著名的话："世上好像只有沙最不值钱，然而，最宝贵的东西——金，就在沙的里面。"从经历和自身条件来看，田中耕一实在是一个名不见经传的小人物，在获奖之前，他一直在默默无闻地专心研究。由此可见，他的成功也并非是一蹴而就的，都是他找准自我，然后一步一个脚印，坚持不懈，潜心研究而得来的。

德国伟大的作家和诗人歌德说过："只要不失目标地坚持下去，我们都能获得成功。"《浮士德》这部不朽的诗剧，是歌德用了 60 年之久完成的巨著。《浮士德》的第一部完成于 1808 年法军入侵的时候，第二部则完成于 1831 年 8 月 31 日，此时他已是 83 岁的高龄。伟大的无产阶级革命家马克思用 40 年的时间去写《资本论》，阅读了数量惊人的书籍和刊物，做过笔记的也有 1500 种以上，到临终的时候，《资本论》还有两卷没有完成……

看古今中外，多少有建树的人，无不是找准了自己的位置，坚持不懈地努力，最终获得成功。"横看成岭侧成峰，远近高低各不同。"岭和峰都有自己独具的美韵，每个人亦有自己的不同：身体条件、智力条件、家庭条件的差别，形成了大千世界个人位置的千差万别。只要着眼于现实，脚踏实地，找准自己的位置，默默奋斗，不懈努力，就能奏出属于自己的、动人心弦的最强音。

换个角度

有一位哲人曾说："我们的痛苦不是问题的本身带来的，而是我们对这些问题的看法而产生的。"换个角度切苹果，换个角度看自己，换个角度看世界，便是一种解脱，一种高层次的淡泊宁静。

某公司要招一名业务经理，丰厚的薪水和良好的福利待遇吸引了大批求职者。经过初试和复试，只剩下了 5 名求职者。

主考官对这 5 名求职者说："你们先回去好好准备一下，一星期后，本公司的总裁将会亲自对你们进行面试。"过了一个星期，5 名求职者如约而至。结果，只有一名其貌不扬的求职者被留了下来。总裁问他："知道为什么留下你吗？"这名求职者如实回答："不清楚。"总裁笑着说："事实上，你并不是这 5 名求职者中最优秀的。他们都做了充分的准备，比如时髦的服装、娴熟的面试技巧，但他们都不像你所做的准备这样务实——一份对本公司产品的市场情况及别家公司同类产品情况的市场调查报告。你在没被本公司聘用之前，就做了这么多工作，不用你，我们还能用谁呢？"

善于为人处世的低调者，往往都能从多个角度去分析和思考问题，有时候还会用更为发散的方式去研究问题。毕竟事物的发展都不是孤立的、片面的，换一个角度看待问题可能就会产生截然不同的感受。而且多角度地研究问题，也更容易找到问题的根本所在，更容易去解决问题。

埃尔科兹酒店的电梯装载量不够，酒店招集了一些专家和工程师来讨论，看怎么解决这个问题。结果大家意见一致：多装一部电梯。但是这需要从底层起，每层楼都进行施工。

正在工程师和建筑师们到会议室讨论安装事宜的时候，正在拖地的清洁工人听他们说要对每个楼层都进行施工，就说："那就要乱得不得了！"

"当然，不过我们会处理好的。"一个工程师说。

另一个人说："如果不得不暂且休业的话，我们也只能这么做了，因为不装一部电梯不行啊！"

清洁工人拄着拖把，看着他们，说："你猜如果让我来干的话，我会怎么干？"

一位建筑师好奇地问："你会怎么办？"

"我会把电梯安装在酒店的外面。"

建筑师和工程师们面面相觑。

后来，他们真的把电梯装在了酒店的外面。这是建筑史上的一次革命。

从多角度思维去考虑问题，也是一种灵活应变的表现。《诗经》中有云："他山之石，可以攻玉。"这是一种对多角度思维方式的描述，而多角度的思维方式是低调者经常采用的方法。低调的人，有审时度势的清醒，有深谋远虑的城府，有欲成大事的胸襟。他们往往能摆脱常规的思维方式或是习惯的束缚，换一种或多种新的观察角度去考虑，从一些其他或是无关的领域中去探讨问题，寻找解决问题的办法，而不是一味只钻牛角尖。对自己固有的习性进行一下创新，不跟在别人身后漫无目的地奔跑，你将会为自己赢得机会。懂得变换方式的人，才能找到适合自己的路。

切勿眼高手低

现实中眼高手低的人常有，这种人老想着干大事，不屑于做小事，即使做了，感情上却总是不情愿，心理上也觉得不舒服，当然有这样心态的人肯定无法成事，连小事都干不好的人，怎么能干大事呢？当他们怀抱着过高的目标接触现实环境时，会感到处处不如意，事事不顺心，于是就整天地抱怨。结果他们也得不到重用，如果委以重任，十有八九把事情做不成。想扫天下的人必须有扫天下的能力和心态，扫天下的能力和心态是通过持续性地扫一室而积累和培养出来的，整天只想做大事的人肯定没有扫天下的能力和心态，不仅天下扫不了，而且一室也肯定扫不好。

马志毕业于某著名大学工程系，一直想进入高端的外企工作。可是由于就业形势比较严峻，几番求职遭遇挫折之后，最后却不得不到了一家民企暂时"栖身"。心高气傲的马志根本没把这家小公司放在眼里，他只是想把它当作自己的一块跳板，利用工作的试用期"骑驴找马"。

在马志眼里，这家小公司的一切都那么不合时宜——不修边幅的老板，不完善的管理制度，土里土气的同事——这和自己梦想中的工作可谓是天差地别啊。

"怎么回事？"

"什么破公司？"

"整理文档？这样的小事怎么让我这个工程系的高才生做呢？"

"这么简单的报告必须得我来写吗？"

"噢，我受不了了！"

就这样，马志天天抱怨老板和同事，双眉不展、牢骚不停，而实际的工作却常常是能拖则拖、能躲就躲，因为这些"芝麻绿豆的小事"根本就不在他的思考范围之内，他梦想中的工作应该是一言定千金的那种。可是，虽然一直在不停地投简历，也常常借机去参加面试，却一直没找到理想中的工作。后来，他有些灰心了，心里想着：实在不行，先在这混吧。

可让他没想到的是，试用期之后，老板却对他说："我们认为，你确实是个人才，但你似乎并不喜欢在我们这种小公司里工作，因此对手边的工作敷衍了事。既然如此，我们也没有理由挽留你。对不起，请另谋高就吧！"

被辞退的马志这才清醒过来，当初自己应聘到这家公司也是费了不少力气的，而且，就眼前的就业形势，再找一份像这样的工作也很困难。初次工作就以"翻船"而告终，这让他万分失望与后悔，可一切都已经晚了。

有生活阅历的人都知道，常常有这样一种"眼高"的人，他们总是急于表现自己的才能，会提出一些激情冲天，大而无当、不切实际的计划。他们大部分时间都沉浸在自己宏伟的梦想中，也不能、不会做出什么成就，长久以往，他们就慢慢地沉沦下去，或者跳到其他的环境中去继续发牢骚。事实证明，他们往往以失败告终。即使这样，他们还不会因此而汲取教训，同样的悲剧也难免再次上演。可见，不切实际、眼高手低是人生的大忌。

所以，只有以低调的心态去接触现实环境时，才会感到处处如意，事事顺心，每一天也会生活得快快乐乐，工作中也更容易做出成绩。

要实干不要虚名

低调者都知道，任何人都不可能只凭借虚名而无实际能力长久地屹立。世上有以金钱财富为荣者，有以位高权重为荣者，有以文凭职称为荣者……然而，这些东西都不能表明一个人的真实价值。如果一个人不是通过自己的劳动和创造，为社会和他人做出自己应有的贡献，如果不是坚持正直、诚实、高尚的人格，那么一切的财富、地位、职称、文凭，这些华而不实的知名度，都不过是掩盖其真相的假面具。所以，知名度对一个人来说并非越大越好，有时反而会因为承受不了过高的知名度而带来负面的影响。一个实力不够强的人或者是企业，如果把全部的精力都放在了提升知名度上，却忽视了自身能力的提高，造成自身缺乏抵御风险的能力，其辉煌必将是有限和短暂的。

一味地追求品牌轰动效应，却忽视了自身能力的提高和质量的过硬，最终必将导致失败。做企业是这样，做人也是一样的道理。屈原说："善不由外来兮，名不可虚作。"这句话强调了做人不要贪图虚名，而是要加强自身的修养。要闯过虚名关就要加强思想修养和品德修养。一个人的思想觉悟越高，所追求的目标就越高，对庸俗低级的事物就越少关心。如果我们能低调做人，不过分注重知名度，就能戒除虚荣心，成就真正的人生。时间和成绩会证明一切，那些实干的低调者，比别人更具有长远的眼光和深刻的思想。

"谁能闯过不爱虚名的关，谁就能做出更好的成绩。"每一天都是一个新的开始，你当然可以谋划自己的理想和前程，甚至可以放眼世界寻找更好的机会。但是，请不要忘记：我们首先得"为今天的牛奶努力"，在每个"今天"执着、踏实地走好每一步。

在低调中积蓄前行的力量

荀子说过："不积跬步，无以至千里；不积小流，无以成江海。骐骥一跃，不能十步；驽马十驾，功在不舍。锲而舍之，朽木不折；锲而不舍，金石可镂。"每天都努力，人生几十年坚持天天如此，量变必然引起质变，所积累的力量必定是不可估量的。低调人的坚持是世界上最伟大的力量，也正是这种力量让他们笑到了最后。

北魏节闵帝元恭，是献文帝拓跋弘的侄子。孝明帝当政时，元义专权，肆行杀戮，元恭虽然担任常侍、给事黄门侍郎，却总担心有一天大祸临头，便索性装病不出来了。那时候，他一直住在龙华寺，和朝中任何人都不来往。他潜心研究经学，到处为善布施，就这样装哑巴装了将近十二年。

孝庄帝永安末年，有人告发他不能说话是假，心怀叵测是真，而且老百姓中间流传着他住的那个地方有天子之气。孝庄帝听说这个消息之后，就派人把他捉到了京师。在朝堂上，孝庄帝当面询问元恭有关民间传说之事，元恭依然装聋作哑，而且态度十分谦卑。最后，孝庄帝认定他根本不会有所作为，只不过想安享晚年而已，于是就又放了他。

到了北魏永安三年十月，尔朱兆立长广王元晔为帝，杀了孝庄帝。那时，坐镇洛阳的是尔朱世隆。他觉得元晔世系疏远，声望又不怎么高，便打算另立元恭为帝。更有知情人告诉他元恭只是装成哑巴，为的就是躲过仇人的追杀，如此胸襟和智慧非一般人所有。尔朱世隆于是暗访元恭，得知他常有善举，为人随和而且学识渊博，在当地深得人心。不久，元恭即位当了皇帝。

人生多舛，世事艰难。那些成功者并不一定都拥有好运气，但是他们必定都是从逆境中拼搏而站起来的。这就是说，人生少不了逆境，少不了坎坷，少不了挫折。而成就往往就是在逆境中低调积聚力量的结果，只有那些不断磨炼自己的人才能取得成功，才能突破人生的逆境，忍受人生的挫折，走过人生的坎坷。

每个人周围都有盘根错节的关系网，上面的人会提防着可能与其抗衡的下属，平级的人会心生妒忌，暗自结党与之为敌，下级的人更多是些墙头草的角色，一不留神就会成了糖衣炮弹的靶子。相反，低调稳重的人懂得在悄然无声中积聚力量，他们更懂得审时度势，躲过上级的猜疑、同级的嫉妒、下级的阳奉阴违。在众人还无察觉的情况下，站上更高的位置。

低调处世可以追求自己内心的境界，这何尝不是一种成功。他们并不一定有多大的野心，内心世界的升华也是一种境界。战国的庄子，东晋的陶渊明，他们能够舍弃繁华生活，追求一种内心的沉静和智慧，谁又能说他们不是成功呢？在当今这个物欲充斥的社会，这种从心底里寻求低调生活的人往往无欲则刚。

保持一种低调的姿态，不断积聚力量的人必定会是笑到最后的人。低调之人不会引人嫉妒，也不会引人非议。或者出于局势所迫，或者天性使然，懂得低调中积聚力量的人一定会有所作为。

第二节　沉住气，才能厚积薄发

命运不被别人掌握，而在自己脚下

脚踏实地才能成就未来。成功所需要的一切条件都需要靠务实努力来获取：大量有用的知识要靠扎扎实实的学习来获得；克服困难的力量要靠一点一滴的艰苦努力来积淀；同事的协作和上司的支持要靠诚信的品质和实实在在的能力来赢取；转瞬即逝的机遇要靠脚踏实地的艰苦付出来把握。因此，无论是完成一项任务，做好一项工作，还是成就一项事业，都必须在实际工作中形成行大于言的务实作风，不尚空谈，不崇清议，不好高骛远，认认真真地工作，踏踏实实地行动。

有一次，大哲学家柏拉图和他的弟子一起赶路。这名学生是柏拉图的得意弟子之一。而且这名弟子也很有理想，一直希望自己能够成为像老师一样伟大，甚至比老师还要博学的哲学家。柏拉图也相信这名学生能够作出一番大事业，但作为老师，柏拉图也知道自己的学生有一个缺点：只看到大目标而不顾脚下道路的坎坷。因此，他也一直想找一个合适的机会让学生意识到这一点。

这一天，柏拉图和这名学生散步，看到前面的不远处有一个很大的土坑，这个土坑周围还有一些杂草，平常人们只要稍加注意就可以绕过这个土坑，但柏拉图知道他的学生在赶路时经常不注意脚下。于是，他指着远处的一个路标对学生说："这就是我们今天行走的目标，我们两个人今天进行一次行走比赛如何？"学生欣然答应，然后他们就出发了。

学生正值青春年少，他步履轻盈，很快就走到了老师的前面，柏拉图则在后面不紧不慢地跟着。柏拉图看到，学生已经离那个土坑近在咫尺了，他提醒学生"注意脚下的路"，而学生却笑嘻嘻地说："老师，我想您应该提高您的速度了，您难道没看到我比您更接近那个目标了吗？"他的话音刚落，柏拉图就听到了一个声音"啊！"——学生已经掉进了土坑里，这个土坑虽然不致于让人受到重伤，但是它却足以使掉下去的人无法独自上来。

学生现在只能在土坑里等着老师过来帮他了，柏拉图走过来了，他并没有急着拉学生，而是意味深长地说："你现在还能看到前面的路标吗？根据你的判断，你说现在我们谁能更快地到达目的地呢？"

聪明的学生已经完全领会了老师的意思，他满脸羞愧地说："我只顾着远处的目标，却没走好脚下的每一步路，看来我还是不如老师呀！"

一心想着宏伟的目标，而不懂得通过具体的行动将之付诸实施，和故事中这名只知道看着远方，而不懂得留心脚下的学生非常相似。好高骛远会导致盲目行事，脚踏实地则更容易成就未来。年轻人往往充满梦想，这是件好事情。但同时还要明白的一点是，梦想只有在脚踏实地的工作中才能得以实现。

据说在久远的古代，古老的阿拉比国坐落在大漠的深处，多年的风沙肆虐使得城堡变得满目疮痍。于是有一天，国王对4个儿子说，他打算将国都迁往据说美丽而富饶的卡伦。

人们只知道卡伦距这里很远很远，但没有人知道究竟有多远。据说要翻越许多崇山峻岭，要穿过草地、沼泽，还要涉过很多的河流，国王决定让4个儿子分头前去探路。

大儿子乘车走了7天，翻过了3座大山，来到了一个一望无际的大草原。他问一个当地人，得知过了草地还要过沼泽，还要过大河、雪山……便调转马车回去了。

二儿子策马起程，当他穿过这片沼泽后被那条宽阔的大河挡了回来。

三王子漂过了大河却又被一片辽阔的大漠挡了回来。

一个月过去了，3个王子陆续回到了国王这里，将各自沿途所见讲给国王听，并再三强调他们路上问过了许多人，都告诉他们去卡伦的路很远很远。

又过了5天，小王子风尘仆仆地回来了，他兴奋地告诉父亲：去卡伦的路只要18天的路程。

听了小王子的回答，国王满意地笑了："孩子，你说的对，其实我早就去过卡伦了。"

那3个王子不解地望着国王——"那为什么还要派我们去探路呢？"

国王一脸郑重地说："那是因为我想告诉你们4个字——脚比路长。"

脚比路长，学会"用脚做梦"才能够梦想成真。诗人汪国真曾说过一句话，"没有比脚更长的路，没有比人更高的山"。脚比路长，许多人都曾经有过梦想，却始终无法实现，最后只剩下牢骚和抱怨，其原因就在于没有脚踏实地去行动。

脚踏实地的耕耘者能够在平凡的工作中抓住机遇，而那些只会把眼光盯在高处，不愿意踏实工作的人只能在等待机遇的焦急中度过黯淡无光的一生。著名企业家李嘉诚说："不脚踏实地的人，是一定要当心的。假如一个年轻人不脚踏实地，我们使用他就会非常小心。你造一座大厦，如果地基不好，上面再牢固，也是要倒塌的。"

空谈误事又误己，脚踏实地才是真

在现实生活中，一些看似踌躇满志的人，常常会把"我将来能够怎么样"，"假如是我，我会做到怎么怎么样"这样的话语挂在嘴边，夸夸其谈的时候，能从天南侃到海北，即使说大话的时候，也能够热血沸腾、设想连篇，却始终未能干成几件事情。所以，脚踏实地，少谈空话，多干实事才是成功的必要条件，夸夸其谈则一事无成。

下面的一则寓言，为那些空谈的人敲响了警钟。

有一个农夫，家里值钱的东西只有两样：一头会干活的牛和一只会说话的鹦鹉。

有一次，牛从地里干活归来，一进院便躺在地上休息。看着它累得汗流浃背、气喘吁吁的样子，鹦鹉非常感慨，说："老牛呀，即便你辛勤劳作、吃苦受累，别人还是会抱怨你牛脾气，干活慢。可是我被主人养着，不需要干活，还常常被人们表扬，说我可爱，会学舌。你看，你是不是比我笨多了？"

老牛说："我知道自己不如别人聪明，可是我相信主人是聪明的。靠空谈和漂亮话来取宠是没办法长久的。"听了老牛的话，鹦鹉不以为然。

一天夜里，有一伙强盗闯入了农夫的家里，他们抓住农夫，强迫他交出一件值钱的东西，否则就要了他的命。鹦鹉心想：农夫最喜欢我了，所以肯定会把我留下来的。

让人意外的是，农夫留下了老牛，把鹦鹉交给了强盗。

鹦鹉觉得不服，质问农夫为什么要这么做，农夫说："没有你鹦鹉的话，我只是少听一些漂亮话而已，并没有什么大不了的。但是，如果没有牛来耕田的话，我就会挨饿。这是最简单的道理。"

我们经常会在现实生活中遇到一些言语上夸夸其谈，做起事情来却稀里糊涂、一事无成的人。也许，在言语上他们会给人很深刻的印象，但是，只有脚踏实地、多干实事才是成功的必要因素。在不得不面对现实、需要干实事的时候，许多人内心的激情和理想都会变成无可奈何，一旦面对具体问题，平素的高谈阔论也会变成不知所措。一味设想而不去落实的空谈，只会成为华而不实的空中楼阁，再完美的战略、再滴水不漏的计划、再绝妙的招数亦是于事无补。

肯干实事、落到实处才是成就一件事情的关键，只谈空话、只喊口号是行不通的。在任何事情上，都要正确处理"空谈"和"落实"的辩证关系，做到脚踏实地、言行一致、说到做到，这样才能够成功。这并不是说不需要口号和宣传，必要的口号和宣传能够对成功起到辅助作用，但我们不能仅仅局限于喊口号、做宣传，更重要的在于脚踏实地抓好落实。这就需要我们投入更多的时间、精力和智慧，去思考、研究那些能够切合工作实际的好办法、好计策。只有踏实肯干，真正落实了计划的各个环节，肯下苦功和硬功，才能够达成目标。

曾经有一个轰动事件，一家园艺所愿意以高额的奖金征求纯白金盏花，丰厚的奖赏令许多人跃跃欲试。但是，在自然界中，只存在金色或者棕色的金盏花，培植出白色的花朵并非一件容易的事情。所以，在引起了广泛的社会关注后，这则启事就渐渐被人们淡忘了。

时光飞逝。20年后的一天，那家园艺所收到了一粒纯白金盏花的种子，随之而来的还有一封热情的应征信。当天，这件事情就迅速地传来了，又一次引起了巨大的轰动。

种子的培育者是一个古稀之年的老人，20年前，她偶然看到园艺所的征求启事，便心动了。作为一个地地道道的爱花人，不管8个儿女怎么反对，她都不顾一切地坚持下来。

她撒下一些普通的种子，精心地侍弄了一年，金盏花开放之后，她把颜色最淡的花朵从那些金色、棕色的金盏花中挑选出来，等到其自然枯萎后，就得到了这批里面最好的种子，第二年的时候重又种下去。如此往复，她不断地从这些花中挑选出颜色更淡的花的种子进行培育……

随着时间的流逝，经年累月之后，终于，20年后的一天，她在花园中看到了梦寐以求的白色金盏花，它并非近乎白色，也非类似白色，而是如雪的纯白。这个连专家都无法解决的问题，在一个没有接受过遗传学教育的老人的长期努力和恒久坚持下，最终解决了。

如今的社会，有很多人都满腔热情、胸怀理想和抱负，可是成功往往都是从点滴积累开始的，并不取决于你的设想和空谈，如果不能脚踏实地、埋头苦干地做好眼前的事情，目标只会离你越来越远。

生活中，获得成功的人往往不是那些夸夸其谈的人，也不是满腹空想、终日幻想的人，而是真正能够脚踏实地去把设想变成实践的人。纸上谈兵永远只是空话，是无法达到目标的，深陷于虚无的幻想中是没有前途的。专注于当前的职业和工作，一步一个脚印地埋头苦干，把这些工作尽可能做到细致完美，才能够获得培育成功之花的土壤，真正地从寻常迈向非常。

人生无大事，事事皆小事

很多时候，一件看起来微不足道的小事，或者一个毫不起眼的变化，却能起到关键的作用。这就要求我们始终保持充分的责任心和高度的注意力，始终保持清醒的头脑和敏锐的判断力，能够对工作或生活中出现的每一个变化、每一件小事迅速作出准确的反应和判断。

大凡世界上做成大事的人，都能把小事做细、做好。做好了每件小事，逐渐积累，就会发生质变，小事就会变成大事。任何一件小事，你把它做规范了、做到位了、做透彻了，就会从中发现机会，找到规律，从而为做成大事奠定基础。

峨山禅师对禅理的领悟非常深刻，讲解禅理时妙语连珠、寓意深刻，因此很受推崇，拥有众多弟子。

随着岁月的流逝，峨山禅师渐渐衰老，虽然生活中也需要人照顾，但是他仍然亲自做自己力所能及的事情。

一天，峨山禅师在院子里晾晒自己的被子，累得气喘吁吁，一个信徒看到了，奇怪地问："您德高望重，拥有那么多弟子，这些小事还要您亲自动手吗？"

峨山禅师微笑着反问道："老年人不做点儿小事，还能做什么呢？"

信徒说道："您可以打坐修行呀！那不轻松得多吗？"

峨山禅师微微一笑，反问道："你以为仅仅打坐才叫修行吗？佛陀为弟子穿针，为弟子煎药，难道不也是修行吗？做小事也是修行啊！"

正像峨山禅师所言，做小事也是修行。世间大事无不是由小事积累而来的。我们每个人所做的工作，都是由一件件微不足道的小事组成的，但我们不能因为它小就忽视它。事实上，世界上所有的成功者，他们与我们一样都做着同样简单的小事，唯一的区别就是，他们从不认为自己做的事是简单的小事。

很多人时常对自己目前的工作不满意，还常常抱怨，诸如工作内容太简单、大材小用、不受领导重视等，却很少会从自身找原因，问一问自己是否尽心尽力，有没有把这份"简单"的工作做好？有没有把当前工作做到最佳水准？

许多想一步登天的高学历毕业生眼高手低，只想做"大事"，不愿做"小事"，又不知道自己的能力在哪里，结果是大事做不了，简单的小事也做不好。

一位 MBA 毕业生到银行任职，人事部门把他安排到营业网点当柜员，做储蓄工作。一个月后，他找到行长说，他到银行来不是干这种简单的琐事的，他应该担当更重要的工作。

行长便把他安排到了国际信贷部，但很快信贷部的负责人和同事们对他的工作能力都非常不满。他还自认为很能干，总是抱怨单位不好，领导不给他机会，同事嫉妒他。结果，大家都认为他是个大事干不了、小事不想干的讨厌家伙。

每个新职员都会被告诫应该做好当前的基本工作，但能意识到这一点并真正做得好的人并不多。一位银行分行的行长说，每年都会有一些大学毕业生到基层锻炼，而往往他们都没有耐心熟悉银行的基本业务，却总想着管理的问题，好像都是来等着当行长似的。

只要能一心一意地做事，世间就没有做不好的事。这里所讲的事，有大事，也有小事，所谓大事小事，只是相对而言。很多时候，小事不一定就真的小，大事不一定就真的大，关键在做事者的认知能力。那些一心想做大事的人，常常对小事嗤之以鼻，不屑一顾。其实连小事都做不好的人，大事是很难做成功的。许多成功人士都是能将小事坚持做好的人。

有位智者曾说过这样一段话，他说："不会做小事的人，很难相信他会做成什么大事。做大事的成就感和自信心就是由做小事的成就感积累起来的。可惜的是，我们平时往往忽视了它，让那些小事擦肩而过。"

人生无大事，事事皆小事。生活的一切原本都是由细节构成的，如果一切归于有序，那么决定成败的必将是微若沙砾的细节，正如柏拉图所说："如果没有小石头，大石头也不会稳稳当当地矗立着。"只要你能做好每一件简单的小事，你就不简单。

一生只做一件事

天下的麻雀是捉不尽的，一只手也抓不住两只鳖。自古以来，人不能在同一时间内，既能抬头望天又可以俯首看地。所以说，不能专心便一事无成。

爱默生是一位谦虚的作家，可是他在晚年时反思自己一生的成就时却说："让我步入失败深渊的人不是别人，是我自己。我一生中最大的敌人不是别人，是我自己。我是给自己制造不幸的建筑师，我一生希望自己成就的事业太多了，以至于一事无成。"以爱默生的成就，他还这样反省自己，认为自己一事无成，足见他是多么的谦虚。不过我们能从他说的话中得到一个启示：做事必须将所有精力投入到一点上，三心二意，只能一事无成。正如俗话说的："你要想把天下的麻雀捉尽，结果会一只也捉不到。"

黄石公说："最悲哀的情形，莫过于心神离散；最大的病态，莫过于反复无常。"我们应懂得，不是焦点的聚光，是不能起到燃烧作用的。

昆虫学家法布尔为了观察昆虫的习性，常常废寝忘食。有一天，他大清早就趴在一块石头旁。几个村妇早晨去摘葡萄时看见法布尔，到黄昏收工，仍然看到他趴在那儿，她们实在不明白："他花一天工夫，怎么就只看着一块石头，简直中了邪！"其实，为了观察昆虫的习性，法布尔不知花去了多少个这样的日日夜夜。

有一次，一个青年苦恼地对法布尔说："我不知疲劳地把自己的全部精力都花在我爱好的事业上，结果却收效甚微。这是怎么回事？"

法布尔赞许地说："看来你是位献身科学的有志青年。"

这位青年说："是啊！我爱科学，可我也爱文学，对音乐和美术我也感兴趣。我把时间全都用上了。"

法布尔从口袋里掏出一块放大镜说："把你的精力集中到一个焦点上试试，就像这块凸透镜一样。"

欲成就大事的人，往往会专注于所从事的事情，紧紧抓住事情的关键，攻其难点和重点，实现质的飞跃，成就一番事业。

在专一的用心面前，智慧的大脑、优势的体格节节败退。我们不能因为从事别的事情而分散了我们的精力。中国古代的铸剑师为了铸成一把好剑，必须在深山中潜心打造十几年。有道是"十年磨一剑"，专注能够保证工作效率得到最大的发挥，为了专心做好一件事，必须远离那些使你分散注意力的事情，集中精力选准主攻目标，专心致志地去做好你要做的事，这样才可能取得成功。

一个人的精力和时间都是有限的，不可能成为无所不知、无所不能的超人。如果大多数人集中精力专注于一件事情，他们都能把这件事情做得很好。当你的内在心灵将焦点集中在特定目标上，你会不由自主地朝此目标前进，然后以比较宽容的想法去看待其他事情。你沉下心来，专注地做好一件事情，成功的目标会离你越来越近。

梦想不受限制，无事不能成就

一个人心里想成为怎样的人，就可能成为怎样的人。相信你是个强者，你就可能成为强者。我们每个人心里都有一幅"心理蓝图"或一幅自画像，有人称它为"自我心像"。自我心像有如电脑程序，直接影响你的运作结果。如果你心里想做最好的你，那么你就会在你内心的"荧光屏"上看到一个踌躇满志、不断进取的自我。同时，还会经常收听到"我做得很好，我以后还会做得更好"之类的信息，这样你注定会成为最棒的人。

信念是所有奇迹的萌发点，纵观古今中外凡成大事者，无不是从一个小小的信念开始起步的。

罗杰·罗尔斯是美国纽约州历史上第一位黑人州长。他出生在纽约声名狼藉的大沙头贫民窟。这里环境肮脏，充满暴力，是偷渡者和流浪汉的聚集地。在这儿出生的孩子，耳濡目染，他们从小逃学、打架、偷窃甚至吸毒，长大后很少有人从事体面的职业。然而，罗杰·罗尔斯是个例外，他不仅考上了大学，而且成为了州长。

在就职的记者招待会上，一位记者向他提问："是什么把你推向州长宝座的？"面对300多名记者，罗尔斯对自己的奋斗史只字未提，只谈到了他上小学时的校长皮尔·保罗。

1961年，皮尔·保罗被聘为诺必塔小学的董事兼校长。当时正值美国嬉皮士流行的时代，他走进大沙头诺必塔小学的时候，发现这儿的穷孩子比"迷惘的一代"还要无所事事。他们不与老师合作，旷课、斗殴，甚至砸烂教室的黑板。皮尔·保罗想了很多办法来引导他们，可是没有一个是奏效的。后来，他发现这些孩子都很迷信，于是他上课的时候就多了一项内容——给学生看手相。他用这个办法来鼓励学生。

当罗尔斯从窗台上跳下，伸出小手走向讲台时，皮尔·保罗说："我一看你修长的小拇指就知道，将来你是纽约州的州长。"当时，罗尔斯大吃一惊，因为长这么大，只有奶奶让他振奋过一次，说他可以成为五吨重的小船的船长。这一次，皮尔·保罗先生竟说他可以成为纽约州的州长，着实出乎他的预料。他记下了这句话，并且相信了它。

从那天起，"纽约州州长"就像一面旗帜影响着他。罗尔斯的衣服不再沾满泥土，他说话时也不再夹杂污言秽语，他开始挺直腰杆走路。在以后的40多年间，他没有一天不按州长的身份要求自己。51岁那年，他终于成了州长。

在就职演说中，罗尔斯说："信念值多少钱？信念是不值钱的，它有时甚至是一个善意的欺骗，然而你一旦坚持下去，它就会迅速升值。"

"信念不值钱，却因坚持而升值"，罗尔斯正是因为对信念长久地坚持，并以"纽约州州长"的标准要求和约束自己，沉住气，付出了几十年的努力，从而获得了成功。

信念是任何人都可以免费获得的，相信自己，你就能创造奇迹。

亨利曾写过这样的诗句："我是命运的主人，我主宰自己的心灵。"

只有你才是自己命运的主人，只有你才能把握自己的心态，用你的心态塑造自己的未来，这是一条普遍的规律。

有些人也许会问："老天生来就待我不公，我生下来就有缺陷，那我该怎么办呢？"如果你属于这类"不幸者"，那就想想海伦·凯勒的人生经历吧。还有谁能比一个又聋、又哑、又盲的女孩更为不幸呢？可她成了美国著名的作家。

不论你在生理上是否有残疾，不论你是儿童还是成人，你都能从海伦·凯勒的人生经历中得到以下启示：

1. 那些能够产生热烈的愿望以达到崇高目标的人，才能走向伟大。
2. 那些以积极的心态不断努力的人，才能取得成功。
3. 在人类的任何活动中，要获得成功，就必须实践、实践、再实践。
4. 当你确立了目标时，努力和劳动就会变成乐事。
5. 对那些被积极的心态所激励，想成为成功者的人来说，伴随着任何逆境，都会同时产生一粒等量或更大能量的种子。

拥有一个积极的心态比什么都重要。只要你坚信自己能做到，你就一定能做到，不要给自己找任何借口，因为能打败你的只有你自己，而能挽救并成就你的辉煌的也只有你自己。

认清自己，成就自己

人生的诀窍就是经营自己的长处，这是因为经营自己的长处能给你的人生增值，经营自己的短处会使你的人生贬值。正如富兰克林所说："宝贝放错了地方便是废物。"一个人竭尽全力去做一件事而没有成功，并不意味着他做任何事情都无法成功。因为他可能选择了不合天性的职业，这就注定难以出人头地。

其实中国历史中就有些人是放错了位置的，比如南唐后主李煜，精书法，善绘画，通音律，诗和文均有一定造诣，被称为"千古词帝"，可是李后主绝不是一个好皇帝。而像是李煜翻版的宋徽宗是一个了不起的书法家，也是一个画家，他曾写过"孔雀登高，必先举左腿"等有关绘画的理论文章，对中国的美术有相当大的贡献，但是他也不是一个好的皇帝，他曾因为大举"花石纲"而涂炭生灵，造成了"靖康之耻"。"端王轻佻，不可君天下"。很显然，宋徽宗被放在了错误的位置。

一个人成功与否，有两个关键：一个是管理自己的能力，另一个就是了解自己的程度。通过对自己经历的回顾可以发现和准确判断自己的兴趣所在。在此基础上，将自己的兴趣与相应的职业对比，可以帮助你选择适合自己兴趣的职业。

爱因斯坦在50年代曾收到一封信，信中邀请他去当以色列的总统。出乎人们意料的是，爱因斯坦竟然拒绝了。他说："我整个一生都在同客观物质打交道，因而既缺乏天生的才智，也缺乏经验来处理行政事务及公正地对待别人的能力，所以，本人不适合如此高官重任。"

爱因斯坦非常了解自己，他早已确定了自己的位置，于是，无论怎样的高官厚禄都无法迷惑他的眼睛，事实上，也只有做科学家才适合他。

把生活中最感兴趣的事作为职业，这便是把兴趣发挥到了极致，正如罗素所说，他的人生目标就是使"我之所爱为我天职"。大凡成功者，他们成功的关键都是掌握了自身的优势，并加倍强化这种优势，完全投入到自己所喜欢的项目之中。

要选择好工作，首先要问问你自己的兴趣所在。我喜欢做什么？我最擅长什么？一份自己热爱的工作可以激发工作的积极性，即使再辛苦、再烦琐，也阻挠不了我们前进的脚步。这样的工作更像是一种享受。

爱迪生就是一个好例子。这个未曾进过学校的报童，后来却使美国的工业革命完全改观。爱迪生几乎每天都在他的实验室辛苦工作18个小时，在里面吃饭、睡觉，但他丝毫不以为苦。"我一生中从未做过一天工作，"他宣称，"我每天其乐无穷。"难怪他会取得这么大的成就，每个从事着他自己所无限热爱的工作的人，都易成大事。而事实上，很多人都很难一下弄清楚自己到底对什么最感兴趣或者是擅长什么，这就需要你在实践中不断发现自己、认识自己，这个过程也许曲折，放弃也许困难，但为了一生的天职，我们也要拼一拼。

美国作家马克·吐温曾经经商，第一次他从事打字机的投资，因受人欺骗，赔进去19万美元；第二次办出版公司，因为是外行，不懂经营，又赔了10万美元。两次共赔将近30万美元，不仅把自己多年心血换来的稿费赔个精光，而且还欠了一屁股债。

马克·吐温的妻子奥莉姬深知丈夫没有经商的才能，却有文学上的天赋，便帮助他鼓起勇气，振作精神，重新走创作之路。终于，马克·吐温很快摆脱了失败的痛苦，在文学创作上取得了辉煌的成就。

人生像是一盘棋，你要知道自己的角色和位置，你到底是车、是马、是兵还是炮，不同的身份有不同的路线，你若不认清自己的位置，一味地乱走，那人生这盘棋，你就很容易败北。事实上，只有最适合自己的才是自己的"正业"，我们可能一直在为了找到自己的"正业"而止步、改变和再启程。

曾经有位中学生向世界首富比尔·盖茨请教成功的秘诀，盖茨说："做你所爱，爱你所做。"因此，在选择职业时，不要心急地只关心薪水和名望，而应该看这个工作是否是自己最感兴趣且可以充分地发挥自己的潜能的，要选择那些能使你雄心勃勃，能让你感到幸福的职业。

勇于突破"我不能"的自我限制

想要成功，首先要有敢于成功的念头，这种念头要像溺水者想要求生那么强烈。失败者有失败的心态，成功者有成功的心态。不同的思想会影响到人的决心和行为。因此，每个渴望成功的人都要拥有绝对的信心。对于追求者而言，拥有了自信，便已成功了一半。

沉住气首先指的是对自己和自己所做的事情有信心，一个对自己所做的事情没有信心的人是沉不住气的。只有坚定不移地相信自己能够成功的人，才会有足够的耐心沉住气埋头去干。

一位年轻人去一家广告公司应聘文案策划工作。老板问他："你以前做过这类工作吗？"年轻人说："没有，但我有信心做好。"

"既然你没做过，信心何来？"

"以前我也是搞文化工作的，跟文案策划类似。这样吧，如果我干得不能让您满意，我一分钱不要就卷铺盖走人。"

老板同意了，并交给他一项文案创意的任务。他不敢掉以轻心，先借来公司以前的成功个案细细揣摩，直到心里有底了才着手工作。他一边揣摸老板的意图，一边调动所有的灵感细胞，精心制作，觉得无懈可击了才交给老板。结果老板只改动了几个字就通过了，同时交给他一个更加复杂的广告文案创意任务。因为有了初次成功的鼓舞，他不像第一次接任务那样拘谨了，思路活跃起来，而且也更加自信。他没有局限于老板的口味，完全依照自己的感觉创作。

当他把作品交给老板时，老板仔细看了一遍，半天没吭声。突然，老板吁了一口气，说："你是这方面的天才，好好干吧！"

拥有自信，并不是鼓吹"人有多大胆，地有多大产"，而是相信事情并非毫无可能，成功并非毫无希望。若我们能够带着激情与梦想，寻找方法，然后对症下药，便能很好地解决遇到的问题。拥有自信，肯踏踏实实地努力，这世上便没有什么不可以尝试的东西，成功当然也不会冷漠地拒绝你。

人最大的敌人是自己，人在工作上遇到的最大问题是缺乏自信。缺乏自信的现象包括"告诉自己做不到""怀疑自己无法获得成功""对自己的现状不满意""担心自己会失败""觉得自己没有目标和安全感"，这一切都会影响人行动，让人缺乏应有的活力，从而限制了潜能最大程度地发挥。

一个人的积极行动，包括最终的成功，总是跟他的自信心紧密相关的。怀着必胜的心，我们才能担负起责任，勇敢地面对一切艰难险阻。只要怀有必胜的信念，哪怕是一个平凡的人，也会成就惊人的事业。

2001年5月20日，美国一位名叫乔治·赫伯特的推销员成功地把一把斧子推销给小布什总统。他所在的布鲁金斯学会得知这一消息，把刻有"最伟大推销员"的一只金靴子赠与他。这是自1975年以来，该学会一名学员成功地把一台微型录音机卖给尼克松后，又一学员跨过如此高的门槛。

布鲁金斯学会以培养世界上最杰出的推销员闻名于世。它有一个传统，在每期学员毕业时，设计一道最能体现推销员能力的实习题，让学员去完成。克林顿当政期间，他们出了这么一道题目：把一条三角裤推销给现任总统。八年间，有无数个学员为此绞尽脑汁，可是，最后都无功而返。克林顿卸任后，布鲁金斯学会把题目换成：请把一把斧子推销给小布什总统。

鉴于前八年的失败，许多学员放弃了争夺金靴子奖，个别学员甚至认为，这道毕业实习题会和克林顿当政期间一样毫无结果，因为现在的总统什么都不缺，再说即使缺少，也用不着他们亲自购买。

然而，乔治·赫伯特做到了，并且没有花多少工夫。一位记者采访他时，他说："我认为，把一把斧子推销给小布什总统是完全可能的，因为布什总统在得克萨斯州有一个农场，里面长着许多树。于是我给他写了一封信，说：有一次，我有幸参观您的农场，发现里面长着许多大树，有些已经死掉，木质已变得松软。我想，您一定需要一把小斧头，但是从您现在的体质来看，这种小斧头显然太轻，因此您仍然需要一把不甚锋利的老斧头。现在我这儿正好有一把这样的斧头，很适合砍伐枯树。假如您有兴趣的话，请按这封信所留的信箱，给予回复……最后他就给我汇来了15美元。"

乔治·赫伯特成功后，布鲁金斯学会在表彰他的时候说，金靴子奖已空置了26年。

在哥伦布成功之前，谁也不相信大洋彼岸还有一片绿洲；在乔治·赫伯特成功之前，谁也不相信他能将一把斧头卖给总统。有些人之所以不能成功，是因为他们在尝试之前就给自己预设了一种可能：这件事情绝不可能成功！就这样，失败的念头抢占了他们脑海中的高地，堵塞了努力的道路。而满怀信心的人永远相信，想要追求梦想，首先要做一个敢于做梦的人。在追求的路上，要记得将必胜的信念放进随身的行囊。

信念代表着一个人的精神状态和把握任务的热情，以及对自己能力的正确认知。只有怀着必胜的信念，我们才能沉住气，充满热情，干劲十足，无所畏惧地勇往面前。或许你现在的生活碰到了一些小麻烦、小挫折，但这些都将成为你走向成功的垫脚石、助推器。

决心就是力量，自信就是成功，若拥有必胜的信念，你将永远比别人更容易走向成功。

沉住气，方法总比问题多

想办法是解决困难的唯一办法，而且，只要努力寻找，就势必会有办法。很多时候，那些能力优秀的人总能够找到适当的解决问题的办法，而那些表现恶劣的人通常只是头痛困扰、推卸责任，四处寻觅能够勉强站住脚的推诿理由。由此可见，问题总是能解决的，关键是我们面对困难时持何种态度。

成功的内涵不在于如何去做，真正决定一切的是你如何去想。

一个人会做出什么样的行动，取决于这个人在想什么，这就是所谓的"思维决定行动"。

能够成为一个团队或者企业的坚实力量的人，必然是一个善于发掘、勤于思索的人，只有这样的人，才能够找到做好一件工作的最佳途径。

美国总统罗斯福曾经说过："找办法是解决困难的唯一办法，而且，只要努力寻找，就肯定会有办法。"他8岁的时候，牙齿暴露在外又不齐整，经常成为别人的笑料，这使得他在人际交往中畏畏缩缩，内向自闭。在课堂上，每当老师向他提问，他总是怯怯地、有些颤抖地站在那里，从牙缝里吐出一些无人能够听懂的、模糊不清的答案，只有老师让他坐下的时候，他才如遇大赦般松一口气。

相反的是，罗斯福从没有因此认为自己是可怜的，也未曾自暴自弃，他坚信，能够拯救自己始终只有自己，不以这些缺陷作为逃避的借口，也不会自怨自艾，因为借口只会让自己变得疏松懈怠，只有直面缺陷才能够坚持奋斗。他尝试着去努力改正自己的缺陷，无法改正的地方就反其道而行之，从另一角度来加以利用。渐渐地，他学会在演说中巧妙地使自己沙哑的声音和暴露于外的牙齿成为自己获得成功不可或缺的条件，而不是导致失败的缺陷。在他的努力下，他后来就任了美国总统，并深受人民爱戴。

就如同罗斯福的人生一样，每个人都或多或少地会遇到一些障碍和曲折，我们不应该望而生畏，反而要勇敢地去面对，积极地去寻求解决的办法，努力克服这些前进中的阻碍。

在生活中，如果想尽力做到优秀出色，不循旧路、创新思维是必须的，只有这样才能够避免被灰尘蒙蔽。对待工作中可能遇到的问题时，要竭尽全力地去尝试任何可能的解决办法。

传说中，在法国一个偏僻的小镇里有一眼十分灵验的水泉，经常会出现各种奇迹，能够使任何疾病痊愈。有一天，一个少了一条腿的退伍军人拄着拐杖，一瘸一拐地走过镇上的马路。镇民们同情地看着他，说："可怜的人啊，难道他是想向上帝祈求能有一双健全的腿吗？"退伍军人听到了这句话，转身对镇民们说："不，我并不想向上帝祈求有一条新腿，而是希望上帝能够告诉我，帮助我，解答我的疑惑，让我知道怎样在没有一条腿之后生活。"这个故事经常被爱达斯石油公司的总裁用来教育自己的员工，他觉得只有那些在缺失了一条腿之后，还能有用积极的心态争取把路走好的员工才会成为公司的脊梁，困难对于这些人来说并不是不可攻克的敌人，因为他们"总有克服困难的办法"。

有一位就职于美国某石油公司的青年，他每天的任务就是巡视和确认石油罐盖有没有被自动焊接好。一般的焊接技术通常都是将石油罐放在输送带上，当移动到旋转台的时候，焊接剂会自动滴下来，沿着盖子回转一周，但是，这种技术需要耗费很多焊接剂，尽管公司一直尝试改造，却因其太过困难而作罢。这位青年没有灰心泄气，他并不认为无法找到解决的途径，于是，他每天工作的时候都观察罐子的旋转，并努力思考改进的方法。

通过细致的观察，他发现，每次的焊接工作都需要滴落39滴焊接剂。这个发现忽然激发了他的一个设想：如果能够减少焊接剂的滴数，是否就能够节省一些消耗呢？于是，他开始在这个切入点上进行研究，终于研制出了37滴型焊接机，但这种焊接机所焊接的石油罐会偶尔漏油。这个结果没有使他灰心气馁，他很快又投身于新的解决办法的探求中去，最后，成功地研制出了38滴型焊接机，取得了相当完美的结果。由此，公司对他评价很高，迅速将这种机器投入生产，采用了新的焊接方式。在很多人看来，也许节省一滴焊接剂并不是什么不得了的事情，可正是这样的"一滴"，每年都给公司带来了5亿美元的新利润。这位青年，就是后来的石油大王约翰·戴维森·洛克菲勒，他掌握了全美95%的制油业实权。

现代心理学的研究表明，在通常情况下，大多数人的智力都处于半开发的状态，而在兴奋或者激动的状态下才会有一些出乎意料的智力表现。因此，我们的潜在能力是否能被激发，取决于我们在面对困难、阻碍时是否能够积极思考对策的态度。面对阻碍时，成功的人会沉住气，不急不躁，努力营造出动脑思考、寻求办法的积极氛围，而失败的人，往往败在自己没有付出努力寻求出路。

提升自我才能成就卓越

人生路上不会永远一帆风顺，要想使自己立于不败之地，办法只有一个，即提升自己。只有不断增强自己的能力，才能与风雨搏击。

很多人充满了梦想，却不肯脚踏实地地去实现梦想。他们自命不凡，整日怨天尤人，工作无精打采。其实，每一天的生活中都蕴藏着成就卓越的机会，在平凡的生活中沉得住气，脚踏实地地努力，总能收获诸如才能、社会经验、人际关系等；而那些心浮气躁，不懂得提升自我的人，往往因为缺乏足够的能力而与成功失之交臂。

一个黑人小孩迈克在他父亲的葡萄酒厂看守橡木桶。每天早上，他用抹布将一个个木桶擦拭干净，然后一排排整齐地摆放好。令他生气的是：往往一夜之间，风就把他排列整齐的木桶吹得东倒西歪。

小迈克面对这种情景，伤心地哭了。父亲抚摸着迈克的头说："孩子，别伤心，我们可以想办法去征服风。"于是，迈克擦干了眼泪，坐在木桶旁边想啊想啊，想了半天，他终于想出了一个好办法，他去井里挑来一桶一桶的清水，然后把它们倒进空空的橡木桶里，然后他就忐忑不安地回家睡觉了。

第二天，天刚蒙蒙亮，迈克就匆匆爬了起来，他跑到放桶的地方一看，那些木桶一个一个排放得整整齐齐，没有一个被风吹倒的，也没有一个被吹歪的。迈克高兴极了，他对父亲说："要想木桶不被风吹倒，就要增加木桶自己的重量。"迈克的父亲赞许地笑了。

小迈克终于从中学会了让木桶不倒的方法，毫无疑问，这个方法会让他终生受益。在狂风中屹立不倒的参天大树必然有庞大的根系，它们的每一条根须都深深地扎进土地中，向大地汲取能量。如果想在狂风中保持站立的姿势，我们就应该不断加固自己的根基。每个人都不应该忽视学习，沉住气，每天进步一点，便没有什么能阻挡我们抵达成功的彼岸。成功与失败的距离其实并不遥远，很多时候，它们之间的区别就在于你是否每天都在提高你自己。

现实生活中有许多人，尽管他们的资质很好，却一生平庸，原因是他们不求上进。一个人的知识储备愈多，生活才能愈充实。自强不息、追求进步的精神，是一个人卓越超群的标志，更是一个人成功的征兆。

彼得生活在一个贫困的工薪阶层家庭中，因为经济困难，他刚刚高中毕业，便不得不放弃去大学深造的机会，到一家百货公司打工。虽然每周只有5美元的薪水，他仍然很珍惜这个来之不易的机会，每天尽职尽责地对待工作，努力充实自己，想办法把自己的工作做得更好一些。

经过仔细观察，他发现无论有多么的劳累，主管每次都要认真检查那些进口的商号账单。由于那些账单都是用法文和德文书写的，他便开始在每天上班的过程中仔细研究那些账单，并努力钻研与这些商务有关的法文和德文。

一天，他看到主管十分疲惫，但仍一一核查那些账单，便主动要求帮助主管检查。由于有以前那些准备，他干得相当出色。从那以后，检查账单的工作便由彼得接手了。

又过了两个月，彼得被叫到一间办公室接受一个部门经理的面试。面试彼得的经理年纪比较大，对他说："我从事这个行业已经40多年了，你是我发现的为数不多的每天都要求自己进步、日益把工作做得更加完善的人。从这个公司成立开始，我一直从事外贸工作，也一直想物色一个得力的助手，但是因为这项工作涉及的面太广，工作又劳累繁杂，尤其是需要有高度的责任心，否则一个小小的差错也会使公司蒙受巨大的损失。这项工作最大的要求就是员工要把工作做到毫无差错、尽善尽美，我们认为你是一个合适的人选。"

尽管彼得对这项业务一窍不通，但是他凭着那股尽职尽责的认真劲，对工作不断钻研、学习的精神，不断提高自己的能力，半年后他已经完全胜任这份工作并做得相当出色。一年后，他接替了那位经理的工作，成为该公司有史以来最年轻的部门经理。

每个人都有成功的无限潜能，潜能就像富饶的土壤，我们要像农夫一样不急不躁，辛勤地耕耘，才能有所收获。在日常工作与生活中，你只有努力把事情做好，才有展现自己潜能的机会。潜能也是有生命的，你只有通过提升自己，当自己的实际能力与内在潜力接近时，潜能才会爆发出它全部的力量。

麦克阿瑟将军在南太平洋指挥盟军的时候，办公室墙上也挂着一块牌子，上面写着这样的座右铭："你有信仰就年轻，疑惑就年老；你有自信就年轻，畏惧就年老；你有希望就年轻，绝望就年老；岁月使你皮肤起皱，但是失去了热忱，就损伤了灵魂。"这是对"热忱"最好的赞词。"失去了热忱，就损伤了灵魂。"保持热忱的进取心，便能点燃智慧的心灯，灵魂的火焰才有足够的力量把成就天才的各种材料熔冶于一炉。

思想家爱默生曾说："人类可以分为两种：一种是属于过去的人，一种是属于将来的人；一种是维持现状者，一种是改变现状者。"维持现状的人满足于现阶段的状态，而努力改变现状的人每分每秒都在为更好的未来做准备。有一句格言："只因准备不足才导致失败。"这句话可以写在无数可怜失败者的墓碑上。改变世界要从提升自我开始，在知识的海洋中，你的智慧只是其中的一粒沙，一滴水，我们拥有的只是一颗不断进取的心灵，唯有不断地学习，才能安抚它的躁动。

每天学习一点点，每天进步一点点

有这样一句名言："在生命的每一天我都有进步。"在现实生活中，只要我们每一天都有进步，每一天都一步一步不停地向着人生目标迈进，无论路程多么艰难险阻，总会有抵达终点的那一天。

沉住气，一步一步前行，一点一点进步，就能一个目标一个目标地实现，成功就会一点点地接近我们。

1983年，伯森·汉姆徒手攀壁，登上纽约的帝国大厦，在创造了吉尼斯纪录的同时，也赢得了"蜘蛛人"的称号。美国恐高症康复联合会得知这一消息，致电"蜘蛛人"汉姆，打算聘请他做康复协会的心理顾问，因为在美国有8万多人患有恐高症。

伯森·汉姆接到聘书，打电话给联席会主席诺曼斯，让他查一查第1024号会员。这位会员很快被查了出来，他的名字叫伯森·汉姆。原来他们要聘作顾问的这位"蜘蛛人"，本身就是一位恐高症患者。

诺曼斯对此大为惊讶。一个站在一楼阳台上都心跳加速的人，竟然能徒手攀上400多米高的大楼，这确实是件令人费解的事，他决定亲自拜访一下伯森·汉姆。

诺曼斯来到费城郊外的伯森住所。这儿正在举行一个庆祝会，十几名记者正围着一位老太太拍照采访。原来伯森·汉姆94岁的曾祖母听说汉姆创造了吉尼斯纪录，特意从100千米外的葛拉斯堡罗徒步赶来，她想以这一行动，为汉姆的纪录添彩。谁知这一异想天开的想法，无意间创造了一个耄耋老人徒步百里的世界纪录。

《纽约时报》的一位记者问她，当你打算徒步而来的时候，你是否因为年龄关系而动摇过？老太太笑着说，小伙子，打算一口气跑100千米也许需要勇气，但是走一步路是不需要勇气的，只要你走一步，接着再走一步，然后一步再一步，100千米也就走完了。

恐高症康复联席会主席诺曼斯站在一旁，一下明白了伯森·汉姆登上帝国大厦的奥秘，原来他只需要一步一步往上爬就可以了。

伯森·汉姆患有恐高症却能登上帝国大厦，也许这看起来不可思议，但只要每次前进一点，持续不断地努力，就总有一天能够达到目的。

成功与失败之间的距离，并不像大多数人想象的那样是一道巨大的鸿沟。成功与失败之间的差别只在一些小小的动作：每天花 10 分钟阅读、多打一个电话、多努力一点、多一个微笑、演出时多费一点心思、多做一些研究，或在实验室中多做一次试验。伟大的哲学家冯·哈耶克告诫道："如果我们多设定一些有限定的目标，多一分耐心，多一点谦恭，那么，我们事实上倒能够进步得更快且事半功倍；如果我们自以为是地坚信我们这一代人具有超越一切的智能及洞察力并以此为傲，那么我们就会反其道而行之，事倍功半。"

《礼记·大学》中有句话："苟日新，日日新，又日新。"老子在《道德经》中说："合抱之木，生于毫末，九层之台，起于累土，千里之行，始于足下。"这些古老的中国经典文化都说明了一个道理：量变积累到一定程度就会发生质变。一个人，只要沉住气，坚持每天进步一点点，终有到达成功的那一天。

第三节　沉住气，深藏不露才能巧避锋芒

认识自己

伟大的古希腊哲学家苏格拉底曾经说过："人啊，请认识你自己。"对于低调者来说，这是他们一生恪守的箴言。

低调者成功的原因，就来自于他们对自己有一种正确的认识，基于这种正确的认识，他们才能够给自己一个正确的定位，给自己设置正确可行的目标，让自己能够正确对待挫折和困难。从人格上来说，只有认识自己的人，才知道什么是应该做的，什么是不应该做的，也就是说具有"自我意识"。

由于种种原因，约翰失业了，他不得不开始重新找工作。一个月过去了，投了数份简历的他一直没有接到面试的通知，这让周围的朋友们感到非常不解。因为无论从经验还是从能力上来说，约翰都是有一定"实力"的，为什么这么长时间连一个通知也接不到呢？当朋友们看了他发出去的简历之后才恍然大悟。约翰在简历上是这样写的：

1. 在我上大学时，准备去找到一份家教，因此交 100 元中介费，但因为家长过于挑剔而辞职，钱打了水漂儿。而我的一个同学张贴广告，没花几元钱就找到 3 份家教。从此，我提醒自己：凡事要多动脑思考。

2. 毕业后的第一份工作是：负责带领十几个人挨家挨户送奶。因为用人不当，第一个月就出现严重亏空，不但自己工资全部被扣，还倒贴进好几百元。于是，我时时告诫自己：永远保持清醒的头脑和高度的警惕。

3. 一次与同班同学竞聘销售主管一职，经理问我，你认为你俩谁更适合这项工作，我举荐了同学，自己却被拒绝了。

4. 不久前，因为不愿替老板销售以假乱真的配件，结果被辞退了。

朋友们都说这哪是简历，简直是一本"失败回忆录"，看了这样的简历任谁也不会给他发通知的。所以，朋友们劝他重新写一份，把自己"刻画"得完美一些，这样才有更多的机会。但约翰始终坚持自己的初衷，同时他相信总有人慧眼识珠发现自己。

不久之后，约翰果然接到一家著名企业的面试通知，最终成功地找到了工作。

那么，到底是什么原因让这家企业相中了约翰呢？这与他的那份简历密切相关。公司的负责人解释说："他交的是一份感情真挚的记录。我们需要的正是这样诚实守信，能不断吸取经验教训，从而不断进步、不断开拓、不断向上的管理者！"

约翰没有像其他应聘者那样掩饰因经验不足导致失败的"缺陷"，而是勇敢、真诚地正视了自己，这就是因为认识自己而获得的成功。

低调的人不会因为不如别人而低估自己。低估自己的人容易产生自卑心理，这是一种心理扭曲，这样的人在任何时候都觉得自己不行，他们担心的事情太多了：长得矮、太胖或太瘦，自己不健康，担心患癌症；在工作上甘居中游、下游，没有进取心。同时，低调的人认为骄傲是很荒谬的事情，因为无论自己过去做了什么事情都不重要，自己将要做的事，比已经做了的事总是要重要得多。所以，低调的人总是很谨慎地看待自己的成就和能力，他们总是明白：已经取得的成功，其中有多少成分是属于自己的，有多少成分来自于别人的帮助，有多少成分来自于运气。

人不仅要意识到周围世界客观事物的存在，同时更要能够意识到自己的心理和行为，这样方成大器。

低调的人能够客观地评价自己，他们不会把自己看得太高，总是很谨慎地看待自己的成就和能力。因为他们知道自己的成功，虽有自己主观的条件，但更离不开一切外在的条件，自己仅仅是其中的一个因素而已。正确地认识自己，在别人面前始终保持着一份温和的态度，真诚而朴实，就会在现实生活中，在繁忙工作中赢得更多的朋友，这是一种品格，也是一种修养。

经常反省

有人曾说：人类的历史其实就是在不断的反省中才得到发展和进步的。历史的大趋势是如此，对于渺小的个人来说，自我反省自然更加重要。

学会自我反省就是实事求是地把以前的经验教训，总结出一个规律性的东西，及时修正自身的错误，寻找更好的方法，如此一来，成功自然就在不远的前方了。

"吾日三省吾身"，出自孔子的弟子曾参之口。与孔子一样，曾参也是一个恪守反省之道的君子。

有一次，曾参的学生子襄问他说："什么是勇敢？"曾参直接引用孔子的话，说："你喜欢勇敢吗？我曾听我的老师孔子先生说最大的勇敢就是会自我反省，正义不在自己一方，即使对方是普通百姓，我也不恐吓他们；自我反省，正义在自己一方，即使对方有千军万马，我也勇往直前。"

当你背向太阳的时候，你会只看到自己的身影，连别人看你，也只会看见你脸上阴黑一片。只拿愤世嫉俗来代替反省自己，对自己的成长是一种最大的耽误。有一句话说得好："一个人的成长＝经验＋反思。"一个人或许工作了20年、30年，如果没有反思，也只是一年经验的20次、30次的机械重复而已。低调者倡导每天都自我反省，思索自己做人、处事的方法是否正确，好给自己以后的行动指明方向，这对低调者的成功有极大的促进。自我反省不是故意要把自己弄得愁眉紧皱，跟自己的大脑过不去，而是对自身的深刻审查，以求进步。

实际上，每个人在做事情、做工作的时候都要有自我反省的态度，并不断以实际行动去追求、去实现自己美好的愿望。一个不善于自我反省的人，则会一次又一次地犯同样的错误，不能很好地发挥自己的能力。相反，一个善于自我反省的人，往往能够发现自己的优点和缺点，并能够扬长避短，发挥自己的最大潜能。

夏朝时期，一个背叛的诸侯有扈氏带兵入侵，夏禹派他的儿子伯启去抵抗，结果伯启失败了。他的部下很不服气，要求继续攻打，但是，伯启说："不必了，我的兵比他多，领地也比他大，却被他打败了，这一定是我的德行不如他，带兵方法不如他的原因。从今天起，我一定要努力改正过来才是。"从那以后，伯启每天很早就起床工作，粗茶淡饭，照顾百姓，任用有才干的人，尊敬有品德有能力的人。过了一年，有扈氏知道了伯启这样的德行，不但不敢再来侵犯，反而自动投降了。

伯启把自己放在一个平凡的位置上，不断地反省自己，以改变自我为关键，最终得到了天下人的认可。布朗宁说："能够反躬自省的人，一定不是庸俗的人。"再伟大的人也不可能是完美的，在性格、逻辑、处世方面总有缺憾与不足，这就需要学习自我反省来洞察自己的言行。真正的低调者不断地反观自己、不断地反省自己，这是值得极力赞扬的。自我反省是从古至今人们都很看重的一种为人品格，它是低调修身的重要方面。孔子尚"日三省其身"，更何况常人呢？学会自我反省，才能不断地修正自己的言行，提高自己的身心修养；学会自我反省，才能在事业上有所成就，获得人生的更大进步。

让心态归零

低调的人无论在何时何地，不管做任何事，都会保持一种平和的心态，并且能够让心态回归到零，也就是把自己心灵里的一切清空，把已经拥有的一切剥除。巨星成龙，被业界尊称为"大哥"。这不仅是因为他扮演的都是一些侠义硬汉，更重要的是他的敬业为所有人称道。

有一次，成龙的新片即将公映，在公映前的记者招待会上，成龙接受了众多媒体的采访。细心的朋友发现，成龙每次出现在摄像机前，总是精神抖擞的，而且十分配合工作，丝毫没有大牌明星的慵懒与骄傲。他这种精神状态也影响到了出席招待会接受采访的其他演员，他们都很配合采访，并在成龙的影响下表现得很有亲和力。

有记者问成龙如何能够做到应对如此众多的媒体采访却依然能保持充沛的精力。成龙笑着说："我最多的时候一天接受了79次采访，但是我告诉自己任何一次采访都要把它当作是今天的第一次采访，我要对得起喜欢我的观众。因此，我每次都能精神抖擞地投入到采访中来。"

成龙的表现看似很平凡，却恰恰体现了他为人低调、谦虚的高贵品质，同时这也是他的电影能够长久不衰地保持生命力的一个重要原因。相反，如果一个人总是把自己抬得很高，那在别人心目中他的地位会越低。因此，越是把自己看得很平凡，就越是能够有成功的表现，成龙足以成为低调者心态归零的榜样了。

被称为"中国的犹太人"的温州商人就有这种把心态回归到零的精神。他们不怕失败，他们经常说："就算输到底，大不了我还是'草根族'。"正是这种置之死地而后生的精神，促使他们从一无所有到事业有成。

只有把心态放低，才能够不为自己的才华不被重视而感到不平，也只有这样，才能够专心地做普通的工作，才越容易做出成绩。有时就是这样，越是把心态放低，越是能获得意想不到的收获。那么，低调者是如何在心态归零当中审视自己、定位自己的呢？下面有几点经验。

1. 客观冷静地看待过去

过去的荣誉与挫折都已成为过去，如果不能时时准备归零，就会受荣誉所累，躺在光环里，停滞不前；如果不能时时准备归零，就会受挫折影响，挫伤锐气，影响现在。

2. 珍惜现在拥有的

只有对工作抱有珍惜的态度，我们才会不那么自以为是，才会从工作中学会别人没有看到的东西。

3. 保持一颗平常心

而当你接受新的工作和挑战时，你能否成功，取决于你是否能倒空杯中的水，潜下心来从头做起，这需要一颗平常的心才能做到。

4. 拥有一颗积极的心

在成长的道路上，当我们以"归零心态"去面对这个变化越来越快的世界时，就会抱着一种学习的态度积极去适应新环境，接受新挑战，创造新成果。

对于任何人来说，在人生的历程中总会经历一次又一次的转变：当你第一次领到工资或奖金的时候；当你第一次感到自我价值实现的时候；当你第一次能够承担社会责任的时候；当你第一次做父母或领导的时候……但有一点不能变化的就是我们还必须不断学习，还必须保持足够的好奇心和进取心，还必须保持一种从零开始的心态。这样，人生的道路才会越走越顺畅。

向平凡人学习

每个人都有值得学习的地方。低调者明白这个道理，所以他们积极地向普通人学习，向不如自己的人学习。从而不断地完善自己，提高自己。

唐朝大诗人李白，小时候不喜欢读书。一天，趁老师不在，悄悄溜出门去玩儿。

他来到山下小河边，见一位老婆婆，在石头上磨一根铁杵。李白很纳闷，上前问："老婆婆，您磨铁杵做什么？"

老婆婆说："我在磨针。"李白吃惊地问："哎呀！铁杵这么粗大，怎么能磨成针呢？"老婆婆笑呵呵地说："只要天天磨铁杵总能越磨越细，还怕磨不成针吗？"

聪明的李白听后，想到自己，心中惭愧，转身跑回了书屋。从此，他牢记"只要功夫深，铁杵磨成针"的道理，发愤读书。

李白是一个有心人，他能从平凡人的身边小事上看到闪光点，并经过不懈的努力，使自己成为卓越不凡的人。

美国南方著名学府孟菲斯大学曾经为一名为学校工作了31年的黑人妇女的退休举行了隆重的庆典，并把她的名字刻在了校内一座纪念碑下面的大理石上。

可如果你要是认为这位妇女一定是位学者或是名流，那就错了，其实她只不过是孟菲斯大学的一名普通的清洁工，在这里干了31年拖地板擦窗户的工作而已。把一个清洁工的名字庄重地刻在大学的最显眼处，这实在是罕见的事情。然而，正是这个有些"怪异"的举动，却突显了孟菲斯大学的伟大之处。孟菲斯大学认为，与大学里精英们的工作相比，清洁工的工作一样值得尊重，一样可以称之为崇高，而且一个能在这个平凡甚至有些卑微的岗位上坚持几十年如一日的人，这份坚持就是值得所有人学习的。

平凡的人是值得我们去学习的，源于平凡人的人生蕴含着不平凡的意义：平凡的人并非胸无大志，他们也没有对平凡的状态怀揣抱怨，只是把目标落实到了更有现实意义的事情上。这种积极的心态给了他们更多的快乐和更大的成功，这些都是平凡人给我们的启示。唯有向平凡人学习，才能让人更加愤发向上，历史上较有成就者都是在向平凡人学习中有所作为的。

天下没有完美的人，每个人都有缺点和优点。别人的长处我们要看得到并加以学习，别人的缺点我们也要看到并帮忙改正，这样，我们的优点就会大于缺点，我们就会不断地完善自己。

学会放低姿态

一个人真正的高贵不在于他身居高位，也不在于他权可倾城，而恰恰在于他那种甘于保持"低平"的风度和修养。低姿态的人也从来不认为自己比普通人更高贵或者更了不起，也从来不会把别人看低，而且往往能够在身份地位卑微者身上发现闪光点。战国时，魏国的信陵君就是一个真正能够放低姿态、尊士识士的贤人。

信陵君，魏国公子，名无忌，是魏昭王的小儿子。其卑身虚心待士最脍炙人口的故事，是他和隐士侯嬴的结交。

侯嬴，是大梁夷门的看门人，年已70岁了，是个隐居的贤士，所以很少有人知道。信陵君听说他是个贤才，便亲自前往拜访，并送给他厚礼。侯嬴不肯受礼，说："我修身洁行数十年了，决不因穷困而受公子财。"

信陵君特意为侯嬴摆了丰盛酒宴，并请了很多宾客。同时，他空着车上左边的座位，自己赶车前往迎接侯嬴。侯嬴上了车，毫不谦让地坐在上座，想以此试探公子的态度。这时，他见公子赶车更恭敬了。

车骑经过一段路，侯嬴对公子说："我有一位朋友在市场里，想顺道去看看他。"

于是，公子赶着车进入了闹市，侯嬴下车去会见自己的朋友朱亥，故意长时间地跟他谈话，斜眼看着公子的表情，只见公子却和颜悦色非常耐心地在等着。

这时，魏国的将相宗室宾客已坐满堂，正等着公子来举酒。市人都观看公子为侯嬴执辔赶车。随从人员都在暗中骂侯嬴。侯嬴见公子颜色始终不变，才向朱亥告辞上车。

等到了家里，公子把侯嬴请到上坐，介绍给宾客，宾客都很惊讶。酒过三巡，公子起身向侯嬴祝寿。侯嬴对公子说："今天我太劳烦公子了。我不过是夷门的看门人，而公子亲自为我赶车迎接，不该停留公子也停留了。可是，我却是想给公子带来一个好名声，所以让公子长时间站在市中。人们都把我当做小人，而认为公子是个礼贤下士的明主。"他又说，"我所访的朱亥也是个贤者，他隐居于屠间，世人不知道。"

侯嬴这样做，不仅是试探公子能否尊士，也是为宣传公子尊士的声誉。而途中访朱亥也使公子能与贤者结交。后来侯嬴与朱亥在公子救赵之战中，上演了著名的"窃符救赵"。

放低姿态，即是用平和的心态来看待世间的一切，修炼到此种境界，为人便能善始善终，既可以让人在卑微时豁达大度，也可以让人在显赫时不骄不狂。低调做人，不仅可以保护自己，还可以使自己融入人群，与人和谐相处，从而得到众人的支持，达到长袖善舞，从而以人达己。

在秦始皇陵兵马俑博物馆，保存最完整的是那尊被称为"镇馆之宝"的跪射俑，它也是唯一一尊未经人工修复的秦俑。跪射俑何以能保存得如此完整？这完全得益于它的低姿态。兵马俑坑是地下通道式土木结构建筑，一旦棚顶塌陷、土木俱下时，高大的立姿俑自然首当其冲，而低姿的跪射俑受到的损害却很小；再者，由于跪姿其重心也低，支撑点也多，更能稳持恒久。

做人也是一样，往往个性张扬，率意而为，不会委曲求全者，结果可能是处处碰壁。而放低姿态，学会内敛，少出风头者，则会像跪射俑一样，保持生命的亘久，避开意外的伤害，更好地保全自己，发展自己，成就自己。

言多必失，寡言少过

"静者心多妙，超然思不群。"生活中，有一些人总是能够三缄其口，不急于表达自己的观点，而是在沉默中察言观色，审时度势。正因为如此，他们往往成竹在胸，保持沉着冷静的姿态，其胜算的概率也会更大。

相反地，还有一些人总是沉不住气，不管是什么时候，他们总爱说上几句，从来没有沉默过，急躁的心情已经占据了他们的心灵，他们没有时间考虑自己的处境和地位，更不会坐下来认真地思索有效的对策。因此常常因言行不慎，或者得罪了别人，把事情搞糟；或者让自己陷入困境，这是最不合算的事情。

"沉默是金，言多必失。"一句话往往能够产生不可预料的结果，出言不慎，很容易树立劲敌，反胜为败，所谓"祸从口出"即是如此。相反，保持沉默，可以使表态时间得以后延，也可以使表态所需面对的事态更为明朗，从而避免因说话欠考虑而发生的尴尬、冲突和其他可察觉的危险。

南北朝时，北周有位大将贺若敦，他多次荣立战功，因此不甘心屈居别人之下，总是想做大将军。每当看到别人晋升时，他就很不服气，抱怨、愤恨之情溢于言表。

久而久之，贺若敦引起了晋王宇文护的不满。当有一次贺若敦又因立了战功而未得到嘉奖而到处宣扬自己的不满时，晋公忍无可忍，下令让已被贬为中州刺史的贺若敦自尽。死到临头的贺若敦才开始后悔自己祸从口出，为了让儿子贺若弼记住这个教训，不再犯和自己一样的过错，他在死前用锥子刺破了儿子的舌头。

后来贺若弼做到了隋朝的右领大将军，他忘记了父亲的遗训，常为自己没有当上宰相而怨言不断。当原本职位在他之下的杨素被晋升为尚书右仆射，而自己仍是将军时，他也步上了父亲贺若敦的"后尘"，开始大肆宣泄心中的不满和怨恨之情，为此，他被捕下狱。隋文帝责备他说："你这人有三大过：一是嫉妒心太强；二是自以为是，以为别人都是错的；三是目无长官，言语无忌，信口胡说。"后来，隋文帝念他有功，不计前嫌，释放了他。

然而，出狱后的贺若弼并没有吸取教训，仍不思悔改，再次到处宣扬自己与太子杨勇之间的关系，以此来抬高身价。不久之后，杨广取代失势的杨勇成为了太子，贺若弼失去了炫耀的本钱和依仗的靠山。

后来隋文帝虽然没有杀贺若弼，却把他贬为庶人，再也没有得到任用。

像贺氏父子这样遇事喜欢大发怨言的人，在我们的日常生活中随处可见。这样的人从来不知道隐忍为何物，更不知道自己逞一时之快说出的话会对自己造成什么样的不良后果。要知道，动乱的产生往往就是借由言语作阶梯的，言多必失是人们对此最通俗的注释。

沉默并不是无知，不是懦弱，更不是不爱说话，它是一种无声的力量。真正懂得沉默的真谛的人，必是十分有底气和自信的人，也必是十分宽容和有耐心的人。惜字如金，不为了任何虚伪多说一个字。话说的多了，往往自己都不清楚说了些什么，稀里糊涂中自己真的失去了判断力，就更加容易说漏嘴，就容易言辞偏颇。只可惜，等你意识到不应该时，此时的话已不属于你，甚至会被有的人珍藏一辈子，迟早会为此付出代价的。

沉默是尊贵的，像金子；沉默是有气度的，像海洋，承载惊涛骇浪；像土地，春风化雨。"天不言自高，地不言自厚。"话多，不能说明人贤；话少，不能说明人愚。沉默是一种让一个人变得有深度，有主张的智慧；是一种虚怀若谷的做人哲学；是一种力量的蓄积和低调的美丽。

风过笔而不留风

"木秀于林，风必摧之；人高于众，众必诽之。"在竞争的社会中学会掩匿自己的锐利，隐藏自己的锋芒非常重要，甚至可以说是决定成败的关键。藏锋是一种自我保护，藏而不露也是一种魅力，一种真聪明。藏锋可以使人不卷入是非、不招人嫌、不招人妒，可以给各种繁杂的事情涂上润滑油，使其顺利运转，使生活充满笑声，轻松明快。

然而在现实生活中，总有一些人喜欢炫耀，常常把自己的家底悉数掏给别人看。尽管其中不乏有才和有财之人，但是他们一旦和人竞争起来，却往往处于劣势。这是因为别人已经知晓了他们的底细，可以提前做好应付准备。而有的人却养精蓄锐，锋芒不露。因此一旦动起真格，这些人就能像一柄利剑，直刺对手要害。

因此，那些从不自夸的人则往往容易成功，而且也受人欢迎。他们大多洞明世事，善于自保，也都能够"以能问于不能，以多问于寡，有若无，实若虚"，故意给别人一个表现的机会；明明知道他不如自己，也去向他请教；自己明明懂得很多，但把它埋藏在心底，表面上却做出一副什么都不懂的样子。

春秋时，齐国有位智者叫隰斯弥。当时当权的大夫是田成子，颇有窃国之志。

一次，田成子邀他谈话，两人一起登临高台浏览景色，东西北三面平野广阔，风光尽收眼底，唯南面是一片隰斯弥家的树林蓊蓊郁郁，挡住了他们的视线。隰斯弥在谈话结束后，立即叫家仆带上斧锯去砍树林。可是，刚砍了几棵，他又叫仆人停手。家人莫名其妙地望着他，问他为什么颠三倒四的。隰斯弥说："田之野唯我家一片树林突兀而列，从田成子的表情看，他是不会高兴的，所以我回家来急急忙忙地想要砍掉。可是后来一转念，当时田成子并没有说过任何表示不满的话，相反倒十分笼络我。田成子是一个非常有心计的人，他正野心勃勃要谋取国位，很怕有比他高明的人看穿他的心思。在这种情况，我如果把树砍了，就表明了我有知微察著的能力，那就会使他对我产生戒心。所以不砍树，表明不知道他的心思，就算有小罪而可避害；而若砍了树，表明我能知人所不言，这个祸闯的可就太大啦！"

古人以为做一个真正明智的人，"察"又有"好察之明，能察能不察之明"。就是在一群人中，唯有自己洞察了这件事的本质，而又偏偏不把自己所洞察到的事实真相说出来，而是装作不知，以免自己的智慧太过而遭不测。

实际上，你越是有满腹才华，能力越是比别人强，就越是也要学会藏拙，因为往往你自鸣得意的事，也许正好是别人的痛处，这时别人对你的炫耀会有一种怀恨心理。这种怀恨进入到内心时，别人就会因为对我们不满而进行反击！相反，我们越少刻意炫耀自己，越会获得越多的赞同和欣赏。

隐藏锋芒的态度是一种做人之道，也是一种成功之道。如果一切皆棱角分明，恐怕会很难处世。只有做到"风临疏竹，风过而竹不留声；雁渡寒潭，雁去而潭不留影"的境界，才能在激烈的竞争中稳步走向通往成功的阳光大道。

成败掩于心中

"夹着尾巴"本来应该是猴子王国的生存法则：在猴子的世界里，猴王可以高高扬起尾巴，别的猴子却只能夹着尾巴"做猴"。在人类社会，我们虽然不受制于猴王，我们虽然没有尾巴，却依然要"夹着尾巴做人"。

能夹着尾巴低调做人的人，最懂得"满招损，谦受益"和装痴、装傻、装糊涂的道理，从而能保持凡事不张扬、不放肆，从而有效地抵御了外来侵害，保护了自己。

唐人王叔文经常和皇太子下棋。有一次，下棋之间谈论时政，曾谈到宫市的弊病，太子说："寡人正想劝谏皇上废止宫市呢。"在场的人都交口称赞太子，唯有王叔文不说话。众人走后，太子单独留下王叔文，问他不说话的原因。王叔文说道："太子的职责是侍奉皇上的饮食起居，早晚问安，不应议论其他的事情。陛下在位多年，如果怀疑太子劝谏废止宫市是为了收买人心，太子如何自我解释呢？"太子大吃一惊，流着泪说："若不是先生指点，本宫哪能知道这个道理！"于是对王叔文格外宠信。

王叔文教给太子的韬晦之术，并不是简单的免除灾祸，而是为实行其改革朝政的伟大事业而采取的权宜之计。王叔文是后来"二王八司马"革新运动的首领，而这个皇太子即后来的唐顺宗，是这场革新运动的坚定支持者。他们的韬晦之为，是这整个行动的一个组成部分。

可见，夹着尾巴做人，不是懦弱，不是颓废，更不是悲观，而是一种做人的境界，是一种品格、一种姿态、一种风度、一种胸襟、一种智慧、一种谋略，是强者最好的外衣。

夹着尾巴的"糊涂人"，虽然会默默无闻，但绝不是一事无成，绝不是置身事外，抛却世事纷争，自得其乐。他们中的许多人同样在人生的竞技场中奋力拼搏，在事业上孜孜以求、兢兢业业、奋斗不懈，在自己的领域有所作为。他们时刻想到用心做事是一种责任，一种精益求精的风格，一种执着追求的精神，更是一个人立命安身的永久鞭策；只不过他们参透人性，为保全自己，言行收敛，谦逊礼让，故而能在复杂的社会中立足。

能夹着尾巴做糊涂人，就是要淡泊名利。他们有一种优雅的人生态度，其理想是高昂的，生存却是低调的。他们深深懂得"阳春之曲，和者必寡；盛名之下，其实难副"的道理，时时遵循"言不得过实，实不得延名"的准则做人做事。做对了，总认为是本分，是题中应有之义，从不去想得什么奖赏和荣誉；即使获得了很大的荣誉，也从不欣喜若狂、大喜大悲，而是把它当作继续前进的平台。他们视金钱如粪土，往往仗义疏财，两袖清风。由此看来，高昂的理想是一股气质，夹着尾巴做人同样是一股气质，而且是一股难能可贵的气质。

人生在世的确不易，夹起尾巴做个"糊涂人"至少可以或多或少地减小人生的阻力，使一个人更能专注于更伟大、崇高的事业，在风云变幻当中，永远立于不败之地。

学会适度示弱

烈风可以吹断几个人才能抱得过来的大树，却奈何不了一根细细的小草，铁锤可以砸碎坚硬的石块，但捶不坏软软的棉被。柔与刚、弱与强，是对立的，也是可以转化的。在手段上取柔和弱，才能达到刚和强的目的。也就是说，刚不若柔，强不若弱，柔能克刚，弱能守强。

向人示威是人人都会的，向人示弱却是少数人才会的，因为这需要智慧和勇气。遇到与自己势均力敌的对手时，处处显出自己的强悍，反而会增加敌人的警惕心理，很难取胜。这时，不妨表现得低调一点，示弱于他人，若敌人有骄纵的弱点，必会掉以轻心，产生轻蔑的思想，所谓"骄兵必败"，而此时你取胜的机会也就增强了。放低姿态，示人以弱，这是在众多竞争中取胜的一大法宝。

寒山和拾得都是有德行的僧人。一天，寒山问拾得说："如果世间有人无端的诽谤我、欺负我、侮辱我、耻笑我、轻视我、鄙贱我、恶厌我、欺骗我，我要怎么做才好呢？"

拾得回答道："你不妨忍着他、谦让他、任由他、避开他、耐烦他、尊敬他、不要理会他。再过几年，你且看他。"

人处于弱势，应该学会示弱，学会忍耐。示弱不仅是一种生存本能，更是一种糊涂智慧。所谓大巧若拙，大智若愚，只为选择时机，出奇制胜。从古至今，此类虚晃一招假装败退，再反戈一击出奇制胜的例子太多，不用再举。

示弱并不代表真的弱，忍耐并不代表没有骨气，越是品德高尚的人，就越能理解这里面的内涵。他们无所谓装糊涂，因为他们的心里是明白的。

弥勒菩萨偈语说：

老拙穿衲袄，淡饭腹中饱，补破好遮寒，万事随缘了；
有人骂老拙，老拙只说好，有人打老拙，老拙自睡倒；
有人唾老拙，随他自干了，我也省力气，他也无烦恼；
这样波罗蜜，便是妙中宝，若知这消息，何愁道不了。
人弱心不弱，人贫道不贫，一心要修行，常在道中办。

如果能够体会偈中的精神，那就是无上的处世秘诀。可是很多人，特别是初入社会的年轻人多不懂此道理，一开始便以恃才傲物的姿态阻断了先辈向自己传授经验的机会，这样便为以后的发展留下隐患。

其实，高下强弱瞬时变化，没有谁永远占绝对的上锋，想通了所谓强弱也就是寸心偏执罢了，就像古希腊谚语所说：上坡路与下坡路是同一条路。如此，示弱、装糊涂又何妨？

不能示弱的人，在心理上，才是被"强"蹂躏得最惨的人。敢于示弱，则是真正强有力的表现。

在日常生活中，那些处处争强好胜，事事占先、拔尖的人虽然能得一时之利，却难成为最终的成功者。因为他们虽然也曾立下雄心壮志，非干出一番大事不可，可惜，不是热情难以持久，就是稍遇挫折便一蹶不振。反倒是那些处于弱势的人，凡事不逞能，怀柔以对，没有豪言壮语，心境平和宽容，能抛除私心杂念，不受外人干扰，做事能够持之以恒。即使受到打击，也不会万念俱灰。因为心境平和，所以能处之泰然，这种人跑得不快，但能坚持到终点。

因此，学会适度示弱是低调为人的一种处世哲学。有人说示弱不就意味着奴颜屈膝，不就意味着服低做小，这决不是大丈夫所为；然而有些事情，就需要我们能够装一装糊涂，容忍那些锋芒毕露的人，以免造成不必要的伤害，得不偿失。

第四节　成败皆非终点，沉住气路会更宽

每一条成功之路都会有挫折

每一条成功之路都会有挫折，没有谁能够真正地一帆风顺。

荣膺"世界十大知名美容女士""国际美容教母"称号的香港蒙妮坦集团董事长郑明明在谈起自己的成功时，说这要得益于父亲的"不倒翁理论"："我父亲很爱玩不倒翁，他说，奋斗的过程，会不断碰到一大堆困难，只要像不倒翁一样不断站起，理想就会实现。"也正是这样一种信念激励着她在悲观失望的时候，能够勇敢地站起来，重新开始。

1973 年，郑明明经历了事业上的一次重大挫折。当时，她的"贵夫人"化妆品已经在印尼打开了市场。就在雅加达分支机构即将开张时，一场大火将存放化妆品的仓库毁于一旦，她因此耗光了老本，还欠了银行一屁股的债。那时，郑明明觉得上天太不公平了！她不仅两手空空，脑海里也似乎空荡荡的了。她在床上躺了两天，不吃也不喝，只想抱怨。就在她极度悲观的时候，她想起了父亲的"不倒翁理论"。她思来想去，没有别的办法，也没有别的路可走，只有依靠自己的双手重新创造一切，把失去的一切再补回来。

事后整整一年，郑明明在香港的店里，带领大家埋头苦干，白天做生意，晚上教学生，谢绝一切应酬，一切从简，每天只限一个半小时处理私事，其余除了吃饭、睡觉全部花在工作上。在一次又一次克服困难之后，她理解了苦难的意义。一年以后，她终于还清了银行贷款，手上逐渐有了积蓄，脸上的阳光驱散了阴影。

挫折似乎是人生必备的大餐，经历过挫折后人才会成长。每个人的一生都会经历很多挫折，而对挫折的认知水平决定了人们未来的发展，我们可以这样说，"问题不在于发生了什么，而在于如何对待它"。

一个极度渴望成功的年轻人却在他短短的人生旅途中接二连三地受到打击和挫折，他处于崩溃的边缘，几乎就要绝望了。苦闷的他仍然心有不甘，在彷徨和迷茫中，去请教了一位智者。

见到智者后，他很恭敬地问："我一心想有所成就，可总是失败，遇到挫折。请问，到底怎样才能成功呢？"

智者笑笑，转身拿出一个东西递给年轻人，他吃惊地发现躺在自己手心的竟然是一颗花生。年轻人困惑地望着智者。

智者问道："你有没有觉得它有什么特别之处呢？"

年轻人仔细地观看了一番，仍然没有发现它和别的花生有什么差别。

"请你用力捏捏它。"智者见年轻人没有说话，接着说。年轻人伸出手用力一捏，花生壳被他捏碎了，只有红色的花生仁留在了手中。

"请你再搓搓它，看看会发生什么事。"智者又说，脸上带着微笑。

年轻人虽然不解，但还是照着他的话做了，就在他轻轻地一搓之中，花生红色的皮脱落了，只留下白白的果实。

年轻人看着手中的花生，不知智者是何意思。"再用手捏它。"智者又说。

年轻人用力一捏，他发觉他的手指根本无法将它捏碎。

"用手搓搓看。"智者说。

年轻人又照做了，当然，什么也没搓下来。

"虽屡遭挫折，却有一颗坚强、百折不挠的心，这就是成功的一大秘密啊！"智者说。

267

年轻人蓦然顿悟,遭遇几次挫折就要崩溃、绝望了,这样脆弱的心理又怎么能够成功呢?从智者那里出来,他又挺起了胸膛,心中充满了力量。

俗话说:"山不转,路转;路不转,人转。"我国古书《易经》上也说:"穷则变,变则通。"的确,天无绝人之路,上天总会给有心人一个反败为胜的机会。

我们在做某一件事之前,应该对自己的行为以及能力进行切合实际的评估,预先设想可能会发生的种种状况以及应对的方法。这样的话,即使遭遇挫折也不会太过慌张。如果所遇到的困难是没有预想到的,也不要急躁行事或唉声叹气、怨天尤人,乐观地面对、积极地解决问题才是最重要的。只要你已经尽了最大努力去干一件事,即使最终失败了也没有关系。过程比结果更重要。但是无论如何,绝对不能失去重新开始一切的勇气。

人生的挫折不能省略

生命是一次次的蜕变过程。唯有经历各种各样的折磨,才能拓展生命的宽度。通过一次又一次与各种折磨握手,历经反反复复的较量,人生的阅历就在这个过程中日积月累、不断丰富。

在人生的岔道口面前,若你选择了一条平坦的大道,你可能会拥有一个舒适而享乐的青春,但你可能失去一个很好的历练机会;若你选择了坎坷的小路,你的青春也许会充满痛苦,但人生的真谛也许就此被你打开。

蝴蝶的幼虫是在一个洞口极其狭小的茧中度过的。当它的生命要发生质的飞跃时,这个天定的狭小的通道对它来讲无疑成了"鬼门关",那娇嫩的身躯必须竭尽全力才可以破茧而出。许多幼虫在往外冲杀的时候力竭身亡,不幸成了飞翔的悲壮祭品。

有人怀了悲悯恻隐之心,企图将那幼虫的生命通道修得宽阔一些。他们用剪刀把茧的洞口剪大,这样一来,所有受到帮助而见到天日的蝴蝶都不是真正的精灵——它们无论如何也飞不起来,只能拖着丧失了飞翔功能的双翅在地上笨拙地爬行!原来,那"鬼门关"般的狭小茧洞恰恰是帮助蝴蝶幼虫两翼成长的关键所在。穿越的时候,通过用力挤压,血液才能被顺利输送到蝶翼的组织中去;唯有两翼充血,蝴蝶才能振翅飞翔。人为地将茧洞剪大,蝴蝶的双翅就没有了充血的机会,爬出来的蝴蝶便永远与飞翔绝缘。

人成长的过程恰似蝴蝶的破茧过程,在痛苦的挣扎中,意志得到磨炼,力量得到加强,心智得到提高,生命在痛苦中得到升华。当你从痛苦中走出来时,就会发现,你已经拥有了飞翔的力量。如果你没有经受挫折,也许你就会像那些受到"帮助"的蝴蝶一样,萎缩了双翼,平庸一生。

有个渔夫有着一流的捕鱼技术,被人们尊称为"渔王"。依靠捕鱼所得的钱,"渔王"积累了一大笔财富。然而,年老的"渔王"却一点儿也不快活,因为他三个儿子的捕鱼技术都极其一般。

于是他经常向人倾诉心中的苦恼:"我真想不明白,我捕鱼的技术这么好,我的儿子们为什么这么差?我从他们懂事起就传授捕鱼技术给他们,从最基本的东西教起,告诉他们怎样织网最容易捕捉到鱼,怎样划船最不会惊动鱼,怎样下网最容易'请鱼入瓮'。他们长大了,我又教他们怎样识潮汐、辨鱼汛……凡是我多年辛辛苦苦总结出来的经验,我都毫无保留地传授给他们,可是他们的捕鱼技术竟然赶不上技术比我差的其他渔民的儿子!"

一位路人听了他的诉说后,问:"你一直手把手地教他们吗?"

"是的,为了让他们学会一流的捕鱼技术,我教得很仔细、很有耐心。"

"他们一直跟随着你吗?"

"是的,为了让他们少走弯路,我一直让他们跟着我学。"

路人说:"这样说来,你的错误就很明显了。你只是传授给了他们技术,却没有传授给他们教训,对于才能来说,没有教训与没有经验一样,都不能使人成大器。"

人们往往把外界的折磨看作人生中纯粹消极的、应该完全否定的东西。当然，外界的折磨不同于主动冒险，冒险有一种挑战的快感，而我们忍受折磨总是迫不得已的。但是，人生中的折磨总是完全消极的吗？清代金兰生在《格言联璧》中写道："经一番挫折，长一番见识；容一番横逆，增一番器度。"由此可见，那些挫折和横逆的折磨对人生不但不是消极的，还是一种促进你成长的积极因素。如果一路都是坦途，那只能像渔夫的儿子那样，沦为平庸之人。

你还在遭受工作的折磨吗？

你还在遭受老板和上司的折磨吗？

你还在遭受失恋的折磨吗？

你还在遭受家人和师长的折磨吗？

你还在遭受病痛的折磨吗？

……

如果你现在还在遭受这样那样的折磨，你就该庆幸，因为命运给了你战胜自我、升华自我的机会。换一种眼光来看待这些折磨吧，感谢那些在工作和生活上折磨你的人，你就会获得幸福。唯有以这种态度面对人生，才能获得真正的成功。

惨败的局面是大捷的前奏

在人们看来往往悲惨的局面，却被命运安排成了大捷的前奏。许多时候，眼前的悲惨并不是最终的结果，只有等到所有的事情结束，幸运才会凸显出来。

一天夜里，一场雷电引发的山火烧毁了美丽的"万木庄园"，这座庄园的主人迈克陷入了一筹莫展的境地。面对如此大的打击，他痛苦万分，闭门不出，茶饭不思，夜不能寐。

转眼间，一个多月过去了，年已古稀的外祖母见他还陷在悲痛之中不能自拔，就意味深长地对他说："孩子，庄园成了废墟并不可怕，可怕的是，你的眼睛失去了光泽，一天一天地老去。一双老去的眼睛，怎么能看得见希望呢？"

迈克在外祖母的劝说下，决定出去转转。他一个人走出庄园，漫无目的地闲逛。在一条街道的拐弯处，他看到一家店铺门前人头攒动。原来是一些家庭主妇正在排队购买木炭。那一块块躺在纸箱里的木炭让迈克的眼睛一亮，他看到了一线希望，急忙兴冲冲地向家中走去。在接下来的两个星期里，迈克雇了几名烧炭工，将庄园里烧焦的树木加工成优质的木炭，然后送到集市上的木炭经销店里。

很快，木炭就被抢购一空，他因此得到了一笔不菲的收入。他用这笔收入购买了一大批新树苗，一个新的庄园初具规模了。

几年以后，"万木庄园"再度绿意盎然。

灾难会让懦弱的人颠簸，却不会让有勇气的人倒下去。而眼前的悲惨，只是命运给懦弱的人制造的一种假象，因为只要我们有勇气再向前一步，就可能等到大捷的结果。

懦弱的人是看不到成功的，更不会从失败中获得甜美的成果。因为成功是从不断的挫折和失败中建立起来的，它不仅是一种结果，更是一种不怕失败、在磨难中永不屈服的能力。

松下幸之助说："成功是一位贫乏的教师，它能教给你的东西很少；我们在失败的时候，学到的东西最多。"因此，不要害怕失败，失败是成功之母。没有失败，你不可能成功。那些不成功的人是永远没有失败过的人。

若每次失败之后都能有所"领悟"，把每一次失败都当作成功的前奏，那么就能化消极为积极，变自卑为自信。作为一个现代人，应具有迎接失败的心理准备。世界充满了成功的机遇，也充满了失败的风险，所以要树立持久心，以不断提高应付挫折与干扰的能力，调整自己，增强社会适应力，坚信失败乃成功之母。

在成功的道路上难免会遭遇坎坷和曲折，有些人把痛苦和不幸作为退却的借口，也有人在痛苦和不幸面前寻得复活和再生。只有勇敢地面对不幸和超越痛苦，永葆青春的朝气和活力，用理智去战胜不幸，用坚持去战胜失败，我们才能真正成为自己命运的主宰，成为掌握自身命运的强者。

要战胜失败所带来的挫折感，就要善于挖掘、利用自身的"资源"。应该说当今社会已大大增加了这方面的发展机遇，只要敢于尝试，勇于拼搏，就一定会有所作为。虽然有时个体不能改变"环境"的"安排"，但谁也无法剥夺其作为"自我主人"的权利。

只有经历了风雨的彩虹才会放出美丽的光彩，只有从困境中走出的人才是真正的强者。

你是否在遭遇困难与痛苦时，总是认为自己根本无力承担，更没有办法去解决？假若你这样认为，就是极大的错误。就像文中的迈克一样，如果他在失去一切后没有积极思考，想办法克服重重困难，那也就不会有后来辉煌的人生。你有相当好的经历，而且也有着丰富、宝贵的才华，为什么发生在你身上的事，就无法解决呢？其实，最主要的还在于，你是否能够在面对困难的时候，既不被眼前的悲惨局面所迷惑，也不为可能面临的失败感到沮丧，而是正视困境，寻求解决的办法，坚韧执着地走下去。

不要灰心，除非你达到目的

探险家大卫·利文斯顿曾经说过："不管我的前方面临的是什么，我都不会灰心，除非我达到了自己的目的。"因为这种精神，他在一次又一次的探险中发掘出了别人不曾看到的价值，并给后人留下了非常宝贵的精神财富。

不管做任何的事情，都可能会遇到困难，尤其是我们确定了生活的目标，朝着一个方向迈进的时候，困难总是会阻隔我们前行的脚步。这时候，如果我们没有坚定的信念和锲而不舍的精神，那么我们将一事无成。

在美国，有一位穷困潦倒的年轻人，即使在身上全部的钱加起来都不够买一件像样的西服的时候，仍全心全意地坚持着自己心中的梦想，他想做演员，拍电影，当明星。

当时，好莱坞共有500家电影公司，他逐一数过，并且不止一遍。后来，他又根据自己认真划定的路线与排列好的名单顺序，带着自己写好的为自己量身定做的剧本前去拜访。但第一遍下来，所有的500家电影公司没有一家愿意聘用他。

面对百分之百的拒绝，这位年轻人没有灰心，从最后一家被拒绝的电影公司出来之后，他又从第一家开始，继续他的第二轮拜访与自我推荐。

在第二轮的拜访中，500家电影公司依然拒绝了他。

第三轮的拜访结果仍与第二轮相同。这位年轻人咬咬牙开始他的第四轮拜访，当拜访完第349家后，第350家电影公司的老板破天荒地答应愿意让他留下剧本先看一看。

几天后，年轻人获得通知，请他前去详细商谈。

就在这次商谈中，这家公司决定投资开拍这部电影，并请这位年轻人担任自己所写剧本中的男主角。这部电影名叫《洛奇》。这位年轻人的名字就叫席维斯·史泰龙。

现在翻开电影史，这部叫《洛奇》的电影与这个日后红遍全世界的巨星皆榜上有名。在史泰龙的身上，我们看到了一种百折不挠的精神和勇气，也正是因为这种坚持，他才取得了最后的胜利。可是在生活中，我们很多人都不曾有他这种对于梦想的执着和坚持到底的信念。当我们开始确立梦想的时候，可能会面对很多的困难。这些困难让我们感到沮丧，于是我们在浅浅地尝试了之后，就放弃了自己的梦想。

其实，这样的做法是不多的。当困难来袭的时候，就灰心丧气，把曾经的梦想看作是一场不经意的游戏，意味着你永远都不可能接近成功。

成功是需要持之以恒地去追求的，即使是名人也不例外。大歌唱家鲁宾斯坦曾说过："若是我一天不练嗓子，我自己会觉得诧异；若是我两天不练嗓子，我的朋友会觉得诧异；若是我三天不练嗓子，所有人都会觉得诧异。"

同理：如果经历了一次放弃，我们就离成功远了一步，两次三次之后，我们就再也不会追上成功的脚步了。所以，在困境面前，不要灰心，更不要沮丧，而应该一直坚持，直到你达成了自己的目的。

相信积极思想的力量

2008年年底，在一片肃杀的气氛中，美国华尔街三一教堂忽然热闹了起来，穿着西装、提着公文包来祷告的信徒越来越多。"对比前几年，现在金融从业者来教堂的数量有所回升，"牧师马克·琼斯说，"这不足为奇，因为人们不知道他们明天是否还在位。"在此后几周内，这个教堂举办了讲习班和研讨会，主题包括"在不确定时期如何应对压力"和"职业生涯导航"等。与此同时，梵蒂冈圣彼得教堂的神父彼得·麦迪根也发现来祷告的人数逐渐多了起来，他说："过去几天，人们焦虑和不安的情绪非常严重。面对暗淡的前景，能帮助我们渡过困境的就是信念。"

英国思想家、哲学家斯图尔特·米尔曾说过："一个有信念的人，所发出来的力量，不亚于99位仅心存兴趣的人。"这也就是为何信念能使人渡过难关，并开启卓越之门的缘故。由此可见，困境之下，由信念所带来的信心就是一剂灵丹妙药，即使它不能在短期内帮我们解决燃眉之急，但却能给我们心灵带来慰藉，给我们生活带来力量，帮助我们积极乐观地前行。有了信心的指引，生活中的任何磨难都会变得微不足道。

这是一个发生在美国内战期间最奇特的故事。

那个时候的艾迪太太认为生命中只有疾病、愁苦和不幸。她的第一任丈夫，在他们婚后不久就去世了，她的第二任丈夫又抛弃了她，和一个已婚妇人私奔，后来死在一个贫民收容所里。她只有一个儿子，却由于贫病交加，不得不在4岁那年就把他送走了。她不知道儿子的下落，整整31年都没有再见到他。

她生命中戏剧化的转折点，发生在马塞诸塞州的林恩市。一个很冷的日子，她在城里走着的时候，突然滑倒了，摔倒在结冰的路面上，而且昏了过去。她的脊椎受到了伤害，不停地痉挛，甚至医生也认为她活不久了。医生还说即使是奇迹出现而使她活命的话，她也绝对无法再行走了。

躺在一张看来像是送终的床上，艾迪太太打开她的《圣经》。她读到马太福音里的句子："有人用担架抬着一个瘫子到耶稣跟前来，耶稣就对瘫子说：'孩子，放心吧，你的罪赦了。起来，拿你的褥子回家去吧。'那人就站起来，回家去了。"

她后来说，耶稣的这几句话使她产生了一种力量，一种信仰，一种能够医治她的力量。使她"立刻下了床，开始行走"。

"这种经验，"艾迪太太说，"就像引发牛顿灵感的那只苹果一样，使我发现自己怎样好了起来，以及怎样能使别人也做到这一点。我可以很有信心地说：一切的原因就在你的思想，而一切的影响力都是心理现象。"

这不是神话，也不是偶然。我们活得愈久，就愈深信信心的力量。生命中总有一些转折点，抓住这样一个转折点，我们的人生就会有突破和进展。

信心不能给我们需要的东西，却能告诉我们如何得到。给自己一个信心，你的生活就会多一分希望。

真的，世界上没有任何力量能像信心那样影响我们的生活。人生到底是喜剧收场还是悲剧落幕，是成功辉煌还是黯然神伤，全在于你保持着什么样的信心。一个没有信心的人，就好比少了马达的渡轮，注定要在汪洋中沉没。信心是决定我们潜能发挥程度的关键，有信心在人生之路上为你牵引，无论你身处什么样的折磨环境，你都能克服，最终走出不利局面。

在竞争激烈、强手如林的现代社会，我们总会陷入困境的时候，或事业不顺，或经济困窘，这时，我们就应该把消极悲观扔在背后，满怀信心地积极争取，这样才有希望和机会渡过难关。这个世界上，所有的成功者无一例外都是满怀信心的人，都是坚信自己可以成功的人，都是在任何时候也不放弃自己的人。一个失去信心的人，没有办法全力以赴，自然也就成了一个失败者。

不要性急想跑在失败的前面

生活里，很多人害怕面对失败，所以再还没有失败的结果出现以前，自己就先放弃了。这样的人注定了会一事无成，因为纵观世界上那些成功人士的生平经历就会发现，那些声振环宇的伟人，都是在经历过无数的失败后，又重新开始拼搏才获得最后的胜利的。

1510 年，帕里斯出生在法国南部，他一直从事玻璃制造业，直到有一天看到一只精美绝伦的意大利彩陶茶杯。这一下，改变了他一生的命运。

"我也要造出这样美丽的彩陶。"这是他当时唯一的信念。他建起烤炉，买来陶罐，打成碎片，开始摸索着进行烧制。几年下来，碎陶片堆得像小山一样，可他心目中的彩陶却仍不见踪影，他甚至无米下锅了。他只得回去重操旧业，挣钱来生活。

他赚了一笔钱后，又烧了三年，碎陶片又在砖炉旁堆成了山，可仍然没有结果。

以后连续几年，他挣钱买燃料和其他材料，不断地试验，都没有成功。

长期的失败使人们对他产生了看法。都说他愚蠢，是个大傻瓜，连家里人也开始埋怨他，他也只是默默地承受。

试验又开始了，他十多天都没有换衣服，日夜守在炉旁。燃料不够了，他拆了院子里的木栅栏，怎么也不能让火停下来呀！又不够了，他搬出了家具，劈开，扔进炉子里。还是不够，他又开始拆屋子里的板。劈劈啪啪的爆裂声和妻子儿女们的哭声，让人听了鼻子都是酸酸的。马上就可以出炉了，多年的心血就要有回报了，可就在这时，只听炉内"嘭"的一声，不知是什么爆裂了。所有的产品都沾染上了黑点，全成了次品。

眼看到手的成功，又失败了！帕里斯也感受到了巨大的打击，他独自一人到田野里漫无目的地走着。不知走了多长时间，优美的大自然终于使他恢复了心里的平静，他平静地又开始了下一次试验。

经过 16 年无数次的艰辛历程，他终于成功了，而这一刻，他却一片平静。他的作品成了稀世珍宝，价值连城，艺术家们争相收藏。他烧制的彩陶瓦，至今仍在法国的卢浮宫上闪耀着光芒。

帕里斯的成功之路是艰辛而漫长的。他的成功来得何等不易。在一次又一次的失败中又一次重新站起来，这正是帕里斯成功的所在。

奋斗者不会在失败以前就放弃，即使是面对失败的结果，也会把它当作是学习和发展新技能及策略的机会。有人认为失败一无是处，只会给人生带来阴暗。其实恰恰相反，人们从每次的错误中可以学习到很多东西，并调整自己的路线，重新回到正确的道路上来。错误和失败是不可避免的，甚至是必要的；它们是行动的证明——表明你正在做着事情。你犯的错误越多，你成功的机会就越大，失败表示你愿意尝试和冒险。奋斗者应该明白：每次的失败都使你在实现自己梦想的道路上前进了一步。

西奥多·罗斯福说："最好的事情是敢于尝试所有可能的事，经历了一次次的失败后赢得荣誉和胜利。这远比与那些可怜的人们为伍好得多，那些人既没有享受过多少成功的喜悦，也没有体验过失败的痛苦，因为他们的生活暗淡无光，不知道什么是胜利，什么是失败。"在这个世界上，有阳光，就必定有乌云；有晴天，就必定有风雨。从乌云中解脱出来的阳光比以前更加灿烂，经历过风雨洗礼的天空才能更加湛蓝。人们都希望自己的生活如丝顺滑，如水平静，可是命运却给予人们那么多挫折坎坷。此时，我们要知道，困难和坎坷只不过是人生的馈赠，它能使我们的思想更清醒、更深刻、更成熟、更完美。

所以，不要性急地在失败的结果出现之前就放弃，更不要害怕失败，在失败面前，只有永不言弃者才能傲然面对一切，才能最终取得成功。

冬天里会有绿意，绝境中也会有生机

我们知道，事情的发展往往具有两面性，犹如每一枚硬币总有正反面一样，失败的背后可能是成功，危机的背后也有转机。

　　1974年，第一次石油危机引发经济衰退时，世界运输业普遍不景气，但当时美国的特德·阿里森家族却收购了一艘邮轮，成立嘉年华邮轮公司，后来这家公司成为世界上最大的超级豪华邮轮公司；世界最大的钢铁集团米塔尔公司，在20世纪90年代末，世界钢铁行业不景气的时候，进行了首次大规模兼并，然后迅速扩张起来。所以说，危机中有商机，挑战中有机遇，艰难的经济发展阶段对企业来说是充满机会的，对企业如此，对个人、对民族、对国家也是如此。

　　2008年经济危机爆发后，美国很多商业机构和场所顿时萧条了，但酒吧的生意却悄悄地红火起来。原来，精明的酒商们发现美国人开始越来越喜欢喝战前禁酒令时期以及大萧条时期的酒品，比如由白兰地、橘味酒和柠檬汁调制成的赛德卡鸡尾酒。酒商们迅速嗅出了新商机，推出了一款改进的老牌鸡尾酒。

　　美国一个酒业资深人士指出，人们在困难时期，往往会从熟悉的东西那里寻求安慰，老式鸡尾酒自然而然会走俏。这种酒品，不仅让酒商们大赚了一笔，而且还能使疲于应对经济危机的美国人民得到慰藉。

　　"危中有机，化危为机。"一些中外专家认为，如果危机处置得当，金融风暴也有可能成为个人、企业或国家迅速发展的机遇。所以，冬天里会有绿意，绝境里也会有生机。

　　危机之下，谁都不希望面临绝境，但绝境意外来临时，我们挡也挡不住，与其怨天尤人，还不如奋力一搏，说不定，还会创造一个奇迹。

　　有人说过这样一句话："瀑布之所以能在绝处创造奇观，是因为它有绝处求生的勇气和智慧。"其实我们每个人都像瀑布一样，在平静的溪谷中流淌时，波澜不惊，看不出蕴含着多大的力量；往往当我们身处绝境时，才能将这种力量开发出来。

　　下面是一个在绝境里求生存的真实故事：

　　第二次世界大战期间，有位苏联士兵驾驶一辆苏H重型坦克，非常勇猛，一马当先地冲入了德军的心腹重地。这一下虽然把敌军打得抱头鼠窜，但他自己渐渐脱离了大部队。

　　就在这时，突然轰隆隆一声，他的坦克陷入了德军阵地中的一条防坦克深沟之中，顿时熄了火，动弹不得。

　　这时，德军纷纷围了上来，大喊着："俄国佬，投降吧！"

　　刚刚还在战场上咆哮的重型坦克，一下子变成了敌人的瓮中之物。

　　苏联士兵宁死也不肯投降，但是现实一点儿也不容乐观，他正处于束手待毙的绝境中。

　　突然，苏军的坦克里传出了"砰砰砰"的几声枪响，接着就是死一般的沉寂。看来苏联士兵在坦克中自杀了。

　　德军很高兴，就去弄了辆坦克来拉苏军的坦克，想把它拖回自己的堡垒。可是德军这辆坦克吨位太轻，拉不动苏军的庞然大物，于是德军又弄了一辆坦克来拉。

　　两辆德军坦克拉着苏军坦克出了壕沟。突然，苏军的坦克发动起来，它没有被德军坦克拉走，反而拉走了德军的坦克。

　　德军惊惶失措，纷纷开枪射向苏军坦克，但子弹打在钢板上，只打出一个个浅浅的坑洼，奈何它不得。那两辆被拖走的德军坦克，因为目标近在咫尺，无法发挥火力，只好像被驯服的羔羊，乖乖地被拖到苏军阵地。

　　原来，苏联士兵并没有自杀，而是在那种绝境中，被逼得想出了一个绝妙的办法。他以静制动，后发制人，让德军坦克将他的坦克拖出深沟，然后凭着自身强劲的马力，反而俘虏了两辆德军坦克。

　　其实，每个人皆是如此，虽然我们的生活并不会时时面临枪林弹雨，但总有身处绝境的时候，每当此时，我们往往会产生爆发力，而正是这种爆发力将我们的力量激发出来了。所以，面临绝境的时候，不要灰心、不要气馁，更不要坐以待毙，勇往直前，无所畏惧，你我都可以"杀出一条血路"。

苦楚也可掩埋在微笑之下

命运不会吝啬给我们苦楚，可是如果我们保持乐观的心态，那么即便是有再多的苦楚，我们也能将其掩埋在微笑之下。

钟爱东，百庙鱼塘的主人，被评为省"巾帼科技兴农带头人"。

她从一名普通的下岗女工到身价千万的养殖大王，不惑之年的钟爱东仍然勤劳淳朴。事业几经起落，她说，横下一条心，没有过不去的坎儿。

1997年1月1日，是钟爱东不能忘却的日子。这天，本以为捧上"铁饭碗"的她却下岗了。在这家工厂工作了近20年，还成了厂里的"一把手"，钟爱东说，她把全部的心血、最好的青春年华，都奉献给了工厂，甚至没有时间照顾年幼的孩子，"当时觉得，心里有什么东西被人硬掰了下来"，钟爱东说，那天，她哭了。

下岗后，她接到的第一个电话，是花都区妇联打来的，她说，就是这个电话，在最艰难的时候教会她"用笑容去迎接困难"。钟爱东在当厂长的时候就经常与周围的农民接触，知道养殖水产有赚头，看准这一点，她拿出了仅有的2000元"箱底钱"，又东奔西走借了些钱，一咬牙承包了200亩低洼田，资金不够，就赚一分投入一分，滚动式周转。几年下来，天天"泡"鱼塘、搞技术，200亩低洼田变成了水产养殖地。钟爱东说，那时鱼塘就是全部的生活了，她每天早上都要花一个小时绕池塘走上一圈。

钟爱东没想到，生活中的第二次打击来得这么快。1997年5月8日，是钟爱东伤心的日子。那天，一场大洪水淹没了她刚刚兴旺的鱼塘。站在堤坝上，看着不断上涨的洪水一点点吞没了鱼塘，钟爱东绝望地回了家。"哪里跌倒就从哪里爬起来。"钟爱东说，这是当时丈夫说的唯一的话，倔强的她这次没有流泪。她开始带着工人挖塘、养苗，引进新技术、新鱼种，被洪水淹没的鱼塘一点点"回来"了。

钟爱东成了远近闻名的"鱼王"，鱼塘越做越大，还办起了企业。多年的艰难经营，"养鱼为生"的钟爱东对技术情有独钟：一个没有创新、没有新产品的企业，就像脱水的鱼。

钟爱东有个温暖的四口之家，她说，在最困难的时候，家人的支持成了她的精神支柱。"当初好多次想到放弃，是他们帮我挺过了难关"。屡经磨难，钟爱东说最重要的是要学会如何看待失败，"下岗、失败都不用怕，路是自己走出来的，认定目标走下去，一定会成功"。

生命，有起有落，有悲有喜，起伏不定，然而，生命依然会有着更美丽的色彩，亟待我们去开发，明天，总是美好的，只要我们有心，只要我们在艰难中咬紧牙关，我们就能够在痛苦中盼来新一轮的朝阳。

将失败像蜘蛛网一样轻轻抹去

在这个世界上，没有任何东西可以替代坚韧：教育不能替代，父辈的遗产和有力者的垂青也不能替代，而命运则更不能替代。

坚韧可以使柔弱的女子养活了她的全家；坚韧使穷苦的孩子努力奋斗，最终找到生活的出路；坚韧使一些残废人，也能够靠着自己的辛劳养活他们年老体弱的父母。除此之外，山洞的开凿、桥梁的建筑、铁道的铺设，没有一样不是靠着坚韧而成功的。人类飞天的梦想也要归功于一代代开拓者的坚韧。

作为命运的主宰者——人，我们应该学会坚韧，因为它常会带来意想不到的收获。人在现实中生活，犹如驾一叶扁舟在大海中航行，巨浪和旋涡就潜伏在你的周围，随时会袭击你，因此，你要当个好舵手，还得具有克服艰难的毅力和勇气，设法绕过旋涡，乘风破浪前进。换言之，坚韧也是面对磨难的一种手法，以不变应万变；坚韧更是一种力量，它能磨钝利刃的锋芒。

第二次世界大战时期，在纳粹集中营里，一个犹太女孩写过这样一首诗：

这些天我一定要节省，虽然我没有钱可节省；

我一定要节省健康和力量，足够支持我很长时间；

我一定要节省我的神经、我的思想、我的心灵和精神的火；

我一定要节省流下的泪水，

我需要它们安慰我；

我一定要节省忍耐，在这些风暴肆虐的日子，

在我的生命里，我多么需要温暖的情感和一颗善良的心。

这些东西我都缺少，

这些我一定要节省。

这一切，上帝的礼物，我希望保存。

我将多么悲伤，

倘若我很快就失去了它们。

在恶劣的环境下，小女孩一直用稚嫩的文字给自己弱小的灵魂取暖，用坚韧面对逆境。很多人在绝望中死去，而这个小女孩终于等到了战争结束，看到了新生的曙光。

人生是一个漫长的过程，实现人生的目标需要数十年的奋斗。长时期地向着既定目标奋进、拼搏，必须具有坚韧的意志。鲁迅先生在"风雨如磐"的旧社会，特别强调要坚持"韧性的战斗"。许多卓有成就的革命家、科学家、文艺家之所以取得成功，除了他们的才能之外，无一例外都具有意志坚韧这一心理品质。正是这种坚韧，使他们克服种种艰难险阻，百折不挠地向前搏击。

已过世的克雷吉夫人说过："美国人成功的秘诀，就是不怕失败。他们在事业上竭尽全力，毫不顾及失败，即使失败也会卷土重来，并立下比以前更坚韧的决心，努力奋斗直至成功。"有些人遭到了一次失败，便把它看成拿破仑的滑铁卢，从此失去了勇气，一蹶不振。可是，在刚强坚毅者的眼里，却没有所谓的滑铁卢。那些一心要得胜、立志要成功的人即使失败，也不会视一时失败为最后的结局，还会继续奋斗，在失败后重新站起，比以前更有决心地向前努力，不达目的决不罢休。

世界上有无数强者，即使丧失了他们所拥有的一切东西，也还不能把他们叫作失败者，因为他们有不可屈服的意志，有一种坚韧不拔的精神，有一种积极向上的乐观心态，而这些足以使他们从失败中崛起，走向更伟大的成功。在我们学习那些坚韧不拔、百折不挠的生活强者时，我们也能将失败像蜘蛛网那样轻轻抹去，只要我们心里有阳光，只要我们面对失败也依然微笑，我们就能说："命运在我手中，失败算得了什么！"

从失败中学得生活的智慧

在漫长的人生道路上，期望自己事业成功，仅有从书本上学到的智慧是远远不够的，你还必须具备社会生活的智慧。这就是不断减少你的错误的智慧。

生活是最严厉的老师，与书本教育的方式完全不同。生活的教育方式是你得首先犯错，然后从中吸取教训。大多数人由于不知道从错误中悟出道理，所以只是一味地逃避错误。他们却不知道，这种行为本身已铸成大错，还有一些人犯了错误却没能从中吸取教训。这些都是为什么有如此多的人总是循环往复地犯着自己以前曾经犯过的错误。他们会一而再、再而三地犯错，就是因为他们不知道如何从错误中吸取教训。

爱因斯坦被带到普林斯顿高级研究所办公室的那天，管理人员问他需要什么用具。爱因斯坦回答说："我看，一张桌子或台子，一把椅子和一些纸张钢笔就行了。啊，对了，还要一个大废纸篓。"

"为什么要大的？"

"好让我把所有的错误都扔进去。"

追求卓越的过程，其实就是不断丢弃错误的过程。丢弃错误，我们才会看到一条向上的路。一位哈佛教授指出：人在成功的时候，总是认为自己是高明的，而很少归结为运气；而出错时，却总是以运气不佳为借口，害怕承认错误、分析错误，以致故态复萌，再犯同

样的错误。殊不知，错误本身都有其可以借鉴的价值，而只有那些善于从失败中总结经验教训、不怨天尤人的人才能避免重复犯错。

"一个人受骗两次就该毁灭。"一个真正明智的人绝不应该再犯同类的错误。的确，犯错不可怕，只要不犯相同的错误就是一种进步。每个人都不希望出错，并害怕出错，自小师长便教导人们犯错是不好的事，会使自己失去亲朋的疼爱。这种教育常常使人们不能正确对待错误，不能接受对错误的批评。这很不利于纠正错误，从错误中学习。当我们受到批评时，不必感到失望、不平或愤怒，而应把精力用来制订一项明确的计划，以平息批评，重新起步。与有关的人共同研究你的计划，不要浪费时间和精力彼此抱怨，应该共同努力，解决问题。有时候我们又太勇于自责了。我们会说："这都是我的错。""我什么事都做不好。"如果真是我们的错，自责倒也无妨，但明明不是我们的错而强要自责，便有危险。喜欢自责的人内心常有"我是笨蛋，我是失败者"的想法。这么一来，下次你又会犯同样的错误，或是你误信自己的确是笨蛋，而根本不再尝试了。而这种思想仅仅是我们生活变得乏味和痛苦的原因之一，正确地对待错误的态度同时也是我们面对人生的态度。

错误本身并不可怕，可怕的是错得没有价值。一个人虽然犯了点儿小错误。但如果他能总结失败的教训，知道自己为什么失败，并不再犯更大的甚至是致命的错误，则错误对他来说比成功的经验还重要。而这种教训的总结会让他成为一个智者，更好地去面对我们所生活的这个世界。

第五节　沉住气，享受生活带来的乐趣

平淡的生活才是快乐的

对生活抱着感恩之心的人，从来不抱怨生活的平淡无味。因为他明白，平淡即简单，简单即快乐。现代人也许懂得这个道理，却往往无法做到，而这一境界，也是自古至今一些智者的追求。

现代社会充满了竞争，金钱、美女，权利、地位，一切荣誉皆属身外之物、过眼烟云，唯有平淡永远追随着你，忠诚地伴你走过平凡的岁月和难忘的一生。

生活，就像一条永远不急不缓流淌在我们周围坚韧的河流，磨蚀着我们心灵的激情。它会心生厌倦，会觉得无聊与无趣的感受。我们在接受生活的同时，也接受了生活的平淡庸常和繁杂琐碎。假如，有一种对生活的再认识会使我们返璞归真，那么，要不要重新去调整生活的轨迹？这是我们每一位曾经觉得生活很平淡的人，都值得去反思的事情。

平淡是一种心灵的净化，平淡源于对现实清醒的认识，是来自灵魂深处的表白。在生活中，纵然身处逆境，仍然从容自若，以超然的心情看待苦乐年华，以平淡心境迎接一切挑战。

平淡就是在喧嚣的世俗里增加了一分宁静，不做作，不虚饰，洒脱适意，襟怀豁然，平淡不仅给予你一双潇洒和洞穿世事的眼睛，同时也让你拥有一个坦然充实的人生。

阅读有价值的书籍，写诗、唱歌、欣赏艺术、学习新语言、到公园散步、去大海游泳、观看日出及日落、听小鸟唱歌、抑或牵着爱人的手与之漫步夕阳中……这种诗意而浪漫的生活方式看上去简单而又平凡，但要知平凡即是简单，平凡即是快乐。快乐不是一定拥有炙手可热的权势或巨额的财富才能拥有，有不少人以为得到奢华的生活就能得到快乐，为此忙碌几年、几十年，却舍不得花费几个小时享受生命。舍弃精神追求独重物质享受，这就是现代人感到不快乐的根源。

平淡使人知足常乐，心情淡定，从容面对人生；平淡可以使人免受名利之累和追逐权力之苦，远离虚伪奸诈，拥有一分宁静和真情。平淡不是庸碌无为，不是随波逐流，不是

与世无争，更不是游戏人生。

现实生活中，让我们少一分浮躁的虚荣，增一点平淡的情趣，保持一分恬淡的心情，无论顺境逆境都能够好好地把握自己，不为世俗的身外之物所困扰，去真正体味平淡人生的真谛。

人的一生，或辉煌，或平淡。辉煌的人生固然会令人艳羡，但平淡也是美的。有的人为了一生的辉煌而背负名利的重石，有的人视名利如草芥，于是，平淡便使之一生坦荡，生命结束的瞬间回首，人生轨迹清晰而平坦。当世界太繁华，平淡是一泓宁静的湖泊；当心灵太沉重，平淡是一片舒卷的云朵。

平淡是一分温馨，平淡是一种幸福。但是，人们很难甘于平淡，不是平淡不好，而是不愿舍弃名和利。其实，名利是重石，它只会压得你喘不过气来，而不会给你幸福。当你暮年回首，只会深深地感叹一句："啊，活得真累！"那时，你也许才悟出平淡的真义：淡泊以明志，宁静而致远。

平淡是"得而不喜，失而不忧"，是心胸宽阔、与人为善，是洒脱，是从容，是追求人生的真正价值。平淡人生里的太阳每天都是新的。平淡人生无需去刻意追求，自然的，都是美的。平淡人生是潇洒、是恬淡、是洒脱、是坦荡……

平淡无奇，不求大喜，亦不愿大悲，只乐于饭前一份报，饭后一杯茶的生活。在寒冷的冬季里沐浴灿烂的阳光；在阳光似火的盛夏，避开人来人往的大街，挡住聒耳的汽笛，徜徉于蛇山之上，偶然读读汪国真的诗，有闲心再聆听下张雨生的《大海》。原来生活不是只有波折，还有平静如水的悠闲，平淡生活真的不错，追求平淡，平平淡淡才是真。

抱怨生活不如改变生活

如果你想抱怨，那么生活中的一切都会成为你抱怨的对象；如果你心怀感恩，那么生活中的一切都不会让你抱怨。一味的抱怨不但于事无补，有时还会使事情变得更糟。所以，不管生活怎样，我们都不应该抱怨，而要靠自己的努力来改变生活并获得幸福。

为什么抱怨的人会活得那么累，因为它只看到了自己的付出，而没有看到自己的所得；而不抱怨的人即使真的很累，也不会埋怨生活，因为他知道，失与得总是同在的，一想到自己获得了那么多，他就会感到高兴。

在现实的生活中，我们不必抱怨，要从容而勇敢地迈过前进路上的石头和荆棘芒刺，不断完善自己。正是这真实生活的层层磨砺，才使得我们坚定不移地走向人生目标。

生活是由辛、酸、苦、辣、甜五味组成，当品尝过它的甜美后，你将不得不再去品尝一下它的辛酸苦辣。甜美的日子固然让人高兴，但如果生活中只有甜，那甜就无所谓甜。辛酸苦辣的味道固然不佳，却能让你意志更加坚强，思想更加成熟。没有经历过辛酸与苦辣，你就白来这世上走一遭。

不要抱怨你的工作差、工资少；不要抱怨你空怀一身绝技没人赏识你；不要抱怨你的专业不好；不要抱怨你的学校不好；不要抱怨你住在破宿舍里；不要抱怨你的男人穷或你的女人丑；不要抱怨你没有一个好爸爸……现实有太多的不如意，就算生活给你的是垃圾，你同样能把垃圾踩在脚底下，去登上世界之巅。

没有一种生活是完美的，也没有一种生活会让一个人完全满意，我们做不到从不抱怨，但我们应该让自己少一些抱怨，而多一些积极的心态去努力进取。因为如果抱怨成了一个人的习惯，就像搬起石头砸自己的脚，于人无益，于己不利。如此，生活就成了牢笼一般，处处不顺，处处不满；反之，你就会明白，自由地生活着，其实本身就是最大的幸福，哪会有那么多的抱怨呢？

让自己充满热情，生活便多一分活力

抱怨会让人变得悲观厌世，而感恩则让人对生活充满热情。热情是鼓动生活之帆的风，没有风船就不能行驶。生活告诉我们，灵感可以催生不朽的艺术，热情能够创造不凡的业绩，缺乏热情，疲沓涣散，将一事无成。

大诗人乌尔曼说过："年年岁岁只在你的额上留下皱纹，但你在生活中如果缺少热情，你的心灵就将布满皱纹了。"美国文学家爱默生也曾写道："人要是没有热情是干不成大事业的。"

有些人等着自然的召唤；有些人承担着天降的大任；有些人没什么热情，只希望生活中有几件刺激的事就足够了，那么这样的生命只是一个逐渐衰退的过程；而有些人则喜欢无限的狂热激情，当他们追逐一个目标时，觉得自己全身充满热情，用自己的方法活出热情。

有热情的人，就像发电机一样，永远充满着能量，且会感染整个环境。愿意分享，人们有了热情，就能把额外的工作视作机遇，就能把陌生人变成朋友；就能真诚地宽容别人；就能爱上自己的工作，不论他是什么头衔，或有多少权力和报酬。人们有了热情，就能充分利用余暇来完成自己的兴趣爱好。

著名大提琴家帕乌·卡萨尔斯当年已90高龄，还是每天坚持练琴4~5小时，当乐声不断地从他的指间流出时，他的松垮的双肩又变得挺直了，他的疲乏的双眼又充满了欢乐。美国堪萨斯州威尔斯维尔的E.莱顿直至68岁才开始学习绘画。她对绘画表现出极大热情，在这方面获得了惊人的成就，同时也结束了折磨过她至少有30余年的苦难历程。

人最不应缺乏的就是热情，因为热情是成功的催化剂。要想有所作为就应该像热爱恋人那样热爱生活。对生活充满热情的人可以享受生活中那美妙动人的旋律。

人们有了热情，就会产生浓厚的兴趣爱好；就会变得心胸宽广，抛弃怨恨和仇视；就会变得轻松愉快，当然，还会消除心灵上的一切皱纹，也就没有了生活的压迫感。

当你真正懂得感恩生活、享受人生时，即使生活平淡如水，你也能充满热情地存在。你会不断调整自己，让平静的水面泛起涟漪，时时刻刻让自己保持对生活的热情和信心。你的热情将一直饱满，思考力与创造力将一直旺盛。

多多欣赏日出日落

生活中的美，不仅需要一双发现美的眼睛，更需要一颗感恩生活的心。当你以感恩的心去看待生活时，你将发现生活中的美无处不在。

大自然有日出日落的美景，多多欣赏它，生活会更美好。生活的美妙就在于它的丰富多彩，要使生活变得有趣，就要不断地充实它。你所追求的东西，有可能一辈子都无法实现，生活的美好氛围却可以随时营造。

有多久你没坐在草地上欣赏夕阳了？多久没站在沙滩上观赏日出了？这些生活中可以经常见到的美景，你是不是一直在忽视它们？

你是否被繁杂的工作搞得疲惫不堪？是否在清晨被闹钟声催得神经紧张？是否被一堆家务累得筋疲力尽？如果是这样，那么，你反思过吗？生活为何变成了这样？自己到底在追求什么？这种追求值得自己长期生活在委屈中吗？如果你未曾反思过，那可能你已经麻木了。生活的美好，是靠时时的感受与累积，而不完全是凭着几件事情来打造。

"顾此失彼"，是你该有的警惕，不要逼自己这么紧，你必须先顾好、过好眼前的日子，行有余力，再去追求更美好的生活。否则，如果追求不到，眼前的生活也可能会受到影响。

琼斯是一名在渔村长大的女孩，高职毕业后便参加了工作，很努力地为理想拼搏。琼斯总对朋友说："40岁以后，我就要过我想过的悠闲生活！"不料39岁时，她因为过度劳累得了肝癌。在医师宣判医治无效后，琼斯被伤心的家人接回了渔村。

"我所追求的悠闲的生活，不就在这里吗？可我却拼了命地工作，想借工作换取金钱，再换取悠闲的生活。我真是笨，笨死了！"这时琼斯才感悟道。

如果能珍惜生命，善于劳逸结合，恐怕又会是另一种情况吧！是啊，琼斯的确是笨死了！别忘了：工作是要充实你的生活，而不是拖累你的生活！工作是生活中的一部分，如果工作总让你昏天黑地，感到不堪承受，就考虑辞职吧！你的危机已出现，而良机正在某处等你。

过去的不可得，未来的不可取，只有现在是你可以把握的。千万别在临终的时候，才让护士小姐推你到病房外，去欣赏或许是你初次也是最后一次见到的夕阳。

慷慨地"及时行乐"

美丽的东西只有在用的时候，才能更见其光华。因此，要把光鲜穿在身上，写在脸上，用在生活的琐琐碎碎中，让日子发亮。

也许，你经常去超市买一堆食品，放在冰箱里就忘了吃，直到它过了保存期限，发出难闻的味道，才会发觉错过了食物的保存期限；也许，你曾经买了一件很喜欢的衣服不舍得穿，隆重地供奉在衣柜里。许久之后，当你再看见它的时候，却发现它的样式已经过时了。这些美丽只能留在衣橱里，留在了记忆里，流逝的青春，反而没能因此更添光彩。

所以，你就这样错过了生命中很多美好的东西。没有在食物最可口的时候品尝它的滋味，没有在最流行的时候穿上自己喜欢的衣服，就像没有在最适当的时候去做想做的事情。这一切想起来，都是一种遗憾。

人们因为"不舍"会造成很多的浪费。美丽的东西不用它，平白冷落，便是糟踏。美丽的衣服不穿它，多放几年，身材变形走样，再美丽也是枉然，只能增加叹息而已。

在生活中，许多人对待自己太"狠"，他们即使很有钱，也舍不得吃穿用，当然不是浪费的那种吃穿用。等他们老了的时候，再想好好吃穿用，已经力不从心了；他们不知节制地抽烟喝酒，根本不拿自己的健康当回事，等病发的时候才知道后悔……这样的人我们随处可见。

人生就像是一张支票，是有期限的。很多东西生不带来死不带去，如果不在规定的期限内耗用尽，你将再也没有机会了。所以不要给你的享乐设定条件，与其等着死后白白地浪费掉，还不如开开心心地享受一把。

人生苦短，不要忘了及时行乐。在为了事业打拼的同时，想想自己到底是为了什么而努力，不是为了车子、房子、票子而努力，而是为了生活得更好，才努力去挣车子房子和票子的。不论长或短，只希望当生命走到终点时，不要留下任何遗憾，希望那时可以很满足地对所有人说：我努力过也享受过，我的人生没有遗憾。

人生变幻无常，就如玩大富翁游戏棋一样，走到问号那一格，谁知会抽到一张什么样的命运牌呢？人生在世，不要想得太多，想做就做，想吃就吃，想爱就爱，学会慷慨地"及时行乐"吧！

每天都能看到希望

生活从来没有欺骗过你，因为它总会在你绝望时让你看到希望。这是生活对每一个人的馈赠，它永远在那儿，只需要你去发现它。每天都能看到希望，就是给自己一个目标，给自己一点信心；每天都能看到希望，我们将获得生机勃勃，激昂澎湃；每天都能看到希望，我们就不会有时间去叹息、去悲哀，更不会将生命浪费在一些无聊的小事情上了。

在你没有走过的道路上，总有许许多多不清楚的事，曾经让你的心绪在不停地旋转，也曾经让你在不清楚之中心烦，让你在烦恼中认识到你的无知与浅薄。那么，为何不给你一个希望，使人生路上多一些对未来的憧憬和向往，少一些对过去的惋惜和惆怅？

希望是什么？是引爆生命潜能的导火索，是激发生命激情的催化剂。只要是活着，就要有希望，只要每天都能看到希望，我们的人生就不会黯然失色。

有位医生素以医术高明享誉医学界，事业蒸蒸日上，但不幸的是，在一个飞雪飘飘的冬日里，他被诊断患有癌症。

和平常人一样，他也曾一度情绪低落。最终他不但接受了这个现实，而且心态也为之一变，变得更宽容、更谦和、更懂得珍惜所拥有的一切。

在勤奋工作之余，他从没有放弃与病魔搏斗。就这样，他已平安度过了好几个年头。有人惊讶于他的奇迹，就问他是什么神奇的力量在支撑着他。

279

这位医生笑盈盈地回答:"是希望,几乎每天早晨,我都给自己一个希望,希望我能多救治一个病人,希望我的笑容能够多温暖一个人。"

心怀感恩的人,总能对生活充满希望,总能乐观地面对事实。对于他来说,根本就不存在什么伤心欲绝的痛苦。因为他即使处在灾难和痛苦之中,也能找到心灵的慰藉,相信黑暗终将过去,光明即将来临。即使有时乌云遮住了太阳,但太阳的光芒中也会照耀着大地。

只要每天都能看到希望,日子过得就不会太乏味。在这个世界上,有许多事情是我们所难以预料的。我们不能控制机遇,却可以掌握自己;我们无法预知未来,却可以把握现在;我们不知道自己的生命到底有多长,却可以安排当下的生活;我们左右不了变化无常的天气,却可以调整自己的心情:只要活着就有希望。

人生就是一个诠释的过程,生活中有很多事情需要你去寄予希望,去收获希望。我们要为自己所拥有的希望认真生活好每一天,做好我们身边的每一件事。给自己一个希望并不是一件什么难事,这正如明天你要去逛一逛公园,园子中有你最欣赏的景色;正如明天你在屋檐下诉说自己的未来的选择;正如你要去处理你身边的正事,谈谈你的计划方案……

有位哲人曾说:"太阳每天都是新的。"当你失意时,当你困惑时,当你寂寞惆怅时,当你痛苦不堪时,为何不给自己一个希望?冲破黎明前那最黑暗的第一缕阳光,正是光明寄予万物的希望。希望是人生乐章的音符。给自己一个希望吧!为未来的人生留一份宽敞与坦然的心境。

每天都能看到希望,生活必将馈赠给你一个奇迹。生命是有限的,但希望是无限的,需要我们每天都去发现它、抚摸它。

让歌声永不停止

你感谢生活吗?那不就不要吝啬你的赞美,对它高歌一曲吧!用这样的形式,表达你对它的感激之情。从现在起,不要忘记一些最简单、最直接的生活方式,不要因为外在的东西而形成心与心之间交流的隔阂,而要让永不停息的歌声充满生活的每个角落。

幸福来自快乐的交流和心灵的融洽,生活中越简单的事物越能给我们带来快乐和满足。想唱就唱,人生也就会想笑就笑,多一点快乐,少一点忧愁。生活的定义是,生活与歌声同在,歌声激励着生活,想要过上美妙的生活就要和歌声协调好,要随时随地张嘴就唱。歌声要在生活中不断延续下去,生活要在歌声中不断陶冶情操。

一位疲惫的诗人去旅行,出发没多久,他就听到路边传来一阵悠扬的歌声。

那是一个快乐的男人的声音。

他的歌声实在太快乐了,像秋日的晴空一样明朗,如夏日的泉水一样甘甜,任何人听到这样的歌声,都会马上被感染,让快乐把自己紧紧地包裹起来。

诗人驻足聆听。

歌声停了下来,一个男人走了出来,他的微笑甚至比他本人出来得更早。

诗人从来没有见过一个人笑得这样灿烂。他想,只有一个从来没有经历过任何艰难困苦的人,才能笑得这样灿烂,这样纯洁。

诗人上前问候:"你好,先生,从你的笑容就可以看得出来,你是一个与生俱来的乐天派,你的生命一尘不染,你既没有尝过风霜的侵袭,更没有受过失败的打击,烦恼和忧愁也没有叩过你的家门……"

男人摇摇头:"不,你错了,其实就在今天早晨,我还丢了一匹马呢,那是我唯一的一匹马。"

"最心爱的马都丢了,你还能唱得出来?"

"我当然要唱了,我已经失去了一匹好马,如果再失去一份好心情,我岂不是要蒙受双重的损失吗?"

如果在遭受现实损失时停止了歌唱,无异于又损失了一份好心情。这话说得多好!遗憾的是，大多数精于算计的世人，从未懂得计算这其中的损益。

音乐是用有组织的乐谱表达人们的思想情感，反映现实生活的一种艺术，其基本要素是节奏和旋律。在演唱或演奏时，我们感受着一种情感的宣泄，一种真情的流露；而我们聆听或以音乐为背景时，我们的情感却在有意或无意地与音乐相融合。无论哪种形式，都是我们的情感在与一种声乐频率共鸣，在进行某种交流，体现着一种灵魂观照。

在听歌的过程中，由于置身于一种特定的氛围中，各种情绪和体验跨过不同的音阶，应和着相异的音频和音律，在一种给定的节奏中穿梭，从和声与复调中找到自己的位置，让内心的冲突和相互对抗的愿望寻找各自的音域，使它们独立存在又彼此协调一致，从而回到心灵的宁静状态。

如果音乐的作用只是限于创造悦耳的乐式，那么音乐就仅仅是一种摆设，音乐最好能成为情感的记录。听一首曾经感动过的老歌，昔日情感就会涌上心头，静静品味当初的那种体验，追忆那种亲切温馨，没有比这更悠远神往的了。情感无形无质，变幻不定，无法用一种容器存储，音乐或许是一种载体，或许是一种媒介，虽然无法用一种逻辑的方法来推断，但音乐与情感确实有着内在的关联。

如果你和我一样，对周而复始的生活早已诚惶诚恐；对周遭情感的疏离业已熟视无睹；对曾经坚守的理想已望尘莫及，那就请你驻足于美好的音乐世界里稍事歇息，因为这里为你柔化一切挣扎与不言自明的苦涩，为你将麻木的熟视无睹转化成薄如蝉翼的忧伤。最终，将你在现实中脆弱的心灵彻底粉碎之后，再将它修补得完美无缺……

有了歌声的相伴，使我的生活充满了阳光，充满了自信。也正是那一首首脍炙人口的老歌，让我们更加热爱生活，开始每一个充满希望的早晨。人生如歌，愿心中的歌永远嘹亮，伴我们前行。

第二章　低得下头

> 如果把我们的人生比做爬山，有的人在山脚刚刚起步，有的人正向山腰跋涉，有的人已攀上顶峰。但此时，不管你处在什么位置，请记住：要把自己放在山的最低处，因为在你所经历的漫长人生旅途中，难免有碰头的时候。敢于低头、适时认输是成大事者的一种人生态度和格局，他们在后退一步中潜心修炼，从而获得比咄咄逼人者更多的成功机会。低头并不是自卑，认输也不是怯弱，当你明白了低头认输的智慧，你会发现，适时低头，其实是一种难得的境界。

第一节　地低则为海，人低品自高

地低成海，人低为王

低调是成就伟大事业的起点。它是一种进可攻、退可守，看似平淡，实则高深的处世谋略。低调而为，初看起来好像比较消极。其实它并不是委曲求全、窝窝囊囊做人，而是通过少惹是非、少生麻烦的方式暗蓄力量、悄然潜行，以便更好地展现自己的才华，发挥自己的特长。纵观古今，那些经得住历史沉淀，那些取得成功的人和事，更多的得益于低调而为的处事原则。

美国开国元勋之一富兰克林年轻时，去一位老前辈家中做客。当他昂首挺胸地走进那座低矮的小茅屋时，只听"砰"的一声，他的额头撞在门框上，顿时青肿了一大块。

老前辈笑着出来迎接说："很痛吧？你知道吗？这是你今天来拜访我最大的收获。一个人要想成一番事业，要想洞明世事，练达人情，就必须时刻记住低头。"

富兰克林记住了老前辈的教诲，并将之奉为金科玉律，最终，这种低调为人处世的品格成就了他辉煌的一生。

万丈高楼平地起，每一个成功者，都是从低处、卑微处慢慢做起的。降低姿态，寻找机会的人，才能最终到达成功的巅峰。

尼采言：一棵树要长得更高，接受更多的光明，那么它的根就必须更深入黑暗。

很多年前，一位年轻的日本女孩得到了步入社会的第一份工作——到东京帝国酒店当服务员，她要负责的工作是：洗马桶。

面对这样一份卑微甚至有些不堪的工作，对喜爱洁净，从未干过粗重活的女孩来说，心里不由产生了一些障碍。

"光洁如新"是检验这份工作的标准。这四个字意味着什么，她当然知道。虽然工作的机会很难得，但她还是犹豫了。关键时刻，酒店的一位前辈用实际行动给她上了一堂非常重要的人生课。首先，这位前辈用心地一遍遍擦洗着马桶，洗完后，他用杯子从马桶里盛了一杯水，一饮而尽，丝毫没有勉强之感。此时的她恍然大悟，从此痛下决心："就算一生洗厕所，也要做一名最出色的洗厕人！"

从此以后，她成为一个全新的、振奋的人，工作质量也达到了"光洁如新"的标准，赶上了那位前辈的水平。当然，为了检验自己对工作的信心，为了证实自己的工作质量，也为了强化自己的敬业精神，她不止一次地喝过厕水。在迈好了这人生关键的第一步后，她踏上了成功之路，开始走向人生的巅峰。

这个洗厕所的姑娘名叫野田圣子，是日本一家著名商社的董事长，她的名字在日本家喻户晓，她的事迹被广为传诵，她也被看作是从低处走向成功之巅的典范。

回过头想一下，低处并不可怕，可怕的是失去了向上攀登的勇气；卑微不是末路，只要还有一颗进取的心，低处并非全无希望，只要坚持努力，做好要做的事情，总有峰回路转的时候。

山不言其高，并不影响它的耸立云端；海不言其深，并不影响它容纳百川；地不言其厚，但没有谁能否认它承载万物的伟大。它们不言，是因为它们深深地知道，低调是强者最好的外衣，低调是阻力最小的成功之路。

韬光养晦，藏锋露拙

俗话说："人在屋檐下，不得不低头。"意思是说人在权势、机会不如别人的时候，要能低头退让，随机应变，保持一时的低调。就如古钱币的外圆内方，"边缘"要圆活，"内心"要守得住，有自己的目的和原则，将此当作磨炼自己的机会，借此取得休养生息的时间，以图将来东山再起。

《孟子》中说："天将降大任于斯人也，必先苦其心志，劳其筋骨，饿其体肤，空乏其身，行拂乱其所为，所以动心忍性，增益其所不能。"一个"动心忍性"，将所有的屈辱都包含殆尽，为所有的忍耐立下了名目。人生于天地之间，要想成就一番大事业，不是那么容易的，要忍受常人不能忍受的艰苦磨炼。这种磨炼首先是意志品质的修炼，优秀的意志品质不是生来就有的，靠的是后天的培养造就。良好的道德品质的养成，不仅要靠社会、家庭的教育，更主要的是靠自我教育、自我磨炼，忍耐人性不成熟到成熟的过程，这就是修身的工作。

然而，很多人却不懂得这个道理，取得了一些成功和荣耀之后，总是喜欢在别人面前炫耀，或者倚仗自己权高位重就恃强而骄，锋芒毕露。如此一来，便会得罪许多人。素来以傲慢无礼、举止粗鲁而闻名于世的赫鲁晓夫就尝到过锋芒毕露的尴尬滋味。

1957年，美苏首脑举行会谈，美国总统尼克松应邀出访苏联。在此之前，美国国会通过了一项《关于被奴役国家的决议》。这一决议遭到赫鲁晓夫的激烈抨击，本来他可以采取比较得体的方式表达自己的看法，但赫鲁晓夫选择了一个既有失身份，又有失国人尊严的方式。

在美苏首脑会谈中，他指着尼克松吼道："这项决议很臭，臭得像马刚拉的屎！没有什么东西比那玩意儿更臭了！"

在这种关系到国家和民族尊严的场合，尼克松当然也不甘示弱，他知道赫鲁晓夫年轻时曾当过猪倌，就一字一句地说："恐怕主席先生说错了，还有一样东西比马粪更臭，那就是猪粪。"

列夫·托尔斯泰说："大多数人都想改变这个世界，却极少有人想改造自己。"我们经常是按照自己的愿望去为人处世，本来是棱角分明，还自以为是光芒四射。其实，在我们刻意显示出才华的时候，我们的才华已经减少了很多，因为我们的刻意，才华已经没有了它原来的光芒。所以，真正的低调者能够做到："以能问于不能，以多问于寡，有若无，实若虚。"

韬光养晦的核心含义是一个"能"字，以弱示人只是一个"不能"的表象而已。韬光养晦与以弱示人合起来的意思就是："能"但示之以"不能"。一个心智成熟的低调者更懂得：在外晦内明、外乱内整中，有意识地收敛锋芒，保存实力，这样可以捕捉到出手的最佳时机，最终实现有所作为或有所收获。

天之道，不争而善胜

"不争而胜"是一种低调处世的高超智慧。"不争"，就是为人处世尽量低调，使自己在心态和表面上保持在一种较为弱小的地位，这样既可以"麻痹"对手，还可以让自己获得上升和发展的空间。因此，"不争"就是一种低调的"争"，是一种"善胜"的"争"，是"天下莫能与之争"的符合天道的"争"。很多人生、事业上有所成就的强者都深谙其中的道理。

沈从文是现代著名作家、历史文物研究家、京派小说代表人物，因创作了《边城》、《湘行散记》等一系列文学精品，使他在文学上赢得了很大的成功，获得了很大的名声和地位，但同时也引起了很大的争议，遭到了很多的批评。

沈从文没有和反对自己的人据理抗争，他采取了超然的态度，对批评"置若罔闻"。最后，他的"不争"发展成为了主动退出。他放弃了自己心爱的文学创作，转而开始进行文物研究。

他的这种"为图清静"而"不争"的态度，更是饱受非议，就连朋友、战友等都对他此举大为不解。此时的沈从文依然未将这些放在心上，他心中自有大智慧，他说："新中国成立之后，在新的要求下，写小说有的是新手，年轻的、生活经验丰富、思想很好的少壮，能够填补这个空缺，写得肯定比我好。"他深深懂得"不争"未必不是好事。

在后来的工作中，沈从文在文物研究领域同样取得了卓越的成就，先后著述了《中国古代服饰研究》、《古代镜子的艺术》等专著。现在的戏剧、电视剧、电影的服装，很多都是根据沈从文《中国古代服饰研究》而制作的。

沈从文用"不争"为自己的人生画出了另一道"彩虹"，让自己的事业更上了一层楼。反过来再看看那些"善争"的人，后来又怎样呢？又有多少可以留下来的成果呢？

"不争"的道理蕴涵于生活的方方面面。例如，在一个狭窄的十字路口，有许多车辆挤在一起，互不相让，把路堵得水泄不通。如果这时能有几辆车从中先退出来，或者掉转车头另行择路，那么路将会畅通无阻。可见，"不争"会开辟新的成功路径。

"不争"的低调是一种儒雅的人生气质，是一种成就大事的方式。特别是在激烈竞争的现代社会中，可以说，低调是强者最好的外衣。

为人谦虚显修养

"谦受益，满招损"是中国的一句古训，告诫人们：谦虚作为一种美德应该人人具备。所谓的谦虚，即虚心而不自满。不自满，才能经常保持一种似乎不足的状态，因而才能获得更大的、更多的益处。

谦虚是一种低姿态，不仅对一般人有用，对处于高位的人更为有用。《易经·谦卦》中说："谦尊而光。"即尊者有谦卑的美德，更能使人光明盛大。但凡有作为的人，常用谦卑来培养自己的道德品格与指导人生的方向。

京剧大师梅兰芳先生就是一个谦谦君子。梅兰芳先生不仅在京剧艺术上有很深的造诣，而且还画得一手好画。他拜名画家齐白石为师，虚心求教，总是执弟子之礼，经常为白石老人磨墨铺纸，从不因为自己的名声而自傲。

有一次，齐白石和梅兰芳同到一家做客，齐白石老人先到。他一身朴素，与其他宾朋的西装革履或长袍马褂相比，显得有些寒酸。又因许多人并不认识他，所以被冷落一旁。

不久，梅兰芳也到了，主人自然出门相迎，其余宾客也都蜂拥而上，一一与之握手寒暄。梅兰芳事先知道齐白石也会来赴宴，但四下环顾，寻找老师。在一个角度里，他看到了被冷落的老师。这时，他让开其他宾朋伸来的手，挤出人群向齐白石恭恭敬敬地叫了一声"老师"，并向他致意问安。在座的人见状很惊讶，而齐白石则深受感动。几天后特向梅兰芳馈赠《雪中送炭图》并题诗道：

记得前朝享太平，布衣尊贵动公卿。

如今沦落长安市，幸有梅郎识姓名。

梅兰芳不仅拜名家为师，也拜普通人为师。有一次，演出京剧《杀惜》时，在台下观众的连连叫好声中，他突然听到有一位老观众说了声"不好"。

演出结束后，梅兰芳来不及卸装更衣就用专车把这位老人接到家中，恭恭敬敬地对老人说："说我不好的人，是我的老师。先生说我不好，必有高见，定请赐教，学生决心亡羊补牢。"老人也不客气："阎惜姣上楼和下楼的台步，按梨园规定，应是上七下八，博士为何八上八下？"梅兰芳恍然大悟，连声称谢。以后梅兰芳经常请这位老先生观看他演戏，请他指正，称他"老师"。

一般来说，在事业尚未取得胜利和取得较小胜利的时候，一个人保持谦虚的态度还是比较容易的，而在取得较大胜利或较大成就的时候，继续保持谦虚的态度就困难得多了。胜利和成就，本来是好事，是值得欢欣和庆祝的事，但我们应当清醒地看到，在胜利的激流中，许多时候都暗藏着一堆骄傲的暗礁，如果不警惕，它们往往就会把前进的船只撞碎。胜利者在取得伟大成就后仍然保持谦虚，这是最大的英明，也是我们从一个胜利走向另一个胜利和立于不败之地的重要保证。一个真正懂得低调的人，必然是一个谦虚的人，这样的人终将大有作为。

谦虚不是故意贬低自己，也不是虚伪的应付。谦虚的态度是基于对自己深刻的认识，是发自内心的真诚。

以弱示人，以智取胜

俗话说：狭路相逢勇者胜。此话不假，但在这种情境下，双方必定是势均力敌，所以才需要依靠勇气来决定输赢。那么，当双方势不均、力不衡的时候，处于弱势的一方是不是注定会失败呢？当然不是。如果这时候，处于弱势的一方能够巧妙地将自己的弱处主动显露出来，就会使对手在很大程度上做出错误的判断，放弃对你的主动进攻。退一步来说，即使不会让你一举得胜，也可以迟滞对方做出决定的时间，从而给你留出反击的时间。这样，你便可以找到反击的机会。这是一种险中求退、退中求进的策略，更是低调者处世为人必备的条件。

放低姿态，示人以弱，古往今来一直都是众多处于弱势的人在与强者的竞争中取胜的一大法宝。

战国时期，魏国和赵国一起攻打韩国，韩国向齐国紧急求救，齐国派田忌和孙膑带兵前去解韩国之围。

齐军向魏国首都大梁（今河南开封）进发，摆出攻魏的样子，吓得魏国将军庞涓急忙调兵回头，紧随齐军追赶，妄图一举消灭齐军。孙膑了解到这种情况后，对将军田忌说："魏军一向剽悍恃勇而轻视齐军，我们就利用魏军的这个弱点，来个进军减灶，假装胆怯，给庞涓一个假象，这样可以很快把他消灭掉。"

大军浩浩荡荡地向西行去，开饭时候到了，十万大军埋锅造灶，绵延数里，蔚为壮观。隔了一日，庞涓追到齐军做饭的地方，看到了遍地的土灶，命令士兵统计，庞涓得知齐军有十万之众，他因此不敢轻举妄动，只好在后面慢慢地追赶。又一次到了做饭的时间，孙膑下令把灶减少一半，只埋五万个灶，士兵们不知是什么用意，却也只好从命。又隔近一日，庞涓赶到此处，一数齐军之灶，只剩五万，便有些偷喜，心想："齐军果然害怕了，两天便跑掉了一半！"于是便下令魏军加快行军步伐。第三天做饭时，孙膑只让士兵们做了三万个灶。

半天后庞涓追到这里，一数锅灶，发现只有三万个了，庞涓不禁哈哈大笑："我知道齐军本来就胆小害怕，到魏国才三天，就跑掉了一大半。"于是便命令步兵原地待令，只带精锐骑兵几千，以两倍于平日的行程追击齐军。

此时，孙膑估计庞涓傍晚会赶到马陵。马陵道路狭窄，重峦叠嶂，地势十分险要，孙膑便在路两旁埋伏好弓箭手。

果然，庞涓傍晚赶到马陵，他还未来得及喘口气，齐国射手万箭齐发，魏军大乱，庞涓自知智穷兵败，只好拔剑自杀。

孙膑的示弱只是一种手段，绝不是目的，他的目的是通过示弱来赢得最后的胜利。虽说示弱有时可以成大事，但是如果没有强劲的实力做后盾，那么这种弱便不是"装弱"而是真弱了，那样便会弄巧成拙，一败涂地。

因此，低调者要敢于示弱，低调者也要妙于示弱，低调者更要精于示弱。示弱是一种以柔克刚的技巧，是成功的低调者必备的技巧。

得饶人处且饶人

荀子说："君子贤而能容罢，知而能容愚，博而能容浅，粹而能容杂。"意思说，人格高尚有道德才能的人能够容得下被放弃，懂得停止，能够容忍别人的无知；虽然知识渊博，却能和没有文化的平民相处；即使自己是专一和精通某种理论，却也可以容得下其他不同的见解。简单来说就是能容忍别人的缺点，接受别人的意见，不自以为是。这是对低调者品格的最佳诠释。

在现实的生活中，我们总会遇到一些说了对不起自己的话或做了对不起自己的事的人。这时候，如果能够宽容相对，而不是去针锋相对，那么不仅可以显示我们高超的人格，更能使我们受到更多的尊敬。

古希腊神话中有一位大英雄叫海格力斯。一天，他走在坎坷不平的山路上，发现脚边有个袋子似的东西很碍脚，海格力斯踩了那东西一脚，谁知那东西不但没有被踩破，反而膨胀起来，加倍地扩大着。海格力斯恼羞成怒，操起一条碗口粗的木棒砸它，那东西竟然长大到把路堵死了。

正在这时，山中走出一个圣人，对海格力斯说："朋友，快别动它，忘了它，离它远去吧！它叫仇恨袋，你不犯它，它便小如当初，你侵犯它，它就会膨胀起来，挡住你的路，与你敌对到底！"

如果得理之时不饶人，把对方逼得走投无路，就有可能会激起对方"求生"的意志，他因此也会不择手段地反抗。所以，在别人理亏的时候，更要学会放他一条"生路"，这样也更容易让他改过自新，并对你心存感激。

林肯对政敌素以宽容，这也是他为人低调的一种体现。有一次，他的一位部下就此事向他提出了意见："你不应该试图和那些人交朋友，而应该消灭他们。"然而林肯却微笑着回答："当他们变成我的朋友，难道我不正是在消灭我的敌人吗？"

的确，我们要容许别人犯过失，也要容许别人改正错误。不能因为某人某时有某种过失，便一棍子打死。俗话说，得饶人处且饶人。放对方一条生路，给对方一个台阶，就是给别人一个从新改过的机会，也是给了自己一次帮助朋友的机会。

人与人之间避免不了因互相误解而导致仇恨。最好的方式是以宽容的心态将这种仇恨栽培成一盆鲜花，让自己心里开花才能让周围遍地开花。时间带走一切也考验一切，值得珍惜的是无限春光和快乐的果实。让仇恨长成鲜花，是一种智者大彻大悟的境界，也是人生快乐的源泉。

和气之间共成事

孟子说过："天时不如地利，地利不如人和。"三者之中，"人和"是最重要、并起决定作用的因素。而一个低调的人，必是一个懂得"人和"之道的人。

善于与人沟通、合作的人，一般来说都是待人和气的人。在与别人和和气气的交往过程中，他们在不知不觉地成就自己的大事。和和气气就是与人交往时，在非原则的问题上不斤斤计较，能够大度容人、宽以待人、求同存异、以德报怨。和和气气有助于扩大交往的空间，滋润人际关系，消除人际间的紧张和矛盾。著名战斗机飞行员鲍伯·胡佛，就懂得与人和气合作的重要性，并把与人和气合作提到了一个关键的地位上来。

鲍伯·胡佛的飞行经验十分丰富，技术高超。在漫长的试飞生涯中，顺利地试飞了很多种机型。

有一次，他又接受命令参加飞行表演，完成任务后他飞回机场，飞机的两个引擎同时失灵。凭着多年的经验，他临危不惧，果断、沉着地采取了对应措施，奇迹般地把飞机停降到飞机场。

飞机降落后，他和安全人员一起检查飞机出事的原因，发现造成事故的原因是油用错了，他驾驶的是螺旋桨飞机，用的却是喷气机用油。

负责加油的机械工吓得面如土色，见了胡佛便痛哭不已。因为机械工一时的疏忽险些造成飞机失事和飞行员的死亡。胡佛并没有对他大发雷霆，而是上前抱住那位内疚的机械工，真诚地对他说："没关系，伙计，我想请你明天仍帮我做飞机的维修工作。"

胡佛和和气气地对待了那个机械工，让他有自省的机会，同时机械工也认识到了自己的失误，更加敬重胡佛的为人了。后来，这位机械工一直跟着胡佛，负责他的飞机维修，而且再也没有出现过任何差错。他陪胡佛走过了漫长的试飞生涯，也伴随胡佛登上了事业的高峰。

由此可见，和气待人不仅表现在日常的交往中，如果能给犯错误的人一个改正的机会，不以一时一事取舍人，这是一种更大意义上的和气，而由此换来的也将是别人更多的信任、敬佩，以及自身人生和事业上的更大成功。

除此之外，待人和气还表现在其他许多方面：当遭到别人误解时，不可迁怒于人；当自己的利益与别人的利益相冲突时，不要斤斤计较；当交往发生矛盾时，要多想想自己的不足，诚恳地进行自我批评；当双方的观点出现分歧时，要求同存异，不抬高自己贬低别人……这样双方的交往才会长久地保持和发展下去，所以说，和和气气地待人，才能与人共成大事。

俗话说："失金者是小失，失友者是大失。"如果我们能用平和的心胸，给别人多一点时间、多一分理解、多一分包容，那么我们就会得到更多的支持和拥护，从而在人生和事业上取得更多、更大的成功。

处高位时要低头

生活中，骄傲自大之人比比皆是，尤其当他们做出了一点成绩的时候，便会更加趾高气扬，自以为高不可攀了。如果此时的他们正处于低位，那么因这种品行是很难再有上升的空间的；如果此时的他们已经处于高位，便很有可能因此栽个大跟头。因此，相比之下，身处高处时，更需要适时的放低姿态，学会适当低头。

其实，适时的低头并不是消极的表现，反而是另外一种意义上的积极，有时候这种低头还能消除隐患，化解危机。

经历过无数次的失败之后，林肯终于当选为美国总统。

在当选总统的那一刻，整个参议院的议员们都感到十分尴尬，因为他们的新总统是一个鞋匠的儿子。当时，美国的参议员大部分出身贵族，他们全部自认为是优越的上流人士，他们从未想过有一天要面对的总统竟然是一个鞋匠的儿子。于是，有许多议员想趁林肯在参议院发表演说的时候，借机羞辱他一番。

在林肯刚刚走上演讲台还没开始说话的时候，一位参议员便站了起来，他态度傲慢地说："林肯先生，在你开始演说之前，我希望你记住，你是一个鞋匠的儿子。"

所有议员都大笑起来，虽然他们自己不能打败林肯，但是有人羞辱了林肯，照样使得他们开心不已。

林肯的脸色反倒很平静，他并未辩解什么。只是等到大家的笑声停止以后才诚恳地对那个傲慢的参议员说："我非常感谢你使我想起我的父亲，他已经过世了，我一定会记住你的忠告，我永远是鞋匠的儿子，而且我还知道我做总统永远都无法像我的父亲做鞋匠那样出色。"

参议院陷入一阵静默中，林肯接着又对那个参议员说："就我所知，我父亲以前也为你的家人做鞋子，如果你的鞋子不合脚，我可以帮你修理它，虽然我不是伟大的鞋匠，但是我从小就跟随我父亲学会了做鞋子。"

然后他对所有的参议员说："对参议院的任何人都一样，如果你们穿的那双鞋是我父亲做的，而它需要修理或改善，我一定尽可能地帮忙，但是有一件事是可以确定的，我无法像他那么伟大，他的手艺是无人能比的。"说到这里，林肯流下了眼泪。那一刻，所有的嘲笑都停止了，整个参议院都被雷鸣的掌声填满了。

林肯的出身卑微，父亲是一个鞋匠，林肯从不隐瞒这一点。而且，他也从没有因为当选为总统而忘记或者不愿被人提及这个事实。相反，他仍然能在大庭广众之下放低姿态，这也是他赢得民心的一个重要因素。

所以说，不要以为身处高位便是达到了人生的制高点，要知道，一时的高处并不能说明什么，成功反而更青睐于能在高处低头的人。

人生其实就是一个大舞台，出身的高贵，工作的优越，所处环境的良好都不能成为人们扮演出色主角的障碍。当批评、讪笑、诽谤的语言像石头一样向你砸来，你应该像林肯那样，不以身份为贵，放低姿态，那样才能够获得再次的成功。

将内敛转化成力量

在现实生活中，许多年轻人总是过于浮躁，时时处处急于表现，想以最快的速度获得成功，他们的座右铭是"成功一定要趁早"。

当然，这种积极的人生态度本也无可厚非，但是，成功不是仅仅依靠积极就可以得来的，当你还处于低位、经验还不够丰富、能力还不够强大的时候，这种积极只能称为急功近利，结果必定欲速则不达。相反，如果此时能够学会内敛，从底层做起，那么就可以不断地积蓄力量，让自己变得越来越强大，当这种力量积聚到一定程度的时候，成功自然就会唾手可得了。

小钱大学毕业后，只身去了南方，顺利地在一家外企找到了一个行政助理的职位。小钱并没有因为职位低微而对未来失去信心，上班的第一天，他就发誓要让自己成为公司里不可或缺的人才，所以总是暗暗地努力工作和学习。同时，小钱也深知，职场竞争的激烈以及办公室政治的"黑暗"，所以在同事们面前，小钱只是一个尽职做好本职工作的小职员。

小钱负责的工作是档案管理，资源管理专业出身的他很快就发现了公司在这方面存在的弊端。于是，他开始大量查阅资料，运用所学的理论知识写出了一份系统的解决方案，并将公司内部工作运行流程、市场营销方式以及后勤事务的规范，也整理出一套完整的方案，然后一并发到行政经理的电子信箱中。当然，这一切都是他利用业余时间来完成的，他不想过于张扬，因为他知道那样会招来别人的嫉恨。

没过几天，行政经理就请他到公司的餐厅喝咖啡了。离开时行政经理还语重心长地拍着他的肩头说："公司对你这样能默默做事的人，向来是给予足够的空间施展才华的，继续努力吧。"

从那以后，小钱更加勤奋地工作。不久之后，公司参与了一个大商厦周围的霓虹灯方案的竞标工程。企划部的同事们整天翻案例、找朋友，忙得焦头烂额。小钱也没闲着，白天他努力做好自己的分内工作，晚上通宵不眠熬红了眼做方案文书。

竞标前一天交方案时，小钱去的最晚，行政经理不解："你们部门的已经交来了。"小钱充满信心地说："这是不一样的！"竞标的当天，小钱的方案脱颖而出，最终为公司的竞标成功立下了汗马功劳。

第二天，消息就传遍了整个公司。同事们都很惊讶，这个在大家眼中一直只知道埋头苦干的小职员，居然在私下里做了这么多功课，为公司谋到了这么大的利益。

一个月之后，公司人事大调整，原来的部门经理调到了别的部门，小钱则收拾好自己的东西，走进了位于20层的那间经理办公室。

小钱的成功，自然是沉静内敛的性格在起作用。沉静内敛是形成高雅风度的一种内在的力量，它可以减少人与人之间尖锐的对立，发挥了神奇的力量，起到了意想不到的效果。

当身处不利时，沉静内敛地应对可化险为夷；当身处困境时，由于沉静内敛而积聚的力量能转危为安。很多时候，沉静内敛不仅仅能脱离危险境界，减少损失，还可以把事情做得更好，最终以超凡脱俗的非凡之力脱颖而出，赢取最后的胜利。

选择低调，你就是强者

低调是做人的一种古老的智慧，这一点千百年来已经被无数的人所证实。

在中国的历史上，舜是第一个被称为有"大智慧"的人。根据历史记载，舜出生后不久母亲就离开了人世，后母生了一位弟弟"象"。尽管舜总是小心地侍奉后母和照顾弟弟，但还是经常遭到后母的毒打和虐待。最后，舜选择了离家出走，一个人流落到历山脚下开荒种地。

因为德行高尚，所以在清苦的生活中，舜没有一点怨言。他与当地的农夫和山林中的鸟兽生活在一起。他常常观察周围的事物，发现一切都是那么温馨和睦，于是他触景生情，制作了一首首感人的乐歌。

舜的德行影响了周围所有的人，农夫相互谦让已开垦好的农田，渔民相互谦让自己打鱼的场地，陶匠则做出了更加精美耐用的陶器。舜成为人们学习的榜样，人们从四面八方扶老携幼过来，希望和舜成为邻居。仅仅用了一年时间，他的周围就会聚成村落，然后就扩大为城镇、都市。

最后，当时的天子尧将自己的两个女儿娥皇和女英许配给了舜做妻子。这两位聪明美丽的妻子给了舜无穷的力量。"无知"的舜总能逢凶化吉，顺利地通过了尧对他的能力所进行的考试。最后，尧将天子之位禅让于舜。

在舜的德行中，低调一直贯穿始终。正是因为有了这份低调为人的态度，舜才能跨越清苦的普通人，一跃成为天子。舜能成为天子，自然是因为拥有大智慧，但是，舜的大智慧并没有使用什么诡计。事实上，他的"大智慧"往往都是以"低调"来衬托的。舜从未有意识地去获取民心，也并没有处理任何复杂事务的知识。但是，由于纯朴、坚强、虚心，才保证他最终取得所期望的胜利。

舜的胜利说明低调在智慧中具有不可替代的作用，这种智慧受到当时许多学者的称赞，一时之间，甚至成为一种"时尚"。

一个人究竟强不强，不是看你有多么出名，多么有权有势，而是看你有没有真正让自己强起来的坚实基础和本事。真正有本事的人都是能够隐忍，处世低调的人，他们讲究的是运筹帷幄，厚积薄发，修于内而成于外，这才是真正让人佩服的成功。

一个低调的人，总是莫测高深，不显山不露水，默默耕耘，苦心孤诣，直至成功，甚至成功以后，这样的人也不喜欢张名扬利，而是继续探索，继续追求，寻求新的突破，这才是忍耐而成的英雄，低调而强的强者。

要成为这样的人并不难。首先，低调的人总是喜欢藏锋守拙，待机而发，在别人面前表现出来的更多的是大智若愚、大巧似拙的一面，心态平和踏实，锋芒内敛，虚心于请教和完善，具有认真谨慎的工作态度。这样的人往往具有十分缜密的个人思维习惯，处乱不惊，目光长远，再加上艰苦的磨炼，顽强的意志，都为事业成功奠定了一个坚实的基础。

其次，低调是一种修为，是成就大事的一种方式。一个低调的人，身性高洁，意志坚定，又具有超脱欲望、淡泊名利的胸襟。这样的人想的不是怎么把钱赚到手，而是想着怎样把事情做好，功到自然成。

总之，盲目地张扬自己的本领，亮出全部的看家本事，正如技穷的黔驴，最终让真正有本事的老虎一口吃掉。这些人往往私心杂念太重，名利思想过浓，如果事业不成，很可能会身败名裂，即使不身败名裂，事业上也必然遭受沉重的打击。

第二节　低下头，成就自信人生

在逆境中潇洒走一回

生活中，如果你没有被逆境所吓倒，反而能够任凭风浪起，稳坐钓鱼台，并以乐观的态度，把它们想像成理所当然的话，你实际上已经奏响了在逆境中洒脱前行的前奏。

许多逆境往往是好的开始。有人在逆境中成长，也有人在逆境中跌倒，这其中的差别，就在于我们是如何看待。如果站起来便能成就更好的自己；硬是在地上赖着，自怨自怜悲叹不已的人，注定只能继续哭泣。面对逆境，洒脱处之，方能领悟人生的自在与从容。

古今名人中，能真洒脱者，大有人在。唐朝诗人刘禹锡，因革新遭贬，他不为压力所阻，仍以顽强的精神与政敌相抗争，写出"玄都观里桃千树，尽是刘郎去后栽"，"种桃道士归何处？前度刘郎今又来"的乐观诗句，他以潇洒的态度，超过"巴山蜀水凄凉地"，坚守"二十三年弃置身"的人格，终于迎来了仕途上新的春天。

有人把洒脱理解为穿着新潮，谈吐倜傥，举止干练飘逸。实际上，这只是浅层次的认识。真正的洒脱，应该是指那种不以物喜，不以己悲，顺境不放纵，逆境不颓唐的超然豁达的精神境界。

有的人，在身处绝境时，仍不绝望，而是提高生命的质量，以有效率的工作，使有限的生命更有意义。他们的生命虽然短暂，但活得热烈，活得自在。

顺境有时会变成一个陷阱，因为身处顺境的人，容易为眼前的景致所迷惑，而忘记了危险的存在。历史上处于顺境中由于得意忘形而最后身遭横祸的人举不胜举。在这里，成功反而成为失败之母。在逆境中，有的人疯了，有的人自杀，也有的人化作不死鸟，涅槃后而重生，从他身上发出的光照亮了世间各个角落。

顺境容易让人浅薄，逆境让人深刻。霍兰德说："在黑暗的土地上生长着最娇艳的花朵，那些最伟岸挺拔的树林总是在最陡峭的岩石中扎根，昂首向天。"并非每一次不幸都是灾难，早年的逆境通常是一种幸运。既然如此，身处逆境，不妨像那首歌唱的那样：何不潇洒走一回。

把磨难当做一笔财富

佛在摆脱魔鬼的侵扰后才彻底觉悟，人在经历磨难后会彻底成熟。为什么拿破仑能够突破重重阻力而叱咤风云？为什么海伦·凯勒在双目失明的情况下，心中依然有光明之梦？因为他们都经历过一个又一个的磨难，并且在磨难的打击中迅速成长起来。也正因为如此，这些人在磨难面前能够镇定自若，"泰山崩于前而色不变，猛虎趋于后而心不惊。"磨难不仅成为他们的一笔财富，还把他们引领入从容自在的大境界。磨难的宝贵之处在于，它能够促进人们成长。这与大风大浪里才能哺育出大鱼，而风平浪静里只能喂养出小鱼是一个道理。

某地有一条大河，河的旁边有一个水潭，水潭里有很多鱼，潭边经常聚集着一些钓鱼的年轻人。但是这段时间，他们发现有一个奇怪的渔夫，他在潭边不远的河段里捕鱼，那是一个水流湍急的河段，雪白的浪花翻卷着，一道道的波浪此起彼伏。在浪大又那么湍急的河段里，这是一段鱼根本不能游稳的河段呀，怎么会捕到鱼呢？年轻人百思不得其解，便觉得这个渔夫很愚蠢、可笑。

有一天，有个好事的年轻人终于忍不住了，他放下钓竿去问渔夫："鱼能在这么湍急的地方留住吗？"

渔夫说："当然不能了。"

年轻人又问："那你怎么能捕到鱼呢？"渔夫笑笑，什么也没说，只是提起他的鱼篓在岸边一倒，顿时倒出一团银光。那一尾尾鱼不仅肥，而且大，一条条在地上翻跳着。

年轻人一看就傻了。这么肥这么大的鱼是他们在深潭里从来没有钓上来的。他们在潭里钓上的，多是些很小的鲫鱼和小鲦鱼，而渔夫竟在河水这么湍急的地方捕到这么大的鱼。年轻人愣住了，更加迫不及待地想知道答案。

渔夫笑笑说："潭里风平浪静，所以那些经不起大风大浪的小鱼就自由自在地游荡在潭里，潭水里那些微薄的氧气就足够它们呼吸了。而这些大鱼就不行了，它们需要水里有更多的氧气，没办法，它们就只有拼命游到有浪花的地方。浪越大，水里的氧气就越多，大鱼也就越多。"

在常人的意识中，风大浪大的地方是不适合鱼生存的，所以故事中的年轻人会选择风平浪静的深潭去捕鱼。

但他恰恰想错了，一条没风没浪的小河是不会有大鱼的，而大风大浪恰恰是鱼长大长肥的唯一条件。大风大浪看似是鱼儿们的苦难，实际上恰是这些苦难使鱼儿们茁壮成长。"宝剑锋从磨砺出，梅花香自苦寒来。"磨难就是财富。

张海迪在轮椅上完成了一部外国名著《海边诊所》的翻译；贝多芬丧失听力后，写出了传世的《命运交响曲》；陈景润在极其困难的环境中，完成了哥德巴赫猜想的论证；海伦·凯勒是一个又盲又聋又哑的人，而她却写出了鼓舞了千万人的《假如给我三天光明》。他们用自己的亲身经历，唤醒了每一位对生活失去信心的人；他们用自己的奋斗经历，谱写了拼搏人生、战胜宿命的凯歌。

一个人，为了实际梦想，求得人生的大自在，必须学会忍受种种痛苦：浪迹天涯、抛妻别子的思乡之苦；脏活累活苦活全干的身体之苦；屡遭白眼与冷嘲热讽的心理之苦……只要你学会忍耐，任何磨难对你而言都是一笔宝贵的财富。

不在意寒蝉的讥笑

大鹏奋力而飞，翅膀就像垂天的云彩。它等候海上飓风到来，然后扶摇直上，水击三千里，鹏程万里。然而燕雀寒蝉却对于大鹏的"不鸣"不以为然，它们讥笑道：只要有个树枝可以落脚即可，何必非要飞到九万里的高空呢？寒蝉的讥笑，只不过是"小知不知大知"，而大鹏志在千里，不鸣则已，一名惊人，因此，它们能够忍耐，等待一飞冲天机会的到来。

战国时期政治家苏秦自幼家境贫寒，温饱难继，读书自然是一件非常奢侈的事。为了维持生计和读书，他不得不时常卖自己的头发和帮别人打短工，后来又离乡背井到了齐国拜师求学，跟鬼谷子学纵横之术。

一段时间以后，苏秦自以为学业有成，便迫不及待地告师别友，游历天下，以谋取功名利禄。数年后不仅一无所获，自己的盘缠也用完了。在走投无路之际，穿着破衣草鞋踏上了回家之路。

到家时，苏秦已骨瘦如柴，全身破烂肮脏不堪，满脸尘土，与乞丐没有什么差别。妻子见他这个样子，摇头叹息，继续织布，虽然充满同情，但还是显得很冷漠；嫂子的鄙夷则更加明显，当见他这副落魄的样子，嫂子扭头就走，不愿做饭；父母、兄弟、妹妹不但不理他，还暗自讥笑他说："按我们周人的传统，应该是安分于自己的产业，努力从事工商，以赚取十分之二的利润。他现在却好，放弃这种最根本的事业，去卖弄口舌，落得如此下场，真是活该！"

苏秦身为七尺男儿，身受此辱，实在是无地自容，惭愧而伤心。他关起房门，不愿意见人，对自己作了深刻的反省："妻子不理丈夫，嫂子不认小叔子，父母不认儿子，都是因为我不争气，学业未成而急于求成啊！"

对于别人的讥笑，苏秦选择了忍耐，他要重振精神，发愤再读书。他搬出所有的书籍，用心钻研。他每天研读至深夜，有时候不知不觉伏在书案上睡着了。

第二天醒来，苏秦懊悔不已，痛骂自己没有用，但又没有什么办法不让自己睡着。为了珍惜时间，苏秦还发明了防止打瞌睡的办法，那就是著名的"锥刺股（大腿）"，以后每当要打瞌睡时，他就用锥子扎自己的大腿一下，让自己猛然"痛醒"，保持苦读状态。他的大腿因此常常是鲜血淋淋，惨不忍睹。

就是在这样的磨砺中，苏秦博览群书，学富五车。后来，他写出"揣""摩"二篇。这时，他充满自信地说："用这套理论和方法，可以说服许多国君了！"苏秦开始游说六国，终获器重，挂六国相印而声名显赫，开创了自己辉煌的政治生涯。

生活永远在源源不断地制造着讥笑，这是不变的话题。没有人能一生不遭遇到别人的讥笑，但是比这更重要的是你的态度。有些人一辈子被讥笑淹没，自暴自弃；而有些人则因讥笑而奋发，成就一番功名，这才是人生的强者。所以，做人就要像大鹏那样，对寒蝉的讥讽一笑而过，然后奋发图强，自由自在地翱翔于广阔的天空。

不因耻辱而消沉

人生在世，难免会遭遇耻辱。面对耻辱，如果灰心丧气，不敢锐意进取，那么就难免为境遇所左右。只有超乎境遇之外，将耻辱当作一种寻常际遇，心灵才能自由。

巴尔扎克曾经说过："世界上的事情永远不是绝对的，结果完全因人而异。苦难对于天才是垫脚石，对于强者是一笔财富，对于弱者是万丈深渊。"成功并不是随随便便就能取得的，那些成功的人所经历的苦难是一般的人所不能感受到的。很多时候，我们只看到别人成功时候的光彩与绚丽。

真正成功背后的辛酸，只有亲身经历了才能体会到。如同月有阴晴圆缺一样，人的一生不可能永远都在鲜花与掌声中度过，耻辱和挫折与人生相依相伴。当受到耻辱时，有人自怨自艾，意志消沉，一蹶不振；有人却不屈不挠，努力拼搏，摆脱耻辱，从中感悟人生的真谛，体味世间的人情冷暖。痛苦是幸福的前奏，欢乐在痛苦中孕育，晶莹璀璨的珍珠来自于河蚌与沙子的苦苦相搏。

正当司马迁在专心致志写作《史记》的时候，一场飞来横祸突然降临到他的头上。原来，司马迁因为替一位投降匈奴的将军辩护，得罪了汉武帝，锒铛入狱，还遭受了酷刑。

受尽耻辱的司马迁悲愤交加，几次想血溅墙头，了此残生，但又想起了父亲临终前的嘱托，更何况，《史记》还没有完成，便打消了这个念头。他想："人总是要死的，有的重于泰山，有的轻于鸿毛，我如果就这样死了，不是比鸿毛还轻吗？我一定要活下去！我一定要写完这部书！"想到这里，他把个人的耻辱和痛苦全都埋在心底，发奋著书。

为了心中的《史记》，他不论严寒酷暑，总是起早贪黑。夏季，每当曙光透过窗户照进囚室，司马迁就早早地就着朝阳的光芒，写下一行行文字。无论蚊虫如何肆无忌惮地叮咬他，如何用刺耳的"嗡嗡"声刺着他的耳膜，他总能毫不分心，在如此恶劣的环境下坚持写书。冬季，无论凛冽的寒风如何像刀子般刮在他的脸上，无论呼呼的北风如何灌进他的袖口，他总能丝毫不受外界干扰，坚持著书。

就这样，司马迁发愤写作，用了整整13年的时间，终于完成了一部52万字的辉煌巨著——《史记》。这部前无古人的著作，几乎耗尽了他毕生的心血，是他用生命写成的。

司马迁没有因为受到宫刑这样深痛的耻辱而消沉，而是不断激励自己，最终写成了伟大的著作《史记》。

俗话说"知耻而后勇"，真正促使我们获得成功的，真正激励我们昂首阔步的，不是顺境，而是那些常常可以置我们于死地的耻辱、挫折，甚至是死神。在一次次受到耻辱之后，人们的斗志就会被激发，从而奋发图强，最终获得成功。贫贱的出身不算什么，只要我们永不放弃、勤奋苦练，就一定能够出人头地。

既然耻辱在所难免，那么当我们面对耻辱时，不妨一笑置之，将它看作是人生的寻常际遇，就如同每天要吃饭、睡觉一般平常。耻辱算不了什么，人生会遇到无数的挫折，耻辱只是其中的一点，只有以一颗平常心看待耻辱，不因耻辱而消沉，才能拥有自在的人生。

别让不如意破坏平和的心境

人生在世，不如意事十之八九。多数人不能抵抗不如意的侵袭，常常怨天尤人，苦恼不已。其实，这样反而容易落入倒霉的圈套中。天不从人愿，但是只要我们能够依然保持平和的心境，别让不如意的情绪破坏它，那么我们就能获得心境的绝对自由。在生活的不如意面前，实际上生气也好，愤怒也罢，都是没有用的。不如意还是不如意，你如果无法保持平和的心境，它也不会因你的生气或愤怒而有丝毫的改变。

有一个妇人，总是被不如意的情绪所左右，常常为一些琐碎的小事生气。为了能够摆脱这种苦恼，她便去求一位高僧为自己谈禅说道，开阔心胸。

高僧知道她的来意后，把她请进一座禅房中，落锁而去。妇人气得跳脚大骂。骂了许久，高僧也不理会。妇人又开始哀求，高僧仍置若罔闻。妇人终于沉默了。

高僧来到门外，问她："你还生气吗？"

"我只为我自己生气，我怎么会到这地方来受这份罪。"妇人有些幽怨地说。

"连自己都不原谅的人怎么能心如止水？"高僧拂袖而去。

过了一会儿，高僧又问她："还生气吗？"

"不生气了。"妇人余怒未消，但无可奈何。

"为什么？"

"气也没有办法呀。"

"你的气并未消逝，还压在心里，爆发后将会更加剧烈。"高僧又离开了。

高僧第三次来到门前，妇人告诉他："我不生气了，因为不值得气。"

"还知道值不值得，可见心中还有衡量，还是有气根。"高僧笑道。

当高僧的身影迎着夕阳立在门外时，妇人问高僧："大师，什么是气？"高僧将手中的茶水倾洒于地。妇人视之良久，顿悟，遂叩谢而去。

故事中的妇人被锁在禅房的事实并没有改变，或者说不如意的事实依然存在，但她渐渐变得不再生气了。为什么？因为她接受了现实不能改变，心境渐趋平和安静。

一个不能保持平和心境的人，在不如意发生时，总是会让情绪左右自己，或气或怒，很可能做出令自己后悔的事情。生气就像高僧泼出去的水，无法回收，如果你因此而酿成大错，则悔之晚矣。生活中有太多不如意的事，你可以理解它为倒霉，也可以定义它为幸运。你怎样定义它，它就给你带来怎样的结果。因此，与其让不如意来破坏你的情绪，不如保持心境的平和，并且学会从如意的角度看问题。

面对挫折，永不放弃

歌德说过："人生重要的在于确立一个伟大的目标，并有决心使其实现。"正如丘吉尔的那八字箴言"坚持到底，永不放弃"一样，实现的过程其实就是一个坚持的过程。世间最容易的事就是坚持，最难的事也是坚持。说它容易，是因为只要愿意做，几乎人人都能做到；说它难，是因为真正能做到的，终究只是少数人。

开学第一天，古希腊大哲学家苏格拉底对他的学生们说："今天咱们只学一件最简单而且最容易做的事。每人把胳膊尽量往前甩，然后再尽量往后甩。"说着，苏格拉底示范做了一遍。

"从今天开始，每天做300下。大家能做到吗？"学生们都笑了，大声回答道："当然能。"大家都在想：这么简单的事，有什么做不到的。

过了一个月，苏格拉底问学生们："开学时我让大家坚持做的事情，就是每天甩手300下，哪些同学坚持了？"有超过90％的同学都骄傲地举起了手。

苏格拉底微微点头。

又过了一个月，苏格拉底又问。这回，坚持下来的学生只有八成。

一年以后，苏格拉底再次问大家："请告诉我，最简单的甩手运动，还有哪几位同学坚持了？"

这时，整个教室里，只有一个人举起了手。

这个学生就是后来成为古希腊另一位大哲学家的柏拉图。

看似小小的一个动作，坚持做下去，就有可能成就意想不到的成功。当然，通往成功的道路不可能只如甩手一般简单，挫折和苦难将始终伴随着你。同样面对失败，人们有无数种积极的选择。如果在历经逆境的磨炼之后，仍然能够傲然前行的人，就必定能成就自信的人生。

曼德拉年轻时因反对种族隔离制度被捕入狱，白人统治者把他关在荒凉的小岛上，这一关就是整整27年。3名看守总是寻找各种借口欺侮他，曼德拉坚持了下来。1991年曼德拉出狱后即参加南非的总统大选，最后以绝对性优势取得大选的胜利。

在曼德拉当选总统的就职典礼上，当年在监狱看管他的3名看守也被邀请前来参加。众人对此都大感不解，那3名看守心中也是忐忑不安。然而曼德拉用实际行动向人们展示了一个伟人的风采。曼德拉恭敬地向那3名看守致敬。如此博大的胸襟让所有到场的各国政要和贵宾肃然起敬。

事后，曼德拉解释说，他年轻时性子很急，脾气暴躁，正是那漫长的牢狱岁月给了他思考的时间，让他学会了控制自己的情绪，学会了如何处理自己的痛苦。磨难使他清醒，逆境使他克服了个性的弱点，也成就了他最后的辉煌。

做人就要有一种面对逆境敢于挑战的不服输的精神。也正是逆境的磨炼增强了曼德拉对人生的自信，也正是这种自信的人生态度让他成就了生命的辉煌篇章。

树木受过伤的部位往往变得很硬，人生的成长也如同此理，经历逆境的伤痛和苦难之后，才能磨砺出优良的个性。立志成才的人如果能经历一段逆境的磨难为自己的人生"垫底"，那么以后不管遇到什么意外和困苦之境遇，都能应对和承受。

培根曾说过，"奇迹多是在厄运中出现的"。逆境中往往蕴藏着巨大的创造奇迹和成才、成功的机遇。

逆境磨难人才，也磨砺人才的优良个性。著名作家傅雷曾经说："不经劫难磨炼的超脱是轻佻的。"这句话至为深刻。逆境的一个重要价值，就是使人学会驾驭自己的个性，适度地张扬自己的个性，而不沦为个性的奴隶，并消除个性中的不良倾向，成为一个自身发展和谐的、与社会相融的有用之才。

在逆境中抓住机会

人生不可避免会遭遇无数的逆境，每一个逆境都有可能给我们带来某种危机。然而"危机"二字在中国传统文化的精髓思想里却有着双重的解释："危"是危险，而"机"却是机会。顾名思义，危机即是"危险中的机会"之意。西班牙著名作家塞万提斯曾说过："运道往往在不幸的地方开一扇门，让坏事有个补救。"

所以说，危机有时候也是一种机会，对自信的人而言，它是好运的转机；而对自卑的人而言，它便是厄运的开始。

机不可失，时不再来，这是一个浅显而深刻的道理。所以说，如果能够抓住隐藏在逆境中的机遇，那么你的人生必将会与众不同。然而，生活中有很多人却总是一事当前只顾寻找保险，举棋不定，犹豫不决。在采取措施前一定要去和他人商量，这种优柔寡断、意志不坚的人，自己都不相信自己，更不会为他人所信赖。

有一个很值得人深思的故事：某地发生水灾，整个乡村都难逃厄运。村民纷纷逃生，有一个人却没有追随逃难的大队，反而爬上了自家的屋顶。原来他是一个虔诚的信徒，他爬上屋顶，是为了等待上帝的拯救。

不久，大水浸过屋顶，危险时刻刚好有一只木舟经过，舟上的人要带他逃生。这位信徒胸有成竹地说："不用啦，上帝会救我的！"木舟离他而去。片刻之间，河水已浸到他的膝盖。又刚巧有一艘汽艇经过，汽艇上的人想带他逃生。可这位信徒仍然坚持着："不必了，上帝一定会救我的。"汽艇只好到别的地方救其他的人。

又过了几分钟，洪水高涨，已到信徒的肩膀。这个时候，有架直升机放下软梯来拯救他。他死也不肯上机，嘴里还是那句话："别担心我了，上帝会救我的！"直升机也只好离去。最后，水继续高涨，这位信徒被淹死了。

死后，他升上天堂，遇见了上帝。他大骂："平日我诚心祈祷，您却见死不救。算我瞎了眼啦！"

上帝听后淡淡地说："你还要我怎样救你？我已经给你派去了两条船和一架飞机了。"

机会只敲一次门，成功者善于抓住每次机会，充分施展才能，最终获得成功，得到命运的垂青。而对于犹豫不决、优柔寡断的人来说，即使有再多的机会也于事无补，就像故事最后被淹死的那个人一样终难逃脱失败的噩运。

所以，对于成功来说，犹豫不决、优柔寡断是一个最危险的仇敌，在它还没有对你施加影响，破坏你的机会之前，你就应该立即把它置于死地。不要再犹豫，不要再思前想后，马上作出决定，就在现在。

其实，生活并不缺少机遇，而是缺少发现机遇和抓住机遇的能力，这种能力主要来源于人的自信。如果有了很强的能力，即使生活没有机遇，也能创造机遇。

逆境是一种考验，一种挑战，也是一种机遇。把握困境，超越自我，你才能如凤凰般浴火重生。相反，不曾经历过困难的磨炼，没有感受过那种身心俱疲、刻骨铭心的痛苦，你就不能明白生命的精彩和人生的伟大。没有激情，没有泪水和汗水，人生只能是黯淡无光。

化解压力，调节自己

马克思说："在科学上没有平坦的大道，只有不畏劳苦沿着陡峭山路攀登的人，才有希望达到光辉的顶点。"这"陡峭的山路"就是在遇到挫折和失败之后遭遇的那种无形的压力。人活着就会感受到压力，没有人是可以免疫的。不管喜欢与否，压力每天都会陪伴着你，迫使你对生活中的人与事不断地做出反应。然而压力是有益的还是有害的，不在于它的强弱或种类，而在于个人对其的反应和态度。

人们常因为自己的慵懒而埋怨周围的竞争太过激烈，因为自己的能力不够而强调自己的压力太大。压力使人窒息和恐惧，也使人前进，关键在于怎样去调节。

在一所大学里，有一堂如何正确对待压力的教学课，十分有意义：教授举起一杯水，问同学们："大家猜猜，我手里的这杯水有多重？"

"30克""50克""100克"，同学们争先恐后地答着。教授笑了笑，说道："其实，这杯水有多重并不重要，重要的是把它放在手里，你能够举多久？"

教授接着说道："如果你只举了一分钟，那么即使它重500克，也没什么问题；如果让你举一个小时，那么20克也会让你手臂酸痛；如果举一天，恐怕你就要去看医生了。这就像我们承担的压力一样，如果我们一直把压力放在身上，不管时间长短，到最后都会觉得它越来越沉重，直至最后无法承担。正确的作法是，我们必须适时地放下这杯水，休息一下后再拿起它，如此才能拿得更长久。所以，各位应该将承担的压力于一段时间后适时放下并好好地休息一下，然后再重新拿起来，如此才可承担更久。正所谓：张弛有道，一切方得长远。"

创造性研究的结果指出，具有创意的人能够把所有的精力集中于手边的工作和解决手头的压力。每解决一个压力，就会让他增加一次经验，就给他的成功增加了一次机会。所以不要害怕压力，正确地认识压力，正确地调解压力，压力就会变成前进的动力。

用自信改变悲悯人生

苏联作家巴乌斯托夫斯基曾讲述过这样一件事：在某处的海岛上，渔夫们在一块巨大的圆花岗石上刻上了一行字——纪念所有死在海上和将要死在海上的人。这句话使巴乌斯托夫斯基感到忧伤。而另一位作家却认为这是一句非常雄壮的话，他是这样理解那句话的：纪念那些征服了海和即将征服海的人。

悲观者的眼光总是专注在不可能做到的事情上，到最后他们将一事无成。乐观者专注的都是可能做到的事情，由于把注意力集中在可能做到的事情上，所以往往能够心想事成。

有一家鞋厂销售业绩出现了大幅下滑，鞋厂老板及时将厂里的骨干召集在一起开会商讨对策。大家都得出了一个结论，那就是：在本地区鞋子的销售已趋于饱和，即使再打折促销也于事无补了。怎么办？有人出谋献策：当务之急，应该立即着手开发异地市场。鞋厂老板觉得这个主意不错，那应该到哪里去开发市场呢？有人提议去非洲，因为只有那里还属于未被开发的区域。全体与会人员一致通过此次议案。因非洲地域广阔，鞋厂派出两组调研人员分赴非洲进行市场调研，主要考察一下当地的人穿的鞋子的材质、款式、价格等等。

一段时间后，两组人员分别带着调研结果回到了工厂。会议过后，乙组人员立即被升职加薪，并且鞋厂老板准备在非洲建一座分厂，由乙组人员带队去完成相关工作。而甲组人员却全被降职降薪，留厂查看了。为何面对相同的境遇所得到的结果却大不相同呢？请接着往下看。

且说甲组来到非洲后，被眼前的景象惊呆了：所到之处，男女老幼皆不穿鞋。他们的脚底板都磨出了厚厚的一层茧，早已不怕路上的杂草碎石了。甲组调研人员一下子全都泄了气，他们心中在想：完了！一点希望也没有，因为这里的人根本都不穿鞋子。

再来看看乙组的情况：乙组调研人员来到非洲后，也被眼前的景象惊呆了：同样是所到之处，男女老幼皆不穿鞋。但跟甲组不同的是，乙组人员一下子全都高兴得蹦了起来，他们欢呼道："简直太好了！我们的销售大有希望了。因为这里的人全都没有鞋穿！"

甲组调研人员看到的景象是悲观的：因为当地土著人从小时候起就不穿鞋，因此练就了不用穿鞋的本事，这样的地方要把鞋卖给谁去，又何来市场？

而乙组调研人员看到的景象对他们来说是无比乐观的：因为当地的土著人根本就不知道鞋为何物，又何谈穿鞋呢？如果让他们了解了鞋的妙用，那岂不是开垦了一片无人种植的荒原吗？

悲观的人对经历的一切都抱持否定的看法。他们对人做最坏的预期，观察人的时候，总是看到恶劣的一面、满肚子自私自利的动机。对悲观的人而言，社会是由一群狡猾、颓废而邪恶的人组成的，他们总是想利用周遭的事物为自己牟利。这群人既无法信赖，也不值得对其伸出援手。

相形之下，乐观者就单纯、朴实得多了。他们容易信赖别人，也愿意涉入险境。其实他们也能察觉别人的恶意或缺点，只是他不愿将之视为障碍而犹豫不前。他们相信每个人都有优点，并努力唤醒别人的优点。

乐观之于人生，是地平线上那冉冉升起的红日，带给人间光明和希望！应该学会在乐观中撷取一份坦然，获取一种自信，那么你的人生将就会变得丰富多彩；如果在悲观中摘下一片沉郁的叶子，自信心也将离你远去，到时你的人生将处处充满黑暗。

第三节 低调做人，高调做事

志当存高远

成功人士都是靠超前一步而取得成功的。奥运会金牌得主不光靠技术，而且还靠远见的巨大推动力。商界领袖也一样。远见就是推动前进的梦想。正如道格拉斯·勒顿说的："你决定人生追求什么之后，就做出了人生最重大的选择。要想如愿，首先要弄清你的愿望是什么。"有了志向，你就看清了自己的目标。有了志向，你就有一股无论顺境逆境都勇往直前的动力。

维斯卡亚公司是20世纪80年代美国最为著名的机械制造公司，其产品销往全世界，并代表着当今重型机械制造业的最高水平。许多人毕业后到该公司求职均遭拒绝，原因很简单：该公司的高技术人员爆满，不再需要各种高技术人才。但是令人垂涎的待遇和足以自豪、炫耀的地位仍然向那些有志的求职者闪烁着诱人的光环。

史蒂芬是哈佛大学机械制造业的高才生。和许多人的命运一样，在该公司每年一次的用人测试会上被拒绝。史蒂芬并没有死心，他发誓一定要进入维斯卡亚重型机械制造公司。于是，他采取了一个特殊的策略——假装自己一无所长。

他先找到公司人事部，提出为该公司无偿提供劳动力，请求公司分派给他任何工作，他都不计任何报酬来完成。公司起初觉得这简直不可思议，但考虑到不用任何花费，也用不着操心，于是便分派他去打扫车间里的废铁屑。

一年来，史蒂芬勤勤恳恳地重复着这种简单却劳累的工作。为了糊口，下班后他还要去酒吧打工。这样，虽然得到老板及工人们的好感，但是仍然没有一个人提到录用他的问题。

20世纪90年代初，公司的许多订单纷纷被退回，理由均是产品质量问题，为此公司蒙受了巨大的损失。公司董事会为了挽救颓势，紧急召开会议商议对策。当会议进行很长时间却未见眉目时，史蒂芬闯入会议室，提出要见总经理。

在会上，史蒂芬对这一问题出现的原因做了令人信服的解释，并且就工程技术上的问题提出了自己的看法，随后拿出了自己对产品的改造设计图。这个设计非常先进，恰到好处地保留了原来机械的优点，同时克服了已出现的弊病。

总经理及董事会的董事见到这个编外清洁工如此精明在行，便询问了他的背景以及现状。尔后，史蒂芬被聘为公司负责生产技术问题的副总经理。

原来，史蒂芬在做清扫工时，利用清扫工到处走动的特点，细心察看了整个公司各部门的生产情况，并一一做了详细记录，发现了所存在的技术性问题并想出了解决的办法。为此，他花了近1年的时间搞设计，获得了大量的统计数据，为最后一展雄姿奠定了基础。

"志当存高远"这是一句千古流传的名言，古人很重视人生志向的确立，志存高远，就会自我激励，奋发向上，有所成就；志向远大，才能克服眼前的困难和自身的弱点，去实现宏伟的志愿！人人都要认真地审视自我，感知理想实现路程的艰辛，要有远大的抱负，但不能偏执自负；要志存高远，但不能好高骛远。

自古以来，凡成大事者，无不是立高远之志，以勤为径、以苦作舟去实现自己的理想抱负的。

昔时少年项羽因为看到秦始皇出游的赫赫声势，就有取而代之的念头，才有历史上的楚汉相争；诸葛亮躬耕南阳，因为常"好为梁父吟，自比管仲乐毅"，才有魏晋时期的三国鼎立；霍去病因为有"匈奴未死，何以家为"的壮志，才演绎出一代英雄赞歌；周恩来因为从小便有"为中华之崛起而读书"的豪气而成为开国总理，成就了新中国；巴尔扎克因为年轻时的挥笔豪言"拿破仑用剑无法实现的，我可以用笔完成"，才有 350 部鸿篇巨制的源远流传；苏步青教授因为少年时有"读书不忘救国，救国不忘读书"的志向而成为国际公认的几何学权威。

放低自己，抬高别人

怎么才能要别人喜欢你？因为你在他面前，能让他感到很舒服、很自在、很优越、很有成就、很有自信……周星驰深深地了解这一点，所以——他成功了！

周星驰的票房之所以会高，不是因为他善于演喜剧片，而是因为他是一个"心理学专家"，他懂得真正的成功道理是——把别人垫高了，把自己放低，让别人有了"安全感"；让别人有了"快乐"；让别人有了"自信"；让别人有了"希望"，这样别人才会喜欢自己，让他顺顺利利地成功。

陈安之在《看电影学成功》中是这么说的："一般人是如何获得自信的？是通过比较：你比较好，所以我就没有自信；我比较好，就变成你没有自信。而每一个人都希望得到认同、得到自信。所以，周星驰演的角色，10 部片子有 9 部都是演一个常被嘲笑常被欺辱的人，演一个最被人看不起的人，能让所有人都觉得：'我一定会赢过你'的人，结果影片最后，周星驰一定会一反弱态，战胜强敌，扬眉吐气……"

这就叫"Tee-up 法则"——Tee 是打高尔夫球用的小支球托，up 就是把它垫高起来的意思。所有人打高尔夫球，在开杆的时候，他都必须插下那个 Tee，才有办法把球打飞起来。

这就是 Tee 的作用——把自己放低了（像没有价值），再把对方垫高了（对方显得高大而有价值），结果自己就成了对方离不开的，最有价值的"Tee"。

柯南道尔很少给别人签名留念。

有一次，他收到一封从巴西寄来的信，信中说：

"我很希望得到一张您亲笔签名的照片，然后，我会将它放在我的房间里。这样的话，我不仅天天可以看见您，而且我坚信，若有贼进来，一看到您的照片，肯定会吓得屁滚尿流，逃之夭夭！"

收到信的当天，柯南道尔就很爽快地给对方寄去了一张亲笔签名的照片。

结交朋友，发展关系，不光要抬高别人，还要放低自己。福特公司的创始人福特就是一个很会放低自己的人：

1923 年，美国福特公司有一台大型发电机不能正常运转，公司里的几位工程技术人员百般努力都无济于事。福特焦急万分，只好请来德国籍科学家斯特罗斯。

斯特罗斯来到福特公司后，爬上爬下地在电机的各个地方倾听空转的声音，然后用粉笔在电机的左边一个长条地方画了两道线。

"毛病出在这儿，"科学家对福特说，"多了 16 圈线圈，拆掉多余的线圈就行了。"

技术人员照此一试，电机果真奇迹般运转了。

大家对斯特罗斯表示非常的感谢。

"不用谢了，给我 1 万美元就行了！"斯特罗斯说。

"天哪！画条线就要 1 万美元？"技术人员大吃一惊。

"是的！"斯特罗斯傲慢地说，"粉笔画一条线不值 1 美元，但知道该在哪里画线的技术超过 9999 美元！"

看着傲慢的科学家，福特不仅愉快地付了 1 万美元酬金，并且表示愿用高薪聘请他。谁料，科学家毫不心动，他说现在的公司对他有恩，他不可能见利忘义去背叛公司。

福特一听，干脆花巨资把斯特罗斯所在的公司整个买了下来。以福特的地位和财势，竟敢于"丢下面子"忍受斯特罗斯的傲慢和冷嘲热讽，这是因为福特清楚成大事者必须以人为本，而斯特罗斯就是他取得更多财富的无价之"宝藏"。为了留下这座"宝藏"，福特竟然花巨资买下了他所属的公司。看来，要想求人必须放下身段。

刘备为求得千古难遇的人才，三顾茅庐，感动得诸葛亮忠心耿耿，为了蜀国的发展，鞠躬尽瘁，死而后已；张良为学到失传的兵书，三次起早摸黑去桥边等候，才得到了运筹帷幄、克敌制胜的《太公兵法》。因此，要想让别人喜欢你，就要放下架子，以诚恳平易的心态对待他人，才能够为自己打造融洽的人际关系，赢得好人缘。

不要把自己当做大人物

有一位将军，在大军撤退时总是断后，回到京城后，人们都称赞他的勇敢，将军却说："并非吾勇，马不进也。"将军把自己断后的无畏行为说成是由于马走得太慢。其实，在人们心目中，"马走得太慢"绝对无法抵消将军的英雄形象。

何晶是新加坡总理李显龙的夫人，随着李显龙的宣誓就职，何晶也开始走到了新加坡的政治前台。何晶是位精明能干却始终保持低调，尤其不愿被媒体曝光的商业女强人，因此对于她的身世和成就，在新加坡鲜为人知。如今，随着夫君正式宣誓就职，何晶不得不开始在媒体面前"曝光"。

不过，如果稍加留意就不难发现，在美国《财富》杂志首次选出亚洲25位最具影响力的企业家排行榜上，何晶排名第18位，与索尼集团行政总裁出井伸之、日本丰田汽车社长张富士夫及香港富商李嘉诚齐名。只是当时并没有多少人将她与李显龙联系在一起。

身为新加坡官方最重要的投资控股公司——淡马锡控股公司执行董事的何晶，目前掌管着新加坡遍布全球各地的数百亿美元资产。淡马锡控股公司成立于1974年，辖下大型企业包括新加坡航空公司、新加坡电信、新加坡发展银行和世界有名的新加坡动物园等。

她在一次接受媒体的采访时曾说："我和他（李显龙）时常意见相左，但我们在这些问题上常做有益的辩论。李显龙（当时）虽然是财政部长，但他不能做任何片面决策，他只是一个团队的一分子而已。"

新加坡虽然是一个小国，但在亚洲却是一个经济强国，作为新加坡的第一夫人，何晶却喜欢朴素装扮，她经常留着一头短发。喜欢舒适朴素装扮的何晶，曾在美国接受电子工程教育，因此她也是一位出色的政府学者。在1985年嫁给李显龙时，何晶正在新加坡国防部任职，当时李显龙刚以准将一职自军中退役。

接受记者采访时，何晶给记者讲了一个寓言故事：

两只大雁与一只青蛙结成了朋友。秋天来了，大雁要飞回南方，3个朋友舍不得分开。大雁对青蛙说："要是你也能飞上天多好呀，我们可以经常在一起了。"青蛙灵机一动，它让两个大雁衔住一根树枝，然后它自己用嘴衔在树枝中间，3个朋友一起飞上了天。地上的青蛙们都羡慕地拍手叫绝。这时有人问："是谁这么聪明？"那只青蛙生怕错过了表现自己的机会，于是大声说："这是我想出来的……"话还没说完，它便从空中掉下来了。

越是真正的强者，越懂得低调行事。那些刻意在人面前显示自己是大人物的人，其实内心十分虚弱。

仰头走路势必被撞

谦虚而豁达的做人方式能使事情做起来更顺利。反之，那种妄自尊大、自以为是的做法必然会引起别人的反感。

1860年，林肯作为美国共和党候选人参加总统竞选，他的对手是大富翁道格拉斯。

当时，道格拉斯租用了一辆豪华富丽的竞选列车，车后安放了一门大炮，每到一站，就鸣炮30响，加上乐队奏乐，气派不凡，声势浩大。道格拉斯得意扬扬地对大家说："我要让林肯这个乡下佬闻闻我的贵族气味。"

林肯面对此情此景，一点也不在乎，他照样买票乘车，每到一站，就登上朋友们为他准备的耕田用的马拉车，发表这样的竞选演说："有许多人写信问我有多少财产。其实我只有一个妻子和3个儿子，不过他们都是无价之宝。此外，我还租有一个办公室，室内有办公桌1张，椅子3把，墙角还有1个大书架，架上的书值得我们每个人一读。我自己既穷又瘦，脸也很长，又不会发福，我实在没有什么可以依靠的，唯一可以信赖的就是你们。"

选举结果大出道格拉斯所料，竟是林肯获胜，当选为美国总统。

做事还是谦虚一些好，谦虚往往能得到别人的信赖。谦虚，别人才不会认为你会对他构成威胁。谦虚不仅是人们应该具备的美德，从某种意义上说，谦虚也是获胜的力量。尤其是在对峙双方地域不同、文化背景各异的情况下，偶然一句"我不太明白""我没有理解你的意思""请再说一遍"之类谦恭的言语，会使对方觉得你富有涵养和人情味，真诚可亲，从而提高成功的可能性。

越是有成就的人，态度越谦虚，相反，只有那些浅薄地自以为有所成就的人才会骄傲。美国石油大王洛克菲勒就说："当我从事的石油事业蒸蒸日上时，我晚上睡前总会拍拍自己的额角说：'如今你的成就还是微乎其微！以后路途仍多险阻，若稍一失足，就会前功尽弃，切勿让自满的意念侵吞你的脑袋，当心！当心！'"这就是告诫人们要谦虚，尤其是稍有成就时应格外小心，不要骄傲。

越是谦逊的人，你越是喜欢找出他的优点；越是把自己看得了不起，孤傲自大的人，你越会瞧不起他，喜欢找出他的缺点。这就是谦逊的效能。所以，平时你要谦逊地对待别人，这样才能博得人家的支持，为你的事业奠定基础。

敢"秀"才会赢

古人所言"沉默是金"的年代，早已一去不复返，现代人如果不懂适时地包装好自己的形象，把握机会推销自己，就很难有出人头地的机会。

有个有名的才女，不但琴棋书画无所不通，口才与文采也是无人可与之比肩。大学毕业后，在学校的极力推荐下她去了一家小有名气的杂志社工作。谁知就是这样的一个让学校都引以为自豪的人物，在杂志社工作不到半年就被炒了鱿鱼。

原来，在这个人才济济的杂志社内，每周都要召开一次例会，讨论下一期杂志的选题与内容。每次开会很多人都争先恐后地表达自己的观点和想法，只有她总是悄无声息地坐在那里一言不发。她原本有很多好的想法和创意，但是她有些顾虑，一是怕自己刚刚到这里便"妄开言论"，被人认为是张扬，是锋芒毕露，二是怕自己的思路不合主编的口味，被人看作为幼稚。就这样，在沉默中她度过了一次又一次激烈的争辩会。有一天，她突然发现，这里的人们都在力陈自己的观点，似乎已经把她遗忘在那里了。于是她开始考虑要扭转这种局面。但这一切为时已晚，没有人再愿意听她的声音了，在所有人的心中，她已经根深蒂固地成了一个没有实力的花瓶人物。最后，她终于因自己的过分沉默而失去了这份工作。

我们常说沉默是金，但也不能忘了，沉默同时也是埋没天才的沙土。

或许在某种特殊的场合下，沉默谦逊确实是一种"此时无声胜有声"的制胜利器，但无论如何你也不要把它处处当作金科玉律来信奉。在人才竞争中，你要将沉默、踏实、肯干、谦逊的美德和善于表现自己结合起来，才能更好地让别人赏识你。

记住：再好的酒也怕巷子深。如果想在现代社会谋得一席之地，除了自己努力之外，还要把握机会适时展现自己的优点。

现在是一个讲究张扬自己个性的时代，尤其是身处职场上的人们，在关键时刻恰当地张扬也就是"秀"（show）一下，不失为一个引起领导注意的好办法。

一位刚从管理系毕业的美国大学生去见一家企业的老板，试图向这位总经理推销"自己"——到该企业工作。

由于这是一家很有名气的大公司，总经理又见多识广，根本没把这个初出茅庐、乳臭未干的小伙子放在眼里。没谈上几句，总经理便以不容商量的口吻说："我们这里没有适合你的工作。"

这位大学生并未知难而退，而是话锋一转，柔中带刚地向这位经理发出了疑问："总经理的意思是，贵公司人才济济，已完全可以使公司得到成功，外人纵有天大本事，似乎也无需加以利用。再说像我这种管理系毕业生是否有成就还是个未知数，与其冒险使用，不如拒之于千里之外，是吗？"

总经理沉默了几分钟，终于开口说："你能将你的经历、想法和计划告诉我吗？"

年轻人似乎很不给面子，他又将了总经理一军："噢！抱歉，抱歉，我方才太冒昧了，请多包涵！不过像我这样的人还值得一谈吗？"

总经理催促着说："请不要客气。"

于是，年轻人便把自己的情况和想法说了出来。总经理听后，态度变得和蔼起来，并对年轻人说："我决定录用你，明天来上班，请保持过去的热情和毅力，好好在我公司干吧！相信你有用武之地。"

该出手时决不犹豫

《致富时代》杂志上，曾刊登过这样一个故事：

有一个自称"只要能赚钱的生意都做"的年轻人，在一次偶然的机会，听人说市民缺乏便宜的塑料袋盛垃圾。他立即就进行了市场调查，通过认真预测，认为有利可图，马上着手行动，很快把价廉物美的塑料袋推向市场。结果，靠那条别人看来一文不值的"垃圾袋"的信息，两星期内，这位小伙子就赚了4万块。

相反，一位智商一流、执有大学文凭的翩翩才子决心"下海"做生意。

有朋友建议他炒股票，他豪情冲天，但去办股东卡时，他又犹豫道："炒股有风险啊，等等看。"

又有朋友建议他到夜校兼职讲课，他很有兴趣，但快到上课了，他又犹豫了："讲一堂课，才20块钱，没有什么意思。"

他很有天分，却一直在犹豫中度过。两三年了，一直没有"下"过海，碌碌无为。

一天，这位"犹豫先生"到乡间探亲，路过一片苹果园，望见满眼都是长势苗壮的苹果树，禁不住感叹道："上帝赐予了一块多么肥沃的土地啊！"种树人一听，对他说："那你就来看看上帝怎样在这里耕耘吧。"

有些人不是没有成功立业的机遇，只因不善抓机遇，所以最终错失机遇。他们做人好像永远不能自主，非有人在旁扶持不可，即使遇到任何一点小事，也得东奔西走地去和亲友邻人商量，同时脑子里更是胡思乱想，弄得自己一刻不宁。于是愈商量、愈打不定主意、愈东猜西想、愈是糊涂，就愈弄得毫无结果，不知所终。

没有判断力的人，往往使一件事情无法开场，即使开了场，也无法进行。他们的一生，大半都消耗在没有主见的怀疑之中，即使给这种人成功的机遇，他们也永远不会达到成功的目的。

一个成功者，应该具有当机立断、把握机遇的能力。他们只要自己把事情审查清楚，计划周密，就不再怀疑，立刻勇敢果断地行事。因此任何事情只要一到他们手里，往往能够随心所欲，大获成功。在行动前，很多人提心吊胆，犹豫不决。在这种情况下，首先你要问自己："我害怕什么？为什么我总是这样犹豫不决，抓不住机会？"

在成功之路上奔跑的人，如果能在机遇来临之前就能识别它，在它消逝之前就果断采取行动占有它，这样，幸运之神就来到你的面前。

当机立断，将它抓获，以免转瞬即逝，或是日久生变。看来，握住机遇，眼力和勇气是不可缺少的。

机遇是一位神奇的、充满灵性的，但性格怪僻的天使。它对每一个人都是公平的，但绝不会无缘无故地降临。只有经过反复尝试，多方出击，才能寻觅到它。

在通往成功的道路上，每一次机会都会轻轻地敲你的门。不要等待机会去为你开门，因为门闩在你自己这一面。机会也不会跑过来说"你好"，它只是告诉你"站起来，向前走"。知难而退，优柔寡断，缺乏勇往直前的勇气，这便是人生最大的遗憾。

要善于发现机会。很多的机会好像蒙尘的珍珠，让人无法一眼看清它华丽珍贵的本质。踏实的人并不是一味等待的人，要学会为机会拭去障眼的灰尘。

也要善于把握机会。没有一种机会可以让你看到未来的成败，人生的妙处也在于此。不通过拼搏得到的成功就像一开始就知道真正凶手的悬案电影般索然无味。选择一个机会，不可否认有失败的可能。将机会和自己的能力对比，合适的紧紧抓住，不合适的学会放弃。用明智的态度对待机会，也使用明智的态度对待人生。

不要为自己找借口了，诸如别人有关系、有钱，当然会成功；别人成功是因为抓住了机遇，而我没有机遇，等等。

这些都是你维持现状的理由，其实根本原因是你根本没有什么目标，没有勇气，你是胆小鬼，你根本不敢迈出成功的第一步，你只知道成功不会属于你。

如果一生只求平稳，从不放开自己去追逐更高的目标，从不展翅高飞，那么人生便失去了意义。

这是一条生活准则，从你停止把握机会的那一刻起，你就开始死亡了。如果在商业中你总是毫无变化地做相同的事，那你就会破产。如果我们的行为同我们的祖先一样，那么进化过程就会停滞不前。世界会与你擦肩而过——它只为那些不断超越现状的人打开通向生活的大门。

人对于改变，多多少少会有一种莫名的紧张和不安，即使是面临代表进步的改变也会这样，这就是害怕冒风险造成的。

但丁在《神曲》中描述这样一个细节：但丁在古罗马诗人维吉尔的引导下，游历了惨烈的九层地狱后来到炼狱，一个魂灵呼喊他，他便转过身去观望。这时导师维吉尔这样告诉他："为什么你的精神分散？为什么你的脚步放慢？人家的窃窃私语与你何干？走你的路，让人们去说吧！要像一座卓立的塔，绝不因暴风雨而倾斜。"

克服犹豫不决的方法是，先"排演"一场比你要面对的更复杂的战斗。如果手上有棘手活而自己又犹豫不决，不妨挑件更难的事先做。生活挑战你的事情，你定可以用来挑战自己。这样，你就可以自己开辟一条成功之路。成功的真谛是：对自己越苛刻，生活对你越宽容；对自己越宽容，生活对你越苛刻。

只要你认准了路，确立好人生的目标，就永不回头，"该出手时就出手"，向着目标，心无旁骛地前进，相信你一定会到达成功的彼岸。

主动做事，就是自我创造

观察那些不论领导是否在办公室都会努力做事的人，这种人永远不会被解雇，也永远不必为了加薪而罢工。阿尔伯特在《致加西亚的信》一文中如此写道："在这里我们依旧要强调这一点。那些成大事者和平庸的人之间最大的区别就在于，成大事者总是自动自发地去做事，而且愿意为自己所做的一切承担责任。要想获得成功，你就必须敢于对自己的行为负责，没有人会给你成功的动力，同样也没有人可以阻挠你实现成功的愿望。"

像无数的美国年轻人一样，詹姆斯在青少年时期和大学时代做过许多的事。修理过自行车，卖过词典，做过家教，当过书店收银员、出纳。大学期间，为了换取学费，他还给别人打扫过院子，整理过房间和船舱。由于这些事都简单，他曾说它们都是下贱而廉价的。

他后来发现自己的想法完全错了。事实上做这些事默默地给了他许多珍贵的教诲，不管做什么样的事，他其实都从中学到了不少的经验。

詹姆斯变成了一位管理者，他依旧像原来那样去发现那些需要做的事——哪怕那不是他的事。

无论从事什么职业，只要你这么做你就可以超越别人，这不仅让你与众不同，也会为你的成功铺平一条道路。任何一个在公司里做事的职员都应该相信这一点。只要你主动一些，一切就会变得美好起来。

主动是什么？主动就是不用别人告诉你，你就可以出色地完成一件事。一个优秀的人应该是一个自动地做事的人。而一个优秀的管理者则更应该努力培养人的主动性。

主动地去做好一切吧！千万不要等你的领导来催促你。不要做一个墨守成规的人，不要害怕犯错，勇敢一点吧！领导没让你做的事你也一样可以发挥自己的能力，成功地完成任务。要尽力改善，争当领头羊。当你看到什么事情不如意时，要积极主动去做好。你是否觉得你的公司应该制造一种新产品？如果要，就赶快想办法尽量改善吧。你孩子的学校里要不要增添一些新教材？如果要，就立刻发动募捐，以便你的小孩可以使用。你应相信：即便开始时是一个人孤军奋战，只要这个构想真的很好，对众人都有利，很快就会赢得支持。你一定要使自己成为主动去尽力改善的改革者。

要主动地参加义务活动。你一定有想参加某些活动却又不敢去的经验，为什么呢？因为你害怕。你不是怕能力不足，就是怕别人的批评与破坏。你害怕被人嘲笑，被人说成巴结奉承，被人指为贪功躁进，因此你裹足不前，不敢向前迈进一步。那些能干又肯干的人，都是主动做事的人，而那些站在场外袖手旁观的人，永远只能是看客。大家都信任脚踏实地的人，人们一致相信：这个人敢说敢做，绝对知道怎么做最好。我们还没听过有人因为没有打扰别人、没有采取行动、要等别人下令才做事而受到称赞的。

成功人士和平庸之辈，是两种截然不同类型的人。成功人士凡事都主动，我们不妨称他为积极主动做事的人；那些庸庸碌碌的普通人凡事都被动，我们不妨称他为消极被动的人。你只要仔细研究这两种人的行为，就可以找到一个成功原理：积极主动做事的人都是不断做事的人，他凡事现在就去做，直到完成为止。消极被动的人，都是懒惰散漫的人，他们会找借口偷懒，直到最后他证明这件事不应该做、没有能力去做，或已经来不及了为止。

积极主动做事的人和消极被动的人之间的差异，从很小的地方就能看得出来。前者计划好一个假期，就真的会去度假；后者也计划好一个假期，却拖延到明年再打算。前者认为应该定期听成功讲座，结果他真的做到了；后者也认为应该定期听成功讲座，但他会找出各种办法来拖延。前者认为应该发一封 E-mail 给一个人来恭贺他的成就，他真的敲起了电脑键盘；后者却找了一个好理由来延后，结果一直不去行动。

积极主动做事的人和消极被动的人之间的差异，也会在大事上表现出来。前者想要自己创业，结果他说做就做；后者也想创业，但他总在最后关头发现为什么不该去做的好理由。前者已经40岁了，他很想换一个新事做，结果他真的去做；后者也一样，但他一直犹豫不决，结果什么事也没有做成。

积极主动做事的人和消极被动的人之间的差异，也会在各种行为上表现出来。前者想做就做，因而获得安全感以及更多的收入；后者不会想做就做，因为他不想行动，结果丧失了机会，因而永远度日如年。积极主动做事的人会成就许多事情，消极被动的人很想做事但不会真的去做。

行动决定一切

一个渴望成功的人，应当具有一种见别人之未见、行别人之未行的精神，成功离不开别具一格的创意，离不开独辟蹊径的能力，思路独特，你才能早日成功，如果只懂得随大流做事，那你注定要落在人后。

伊夫·洛列另辟蹊径，打破常规，积极创新，利用花卉来制造美容霜，而且采取当时闻所未闻的邮购方式，从而使自己的事业取得了不同凡响的成绩。

法国著名美容品制造商伊夫·洛列靠经营花卉发家，从1960年开始生产美容化妆品，到如今他在全世界的分店已逾千家，他的产品在世界各地深受人们的喜爱。伊夫·洛列原先对花卉抱有极大的兴趣，经营着一家自己的花卉店，一个偶然的机会，他从一位医生那里得到了一种专治痔疮的特效药膏秘方。

他对这个秘方产生了浓厚的兴趣。他想：能不能使花卉的香味深入一种药膏，使之成为芬芳扑鼻的香脂呢？说干就干，凭着浓厚的兴趣和对于花卉的充分了解，不久之后，伊夫·洛列果然研制成了一个香味独特的植物香脂。他十分兴奋，于是便带上他的产品去挨家挨户地推销，取得了意想不到的成绩，几百瓶试制品不大工夫就卖得一干二净。

由此，伊夫·洛列想到了利用花卉和植物来制造化妆品。他认为，利用花卉原有的香味来制造化妆品，能给人以自然清新的感觉，而且原材料来源广泛，所能变换的香型种类也非常多，前途一定会大好。

他开始去游说美容品制造商实施他的计划。但在当时，人们对于利用植物来制造化妆品是抱否定态度的。几乎每个制造商都没有听完伊夫·洛列的建议便摇摇头、挥挥手，对他下了逐客令。但是伊夫·洛列坚信自己的新颖想法没错。于是，他自己向银行贷款，建起了自己的工厂。

1960年，洛列的第一批花卉美容霜研制出来了，便开始小批量的生产。结果在市面上引起了轰动。在极短的时间内，就顺利卖出了70多万瓶美容霜，这对于洛列来说，不啻是个巨大的鼓舞。

伊夫·洛列利用花卉来制造美容产品，可以说是一次大胆的尝试，那么，他利用邮购的方式来推销产品，便可以说是一种创举了。

伊夫·洛列开创了自己的公司之后，曾在报刊上刊登过广告，不过效果不太好，金钱花费较大，而反应也并不强烈。有一天，他突然有了一个想法，在广告上附上邮购优惠单，那么一定会引起许多人的注意。

他在《这儿是巴黎》杂志上刊登了一则广告，上面附载了邮购优惠单。《这儿是巴黎》是一份发行量较大的杂志，结果其中40%以上的邮购优惠单给寄了回来，伊夫·洛列成功了。一时间，他这种独特的邮购方式使他的美容品源源不断地卖了出去。

1969年，伊夫·洛列扩建了他的工厂，并且在巴黎的奥斯曼大街上设了一个专卖店，开始大量的生产和销售化妆品了。

做任何事情绝不能只在一棵树上吊死，因循守旧、墨守成规只会导致事业的失败。如果只是踩着前人制定好了的路线，跟在别人后面，慢慢地前行，是绝不可能闯出一片属于自己的天地的。

生活中，有的人有主见、有个性，思路新颖，绝不盲从别人，这种人往往比较容易获得成功，独到的眼光、见解，迅速的行动，雷厉风行的执行速度，就是他们成功的秘诀。不墨守成规、有独特的思路，这不仅是做事成功的保证，也是我们做人处世不可缺少的精神。

因为布莱克早就说过："只思考不行动的人只能生产思想垃圾。"他说，"成功是一把梯子，双手插在口袋里的人是爬不上去的。"

从前，有一位满脑子都是智慧的教授与一位文盲相邻而居。尽管两人地位悬殊，知识水平、性格有天壤之别，可两人有一个共同的目标：如何尽快富裕起来。每天，教授跷着二郎腿大谈特谈他的致富经，文盲在旁虔诚地听着，他非常钦佩教授的学识与智慧，并且开始依着教授的致富设想去实现。

若干年后，文盲成了一位百万富翁，而教授还在空谈他的致富理论。

思想固然重要，但行动往往更重要。我们的本性是主动行动而不是消极等待。这一本性不仅能使我们选择对某种特定环境的反应，而且能使我们创造环境。采取主动并不意味着紧催硬逼、令人生厌或寻衅好斗。它的真正含义是承认我们有责任使事情发生。

那些发挥主动性的人和那些不发挥主动性的人有着天壤之别。我们指的不是效力上的25%～50%的差别，而是500%。以上的差别，如果那些发挥主动性的人是聪明、有见地和反应敏锐的人，那就更是这样了。

在不显不露中出头

低调做人，用俗话说就是"不显山不露水"，面对功名利禄顺其自然，淡泊处之。

唐朝大将郭子仪一生活得像模像样，有头有脸，其实就得益于这4个字："低调做人。"

功高权重的郭子仪，被宦官们视为眼中钉。代宗大历二年十月，正当郭子仪领兵在灵州前线与吐蕃军拼杀的时候，鱼朝恩却偷偷派人掘了他父亲的坟墓。当郭子仪从泾阳班师回朝时，朝中君臣都捏了一把汗，怕他回来不肯和鱼朝恩善罢甘休，会闹得上下不安。郭子仪入朝的那一天，代宗主动提了这件事，郭子仪却躬身自责，说："臣长期带兵打仗，治军不严，未能制止军士盗坟的行为。现在，家父的坟被盗，说明臣的不忠不孝已得罪天地。"君臣们听了，都由衷地佩服郭子仪坦荡的胸怀。

郭子仪心里明白，自己功劳越大，麻烦就越大，就是当朝皇帝代宗也会对自己有所顾忌。所以他处处谨慎小心，以求自保。每次代宗给他加官晋爵，他都恳辞再三，实在推辞不掉，才勉强接受。广德二年，代宗要授他"尚书令"，他死也不肯，说："臣实在不敢当！当年太宗皇帝即位前，曾担任过这个职务，后来几位先皇，为了表示对太宗皇帝的尊敬，从来没有把这个官衔授给臣子，皇上怎能因为偏爱老臣而乱了祖上规矩呢？况且，臣才疏德浅，已累受皇恩，怎敢再受此重封呢？"代宗没法，只得另行重赏。

郭子仪以豁达大度和深谋远虑，得以保全自己。他位极人臣，满堂儿孙，享尽了人间荣华富贵。

人往高处走，水往低处流，想出人头地，无论何时，无论从什么角度来评论，都是一种向上的姿态，其积极意义不可小觑。

在一个团队当中，急于出头、急于想让自己冒出来的人有很多，大家互为制约，互为掣肘。在有些团队当中急于出头的竞争是很激烈的，这时低调做人更是一种理智的做法，它既不妨碍别人出头的视线，也免得自己首先成为众矢之的，成为先烂的"橡子"。

社会上处处充满竞争，官场有竞争，职场有竞争，商场有竞争，情场有竞争。任何竞争都需要勇气，也更需要策略，而其中最大的策略就是像郭子仪那样在残酷无情的竞争中保持低调做人的本分。

低调做人既是一种处世哲学，也是一种处世姿态，更是一种理智的人生选择。一般而言，生而高贵的人只占人群中一个极小的比例，芸芸众生中的绝大多数人却没有这般好命。所以，小百姓们只能正视这个现实，从卑微处起步，历经艰辛坎坷才能由卑而尊。

但是要从为人处世这个大概念来讲，"欲做尊贵人，先做卑微事"也包括那些原本就是尊贵的人，要做到与自己的身份名副其实的话，也不能看轻自己所做的一些卑微之事或鄙夷做卑微之事的人，真正的尊贵之人是不惜做卑微之事的人。

实在做事，畅达成功

曾经听过这样一个故事：

在毕业20周年之际，南京某校的同学组织了一场同学联谊会。

联谊会上，大家把一直还住在乡间的原班主任用专车接了来。老人已年过古稀，头发全白了，腿脚都已不便。同学们仿照原来教室的模样布置了聚会的会场，要求各位同学按20年前的座次坐好，将老师请到讲台前。

轮到同学座谈了。大家讲话中都先感谢老师的栽培。班主任听了也不说话，直到临近结束，才站了起来，说："今天我来收作业了。有谁还记得毕业前的最后一节课吗？"

那天是个晴天，班主任把大家带到操场上，说："这是最后一节课了。我布置一个作业，说易不易，说难不难。请大家绕着500米操场跑两圈儿，并记下跑的时间、速度以及感受。"说完便走了。

20年后老师说话了："我离开操场后，在教室走廊上观看了同学们作业的完成情况。现在，20年后的今天，我对作业讲评一下。跑完两圈儿的有4人，时间在15分20秒之内。1人扭伤了脚，1人因为跑得太快摔了跤，有23人跑过1圈儿后觉得无趣，退出后在跑道外聊天儿。其余的嫌事小，没有起步。"

大家惊异于老师记得如此清楚，一下子看到了老师昔日的风采，纷纷鼓掌。掌声落下，老师继续说："我就这次作业，并结合70余年人生体验，送给各位4句话：其一，成功只垂青有准备的人；其二，身边的小蘑菇不捡的人，捡不到大蘑菇；其三，跑得快，还需跑得稳；其四，有了起点并不意味就有了终点。你们现在都是36岁左右的年纪，又处在世纪之交，尚不是对老师说感谢的时候。请多说说自己的人生作业。"教室里顿时鸦雀无声。

人们常常抱怨命运的不公，常常感叹世道的不平，并总是在幻想着成功之花在一夜之间绽放，然而天下哪有免费的午餐，要成功就得付出努力，即使如跑跑步这么简单的事。

成功也没有别的捷径，只能是脚踏实地，一环扣一环地前进，也就是人们经常说的"一步一个脚印"。再精巧的木匠也造不出没有根基的空中楼阁，任何伟大的事业也都是由无数具体的、微小的、平凡的工作积累的，不愿意干平凡工作的人，很难成大事，世间没有突然的成功，成功的诀窍就是脚踏实地、实实在在地做事。

第四节　懂得低头，更要懂得转弯

人生处处有死角，要懂得转弯

任何事物的发展都不是一条直线，聪明人能看到直中之曲和曲中之直，并不失时机地把握事物迂回发展的规律，通过迂回应变，达到既定的目标。

顺治元年（公元1644年），清王朝迁都北京以后，摄政王多尔衮便着手进行武力统一全国的战略部署。当时的军事形势是：农民军李自成部和张献忠部共有兵力四十余万；刚建立起来的南明弘光政权，汇集江淮以南各镇兵力，也不下五十万人，并雄踞长江天险；而清军不过二十万人。如果在辽阔的中原腹地同诸多对手作战，清军兵力明显不足。况且迁都之初，人心不稳，弄不好会造成顾此失彼的局面。

多尔衮审时度势，机智灵活地采取了以迂为直的策略，先怀柔南明政权，集中力量打击农民军。南明当局果然放松了警惕，不但不再抵抗清兵，反而派使臣携带大量金银财物，到北京与清廷谈判，向清求和。这样一来，多尔衮在政治上、军事上都取得了主动地位。顺治元年七月，多尔衮对农民军的打击取得了很大进展，后方亦趋稳固。此时，多尔衮认为最后消灭明朝的时机已经到来，于是，发起了对南明的进攻。

当清军在南方的高压政策和暴行受阻时，多尔衮又施以迂为直之术，派明朝降将、汉人大学士洪承畴招抚江南。顺治五年（公元1648年），多尔衮以他的谋略和气魄，基本上完成了清朝在全国的统治。

绕圈的策略，十分讲究迂回的手段。特别是在与强劲的对手交锋时，迂回的手段高明、精到与否，往往是能否在较短的时间内由被动转为主动的关键。

美国著名企业家李·艾柯卡在担任克莱斯勒汽车公司总裁时，为了争取到10亿美元的国家贷款以解公司之困，他在正面进攻的同时，采用了迂回包抄的方法。一方面，他向政府提出了一个现实的问题，即如果克莱斯勒公司破产，将有 60 万左右的人失业，第一年政府就要为这些人支出 27 亿美元的失业保险金和社会福利开销，政府到底是愿意支出这 27 亿呢，还是愿意借出 10 亿极有可能收回的贷款？另一方面，对那些可能投反对票的国会议员们，艾柯卡吩咐手下为每个议员开列一份清单，清单上列出该议员所在选区所有同克莱斯勒有经济往来的代销商、供应商的名字，并附有一份万一克莱斯勒公司倒闭，将在其选区造成的经济后果的分析报告，以此暗示议员们，若他们投反对票，因克莱斯勒公司倒闭而失业的选民将怨恨他们，由此也将危及他们的地位。

这一招果然很灵，一些原先强烈反对给克莱斯勒公司提供贷款的议员闭了嘴。最后，国会通过了由政府支持克莱斯勒公司 15 亿美元的提案，比克莱斯勒公司原来要求的多了 5 亿美元。

俗话说："变则通，通则久。"在一些暂时没有办法解决的事情面前，我们应该学着变通，不能死钻牛角尖，此路不通就换另一条路。有更好的机会就赶快抓住，不能一条道走到黑，生活不是一成不变的，有时候我们转过身，就会发现，原来我们身后也藏着机遇，只是当时我们赶路太急，忽略了那些美好的事物。

掬一捧清泉，原来只需换个地方打井

生活有时就像打井，如果在一个地方总打不出水来，你是一味地坚持继续打下去，还是考虑可能是打井的位置不对，从而及时调整工作方案去寻找一个更容易出水的地方打井？

人生之中，每个人都具有独特的、与众不同的才能和心智，也总存在着一些更适合于他做的事业。在竭尽全力拼搏之后却仍旧不能如愿以偿时，我们应该这样想："上天告诉我，你转入另外一条发展道路上，一定能取得成功。"因为种种原因而不得不改变自己的发展方向时，也应告诉自己："原来是这样，自己一直认为这是很适合于自己的事，不过，一定还有比这个更适合自己的事。"应该认为另外一条新的道路已展现在你的眼前了。

尝试着换个地方打井，也同样会觅到甘甜清冽的泉水。

有一位农民，从小便树立了当作家的理想。为此，他十年如一日地努力着，坚持每天写作。他将一篇篇改了又改的文章满怀希望地寄往远方的报社和杂志社。可是，好几年过去了，他从没有只字片言变成铅字，甚至连一封退稿信也没有收到过。

终于在 29 岁那年，他收到了第一封退稿信。那是一位他多年来一直坚持投稿的刊物的编辑寄来的，编辑写道："……看得出，你是一个很努力的青年。但我不得不遗憾地告诉你，你的知识面过于狭窄，生活经历也显得相对苍白。但我从你多年的来稿中却发现，你的钢笔字越来越出色……"

他叫张文举，现在是一位著名的硬笔书法家。

不管从事何种职业的人，都必须充分认识、挖掘自己的潜能，确定最适合自己的发展方向，否则有可能虚度了光阴，埋没了才能。

美国作家马克·吐温曾经经商，第一次他从事打字机的投资，因受人欺骗，赔进去 19 万美元；第二次办出版公司，因为是外行，不懂经营，又赔了 10 万美元。两次共赔将近 30 万美元，不仅把自己多年的积蓄赔个精光，还欠了一屁股债。

马克·吐温的妻子奥莉姬深知丈夫没有经商的才能，却有文学上的天赋，便帮助他鼓起勇气，振作精神，重新走创作之路。终于，马克·吐温很快摆脱了失败的痛苦，在文学创作上取得了辉煌的成就。

及时为人生掉个头，你会欣赏到另一种精彩绮丽的美景。

职场中，有人终日做着自己不大"感冒"的工作，牢骚满腹，却甘于如此，得过且过；有人痛下决心，果断地告别待遇不错的"铁饭碗"，去开创属于自己的天地。

据调查，有28%的人正是因为找到了自己最擅长的职业，才彻底地掌握了自己的命运，并把自己的优势发挥到淋漓尽致的程度。这些人自然都跨越了弱者的门槛，而迈进了成大事者之列；相反，有72%的人正是因为不知道自己的"对口职业"，而总是别别扭扭地做着不擅长的工作，却又不敢换个地方"打井"。因此，不能脱颖而出，更谈不上成大事了。

如果你用心去观察那些成功者，会发现他们几乎都有一个共同的特征：不论聪明才智高低与否，也不论他们从事哪一种行业，担任何种职务，他们都在做自己最擅长的事。

优秀的人在为自己的价值能够得到发挥而寻找途径的时候，所遵从的第一要务不是要求自己立即学习到新的本领，而是试图将自己身体内的原有的才能发挥到极限。这好比要使咖啡香甜，正确的做法不是一个劲儿地往杯子里面加入砂糖，而是将已经放入的砂糖搅拌均匀，让甜味完全散发出来。

当你执着于在一个地方打井的时候，却不知甘甜清冽的泉水就在你的身后。有时，为探寻真正的人生甘泉，我们需要时刻准备，去勇敢地换个地方"打井"。

从没有一艘船可以永不调整航向

许多人以为，学习只是青少年时代的事情，只有学校才是学习的场所，自己已经是成年人，并且早已走向社会了，因而再没有必要进行学习。剑桥大学的一位专家指出："这种看法乍一看，似乎很有道理，其实是不对的。在学校里自然要学习，难道走出校门就不必再学了吗？学校里学的那些东西，就已经够用了吗？"其实，学校里学的东西是十分有限的。工作中、生活中需要的相当多的知识和技能，课本上都没有，老师也没有教给我们，这些东西完全要靠我们在实践中边摸索边学习。

彼得·唐宁斯曾是美国 ABC 晚间新闻当红主播，他虽然连大学都没有毕业，但是却把事业作为他的教育课堂。在他当了3年主播后，毅然决定辞去人人艳美的职位，到新闻第一线去磨炼，干起记者的工作。他在美国国内报道了许多不同路线的新闻，并且成为美国电视网第一个常驻中东的特派员，后来他搬到伦敦，成为欧洲地区的特派员。经过这些历练后，他重又回到 ABC 主播台的位置。此时，他已由一个初出茅庐的年轻小伙子成长为一名成熟稳健而又受欢迎的记者。

近10年来，人类的知识大约是以每3年增加一倍的速度向上提升。知识总量在以爆炸式的速度急剧增长，老知识很快过时，知识就像产品一样频繁更新换代，使企业持续运行的期限和生命周期受到最严厉的挑战。

据初步统计，世界上 IT 企业的平均寿命大约为5年，尤其是那些业务量快速增加和急功近利的企业，如果只顾及眼前的利益，不注意员工的培训学习和知识更新，就会导致整个企业机制和功能老化，成立两三年就"关门大吉"！联想、TCL 等企业成功的经验表明：培训和学习是企业强化"内功"和发展的主要原动力。只有通过有目的、有组织、有计划地培养企业每一位员工的学习和知识更新能力，不断调整整个企业人才的知识结构，才能应付这样的挑战。

在知识经济迅猛发展的今天，你有没有想过，你赖以生存的知识、技能时刻都在折旧。在风云变幻的职场中，脚步迟缓的人瞬间就会被甩到后面。根据剑桥大学的一项调查，半数的劳工技能在1～5年内就会变得一无所用，而以前这些技能的淘汰期是7～14年，特别是在工程界，毕业后所学还能派上用场的不足1/4。

这绝非危言耸听，美国职业专家指出，现在的职业半衰期越来越短，高薪者若不学习，无需5年就会变成低薪。就业竞争加剧是知识折旧的重要原因，据统计，25周岁以下的从业人员，职业更新周期是人均一年零四个月。当10个人中只有1个人拥有电脑初级证书时，他的优势是明显的，而当10个人中已有9个人拥有同一种证书时，那么原有的优势便不复存在。未来社会只会有两种人：一种是忙得不可开交的人，另外一种是找不到工作的人。

所以，从没有一艘船可以永不调整航向，活到老，学到老，及时变通才是百战百胜的利器。现在知识、技能的更新越来越快，不通过学习、培训进行更新，适应性将越来越差，而那些企业又时刻把目光盯向那些掌握新技能、能为企业带来经济效益的人。新世纪的发展已经表明，未来的社会竞争将不再只是知识与专业技能的竞争，而是学习能力的竞争，一个人如果善于学习，他的前途会一片光明，而一个良好的企业团队，要求每一个组织成员都是那种迫切要求进步、努力学习新知识的人。

不根据自己的需要随时调整航向的船，只会被风暴卷入失败的深渊，"活到老，学到老"不是一句空口号，而是要我们认真去执行，才能及时调整自己前进的方向，不被社会落下。

与时俱进，随时进行自我更新

有时候，我们的想法往往会背叛我们的思维，让想法和实际分离。"思维"这个词来自希腊文，最初是一个科学名词，目前多半用来指某种理论、典范或假说。不过广义而言，是指我们看待外在世界的观点。我们的所见所闻并非直接来自感官，而是透过主观的了解、感受与诠释。

无论是面对自我，还是面对世界，每个人都有一定的思维方式。例如说，在人类的思想行为中，有"五大基本问题"：

1. 我是谁？
2. 我如何成为今天的我？
3. 为什么我会有这样的思考、感受和行动？
4. 我能改变吗？
5. 最重要的问题是——怎么做？

延续这五大问题，我们的心灵告诉我们该怎么去认识世界、进行自我行动。所以说思维对一个人的发展来说，是至关重要的，它决定了我们对待自我、对待世界的态度。思维可以说是对于我们所能感知的世界的一个认知缩写，无论这个认知正确与否。

我们可以把思维比作地图。地图并不代表一个实际的地点，只是告诉我们有关地点的一些信息。思维也是这样，它不是实际的事物，而是对事物的诠释或理论。

很多人经常会遇到这样一种情况，到了一处陌生的地方，却发现带错了地图，结果寸步难行，感觉非常尴尬无助。同样，若想改掉缺点，但着力点不对，只会白费工夫，与初衷背道而驰。或许你并不在乎，因为你奉行"只问耕耘，不问收获"的人生哲学。但问题在于方向错误，"地图"不对，努力便等于浪费。唯有方向（地图）正确，努力才有意义。在这种情况下，只问耕耘，不问收获也才有可取之处。因此，关键仍在于手上的地图是否正确。我们常常嘲笑"南辕北辙"的人，却不知自己也会在错误的心灵地图的带领下，犯着同样的错误。

在前面我们已经说过，思维不仅面对世界，还面对自我，那么心灵地图大致上也可分为两大类：一是关于现实世界的，这就是我们的世界观；一个是有关个人价值判断的，这就是我们的价值观。我们以这些心灵的地图诠释所有的经验，但从不怀疑地图是否正确，甚至于不知道它们的存在。我们理所当然地以为，个人的所见所闻就是感官传来的信息，也就是外界的真实情况。我们的态度与行为又从这些假设中衍生而来，所以说，世界观和价值观决定一个人的思想与行为。

自我是在不断发展的，世界也是在不断进步的，所以我们行动的世界观和价值观也应该不断地完善与进步，要随时随地来完善我们的心灵地图。

打个比方，现在无数的城市旧貌换新颜，尤其是近几年来发生了翻天覆地的变化，如果有人使用三年前的地图，恐怕已经找不到原来的道路，不知道如何才能找到目标了。地理如此，时空如此，何况人心呢？许多人，他们之所以感到困惑、挫折，甚至感到迷失了自我，就在于他们仍然使用着过去的"心灵地图"，仍然按照旧有的生活轨道在向前走，他们不知道这幅地图已经需要修改了。

其实，我们的思维从童年就已开始发展，经过长期的艰苦努力形成了一个认识自我和世界的自我思维方式，形成了一幅表面上看来十分有用的心灵地图。我们要按这幅地图去应对生活中的各种坎坷，寻找自己前进的道路。

但是未必有了心灵地图就有了正确的行动。如果这幅图画得很正确，也很准确，我们就知道自己在哪个位置上；如果我们打算去某个地方，就知道该怎么走。如果这幅地图画得不对、不准确，我们就无法判断怎么做才正确，怎样决定才明智，我们的头脑就会被假象所蒙蔽，因为这幅图是虚假的、错误的，我们将不可避免地迷失方向。

我们不能一辈子就带着这一幅"地图"，我们应该不断地描绘它、修改它，力求准确地反映客观现实，这样我们才不会在人间这个繁华的大都市里迷路。前人诗云："流水淘沙不暂停，前波未灭后波生。"我们必须要下工夫去观察客观现实，这样画出来的"地图"才准确。但是，很多人过早地停止了描绘"地图"的工作，他们不再汲取新的信息，而自以为自己的"心灵地图"完美无缺。这些人是不幸的、可怜的，所以他们多半有心理问题。只有幸运的少数人能自觉地探索现实，永远扩展、冶炼、筛选他们对世界的理解，他们的精神生活也丰富多彩。所以，我们要不断地修改这幅反映现实世界的"心灵地图"，要不断地获取世界的新信息。如果新信息表明，原先的"地图"已经过时，需要重画，就要不畏修改"地图"的艰难，勇敢地进行自我更新。

执着与固执只有一步之遥

中国人常说："人活一张脸，树活一层皮。""面子"的地位之重在我们的传统道德观念中可见一斑。可以说，中国社会对人的约束主要就是廉耻和脸面，然而若因此就固执地以"面子"为重，养成死要面子的人生态度却不是件好事。

有一个人做生意失败了，但是他仍然极力维持原有的排场，唯恐别人看出他的失意。为了能重新振兴起来，他经常请人吃饭，拉拢关系。宴会时，他租用私家车去接宾客，并请了两个钟点工扮作女佣，佳肴一道道地端上，他以严厉的眼光制止自己久已不知肉味的孩子抢菜。

前一瓶酒尚未喝完，他已打开柜中最后一瓶XO。当那些心里有数的客人酒足饭饱告辞离去时，每一个人都热情地致谢，并露出同情的眼光，却没有一个人主动提出帮助。

希望博得他人的认可是一种无可厚非的正常心理，然而，人们总是希望获得更多的认可。所以，人的一生就常常会掉进为寻求他人的认可而活的爱慕虚荣的牢笼里面，面子左右了他们的一切。

50多年前，林语堂先生在《吾国吾民》中认为，统治中国的三女神是"面子、命运和恩典"。"讲面子"是中国社会普遍存在的一种民族心理，面子观念的驱动，反映了中国人尊重与自尊的情感和需要，但过分地爱面子却得不偿失。

因此，无论是人际方面还是在事业上，我们都不要因为小小的面子，为自己的生活带来不必要的麻烦和隐患。其实"面子观"是一种死守面子、唯面子为尊的价值观念和行事思想。"面子观"对我们行事做人有很大的束缚。因此，在不利的环境下我们要勇于说"不"，千万别过多地考虑"面子"，使自己陷入"面子观"的怪圈之中。

事实上，我们没必要为了面子而固执地使自己显得处处比别人强，仿佛自己什么都能做到。每个人都有缺陷，不要试图每一方面都优秀。聪明的人，敢于承认自己不如人，也敢于对自己不会做的事说不，所以他们自然能赢得一份适意的人生。

执着，让我们赢得了通往成功的门票，而固执，让我们在死不认输时，输掉了整个人生。所以，正确剖析自己，敢于承认技不如人，放下不值钱的面子，走出面子围城，这不是软弱，而是人生的智慧。

无意义的坚持会让你走更多弯路

两个贫苦的农夫，每天都要翻过一座大山去耕地，以维持生计。有一天在回家的路上发现两大包棉花，两人喜出望外，棉花的价格比粮食要高很多，将这两包棉花卖掉，足可使家人一个月衣食无忧。当下两人各自背了一包棉花，匆匆赶路回家。

走着走着，其中一个农夫眼尖，看到山路上扔着一大捆布。走近细看，竟是上等的细麻布，足足有十几匹。他欣喜之余，和同伴商量，一同放下背负的棉花，改背麻布回家。他的同伴却有不同的看法，认为自己背着棉花已经走了一大段路，到了这里丢下棉花，岂不枉费自己先前的辛苦，坚持不换麻布。发现麻布的农夫怎么劝，同伴都不听，没办法，他只能自己竭尽所能地背起麻布，继续前行。

又走了一段路后，背麻布的农夫望见林子里闪闪发光，走近一看，地上竟然散落着数坛黄金，心想这下真的发财了，赶忙邀同伴放下肩头的棉花，改为挑黄金。他同伴仍是那套不愿丢下以免枉费辛苦的论调，并且怀疑那些黄金不是真的，劝他不要白费力气，免得到头来空欢喜一场。

发现黄金的农夫只能自己挑了两坛黄金，和背棉花的伙伴赶路回家。走到山下时，无缘无故下了一场大雨，两人在空旷处被淋了个湿透。更不幸的是，背棉花的农夫背上的大包棉花吸饱了雨水，重得完全无法背动，那农夫不得已，只能丢下一路舍不得放弃的棉花，空着手和挑金子的同伴回家去了。

坚持是一种良好的品性，但是有时候，坚持却是一种执念，无谓的坚持，可能会让你走更多的弯路。坚持背着棉花的农夫，或许更为专一，或许更为执着，但是坚持的背后，是不愿意枉费之前的辛苦，是没有勇气逃离生活的惯性，作出新的抉择。

明智的坚持是执着，而无谓的坚持，却是固执，是执拗。如果目标是正确的，固然坚持就是胜利，然而如果目标是错误的，却仍旧不顾一切地奋力向前，则无疑是莽撞的，可能由此导致不良的后果，这或许比没有目标更为可怕。就像坚持背棉花的农夫，没有根据实际情况适时地调整目标，而是一味地作无谓的坚持，结果，不仅错失了拥有麻布和黄金的机会，最终连棉花都不得不放弃。成功者的秘诀是随时检视自己的选择是否有偏差，合理地调整目标，放弃无谓的坚持，只有如此，方能轻松地走向成功。

诺贝尔奖得主莱纳斯·波林曾经说过："一个好的研究者应该知道发挥哪些构想，而哪些构想应该丢弃，否则，会浪费很多时间在差劲的构想上。"确实如此，如果在错误的构想上盲目地坚持，最终只能走入死胡同，只有根据研究进展，灵活选择放弃或者坚持，方能有所建树。科研领域如此，其他领域亦然，审时度势，适时地放弃无谓的坚持，方能少走弯路，方为成功之道。

不跟对手硬拼，绕个圈子寻其弱点

在生活中，我们难免会因为一些竞争而与对手针锋相对。矛盾也许不可避免，但是我们没有必要跟对手斗个你死我活。如果真的躲不过去，也不要跟对手硬拼，要懂得利用智慧和技巧，在方法上取胜。

聪明的人懂得在危险中保护自己，而愚蠢的人喜欢依靠蛮力，即便耗掉自己全部的精力也要与对手拼个高下，弄得自己没有回旋的余地。

一位搏击高手参加锦标赛，自以为一定可以夺得冠军。

但是，在最后的决赛中，他遇到一个实力相当的对手，双方竭尽全力出招攻击。中途，搏击高手意识到，自己竟然找不到对方招式中的破绽，对方的攻击却能够突破自己防守，有选择地打中自己。

比赛的结果可想而知，这个搏击高手败在对方手下，没有得到冠军的奖杯。

他愤愤不平地找到自己的师父，将对方和他搏击的过程演练给师父看，并请求师父帮他找出对方招式中的破绽。他决心根据这些破绽，苦练出足以攻克对方的新招，在下次比赛时，打倒对方，夺回冠军的奖杯。

师父笑而不语，在地上画了一条线，要他在不擦掉这道线的情况下，设法让这条线变短。

搏击高手思考不出，只得无可奈何地放弃，转向师父请教。

师父在原先那道线的旁边，又画了一条更长的线。两者相比较，原先的那条线，看来变得短了许多。

师父开口道："夺得冠军的关键，不仅仅在于如何攻击对方的弱点，正如地上的长短线一样，如果你不能在要求的情况下使这条线变短，你就要懂得放弃在这条线上做文章，寻找另一条更长的线。只要你自己变得更强，对方就如原先的那条线一样，在相比之下变得短了。如何使自己更强，才是你需要苦练的根本。"

搏击高手恍然大悟。

师父笑道："搏击要用脑，要学会选择，攻击其弱点。同时要懂得放弃，不跟对方硬拼，以自己之强攻对手弱，这样你才能夺取冠军。"

在获得成功的道路上，有无数的坎坷与障碍，需要我们去跨越、去征服。

人们通常走的路有两条：一条路是找出对手的弱点，予以打击。正如故事中的那位搏击高手的对手，可找出搏击高手的破绽，并给予致命的一击。用最直接的方法，快速解决问题。另一条路是懂得放弃，不跟对方硬拼，全面增强自身实力，在人格上、知识上、智慧上、实力上使自己成长，变得更加成熟、更加强大，以己之强攻敌之弱，使许多问题迎刃而解。

不跟对手硬拼，是一种包容，也是一种智慧。绕开圈子，才能避开钉子。适当地给对手留有余地，也许可以将对方感化，从而化僵持为友好，将敌人变成朋友。适当地给自己留些余地，你才有机会东山再起，才能把握住更多的机遇。

人生随时都可以重新开始

这个世界上不会有人一生都毫无转机，穷人可能会腾达为富人，富人也可能沦落为穷人。富有或贫穷，胜利或失败，光荣或耻辱，所有的改变都会在一瞬间发生。

CNN 的老板特德·特纳，年轻时是一个典型的花花公子，从不安分守己，他的父亲也拿他没办法。他曾两次被布朗大学除名。不久，他的父亲因企业债务问题而自杀，他因此受到了很大的触动。他想到父亲含辛茹苦地为家庭打拼，他却在胡作非为，不仅不能帮助父亲，反而为父亲添了无数麻烦。他决定改变自己的行为，要把父亲留给自己的公司打理好。从此他变了一个人，成了一个工作狂，而且不断寻找机会壮大父亲留下的企业，最终将 CNN 从一个小企业变成了世界级的大公司。

禅宗讲求顿悟，认为人的得道在于顿悟，在于一刹那的觉悟。其实人生也是这样，思想的改变就在一瞬间。当我们顿悟后，我们就能洞察生命的本性，将蕴藏在内心中的潜能充分发挥出来。

早年，鲁迅认为中国落后是因为中国人的体格不行，被称做"东亚病夫"，于是他去日本学习医学。但一次在课间看电影的时候，他看到日本军人挥刀砍杀中国人，而围观的中国人却一脸的麻木，当时其他的日本同学大声地议论："只要看中国人的样子，就可以断定中国必然灭亡。"鲁迅在思想上顿时发生了改变，他说："因此我觉得医学并非一件紧要事，凡是愚弱的国民，即使体格如何健全，如何茁壮，也只能做毫无意义的示众的材料和看客，病死多少是不必以为不幸的，所以我的第一要素是在改变他们的精神，而善于改变精神的是，我那时以为当然要推文艺，于是想提倡文艺运动了。"从此，鲁迅决定弃医从文，以笔为枪，去唤醒沉睡中的中国，中国也多了一位伟大的思想家和文学家。

一个人想要达到成功的巅峰，也需要顿悟。从你的内心深处升起的那份成功的渴望，将会在瞬间改变你的一生。

第三章 立得住身

> 人生在世，需要一些能赖以安身立命的东西，比如良好的形象、丰富的知识、练达的智慧、正确的为人处理的态度。具备了这些东西，我们才能在世上立得住脚，进一步发展自己的事业，创造辉煌的人生。本章从形象、行为、观念、习惯、性格、人际等多方面、多角度出发，全面阐述了一个人能安身立世所需要的"硬件"，帮你重新构筑一个成功而智慧的人生。

第一节 你的形象价值百万

这是一个两分钟决定命运的时代

良好的形象，是一个人安身立命的基本。试想，谁都喜欢形象出色的人，而不愿意接近形象差的人。为了打造自己的良好形象，我们就要关注自己留给他人的第一印象。"第一印象"，是你在与人初次接触时给对方留下的形象特征，心理学上称为"首因效应"。第一印象在人际交往中所具备的定式效应有很大的稳定性，一个人留给他人的第一印象就像深刻的烙印，很难改变。

心理学家研究发现，人们的第一印象的形成是非常短暂的，有人认为是在见面的前40秒钟形成的，有人甚至认为只有两秒钟。在现实生活中，有时这几秒钟就可以决定一个人的命运。因为在生活节奏如同飞快奔驰的列车的现代社会，很少有人会愿意花更多时间去了解、证实一个留给他不美好的第一印象的人。

第一印象只有一次，无法重来。不可能因身体不适、情绪欠佳而宣布改期。所以，有人打趣地说："第一印象犹如童贞，一旦失去，便永不再来。"

如果你是一名业务员，你见的客户在第一时间就会判断对你有没有好感。几分钟内的第一印象，就会决定下一次他还会不会见你。如果你穿着带有污渍的西装，匆忙中又忘记带会谈需要的资料，一副急匆匆的样子，说话也吞吞吐吐，感觉不清晰，那你的客户在两分钟内就会叫你走人，或留下一句敷衍的话："如果我们有需要会和你联系"，这表示你的拜访彻底失败了，而失败也许就决定于刚刚与你的客户握手的一刹那。所以，不要小看这几分钟，这几分钟也许关系到你能否拜访成功，也许关系到你能否应聘成功。所以，你一定要重视你留给人的第一印象，并要注意，在不同场合、不同背景下，一定要留给他人一个良好的第一印象。

难怪英国著名形象设计师罗伯特·庞德曾说："这是一个两分钟的世界，你只有一分钟展示给人们你是谁，另一分钟让他们喜欢你。"

1999年世界《财富》论坛上海年会召开时，几百位全球经济巨子齐集上海。其中17位著名企业首脑走进中央电视台和上海电视台的"财富对话"演播室，进行了12场精彩对话。

这些商界巨子个个仪表堂堂、谈吐不凡。而有一位年轻企业家穿着衬衫和休闲裤走入演播室，其年轻、朝气、随意、潇洒的形象，给大家耳目一新的感受，这就是雅虎公司创始人杨致远。事实证明，杨致远这一形象被大家接受，并收到了较好的效果。

其实，杨致远是经过深思熟虑后才采取这样穿着的。他的考虑如下：一是雅虎（YAHOO）公司经营的是互联网，这是一个举世公认的朝阳企业，朝阳企业应该与传统企业不同，应体现出青春的气息；二是自己还非常年轻，只有37岁，在美国也被归入"新新人类"。因此，穿着较为随意的衣着对他来讲非常合适、得体，也完全符合公司的形象与文化。

而通用电气、诺基亚、宝洁经营的都是传统产品，如汽车、电信、日常用品等，这些公司的老总保持一个传统庄重的形象才更与公司的文化相匹配。同时，这些企业家的年龄也需要他们以一个老成、持重、经验丰富的形象来定位自己。

想一想你所在的行业，你希望别人如何看你，你希望以后在这一领域要做怎样的发展；再看看那些职位比你高的人，他们是如何穿着的。如果你想得到升职，那么就为你的穿着而行动吧。

有的人或许会说："有一些人从不注重自己的形象，最后不也是有机会提升的吗？"那么让我们试想这样一个例子：有一个默默无闻、勤勤恳恳做事的小职员终于受到了上司的肯定，被提拔成了一个部门的主管。我们可以问一下自己，如果升职之后的他依然保持着小职员形象，那么他的部下会尊敬、服从他吗？如果回答是否定的，那他在这种情况下能做出令人钦佩的业绩来吗？

在这方面，最典型的例子莫过于美国总统卡特了。

卡特当时的性格和形象作为农场主再合适不过了，但作为一个对世界影响极大的超级大国——美国的总统，再保持这种形象就不太合适了。

遗憾的是卡特当了总统之后，对自己的形象没有做任何的调整。结果舆论方面开始发难了：他是否拥有作为美国总统所要具备的形象气质呢？在其后的执政生涯中他屡屡被对手或是并非恶意的人们诟病，还经常有人因为他的形象表现而给他起外号，一些媒体甚至由此别有用心地怀疑他的政治能力和智慧。如果卡特努力改变自己的形象来适应新的变化，或许他能塑造一个更好的总统形象留在人们的记忆当中。

一个整洁大方、和谐美观、洒脱优雅的人，肯定是社交场中受欢迎的人。所以，我们要注重自己的形象，用合适的装扮向人们展示一个可靠、可信的形象。

你还不是比尔·盖茨

英国一位华裔投资商在1999年网络腾飞的时代来到北京的中关村，和一位电脑才子会谈投资。他说："我怎么也不能相信眼前这个穿着旅游鞋、牛仔裤，头发如同干草，说话结结巴巴的小子会向我要500万美金的投资，他的形象和个人素养都不能让我信服他是一个懂得处理商务的领导人。"

世界著名的伦敦商学院的"风险基金投资"课程曾请了英国著名的风险基金经理来讲授风险基金是如何选择投资项目的，他在讲到投资者对项目的评估时说："我们实际上是在对人进行投资。一个一流的人才，可以把一个三流的项目做成一流，而一个三流的人才可以把一个一流的项目做得不入流。"他们对人的评估只能通过短暂的接触，这时外在形象及交流的能力就是产生良好印象的最重要的因素。出色的形象会帮助你在商务交流中少走弯路，并减少不必要的挫折。

许多大公司对所属雇员的装扮都有一定的"标准"，所谓标准，自然不是指要穿成怎么好看或用指定的衣料，而是一种"观感"的"水准"。

有一家保险公司的外勤员向公司报告，当他们对农民进行劝说拉保险时，穿戴整齐的业务员，在业绩上要强于穿得不好的业务员，可见农民们本身虽然穿得不好，但对穿着整齐的人，总是较有信赖感的。

有人说："像爱因斯坦、比尔·盖茨衣着随便是举世公认的，因为他们不需要服从条例，他们已经创造了巅峰。"

爱因斯坦生活的年代离我们远去了，可以说他不属于我们这个时代，因此我们也不必做过多的考虑。但是比尔·盖茨却真实地生活在这个时代，在人们的印象中，他始终是一个穿着休闲装、戴着大眼镜的年轻企业家，他衣着随便，不受世俗束缚。

仔细观察一下就会发现，近几年，随着年龄的增大，比尔·盖茨穿西装出现的次数越来越多，而一身随便的休闲装或是一身工作服再配上大眼镜的那个形象已很难见到了。所以，有人说比尔·盖茨已经成熟了。

其实，比尔·盖茨也非常注重自己的形象，他曾经请专家对自己的形象进行设计、包装与宣传。比如，1991年，他将要在拉斯维加斯发表演讲，但是，演讲并不是比尔·盖茨的长项。为了使自己以更好的形象出场，使自己的演讲产生巨大的影响与传播力，比尔·盖茨专门请来了演讲博士杰里·韦斯曼为自己的演讲作指导。比尔·盖茨演讲时，熟悉比尔·盖茨的人都非常吃惊，只见比尔·盖茨一改往日懒散随意的形象，穿了一套昂贵的黑西服。他那尖锐的嗓音虽然无法改变，但丝毫没有影响到他的演讲。结果，这场主题为"信息在你的指尖上"的演讲传遍美国，获得了巨大的成功，而比尔·盖茨的形象魅力值也迅速得到提升。

成功的外表形象为事业的成功起着推波助澜的作用。对于企业的领导者和管理者来说，优秀的领导者能用良好的形象操纵追随者的心理，为自己创立一个神话般的形象以确立自己稳固的位置。

所以，不要过分嘲笑"先敬罗衣后敬人"这种社会习俗。我们进行人际交往时，应该重视一下现实，要推己及人，毕竟人人都喜欢和有修养有气质的人交往。

现在，越来越多的女性走上社会不同的岗位，并且发挥了举足轻重的作用，社会上对女性从业者形象的关注也越来越多了，各种关于女性穿衣打扮等的书籍如雨后春笋般不断涌出。古今中外成功的女性都非常重视在公共场合穿着的服饰，并且多追求简单、大方。

英国历史上第一位女首相玛格丽特·撒切尔夫人，是一位对别人的衣着毫不关心，却对自己的衣着非常在意的人物，她对自己的化妆、服饰等都非常讲究。在她身上，没有一般女人的珠光宝气和雍容华贵，只有淡雅、朴素和整洁。少女时代的她就十分注重自己的衣着，但并不标新立异、哗众取宠，而是朴素大方、干净整洁。从大学开始，她受雇于本迪斯公司，她那时的衣着给人一种老成的感觉，因而公司的人称她为"玛格丽特大婶"。每个星期五下午，她去参加政治活动时，都头戴老式小帽，身穿黑色礼服，脚蹬老式皮鞋，腋下夹着一只手提包，显得持重老练，虽然有人笑话她打扮土气，但她却有自己独到的见解：这样的打扮能在政治活动中取得别人的信任，建立起威信。她的衣服从不打褶，让人觉得井井有条是她一贯的作风。从服饰方面注意自己的仪表形象，对玛格丽特事业的成功的确起到了一定的作用。

现在，社会上普遍呼吁建立一种"人性化"制度。于是乎，着装也紧随其后，有了很大的改观。有的人认为：人性化的着装就是穿我喜欢穿的、不必受条条框框限制的衣服。

更有些人，尤其是女性却走了另一个极端，穿着休闲装甚至居家服上班，她们拼命强调随意着装的好处。可这是在工作，千万随便不得。

大部分公司都有明确制度规定员工在工作期间不得着牛仔休闲装，必须配以相应的工作服。尽管可能一星期有一两天是开禁的，但对于一个明智的白领佳人来说，她是不会以一种随便的面目出现在众人面前的。

这种在某一天突然改变的形象会使得别人认为你好像不是在工作，而是在休闲嬉戏。

从个人发展的角度来看，这种做法对自己也是有百害而无一利的，这将使你好不容易建立起来的形象在半天或一天内就破坏殆尽，进而使自己丧失一些良机。

强调衣着的重要性，并不是要你像英国花花公子博·布鲁梅尔那样，一年仅做衣服就花 4000 美元，扎一个领结也要花上几个小时。过分注重穿着甚至比完全忽视还要糟糕。那些像博·布鲁梅尔那样的人太讲究穿着了，他们一门心思扑在对衣着的研究上，而忽略了内心修养和神圣的责任。穿衣应该量入为出，与身份相称，这既是一种责任，也是最实际的节俭。

失败的穿着导致你不能成功

日本管理学家齐藤竹之助认为，人与人初次交往，90% 的印象来自服装。英国前首相丘吉尔也认为，服装是最好的名片。在社会交往日益频繁的今天，人们越来越重视自己的着装，力求在某些特殊的场合因得体的服装而获得某种交际优惠。

服装在事业上的作用不但不可忽略，而且相当重要。如果选择或者提拔职员，面临竞争，我们可能更容易倾向于那个穿着出色者，那个着装让人信任者。

对于求职者来说，塑造好的形象是进入成功职场的第一步，而这种形象首先反映在求职者的衣着上。

王敏是某校文秘专业应届毕业生。在同学们的眼中，她择业优势太多了：学习非常好、学生会干部、号召力强……而更让一些女生羡慕的是，她天生丽质，再配上前卫的装束，在校园中，堪称是鹤立鸡群。

一家著名的大公司要招聘文秘人员，王敏递交了个人简历。很快公司通知她面试，王敏立即"行动"起来。她几乎试穿了衣橱中应季的所有衣服，最终选定了时下最流行的那套"韩装"，连她自己都觉得镜中的人太酷了！接着，她又精心地搭配了一对同样是时下最流行的耳环，亮晶晶的耳环使她看上去更加光彩夺目，酷似韩国的一位明星。

王敏满怀信心地走进公司，按照预先的准备，镇定地回答了几位面试官的提问，出来的时候，她觉得自己志在必得。但她万万没有想到，正是那套"韩装"使自己名落孙山，而那副金光闪闪的耳环令一切全泡了汤！

要知道，企业要的可是文秘，而不是演员，一味追求靓丽的穿着，而不考虑自己的形象是否和所要求的职业形象相吻合，那结果就可想而知了。

俗话说："人靠衣裳马靠鞍。"不合时宜的着装，会给人造成一种错觉，那就是：这个人层次、品味肯定不高。如果是这样，那你离失败也就不远了。

玛格丽特小姐经过近 5 年的奋斗，终于如愿以偿成为一家大公司一个下属公司的公关部经理，她能力出众、干劲十足，几乎每一次谈判都马到成功，因此深受公司老板的赏识。

正当她踌躇满志的时候，却突然接到公司的一纸解聘书。这是由于她自己不注重自身形象的缘故。不久前来了一个实力雄厚的大客商，集团总部给公司下令，要不惜一切代价争取到这个客户。为此，公司上下做了充分而细致的准备，志在必得。可当玛格丽特小姐在谈判桌边露面的时候，却让人大吃一惊。她穿了超低领的紧身针织上衣，配上紧身弹性超薄衣，一时成了会场的焦点。

谈判开始后，客商依旧色迷迷地看着她，对她们公司提出的条件与内容语焉不详，似乎毫无兴趣，反而不停地向玛格丽特小姐问这问那，纯粹变成了朋友间的私下谈话。突然，钟声开始敲起，客商如梦初醒，连忙站起来抱歉地对玛格丽特说因为要赶 11 点 40 分的飞机，他必须走了。集团总裁对花费了巨大人力物力，结果一场空的局面简直气得暴跳如雷，当即下令解雇玛格丽特。因此，当玛格丽特还陶醉于充满浪漫色彩的谈话和对自己服装的骄傲之中时，突然她已成为一名失业者。

想一想你所在行业，你希望别人如何看你，你希望以后在这一领域要做怎样的发展，那么就为你的未来而行动吧！

艾斯蒂·劳达是世界化妆品王国中的皇后。她拥有几十亿美元的化妆品王国，是世界化妆品领域的主要代表。但艾斯蒂出身贫穷，并没有受过多少教育，她是以推销叔叔制作的护肤膏起家的。最初，为了使自己的产品能够多销售一些，她不得不走街串巷。后来，她决定将产品定位于高档次上。刚开始她的推销没有什么效果。有一天，她终于忍不住问一个拒绝购买产品的客户："请问，您为什么拒绝购买我的产品呢？是我的推销技巧有什么问题吗？"

那位女士道："不是技巧有问题，是你的形象不好。你的形象告诉我：你根本就是一个低档次的人，让我怎么相信你的产品是高档次的？"这位女士的话明显带有对艾斯蒂·劳达轻视甚至污辱的成分，但聪明的劳达却兴奋异常，认为自己找到了问题的关键，那就是产品的高档次，首先在于自己的高档次。她想，换成自己也会是这样，推销人员本身的档次不高，自己也确实会怀疑产品的质量和品味。于是，她决心对自己的形象进行精心改造、包装。她模仿富贵名门和上层妇女，像她们一样穿着打扮，模仿她们的举止。另外，她注意培养自己的自信，让整个人看上去魅力四射。慢慢地，越来越多的人买下了她推销的产品。从此，她一发不可收拾，直至建立自己的化妆品王国。

人们总喜欢把优秀的服装与优秀的人、丰厚的收入、高贵的社会身份、一定的权威、高雅的文化品位等相关联，穿着出色、昂贵、高质的服装就意味着卓越的成就。我们不妨想一想自己身边的人，那些穿着不凡而出众的人，也自然会让我们对之另眼相看。

让你的声音增添你的魅力

一个人讲话时的声音是否优美动人，跟他受欢迎的程度及社交上的成功密切相关。事实上，没有任何一样东西可以像甜美而有韵律的声音一样如此真实地反映出一个人良好的教养和高雅的品性。

据说在古埃及的早期历史中，只有那些写在书面上的辩护词才允许在法庭上出示，之所以如此，目的就是要防止坐在长椅上的法官因为听到滔滔不绝、蛊惑人心的声音而受到影响或蒙蔽，从而失去其应有的公正。在宣告判决时，主持审判的大法官作为真理女神的化身，只是以相当寡言少语的方式来判决。

你的声音和你的外貌、行为方式、说话的内容一样重要。声音是你将信息传递给听众的工具。你和听众是否能够进行充分的交流，完全取决于你的口头表达能力和你的声音技巧。

声音的力量，足以改变世界。而且，我们自己说话的声音，总是随我们自身的变化而变化。它深刻地影响着我们感知自己以及他人反应的方式。在"魅力调查问卷"的回答者中，有高达90%的人都认为，声音是一个人魅力的最重要的构成要素之一。

时至今日，声音在现实社会中继续发挥着它的魔力。

你可以用你的声音来争取听众的支持，使他们相信你，赢得他们的尊敬、爱戴和信任。你可以使听众精神振奋或昏昏欲睡，可以吸引或疏远他们。

1939年，威里兹以其著名的根据威尔斯的小说《世界的战争》改编的广播剧，轰动了整个美国。虽然做出了公开声明，说这仅仅是一个戏剧描写而已，并不是一个真实的事件，但是由于电台的覆盖面像新闻报纸一样的广泛，再辅之以威里兹那令人深刻的印象、使人心情激动的声音，其使整个美国都着了迷。

为什么我们容易信任那些优秀的新闻播音员呢？其中主要原因应该归功于他们声调优美、低沉悦耳、松弛自然的嗓音。他们绝妙的声音具有使听众不会轻易转移注意力的特质。仅有一副姣好的面容的播音员是很容易被湮没的。那些在竞争中生存下来的播音员通常都有一副令人愉悦的一流的好嗓子。当然，他们也都是好的记者。但是假设这些人的嗓音是嘶哑刺耳的，那他们很有可能在竞争激烈的广播业中被淘汰掉。

当我们知道声音能有如此大的魅力时，再反观现实生活，现在有许多才华横溢的年轻人，他们受过高深的教育，毕业于名牌的院校，在那里学习着呆板的死气沉沉的语言、语法、学习着自然科学、文学、艺术，却唯独没有学习如何发出优美的声音。因此，他们的声音中充满了粗鲁与不和谐的音调，以至于那些感觉敏锐的人几乎无法和他们进行正常的谈话。

如果你的嗓音让别人听起来感到不舒服，可能会抹杀你在其他方面的优点，影响到你的公众形象。

你要记住的最重要的事情是，你的听众所期待的是那种容易听懂的令人愉悦的声音。

纯洁的、和谐的、生气勃勃的声音象征着内在的修养和雅致，每一个音节、每一个字符、每一个句子都得到了如此清晰圆润的表达，它们是那样的抑扬顿挫、那样的高低有致，就像一串在春风中抖动的银铃，有着多么神奇美妙的节奏啊！而且，对绝大多数人来说，只要你愿意，你就可以拥有上帝馈赠给人类的这一神奇礼物。对于女性来说，那就更是如此。

幽默是一种智慧

恩格斯曾经说过："幽默是具有智慧、教养和道德的优越感的表现。"幽默能表事理于机智，寓深刻于轻松，给周围的人以欢笑和愉快。幽默运用得当时，能为谈话锦上添花，叫人轻松之余又深觉难忘。

一位年轻的画家拜访德国著名的画家阿道夫·门采尔，向他诉苦说："我真不明白，为什么我画一幅画只用一会儿工夫，可卖出去却要整整1年。"

"请倒过来试试吧，亲爱的。"门采尔认真地说，"要是你花1年的工夫去画它，那么只用1天，就准能卖掉它。"

门采尔对画家所说的话于幽默中蕴含深刻哲理，让人们在笑声中增长智慧。

幽默最能表现说话者的风度、修养，它能使人在忍俊不禁之中放松，在轻松活泼的气氛中工作，当然工作效率准会大大提高。而善用幽默的人还会赢得听众的广泛敬重。

某大学植物系有一位植物学教授，开的课虽然是冷门课程，但只要是他的课，几乎堂堂爆满，甚至还有人宁愿站在走廊边旁听，原因并不是这位教授专业知识多傲人，而是他的幽默风趣风靡了全校，使得学生们都喜欢上这位教授的课。

有一次，该教授带领一群学生深入山区做校外实习，沿途看到许多不知名的植物，学生好奇地一一发问，教授都详细地回答解说，一位女同学不禁停下了脚步，对着教授赞叹地说："老师，您的学问好渊博呀。您对什么植物都知道得那么清楚！"教授回头眨了眨眼，扮个鬼脸笑道："这就是我为什么故意走在你们前头的原因了，只要一看到不认识的植物，我就'先下脚为强'，赶紧踩死它，以免露馅！"学生们听了个个笑得前俯后仰，可见，这次实习之旅是一趟充满了笑声的愉悦之旅。

幽默的方式方法有多种，从其性质来看，有滑稽的、荒谬的，有协调的，有出人意料的，有戏谑、诙谐、反讽、挖苦等。需要强调的是，运用幽默谈吐时，要考虑场合和对象。一般情况下，在日常社交场合中，可多用幽默；在学术性或政治性交往活动中则慎重运用幽默，应防止不适当幽默削弱听众对主题的注意；对待敌人、恶人则要用讽刺性幽默，以便在用幽默讥讽、鞭挞对方的同时，给周围的同事、朋友以快感。

美国作家马克·吐温亦擅长运用幽默。一次，一位百万富翁在他面前炫耀自己刚装的一只义眼："你猜得着吗，我哪只眼睛是假的？"马克·吐温准确地指着他的左眼说："这只是假的。"百万富翁非常惊讶地问："你是怎么知道的，根据是什么？"马克·吐温说："因为我看到，只有这只眼睛还有一点点仁慈。"

幽默的人生是乐趣无穷的人生，学会和善于运用幽默，会令我们的工作、生活更为丰富和快乐，也会帮我们拉近与他人的距离，一步步迈向成功。

不让舌头超越你的思想

任何人都不喜欢别人在自己面前喋喋不休，因为面对"优"于自己的人，我们都会油然而生抗拒心理，而对那些主动示"弱"的人，我们却非常愿意表达接近他的"爱"心。

所以，见多识广的人往往要承受更多人的"反对"，因此也就屡屡饱尝失败的果实，而表面上"无知无识"的人，却能减少许多人为的阻力，一步步迈向成功。

当马克·吐温还是一名普通船员的时候，罗克岛铁路公司打算建一座大桥，把罗克岛和达文波特两个城市连接起来。那个时候，轮船是运输小麦、熏肉和其他物资的重要工具。所以，轮船公司把水运权当成上帝赐予他们的特权。铁路桥修建成功，自然也就葬送了他们的特权，毁了他们的财路，因此轮船公司竭力对修桥提案进行阻挠。于是，美国运输史上最著名的一个案子开庭了。

轮船公司的辩护律师韦德，是相当有名的铁嘴。法庭辩论的最后一天，听众云集。韦德滔滔不绝，足足讲了两个小时。

轮到罗克岛铁路公司的律师发言时，听众就不耐烦了，怕他也说起来没完。这也正是韦德的计谋。然而，那位律师只说了1分钟。不可思议的1分钟，这个案子就此闻名。

他站起身平静地说："首先，我对控方律师的滔滔雄辩的才能表示钦佩！然而，陆地运输远比水上运输重要，这是任何人都改变不了的事实。各位陪审，你们要裁决的唯一问题是，对于未来发展而言，陆地运输和水上运输哪一个更重要？哪一个不可阻挡？"

片刻之后，陪审团做出裁决，建桥方获胜。那位律师高高瘦瘦，衣衫简陋，他的名字叫做——亚伯拉罕·林肯。

韦德既想炫耀自己的口才，又想拖延时间，因此滔滔不绝、口若悬河，但是他却没有想到这样的喋喋不休会让听众厌烦，更没想到林肯有那么机智的反应，因此更让他的长篇大论惹人生厌。

这种规律在营销领域尤其突出，我们常常发现一些说话滔滔不绝的业务员通常还不如那些沉默的业务员。

所以西方人说："与人交谈，犹如弹弦一般，当别人感到乏味时，便要把弦按住，使它停止振动、发声。"当你忍不住要发牢骚时，请多想想这样做所带来的恶果吧。

话说多了，会显得夸夸其谈，油嘴滑舌；言多必失，祸从口出，这时最好的办法是学会静心倾听。

不要在闲聊中失去魅力

现实生活中有一种人，专好推波助澜，把别人的隐私编得有声有色，夸大其词地逢人就说。人世间不知有多少悲剧由此而生。你虽不是这种人，但偶然谈论别人的隐私，也许你无意中就为别人种下祸患的幼苗，其不良后果并非你所能预料的。

人们常说女人最爱谈论别人的隐私，其实男人当中也不乏这种人。如果你茶余饭后要找谈话的话题，那天上的星河、地上的花草，无一不是谈话的好题目，不是一定要说东家长、西家短才能消遣时间吧？

就是在工作闲暇之余，有许多"大舌头"们也总是喜欢谈论别人的私事，把公司当成"私人会馆"了。

殊不知，工作场合谈私人事情，不仅影响工作效率，而且有损个人形象。过多暴露出个人一些生活"秘密"，或者掌握了他人一些私密问题，对自己、对他人都是很不值得的事情。因为，这很可能会给你带来一些麻烦。道理很明显，你愿意别人掌握自己的"秘密"吗？同样，别人的"私房话"被你知道后，那以后对方能不跟你保持距离吗？

要在职场中获得好人缘，不在于自己能说会聊，而在于懂得什么话题该说，什么话题应该避讳。

有些人喜欢多管闲事，对于与自己无关的事，仍然喜欢追问到底，有时可能是基于善意的关怀，有时却也是满足自己的好奇心。

实际上，人们之所以喜欢挖掘别人的隐私，泄露别人的秘密，很大程度上还是因为这样做会让他们觉得很有趣。

有个年轻人因为忙于事业而至今未婚，这似乎让一些好事者发现了"新大陆"，因此他就经常被人"关心"，甚至"严重关切"。认识他的人，总会问："怎么还不结婚？""什么时候请喝喜酒啊？"被问多了、问烦了，这个年轻人的答案一律是："2008年吧！我大概就会结婚。"

没结婚，实在是个人的问题，但是很多人却表现出"极度关心"的态度，其实他们自己的婚姻也未必就好到哪里去。然而有的人还偷偷打听："他长得也不错，怎么还不结婚？是不是有什么问题，有什么毛病？"害得这位年轻人的父母也犯了嘀咕，于是就问他，你是不是"生理"有啥毛病？

最近问他"怎么还不结婚的人"越来越多，他烦了，只好回答他们："因为我的屁股上长了一个胎记！"

"你的屁股上长了一个胎记？那跟你不结婚有什么关系？"

他说："是啊，那我不结婚跟你有什么关系？"

答得真妙，这也算是给那些"大嘴巴"们一个回击，打击一下他们的好事之癖。

或许你已经意识到，当你向别人透露一些让他感到意外的内幕时，你往往容易博取对方的欢心。他会因为知道一些别人不知道的东西而产生一种自命不凡的感觉，在大家面前洋洋得意一把。所以，那些不能保守秘密或遵守信用的人，多半都是自己虚荣心膨胀的牺牲品。

精明能干的人当然不会贪图这种愚蠢的虚荣。他们知道，一般情况下，人们很难对那些轻易泄露秘密的人产生信任。一旦发现谁有这个倾向，哪怕他泄漏的是关于自身的秘密，那些懂事明理的人恐怕从此以后绝对不肯再把自己的秘密告诉给他了。能不能做到守口如瓶是树立起你自己信誉的关键之一。

像个成功者的样子

西方有句名言："你可以先装扮成'那个样子'，直到你成为'那个样子'。"成功形象是一个人无形的资产，"看起来像个成功者和领导者"，那么你的事业会为你敞开幸运的大门，让你脱颖而出。

民主选举时，由于你"像个领导"，人们会投你一票；提拔领导时，由于你"像个领袖"，你会被领导和群众接受；对外进行商务交往时，由于你"像个成功的人"，人们愿意相信你的公司也是成功的，因而愿意与你的公司进行交易。

"看起来像个成功者"，能够让你感受成功者的自信；能够激励你走向成功；能够被人们首先认可并迅速成为具有潜力的成功者。因而，当成功的机会到来时，你就是成功者！

为了取得成功，你必须在脑中"看"到你正在取得的成功形象。在脑中显现你充满自信地投身一项困难的挑战的形象。这种积极的自我形象反复在心中呈现，就会成为潜意识的一个组成部分，从而引导我们走向成功。

沈先生有很高的经商才能，从一家大公司辞职后他想开家公司。但是当他的公司开张后，经营却出奇的惨淡，他的客户在他简陋的办公室中往往坐不到5分钟就起身告辞。后来他在实力的虚实上做起文章来，以吸引商人和客户。首先他拉起了大旗，重新打起了原来公司的招牌，当然他不会忘记疏通内线关系，以防被人识破。不过，他只是在认为必要的时候才这样做。

他租用了一套还算像样的房子，将里面的家具暂弃入仓库，从别处借来一套上档次的办公家具，精心布置一番，顿使办公室气派不凡。又从家中拿来一些商务方面的书，搁置书架上，而且专放些半新半旧的，这使人不致怀疑他的真才实学。他通过熟人买了一套计算机机壳，盖上好看的装饰布，只要人们不亲自操作，谁也不知道那是样子货。他花小钱认认真真地"包装"了他的公司。不过，他的公司也有真正属于他的东西，就是传真机和电话机。以后，他出色的谈判技巧配上有实力的表象，使人增加了对他的信任，终于使他有了几个固定的客户。一次，他与一个商人为一笔业务谈了一天，因价格问题久未谈拢。

于是第二天他雇人在谈判中闯进来，做出欲抢客户的样子，此举竟使那商人让了步。

就这样，他虚虚实实、真真假假、若有若无地与形形色色的商人打交道，并且战绩辉煌，有了相当可观的收入。后来他将公司搬进了一家饭店，办公室里的那台电脑也变成真的了。

当沈先生经过一系列改变时，他就让人产生了"看起来像个成功人士"这样的感觉，这促使他迈出走向成功的关键的一步。

努力在外表塑造"像个成功人士"的例子数不胜数，因为他们深刻理解"看起来像个成功者"的形象对事业有多大的促进作用。

一位企业老总，在20世纪70年代末上大学时，就有着强烈的"领导意识"。他认为要想成功就应具有散发着魅力的外形和举止，他开始模仿我国某伟人的举止和仪态，通过练习腹腔发声，他把自己原本并没有权威感的脆弱音质改为具有磁性魅力的浑厚的男低音。在1995年他又有了国际领导人的新意识，他请了形象设计师，为自己设计具有国际标准的世界巨商的形象。他完全接受国际化的商业形象理念，无论是西装还是休闲服，他只穿能够衬托一个领导宏伟气派的高质量、有品位的服装，他还不放过每一个细节。如今，无论在外观、口音、思想意识上，他都更像一位来自华尔街的金融家。

快乐心情是乐观形象的第一步

每个人的观念及价值观不同，所以看待同一件事情所做出的反应也不同。你觉得是件快乐的事情，在别人看来却有点伤感。每个人都有自己的快乐标准，每个人也都有每个人不一样的忧愁。

每天清晨告诉自己：生活是如此美好，我感到很快乐。懂得为自己歌唱、为生活歌唱、为生命歌唱的人，快乐就会紧紧相随。当你快乐时，周围的人受到你的感染，也乐得心情舒畅、开朗，自然喜欢与你亲近。

人生是一种选择，个人形象也是一种选择。不一样的选择会有不一样的结果。

你选择心情愉快，你得到的也是愉快，呈现在别人面前的也是一副快乐的形象；你选择心情不愉快，你得到的也是不愉快，当然给别人的也是一副不快乐的形象，甚至是悲观形象。我们都愿意快乐，不愿意不快乐。既然这样，我们为什么不选择愉快的心情呢？毕竟，我们无法控制每一件事情，但我们可以选择我们的心情。

其实，快乐和悲观都很简单，就像吃葡萄时，悲观者从大粒的开始吃，心里充满了失望，因为他所吃的每一粒都比上一粒小。而乐观者则从小粒的开始吃，心里充满了快乐，因为他所吃的每一粒都比上一粒大。悲观者决定学着乐观者的吃法吃葡萄，但还是快乐不起来，因为在他看来，他吃到的都是最小的一粒。乐观者也想换种吃法，他从大粒的开始吃，依旧感觉良好，在他看来他吃到的都是最大的。悲观者的眼光与乐观者的眼光截然不同，悲观者看到的都令他失望，而乐观者看到的都令他快乐。

知道悲观是快乐的一大敌人之后，我们就要想方设法克服悲观的情绪，树立乐观的形象。如果你是那个悲观者，你不需要换种吃法，你只需要换一种看待事物的眼光。

尘世生活中有许多为人所追求的舒适的物质享受、为人欣羡的社会地位、显赫的名声，等等。今日的青年人追求的"时髦""新潮""时尚""流行"，也是一种"世味"，其中的内涵说穿了，也不离物质享受和对"上等人"社会地位的尊崇。专注于此，人就会像被鞭子抽打的陀螺，忙碌起来——或拼命打工，或投机钻营，应酬，奔波，操心……你就会发现快乐离你越来越远，自己很难再有轻松地躺在床上读书的时间，也很难再有与三五朋友坐在一起"侃大山"的闲暇，你忙得忽略了孩子的生日，你忙得没有时间陪父母叙叙家常……这虽然是令人烦恼的事，但你要试着从容面对得失，重新用快乐的心情面对一切。

有一个人，他觉得自己从小到大都是一名失败者，失败永远陪伴在他的身边，因此他从来都不快乐。他觉得上天不公平，于是，他决定去寻找上帝，询问上帝快乐是什么。这个人翻山越岭，来到河边，见到一位老翁，就走过去问："老人家，快乐是什么？"那位老人回答他："快乐就是每天都能钓到鱼。"这位年轻人继续他的旅途，他渡过了河，来到了森林中，遇见一个正在赶路的中年男人，就问他："快乐是什么？"那个中年男人回答他："快乐就是每天都能捕获野兽。"

在每个人的字典里，对快乐的定义和认识都不一样，这也许是一种传统教育下过度谦虚的表现，因为要严于律己，所以对自己的要求与批评就很多，期望也就过高，常常造成否定自己的心态；认为自己很多地方都不够好，因此也没有理由让自己快乐起来。久而久之，就产生了自卑感，失去了自信心，认为自己的存在没什么价值，因而活得非常消沉，甚至厌世。

可能由于我们太渴望成功，总以为只有取得了成功我们才会快乐。也正由于此，我们可能会给自己设定一个很高的目标，认为实现了这个目标，人生才是成功的，同时我们也因为眼睛只盯着这个目标，忽略了身边很多美好的和值得珍惜的事物。成功的希望是好的，但不要让它限制了我们的目光和心情，有的时候如果我们把眼光关注于自己力所能及的事情上，也许生活在你不同的眼光里就会变得快乐起来。

智慧使你形象永恒

知识会让你有很多收获，它也时刻为你的形象注入活力。只有不断地充电才能使你的形象保持恒久。随着时代的进步，科技的发展，你原来学习到的、赖以生存的知识、技能也一样会折旧，甚至被淘汰。知识落伍之人在别人面前的形象也就黯然了许多。如果面对新知识新技能，你脚步迟缓，不善于去学习，那么在风云变幻的职场，你就会很容易被淘汰出局。

美国职业专家指出，现代职业半衰期越来越短，所以高薪者若不学习，不出5年就会变成低薪者。

就业竞争加剧是知识折旧的重要原因，据统计，25周岁以下的从业人员，职业更新周期是人均1年零4个月。当10个人中只有1个人拥有电脑初级证书时，他的优势是明显的，而当10个人中已有9个人拥有同一种证书时，那么原来的优势便不复存在。未来社会只有两种人：一种是忙得要死的人，另外一种是找不到工作的人。

人们常说："活到老，学到老。"事实上，我们每天都可以学到新的东西，为自己充上新的能量。不要认为人们只能在教室里学到知识，要学会从你的错误中吸取经验教训，在学习上，要有打破砂锅问到底的精神。向愿意和你分享的人学习能够学到的一切知识，如饥似渴地阅读书报杂志以及互联网上的信息，简要记下自己感兴趣的信息，汇集起来，经常进行回顾。

知识革命的主要标志是人类社会知识总量的迅猛扩张，是知识品位质的变化和知识档次的迅速升位。它的直接标志就是人类社会知识媒体和传播工具的变化与革新。在人类1万～2万年的文明史上，至今已出现过5次这样的知识革命浪潮，给人类社会的发展进程打上了鲜明的知识烙印。

传统的大学，所设置的课程都是比较成熟的学科，不成熟的或已在成熟之中的学科又不能设置课程，因此，当那些大学生们在校攻读那些还没有成熟、未引起人们重视的新知识，在他们毕业走上工作岗位时很可能已经开始陈旧了，甚至过时了。据统计认为：一个大学生在校所获得的知识的5%～10%是将来必需的，而90%～95%的知识是在工作以后通过不断学习而获得的。

全国著名的"养鸡大王"韩伟对此可谓深有体会，他的人生准则之一就是：我3天不学习就赶不上时代！

谁也想不到作为大连韩伟企业集团董事长的韩伟，仅仅读过4年书。后来虽然自学当了乡畜牧助理，但又于1984年毅然辞去公职，借债3000元，买鸡50只，办起了家庭养鸡场。而正是这个仅读过4年书的韩伟，于1992年创办了韩伟企业集团，主要业务涉及畜牧、海珍品养殖、食品饮料、房地产四大类别，总资产突破亿元。

也许正是因为韩伟接受的正规教育太少，才使他对懂科学技术的专家权威无比敬重。他曾经邀请了北京畜牧界、经济界的专家来鸡场考察，听他们谈鸡场的前景与整个养殖业的前景，他获得了很深的感悟。他还邀请了大连工学院研究企业管理的教师和研究生来鸡场实地调查和论证，请他们对鸡场进行了全面的考察，最后写出了一份题为《关于韩伟鸡场的结构模式和总体构想》的论文。

在一次次的求教中，韩伟的知识结构也不断更新，他明白了养鸡的各种专业技术，弄清了为什么会发生鸡瘟，何种良药可以治何种鸡瘟，鸡瘟发生后应采取什么措施……正是因为韩伟掌握了养鸡必备的知识，才使鸡场不曾发生过一次瘟疫，也正是因为知识结构的不断更新，才使得他如鱼得水，边学习消化，边付诸实践，并最终走上了亿万富翁之路。

韩伟的成功对当代渴望成功并正在为此目的努力进行知识储备的青年人来说，是极有启发和借鉴作用的。他虽然不懂相关知识，但他渴望知识、尊重知识，因此获得别人的尊重。

因为在别人看来他是一个求知若渴的人，一个追求知识、相信知识的人。

你的笑容价值百万

钢铁大王安德鲁·卡内基的高级助理查尔斯·史考伯说过，他的微笑值100万美金。这也许只是随便说说而已，因为史考伯的性格以及他那种富有吸引力的才能，都是使他成功的原因，而在他的性格中，一个令人对他产生好感的因素就是他那动人的微笑。

威廉·怀拉是美国推销人寿保险的顶尖高手，年收入高达百万美元。他的秘诀就在于拥有一张令顾客无法抗拒的笑脸。那张迷人的笑脸并不是天生的，而是长期苦练出来的。

威廉原来是全国家喻户晓的职业棒球明星，到了40岁因体力日衰而被迫退役，而后去应征保险公司推销员。

他自以为以他的知名度理应被录取，没想到竟被拒绝。人事经理对他说："保险公司的推销员必须有一张迷人的笑脸，而你却没有。"

听了经理的话，威廉没有气馁，立志苦练笑脸。他每天在家里放声大笑百次。邻居都以为他因失业而发神经了，为避免误解，他干脆躲在厕所里大笑。

经过一段时间的练习后，他去见经理，可经理说："还是不行。"

威廉并不泄气，仍旧继续苦练。他搜集了许多公众人物迷人的笑脸照片，贴满屋子，以便随时观摩。

为了每天大笑3次，他还买了一面与身体同高的大镜子摆在厕所里。一段时间后，他又去找经理，经理冷淡地说："好一点了，不过还是不够吸引人。"

威廉不服输，回去加紧练习。有一天，他散步时碰到社区的管理员，很自然地笑着跟管理员打招呼，管理员对他说："怀拉先生，你看起来跟过去不大一样。"这句话使他信心大增，立刻又跑去见经理，经理对他说："是有点味道，不过那仍然不是发自内心的笑。"

威廉不死心，又回去苦练了一段时间，终于悟出"发自内心如婴儿般天真无邪的笑容"最迷人，并且练成了那张价值百万美元的笑脸。

当你笑时，一定要记住，微笑要发自内心并且充满活力。不真诚、不自然、假装和心怀叵测的笑容，不但不会为形象增光，还会破坏原来坦然的形象。真诚的微笑，让人能通过你的微笑看到你的真挚情感。没有人会喜欢"皮笑肉不笑"的虚情假意，那只会让人更讨厌你。

在商业交往中，微笑具有如此大的作用，尤其在服务行业，微笑更被夸张到了极致，他们认为"微笑服务"能使顾客盈门、生意兴隆、招财进宝，而事实确实证明了这一点。有谚语说："一家无笑脸，不要忙开店。"

"小姐！你过来！你过来！"顾客高声喊，并指着面前的杯子，满脸寒霜地说，"看看！你们的牛奶是坏的，把我一杯红茶都糟蹋了！"

"真对不起！"服务小姐赔不是地微笑道，"我立刻给您换一杯。"新红茶很快就准备好了，跟前一杯一样，放着新鲜的柠檬和牛乳。服务小姐轻轻放在顾客面前，又轻声地说："我是不是能建议您，如果放柠檬，就不要加牛奶，因为有时候柠檬酸会造成牛奶结块。"

她的嘴角自始至终都挂着微笑。

顾客的脸一下子红了，匆匆喝完茶离开了。

有人笑问服务小姐："明明是他土，你为什么不直说呢？他那么粗鲁地叫你，你为什么不还他点颜色？"

"正因为他粗鲁，所以要用微笑对待；正因为道理一说就明白，所以用不着大声！"小姐说，"理不直的人，常用气壮来压人；理直的人，要用和气来交朋友！"

每个人都点头笑了，对这餐馆增加了许多好感。往后的日子，这家店总是顾客盈门，顾客们每次见到这位服务小姐，都想起她"理直气和"的理论，他们也用眼睛证明：这小姐的话有多么正确——他们常看到，那位曾经粗鲁的客人，和颜悦色、轻声细语地与服务小姐寒暄。

微笑具有一种神奇的魅力，可以令你振作精神，当你向别人表示你的善意和友好时，彼此就容易建立信任，而你也就很容易达到你的目标、得到你想要的。

第二节　与人为善，双赢长赢

帮别人成功，给自己铺路

帮助别人成功，就是在给自己的成功铺路。如果一个人顶尖的成就中让你感到有自己的一份，你能够说："是我让他有今天。"这将是你最值得骄傲的事情。而在你的帮助下成功的人，一定会反过来以涌泉相报，最后，实现利人利己的双赢局面。

帮助别人不仅利人，同时也提升本身生命的价值，同时为自己铺了路。因此所有无私人都有一个共同的特性：他们都愿意帮助别人去成功，而不是嫉贤妒能。而最后，他得到的回报也是丰厚的。

任何人际关系，无论是私人交往，还是业务关系，如果它是以成年人的那种互利的观念来支配的话，对双方来说只会有益。你为别人提供急需的东西，人家也会满足你的需求。

格蕾丝是一位年轻的演员，刚刚在电视上崭露头角。她美丽漂亮，气质优雅，很有天赋，演技也很好，事业正在走上正轨，开始从演一些主要的角色。

想要更进一步扩大知名度，她需要一个经纪人来为她包装和宣传。因此她需要一个公关公司为她在各种报刊杂志上刊登她的照片和有关她的文章，增加她的知名度。不过，要建立这样的公司，格蕾丝拿不出那么多钱来。偶然的一次机会，她遇上了保罗。保罗曾经在洛杉矶一家最大的公关公司工作了好多年，人脉广，业务也熟练，几个月前他刚自己开办了一家公关公司，并希望最终能够打入公共娱乐领域。到目前为止，一些比较出名的演员、歌手、夜总会的表演者都不愿同他合作，他的生意主要还只是靠一些小买卖和零售商店。听说了格蕾丝的困难后，他立刻找到格蕾丝声明愿意无偿帮助她，于是，两个人联合干了起来。保罗成了格蕾丝的经纪人，为她提供出头露面所需要的经费。他们的合作立刻达到了最佳境界，格蕾丝正在时下的电视剧中出演，保罗便让一些较有影响的报纸和杂志把眼睛盯在她身上。这样一来，他自己也变得出名了，并很快为一些有名望的人提供了社交娱乐服务，他们付给他很高的报酬。而格蕾丝，不仅不必为自己的知名度花大笔的钱，而且随着名声的增长，也使自己在业务活动中处于一种更有利的地位。

通过保罗和格蕾丝的相互合作，我们可以看到这样一种格局：格蕾丝需要求助于保罗，获得为自己做宣传的开支；保罗为了在他的业务中吸引名人，需要格蕾丝做自己的代理人。他们相互都帮助了对方，也同时帮助了自己。

每个人都渴望实现自己的人生目标，但是如果不善于借助别人的帮助开始起跳人生，不善于给需要帮助的人送去帮助，是难以成功的。因此最智慧的做人之道是"助人亦助己"。这是一个很简单的道理，却是很多人都无法做到的事情。

由此，我们还可以得出一个结论就是：得到你想要的东西的最好方法是帮他人得到他们想要的东西。

无论在生活中或是工作中，我们常会遇到这样的问题：目前的困境急需某位朋友的帮助，虽然我们都知道"将欲取之，必先与之"，可是如何"与之"才能"取之"呢？这里的"与之"是有学问的，不是随随便便给予某些东西就能促成这次合作。最好的方法莫过于给予对方他所需要的东西，正如钓鱼，一定要用鱼儿最喜欢的鱼饵，鱼儿才可能上钩。中医素来提倡对症下药才能药到病除，说的也是这个道理。

还记得语文课本上《狐狸与乌鸦》的故事吗？狐狸想要乌鸦口中的肉，于是便想尽方法，最后，它知道一身漆黑的乌鸦最喜欢别人赞美它，于是便说了一大堆赞美和夸奖乌鸦的话……最后，乌鸦一高兴，嘴巴一松，嘴里的肉就掉到了狐狸的嘴里。这里，狐狸为什么能够获得成功呢？究其根本原因，是因为狐狸给了乌鸦它想要听到的东西——赞美的话。且不管这则寓言故事的本意是什么，这个故事却实实在在地告诉了我们：想要得到自己想要的东西，最好的办法就是帮助别人得到他们想要的东西。

有人会反驳说："这个方法真的是最好的吗，我也可以用其他的方法啊！"难道把单方的被动变为合作双赢不是最好的求人办事的方法吗？如果一直让自己处于被动的请求状态那才是最没有希望和把握的吧！

就像古时候的一些小国，为了得到生活的必需用品，成为一个大国的附属国，而汉时的匈奴，却用马匹来换取了汉朝的丝织品和茶、盐等用品。前者就处于一个被动的位置，而后者，只是一个合作的关系。互通有无以达到政治和生活的和平，减少战争的爆发。如果一直处于被动的请求帮助的位置，是很容易被忽略掉的，对方可能很快就会忘记你的请求，或者认为反正也没有利益在里面，便开始怠慢你。但是如果是一种合作的关系，那大家都是"一条船"上的人，所以他会尽心尽力地帮助你。

更多的时候，互相交换的关系远比给予与被给予的关系更为牢固可靠，也更能够帮助我们实现愿望，得到自己想要的结果。当然，在与人交往时，一定要讲求厚道，诚恳待人，这样双方关系才会更融洽。

让别人得意，让自己满意

每一个人都有自认为得意的地方，不管别人怎样看，在他自己看来，都是一件有意义的事情。从对方得意的地方说起，这是得到别人好感的一条捷径。你如果了解并把握住对方得意的地方，交谈的时候有意无意地提到，这会在无形之中成为一种有效的武器。

一所偏僻小学破烂不堪，校长多次按规矩层层请示拨款事项，却始终没有结果，不得已之下，决定向本市木材厂的厂长求援。校长之所以打算找该厂长，是因为这位厂长重视教育，曾捐款一万元发起成立"奖教基金会"。

遗憾的是，该厂经营有了一定的困难，校长深感希望渺茫，但也只好"背水一战"了。于是，校长敲开了厂长办公室的门。

校长进门就夸："厂长，我近日在省城开会听到教育界同仁对您的称赞，实是钦佩！今日途经贵公司，特来拜访。"

厂长："不敢当！过奖了。"

校长又说："厂长您真是一位有远见卓识的人，首创'奖教基金会'。不但在本市能实实在在地支持教育事业，更重要的是，您的思想影响很大。'奖教基金会'由您始创，如今已由点到面，由本市到外市，甚至发展到全国许多地区，真可谓香飘万里……"

校长紧紧围绕厂长颇感得意之处，从各个方面予以充分肯定，谈得厂长满心欢喜。

此时，校长诉说了自己的"无能"和悔恨："身为校长，明知校舍摇摇欲坠，危及着师生的生命安全，却毫无良策排忧解难。要是教育界领导都能像厂长这样，支援教育，只要拨一万元钱就能卸下我心头的重石，可是至今申报十几次，仍不见分文。"

这时，厂长的脸上立刻起了微妙的变化，沉默了一会儿，然后说："校长，既然如此，你就不必再打报告求三拜四了，一万元钱我捐献给你们。"校长听完后，紧紧握住厂长的手，满意地笑了。

这位校长可谓十分精明，他在了解对方的情况下，用美誉推崇的方式获得了募捐的成功。首先，他对厂长远见卓识、首创"奖教基金会"的行为，给了充分的肯定和恰当的赞扬；其次，悲诉自己的"无能"和悔恨，让对方给予同情，从而深深地打动了对方，达到了预期的目的。

称赞对方得意的地方，实际上就是对对方人生价值的肯定。厚道的人，懂得诚恳地赞美他人，这样自然能够赢得他人的信赖和帮助。

请求别人的帮助，很多时候必须在他人身上细思量、狠下工夫，最好不要把你所要办的事情直接说出来，而是要从对方感兴趣的侧面入手。这是说服的要害所在，切中了要害，事情一定会大功告成。

某集团公司承包了一项建筑工程，在纽约建造一幢办公大厦，一切都照原定计划进行得很顺利。

大厦接近完工阶段的时候，突然，负责供应大厦内部装饰的承包商宣称，由于情况变化，他无法如期交货。这样的话，整幢大厦都不能如期交工，公司将承受巨额罚金。

长途电话、争执、不愉快的会谈，全都没效果。于是集团公司公关部经理奉命前往华盛顿，当面说服承包商。

"你知道吗？在你们那个区，用你这个姓名的，只有你一个人。"经理先生走进承包商的办公室之后，立刻就这么说。

承包商有点吃惊："不，我并不知道。"

"哦，"经理先生说，"今天早上，我下了火车之后，就查阅电话簿找你的地址，在市区的电话簿上，有你这个姓的，只有你一人。"

他很有兴趣地查阅着电话簿。"嗯，这是一个很不平常的姓，"他骄傲地说，"我的家族是从荷兰移居华盛顿的，几乎有二百年了。"

几分钟过去了，他继续说他的家族及祖先。

当他说完之后，经理就赞美他拥有一家很大的工厂："我从未见过这么庞大的工厂。""我花了一生的心血建立了这个事业，"承包商说，"你愿不愿意到工厂各处去参观一下？"

经理爽快地答应了。

在参观过程中，经理赞美他的组织制度健全。经理还对一些不寻常的机器表示赞赏，这位承包商就宣称是他发明的。他花了不少时间，向经理说明那些机器如何操作，以及它们的工作效率多么良好。中午到了，他坚持请经理吃中饭。

到这时为止，经理一句话也没有提到此次访问的真正目的。

吃完中饭后，承包商说："现在，我们谈谈正事吧。我知道你这次来的目的。我没有想到我们的相会竟是如此愉快。你可以带着我的保证回到纽约去，我保证你们所有的材料都将如期运到。"

经理甚至未开口要求，就得到了他想要得到的东西。只要让别人得意了，离自己的满意也就不远了。

找到双方的共同需求

俗话说："天下熙熙，皆为利来；天下攘攘，皆为利往。"每个人都是一个相对独立的利益实体，即便是朋友之间或者家庭成员之间也会有着各自不同的利益。当然，能够找到双方的共同利益，双方自然都会有好结果。

1987年6月法国巴黎网球公开赛期间，通用公司的韦尔奇邀请汤姆逊电子公司的董事长阿兰·戈麦斯进行商业会谈。

汤姆逊公司拥有的医疗造影设备公司是韦尔奇想要的。这家公司叫 CGR，实力并不是很强，在行内排名也只占第 4 或第 5 名。

而韦尔奇的通用公司在美国医疗设备行业则拥有一家首屈一指的子公司，这家子公司几乎垄断了美国医疗设备的全部业务。但在欧洲市场却明显处于劣势，其主要原因是汤姆逊公司是由法国政府控股，换言之就是将韦尔奇的公司关在了法国市场之外。

会谈过程中，因为戈麦斯不想把他的医疗业务卖给韦尔奇。所以韦尔奇决定用自己的其他业务与他们的医疗业务进行交换，看看他是否对此感兴趣。

韦尔奇很清楚戈麦斯的需要，于是他走到汤姆逊公司会议室的讲解板前，拿起水笔，在上面列出了他可以与戈麦斯交换的一些业务。

他首先列出的是半导体业务，但对方不感兴趣，他又列出了电视机制造业务。

戈麦斯立即对这个业务产生了兴趣。因为从他的利益角度看，目前他的电视业务规模还不算很大，而且局限在欧洲范围之内，这样一交换不但可以甩掉那些不赚钱的医疗业务，而且又能使他一夜之间成为第一大电视机制造商。

这样两人找到了思想中的共识，无形地进行了一次利益上的沟通、交流。于是谈判马上开始了，并且双方很快达成了一致。

谈判结束后，戈麦斯把韦尔奇送到了办公楼外面的轿车旁边。当车疾驶而去时，韦尔奇激动地对他身边的秘书说："天啊，是上帝让我与戈麦斯有了这次思想上的沟通，致使我做成了这笔交易，这就是寻找共同点的好处，权衡利弊，换位思考，我一定要把它运用得更好。"而阿兰·戈麦斯回到办公室后也有同样的感触。他也同样清楚，这笔交易使他获得一个相对稳定的规模经济和市场地位，使他可以应对一场巨大的挑战。

通过这次谈判，韦尔奇更有实力来对付通用的最大竞争者——西门子公司。同时，汤姆逊公司也实现了成为世界上最大的电视机生产商的梦想。

韦尔奇、戈麦斯成功的原因就在于他们能够有效沟通，找到彼此之间利益的共识，最终各取所需，各有所得。相反，若是丝毫不去关心对方的需求，只是一味扮演"索取者"，只会造成对方的反感。相信没有人愿意与这样的人合作。

其实，当你在扮演"索取者"的角色的时候，你已经失去了更多的宝贵的东西。你的每一次的索取，其实就是自己利益的进一步的损失。也就是俗话说的：得了芝麻，丢了西瓜。因为你失去了别人的好感。

小雷性格非常开朗，无论和谁都能聊得来，所以他也结交了很多的朋友。而在这些朋友的帮助下，他很出色地完成了不少项目。但是，小雷却是一个只懂得所需、根本没有想过别人需求的人。当他向朋友们寻求帮助的时候，他的朋友们都义不容辞，可是当他的朋友们需要他的时候，他却总找理由推托。最后，他的朋友们一致认为，像他这种人只知道向别人索取的人根本就不值得相交。

有一次，小雷得到了一个大项目，而这个项目能否完成直接关系到他晋升的问题。但是就在这个关键时刻，他却找不到人帮忙，连所谓的兄弟都不搭理他。而没有了朋友们的帮助，他发现麻烦越来越多，最终，他失去了这个难得的晋升机会。

如果你有一个朋友，只知道让你帮忙，只会从你那里捞好处，只知道向你索取，你还会和他有更多的联系吗？绝对不会！你必须找到对方的需求，满足对方的需求，然后，再来提出你的需求。这样的一来一往，你们双方都享受了想要得到的利益，而你们的人脉关系就会更加稳固。厚道的人深深懂得这样的道理，在自己得益的同时，也为他人创造福利。

巴金曾说，生命的意义不在于接受，不在于索取，而在于给予，在于付出。也就是说你一味地索取，你的人生也就没有什么意义了。同样，你一味地索取，你所建立的人脉关系也将没有意义，你们之间的友谊也将会无疾而终。没有了人脉的帮助，没有了朋友的支持，你的事业举步维艰，而你的生活又怎么会美好呢？所以，千万要记得，我们不要一味扮演"索取者"的角色，要懂得感恩，否则，你只会落个"事多故人离"的下场。

唯有双赢才能长赢

一般情况下双方的合作也好，求人办事也好，势必会使双方的利益或多或少有些不均衡。在这种情况下，如果你不给予对方一定的好处，或让其从中得到一定的利益，那么很难取得你想要的结果。所以，你要记住：想办成事，只有双赢，才能长赢。

"双赢共胜"在利益的争夺上有时会表现出一定的妥协性，一方面是失去了一些本不想失的东西，但反过来从另一方面考虑，这种妥协也不失为一种求利的方式，双方讲和以求另一所得，一是可以有效地中止双方的竞争，避免以后在愈演愈烈中遭受损失，二是可以利用这次机会争取到一些合作伙伴，减少你的生存危机，特别是在你首先主动让步的情况下，对方可能会认为你值得信赖，会与你成为好搭档。

做人做事，只有双赢才能长赢，所谓与人方便即是与己方便。当你心中只愿意自己赢的时候，你其实把麻烦也留给了自己；当你心中想着别人的时候，别人自然也把方便留给了你。最终，实现了长久的双赢关系。

有一年夏天，雨下得特别大，冲坏了一条公路，路面塌陷下去两个大坑。而公路的两旁，刚好是老王的菜圃。由于从那段公路经过的车辆和行人都从老王的菜圃里绕过，这样一来毁了不少的菜。老王看着特别心疼，在地里竖起了一个木牌，写着：严禁从菜圃绕路。但是木牌没有起到丝毫的作用。公路上的大坑使得过往的车辆和行人无路可走，只能经过菜圃绕行。老王非常生气，又在木牌上加了一句：违者罚款五十元。但是这样还是止不住菜圃被践踏的命运，反而让人起了叛逆的心思，故意多弄坏点菜。老王感到很无奈，想了许久后，便拿起铁锹，推着手推车，从菜圃的空地上挖得了些泥土，运到公路上填满那两个大坑。路面变得平整后，过路车辆终于又可以在马路上行驶了，于是，就再也没有行人和车辆从菜圃里绕行了。

老王这种做法，就是和路人达成了双赢的局面，这当然也是一种长赢的局面：从此之后他再也不会怕有人践踏菜圃了。

当你心中只有自己的时候，你可能把麻烦留给了自己；当你心中想着和别人一起共赢的时候，其实他人也在不知不觉中帮助了你。这可不止是一条哲理，也是一盏明灯，更是通往幸福的路径，打开成功大门的钥匙。当你主动去帮助别人达到共赢境界的时候，你也就为自己开辟了一条光明的大道。越是共赢，就越是长赢。

厚道是一种人情的投资

俗话说：常用的钥匙最有光泽。拓展人脉工夫要下在平时，"临时抱佛脚"的做法，会让人觉得急功近利。而在自己的人生路走得顺时，举手之劳帮人一把，别人可能会长记于心。而人总是有感恩之心的，到了你需帮助时，无论道义上还是本性上，别人都是会回帮一次，还那份欠下的人情债。

赢得好人缘，还要有长远眼光，要在别人遇到困难时，主动帮助，在别人有事时，不计回报，"该出手时就出手"，日积月累，留下来的都是人缘。冷庙烧香，有备无患，这是赢得好人缘的要则。

人之知遇与不知遇，要靠时机，时机的迟早，要靠命运。你的相识之中，有没有怀才不遇的人？如果有，这就是冷庙，这个朋友，是个有灵的菩萨，应该与热庙一样看待，时常送去实惠。虽然他不会还礼，一旦他日后否极泰来，他第一要还的人情账，当然是你的。他有还账能力时，你纵然不去讨，他也会自动还你。

即使他仍在坎坷中，请求他帮助你，他一定会尽力去完成，且不惜乞援于人，以达到你的目的，而实现还人情账的心愿。所以冷庙烧香，是有利而无一弊的人情投资。

钱锺书先生困居上海写《围城》的时候，曾经窘迫过一阵。到后来不得不辞退保姆，由夫人杨绛操持家务，所谓"卷袖围裙为口忙"。那时他的学术文稿没人买，于是他写小说的动机里就多少掺进了挣钱养家的成分。一天500字的精工细作，却又绝对不是商业性的写作速度。恰巧这时黄佐临导演排演了杨绛的四幕喜剧《称心如意》和五幕喜剧《弄假成真》，并及时支付了酬金，才使钱家渡过了难关。时隔多年，黄佐临导演之女黄蜀芹之所以独得钱锺书亲允，开拍电视连续剧《围城》，实因她怀揣老爸一封亲笔信的缘故。钱锺书是个别人为他做了事他一辈子都记着的人，黄佐临40多年前的义助，钱锺书多年后还报。

这真是"多一个朋友多一条路"，没有40年前的人情，也就难有40年后的路子。

在这个世界上，若想活得滋润，活得风光，就必须有一些能使自己成才、成器或成事的路子，包括生存的路子、发财的路子或者成就某一事业的路子。

这些路子都不是能靠自己单枪匹马的力量硬闯出来的，必须借助他人指引、引荐、支持或帮助才能找到方向，踏上征程。从某种意义上说，这些路子都是别人给的，或者说是别人帮助开拓的。那么，天下之大，人事之繁，别人为什么要单给你路子？为什么乐意帮你开拓路子？答曰：人情使然，有了人情也便有了路子，人情大，路子宽。

人情是一种爱心，是一种义气，是一种恩德，这是很难用价值来衡量的。人情对每个人来说都是沉甸甸的，它压在人的心里，让人经久难忘，让人既有一种欣慰感，又有一种负债感。而且对这笔人情债，没有人会抵赖的。一旦有了偿还的机会，人们便毫不犹豫地回报给对方，好像除了讲义气，还了却了一桩心愿似的。

战国时有个名叫中山的小国。有一次，中山的国君设宴款待国内的名士。当时正巧羊肉羹不够了，无法让在场的人全都喝到。有一个没有喝到羊肉羹的人叫司马子期，此人怀恨在心，到楚国劝楚王攻打中山国。楚国是个强国，攻打中山国易如反掌。中山国被攻破，国王逃到国外。他逃走时发现有两个人手拿武器跟随他，便问："你们来干什么？"两个人回答："从前有一个人曾因获得您赐予的一壶食物而免于饿死，我们就是他的儿子。父亲临死前嘱咐过，如果中山国有任何事变，我们必须竭尽全力，甚至不惜以死报效国王。"

中山国国君听后，感叹地说："怨不期深浅，其于伤心。吾以一杯羊羹而失国矣。"即施怨不在乎深浅，而在于是否伤了别人的心。我因为一杯羊羹而亡国，却由于一壶食物而得到两位勇士。

若想人爱己，先须己爱人。处世之道也是为人之道，平时多长一点乐善好施、成人之美的心思，才能为自己多储存一些人情的债权。这就如同一个人为防不测，须养成"储蓄"的好习惯，这甚至会让子孙后代也得到好处，正所谓"前世修来的福分"。黄佐临导演在当时不会想得那么远、那么功利，但后世之事却给了他作为好施之人一个不小的回报。

同样，力所能及之时伸手拉人一把，日后遇到事情之时别人定会相助，千万不可事到临头了才想起和人建立联系，那样别人非但不愿施以援手，而且还会瞧不起你。

给人留面子，是给自己留里子

爱面子是人的天性，视尊严为珍宝。而稍有点地位的人更加爱面子。若不慎作了错误的决定或说错了什么话，如果别人直接指出或揭露他的错误，无疑是向他的权威挑战，会让他很没有面子，会损害他的尊严，刺伤他的自尊心。这样的人不用说是办好事了，连立身就会有问题。

有一家公司召开年终总结大会，董事长讲话时将一个数字说错了。

一个下属站起来，冲着台上正讲得眉飞色舞的董事长高声纠正道："讲错了！那是年初的数字，现在的数字应该是……"结果全场哗然，董事长羞得面红耳赤。事后，这名员工因为一点小错被解聘了。

当然也有人做得很好，我们来看下面的例子。

有一家公司新招了一批员工，在董事长与大家的见面会上，董事长逐一点名。

"黄烨（华）。"

全场一片静寂，没有人应答。

一个员工站起来，怯生生地说："董事长，我叫黄烨（叶），不叫黄烨（华）。"人群中发出一阵低低的笑声，董事长的脸色有些不自然。

"报告董事长，是我把字打错了。"一个精干的小伙子站了起来，说道。

"太马虎了，下次注意。"董事长挥挥手，接着念了下去。

没多久，那个小伙子被提升为公关部经理，叫黄烨的那个员工则被解雇了。

表面看来，这个董事长没有什么水平，那个小伙子在拍马屁。实则每个人都有自己的知识欠缺，犯错误出洋相难以避免。作为下属，有什么必要当众纠正呢？如果这个叫黄烨的员工当时应答，事后再巧妙地纠正就不会伤害董事长的面子。他人有错时，要注意纠正的艺术，护好别人的面子。

有句话叫做"人活一张脸，树活一张皮"，别人错了的时候，也要维护他的尊严。要选择合适的时候或场合，采取合适的方式，以免伤害别人的面子。

因为每个人都需要面子，而且也都希望自己有面子，有面子就能被别人看得起，表明他在人群中间有优越感。懂得这个道理，为人处世就方便了许多，只要你能放下自己的面子，给别人一个面子，相信你会获益匪浅。

古代有位大侠叫郭解。有一次，洛阳某人因与他人结怨而心烦，多次央求地方上有名望的人士出来调停，对方就是不给面子。后来他找到郭解，请他来化解这段恩怨。

郭解接受了这个请求，亲自上门拜访委托人的对手，做了大量的说服工作，好不容易使这个人同意了和解。照常理，郭解此时不负人托，完成这一化解恩怨的任务，可以走人了。可郭解还有高人一着的棋，有更技巧的处理方法。

一切讲清楚后，他对那人说："这个事，听说过去有许多当地有名望的人调解过，但因不能得到双方的共同认可而没能达成协议。这次我很幸运，你也很给我面子，我了结了这件事。我在感谢你的同时，也为自己担心，我毕竟是外乡人，在本地人出面不能解决问题的情况下，由我这个外地人来完成和解，未免使本地那些有名望的人感到丢面子。"他进一步说，"这件事这么办，请你再帮我一次，从表面上要做到让人以为我出面也解决不了问题。等我明天离开此地，本地几位绅士、侠客还会上门，你把面子给他们，算做他们完成此一美举吧，拜托了。"

确实，人人都爱面子。往别人脸上贴金，别人只会高兴，只会感激你。就比方说，你有喜事临门，有人来向你道贺，你要说："沾你的光，托你的福。"这样一说，就使你自己的光彩暗些，对方的面上则光些。

此外，假如你在交际的过程中，不仅没能让别人欠你个情，反而伤了人家的面子，如果你立即去补偿，一般都能化解矛盾，不致酿成大祸。怎么补呢？一是赶紧说对不起，赶紧降下身份，将自己的面子甩到地上踩几下，这样，一损对一损，算是扯平。二是如果对方的面子本来就大，便只好自己打耳光，骂自己有眼不识泰山。总之，是以贬损自己，来相应地抬高对方，补偿他的面子。

无论如何，实实在在的"里子"都比虚无缥缈的"面子"更重要。如果你能够把面子留给别人，你就能够得到对方的喜爱、帮助、重视等，这些都比面子要来得更实在。

别把人情做成一锤子买卖

在人际交往的过程中，有许多人抱着"有事有人，无事无人"的态度，有事时就想起朋友来了，办完事后就过河拆桥，把朋友抛在了脑后。此类人大多会被抛弃，没人愿意再给他帮忙。

王璐有一个好朋友，是她高中三年的同学，两人十分要好。她们进入了同一所大学，刚开学，她就主动当了班级干部。有人说：地位高了，人就会变。自从她上任后，见到王璐，有时干脆装作没看见，日子久了，王璐就疏远她了。但她有时也会突然向王璐寻求帮助。出于朋友一场，王璐总是尽自己所能。可事后，她老毛病又犯了，王璐有种被利用的感觉，却无奈于心太软。就这样她大事小事都找王璐，其他朋友劝王璐放弃这份友情，因为这种人不值得交往。当王璐下决心与她分开时，她伤心地流下了泪：她除了王璐竟没有一个朋友。

像例子中王璐的那位朋友只会用"互相利用，互相抛弃，彼此心照不宣"来交际，而不去深思人情世故的奥秘之处，这种人很少会得到朋友，更不用说朋友的无私帮助了，他们更加无法达到人情操纵自如的境界。

值得注意的是，在某些"实用型"人物的眼中，所谓的"人情"便是你送我一包烟，我给你几块钱，就像借债还钱，概不赊欠。这种一次性的交际行为看似洒脱，实则包含了太多的困惑与无奈。诚然，受助者也许在短时间内不愿再次开口求助，而实施援助行为的一方其实也没有必要固守"事不过三"的古训，当人家确实有困难而无能为力的时候，尽管你已经帮助过他，尽管他不好向你开口，但作为知情者，你不应无动于衷，不妨再次主动伸出援助之手。事实上这种"后继"的交际行为能够赢得更大的"人情效应"。但是，无论何种情况下你都应该将人情做好，尤其是办完事情后千万不要过河拆桥，而应该时时铭记着别人的好处，经常保持必要的联系。唯有这样，你的关系网才会牢不可破。

这样的人固然是比较极端的，但是生活中也不乏这样的人：他们从来不知道储存自己的人情账户，常常会把自己的人情用尽，甚至透支，在和这样的人打过一次交道之后，恐怕很少有人愿意和他打第二次交道了，人情被他做成了现炒现卖的一锤子买卖。

当医生的刘女士早在两年前曾因自己孩子转学一事求过教委的一个同学，而且也送了些人情钱，可对方没要。这下可好，在接下来的两年内，那位同学便多次带着亲人、朋友来医院找刘女士帮忙，有些事根本不能办，像半价CT、婴儿性别鉴定、高价病房算低价等等，着实给刘女士出了不少难题。还了人情的刘女士，后来就想办法渐渐疏远了这位同学，再后来俩人就索性不再交往了。

人和人相处总是会有情分的，这情分就是人情。有些人便喜欢用人情办事，但人情是有限量的，好像银行存款那般，你存得越多，可领出来的钱就越多。存得越少，可领出来的就越少。你若和别人只是泛泛之交，你能要他帮的忙就很有限，因为他没有义务和责任帮你大忙，你也不可能一次又一次要他帮你的忙，这是因为你的人情存款只有那么一点点。如果你要求的多，那就是透支了。人情一旦透支，那么你们的情感就会转淡，甚至对你避之唯恐不及，于是，用过几次人情之后，你们的人情也就断了。

然而人做事也不可能不用搞人情，有时还是要用到亲戚朋友，换句话说，要动用到人情存款簿。那么要如何动用才不至于透支呢？其实方法也不难，只要能够把握住一个度就行了。

首先，要弄清楚你和对方的情分如何，是否厚到了能找他帮这个忙的地步。

其次，如果能不找人帮忙尽量不找人帮忙，好钢要用在刀刃上，把这人情用在急需的地方。

再次，就算对方曾欠你情，你也不可抱着讨人情的心态去要求对方帮忙，因为这有可能引起对方的不快

最后，适度地回馈，"有提有存，再提还有"，不要把人家帮你当做是人家在还你人情而坦然接受，主动感谢对方，帮助对方，或者至少请吃一顿饭，送一点礼物，这是必须的。

如果你不了解这些，动辄找同学、朋友帮你的忙，那么就会发现，你慢慢变成了不受欢迎的人，你再也没有人情了，因为你的所有人情，都被你一次性透支光了。

手下留情，善恶只在一念间

佛法对人是十分讲究慈悲的，甚至延及所有的生灵，所以佛法中才会有不杀生、众生平等的观念，不论是怎样的教义，需要体现的都是对世间万物生灵的尊重与关怀。释迦牟尼佛曰："一滴水中有四万八千虫。"的确，一滴小小的水珠，折射出一种硕大的慈悲之心。

慈悲是梵语的意译。"慈"是慈爱众生，给予快乐，"悲"是悲悯众生，拔除痛苦，二者合称为慈悲。慈悲一词来源于佛家，大慈大悲的观世音菩萨，即是慈悲的象征。

《华严经》上讲："众生欢喜，诸佛欢喜。"人们都知道菩萨是以慈悲心为根本，而大慈悲心则发自于菩提心，菩提心来自于正觉（正之觉悟）。那究竟什么是慈悲心呢？佛教认为，慈从悲来，悲必为慈。"悲"原意为痛苦，由痛苦而生悲情。如果一个人深刻感受到自身的痛苦，也就能对他人的痛苦感同身受，从而产生悲情，那么就能自然地由衷地衍生出对他人的友情，并扩展为对一切众生的普遍的平等的慈爱。

这就如孟子所说："见其生，不忍见其死；闻其声，不忍食其肉。"当我们看到动物临死前发出号啕哀叫时，我们的心里觉得很悲惨，于是有一念慈悲，所以佛家要戒荤吃素。佛家认为每一个生灵皆有佛性，不管人或动物都有贪生怕死的心，而这就是觉性。同样，不杀生的理念也完全是基于慈悲心以及众生皆有佛性的道理。

人类从来都是希望自己与周围的事物和自然融于一体的。对别人进行关怀，实际上也是在关怀我们自身。万事万物在自然界之中都有权利来享有自由。因此，常怀一颗悯物的心，不仅能体现人们博大的情怀，而且能体现一种人生与自然的理解和顿悟。

佛家视众生为平等，也望众生彼此平等以待，互尊互敬，佛家的慈悲之心不言而喻。佛法是十分注重慈善之心的，而且一直都教导人们一心向善。人们对慈悲的理解往往是建立在拥有一颗善良的心上，佛家对慈悲要比我们在世俗中的理解深刻得多。他们认为真正的善良应该是建立在彼此平等的基础上的。如果人与人之间没有平等和相互尊重，便谈不上善良。例如一个高高在上并且腰缠万贯的人施舍一点残羹冷炙给一个贫苦的乞丐，那么他的行为不是善良，而是怜悯。佛法中的慈悲与善良之所以伟大，原因就是佛是站在与众生平等的位置上来展示自己的慈悲与善良的，所以能很快地被人接受，受人敬重。但凡在修习佛法上得道的高僧，都会有大慈大悲的佛心。

弘一法师是现代著名的高僧，一次，他到弟子丰子恺家做客，丰子恺请他坐藤椅。他在坐下之前把藤椅轻轻摇动，过了一会儿后才慢慢地坐下去。丰子恺开始的时候觉得奇怪，但他不敢问，后来看他每次都如此，于是就忍不住问他为何这样谨小慎微。

弘一法师听完弟子的问题后温和而自然地回答说："这椅子里头，两根藤之间，也许有小虫伏着。突然坐下去，可能会把它们压死，所以我坐下之前先摇动一下，好让它们走避，然后再这样慢慢地坐下去就没有什么问题了。"

即使是一只毫不起眼的小蚂蚁在高僧眼中也是一条生命，动物的生命与我们人类的生命是一样的，在本质上并没有什么区别，他们也应该享有生命的权利和尊严。

有个小和尚19岁时就上了曹源寺，拜仪山和尚为师。刚开始时，他只被派去替和尚们烧水洗澡。有一天仪山和尚在洗澡的时候因为水太热，就呼叫弟子提桶冷水来加，于是小和尚便去提了凉水来，把热水调凉了，他先把部分热水泼在地上，又把多余的冷水也泼在地上。禅师不悦地说道："你怎么如此浪费？像你这么冒冒失失的，不知地下有多少蝼蚁、草根会被烫坏。要知道，世间不管任何事物都有它的用处，只是大小价值不同而已。你那么轻易地将剩下的水倒掉，那么水的本身也失去它的价值。就是一滴水，也可以用来浇灌，可活草、树。你为什么要白白地浪费呢？你若无慈悲之心，出家又为了什么呢？"虽然是一滴水，但是价值无限的大。佛祖也曾说："一滴水中有四万八千虫。"小和尚于是开悟了，并以"滴水"为号。他就是后来非常受人尊重的"滴水和尚"。

一滴小小的水滴是一个大的慈悲，即使它们再小、再卑微，只要我们珍惜不废弃，那么就会有享不尽的福报。

一滴水尚且如此，何况是一个生命！所以，无论我们多么卑微，在这个世界上都应该有属于自己的一席之地。即便是一个犯了很大过错的人，他一样有权利得到别人的尊重。世间的生命原本是没有任何所谓的"高、低、贵、贱"之分的，每一个生命都有着它所存在的意义与价值。任何一个有生命的人我们都应该去尊重它。我们在关爱其他人的同时，其实也是对我们自身的关怀与尊重。

在这偌大的一个世界里，人们共生于同一个空间，我们与身边的人、事、物都会有这样那样或密切或曲折的关系，既然这样，那人与人之间为什么不能互尊互敬呢？为什么一定要钩心斗角、挑起是非呢？

我们的生命中存在着一个又一个的蝴蝶效应，有的时候会因为我们的某一件错事，而引发了一连串的反应，这样发展下去最后遭殃的还是我们。所以对别人应该抱有慈悲之心，对生命应抱有感恩之心，对生活应抱有平和之心。

第三节　做人要有气度，做事要有尺度

真正有本事的人没脾气

《世说新语》中记载了这样一个人脾气很大的人，叫王蓝田。

东晋王蓝田是一个很性急的人，脾气极为暴躁。有一次，王蓝田在自己家里吃鸡蛋，用筷子去扎鸡蛋想挑起来吃。结果鸡蛋圆滚滚、滑溜溜，一筷子下去居然没有扎中。王蓝田因此暴跳如雷，一把把鸡蛋扔到了地上，结果鸡蛋在地上还旋转不止，仿佛在挑衅一般，王蓝田更加愤怒了，一脚踩上去想把鸡蛋踩扁，结果居然又没踩中！王蓝田简直快要被鸡蛋气疯了，一把又捡起鸡蛋，放在嘴巴里，狠狠嚼碎之后又恶狠狠地吐了出来，这才感觉心里舒服了一些。

据说，同时代的王羲之听说了这件事情之后，摇着头说："就算是比王蓝田更加有才气的王安期，如果脾气这么坏那也简直一无是处了，更何况是王蓝田呢！"

可见，在王羲之的眼里，真正有本事的人，应该首先是没脾气的人，一个人脾气一大，便一无是处了。

一个控制不住情绪的人，很难给人沉稳、老道的印象。在所有的情绪当中，又以愤怒最为难以节制。

北宋大儒程颢曾说过："夫人之情，易发而难制者，唯怒为甚。第能于怒时遽忘其怒，而观理之是非，亦可见外诱之不足恶，而于道亦思过半与。"说的就是人一定要恪守"中和"之道，抑制住自己的情绪，而在所有情绪当中，最容易过头并且难以抑制的，就是愤怒，如果一个人能够在愤怒的时候控制自己，想明白自己愤怒的缘由，那本身就算是一桩大本事了。

假如你发起脾气来，对人家大骂一阵，你固然非常痛快地发泄了你的情感，但你想过这样做的后果吗？你刺耳的声音、仇视的态度，能使人们同情你吗？除了让人们疏远你，你又能得到什么呢？

也许，有的人认为只要自己有才华就可以傲视天下了。要知道，这个世界上从来就不缺人才！缺少的是一份控制自我心态，一份属于成功和卓越的心态！一旦你拥有它，与它为伍，你将成为一名从容淡定、冷静的人。

小迟是一名成绩优秀的大学生，从小到大没有受过大的挫折，总是一帆风顺，再加上由于成绩优异父母以他为荣，他们的宠爱使小迟养成了刚愎自用的性格，容不得别人对他有任何的批评，还常常自我感觉良好。在上学期间，他没有收获什么知心的朋友。但是自

以为是的他并没有反省自己，而是认为别人不对。

到了工作的时候，他出色的仪表使他做了经理助理，并负责对外联络。

一次工作时间，他接了个私人电话，由于兴奋，不时发笑，声音太大，一个同事忍不住说了他一句："说话声小点好吗？"他随即挂了电话，脸上的表情是 360 度大转弯，几乎是咆哮着喊："我接个电话犯得着如此吗？"谁知对方也不示弱："这是办公地方，要打到外边去！没人吃你那套！"一来二去，本来一点小事，但是却演变成一顿恶吵，最后只在大家的劝慰下才终止。

事后小迟也很后悔，无奈拉不下面子道歉，工作也开始分心，总觉得同事在背后议论他的不是，此事也成了他心中的一块巨石。

控制情绪是一种能力，如何运用，关键还是要记住那句话：要有本事，不要有脾气！

火暴的脾气会让一个没有本事的人更加一无是处，让一个有本事的人能力打折扣，脾气火暴的人总是因一点小事就撕破脸皮，有的甚至大打出手，酿成悲剧。然而，事后想想为一点鸡毛蒜皮的小事值得大动肝火吗？

而一个真正有本事的人，是绝对不会随便发脾气的，更不会让脾气影响了自己的决策，可以这么说：非但有本事的人没脾气，而且没脾气，也是一种大本事。

公元 221 年，刘备为给关羽报仇，举全国之力，亲率数十万人进攻吴国。刘备出兵没几个月，就攻占了东吴的土地五六百里地。刘备的锋芒不可阻挡，吴国国内一片恐慌。那时，周瑜、鲁肃都已过世，谁能担当抵抗刘备的元帅？在众人的疑虑中，陆逊担任了大元帅。

东吴将士看到蜀军步步紧迫，都摩拳擦掌，想和蜀军大战一场，可是大都督陆逊却不同意。

陆逊说："这次刘备带领大军东征，士气旺盛，战斗力强。再说他们在上游，占领险要地方，我们不容易攻破他。要是跟他们硬拼，万一失利，丢了人马，这是非同小可的事。我们还是积蓄力量，考虑战略。等日子一久，他们疲劳了，我们再找机会出击。"

陆逊部下的将军，有的还是孙策手下的老将，有的是孙氏的贵族，对孙权派年轻的书生陆逊当都督本来已经不大服气，现在听到陆逊不同意他们出战，认为陆逊胆小怕打仗，更不满意，在背地里愤愤不平。蜀军从巫县到彝陵沿路扎下了几十个大营，又用树木编成栅栏，把大营连成一片，前前后后长达七百里地。刘备以为这样好比布下天罗地网，只等东吴人来攻，就能把他们消灭。

但是陆逊一直按兵不动。从 222 年 1 月到 6 月，双方相持了半年。刘备等得急了，派将军吴班带了几千人从山上下来，在平地上扎营，向吴兵挑战。东吴的将军，耐不住性子，要求马上出击。

陆逊笑笑说："我观察过地形。蜀兵在平地里扎营的兵士虽然少，可是周围山谷一定有伏兵。他们大声嚷嚷引我们打，我们可不能上他们的当。"

将士们还是不相信。过了几天，刘备看见东吴兵不肯交战，知道陆逊识破他的计策，就把原来埋伏的八千蜀军陆续从山谷中撤出来。东吴将士这才相信陆逊的判断。

一天，陆逊突然召集将士们，宣布要向蜀军进攻。将士们说："要打刘备，早该动手了。现在让他进来了五六百里地，主要的关口要道，都让他占了。我们打过去，不会有好处。"

陆逊向他们解释说："刘备刚来的时候，士气旺盛，我们是不能轻易取胜的。现在，他们在这儿待了这么长时间，一直占不到便宜，兵士们已经很疲劳了。我们要打胜仗，是时候了。"他派了一小部分兵力先去攻击蜀军的一个营，刚刚靠近蜀营的木栅栏，蜀兵从左右两旁冲出来厮杀；接着，附近的几个连营里的兵士也出来增援。东吴兵抵挡不住，赶快后退，已经损失不少人马。

将军们抱怨陆逊，陆逊说："这是我试探一下他们的虚实。现在我已经有了破蜀营的办法了。"

当天晚上，陆逊命令将士每人各带一束茅草和火种，预先埋伏在南岸的密林里，只等三更时候，就直奔江边，火烧连营。

到了三更，东吴四员大将率领几万兵士，冲进蜀营，用茅草点起火把，在蜀营的木栅栏边放起火来。那天晚上，风刮得很大，蜀军的营寨都是连在一起的，点着了一个营，附近的营也就一起延烧起来。一下子就攻破了刘备的四十多个大营。

等到刘备发现火起，已经无法抵抗。在蜀兵将士的保护下，刘备总算冲出了火网，逃上了马鞍山。陆逊命令各路吴军，围住马鞍山发起猛攻，留在马鞍山上的上万名蜀军全部溃散，死伤不计其数。一直战斗到夜里，刘备才带着残兵败将，突围逃走。吴军发现了，紧紧在后面追赶。幸亏蜀军把丢下的辎重、盔甲堵塞在山口要道上，阻挡住了东吴的追兵，刘备才逃到了白帝城。

这一场大战，蜀军几乎全军覆没，船只、器械和军用物资，全部被吴军缴获。历史上把这场战争称为"猇亭之战"，也叫"彝陵之战"。

陆逊在刘备的盛气凌人之下依然保持着清醒的头脑，即使是手下将士都已经怒火攻心，急不可耐地要找刘备决一死战，陆逊却依然不发脾气，因为他知道，一发脾气，就可能影响正确的决策，从而在真正的战机到来之前，贸然出击，最后一败涂地。反观刘备，之所以失败很大的一个原因，就是在盛怒之下出兵，刘备这支愤兵，遇上了没脾气的陆逊，焉有不败之理。

事实是生活中几乎99%的事不用冲动发火，而剩下的1%是你发火也改变不了的状态。既然如此，我们何不冷静处理一切呢？众所周知，人在失控时容易作出错误的判断，只有保持冷静的头脑才能还你一个满意的结果。

与其把精力拿来发脾气，不如让自己变得更有本事些，记住：有本事的人没脾气，而没脾气，也是一种大本事。

生气不如争气，翻脸不如翻身

愤怒不能解决任何问题，很多时候，生气只能让人看上去更窝囊，翻脸只能让人更加众叛亲离，所以，当遇到你觉得让你愤怒的事情，不妨看开些，与其与人斗气，不如自己争气来压过对方，与其跟人翻脸，不如修炼自己，给自己打个翻身仗。

尤其是在力量不足、遭人欺压时，如果冲冠一怒，很可能惹祸上身，白白地葬送自己。在这种情况下，与其翻脸生气，不如努力翻身去争一口气。

己不如人时，当面翻脸、发泄怒火只会自取灭亡，懂得适时弯曲、暗中发力才是求胜之道。当遭遇别人的欺辱时，是生气对自己有利，还是争气对自己更有利？是翻脸对自己有利，还是想办法打个翻身仗对自己更有利？这是不言自明的。当然，不生气不能不争气，要在不翻脸的时候不忘积极翻身，最后一鸣惊人，显示出强者的实力时，才能赢得别人的尊重。

读过《三国演义》的人都记得"卧龙凤雏，得一可安天下"的凤雏庞统庞士元，赤壁之战后，被引荐给了孙权，但是，孙权看庞统其貌不扬，又出言不逊，所以完全没有要重用他的意思，庞统没有因此生气，而是乐呵呵地回去了。之后，诸葛亮来柴桑为周瑜吊孝的时候，又遇到了庞统，诸葛亮就给了庞统一封引荐信，把他推荐给了刘备。

庞统于是带着信去见刘备，结果刘备也和孙权一样，看到庞统外形如此丑陋，也没有重用他的打算，只让他到耒阳县去当个县令。

面对这样的冷遇，庞统既没有立刻拿出诸葛亮的推荐信，也没有因此大发雷霆拂袖走人，而是一言不发地接受了县令的职务。

百余天后，刘备想起了庞统，就让张飞到耒阳县去视察庞统的工作，张飞发现庞统到任之后居然荒废政务每天饮酒作乐，于是大发雷霆，庞统却笑着说："这等简单的政务如何难得倒我？"于是立刻升堂办理公务，只用了半天时间就把耒阳县积累了一百多天的公务办完了，一切都井井有条。张飞于是知道庞统是个人才，带着庞统回去见了刘备，庞统这时拿出了诸葛亮的推荐信。刘备这才发现自己差点埋没了人才，立刻向庞统谢罪，并且拜庞统为军师。

遇到别人的误解和小看是常有的事情，这个时候，那些恃才自傲的人往往会选择摆脸色，或者干脆拂袖而去，并且到处宣扬某某不能知人善任。可是，不管是古代的官场，还是现代的职场，用人的人都没有长一双火眼金睛，错失人才是很有可能的事情，作为人才，自然应该体谅到这一点，如果被人小看误解了，与其翻脸发火，不如安下心来，争一口气，证明自己的实力，麻袋里藏不住锋利的锥子，一旦你用自己的实力崭露头角，自然有被挖掘出来的一天。

敏感的神经割伤的是自己

在这个压力重重的现代社会，谁没有深深的感慨一句"生活太累"？然而，一位 86 岁的老人却为我们提供了一种让生活轻松快乐的方法。这种方法其实很简单，第一，对自己的错误不要太敏感。第二，对别人的错误不要太敏感，因为，神经太敏感了只能割伤自己。

在春秋时期有一个性情十分暴躁的人。他射箭若是射不中靶心，就怒火中烧，上前把靶子的中心捣碎；下棋的时候若是下输了，就一口把棋子咬碎。有人劝告他说："你自己射箭射不中、下棋下不赢，这难道是靶心和棋子的过错？你为什么不认真地想一想，问题到底出在哪里呢？"他听不进去，最后，因为脾气急躁得病而亡。

这个人就是属于典型地对自己的错误太过于敏感，最终，害了自己。

"不要对自己的错误太敏感。"其实，人世间很多烦恼都是由自己难为自己、自己同自己过不去造成的！孔子说：人非圣贤，孰能无过？如果一有过错？就将自己终日囚禁在无尽的自责、哀怨、痛悔之中，那么其人生的境况就会像泰戈尔所说的那样：不仅失去了正午的太阳，而且将失去夜晚的星星。

确实，人生在世不可能事事都称心如意，别说一辈子，就算是在普通的一天中，也难免会遇到很多令你生气的事情。比如：坐地铁被人踩了一脚，对方却不肯道歉，无缘无故地被老板骂了一顿，老板却连解释的机会都没有给你。再例如，小夫妻之间为了一些鸡毛蒜皮的事情怄气，甚至吵嘴、打架，最后出走的出走，回娘家的回娘家，不欢而散。而这一切，都是来源于对别人的错误太过于敏感，别人不小心犯了错，就算是别人没有道一声歉，也没必要太过于敏感，你想：本来就是别人的不对，结果却让你自己装了一肚子气，这是何苦呢？

在生活中总是有各种不同的烦恼，有的来自工作的压力，有的来自于自身的身心健康问题，但更多的时候，人们的烦恼来自于外界，来自于他人。遇到一个不厚道的老板，遇到一个无情无义的朋友，遇到一个朝三暮四的恋人，遇到一个不讲理的路人……这个时候，我们总是在抱怨自己工作不称意，遇人不淑，倒霉透顶，总而言之，我们会在愤怒和抱怨中度过一段时间才能够平复心中的怨气。

这个时候，你其实就已经被你敏锐的神经绑架、割伤了。你用自己的敏感做刀，用别人的错误当墨，在自己身上嵌下了深深的烙印，终日活在抱怨、苦恼、咒骂中。

生活如此美好，我们却把宝贵的生命浪费在对别人的埋怨和痛恨里，与其如此，倒不如认识到人与人之间因为个体差异，难免会产生不同的人生态度和生活方式。我们无法改变别人，但是我们可以改变自己，改变自己的心态、自己的观点，从而经营自己的生活。

章浩良是一个高中生，有一段时间，班主任发现他的化学成绩退步了，问他原因，章浩良说是因为讨厌化学老师，不想听化学课了。班主任就对她说："你是不是因为老师长得丑，脾气又不好，就不愿听她的课，就不学了？"章浩良："是的，我觉得她不配当老师。"

班主任点点头。她要知道，这种情绪对中学生孩子来讲是非常有害的，于是班主任对章浩良说："章浩良啊，咱不能对别人的错误太敏感了，因为化学老师的一点错误，你就把你的学业都丢了，你觉得值得吗？但反过来讲，脾气差的人太多了，你总要学会慢慢适应啊，如果对每个脾气不好的人都大生闷气，以后你可要在愤懑中度过了，况且，长得丑根本就不是化学老师的错。人无完人，你爸爸妈妈的缺点可能还要多得多，那你就看不起父母吗？"

通过班主任的开导，章浩良对自己进行了反省，很快调整了情绪，化学成绩随即提升上去了。

能够控制住自己，让自己不那么敏感的人，才是真正聪明的人。如果实在做不到这一点的人，下面这个方法倒还是挺管用的。

明朝宣德和正统年间，松江知府赵豫对老百姓问寒问暖，关怀备至，深得松江老百姓的爱戴，但是，他却有个绰号，叫做"明日来"。

原来，赵豫处理日常事务有他自己的一套工作方式。每次见到来打官司的，如果不是很急的事，他总是慢条斯理地说："各位消消气，明日再来吧。"大家对他的这套工作方法不以为然，甚至还暗地里编了一句"松江知府明日来"的顺口溜来讽刺他。这句顺口溜慢慢地在老百姓中间流传开来，"明日来"也就成了他的绰号了。

然而，赵豫对于这个绰号却总是笑笑，从不责备叫他绰号的人。

因为赵豫知道，"明日再来"的好处其实很多，最重要的是，很多人打官司都是出于一时的愤激情绪，而经过冷静思考后，或者别人对他们加以劝解之后，对于许多事情就没有那么敏感了，气也就消了。

"明日再来"这种处理一般官司的做法，是合乎人的心理规律的。以"冷处理"缓和情绪，不急不躁，才能理智地对待所发生的一切，避免不必要的争执。

带着情绪生活，最终影响的是我们的生活，这是多么大的损失啊！如果我们能够对别人不那么敏感，我们的人生中会少许多烦扰。

小事不较劲，才有精力成大事

为小事抓狂，是很多人都有的情绪，结果往往因小失大。学会控制好自己的情绪，你才能成功。

在非洲草原上，有一种不起眼的动物叫吸血蝙蝠，它的身体极小，却是野马的天敌。这种蝙蝠靠吸取动物的血生存。在攻击野马时，它常附在野马腿上，用锋利的牙齿迅速、敏捷地刺入野马腿，然后用尖尖的嘴吸食血液。无论野马怎么狂奔、暴跳，都无法驱逐这种蝙蝠，而蝙蝠从容地吸附在野马身上，直到吸饱才满意而去。野马往往是在暴怒、狂奔、流血中无奈地死去。

动物学家们百思不得其解，小小的吸血蝙蝠怎么会让庞大的野马毙命呢？于是，他们进行了一次实验，观察野马死亡的整个过程。结果发现，吸血蝙蝠所吸的血量是微不足道的，远远不会使野马毙命。动物学家们在分析这一问题时，一致认为野马的死亡是它暴躁的习性和狂奔所致，而不是因为蝙蝠吸血致死。

一个成大事的人，必定能控制住自己所有的情绪与行为，不会像野马那样为一点小事抓狂。当你在镜子前仔细地审视自己时，你会发现自己既是你的最好朋友，也是你的最大敌人。

美国研究应激反应的专家理查德·卡尔森说："我们的恼怒有80%是自己造成的。"卡尔森归结防止激动的方法时说："请冷静下来！要承认生活是不公正的。任何人都不是完美的，任何事情都不会按计划进行。"应激反应这个词从20世纪50年代起被医务人员用来说明身体和精神对极端刺激（噪音、时间压力和冲突）的防卫反应。

现在研究人员知道，应激反应是在头脑中产生的。在即使是非常轻微的恼怒情绪中，人体也会分泌出更多的应激激素。这时呼吸道扩张，使大脑、心脏和肌肉系统吸入更多的氧气，血管扩大，心脏加快跳动，血糖水平升高。

埃森医学心理学研究所的所长曼弗雷德·舍德洛夫斯基说："短时间的应激反应是无害的。"他说："使人受到压力是长时间的应激反应。"他的研究所的调查结果表明：61%的人感到在工作中不能胜任，30%的人因为觉得不能处理好工作和家庭的关系而有压力，20%的人抱怨同上级关系紧张，16%的人说在路途中精神紧张。

理查德·卡尔森的一条黄金规则是："不要被小事情牵着鼻子走。"他说："要冷静，要理解别人。"他的建议是：表现出感激之情，别人会感觉到高兴，你的自我感觉会更好。

想要不为小事较劲，就要学会不在意。

毕竟对于每个人来说，烦恼、痛苦都是难免的，如果凡事都太在意，太过于计较，总是认为这是自己的不幸，生活就没有快乐可言。其实只要不去在意，将这些小事忽略过去，人生的境界就会从此不同。

有一对朋友，吃饭闲谈。其中一人兴致所至，一不小心就说了一句戳到另一人痛处的话。本来这也没什么，毕竟只是开玩笑，但是那人却细细地品味起了这番话，越想心中越是不快，与朋友争吵起来，最后甚至到了动手绝交的地步。

在我们的生活中，这样的例子并不少见，细细想来，问题就在于太在意小事，最后当然是因小失大，得不偿失。其实，许多人的烦恼，并非是由多么大的事情引起的，而恰恰是来自对身边一些琐事的过分在意、计较和较真。

比如，有些人之所以爱生气，是由于他们总是喜欢句句琢磨别人的每一句话，对别人的过错更是加倍抱怨；对自己的得失喜欢耿耿于怀，对于周围的一切都易于敏感，而且总是用夸张的心态来处理外来信息。这种人其实是在用一种狭隘、幼稚的认知方式，为自己营造着自己的心灵监狱，这是十足的自寻烦恼。他们不仅使自己活得很累，而且也使周围的人活得很无奈，于是他们的"在意"让别人也不得不步步为营。

人生中这种过于在意和计较的毛病一旦养成，就等于是创造了一个积累烦恼的水缸，天长日久，许多小烦恼就会变成大烦恼。所以早在两千多年前，雅典的政治家伯里克利斯就曾经说过："注意啊，先生们，我们太多地纠缠于各种小事了。"法国作家莫鲁瓦更是一针见血地指出："我们常常为一些应当迅速忘掉的微不足道的小事所干扰，而失去理智，我们活在这个世界上只有几十个年头，然而我们却为纠缠无聊琐事而白白浪费了许多宝贵时光。"这话实在发人深省。

显然，过于在意琐碎的事是一种最愚蠢的生活态度。从台湾归来定居的111岁老人陈椿就很明智，他曾说："一件事，想通了是天堂，想不通就是地狱。既然活着，就要活好。"其实，有些事是否能引来麻烦和烦恼，完全取决于我们自己如何看待和处理它。美国的心理学家戴维·伯恩斯正是基于此而提出了消除烦恼的"认知疗法"——通过改变人们对于事物的认识方式和反应方式来避免烦恼和疾病。事实上，除了改变认识方法之外，更重要的是，学会根本就别去在意某些事情。

不在意，就是别总拿什么都当回事，别去钻牛角尖，别太要面子，别事事"较真""小心眼"，别为一点小事而着急上火，别过于看重名利得失；别把那些微不足道的鸡毛蒜皮的小事放在心上；别太多疑敏感，总是猜测别人的"言外之意"；别夸大事实，制造假想敌；别像林黛玉那样见花落泪、听曲仁心、多愁善感，总是顾影自怜。

人生有的时候不能够太小家子气了，需要活得大气一点。小事不较劲，就是在给自己设一道心理保护障，不仅不去主动制造烦恼的信息来自我刺激，而且即使面对一些真正的负面信息或不愉快的事情，也要处之泰然，置若罔闻，不屑一顾，做到"身稳如山岳，心静如止水"，"任凭风浪起，稳坐钓鱼台"。这既是一种自我保护的妙法，也是一种坚守目标、排除干扰的妙策。我们的精力是有限的，假如处处纠缠琐事，被小事所累，那么我们将都没有精力去做大事，一生必将一事无成。

人生可以失意，心灵不可失控

月有阴晴圆缺，人有旦夕祸福，谁都不能保证自己的人生能够一帆风顺。关键是跌倒了之后还有没有勇气、有没有能力爬起来。

而比勇气和能力更重要的，是人的心态。在失意面前，最害怕的不是身上一无所有，而是心灵失控，在颓废、愤怒中把自己推向了更深的深渊。

彦彦在收拾房间的时候，不小心摔碎了丈夫小陆最心爱的茶杯。这套茶杯是小陆的朋友从英国买来送给他的，平时小陆几乎都舍不得用，生怕一不小心打碎了。最近由于小陆事业挫折心情不好，才把它拿出来使用，为的是给自己的心情添点彩头，没想到却被彦彦打碎了。

小陆回来之后，看到杯子不见了，一问之下，当时脸就沉了下来，压制不住心里的火。一看到他这个样子，彦彦也一下子火了，大声说："不就是个破杯子吗！至于把你心疼成这副样子吗？难道我连个杯子都不如？不要在外面受了气，整天回家给我脸色看。拿老婆出气算什么英雄好汉，再威风也是个窝里横的窝囊废。你要是真有本事，至于把个破杯子看得比老婆还宝贵吗！"

彦彦这么一说，可算捅了马蜂窝，把小陆心里强压的怒火一下子勾了出来。在小陆眼里，彦彦非但不安慰她，迁就他，反而对他冷嘲热讽，说出这样刺人的话。本来工作中的挫折已经使他心头火大盛，彦彦这一番嘲讽挖苦更使他觉得这个家也没有什么值得珍惜的了，头脑一热，说话也不再顾及，气话全部冲口而出："嫌我没本事，我就是没本事，你看着办吧。外面有本事的男人多的是，可惜你没那享福的命，只好找我这个没本事的男人做丈夫。"

彦彦一听也愤怒了："那也说不准，说不定哪天我就找一个有本事的男人给你看看。"

随着情绪的失控，双方偏离了夫妻之间交谈的正常轨迹，也偏离了就事论事的原则。

小陆抄起茶几上的水瓶奋力一摔，彦彦觉得心都快碎了，她绝望地哭骂道："摔吧！有种的把东西都摔完！"

此时，小陆已经彻底失去了控制，顺手抄起一只哑铃击碎了刚买不到一年的电视机：日本进口的大屏幕，将近一万元。

在这个案例中，彦彦不体谅小陆的辛苦，动辄冷眼嘲讽固然也要负一定的责任，但是主要责任还是小陆由于自己的事业挫折就把全部的怒气都发在彦彦身上，茶杯只是一个迁怒的由头而已。所以，最主要的还是小陆的心灵失控。如果在事业的挫折面前他能够保持一个良好的心态，以乐观的态度去面对，那么，当看到彦彦打碎杯子的时候也不至于发那么大的火，更不可能被彦彦三两句话就激怒失去了理智。

其实，这场夫妻之间的吵架完全可以避免，只要有一方肯迁就一下，主动退让——当丈夫责怪彦彦的时候，彦彦如果能主动退让的话，丈夫就会觉得这样对待妻子是不公平的，会觉得内疚和后悔，必然会就自己对妻子的态度问题进行检讨。同样，当妻子埋怨"你说话别那么难听好不好，我又不是故意的"时，如果丈夫能主动退让的话，妻子就会体谅到：丈夫的心情不太好，我应该理解他，甚至为自己不小心打烂了杯子、增添了丈夫的烦恼而感到自责。

因此，无论在什么时候，我们最需要控制好的是自己的心灵，尤其是当人生失意的时候，往往会产生浓浓的挫败感，这个时候，一点小小的火星就能在人心里燃起一股无名火，这把无名火如果不能控制好的话，既烧伤了别人，也烧伤了自己。所以，最重要的是，即使在人生最失意的时候，也要控制住自己的心灵，压制住心头的那股无名火。

其实，控制住自己的心灵并不是一件很难的事情，惠能禅师就曾给弟子们讲过这样一个故事：

一个囚犯被关在一间非常狭小、连腿脚都伸展不开的监牢里，他觉得住在里面很难受，简直就是人间炼狱。于是，这个囚犯的心中充满了愤恨与不平，备感委屈和难过，每天都在唉声叹气和抱怨中度过。

一天，一只苍蝇从窗外突然飞进了，嗡嗡地绕着囚犯乱飞乱撞，让人无比心烦。

囚犯心想：我已经够烦的了，这个讨厌的家伙又来烦我，实在气死人了，我非捉到你，把你的肠子扯出来，绕着你的脖子打个死结，世界就清净了！这样想着，他开始动手捕捉，但苍蝇却机灵得很，每次都跟逗他玩似的，眼看快抓住了，它却又飞走了。那囚犯手脚并用，折腾了老半天，累得他气喘吁吁，还是没能抓住这只苍蝇。

于是他感慨地说，这囚牢也太大了，要是能再小一点，我看你能往哪里跑！就在这句话出口的瞬间，他悟出一个道理："原来我的牢房并不小，小的是我的心，所谓心中有事世间小，心中无事一床宽啊。"

所以，当一个人身在一个自己无能为力改变的环境中时，愁眉苦脸或者大发雷霆，更会增加心中的不快。不如将心胸放开，不去在意那些小事，这样解脱的不仅仅是精神，还有心灵。只要心灵不失控，人生总有挽回败局的时候。

心外世界的大小并不重要，重要的是我们的内心世界。一个胸襟宽阔的人，纵然住在一个小小的囚房里，亦能转境，把小囚房变成大千世界；而一个气量狭小、不满现实的人，即使住在摩天大楼里，也会感到事事不能称心如意。所以，最可怕的不是人生失意，而是心灵失控，只有让我们的心放宽，控制住自己的脾气，才能掌控住自己的人生。

适可而止，见好就收

唐代文学家柳宗元曾写过一篇散文，文中提到了一种善于背负东西的小虫，它行走时遇见东西就拾起来放在自己的背上，高昂着头往前走。它的背发涩，堆放到上面的东西掉不下来。背上的东西越来越多，越来越重，不肯停止的贪婪行为，终于使它累倒在地。

人生在世，很难做到一点欲望也没有，但是物欲太强，就容易沦为欲望的奴隶，一生负重前行。每个人都应学会轻载，更应学会知足常乐，因为心灵之舟载不动太多负荷。

从前，一个想发财的人得到了一张藏宝图，上面标明在密林深处有一连串的宝藏。他立即准备好了一切旅行用具，特别是他还找出了四五个大袋子用来装宝物。一切就绪后，他进入那片密林。他斩断了挡路的荆棘，蹚过了小溪，冒险冲过了沼泽地，终于找到了第一个宝藏，满屋的金币熠熠夺目。他急忙掏出袋子，把所有的金币装进了口袋。离开这一宝藏时，他看到了门上的一行字："知足常乐，适可而止。"

他笑了笑，心想：有谁会丢下这闪光的金币呢？于是，他没留下一枚金币，扛着大袋子来到了第二个宝藏，出现在眼前的是成堆的金条。他见状，兴奋得不得了，依旧把所有的金条放进了袋子，当他拿起最后一条时，上面刻着："放弃了下一个屋子中的宝物，你会得到更宝贵的东西。"

他看了这一行字后，更迫不及待地走进了第三个宝藏，里面有一块磐石般大小的钻石。他发红的眼睛中泛着亮光，贪婪的双手抬起了这块钻石，放入了袋子中。他发现，这块钻石下面有一扇小门，心想，下面一定有更多的东西。于是，他毫不迟疑地打开门，跳了下去。谁知，等着他的不是金银财宝，而是一片流沙。他在流沙中不停地挣扎着，可是他越挣扎陷得越深，最终与金币、金条和钻石一起长埋在流沙下了。

如果这个人能在看了警示后立刻离开，能在跳下去之前多想一想，那么他就会平安地返回，成为一个真正的富翁。物质上永不知足是一种病态，其病因多是权力、地位、金钱之类引发的。这种病态如果发展下去，就是贪得无厌，其结局是自我毁灭。世间一切我们能抓住的只是很少的一部分，又何苦为了抓住更多而失去更多呢？

所以，我们应该明白：即使你拥有整个世界，你一天也只能吃三餐。这是人生思悟后的一种清醒，谁真正懂得它的含义，谁就能活得轻松，过得自在，白天适可而止，夜里睡得安宁，走路感觉踏实，蓦然回首时也会没有遗憾。

佛学大师圣严法师常常将不懂得适可而止的人比做米缸里的老鼠，不知道自己身边都是可以吃的米，反而在里面胡乱糟蹋，把米缸弄脏了，却又要跳出去找东西吃，不但身在福中不知福，还糟蹋了自己的福报。

人生在追求自己的目标时应该知道适可而止，很多时候，我们不需要最好的，我们只需有符合自己需求的东西。何必为了子虚乌有的目标而忽视了一路上美丽的风景呢？因此，要懂得适可而止，懂得见好就收。或许我们得不到最好的东西，但我们至少不会一无所有。

第四节　善驭时机，进退有道

做事要洞察"先机"

要想事业有长远的发展，就必须要有远见卓识。只有具备洞察事情的"先机"的能力，才能有努力的方向、明确的目标，才能变被动为主动。

清朝雍正年间的大将军年羹尧镇守陕西时，广求天下士，厚养幕僚。有一位孝廉叫蒋衡，应聘前往。年羹尧甚爱其才，对他说："下科状元一定是你的。"年羹尧说话语气如此之大，正是依仗他自己的功劳以及与皇帝的特殊关系。蒋衡见他刚愎自用，骄奢之极，就对他的一个同僚说："年羹尧德不胜威，当今万岁英明神武，年羹尧大祸必至，我们不可久居于此。"他的同僚不以为然，年羹尧的权势正如日中天，多少人巴不得投奔他的门下呢。

蒋衡不顾同僚的劝阻，执意称病回家。年羹尧挽留不住，取1000两黄金相赠，蒋衡坚辞不受，最后在年羹尧的坚持下，只接受了100两。蒋衡回家后不久，年羹尧果然出事了，牵连了不少人。因年羹尧一向奢华，送人钱财不到500两黄金的，从来不登记，蒋衡因只接受百两之赠，从而确保自己平安无事。

蒋衡从年羹尧的骄横言行中预见到他所存在的危机，及时地与他拉开距离，避免了祸及自身。可见，对事情的发展方向的预见是非常重要的，好的预见能力可以避免重大决策和方向上的偏差和错误。

要有超常的敏锐并及时作出科学预见，就必须比一般人看得早一点，想得深一些。这种先见之明，并非靠一时灵感，而是来自对规律的正确认识和把握。

战国时期，魏国的范雎受中大夫须贾迫害，逃匿民间。一次秦使王稽来魏，听说范雎很有才干，便暗中带他回秦。进入秦境时，一队人马迎面驰来，范雎问来人是谁，王稽说可能是秦相穰侯魏冉东巡县邑。范雎说："我耳闻穰侯专擅秦政，不容外人，今天被他碰上，轻则受辱，重则被驱。我还是躲到车底吧。"

顷刻，魏冉来到车前，问车中有无别国宾客，王稽说没有，魏冉就走了。范雎从车中出来，说："魏冉是聪明人，只是遇事反应慢点，刚才他怀疑车中有人，你说没有，他未搜查，过后一定不放心，会派人回来搜查的，我要避一避。"说完下车从小路向前走去。果然，过了一会儿，魏冉派人到车上翻找，见确实没人才作罢。

范雎通过分析魏冉的性格，知道他是一个多疑的人。所以在采取对策的时候，不但预先推断魏冉会有可能要搜查马车，而且还预见到魏冉可能会派人重新再搜一遍。正是他高超的预见能力，使他能防患于未然，逃避了被抓捕的命运。

做事的"心计"有时就体现在对事情的预见之中。有预见能力的人能及早地预测到事情发生的原因和发展的方向，所以能够提前防范，未雨绸缪，把事情引导向有利于自己的方向发展。做事不精明的人，不懂得洞察事情的"先机"，只能任由事物发展，所以，在做事的过程中可能遭遇到更多的挫折和困难。

科学预见的主要表现是：其一，准确判断形势。对事物的产生、发展有全面的了解，善于把握各种矛盾之间的联系，善于抓住主要矛盾。其二，作出科学预测。既能预先推测或测定可能发生的事情，善抓苗头，思路清晰，头脑敏锐，把问题解决在萌芽状态；又能独具慧眼，发现和扶持新生事物，营造事业发展的有利态势。

要想成大事，就要培养自己洞察"先机"的眼光。拿破仑说过："如果我总是表现得胸有成竹,那是因为在提出任何承诺前,我都是经过长期深思熟虑,并预见可能发生的情况。"

看到别人看不到的希望

当别人看不到希望的时候,精明的人能够看到希望,并听到了自己的笑声。当他的笑声吸引了别人了时,他又看到了危机。这种人是很少失败的,因为他的眼力指引着他前进。

希尔顿一生中最重要的成就是买到了华尔道夫旅馆。如果没有希尔顿高瞻远瞩的眼光和正确的决策,华尔道夫旅馆的辉煌也许只是一小段鲜为人知的历史。

华尔道夫旅馆曾住过许多皇族。当别人打电话过来找"国王",华尔道夫的电话接线生一定要问"请问找哪一位国王"。但是1942年这家旅馆却破产了,华尔道夫的股票暴跌。

希尔顿决定要买下华尔道夫。当他把这个决定向希尔顿董事会宣布的时候,有人惊叫起来:"你是不是疯了?花钱去买这个赔大钱的累赘?"

然而希尔顿向来相信自己的商业直觉和眼光,他说:"如果你仅仅看到它现在的艰难处境就拒绝了它,那只能说明你是一个商业上的短视者。你应该看得更远一点!"但是无论他怎样反复阐述自己的意见,希尔顿董事会的董事们都不能分享他的狂热,他们不相信华尔道夫这个落魄到如此境地的旅馆还会东山再起。身为希尔顿旅馆公司的董事长,没有董事们的同意,他也不能以公司的名义买下华尔道夫。

希尔顿没有因此而退却,因为他相信这家旅馆将会给自己带来想像不到的价值和地位。他想:"我可以自己买下来,然后把我的看法再推销给那些能够接受我的意见的人。"

于是,他开始行动了。他首先打电话给华尔街上拥有华尔道夫股票的老板。

"我今天就能开个价钱,"希尔顿说,"我什么时候可以过来呢?"

当天下午,他走进那位老板的办公室,要买下控制股的数目,并当场开出了一张10万美元的支票当押金。华尔道夫的股东们正为拿着一大把廉价的股票抛不出去大伤脑筋,听说希尔顿要以12元一股的高价收购,马上同意了这个计划。

几天后,华尔道夫旅馆便改名为"希尔顿"。如他所料,华尔道夫带给他意想不到的财富和荣誉,使他戴上了"世界旅店大王"的桂冠。

做事精明的人之所以能够取得成功,并不是因为幸运之神偏爱他们,而是因为他们具有一双捕捉机遇的慧眼,能看到别人看不到的机会,并能迅速做出反应,从而把机遇牢牢地抓在自己的手中。一些人之所以做事不成功,是因为他们眼力不够,没有看到希望。因此,对于这些人来说,就必须擦亮自己的双眼,使自己的双眼不要蒙上任何灰尘。

处处留心皆希望,人生的机会常以多种方式显现在我们面前。要捕捉它,你就得在平时练就一双慧眼,时时刻刻全身心地准备着去迎接、拥抱每一次光顾你的希望之神。

做事的"心计"就在于:看到别人看不到的希望,从别人最绝望的地方起航,驶向成功的彼岸。

眼光长远成大事

人生犹如下棋,精明的人往往能看出后面的五步甚至十几步棋,把握局势,从而把握住成功。

做事一定要有长远眼光,这样才能获得长久的利益。相反,做事鼠目寸光、只顾眼前利益,必然会带来严重的后果,最后导致得不偿失。

艾克森石油公司旗下的一艘油轮在阿拉斯加的漏油事件,就说明了做事鼠目寸光、只顾眼前利益必然带来严重的后果。这艘船的设计最初是想采用双层船壳,以防止与其他船只碰撞时发生漏油事件。可是艾克森石油公司只想降低船的造价,而不作长远的考虑,结果不幸真的碰上海难而漏出大量原油,严重破坏了阿拉斯加的生态环境。为了收拾残局,艾克森石油公司花了11亿美元作为对破坏阿拉斯加及其周围海域生态环境的补偿,而导致的对环境的严重影响,不是金钱所能计算的。目光短浅,不仅使艾克森石油公司蒙受了金钱和名誉上的严重损失，同时也赔上社会成本。

一个人在成功的道路上要能走远，首先他得站得高，看得远。只有看得长远，他才能对自己以后要做的事情心里有底，才知道自己行进的方向，以及需要为此采取什么样的行动。如果你只见树木而不见森林，心里常想眼下有多少利益的话，会使你损失长远的好处。往往有很多事眼前看来是有利可图的，但是从长远来看却损失惨重。所以，切不可只顾眼前，因小失大。

做事精明的人往往能走在时代的前沿。他能看见别人所不能看见的东西，掌握事物发展的未来趋势，因而能先行一步。在我们这个竞争日趋激烈、创业变得很艰难的时代里，这是成功不可或缺的元素。

做事精明的人往往不容易被眼前的得失所迷惑。当他们面临各种诱惑时，他们能够执着于自己的梦想，从而摆脱眼前利益的诱惑，冲破困境的束缚。因为他们能够很清楚地看到未来的前景，所以他们能意志坚定，矢志不移。目光短浅者只能迎接失败，即使他们曾经拥有过很优越的条件。他们往往被眼前的利益所迷惑，在透支享受今天的同时，忘记或忽略了给明天播种，最后只能被明天抛弃。

眼前的利益或许更具诱惑力，但有"心计"的你必须知道什么东西更值得你去期待。

在诱惑中坚守，在寂寞中坚持

寂寞不是无可留恋的形单影只，而是岁月沉淀下独享的美丽；寂寞并非磨难重重的苦境，而是可通往自由之界的通途。寂寞本身并不可怕，也并非完全是对人的热情的消融，只要人的内心拥有阳光，便能在心灵的寂寞中享受到静谧的美丽。

国学大师季羡林就是一位甘于寂寞和懂得享受寂寞的人。20 世纪 30 年代，季先生去德国求学之际，独身一人，只身赴异域求知，留妻子一人居守中国，对故乡及亲人的思念只能深埋心中。但在德十余年间，季先生没有被寂寞打垮，从最开始的人生地疏，到慢慢适应，季先生潜心求学，屡遇良师，学识大有长进之际，人生阅历也突然增多，只是身边少亲人陪伴。即使回国之后，由于工作原因，先生多半也是过着独身生活，直到 1962 年，妻子德华从济南搬到北京来，季老数十年的单身生活才算结束，"现在总算是有了一个家"。

季老曾经写过一篇散文《马缨花》，在这篇文章中，他描绘了自己当年的寂寞："曾经有很长的一段时间，我孤零零一个人住在一个很深的大院子里。外面走进去，越走越静，自己的脚步声越听越清楚，仿佛从闹市走向深山。等到脚步声成为空谷足音的时候，我住的地方就到了。"家中安静到只能听见自己的脚步时，一个人生活是需要极大的勇气和承受能力的，更何况是常年如此。在那段时间，季老从最初的落寞与孤独到慢慢地享受这种寂寞，他渐渐地了悟了寂寞中蕴含的美丽，也在这段时间思索了很多关于自己、关于人生的深刻问题。

一个人想有所成就必须经历一段潜伏期，潜伏期即是光明来临之前的暗夜。一个人在成功之前必然要经历一段被自己埋没也被他人埋没的过程，在这段时间内，如果因一时的不被赏识而暴躁不安，很可能会前功尽弃；而如果暂时安下心来，耐心等待，于寂寞深处养精蓄锐，甚至享受寂寞，此经历就会令整个人生受益匪浅。

从当年的红衣少年到两鬓斑白的耄耋老人，季老一生都醉心于学术研究。但凡学术有所成就之人，必是经过磨砺和考验之人。学术本身的枯燥乏味与漫无止境的研究和考证让很多人望而却步。而季老凭借自己却在不急不躁，数十年如一日中苦心经营自己的事业。即使到了晚年，为了《糖史》的写作，他还是不厌其烦地翻阅各种资料，做到细之又细，详之又详，此种精神非常人可比。

从文化交流的角度写糖史，季羡林可谓第一人。写作初期，关于"糖"的各种资料，零散地分布于浩如烟海的各种典籍中，除了一行行的检索，别无他法。当时季老已是八十高龄，因为眼疾视力也受到影响，但本着严谨的学术作风，他仍然坚持每天去一趟图书馆，风雨无阻，寒暑不辍，如此持续了将近两年的时间，他在这寂寞的学术之路上一人独行，呕心沥血写出这部学术著作。季老用他的切身实践告诫着众人，敢于寂寞，潜心做事，便会有所收获。

所以，真正的大师，往往与寂寞同行。他们就像是武侠小说中的绝顶高手，唯有耐得住寂寞，才能在潜心修炼中练就绝世武功；唯有守住寂寞，才能在凝神之间习得抛却外界一切干扰的定力；唯有敢于寂寞，才能无欲无求，才能泰山压顶而自岿然不动。

懂得享受寂寞的人，会在沧海桑田的变迁中收集新绿。懂得享受寂寞者，是真正悟得禅机的人，它能帮助人参透万物的玄机，能够令人时时专注一境，身心轻安，进入观照明净的状态，给人启示。享受寂寞者，纵使置身喧嚣的闹市，仍然身外无物，心静如水；独处大漠，仍有长河落日做伴；红尘再热闹，行走的脚步永远不会虚浮。在他们的眼中，世界的一切悲欢离合、兴衰荣辱，只不过是漫漫人生旅途中相遇的过客和不同的价值符号，其本源意义都是殊途同归；苦难是磨砺，是天赐和厚爱；寂寞有静美，是蛰伏与爆发。

保持内心的宁静，做到心外无物，踏踏实实做事，勤恳厚道做人，才能够像季老一样于寂静中享受人生，才能在寂寞中找到乐趣。

铸就越挫越勇的坚强意志

做事精明的人，会视失败为暂时的挫折，勇敢地面对它的存在，冷静地找出失败的根源，注入成功的因子，最终收获丰硕的成果。

20世纪50年代初，台湾地区经济处于恢复时期，急需发展纺织、水泥、塑胶等工业。化学工业基础雄厚的"永丰"老板何义到国外考察后，看到国际市场塑胶业技术先进，竞争激烈，自己难有立足之地，便打起了退堂鼓。名不见经传的王永庆，像吃了豹子胆似的，竟决定投资塑胶业，因而招来了社会的非议，"何义都不做的事业，一定难做""不懂行情""不识时务"，王永庆面对非议并没退缩。

1954年，他筹借50万美元，创办了台湾第一家塑胶公司。1957年建成投产。事业的发展果然不出何义所料：当台塑的原料生产出来时，日本等国的同类产品滚滚而出，充斥台湾市场，且物美价廉，占有了绝大部分市场。而台塑产品严重滞销，仓库爆满，股东们也心灰意冷。王永庆当时陷入了绝境。

面对着初战失利，王永庆并没有泄气，他自有他的心计。他认为台湾当时是国际烧碱生产基地之一，而烧碱过程中有70%的氯气被弃置不用，实在太可惜，而氯气是塑胶生产的主要原料。他拥有的优势是充足而廉价的原料。

世界上失败的人很多，但不一定都能爬得起来。只有检讨反思，总结教训，找出失败的原因，奋起直追，才能置之死地而后生。王永庆认准的就是这一个理，检讨才是成功之母。

台塑一定要办下去。经过一番"检讨"，王永庆改变了台塑的经营策略，又力求把台塑建成高效能、低消耗的企业，台塑的产品逐渐打开了销路，站稳了脚跟，继而逐步扩大再生产。台塑这条"小鱼"，不仅没有被"大鱼"一口吞掉，反而成长壮大，到目前已成为台湾唯一进入"世界化工企业50强"的企业。

失败是成功之母。纵观历史，多少出类拔萃之人用不幸做垫脚石，走出失败的深渊。当他们面对失败时，从不惊慌失措，也没有彷徨不安，而是冷静地分析失败的根源，找出导致失败的因素，然后及时地改进和调整，一步步地扭转局面，反败为胜。所以，失败只是他们人生中的一个转折点而已。

很多人面对失败，就只看见自己的劣势，忽略自己的优势所在，就是因为被失败吓怕了，抱着一种悲观消沉的态度，让失败成为最终的结局。

如果你积极、乐观地分析整个局面，通过主客观情况的分析比较，就能找出更好与更合理的解决问题的方案，将损失减到最低程度甚至扭转局面，直至成功。

那么，如何才能做到正视失败呢？

（1）别为自己挂上"失败者"的标签

失败不仅是结果，它还是态度。当事情办糟的时候，不要本能地为自己挂上"失败者"的标签。你怎样描述自己，你很可能就会变成那个样子。反复多次地自称为失败者，不仅意味着将成功无望，而且还会限制自己的潜能。

（2）避免说"失败"这个词语

成就卓著的人很少使用"失败"二字，这个词使人压抑，听起来似乎意味着一个人的末日来临。他们更喜欢使用"过失""弄糟"或"不良结果"等词汇来表达遇到失败。

（3）事先拟定防止失败的计划

帮助自己拟定一个防止失败的计划，经常自问："如果这事发生，最坏的后果将会怎样？"假想失败能促使你明确地考虑实际选择。你有足够的条件和能力确保你度过那段时光吗？如果你的单位向你发来一份解雇通知，你有能力另起炉灶吗？记住：汉字的"危机"就包括"危险"和"机会"两种含义。

当身处挫折和绝境时，一定要头脑冷静，不要被吓倒。只要你的头脑保持敏锐，眼光放长远，就能找出扭转局面的钥匙。那么，失败对于你来说，就只是暂时的了。

该放手时就放手

上海阜康钱庄的挤兑风潮波及了杭州，正当胡雪岩全力调动，苦撑场面的时候，传来了宁波的两家钱庄倒闭关门的消息。宁波的这两家钱庄，都是胡雪岩名下的。挤兑风潮出现的时候，杭州阜康的档手赶紧去了宁波，希望能够从那两家钱庄调出一些银子来应急。

可是，宁波的钱庄深受市面的影响，资金周转不灵，自身难保，不得不申请倒闭。宁波海关在查封倒闭的钱庄时，给浙江发了电报，希望东家去做善后处理。浙江藩台德馨接到电报以后，心情十分沉重。他是胡雪岩的朋友，两个人的交情不错，眼见胡雪岩出事，他不能坐视不管。

所以，他赶紧让他的姨太太赶往胡雪岩家，传话说只要宁波的两家钱庄在二十万两银子能够挽救的范畴内，他愿意无条件帮忙。胡雪岩很感谢德馨的好意，但是他拒绝接受帮助。他说，眼下危机重重，即使是往里砸银子，也不过是头疼医头，脚疼医脚，不能从根本上解决问题。接受了德馨的二十万两银子，等于是宁波的钱庄裂开了一个缝子，虽然现在可能补上了，但是保不准哪一天又有什么地方裂开了，到时候恐怕是问题没解决，还要连累德馨。尽管眼见自己一手创立的钱庄倒闭是一件极其难过的事情，但是胡雪岩情愿丢弃不可挽救的钱庄，来保住杭州钱庄的声誉。

胡雪岩的这种思想，用现代的观点来解释，就是收缩战线，保存可再生力量以求再战的战略部署。生意场上，如果败局已定，及时考虑收缩战线，集中力量保住可能保住的部分，将损失减到最小，是极其必要的。如果这个时候还不懂得舍弃，那么精力将没有办法集中，迟早会被分散的难题拖垮。

拿得起，更要放得下。在生活中也是一样，有时候我们付出了很多，一心想要实现一个目标，可是现实的条件没有办法实现我们的愿望时，就应该及早改变主意，另辟发展方向。如果我们不能及时放弃，就只能在没有结果的事情上浪费时间。

刘备本是一个谦虚、谨慎的人，但关羽、张飞之死深深刺激了他，为了给关羽、张飞报仇，刘备兴两川之兵浩荡东来。投东吴的关羽旧部糜芳、傅士仁，将刘备所恨者马忠杀了，献首级给刘备，刘备连糜、傅也剐了，一同祭关公。东吴诸将献计孙权，将杀张飞投东吴的范疆、张达也送还刘备，以图息战宁人，谁料刘备剐了范、张，仍怒气不消，定要灭吴。孙权在这种情况下，从阚泽言，起用陆逊为主将，统率三军抗刘。消息传来，刘备问陆逊何许人也。马良说，是东吴一书生，年幼多才，多有谋略，袭荆州便是他用的计。刘备大怒，非要擒杀陆逊为关羽、张飞报仇。马良谏道，陆逊有周瑜之才，不能轻敌。刘备却说："朕用兵老矣，岂反不如一黄口孺子耶！"

战争是残酷的，不以老幼定优劣。用兵之道，看谁能把握战机，而不是谁的年龄大就算谁的计谋多。刘备在此以资夸口，以为自己经历的战争多，计谋就老到，这很可笑，不符合实际。所以，这次战役还未开始，就注定了刘备会失败。陆逊被他嘲为"黄口孺子"，可见刘备确实看不起年纪轻轻就统领军马的东吴新任大都督陆逊。刘备是糊涂了，没想到当年自己桃园结义，投军拉队伍时，与关、张也曾是年轻人。其实，战争中涌现的著名将领，多是年轻时崛起的。拿破仑用炮一鸣惊人时，是年纪轻轻的军官；伏龙芝打国内战争时是年纪轻轻的军官……刘备轻敌，瞧不起对方主将年轻，是未战先败了一阵。其实，这句话也说明刘备放不下架子。

放下是一种觉悟，更是一种自由。在考虑关键问题时，切忌把自己的身份摆进去。时时想到自己的职务，看问题就会少了客观性，多了盲目性，这样考虑问题就会不周全，处理问题就会产生偏颇，以致造成难以挽回的损失。

商海竞争中不懂得放下艺术的人，就有可能成为背负重担、蹒跚行走于商场道路的"苦行者"。因此，要想在生意场上占据有利地位，就要拿得起，更要放得下，把握住其中的奥妙，发展壮大自己的实力，提高竞争力。

丢弃旧我，接纳新我

我们一定有过年前大扫除的经历吧。当你一箱又一箱地打包时，一定会很惊讶自己在过去短短一年内，竟然累积了这么多的东西。然后懊悔自己为何事前不花些时间整理，淘汰一些不再需要的东西，否则，今天就不会累得你连脊背都直不起来。

大扫除的懊恼经验，让很多人懂得一个道理：人一定要随时清扫、淘汰不必要的东西，日后才不会变成沉重的负担。

人生又何尝不是如此！在人生路上，每个人不都是在不断地累积东西。这些东西包括你的名誉、地位、财宝、亲情、人际关系、健康、知识等；另外，当然也包括了烦恼、苦闷、挫折、沮丧、压力等。这些东西，有的早该丢弃而未丢弃，有的则是早该储存而未储存。

在人生道路上，我们几乎随时随地都得做"清扫"。念书、出国、就业、结婚、离婚、生子、换工作、退休……每一次挫折，都迫使我们不得不"丢掉旧我，接纳新我"，把自己重新"扫"一遍。

不过，有时候某些因素也会阻碍我们放手进行扫除。譬如，太忙、太累，或者担心扫完之后，必须面对一个未知的开始，而你又不能确定哪些是你想要的。万一现在丢掉的，将来又捡不回来，怎么办？

的确，心灵清扫原本就是一种挣扎与奋斗的过程。不过，你可以告诉自己：每一次的清扫，并不表示这就是最后一次。而且，没有人规定你必须一次全部扫干净。你可以每次扫一点，但你至少应该丢弃那些会拖累你的东西。

洛威尔是美国著名的心理学家。有一年他和一群好友到东非赛伦盖蒂平原去探险。在旅途中，洛威尔随身带了一个厚重的背包，里面塞满了食具、切割工具、挖掘工具、衣服、指南针、观星仪、护理药品等。洛威尔对自己携带的物品非常满意。

一天，当地的一位土著向导检视完洛威尔的背包之后，突然问了一句："这些东西让你感到快乐吗？"洛威尔愣住了，这是他从未想过的问题。洛威尔开始问自己，结果发现，有些东西的确让他很快乐，但是，有些东西实在不值得他背着它们，走那么远的路。

洛威尔决定取出一些不必要的东西送给当地村民。接下来，因为背包变轻了，他感到自己不再有束缚，旅行变得更愉快。

生命的进行就如同参加一次旅行，背负的东西越少，越能发挥自己的潜能。你可以列出清单，决定背包里该装些什么才能帮助你到达目的地。但是，记住，在每一次停泊时都要清理自己的口袋，什么该丢，什么该留，把更多的位置空出来，让自己活得更轻松、更自在。